D1695627

Kreuzberg (Hrsg.)

Handbuch der Heizkostenabrechnung

Handbuch der Heizkostenabrechnung

Zentrale Heizungsanlagen und Wärmelieferung

Herausgegeben
von Joachim Kreuzberg

3., neubearbeitete und erweiterte Auflage

Werner-Verlag

3. Auflage 1992

Die Deutsche Bibliothek – CIP-Einheitsaufnahme

Handbuch der Heizkostenabrechnung:
Zentrale Heizungsanlagen und Wärmelieferung /
hrsg. von Joachim Kreuzberg
– 3., neubearb. u. erw. Aufl. – Düsseldorf : Werner, 1992
ISBN 3-8041-2472-0
NE: Kreuzberg, Joachim [Hrsg.]

ISB N 3-8041-2472-0

Satz: Ars Litterae Peter & Partner, 8706 Höchberg
Offsetdruck und Bindearbeit: Weiss & Zimmer AG, Mönchengladbach
Archiv-Nr.: 838/3-11.92
Bestell-Nr.: 02472

Die Autoren

Kapitel 1 und 2
Reg.-Dir. a. D. Dipl.-Ing. Joachim Kreuzberg (Herausgeber), langjährige Tätigkeit in der öffentlichen Energieversorgung und im Bundesministerium für Wirtschaft. U. a. Mitarbeit an den Entwürfen zum Energieeinsparungsgesetz, der Heizkostenverordnung, der AVB-Fernwärmeverordnung sowie der DIN-Normen 4713 und 4714.

Kapitel 3
MinRat Rainer von Brunn, Referatsleiter im Bundesministerium für Raumordnung, Bauwesen und Städtebau. Mitarbeit an der Gesetzgebung zum Mietrecht und Mietpreisrecht sowie an den Entwürfen zur Heizkostenverordnung.

Kapitel 4
Reg.-Dir. Dr.-Ing. Dieter Stuck, Physikalisch-Technische Bundesanstalt – Institut Berlin. Leiter des Laboratoriums für Wärmezähler, Lehrbeauftragter an der Techn. Universität Berlin, Mitarbeiter in internationalen Gremien (OIML, CEN).

Kapitel 5
Professor Dipl.-Ing. Armin Hampel, Prorektor der Fachhochschule für Technik, Mannheim. Leiter einer Prüf- und Zulassungsstelle für Heizkostenverteiler. Mitarbeit im DIN-Ausschuß 4713.

Kapitel 6
Dipl.-Ing. Lothar Braun, Geschäftsführer der oreg Drayton Energietechnik GmbH Hünfeld, Mitarbeit im DIN-Ausschuß 4713.

Kapitel 7
Hans Joachim von Eisenhart-Rothe, Geschäftsführer der ista haustechnik gmbh, Bonn und Luxemburg. Mitarbeit im Schweizerischen Bundesamt für Energiewesen (BEW) an den Richtlinien für die Heizkostenabrechnung und in anderen Gremien.

Vorwort des Herausgebers

Der wachsende Energieverbrauch mit seinen Folgen für die Rohstoffreserven, die Umwelt und für die Volkswirtschaft führte in den 70er Jahren in der Bundesrepublik Deutschland zu umfangreichen energiepolitischen Maßnahmen. Diese konzentrierten sich insbesondere auf die Gebäudeheizung, welche am Energieverbrauch den größten Anteil hatte und bei der noch ein großes Rationalisierungspotential vorhanden war. Einsparbereitschaft scheiterte dort vielfach an fehlender wirtschaftlicher Motivation. Das Energieeinsparungsgesetz und die darauf begründeten Verordnungen sollten Abhilfe schaffen. Dabei fällt der Heizkostenverordnung eine besondere Rolle zu.

In dem „Handbuch der Heizkostenabrechnung" werden die diesbezüglichen Rechtsvorschriften, Problemfälle, Rechtsprechung, tangierende Fragen des Miet- und Wohnungseigentumsrechts sowie die Übergangsregelungen für die neuen Bundesländer eingehend behandelt. Dabei wird auch auf die unterschiedlichen Regelungen bei „zentralen Heizungsanlagen" und „Eigenständig gewerblicher Wärmeversorgung" eingegangen. Zu letzterer rechnet u.a. die Fernwärmeversorgung.

Technische Voraussetzung für die verbrauchsabhängige Heizkostenabrechnung ist die Verwendung der vom Gesetzgeber vorgeschriebenen Ausstattungen zur Verbrauchserfassung, für die nationale und internationale Normen geschaffen wurden. Diese Geräte werden hier so dargestellt, daß man sich ein Bild von deren Funktion und Anwendungsbereich machen kann. Darüber hinaus werden Zentralerfassungs- und Datenfernübertragungssysteme sowie die darauf beruhende Gebäudeleittechnik beschrieben.

Ein weiteres Kapitel ist schließlich der praktischen Handhabung der Heizkostenabrechnung und den dabei durchzuführenden Plausibilitätsprüfungen gewidmet.

Das Buch soll als aktuelles Nachschlagewerk auf alle im Zusammenhang mit der Heiz- und Warmwasserkostenabrechnung auftretenden Fragen eine Antwort geben. Deswegen wurden in allen Kapiteln die seit der letzten Auflage erfolgten Veränderungen und Ergänzungen eingearbeitet. Durch die Verbindung von praxisbezogenem, juristischem und technischem Sachverstand soll es darüber hinaus helfen, auch die Schwierigkeiten des Dialogs bei grenzüberschreitenden Fragen zu überwinden. Ich hoffe, daß das gelungen ist, und danke den Mitautoren, daß sie sich dieser Aufgabe wieder angenommen und so auch zum Zustandekommen der dritten Auflage dieses Buches beigetragen haben.

Meckenheim-Merl, im Mai 1992 *Joachim Kreuzberg*

Inhalt

Abkürzungsverzeichnis

a.a.O.	am angegebenen Ort
a.F.	alter Fassung
ABl.	Amtsblatt der Europäischen Gemeinschaften
Abs.	Absatz
AG	Amtsgericht
AGB-Gesetz	Gesetz zur Regelung des Rechts der Allgemeinen Geschäftsbedingungen (BGBl. I 1976 S.3317)
AGFW	Arbeitsgemeinschaft Fernwärme e.V.
Anl.	Anlage
Anm.	Anmerkung
Art.	Artikel
Aufl.	Auflage
AVBFernwärmeV	Verordnung über Allgemeine Bedingungen für die Versorgung mit Fernwärme (BGBl. I 1980 S. 742)
BayObLG	Bayerisches Oberstes Landesgericht
BetrKostUV	Betriebskosten-Umlageverordnung (BGBl. I 1991 S. 1270)
BGB	Bürgerliches Gesetzbuch
BGBl	Bundesgesetzblatt
BGH	Bundesgerichtshof
BIP	Bruttoinlandsprodukt
BMWi	Bundesminister für Wirtschaft
BR-Drs	Bundesrat-Drucksache
BT-Drs	Bundestag-Drucksache
BV (II.BV)	II. Berechnungsverordnung i. d. F. vom 12.10.1990 (BGBl. I S. 2179)
bzgl.	bezüglich
bzw.	beziehungsweise
ca.	zirka
CEN	Europäisches Komitee für Normung
DGWK	Deutsche Gesellschaft für Warenkennzeichnung
d. h.	das heißt
DIN	Deutsches Institut für Normung e.V.
DV	Datenverarbeitung
DWW	Deutsche Wohnungswirtschaft (Jahr/Seite)
EG	Europäische Gemeinschaft
EnEG	Energieeinsparungsgesetz
ff.	folgende (Seiten)
FVU	Fernwärmeversorgungsunternehmen
FWI	Fernwärme INTERNATIONAL, (Jahr/Seite)
FWW	Freie Wohnungswirtschaft (Jahr/Seite)
GE	Grundeigentum (Berlin) (Jahr/Seite)

gem.	gemäß
GEWOS	GEWOS Institut für Stadt-, Regional- und Wirtschaftsforschung Hamburg
GG	Grundgesetz
Gl.	Gleichung
HeizkostenV	Verordnung über die verbrauchsabhängige Abrechnung der Heiz- und Warmwasserkosten (BGBl. I 1989 S. 115)
HLH	Heizung Lüftung/Klima Haustechnik (Jahr/Seite)
HKA	Die Heizkostenabrechnung (Jahr/Seite)
HmbGrdEig	Hamburger Grundeigentum (Jahr/Seite)
i.d.F.	in der Fassung
i.d.R.	in der Regel
i.S.	im Sinne
i.V.m.	in Verbindung mit
KEG	Kommission der Europäischen Gemeinschaften
KG	Kammergericht Berlin
LG	Landgericht
LT	Letale Dosis
m.w.N.	mit weiteren Nachweisen
MAK	Maximale Arbeitsplatzkonzentration
MDR	Monatszeitschrift für Deutsches Recht (Jahr/Seite)
MHG	Miethöhengesetz (BGBl. I 1978 S. 882)
MM	Mietermagazin (Jahr/Seite)
ModEnG	Modernisierungs- und Energieeinsparungsgesetz (BGBl I 1978 S. 993)
NHRS	Normenausschuß für Heiz- und Raumlufttechnik
NJW	Neue Juristische Wochenschrift (Jahr/Seite)
NMV	Neubaumietenverordnung i. d. F. vom 12.10.1990 (BGBl. I S. 2203)
Nr.	Nummer
o.ä.	oder ähnliche
OIML	Internationale Organisation für das gesetzliche Meßwesen
OLG	Oberlandesgericht
PEV	Primärenergieverbrauch
PTB	Physikalisch-Technische Bundesanstalt
RAL	Deutsches Institut für Gütesicherung (früher Reichsausschuß für Lieferbedingungen)
Rdn.	Randnummer
RW	Romanovszky: Rechtslexikon für die Wirtschaft
S.	Seite
s.a.	siehe auch
d.h.	das heißt
SAVE	Entschiedene Aktion für eine effizientere Energienutzung

test	Zeitschrift der Stiftung Warentest
TC	Technisches Komitee
u.a.	unter anderem
u.U.	unter Umständen
UE	Umwelt und Energie (Loseblattsammlung)
usw.	und so weiter
V	Verordnung
WEG	Wohnungseigentumsgesetz (BGBl I 1951 S. 175)
WM	Wohnungswirtschaft und Mietrecht (Jahr/Seite)
z.B.	zum Beispiel
z.Z.	zur Zeit
ZAP-DDR	Zeitschrift für Anwaltspraxis Ausgabe DDR (Jahr/Seite)
ZfgWBay	Zeitschrift für das gemeinnützige Wohnungswesen in Bayern (Jahr/Seite)
Ziff.	Ziffer
ZMR	Zeitschrift für Miet- und Raumrecht (Jahr/Seite)

1 Rechtsvorschriften und Anerkannte Regeln der Technik

Von Joachim Kreuzberg

1.1 Einleitung

In Deutschland ist bei Gebäuden mit mehreren Wohnungen, geschäftlich oder in anderer Weise genutzten Räumen die zentrale Versorgung mit Wärme und Warmwasser verbrauchsabhängig abzurechnen. Die Rechtsvorschriften, die das fordern, gehören zu den Maßnahmen der Bundesregierung, die eine deutliche Verringerung des Heizenergieverbrauchs im Gebäudebereich bewirken sollen. Sie sollen vor allem den Nutzern von Gemeinschaftsheizungen einen Anreiz zum sparsamen Verbrauch von Wärmeenergie geben.

Da, wo die Räume mit Einzelöfen beheizt werden, gibt es hinreichende Motivationen zum sparsamen Brennstoffverbrauch. Der Zusammenhang zwischen Heizverhalten und Brennstoffverbrauch ist dort deutlich erkennbar. Neben den von dem einzelnen Nutzer voll zu tragenden Brennstoffkosten motiviert in der Regel auch körperliche Mühe zu rationellem Heizen. Zentralheizung macht das Heizen bequemer, läßt aber auch den Zusammenhang zwischen Heizverhalten, Heizenergieverbrauch und Heizkosten nicht mehr in aller Deutlichkeit erkennen. Pauschale Heizkostenabrechnung, wie sie in der Vergangenheit häufig praktiziert wurde, führte dazu, daß Raumwärme und Warmwasser häufig wie freies Gut behandelt wurden. Motivationen zum rationellen Umgang mit diesen Wirtschaftsgütern waren nicht mehr gegeben.

Anfang der 70er Jahre stellte die Bundesregierung gezielte Überlegungen darüber an, mit welchen Maßnahmen sich eine rationellere Verwendung von Energie erzielen lasse. Der rationelle Umgang mit einem ökonomischen Gut kann entweder über angeordnete Mengenzuteilungen oder über die Preise geregelt werden. Wärmeenergie für Gebäudeheizung sollte durch verbrauchsabhängige Abrechnung wieder zu einem privat- bzw. betriebswirtschaftlich zu kalkulierenden Gut werden. Damit sollen die Nutzer von Wärme in den gesamtwirtschaftlichen Prozeß der Energieeinsparung einbezogen werden. Entsprechende Regelungen wurden durch die Heizkostenverordnung (HeizkostenV)[1]) geschaffen. Der Gedanke einer höheren Verteilgerechtigkeit war dabei untergeordnet. Der Nutzen soll in erster Linie der Gemeinschaft zugute kommen.

Ähnliche Vorschriften gibt es heute nur in Frankreich und in wenigen anderen europäischen Ländern. Im Hinblick auf den beabsichtigten wirtschaftlichen Zusammenschluß der Europäischen Gemeinschaft sind ent-

---

1) Siehe Anhang 9.2

sprechende Vorschriften in absehbarer Zeit jedoch auch in anderen EG-Mitgliedsstaaten zu erwarten.

In seinen Schlußfolgerungen vom 13. Dezember 1991 hat der Rat der EG eine Gemeinschaftsstrategie zur Begrenzung der Kohlendioxidemissionen und zur effizienteren Energienutzung für notwendig erklärt, wonach die Mitgliedsstaaten mehrere Maßnahmen durchzuführen haben, zu denen u.a. auch die verbrauchsabhängige Abrechnung der Kosten für Heizung, Klimatisierung und Warmwasserbereitung gehört.

In diesem Zusammenhang ist auch der Dritte Bericht der „ENQUETE-KOMMISSION Vorsorge zum Schutz der Erdatmosphäre" zum Thema „Schutz der Erde" vom 24.5.1990[2]) zu erwähnen, zu dessen Handlungsempfehlungen u.a. auch die Motivierung der Nutzer zur Verringerung des Heizenergieeinsatzes und der Einsatz von Energiemanagementsystemen (vgl. Abschn. 6.5) zählen. Durch die in dem Bericht vorgeschlagenen Maßnahmen kann nach Ansicht der Kommission die für Raumwärme benötigte Energie noch um 50 bis 70 Prozent verringert werden.

Inzwischen wurde durch verschiedene Untersuchungen belegt, daß die auf das Energieeinsparungsgesetz (EnEG)[3]) gestützten Verordnungen zu einer deutlichen Verringerung des Heizenergieverbrauches geführt haben[4]). Die HeizkostenV hat daran erheblichen Anteil. Ihr werden jährlich Einsparungen von rd. 2 Mio. t Heizöl zugeschrieben[5]). Wie sich der durchschnittliche Heizölverbrauch in den alten Bundesländern seit der Heizperiode 1977/78 verringert hat, zeigt Tabelle 1.1[6]).

Diese Werte resultieren aus Untersuchungen, denen mehr als 70.000 mit Heizöl zentralbeheizte Mehrfamilienhäuser zugrunde lagen. Von diesen hatten 17,2 % zwei, 51,2 % drei bis sechs und 31,7 % sieben und mehr Wohnungen. In allen untersuchten Häusern wurde verbrauchsabhängig abgerechnet. Der Trend der Verbrauchswerte ist deutlich abnehmend. Die hier ausgewiesenen Zahlen sind jedoch nicht temperaturbereinigt, so daß witterungsbedingte Einflüsse noch zu berücksichtigen sind.

Diese Erfolge haben wesentlich zur insgesamt erzielten Energieeinsparung beigetragen. Das spiegelt sich insbesondere in der zunehmenden Entkopplung zwischen Bruttoinlandsprodukt (BIP) und Primärenergieverbrauch (PEV) wieder. So ging der Quotient PEV/BIP von 0,255 im Jahr 1970 auf 0,184 im Jahr 1990 zurück[7]).

2) BT-Drs. 11/8030, S. 436 und 473
3) Siehe Anhang 9.1
4) Berichte des BMWi zur sparsamen und rationellen Energieverwendung
5) BMWi Tagesnachrichten vom 3.10.1986
6) Quelle: Techem GmbH
7) BMWi, Energiewirtschaftlicher Datenservice, 28.10.1991

Tabelle 1.1: Durchschnittlicher Heizölverbrauch

Heizper.	77/78	78/79	79/80	80/81	81/82	82/83	83/84	84/85	85/86	86/87	87/88	88/89	89/90
$l/(m^2 \cdot a)$	27,28	29,37	23,93	23,16	22,57	20,27	21,67	22,55	22,15	22,47	20,10	18,88	18,19

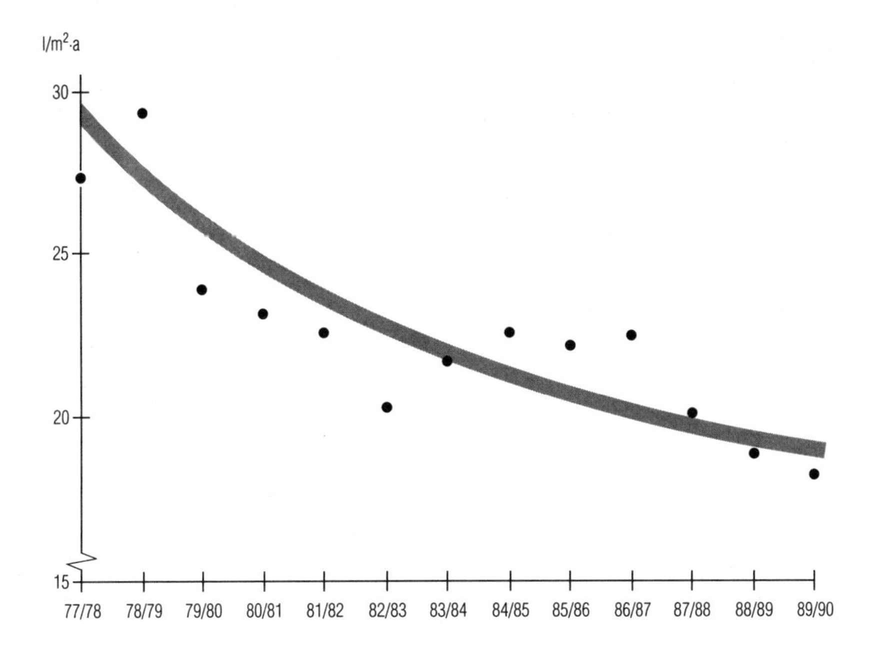

Bild 1.1: Durchschnittlicher Heizölverbrauch

Während von den Auswirkungen der HeizkostenV die Gemeinschaft sowie die einzelnen Nutzer profitieren, wird der Gebäudeeigentümer zunächst durch die Investitionsaufwendungen für die Ausstattung zur Verbrauchserfassung belastet. Außerdem hat er sich nunmehr verstärkt mit heizungstechnischen und bauphysikalischen Fragen auseinanderzusetzen. Die HeizkostenV motiviert die Nutzer nicht nur zum sparsamen Umgang mit Wärme, sie schärft auch den Blick für die wärmetechnische Beurteilung von Gebäuden und einzelner Wohnungen sowie der zugehörigen heizungstechnischen Anlagen. So wie der spezifische Kraftstoffverbrauch von Fahrzeugen, so wurde auch der spezifische Wärmeverbrauch von Gebäuden und Wohnungen zu einem wesentlichen Marktfaktor. Das kommt in der immer wieder gestellten Forderung nach einem Wärmepaß für Gebäude zum Ausdruck (vgl. Abschnitt 3.10.3). Die Wohnungswirtschaft hat sich mit dieser neuen Situation intensiv auseinanderzusetzen. Insbesondere wird es künftig eine andere Abstimmung von Investitionen, Erhaltungs- und Betriebskosten geben. Baufehler und Bauschäden, die vorher verdeckt waren, treten bei dem durch verbrauchsabhängige Heizkostenabrechnung bewirkten rationellen Umgang mit Heizenergie häufiger zutage als vordem[8]).

Nach dem letzten vom Bundeskabinett verabschiedeten Bauschadensbericht sind nach vorsichtigen Schätzungen für die Behebung vermeidbarer Bauschäden jährlich 10 bis 14 Mrd. DM aufzuwenden. Allein im Neubaubereich liegen die vermeidbaren Schadenskosten für Planungs-, Ausführungs- und Materialfehler bei 2,5 bis 3 Mrd. DM. Im Gebäudebestand wird dieser Betrag gleich hoch angesetzt. Die Mehrzahl dieser Schäden wirkt sich auf den Wärmebedarf der Gebäude aus oder wird durch rationelles Heizen erst sichtbar. Diese nun vermehrt sichtbar werdenden Schäden der verbrauchsabhängigen Heizkostenabrechnung und dem damit erreichten sparsamen Heizverhalten dem Nutzer anzulasten, wäre eine falsche Schlußfolgerung. Heizenergie ist schließlich nicht dazu da, Bauschäden „wegzuheizen".

Im folgenden werden Erläuterungen zu den Rechtsvorschriften der HeizkostenV und, soweit für die Heizkostenabrechnung von Bedeutung, auch der Neubaumietenverordnung (NMV), der Zweiten Berechnungsverordnung (II.BV) und der AVB-Fernwärmeverordnung (AVBFernwärmeV)[9]) gegeben.

Bei der Auslegung der Verordnungstexte ist es hilfreich, deren Entstehungsgeschichte zu beachten. Aus der teleologischen Reduktion der Vorschriften lassen sich die Absichten des Verordnungsgebers nachvollziehen. Zu den dazu erforderlichen Quellen gehören u. a. die Ermächtigungsgrundlage, hier insbesondere das Energieeinsparungsgesetz (EnEG)[10]) sowie dessen politische Zielsetzung, einschlägige Protokolle, Schriftstücke, vorbereitende Verordnungsentwürfe und Beratungen in den Ausschüssen. Nicht zuletzt aber die amtliche Begründung, die u.a. ergänzende Informationen des Verordnungsgebers enthält, die aus formalen oder gesetzessystematischen Gründen keinen Eingang in den Verordnungstext fanden, aber für die Interpretation der Intention des Verordnungsgebers von Bedeutung sind.

Wegen des Gewichts dieser Quelle wurden den jeweiligen Rechtsvorschriften nachfolgend die zugehörigen Stellen aus der amtlichen Begründung in Originaltext hinzugefügt. Bei vielen Auslegungsfragen ist dem nichts mehr hinzuzufügen. Die Fundstellen in den Bundesrat-Drucksachen (BR-Drs.) sind jeweils angegeben. Sofern darin Stellen enthalten sind, die durch spätere Änderung des Verordnungstextes oder durch Zeitablauf überholt, aber dennoch von Interesse sind, wurden diese in eckige Klammer [ ] gesetzt.

---

8) Fantl, S. 18
9) Siehe Anhang 9.3
10) Siehe Anhang 9.1

An den Beratungen zur HeizkostenV nahmen auch kompetente wissenschaftliche Institutionen, Verbände und Fachgremien teil. Von diesen sei stellvertretend der Normenausschuß Heiz- und Raumlufttechnik (NHR) im DIN – Deutsches Institut für Normung e.V. genannt. Den Bemühungen dieses Ausschusses war es zu danken, daß die die HeizkostenV begleitenden DIN-Normen rechtzeitig vor Inkrafttreten der Verordnung verabschiedet wurden[11]). Mit diesen Normen wurden Mindestanforderungen an die zu verwendenden Ausstattungen zur Verbrauchserfassung und deren Anwendung definiert. Diese DIN-Normen wurden inzwischen grundlegend überarbeitet (siehe Abschnitt 1.7).

11) Näheres dazu Kreuzberg u.a. DIN-Mitteilungen 1980/288

1.2 Entstehungsgeschichte der Rechtsvorschriften

Die Überlegungen der Bundesregierung zur Erreichung eines rationelleren Umgangs mit Energie konzentrierten sich wegen des großen Energieanteils für die Gebäudeheizung insbesondere auf diesen Bereich. Bereits im Energieprogramm von 1973 wurde dem besondere Beachtung geschenkt[12]). Politische Aktualität erhielt rationelle Energieverwendung nach der ersten Ölpreiskrise von 1974. In der im gleichen Jahr vorgelegten ersten Fortschreibung des Energieprogramms[13]) war schon von einem neuen Energiebewußtsein die Rede und davon, daß der rationelle Einsatz von Energie entscheidend von dem einzelnen Verbraucher bestimmt wird.

Der besorgniserregende Abbau der natürlichen Ressourcen, Auswirkungen der hohen Rohölpreise auf unsere Außenhandelsbilanz, zunehmende Belastung der Umwelt als Folge der Verbrennung fossiler Rohstoffe sowie die Empfindlichkeit der Energiewirtschaft gegen Versorgungsstörungen erforderten ein gesamtwirtschaftliches Programm zur Energieeinsparung. Aber bereits Adam Smith, der geistige Vater der Marktwirtschaft, hat irgendwo geschrieben, daß der Marktprozeß freiwillig keinen Beitrag für gesamtwirtschaftliche Belange liefert. Die Bundesregierung versprach sich jedoch als Folge steigender Energiepreise privat- und betriebswirtschaftlich begründete Motivationen zur Energieeinsparung. Da, wo dieser Marktmechanismus noch vorübergehender Hilfen bedurfte, wurden Förderprogramme eingeleitet. In den Bereichen, wo der Investor energieeinsparender Maßnahmen und deren Nutzer nicht identisch sind, war jedoch unmittelbar keine Motivation für energieeinsparende Investitionen zu erwarten. Für diese Fälle wurden gesetzliche Regelungen angekündigt[14]). Das betraf insbesondere die Vorsorge für rationellen Wärmeverbrauch in Gebäuden mit mehreren Nutzeinheiten.

Die Raumheizung beanspruchte damals rund 40 % und damit den größten Teil unseres Endenergieverbrauchs. Der Ölanteil betrug dabei über 50 %[15]). Die Gebäudeheizung war zudem mit erheblichen, aber weitgehend vermeidbaren Energieverlusten behaftet. Diese resultierten vorwiegend aus mangelnder Wärmedämmung, unzulänglicher Ausführung heizungstechnischer Anlagen, mangelnder Betriebsoptimierung und nicht zuletzt sorglosem Nutzerverhalten.

1976, knapp zwei Jahre nach der Ankündigung der Gesetzesinitiative, wurde das **Energieeinsparungsgesetz** verabschiedet. Dieses Gesetz ermächtigt die Bundesregierung, mit Zustimmung des Bundesrates Rechtsvorschriften zu erlassen, die eine Verminderung von Heizleistung und

12) Energieprogramm der Bundesregierung, September 1973
13) Erste Fortschreibung des Energieprogramms, November 1974
14) Erste Fortschreibung des Energieprogramms, November 1974
15) BR-Drs. 632/80, S. 13

Heizenergieverbrauch im Gebäudebereich bewirken. Ausschlaggebend dafür sind insbesondere die Beschaffenheit der Gebäude, die Wirkungsgrade der Heizungsanlage und das Heizverhalten der Nutzer. Diesen Gegebenheiten tragen die Wärmeschutzverordnung[16]), die Heizungsanlagen-Verordnung[17]) und die Heizkostenverordnung (HeizkostenV)[18]) Rechnung.

Durch die **HeizkostenV** wurde auch der Nutzer in den Rationalisierungsprozeß einbezogen. Es war zu erwarten, daß der Nutzer sich nun auch eingehend für die Wärmedämmung und für die wärmetechnische Qualität der Heizungsanlage des von ihm bewohnten oder für die Bewohnung beabsichtigten Gebäudes interessiert. Mit dem Programm „Modernisierung durch Mieter"[19]) wurden darüber hinaus Anreize für Eigenleistungen der Mieter für energieeinsparende Maßnahmen geschaffen. In diesem Zusammenhang sind auch die Richtlinien über die Förderung der Beratung zur sparsamen und rationellen Energieverwendung in Wohngebäuden vor Ort – Vor-Ort-Beratung – vom 21. August 1991[20]) zu erwähnen, mit dem eine wichtige Hilfe zur Vornahme von Energieeinsparinvestitionen im Gebäudebereich angeboten wird.

Für den preisgebundenen Wohnraum wurde bereits 1979, anläßlich einer Neufassung der **NMV** und der **II. BV**, verbrauchsabhängige Heizkostenabrechnung vorgeschrieben. Mit der Verordnung zur Änderung wohnungsrechtlicher Vorschriften vom 5. April 1984[21]) wurden sowohl die NMV als auch die HeizkostenV geändert. Seit dem 1. Mai 1984 gilt nun die geänderte HeizkostenV auch für den Geltungsbereich der NMV. Damit ist für die Heizkostenabrechnung einheitliches Recht für den gesamten Gebäudebereich gültig.

In der Folgezeit wurde deutlich, daß weitere Regelungsbedürfnisse für die Heizkostenabrechnung bestanden. Mit der Verordnung zur Änderung energieeinsparrechtlicher Vorschriften[22]), die am 19. Januar 1989 verkündet und am 1. März 1989 in Kraft trat, wurde die HeizkostenV erneut geändert. Folgeänderungen gab es in diesem Zusammenhang auch bei der NMV und der AVBFernwärmeV.

Mit diesen Änderungen wurden einige aus unterschiedlicher Rechtsprechung entstandene Rechtsunsicherheiten beseitigt und die praktische Handhabung der Heizkostenabrechnung erleichtert. Bei der HeizkostenV handelte es sich insbesondere um folgende Änderungen:

---

16) BGBl. I 1977, S. 1554
17) BGBl. I 1978, S. 1581
18) BGBl. I 1981, S. 25 und Ber., S. 296
19) BMJ, Mustervereinbarung – Modernisierung durch Mieter
20) Bundesanzeiger Nr. 163, S. 6053
21) BGBl. I 1984, S. 1192
22) BGBl. I 1989, S. 109

- Einbeziehung von Direktverträgen zwischen Wärmeversorger und mehreren Nutzern innerhalb eines Gebäudes in die Vorschriften der HeizkostenV.

  (Diese Bestimmung wurde aufgrund einer Entschließung des Bundesrates[23]) erlassen.)
- Gleichstellung von sogenannten Nah- und Direktversorgern sowie Drittbetreibern mit Fernwärmeversorgungsunternehmen.
- Verzicht auf Geräteausstattungen in gemeinschaftlich genutzten Räumen, sofern dort nicht nutzungsbedingt hoher Energieverbrauch auftritt.
- Schaffung von Rechtsgrundlagen für die Heizkostenabrechnung bei Geräteausfall, Unzugänglichkeit von Wohnungen und Mieterwechsel.
- Einbeziehung der Kosten des Betriebes der Abgasanlage (z.B. Schornsteinfegerkosten) in die bei der Heizkostenabrechnung umlegbaren Kosten.
- Ermittlung der auf die Brauchwassererwärmung entfallenden Wärmemenge künftig auch mit Warmwasserzählern.
- Abschaffung nicht mehr benötigter Vorschriften aus der Einführungsphase der Verordnung sowie andere, vorwiegend redaktionelle Änderungen.

Nach Anlage I des **Einigungsvertrages** vom 23. September 1990[24]) gilt die HeizkostenV vom 1. Januar 1991 an auch im Gebiet der ehemaligen DDR. Dabei wurden verschiedene Übergangsregelungen geschaffen. So sind Räume, die vor dem 1. Januar 1991 bezugsfertig geworden sind und in denen die nach der Verordnung erforderliche Ausstattung zur Verbrauchserfassung noch nicht vorhanden ist, bis spätestens zum 31. Dezember 1995 auszustatten. Der Gebäudeeigentümer ist aber berechtigt, die Ausstattung bereits vor dem 31.Dezember 1995 anzubringen.(vgl. Anhang 8.2)

Die **AVBFernwärmeV** wurde auf der Grundlage des AGB-Gesetzes[25]) erlassen. Sie schreibt unter anderem vor, daß zur Ermittlung des verbrauchsabhängigen Entgelts (Arbeitspreis), und insbesondere dann, wenn die gelieferte Wärme nicht ausschließlich dem eigenen Bedarf des Kunden dient, meßtechnische Einrichtungen zu verwenden sind. Die Motivation zum rationellen Umgang mit Heizenergie hängt jedoch wesentlich von dem Verhältnis zwischen Grund- und Arbeitspreis, also von der Höhe des Arbeitspreisanteils ab. Da die Unternehmen in der Wahl dieser Rela-

23) BR-Drs. 474/86 vom 28. November 1986 (Beschluß)
24) BGBl. II S. 885
25) BGBl. I 1976, S. 3317

tion frei sind, schreibt die HeizkostenV vor, daß bei der Weiterverteilung die Kosten der Fernwärmeversorgung als Ganzes nach den Abrechnungsmaßstäben der HeizkostenV zu verteilen sind.

Nach dem Einigungsvertrag gilt auch die AVBFernwärmeV vom 1. Januar 1991 an auch im Gebiet der ehemaligen DDR. Auch hierzu wurden Übergangsregelungen geschaffen, die im Anhang 8.3 sowie im Abschnitt 1.6 an den jeweiligen Stellen vermerkt sind.

1.3 Heizkostenverordnung

1.3.1 Allgemeine Begründung zur HeizkostenV[26])

I. Allgemeines

1. Ziel der Verordnung

Das Erste Gesetz zur Änderung des Energieeinsparungsgesetzes vom 20. Juni 1980 (BGBl. I S. 701) ermächtigt die Bundesregierung, durch Rechtsverordnung mit Zustimmung des Bundesrates für Mietwohnungen, Eigentumswohnungen und gewerblich genutzte Räume die verbrauchsabhängige Abrechnung von Heiz- und Warmwasserkosten verbindlich vorzuschreiben.

Mit vorliegender Verordnung macht die Bundesregierung von dieser Ermächtigung Gebrauch.

Ihr Ziel ist es, im Bereich der Gebäudeheizung ohne Einschränkung des Wohnkomforts zu einer weiteren Verminderung des Energieverbrauchs zu kommen. Die Gebäudeheizung hat einen Anteil von 40 % am gesamten Endenergieverbrauch, der Ölanteil liegt dabei über 50 %.

Die verbrauchsabhängige Abrechnung ist eine Maßnahme, mit der ohne großen Investitionsaufwand durch Verhaltensänderung der Bürger ein beachtliches Maß an Energieeinsparung erzielt werden kann. Nach einem vom Bundesminister für Wirtschaft eingeholten Gutachten wird mit einem Einsparpotential von etwa 15 % in dem Gebäudebereich gerechnet, der auf die verbrauchsabhängige Abrechnung umgestellt wird.[27])

2. Grundzüge der Verordnung

Die Regelungen über die Erfassung und verbrauchsabhängige Abrechnung von Heiz- und Warmwasserkosten greifen zwangsläufig in die Rechtsbeziehungen der Beteiligten ein, so besonders in die Beziehungen zwischen Mieter und Vermieter, beim Wohnungseigentum zwischen Wohnungseigentümer und Eigentümergemeinschaft. Da diese Rechtsbeziehungen auf Grund der Privatautonomie der Beteiligten – anders als die Gebote und Verbote der bisherigen Verordnungen zum EnEG – keiner behördlichen Einflußnahme oder Kontrollbefugnis unterliegen, sind Überwachungsmaßnahmen nach § 7 EnEG insoweit weitgehend entbehrlich. Zwar sollte durch eine künftige Änderung der Heizungsanlagen-Verordnung das Anbringen von Verbrauchserfassungsgeräten bei

26) BR-Drs. 632/80, S. 13
27) Zimmermann, S. 1

Neubauten zwingend vorgeschrieben und öffentlich-rechtlich überwacht werden[28]); im übrigen wird es aber den Beteiligten selbst überlassen bleiben, in Wahrnehmung ihrer jeweiligen Interessen die Erfassung des Energieverbrauchs und die Abrechnung nach dieser Verordnung durchzusetzen.

Mit dieser Konzeption entspricht die Verordnung der Stellungnahme des Bundesrates zur EnEG-Novelle, „auf die Eigeninitiative von Mietern bzw. Wohnungseigentümern ..." zurückzugreifen (Bundestags-Drucksache 8/3348, S. 7 Nr. 1 b). Entsprechend der Gegenäußerung der Bundesregierung hierzu (aaO., S. 9) ist die Verordnung daher darauf angelegt, daß die Nutzer von Räumen sich gegen Kostenrechnungen, die der Verordnung nicht entsprechen, mit zivilrechtlichen und zivilverfahrensrechtlichen Mitteln zur Wehr setzen können. Demzufolge werden durch die Verordnung die Gebäudeeigentümer und die ihnen nach § 1 Abs. 2 gleichgestellten Personen verpflichtet, den Verbrauch der Nutzer an Wärme und Warmwasser zu erfassen (§ 4 Abs. 1). Auf der Grundlage des erfaßten Verbrauchs haben sie die Kosten der Versorgung mit Wärme und Warmwasser so auf die Nutzer zu verteilen, daß deren Energieverbrauch Rechnung getragen wird (§ 6). Dieser Verpflichtung wird genügt, wenn die Kosten in einer Höhe von 50 bis 70 vom Hundert nach dem erfaßten Verbrauch abgerechnet werden (§§ 7 bis 9).

3. Ermächtigung

Die Vorschriften über die Ausstattung zur Verbrauchserfassung (§§ 4, 5, 12 Abs. 1 Nr. 1 und Abs. 2) beruhen auf den Ermächtigungen des § 2 Abs. 2 und 3 und des § 3 a Nr. 1 EnEG. Die Vorschriften über die Kostenverteilung (§§ 6 bis 10, 12 Abs. 1 Nr. 3) sind auf § 3 a Nr. 2 EnEG gestützt. § 1 beruht auf beiden vorgenannten Ermächtigungen, §§ 2 und 3, ferner auf § 5 Abs. 4 EnEG, die Verweisungen auf DIN-Normen auch auf § 5 Abs. 3 EnEG. Die Verordnung hält sich in ihrer Gesamtheit im Rahmen des § 5 Abs. 1 EnEG, in der Ausnahmevorschrift des § 11 wird auch § 5 Abs. 2 EnEG Rechnung getragen.

4. Auswirkungen und Kosten

Die Verordnung führt mittel- und längerfristig nicht zu höheren Ausgaben der öffentlichen Haushalte. In dem Zeitraum bis 1984 können zwar für unter die Verordnung fallende Liegenschaften der öffentlichen Hand Kosten für die Ausstattung zur Verbrauchserfassung entstehen. Sie werden aber durch die Weitergabe in der Miete in den folgenden Jahren ausgeglichen. Soweit Kosten durch die Ausführung der Verordnung durch die Länder entstehen, sind sie minimal. Schätzungen hierüber sind nicht möglich.

28) Siehe hierzu Erläuterungen zu § 4 Abs. 4, S. 29

Die Ausstattung der Räume mit Heizkostenverteilern oder Wärmemessern wird sich über § 3 MHG geringfügig auf die Höhe der Wohnungsmieten, im übrigen auf die sonstigen Raummieten sowie beim Wohnungseigentum auf die Höhe der Verwaltungskosten auswirken.

Weitere Kosten entstehen durch die Verwendung der Ausstattung zur Verbrauchserfassung (Ablesung, Abrechnung und Wartung). Im Durchschnitt der betroffenen Nutzer werden diese Kostenerhöhungen aber dadurch mehr als ausgeglichen, daß die Kosten der Heizung und Warmwasserbereitung infolge des rationelleren Verbrauchs gesenkt werden.

[Durch eine angemessene Übergangsfrist in § 12 wird vermieden, daß durch einen größeren Nachfrageschub nach Ausstattungen zur Verbrauchserfassung die Preise sich stärker als in diesem Bereich üblich erhöhen. Meßbare Auswirkungen auf das gesamte Preisniveau sind nicht zu erwarten.]

Die Verordnung beabsichtigt, das Verhalten der Verbraucher bei der Raumheizung und beim Warmwasserverbrauch mit dem Ziel einer Energieeinsparung zu beeinflussen. Das vom Bundesminister für Wirtschaft eingeholte Gutachten kommt zu dem Ergebnis, daß dieses Ziel ohne Einschränkungen des Komforts erreichbar ist. Die Verringerung des Energieverbrauchs im Heizungs- und Warmwasserbereich läßt einen positiven Beitrag zur Verringerung der Umweltbelastung erwarten.

1.3.2 Allgemeine Begründungen zu den Änderungen der HeizkostenV

Begründung zur 1. Änderung der HeizkostenV[29])

I. Allgemeines

Die Vorschriften der Verordnung über Heizkostenabrechnung gelten nunmehr auch im Anwendungsbereich der Neubaumietenverordnung. Für den Bereich der Altbaumietenverordnung für Berlin ist dies bereits der Fall. Für die Umstellung auf die Vorschriften dieser Verordnung bei den preisgebundenen Neubaumietwohnungen waren einige Übergangsregelungen notwendig.

Außerdem sind einige weitere Änderungen auf Grund der Erfahrungen aus der bisherigen Praxis notwendig geworden.

29) BR-Drs. 483/83, S. 22

Begründung zur 2. Änderung der HeizkostenV[30])

I. Allgemeines

Die Bundesregierung hat die auf der Grundlage des Energieeinsparungsgesetzes erlassenen Verordnungen (Wärmeschutzverordnung, Heizungsanlagenverordnung, Heizungsbetriebsverordnung, Heizkostenverordnung) dahingehend überprüft, ob und inwieweit aufgrund der bisherigen Praxis und im Lichte der energiepolitischen Situation Änderungen notwendig und vertretbar sind. Diese Prüfung ergab, daß sich die Regelungen im Grundsatz in der Praxis durchgesetzt und bewährt haben und einen wichtigen Beitrag zur Energieeinsparung im Gebäudebereich leisten. Als zweckmäßig erwiesen haben sich jedoch verschiedene Änderungen bei der Heizkostenverordnung, die Verbesserungen der Rechtsgrundlagen und der praktischen Handhabung der Heizkostenabrechnung zum Ziele haben... Hinzu kommen Folgeänderungen und Ergänzungen im Recht des preisgebundenen Wohnungsbaues und der AVBFernwärmeverordnung.

Im wesentlichen handelt es sich dabei um folgende Änderungen:

1. Änderungen der Heizkostenverordnung

Einer Entschließung des Bundesrates vom 28. November 1986 (BR-Drs. 474/86) folgend wird die Direktabrechnung zwischen Fernwärmeversorgungsunternehmen und Nutzer in den Anwendungsbereich der Verordnung einbezogen. Außerdem werden neu entwickelte sog. Nah- und Direktwärmeversorgungskonzepte der Fernwärme- und Fernwarmwasserlieferung rechtlich gleichgestellt; dies dient der Beseitigung von in der Praxis aufgetretenen Rechtsunklarheiten. Gemeinschaftlich genutzte Räume müssen nur noch dann mit Geräten zur Verbrauchserfassung ausgestattet werden, wenn sie einen nutzungsbedingt hohen Wärmebedarf haben, wie Schwimmbäder oder Saunen. Es werden erstmals Rechtsgrundlagen für Heizkostenabrechnungen in Sonderfällen geschaffen, insbesondere bei Geräteausfall, Unzugänglichkeit von Wohnungen und Mieterwechseln. Schließlich werden gegenstandslos gewordene bzw. nicht mehr benötigte Vorschriften aus der Einführungsphase der Verordnung beseitigt...

Die [vorgesehenen] Verbesserungen der Rechtsgrundlagen und der praktischen Handhabung der Heizkostenabrechnung können zwar vereinzelt zu Änderungen bei den Kostenanteilen einzelner Nutzer führen, werden jedoch insgesamt keine nennenswerte Erhöhung der Gesamtkostenbelastung der Verbraucher zur Folge haben. Insoweit sind von den Änderungen keine Auswirkungen auf die öffentlichen Haushalte und auf das Preisniveau, insbesondere Verbraucherpreisniveau zu erwarten.

30) BR-Drs. 494/88, S. 19

1.3.3 Anwendungsbereich der HeizkostenV (§ 1)

§ 1 Anwendungsbereich

§ 1 Abs. 1: Diese Verordnung gilt für die Verteilung der Kosten

1. des Betriebs zentraler Heizungsanlagen und zentraler Warmwasserversorgungsanlagen,
2. der eigenständig gewerblichen Lieferung von Wärme und Warmwasser, auch aus Anlagen nach Nummer 1, (Wärmelieferung, Warmwasserlieferung)

durch den Gebäudeeigentümer auf die Nutzer der mit Wärme oder Warmwasser versorgten Räume.

Begründung zu § 1 Abs. 1[31])

Die Verordnung regelt die verbrauchsabhängige Verteilung der Kosten des Betriebs zentraler Heizungs- und Warmwasserversorgungsanlagen durch den Gebäudeeigentümer auf eine Mehrheit von Nutzern. Das gleiche gilt für die Kostenverteilung bei Lieferung von Fernwärme und Fernwarmwasser. Als „Fernwärme" ist die Wärmelieferung für Gebäude dann anzusehen, wenn sie nicht vom Gebäudeeigentümer, sondern von einem Dritten erfolgt und dieser die Wärmelieferung nach den Vorschriften der Verordnung über Allgemeine Bedingungen für die Versorgung mit Fernwärme (AVBFernwärmeV) vom 20.6.1980 (BGBl. I S. 742) oder unter Zugrundelegung von Individualverträgen vornimmt. Damit sind sowohl die herkömmlichen Fernwärmeversorgungsunternehmen (Fernheizwerk, Kraftwerk mit Kraft-Wärme-Kopplung usw.) erfaßt wie auch diejenigen Unternehmen, die es übernommen haben, die Heizungsanlage des Gebäudeeigentümers für diesen im eigenen Namen und für eigene Rechnung zu betreiben.

Für den Begriff „Fernwarmwasser" gelten die gleichen Kriterien wie für Fernwärme.

Die Verordnung unterscheidet grundsätzlich nicht danach, in welcher Weise die Räume in den Gebäuden genutzt werden. Sie erstreckt sich dementsprechend auf Wohnungen wie auf gewerblich oder sonstwie zu Erwerbszwecken oder auf in anderer Weise genutzte Räume. Entscheidend ist vielmehr, daß die Räume in einem Gebäude von einer Mehrzahl von Nutzern genutzt, aber grundsätzlich von einer gemeinsamen Anlage (Zentralheizung oder Fernheizwerk) mit Wärme oder Warmwasser versorgt werden.

So werden z.B. Mieter von Einfamilienhäusern nicht erfaßt, da hier eine „Verteilung" der Heizkosten durch den Gebäudeeigentümer auf den alleinigen Nutzer nicht in Betracht kommt; der Mieter trägt die insge-

31) BR-Drs. 632/80, S. 17

samt anfallenden Kosten allein. [Enthält das Einfamilienhaus dagegen noch eine vermietete Einliegerwohnung, so ist die Verordnung grundsätzlich darauf anzuwenden.]

Im Sinne einer umfassenden Einbeziehung aller Nutzungsverhältnisse, bei denen Heizungs- und Warmwasserbereitungskosten verteilt werden können, unterscheidet die Verordnung auch nicht nach der Rechtsnatur des Nutzungsverhältnisses. Nutzer im Sinne dieser Verordnung werden überwiegend die Mieter sein, daneben aber auch Wohnungsinhaber bei genossenschaftlichen Nutzungsverhältnissen sowie Pächter; ferner Wohnungseigentümer nach dem Wohnungseigentümergesetz (WEG) und die diesen gleichgestellten Teileigentümer (§1 Abs. 3 und 6 WEG), Inhaber eines Wohnungserbbaurechts oder Teilerbbaurechts nach §30 WEG oder eines Dauerwohnrechts oder Dauernutzungsrechts nach §31 WEG bis zu den Inhabern eines Wohnungsrechts nach § 1093 BGB. Wegen der Ausnahme für bestimmte Nutzergruppen wird auf § 11 hingewiesen.

Begründung zur Änderung des § 1 Abs. 1 Nr. 2[32])

In §1 Abs. 1 Nr. 2 wird künftig anstelle der Lieferung von Fernwärme und Fernwarmwasser umfassend die „eigenständig gewerbliche Lieferung von Wärme und Warmwasser, auch aus Anlagen nach Nr. 1“, einbezogen. Damit ist jede Art der eigenständig gewerblichen Wärme- und Warmwasserlieferung abgedeckt (einschließlich des gewerblichen Betriebs von Heizzentralen mit Lieferung von Wärme und Warmwasser für die Nutzer eines oder mehrerer Gebäude), ohne Rücksicht darauf, ob sie in Lieferverträgen als Direkt-, Nah- oder Fernwärmelieferung deklariert wird.

In der geltenden Fassung des §1 Abs. 1 Nr. 2 wird zwar vom Wortlaut her ausschließlich auf Lieferung von Fernwärme und Fernwarmwasser abgestellt; in der Begründung des Regierungsentwurfs der Heizkostenverordnung von 1980 (BR-Drs. 632/80, S. 17) kam jedoch folgende Zielrichtung bereits zum Ausdruck: „Damit sind sowohl herkömmliche Fernwärmeversorgungsunternehmen erfaßt wie auch diejenigen Unternehmen, die es übernommen haben, die Heizungsanlage des Gebäudeeigentümers für diesen im eigenen Namen und für eigene Rechnung zu betreiben.“ Trotz dieses Hinweises in der Begründung hat es in Praxis und Rechtsprechung in diesem Bereich Unklarheiten gegeben. Vor allem war umstritten, ob bei den in zunehmendem Maße die regionale Wärmeversorgung mittragenden – aus energie-, umwelt- und auch beschäftigungspolitischer Sicht häufig wünschenswerten – Direkt- und Nahwärmeversorgungskonzepten die für Fernwärme geltenden Vorschriften der Heizkostenverordnung Anwendung finden und damit ins-

32) BR-Drs. 494/88, S. 21

besondere nicht nur die Betriebskosten nach §7 Abs. 2, sondern die gesamten Kosten der Lieferung (Entgelt der Lieferung zuzüglich Kosten der zugehörigen Hausanlage) nach §7 Abs. 4 auf die Nutzer verteilt werden können. Hierzu soll die nunmehr vorgesehene Änderung Rechtsklarheit schaffen.

Die Heizkostenverordnung regelt lediglich den Vorgang der Kostenverteilung und hat im übrigen der Vielzahl technischer und rechtlicher Gestaltungsmöglichkeiten von Versorgungskonzepten neutral gegenüberzustehen. Voraussetzung dafür, daß im Einzelfall tatsächlich nicht nur Betriebskosten nach §7 Abs. 2 und §8 Abs. 2, sondern gegebenenfalls auch nach §7 Abs. 4 und §8 Abs. 3 das Lieferentgelt (i.d.R. Grund-, Arbeits- und Verrechnungspreise) verteilt werden dürfen, ist im übrigen – wie bei der Fernwärmelieferung –, daß entsprechende rechtswirksame Versorgungs- bzw. Lieferverträge zugrunde liegen.

Erläuterungen

Die HeizkostenV wendet sich an Eigentümer von Gebäuden mit Gemeinschaftsheizung und zentraler Warmwasserversorgung, wenn von diesen mehrere Nutzer versorgt werden. Das gilt gleichermaßen für Mietwohnungen, Eigentumswohnungen und gewerblich genutzte Räume. Nutzer im Sinne der Verordnung ist beispielsweise eine Mietpartei in einem Mietshaus, die eine Mieteinheit (Nutzeinheit) bewohnt und die für diese Nutzeinheit anfallenden Heiz- und Warmwasserkosten trägt. Dabei spielt die Anzahl der dort lebenden Personen keine Rolle. Die Wärme- und Warmwasserversorgung kann sowohl aus dem Betrieb zentraler Heizungsanlagen und zentraler Warmwasserversorgungsanlagen (als Nebenverpflichtung aus dem Mietvertrag) sowie aus eigenständig gewerblicher Wärmelieferung (z. B. Fernwärme, Nahwärme…) erfolgen.

Ziel der Verordnung ist es, alle Arten der Wärmeversorgung zu erfassen. In §1 Abs. 1 Nr. 2 a. F. stand stellvertretend für alle Arten des Wärmeverkaufs „Lieferung von Fernwärme und Fernwarmwasser". Insbesondere wegen der daraus entstandenen widersprüchlichen Rechtsauffassungen wurde diese Formulierung durch „eigenständig gewerbliche Lieferung von Wärme und Warmwasser, auch aus Anlagen nach Nummer 1 (Wärmelieferung, Warmwasserlieferung)" ersetzt. In diesem neu geschaffenen Oberbegriff sind die herkömmliche Fernwärmeversorgung sowie die inzwischen neu geschaffenen Begriffe, wie Nah- oder Direktversorgung, ebenso enthalten wie die Wärmeversorgung durch einen Dritten, der die Heizungsanlage des Gebäudeeigentümers „für diesen in eigenem Namen und für eigene Rechnung betreibt"[33]).

Die Anwendungsfälle nach den Nummern 1 und 2 unterscheiden sich in erster Linie durch die Art der Kosten, welche den Nutzern in Rechnung

33) BR-Drs. 494/88, S. 21

gestellt werden dürfen. Bei der Wärmeversorgung nach Nr. 1 sind lediglich die Betriebskosten nach §§ 7 Abs. 2 bzw. 8 Abs. 2 bzw. nach der Anlage 3 zu § 27 Abs. 1 Nr. 4 a, II. BV umzulegen, während bei der Wärmeversorgung nach Nr. 2 der von dem Wärmelieferanten in Rechnung gestellte Wärmepreis und ggf. die Betriebskosten der Hausanlage zu verteilen sind.

In der Vergangenheit wurden im Zusammenhang mit der Frage der Kostengestaltung aus der alten Formulierung (Fern...) gelegentlich Entscheidungen abgeleitet, die aus der Ermächtigungsgrundlage zur HeizkostenV nicht abzuleiten waren[34]).

Da auch eine Wärmeversorgung im Rahmen des Mietvertrages als „gewerblich" angesehen werden kann, soll der Zusatz „eigenständig" zum Ausdruck bringen, daß diese Art der Wärmeversorgung hier nicht gemeint ist. Der Wärmelieferungsvertrag wird daher i.d.R. unabhängig vom Mietvertrag bestehen. Gegebenenfalls sind entsprechende Hinweise in den Mietverträgen vorzusehen. Ist der Gebäudeeigentümer weiterverteilender Kunde des Wärmelieferers, besteht Vertragsverhältnis zwischen diesen beiden. Im anderen Falle wird zwischen Gebäudeeigentümer und Wärmelieferant lediglich ein Rahmenvertrag über die Beheizung des Gebäudes abgeschlossen. Unmittelbare Vertragspartner sind in diesem Fall Wärmelieferant und Nutzer.

1.3.4 Der Gebäudeeigentümer (§ 1 Abs. 2)

§ 1 Abs. 2: Dem Gebäudeeigentümer stehen gleich

1. **der zur Nutzungsüberlassung in eigenem Namen und für eigene Rechnung Berechtigte,**
2. **derjenige, dem der Betrieb von Anlagen im Sinne des § 1 Abs. 1 Nr. 1 in der Weise übertragen worden ist, daß er dafür ein Entgelt vom Nutzer zu fordern berechtigt ist,**
3. **beim Wohnungseigentum die Gemeinschaft der Wohnungseigentümer im Verhältnis zum Wohnungseigentümer, bei Vermietung einer oder mehrerer Eigentumswohnungen der Wohnungseigentümer im Verhältnis zum Mieter.**

Begründung zu § 1 Abs. 2[35])

Die in der Verordnung für den Gebäudeeigentümer statuierten Verpflichtungen bezüglich Geräteausstattung, Verbrauchserfassung und Kostenverteilung sollen nach Absatz 2 für einen weiteren Personenkreis gelten:

---

34) Näheres hierzu in Abschnitt 2

35) BR-Drs. 632/80, S. 18

Nach Nummer 1 sind dies Personen, die, ohne Eigentümer zu sein, im eigenen Namen und für eigene Rechnung die Räume zur Nutzung überlassen dürfen. Hierunter fallen nicht nur die Inhaber dinglicher Nutzungsrechte wie Nießbraucher, Wohnungsrechtsinhaber, Dauerwohnrechts- und Dauernutzungsrechtsinhaber, sondern auch diejenigen, die auf Grund sonstiger Rechtsverhältnisse die Befugnisse des Gebäudeeigentümers ausüben, z.B. Mieter und Pächter im Verhältnis zu ihren Untermietern und Unterpächtern.

Nummer 2 stellt dem Gebäudeeigentümer die Personen gleich, die eine Zentralheizungs- (Warmwasserversorgungs-)anlage für den Gebäudeeigentümer betreiben und unmittelbar mit den Nutzern abrechnen. Sie sind dabei jedenfalls an die Verordnung gebunden. [Sofern sie jedoch Fernwärme oder Fernwarmwasser liefern, kommt bei einer direkten Abrechnung mit den Nutzern die Verordnung nicht zur Anwendung (vgl. § 6 Abs. 1 Satz 2); die Kostenabrechnung richtet sich dann in der Regel nach der AVBFernwärmeV.]

Bei Wohnungseigentum trifft die Verpflichtung die Gemeinschaft der Wohnungseigentümer; entsprechende Beschlüsse sind von ihr nach Maßgabe des § 3 zu fassen. Unter den Begriff Wohnungseigentum fällt nach § 1 Abs. 6 WEG auch das Teileigentum. Die Gleichsetzung des Wohnungseigentümers mit dem Gebäudeeigentümer für den Fall der Vermietung von Eigentumswohnungen deckt den Fall ab, daß in einer Wohnungseigentumsanlage einem Eigentümer eine oder mehrere vermietete Eigentumswohnungen gehören.

Die Verordnung findet auch dann Anwendung, wenn einem Eigentümer nur eine Eigentumswohnung gehört und er diese vermietet. In diesem Fall erfolgt zwar keine „Verteilung" der Kosten im Sinne des Absatzes 1. Doch soll auch hier der Eigentümer verpflichtet sein, gegenüber seinem Mieter einen der Verordnung entsprechenden Abrechnungsschlüssel anzuwenden. Dies wird schon aus praktischen Gründen im allgemeinen der Abrechnungsschlüssel sein, den die Eigentümergemeinschaft ihm gegenüber anwendet (Nummer 3).

Erläuterungen

Mit *Gebäudeeigentümer* sind in der Verordnung alle natürlichen und juristischen Personen gemeint, welche gegenüber dem Nutzer jeweils Vertragspartner i.S. der HeizkostenV sind. Wer damit im einzelnen gemeint ist, geht aus § 1 Abs. 2 Nr. 1 bis 3 und der dazu ergangenen Begründung eindeutig hervor. Einer weitergehenden Erläuterung bedarf die Nr. 2 insofern, als dort mit *Entgelt* lediglich die gem. HeizkostenV umlegbaren Betriebskosten gemeint sind. Der dort genannte Dritte betreibt die Heizungsanlage ohne eigene Verpflichtung gegenüber den Nutzern. Sollte er für diese Tätigkeit noch eine Vergütung erhalten, ist diese nicht im Rahmen der Heizkostenabrechnung umlagefähig.

1.3.5 Direktversorgungsverträge (§ 1 Abs. 3)

§ 1 Abs. 3: Diese Verordnung gilt auch für die Verteilung der Kosten der Wärmelieferung und Warmwasserlieferung auf die Nutzer der mit Wärme oder Warmwasser versorgten Räume, soweit der Lieferer unmittelbar mit den Nutzern abrechnet und dabei nicht den für den einzelnen Nutzer gemessenen Verbrauch, sondern die Anteile der Nutzer am Gesamtverbrauch zugrunde legt; in diesen Fällen gelten die Rechte und Pflichten des Gebäudeeigentümers aus dieser Verordnung für den Lieferer.

Begründung zum eingefügten Abs. 3[36])

Durch den eingefügten neuen Absatz 3 in § 1 werden Fälle, bei denen der Lieferer die Kosten der Lieferung nicht – wie bei § 1 Abs. 1 – dem Gebäudeeigentümer in Rechnung stellt, sondern unmittelbar auf die einzelnen Nutzer verteilt, erstmals der Verordnung unterworfen. Damit wird einer Initiative des Bundesrates (BR-Drs. 474/86) entsprochen. Ziel der Änderung ist es, Härten, die in diesen Fällen in der Praxis durch das Zusammenwirken eines hohen Arbeitspreisanteiles (verbrauchsbezogen) mit z.B. extremen Lageunterschieden aufgetreten sind, durch Anwendung des Verteilungsschlüssels der Heizkostenverordnung (30 bis 50 v.H. verbrauchsabhängig zu verteilende Kosten) zu mildern.

Die Lieferer (d.h. zumeist Versorgungsunternehmen) werden durch die Neuregelung nicht in ihrer Preisbildung beeinträchtigt. Sie müssen lediglich in einem zusätzlichen Rechenschritt – der den Nutzern ohne nennenswerten Mehraufwand in der Einzelabrechnung dargestellt werden kann – den Verteilungsschlüssel der Heizkostenverordnung auf die zu verteilenden Gesamtkosten bzw. den zu verteilenden Gesamtpreis für eine Abrechnungseinheit (i.d.R. ein Gebäude) anwenden.

Aus dem einschränkenden „soweit"-Halbsatz ergibt sich zum einen, daß die Vorschrift nur hinsichtlich derjenigen Kosten Anwendung findet, die der Lieferer aufgrund des Liefervertrages mit den Nutzern abrechnet. Der Lieferer wird also nicht gezwungen, Kosten der zugehörigen Hausanlage, die nicht im Entgelt der Lieferung enthalten sind, künftig in seine Abrechnung mit einzubeziehen. Soweit Kosten der zugehörigen Hausanlage in diesen Fällen vom Gebäudeeigentümer verteilt werden, ist in § 11 Abs. 1 Nr. 4 (neu) eine Ausnahmeregelung vorgesehen; damit richtet sich die Verteilung dieser Kosten durch den Gebäudeeigentümer nach den jeweiligen rechtsgeschäftlichen Bestimmungen.

Der mit „soweit" beginnende Halbsatz bestimmt außerdem, daß nur diejenigen Direktabrechnungsfälle der Verordnung unterworfen sind, bei denen der Abrechnung die „Anteile der Nutzer am Gesamtverbrauch"

36) BR-Drs. 494/88, S. 22

(Verbrauchserfassung mit Kostenverteilern oder z.B. Wärmezählern, die wegen einer zusätzlichen Messung am Gebäude wie Verteiler verwendet werden) zugrunde gelegt werden, also ein echter Verteilvorgang stattfindet. Ausgenommen sind damit diejenigen Fälle, in denen die Direktabrechnung auf der Grundlage des für den einzelnen Nutzer „gemessenen" Verbrauchs (also ausschließliche Verbrauchsmessung beim einzelnen Nutzer mit eichpflichtigen Erfassungsgeräten) erfolgt.

Erläuterungen

Aufgrund des neu eingefügten Abs. 3 sind die Kosten der Wärme- und Warmwasserlieferung auch dann nach den Bestimmungen der HeizkostenV abzurechnen, wenn der Wärmelieferer (oder das von ihm beauftragte Abrechnungsunternehmen) unmittelbar mit den Nutzern abrechnet. Das gilt jedoch nur dann, wenn die Wärmekosten innerhalb der Abrechnungseinheit anteilmäßig verteilt werden. Die anteiligen Verbräuche können dabei sowohl mit Heizkostenverteilern als auch mit Wärmezählern ermittelt werden.

Wird der Wärmeverbrauch jedoch nach den bei den einzelnen Nutzern in physikalischen Einheiten (z.B. in kWh) gemessenen Verbräuchen verrechnet, gilt diese Bestimmung nicht.

1.3.6 Preisgebundener Wohnraum (§ 1 Abs. 4)

§ 1 Abs. 4: Diese Verordnung gilt auch für Mietverhältnisse über preisgebundenen Wohnraum, soweit für diesen nichts anderes bestimmt ist.

Begründung zur Änderung des § 1 Abs. [3] {jetzt Abs. 4}[37])

Gemäß § 22 NMV 1970 (vgl. Art. 1 Nr. 2) gelten die Vorschriften der HeizkostenV nunmehr auch im Bereich der preisgebundenen Neubaumietwohnungen. Eine gleiche Regelung ist in § 20 der Altbaumietenverordnung Berlin für die noch preisgebundenen Altbaumietwohnungen getroffen. Somit fallen sämtliche Mietverhältnisse über preisgebundenen Wohnraum in den Anwendungsbereich der HeizkostenV. Allerdings ist die Ausdehnung des Anwendungsbereichs auf Mietverhältnisse über preisgebundenen Wohnraum mit Maßgaben verbunden. Daraus folgt die Änderung des Absatzes [3] {jetzt Abs. 4}.

37) BR-Drs. 483/83, S. 33

1.3.7 Rechtsgeschäftliche Bestimmungen (§ 2)

§ 2 Vorrang vor rechtsgeschäftlichen Bestimmungen

Außer bei Gebäuden mit nicht mehr als zwei Wohnungen, von denen eine der Vermieter selbst bewohnt, gehen die Vorschriften dieser Verordnung rechtsgeschäftlichen Bestimmungen vor.

Begründung zu § 2[38])

Diese Vorschrift gibt dem Grundsatz Ausdruck, daß für die Verteilung der Heiz- und Warmwasserkosten die Vorschriften dieser Verordnung gelten sollen. Entgegenstehende Bestimmungen z. B. in Mietverträgen oder in Vereinbarungen oder Beschlüssen der Wohnungseigentümer sollen die verbrauchsabhängige Abrechnung der Heiz- und Warmwasserkosten, wie sie die Verordnung festlegt, nicht verhindern können.

Begründung zur Änderung des § 2[39])

Bei Einfamilienhäusern mit Einliegerwohnung und Zweifamilienhäusern, bei denen eine Wohnung vom Vermieter selbst bewohnt wird, sollte von der Anwendung der Verordnung Abstand genommen werden, da bei dieser Art von Mietverhältnissen davon ausgegangen werden kann, daß Vermieter und Mieter gemeinsam bemüht sind, Heizkosten einzusparen. Für eine entsprechende Handhabung spricht, daß auch bei der Heizungsanlagenverordnung Ein- und Zweifamilienhäuser ausgenommen sind.

Erläuterungen

Falls in Mietverträgen oder Vereinbarungen der Wohnungseigentümer Bestimmungen enthalten sind, die denen der HeizkostenV entgegenstehen, verlieren diese ihre Gültigkeit. Inzwischen sind solche abweichenden Bestimmungen nicht mehr zulässig.

Von dieser Regelung sind jedoch Einfamilienhäuser mit Einliegerwohnungen und Zweifamilienhäuser ausgenommen, sofern der Vermieter eine Wohneinheit selbst bewohnt. Der einschränkende Zusatz wurde aufgrund einer Empfehlung der beteiligten Ausschüsse in den Verordnungstext aufgenommen[40]). Der Umstand, daß hier von „Wohneinheit“ und nicht von „Nutzeinheit“ und von „Vermieter“ und nicht von „Gebäudeeigentümer“ die Rede ist, könnte vermuten lassen, daß sich daraus Rechtsprobleme ergeben, wenn beispielsweise der Vermieter seine Wohnung einem Dritten überläßt oder die untervermieteten Räume gewerb-

38) BR-Drs. 632/80, S. 20
39) BR-Drs. 483/83 (Beschluß), S. 14
40) BR-Drs. 483/1/83, S. 19

lich genutzt werden. Es ist nicht mehr erkennbar, weshalb diese Formulierung so und nicht anders gewählt wurde. Jedenfalls sollte bei eventuellen Rechtsstreitigkeiten eine großzügige Auslegung gefunden werden. Besser wäre natürlich eine gütliche Einigung unter den Beteiligten. Das scheint bisher jedenfalls in der Praxis der Fall gewesen zu sein, da keine Rechtsprechung dazu bekannt ist. Dem Wortlaut des §2 folgend, bedarf eine solche Regelung einer ausdrücklichen Vereinbarung, entweder im Mietvertrag selbst oder außerhalb desselben.

Für kleine Einliegerwohnungen ist eine von der HeizkostenV abweichende Regelung schon deshalb zu empfehlen, weil diese oft ohne separaten Abschluß in die Hauptwohnung übergehen. Dadurch findet ein ziemlich großer Wärmeaustausch zwischen den Wohnungen statt, der eine individuelle Wärmeregelung nicht gestattet. Im übrigen wird in solchen Fällen häufig die Wirtschaftlichkeit der Maßnahmen zur Verbrauchserfassung nicht mehr gegeben sein, so daß auch ein Ausnahmetatbestand nach §11 nicht auszuschließen ist[41]).

1.3.8 Wohnungseigentum (§3)

§ 3 Anwendung auf das Wohnungseigentum

Die Vorschriften dieser Verordnung sind auf Wohnungseigentum anzuwenden unabhängig davon, ob durch Vereinbarung oder Beschluß der Wohnungseigentümer abweichende Bestimmungen über die Verteilung der Kosten der Versorgung mit Wärme und Warmwasser getroffen worden sind. Auf die Anbringung und Auswahl der Ausstattung nach den §§ 4 und 5 sowie auf die Verteilung der Kosten und die sonstigen Entscheidungen des Gebäudeeigentümers nach den §§ 6 bis 9 b und 11 sind die Regelungen entsprechend anzuwenden, die für die Verwaltung des gemeinschaftlichen Eigentums im Wohnungseigentumsgesetz enthalten oder durch Vereinbarung der Wohnungseigentümer getroffen worden sind. Die Kosten für die Anbringung der Ausstattung sind entsprechend den dort vorgesehenen Regelungen über die Tragung der Verwaltungskosten zu verteilen.

Begründung zu § 3[42])

Die Vorschrift enthält die notwendigen Regelungen, um die Verordnung für den Bereich des Wohnungseigentums anwenden zu können. Demzufolge erklärt Satz 1 die Regelungen der Verordnung auch für die entsprechenden Vereinbarungen oder Beschlüsse der Wohnungseigentümer für maßgebend. Dabei stehen in der Teilungserklärung (§8 WEG)

41) Siehe auch OLG Hamm, ZMR 1986/438 und OLG Schleswig, 15.01.1986
42) BR-Drs. 632/80, S. 21

enthaltene Regelungen des Gemeinschaftsverhältnisses Vereinbarungen der Wohnungseigentümer gleich.

Beim Wohnungseigentum wird die Eigentümergemeinschaft insbesondere über folgende Fragen zu entscheiden haben:

- Anbringung und Auswahl der Ausstattung nach §§ 4 und 5. Bei Gebäuden, die vor dem 1. Juli 1981 bezugsfertig geworden sind, wird vor allem über den Zeitpunkt zu entscheiden sein, an dem die Ausstattung angebracht werden soll (vgl. § 12 Abs. 1 Nrn. 1 und 2). Einen Entscheidungsspielraum hat die Eigentümergemeinschaft nicht nur hinsichtlich der zu verwendenden Geräte (Heizkostenverteiler oder Wärmezähler). Vielmehr besteht auch hinsichtlich der Art und Weise der Anbringung ein Entscheidungsspielraum, sofern nicht gerätespezifische Anbringungsorte vorgeschrieben sind.
- Festlegung eines Verteilungsschlüssels für die Kosten der Versorgung mit Wärme und Warmwasser nach [§§ 7 und 8] {neu: sinngemäß §§ 6 bis 8} im Rahmen der dort festgelegten Prozentsätze; ferner die Festlegung, nach welchem Maßstab (Wohn- oder Nutzfläche oder umbauter Raum) die übrigen Kosten zu verteilen sind.
- Entscheidungen nach [§§ 9 und 11] {neu: sinngemäß §§ 9 bis 9 b und 11}: Diese können sich z. B. beziehen auf die Auswahl der in § 9 Abs. 2 zugelassenen Berechnungsarten, auf die Festlegung des Prozentsatzes verbrauchsabhängiger Abrechnung und auf die Maßstäbe, nach denen die sonstigen Kosten verteilt werden sollen, nach § 9 Abs. 4; ferner auf die Frage, ob Ausnahmen nach § 11 Abs. 1, Nr. 1 gegeben sind oder nach § 11 Abs. 1, Nr. 3 beantragt werden sollen. Auch die Überschreitung der Höchstsätze (§ 10) muß von den Wohnungseigentümern vereinbart oder beschlossen werden.

Diese Entscheidungen ergehen nach den Regelungen, die das WEG für die Verwaltung des gemeinschaftlichen Eigentums enthält oder die die Wohnungseigentümer durch Vereinbarung getroffen haben.

Dabei ist vorausgesetzt, daß über die zur Entscheidung anstehenden Fragen der Verwaltung des gemeinschaftlichen Eigentums im allgemeinen, wie im WEG vorgesehen, durch Mehrheitsbeschluß entschieden wird oder daß für die gesamte Verwaltung und damit auch für Entscheidungen im Zusammenhang mit der Heizkostenabrechnung keine Vereinbarungen der Wohnungseigentümer gelten, die die Einführung der verbrauchsabhängigen Abrechnung in nennenswertem Maße erschweren. So ist die Vereinbarung einstimmiger Entscheidungen für die Verwaltung des gemeinschaftlichen Eigentums nach gegenwärtigen Informationen höchst selten. Wo sie jedoch vorliegt, wird davon ausgegangen, daß sie aus sachlichen Gründen geboten ist und durch die Verordnung nicht verhindert werden sollte.

Mit der Verweisung auf die Regelungen des WEG oder auf entsprechende Vereinbarungen der Wohnungseigentümer beschränkt die Verordnung sich auf das zur Erreichung ihrer Ziele unerläßliche Minimum an abweichenden Regelungen. Es gelten hiernach insbesondere §21 Abs. 3 und 4 WEG: Die Wohnungseigentümer können – vorbehaltlich einer abweichenden Vereinbarung – entsprechende Maßnahmen grundsätzlich durch Stimmenmehrheit beschließen und jeder Wohnungseigentümer kann die Verwirklichung der der Verordnung entsprechenden Maßnahmen verlangen. Ferner gelten z.B. die Vorschriften des WEG über die Versammlung der Wohnungseigentümer (§§23 bis 25 WEG) und über die Anfechtung der Beschlüsse bei Gericht (§§43ff. WEG). Hinsichtlich der Beschlußfähigkeit der Wohnungseigentümerversammlung trägt die Vorschrift auch dem Umstand Rechnung, daß das Stimmrecht der Wohnungseigentümer in den Teilungserklärungen vielfach abweichend von § 25 Abs. 2 WEG geregelt ist. Bei solchen abweichenden rechtsgeschäftlichen Regelungen kann es, sofern sie sich auf die im Rahmen dieser Verordnung zu behandelnden Fragen beziehen, verbleiben.

In ähnlicher Weise wie Satz 2 verweist auch Satz 3 hinsichtlich der Kosten für die Anbringung der Ausstattung auf die Regelungen des WEG oder der Vereinbarungen der Wohnungseigentümer über die Tragung der Verwaltungskosten. Diese Regelung ist deshalb geboten, weil die Kosten in aller Regel nicht derart aufgegliedert werden können, daß die für jede Wohnung anfallenden Kosten betragsmäßig erfaßt werden können. Sofern die Wohnungseigentümer nicht eine andere Aufteilung der Verwaltungskosten vereinbart haben, gilt für die Kosten der Anbringung somit §16 Abs. 2 WEG. Dies schließt nicht aus, daß in besonderen Härtefällen nach dem Grundsatz von Treu und Glauben (§242 BGB) eine andere Verteilung geboten ist.

Erläuterungen

Die HeizkostenV hat wesentlich in das Wohnungseigentumsrecht eingegriffen. Die gesetzlichen Grundlagen dazu wurden durch § 5 Abs. 4 EnEG geschaffen. Mit dieser Ermächtigung konnte die Verordnung in die Rechtsbeziehungen zwischen den Wohnungseigentümern untereinander wie auch zwischen Eigentümern und Mietern eingreifen. Sie hat insofern nicht nur Vorrang vor rechtsgeschäftlichen Bestimmungen (§ 2), sondern auch vor gesetzlichen Bestimmungen des Wohnungseigentumsrechts[43]).

Die Verordnung bestimmt, welche Entscheidungen, die im Zusammenhang mit der HeizkostenV zu treffen sind, den Regelungen zu entsprechen haben, die im Wohnungseigentumsgesetz für die Verwaltung des

43) Brintzinger, S. 64

gemeinschaftlichen Eigentums enthalten sind. Wenn in Einzelfällen von der dort vorgesehenen einfachen Stimmenmehrheit abgewichen wird, so ist dem durch den Zusatz „oder durch Vereinbarung der Wohnungseigentümer ...“ Rechnung getragen. Falls eine die einfache Stimmenmehrheit überschreitende Regelung dazu führen sollte, daß eine Minorität ihre Rechtsposition extrem ausnutzt, wäre ggf. Gerichtsentscheidung herbeizuführen.

Die mit der Änderung von 1989 in § 3 eingefügten Ergänzungen sind redaktioneller Art bzw. Folgeänderung.

1.3.9 Erfassungs- und Duldungspflicht, Gemeinschaftsräume (§ 4)

§ 4 Pflicht zur Verbrauchserfassung

§4 Abs. 1: Der Gebäudeeigentümer hat den anteiligen Verbrauch der Nutzer an Wärme und Warmwasser zu erfassen.

Begründung zu § 4 Abs. 1[44])

§4 Abs. 1 legt dem Gebäudeeigentümer die Pflicht zur Verbrauchserfassung auf.

Erläuterungen

Für die Abrechnung der Heizkosten ist der *anteilige Verbrauch* der Nutzer zu erfassen. Damit sind alle Abrechnungsmethoden ausgeschlossen, die auf die Erfassung anderer Größen abstellen. Dazu gehört beispielsweise Kostenverteilung nach der Raumtemperatur. Das wäre insofern ein ungeeignetes Mittel, als eine niedrige Raumtemperatur nicht nur durch sparsames Heizen, sondern auch durch extremes Lüften erreicht werden kann. Das gleiche gilt für Verfahren, welche auf die Einstellung der thermostatischen Heizkörperventile abstellen, und für sogenannte Reduktionsverfahren, zu denen im Abschnitt 1.3.13 mehr gesagt wird.

Der Gebäudeeigentümer kann die Verpflichtung, den Verbrauch zu erfassen, die Ausstattungen zur Verbrauchserfassung anzubringen und die Kosten zu verteilen, auf ein Abrechnungsunternehmen übertragen. Dieses ist dann Erfüllungsgehilfe des Gebäudeeigentümers, ohne daß sich dadurch an den Rechtsbeziehungen zwischen Gebäudeeigentümer und Nutzer etwas ändert.

„Gebäudeeigentümer“ steht hier, ebenso wie an anderen Stellen der Verordnung, stellvertretend auch für den diesem gleichgestellten Personenkreis gemäß § 1 Abs. 2.

---

44) BR-Drs. 632/80, S. 24

§4 Abs. 2: Er hat dazu die Räume mit Ausstattungen zur Verbrauchserfassung zu versehen; die Nutzer haben dies zu dulden. Will der Gebäudeeigentümer die Ausstattung zur Verbrauchserfassung mieten oder durch eine andere Art der Gebrauchsüberlassung beschaffen, so hat er dies den Nutzern vorher unter Angabe der dadurch entstehenden Kosten mitzuteilen; die Maßnahme ist unzulässig, wenn die Mehrheit der Nutzer innerhalb eines Monats nach Zugang der Mitteilung widerspricht. Die Wahl der Ausstattung bleibt im Rahmen des §5 dem Gebäudeeigentümer überlassen.

Begründung zu §4 Abs. 2[45])

Absatz 2 begründet die Pflicht des Gebäudeeigentümers, die Räume auch mit Ausstattungen zur Verbrauchserfassung zu versehen, wobei die konkrete Auswahl der nach der Verordnung erforderlichen Geräte dem Gebäudeeigentümer überlassen bleibt.

Für den Eigentümer wird es sich insbesondere wegen der damit verbundenen Kostenüberwälzung empfehlen, die Belange der Mieter angemessen zu berücksichtigen.

Nach Satz 1 2. Halbsatz haben die Nutzer die Anbringung der Ausstattung zu dulden. Diese förmliche Festschreibung erscheint erforderlich, da Duldungspflichten aufgrund allgemeinen Mietrechts (§541 a Abs. 2 BGB oder §20 ModEnG) nicht ausreichen.

Beide Vorschriften betreffen Maßnahmen, die der Vermieter freiwillig vornimmt; daraus erklären sich die Interessenabwägung, die jeweils vorgenommen werden muß („Zumutbarkeit",„Härte"), das Kündigungsrecht des Mieters nach §20 Abs. 2 Satz 2 ModEnG, das im vorliegenden Zusammenhang nicht angemessen erscheint, und die Tatsache, daß die Vorschriften zugunsten des Mieters abdingbar sind – was hier den Vermieter verleiten könnte, sich unter Berufung auf vertragliche Vereinbarungen mit seinem Mieter der Umstellung auf die verbrauchsabhängige Heizkostenabrechnung zu entziehen.

Freilich dürfte sich in aller Regel aus §242 die Pflicht des Mieters ergeben, den Vermieter nicht an der Erfüllung seiner öffentlich-rechtlichen Verpflichtungen zu hindern. Zur Klarstellung dieser Rechtslage erschien es zweckmäßig, eine ausdrückliche öffentlich-rechtliche Verpflichtung der Nutzer zur Duldung der nach §4 dem Gebäudeeigentümer obliegenden Maßnahmen vorzusehen (vgl. §39f. BBauG).

Eine Regelung darüber, wer die Kosten für die Anbringung der Ausstattung im Mietverhältnis zu tragen hat, ist nicht notwendig. §3 Abs. 1 MHG enthält hierfür eine angemessene Regelung: Der Vermieter ist unter gewissen Voraussetzungen berechtigt, bei baulichen Maßnahmen,

45) BR-Drs. 632/80, S. 24

die nachhaltig Einsparungen von Heizenergie bewirken, sowie bei baulichen Änderungen aufgrund von Umständen, die er nicht zu vertreten hat, die jährliche Miete um 11 % der für die Wohnung aufgewendeten Kosten zu erhöhen.

Begründung zur Neufassung des § 4 Abs. 2[46])

Die Neufassung des Abs. 2 berücksichtigt, daß die Beschaffung einer Ausstattung zur Verbrauchserfassung nicht selten in der Form der Anmietung oder anderer Arten der Gebrauchsüberlassung vorgenommen wird. Die Regelung ist geeignet, Anstöße zur Verwendung verbesserter Ausstattungen zu geben. Sie trägt im übrigen der technischen Fortentwicklung auf diesem Sektor Rechnung. Da die Anmietung oder andere Arten der Gebrauchsüberlassung gegenüber dem Erwerb einer Ausstattung zu höheren Kosten für die Nutzer führen kann, wird sichergestellt, daß dies nicht gegen den erklärten Willen der Mehrheit der Nutzer geschieht.

Erläuterungen

Nach dem Einigungsvertrag vom 23. September 1990[47]) gilt für das Gebiet der ehemaligen DDR: *„Räume, die vor dem 1. Januar 1991 bezugsfertig geworden sind und in denen die nach der Verordnung erforderliche Ausstattung zur Verbrauchserfassung noch nicht vorhanden ist, sind bis spätestens zum 31. Dezember 1995 auszustatten. Der Gebäudeeigentümer ist berechtigt, die Ausstattung bereits vor dem 31. Dezember 1995 anzubringen."*

Die Formulierung „... die Räume ... zu versehen", ist nicht dahingehend zu interpretieren, daß die Verbrauchserfassung in den Räumen gefordert ist. Sie kann auch für die Nutzereinheit zentral, beispielsweise durch Wärmezähler, oder auch außerhalb der Nutzereinheit erfolgen (vgl. Abschnitt 3.3.3). Die Nutzer haben den Einbau der Erfassungsgeräte zu dulden. Die hier angesprochene Duldungspflicht geht über die des § 541 b BGB hinaus, da sie keine Härteklausel enthält[48]). Der Gebäudeeigentümer hat die Nutzer davon zu unterrichten, falls er die Ausstattungen mieten oder leasen will.

Sollte die Mehrheit der Nutzer innerhalb eines Monats widersprechen, muß der Gebäudeeigentümer die Ausstattung käuflich erwerben. Die Anschaffungskosten können dann gemäß § 3 MHG bzw. im Anwendungsbereich der NMV nach deren § 6 i.V.m. § 11 Abs. 6, II BV auf die Wohnungsmiete umgelegt werden (vgl. Abschnitt 3.3.4).

Auf Antrag des Wohnungsausschusses sollte das Widerspruchsrecht der Mieter nicht in die Verordnung aufgenommen werden, weil dadurch das

46) BR-Drs. 483/83, S. 33
47) BGBl. II S. 1007
48) Vgl. LG Berlin, ZMR 86/445

wirtschaftliche Handeln des Gebäudeeigentümers eingeschränkt werde. Aus verbraucherpolitischen Gründen widersprach dem jedoch der Wirtschaftsausschuß[49]).

Das Vorgehen für den Fall des Mietens oder Leasens bezieht sich zunächst auf die Erstausstattung. Sind bereits Ausstattungen eingebaut, so sind damit die aufgrund der HeizkostenV dem Gebäudeeigentümer auferlegte Ausstattungspflicht und die dem Mieter auferlegte Duldungspflicht zu einem wesentlichen Teil erfüllt. Die Ausstattung wird damit im Regelfall zum Gegenstand des Mietvertrages, und der Gebäudeeigentümer hat sie im gebrauchsfähigen Zustand zu erhalten. Beabsichtigt er jedoch, eine den Anforderungen der Verordnung entsprechende Ausstattung gegen eine andere – etwa auf Mietbasis – auszuwechseln, beurteilt sich die Duldungspflicht der Mieter in erster Linie nach den Kriterien des § 541 b BGB.

Wenn der Gebäudeeigentümer in diesen Fällen eine „Verbesserung der gemieteten Räume" bzw. eine „Einsparung von Heizenergie" begründen kann, so kann diese Auswechslung als eine Maßnahme des § 3 Abs. 1 Satz 1 des Miethöhengesetzes bzw. § 6 NMV i.V.m. § 11 Abs. 6 II. BV angesehen werden. Sind darüber hinaus die Voraussetzungen für eine Duldung nach § 541 b BGB gegeben, so müssen in Fällen des Mietens oder Leasens zusätzlich die Voraussetzungen des § 4 Abs. 2 Satz 2 der HeizkostenV (kein Widerspruch der Nutzermehrheit) erfüllt sein. Sofern die Kosten der Erstausstattung bereits in die Miete eingegangen sein sollten, empfiehlt sich eine angemessene Rücknahme beim Übergang auf Mieten oder Leasen[50]) (vgl. Abschnitt 3.3.5).

§ 4 Abs. 3: Gemeinschaftlich genutzte Räume sind von der Pflicht zur Verbrauchserfassung ausgenommen. Dies gilt nicht für Gemeinschaftsräume mit nutzungsbedingt hohem Wärme- oder Warmwasserverbrauch, wie Schwimmbäder oder Saunen.

Begründung zu § 4 Abs. 3[51])

In Praxis und Rechtsprechung wird bislang die Frage unterschiedlich beurteilt, ob die Pflicht des Gebäudeeigentümers zur Verbrauchserfassung auch für von mehreren oder allen Nutzern gemeinschaftlich genutzte Räume gilt. Für diese Fälle soll eine einheitliche Rechtsgrundlage geschaffen werden.

Nach § 4 Abs. 3 Satz 1 sollen gemeinschaftlich genutzte Räume grundsätzlich von der Ausstattungs- und Erfassungspflicht ausgenommen bleiben. Hierfür sprechen folgende Gesichtspunkte:

---

59) BR-Drs. 483/1/83, S. 20

50) Schreiben BMWi Az. III A 5 105167/2 vom 19.8.85 an Fachvereinigung Heizkostenverteiler, Solingen

51) BR-Drs. 494/88, S. 24

Die auf Gemeinschaftsräume mit normalem Energieverbrauch (z. B. Flure, Treppenhäuser, Trockenräume) entfallenden Verbrauchsanteile sind verhältnismäßig gering. Sie werden von Wissenschaftlern und Praktikern auf durchschnittlich 2–3 % des Gesamtverbrauchs eines Gebäudes geschätzt. Der Verbrauch in derartigen Gemeinschaftsräumen kann in der Regel den einzelnen Gebäudenutzern nicht zugeordnet und von ihnen nicht individuell beeinflußt werden. Es entspricht insoweit dem Verhältnismäßigkeitsgrundsatz und dem in § 5 EnEG verankerten Gebot der Wirtschaftlichkeit, den Verbrauch derartig genutzter Räume von der Pflicht zur gesonderten Erfassung auszunehmen. Die Beteiligten sind andererseits nicht gehindert, rechtsgeschäftlich auch für derartige Gemeinschaftsräume eine gesonderte Verbrauchserfassung zu vereinbaren.

Gemeinschaftsräume, die nutzungsbedingt einen relativ hohen Wärme- und Warmwasserverbrauch aufweisen, wie Schwimmbäder oder Saunen, sollen dagegen der Erfassungspflicht unterworfen sein (Satz 2). Damit soll eine gewisse Verbrauchskontrolle ermöglicht, den gemeinschaftlich Nutzenden der Energieverbrauch derartiger Räume aufgezeigt und so ein zusätzlicher Anreiz für sparsames Verbrauchsverhalten gegeben werden.

§ 4 Abs. 4: Der Nutzer ist berechtigt, vom Gebäudeeigentümer die Erfüllung dieser Verpflichtung zu verlangen.

Begründung zu Abs. [3] {jetzt Abs. 4}[52])

Absatz [3] {jetzt Abs. 4} legt fest, daß die dem Gebäudeeigentümer in den Absätzen 1 und 2 auferlegten öffentlich-rechtlichen Verpflichtungen von den Nutzern im Zivilrechtswege durchgesetzt werden können. [Zusätzlich soll durch eine Änderung der Heizungsanlagen-Verordnung das Anbringen der Ausstattungen zur Verbrauchserfassung bei Neubauten zwingend vorgeschrieben und öffentlich-rechtlich überwacht werden. Die zivilrechtliche Regelung des Absatzes [3] {jetzt Abs. 4} wird dann ihre praktische Bedeutung verlieren.]

Erläuterungen

Die in der Begründung zu Abs. [3] {jetzt Abs. 4} angestrebte Änderung der Heizungsanlagen-Verordnung entsprach dem § 2 Abs. 2 Nr. 6 EnEG. Sie wurde von der Bundesregierung als ein geeigneter Weg zur Durchsetzung der Ausstattungspflicht gesehen. In dem Änderungsentwurf zur Heizungsanlagen-Verordnung[53]) wurde deshalb ein § 7 „Ausstattung zur Verbrauchserfassung“ mit entsprechenden Verpflichtungen für die Ausge-

---

52) BR-Drs. 632/80, S. 25
53) BR-Drs. 394/81, S. 7

staltung von Heizungs- und Brauchwasseranlagen eingefügt. Diese und die vom Wirtschaftsausschuß vorgeschlagene modifizierte Fassung[54]) wurde auf Antrag von Nordrhein-Westfalen[55]) gestrichen[56]). Die Streichung wurde u.a. damit begründet, daß die öffentlich-rechtliche Überwachung den Ländern obliegt und zu erheblichem Verwaltungsaufwand mit nicht überschaubaren Kosten führen würde. Damit blieb es bei der zivilrechtlichen Durchsetzbarkeit für das Anbringen der Ausstattungen zur Verbrauchserfassung.

1.3.10 Ausstattung zur Verbrauchserfassung (§ 5)

§5 Ausstattung zur Verbrauchserfassung

§5 Abs. 1: Zur Erfassung des anteiligen Wärmeverbrauchs sind Wärmezähler oder Heizkostenverteiler, zur Erfassung des anteiligen Warmwasserverbrauchs Warmwasserzähler oder andere geeignete Ausstattungen zu verwenden. Soweit nicht eichrechtliche Bestimmungen zur Anwendung kommen, dürfen nur solche Ausstattungen zur Verbrauchserfassung verwendet werden, hinsichtlich derer sachverständige Stellen bestätigt haben, daß sie den anerkannten Regeln der Technik entsprechen oder daß ihre Eignung auf andere Weise nachgewiesen wurde. Als sachverständige Stellen gelten nur solche Stellen, deren Eignung die nach Landesrecht zuständige Behörde im Benehmen mit der Physikalisch-Technischen Bundesanstalt bestätigt hat. Die Ausstattungen müssen für das jeweilige Heizsystem geeignet sein und so angebracht werden, daß ihre technisch einwandfreie Funktion gewährleistet ist.

Begründung zu § 5 Abs. 1[57])

Absatz 1 trifft Regelungen über die Art der zur Verbrauchserfassung zu verwendenden Geräte. Die in- und ausländischen Geräte zur Erfassung des Wärmeverbrauchs und ihre Verwendung müssen Mindestanforderungen genügen [, die in der DIN 4713 näher bestimmt sind und über diese in der DIN 4714 konkretisiert werden. Um dem verpflichteten Eigentümer, der die Geräte anzuschaffen hat, eine verläßliche Information zu ermöglichen, sollen die Geräte, die diesen Mindestanforderungen genügen, im Bundesanzeiger bekanntgemacht werden].

54) BR-Drs. 394/1/81
55) BR-Drs. 394/2/81
56) BR-Drs. 394/81 (Beschluß)
57) BR-Drs. 632/80, S. 26

Begründung zur 1. Neufassung des § 5 Abs. 1[58])

Nach § 5 Abs. 1 bisheriger Fassung mußten die Ausstattungen zur Verbrauchserfassung und ihre Verwendung den Mindestanforderungen genügen, die sich aus DIN 4713 Teil 2 bis 4 (Ausgabe Dezember 1980) ergeben. Es hat sich in der Zwischenzeit gezeigt, daß diese Ausstattungen einem relativ schnellen technischen Wandel unterliegen. Mit der starren Verweisung auf die DIN-Norm aus dem Jahre 1980 kann dieser Entwicklung nicht hinreichend Rechnung getragen werden. Es soll vermieden werden, daß bei einer dem jeweils neuesten Stand der Technik entsprechenden Fortentwicklung der DIN-Norm jedesmal auch eine Änderung der HeizkostenV notwendig wird. Auf die starre Inbezugnahme der DIN-Norm wird daher künftig verzichtet. Statt dessen wird auf „anerkannte Regeln der Technik" verwiesen, wozu auch weiterhin namentlich die DIN-Normen gehören. Für die dem Eichrecht unterliegenden Ausstattungen bedarf es keiner zusätzlichen Regelung in der HeizkostenV. [Neu ist, daß künftig auch Warmwasserkostenverteiler den Regeln der Technik entsprechen müssen. Zur Übergangsfrist vgl. Nr. 7 Buchstabe a.]

Insgesamt kann erwartet werden, daß die neue, flexiblere Regelung die Marktentwicklung weiter verbessert.

Nach Satz 2 dürfen nur solche Ausstattungen verwendet werden, hinsichtlich derer sachverständige Stellen (dabei ist insbesondere an die mit technischer Normung befaßten Institutionen gedacht) bestätigt haben, daß die Ausstattung den anerkannten Regeln der Technik entspricht oder daß – bei technischen Neuentwicklungen – ihre Eignung auf andere Weise nachgewiesen wurde. Die Einschaltung der PTB soll gewährleisten, daß nur solche Stellen zur Prüfung der Verbrauchserfassungsgeräte befugt sind, deren fachliche Eignung gegeben ist. Im übrigen wird davon ausgegangen, daß das bewährte DIN-Zulassungsverfahren beibehalten wird.

Die Neuregelung dient zugleich der Verhinderung möglicher technischer Handelshemmnisse im innergemeinschaftlichen Warenverkehr. Auch in anderen Verordnungen (Wärmeschutzverordnung, Heizungsanlagen-Verordnung) hat sich der Ersatz der DIN-Zitate durch Verweisung auf die anerkannten Regeln der Technik bewährt.

Begründung zur Änderung des § 5 Abs. 1 Satz 1[59])

Entgegen ursprünglichen Erwartungen hat sich inzwischen erwiesen, daß es auch in absehbarer Zeit keine technischen Regelwerke für Warmwasserkostenverteiler geben wird. Diese Geräteart wird deshalb

58) BR-Drs. 483/83, S. 34
59) BR-Drs. 494/88, S. 25

künftig in § 5 Abs. 1 Satz 1 nicht mehr genannt. Um die technische Entwicklung anderer geeigneter Ausstattungen zur Erfassung des anteiligen Warmwasserverbrauchs jedoch nicht zu behindern, wird anstelle von „Warmwasserkostenverteiler" der Begriff „andere geeignete Ausstattungen" eingefügt. Die „Eignung" derartiger neuer Entwicklungen bestimmt sich – soweit nicht eichrechtliche Bestimmungen zur Anwendung kommen – nach § 5 Abs. 1 Satz 2.

Erläuterungen

Nach dem Einigungsvertrag vom 23. September 1990[60]) gilt für das Gebiet der ehemaligen DDR: *„Soweit und solange die nach Landesrecht zuständigen Behörden des in Artikel 3 des Vertrages genannten Gebietes noch nicht die Eignung sachverständiger Stellen gemäß § 5 Abs. 1 Satz 2 und 3 der Verordnung bestätigt haben, können Ausstattungen zur Verbrauchserfassung verwendet werden, für die eine sachverständige Stelle aus dem Gebiet, in dem die Verordnung schon vor dem Beitritt gegolten hat, die Bestätigung im Sinne von § 5 Abs. 2 erteilt hat."*

Begründung zu § 5 Abs. 1 Satz 3[61])

Die [vorgeschlagene] Änderung berücksichtigt in angemessener Weise die Mitwirkung der Länder beim Vollzug der Verordnung. Die für das Meßwesen zuständige sachverständige Behörde ist in den Bundesländern die Eichbehörde. Hier liegen in der Regel auch die für das Gebiet der Energiemessung erforderlichen Erfahrungen vor. Diese Behörden sollten im Benehmen mit der Physikalisch-Technischen Bundesanstalt die sachverständigen Stellen bestimmen. Dabei sollen als sachverständige Stellen auch Stellen anerkannt werden können, die nicht selbst Prüfstellen sind. Dies wird z.Z. nach DIN 4713 bereits mit Erfolg praktiziert.

Erläuterungen

Die Verwendung von Wärmezählern ist nur dort möglich, wo die Verlegung der Heizungsleitungen dies gestattet. Bei älterer Bausubstanz sind die Heizkörper eines Gebäudes vorwiegend vertikal miteinander verbunden. Zweckmäßiger ist es, die Rohrleitungen in einem gemeinsamen Versorgungsschacht im Inneren des Gebäudes zu verlegen und die Heizkörper der einzelnen Nutzeinheiten horizontal miteinander zu verbinden. (Bei Nachrüstungen im Altbau läßt sich dafür ggf. ein stillgelegter Schornstein verwenden). Mit dieser Anordnung lassen sich Verlegungsarbeit und Energieverluste verringern. Bei einer derartigen Verlegung, bei der Vor- und Rücklaufleitungen an einer Stelle zusammengeführt sind, ist es mög-

60) BGBl. II S. 1007
61) BR-Drs. 483/83 (Beschluß), S. 16

lich, den Gesamtverbrauch jeder Nutzeinheit mit *einem* Wärmezähler zu erfassen.

Wärmezähler sind für alle vorkommenden Fälle der Wärmeverbrauchsmessung anwendbar. Beschränkungen im Hinblick auf Temperaturbereiche und Temperaturdifferenzen bestehen nach DIN 4713 Teil 4 nicht. Wärmezähler messen in physikalischen Einheiten und unterliegen der Eichpflicht. Sie müssen in fünfjährigem Zyklus nachgeeicht werden. Die Verwendung von Wärmezählern hat den Vorteil, daß keine Bewertungsfaktoren für die Heizkörper zu ermitteln sind und daß auch Heizkörper nicht allgemein üblicher Bauart erfaßt werden können. Außerdem geht auch die innerhalb der Wohnung über das Rohrleitungssystem abgegebene Wärme in die Messung ein. Wärmezähler lassen sich außerhalb der Wohnung anordnen, so daß es nicht notwendig ist, die Wohnungen bei der Ablesung zu betreten. Zwischenablesungen, z.B. bei Mieterwechsel, lassen sich problemlos durchführen; die Abrechnung kann ggf. vom Gebäudeeigentümer selbst durchgeführt werden.

Obwohl Wärmezähler in physikalischen Einheiten anzeigen, dienen sie im Anwendungsbereich der HeizkostenV häufig doch nur zur Feststellung des anteiligen Wärmeverbrauchs. Nur bei „eigenständig gewerblicher Wärmelieferung" ist die Abrechnung nach physikalischen Einheiten (kWh, MJ) üblich.

Zur Feststellung des anteiligen Verbrauchs genügen in der Regel aber auch Heizkostenverteiler. Diese haben dimensionslose Anzeige. Der anteilige Verbrauch der Nutzer wird aufgrund der nach Ablauf der Heizperiode festgestellten Anzeige- bzw. Verbrauchswerte des Gebäudes und der Nutzer ermittelt. Die bekanntesten Heizkostenverteiler sind die, welche nach dem Verdunstungsprinzip arbeiten. Bei Inkrafttreten der HeizkostenV waren nach Angaben der Hersteller in der Bundesrepublik Deutschland bereits mehr als 5 Mio. Wohnungen mit derartigen Geräten ausgestattet. Beanstandungen waren selten. Verdunstungsgeräte sind jedoch nur in bestimmten Temperaturbereichen einsetzbar. Näheres hierzu siehe Abschnitt 5.3. Für die übrigen Bereiche sind Wärmezähler (s. Abschnitt 4) oder Heizkostenverteiler mit Hilfsenergie zu verwenden. Letztere sind als Ein- oder Zweifühlergeräte auf dem Markt. In den letzten Jahren wurden bei der Entwicklung dieser Geräte beachtliche Fortschritte erzielt (s. Abschnitt 6).

Heizkostenverteiler müssen anerkannten Regeln der Technik entsprechen. Als solche gelten insbesondere die DIN-Normen 4713 (s. Abschnitt 1.7).

Nach der Verordnung soll der anteilige Verbrauch der Mieter erfaßt werden. Deswegen sind Heizkörper in Treppenhäusern und anderen gemeinsam genutzten Räumen, sofern sie keinen nutzungsbedingt hohen Verbrauch haben, von der Ausstattungspflicht ausgenommen (siehe § 4 Abs. 3). Die von diesen Heizkörpern abgegebene Wärme wird, ebenso wie

Kessel- und Rohrleitungsverluste, dem Abrechnungsmaßstab entsprechend auf alle Nutzer verteilt. Die Verteilung dieser Wärme muß den jeweiligen Gegebenheiten entsprechend erfolgen. Derartige Regelungen sollten rechtsgeschäftlich vereinbart werden (siehe Abschnitt 1.3.16).

Nach der HeizkostenV ist auch der Anteil am Warmwasserverbrauch zu erfassen. Nach Erfahrungen der Abrechnungsunternehmen betrug der Wärmeanteil für die Brauchwassererwärmung seinerzeit etwa 18 % des gesamten Wärmeverbrauchs. Dieser Anteil dürfte inzwischen größer geworden sein, da durch bessere Wärmedämmung der Räume und Motivation zum sparsamen Umgang mit Heizenergie der spezifische Heizwärmeverbrauch zurückgegangen ist, der Warmwasserverbrauch aber eher zugenommen hat. Legt man Wert auf angemessene Kostenverteilung, kann die Erfassung des Warmwasserverbrauchs nicht vernachlässigt werden. Dort, wo die Führung der Warmwasserleitungen es erlaubt, empfiehlt sich die Verwendung von Warmwasserzählern. Wenn diese auch nicht die zusätzlich mit dem Warmwasser verbrauchte Energie messen, so sind sie doch besser geeignet als die heute noch auf dem Markt befindlichen Warmwasserkostenverteiler. Bei der üblichen Warmwassertemperatur von rund 60 °C und bei Verwendung von Zirkulationspumpen dürften Temperaturabweichungen zwischen den einzelnen Nutzeinheiten vernachlässigbar sein. Eventuell auftretende Fehler sind jedenfalls geringer als bei Verwendung der herkömmlichen Warmwasserkostenverteiler. Die am 1. Januar 1987 vorhandenen Geräte genießen nach § 12 Abs. 2 Nr. 1 noch einen Bestandsschutz. Nach diesem Zeitpunkt dürfen solche Geräte vorerst nicht mehr eingebaut werden, da sie mit erheblichen Mängeln behaftet sind. Die bekanntesten Warmwasserkostenverteiler arbeiten nach dem Destillationsprinzip. Wegen der in der Leitung vorhandenen Restwärme zeigen sie jedoch bei gleicher Warmwassermenge bei vielen kleinen Entnahmen höhere Werte an als bei wenigen großen Teilmengen. Ferner kommt es zu Fehlanzeigen, wenn sich die Einbaustelle des Warmwasserkostenverteilers in der Nähe der Steigleitung befindet, die beim Betrieb von Zirkulationspumpen stets erwärmt ist.

1.3.11 Vorerfassung (§ 5 Abs. 2)

§ 5 Abs. 2: Wird der Verbrauch der von einer Anlage im Sinne des § 1 Abs. 1 versorgten Nutzer nicht mit gleichen Ausstattungen erfaßt, so sind zunächst durch Vorerfassung vom Gesamtverbrauch die Anteile der Gruppen von Nutzern zu erfassen, deren Verbrauch mit gleichen Ausstattungen erfaßt wird. Der Gebäudeeigentümer kann auch bei unterschiedlichen Nutzungs- oder Gebäudearten oder aus anderen sachgerechten Gründen eine Vorerfassung nach Nutzergruppen durchführen.

Begründung zu § 5 Abs. 2[62])

Absatz 2 betrifft den Fall, daß der Verbrauch der Nutzer in einem Gebäude u.a. aus technischen Gründen oder wegen unterschiedlicher Nutzung (z.B. neben Wohnungen auch Läden, Büro- oder Praxisräume) nicht mit gleichen Ausstattungen erfaßt wird.

Begründung zur Neufassung des § 5 Abs. 2[63])

Die bisherige Fassung sah eine Vorerfassung für bestimmte Nutzergruppen nur in den Fällen vor, in denen der Verbrauch [nicht] mit gleichen Ausstattungen erfaßt wurde. Es hat sich gezeigt, daß diese Fassung der Vielfalt der praktischen Gegebenheiten nicht ausreichend Rechnung getragen hat. Durch den neu eingefügten Satz 2 wird klargestellt, daß der Gebäudeeigentümer auch dann eine Vorerfassung im Sinne von Satz 1 vornehmen kann, wenn der Verbrauch zwar mit gleichen Ausstattungen erfaßt wird, eine Vorerfassung aber aus anderen Gründen sachgerecht erscheint; die Entscheidung liegt bei dem Gebäudeeigentümer. Unterschiedliche Nutzungsarten sind gegeben, wenn z.B. Wohnungen, Geschäftsräume, Praxen oder auch Ferienwohnungen durch ein und dieselbe Anlage versorgt werden. Unterschiedliche Gebäudearten liegen z.B. vor, wenn Hochhäuser, Einfamilienhäuser oder Ladenzeilen gemeinsam versorgt werden. Eine Vorerfassung kann sich auch dann anbieten, wenn gleichartige Gebäude wegen unterschiedlicher Entfernung zur Anlage unterschiedlich hohen Leitungsverlusten ausgesetzt sind oder durch unterschiedliche Heizsysteme versorgt wurden.

Die Verwendung von Wärme- und Warmwasserzählern ist nicht mehr zwingend vorgeschrieben. Es hat sich gezeigt, daß eine der Zielsetzung dieser Vorschrift entsprechende Handhabung gewährleistet ist.

Erläuterungen

Sind die Heizkörper der Nutzer, die von einer Wärmequelle versorgt werden, mit gleichen Ausstattungen zur Verbrauchserfassung versehen, und sind deren Verbrauchsgewohnheiten miteinander vergleichbar, kann die Abrechnung in einer Einheit vorgenommen werden. Die Verbrauchswerte sind so miteinander vergleichbar. Zu Abrechnungsfehlern kann es jedoch kommen, wenn sich in einer Abrechnungseinheit verschiedene Gebäudetypen (Mehr- und Einfamilienhäuser) befinden oder die Entfernungen der beheizten Gebäude zur Wärmeeinspeisung sehr voneinander abweichen, und wenn es sich um stark voneinander abweichende Temperaturspreizungen handelt[64]). In diesem Fall sind die Verbrauchswerte der Verdunstungsgeräte für die Kostenverteilung nur bedingt verwertbar.

---

62) BR-Drs. 632/80, S. 26
63) BR-Drs. 483/83, S. 35
64) Kuppler u.a., S. 33

Werden Geräte unterschiedlicher Bauart oder verschiedener Hersteller verwendet, sind in einer Einheit Nutzer mit unterschiedlichem Heizverhalten (Wohnungen und geschäftlich genutzte Räume) oder gibt es sonstige Gründe, so ist eine Vorerfassung und Aufteilung in Nutzergruppen durchzuführen. Für die meßtechnische Vorerfassung des Gesamtverbrauchs war in der HeizkostenV i.d.F. von 1981 die Verwendung von Wärmezählern vorgeschrieben. Diese Vorschrift ist mit der Novelle von 1984 entfallen. Der Verordnungsgeber ging davon aus, daß derartige technische Verfahren keiner weiteren Regelung bedürfen. Eine Nutzergruppentrennung kann jedoch, auch bei gleichartigen Ausstattungen zur Verbrauchserfassung, nicht durch eine Aufteilung nach den jeweiligen Verbrauchswerten vorgenommen werden. Bei unterschiedlicher Regelung, Rohrführung, Heizkörperanordnung, Heizzeit, Auskühlung usw. wären die Energiewerte je Verbrauchseinheit nicht miteinander vergleichbar.

1.3.12 Technologieklausel

Begründung zu § 5 Abs. 3 a.F.[65])

[Durch Absatz 3 wird der Weiter- und Neuentwicklung von Geräten zur Verbrauchserfassung der Weg freigehalten. Die nach Landesrecht zuständige Stelle wird ermächtigt, Ausnahmen von den Anforderungen des Absatzes 1 im Sinne einer „Bauartzulassung“ zu ermöglichen. Die Bestimmungen des Eichgesetzes vom 11.7.1969 (BGBl. I S. 759) werden dadurch nicht berührt. Die gleichmäßige Handhabung dieser sog. Technologieklausel für den gesamten Geltungsbereich dieser Verordnung wird von den Ländern sichergestellt. Geräte, für die eine Ausnahme erteilt worden ist, werden ebenfalls im Bundesanzeiger bekanntgegeben.]

Begründung zum Wegfall des § 5 Abs. 3 a.F[66])

Der bisherige Absatz 3 wird entbehrlich. Der Weg für eine Weiter- oder Neuentwicklung von Geräten zur Verbrauchserfassung wird durch den Verzicht auf die starre Inbezugnahme der DIN-Norm bereits hinreichend offen gehalten. Das Entfallen dieses Absatzes trägt auch dem Gedanken Rechnung, Verwaltungsaufwand abzubauen.

65) BR-Drs. 632/80, S. 26
66) BR-Drs. 483/83, S. 35

1.3.13 Kostenverteilung (§ 6 Abs. 1)

§ 6 Pflicht zur verbrauchsabhängigen Kostenverteilung

§ 6 Abs. 1: Der Gebäudeeigentümer hat die Kosten der Versorgung mit Wärme und Warmwasser auf der Grundlage der Verbrauchserfassung nach Maßgabe der §§ 7 bis 9 auf die einzelnen Nutzer zu verteilen.

Begründung zu § 6 Abs. 1[67])

Absatz 1 legt die Pflicht des Gebäudeeigentümers zur verbrauchsabhängigen Verteilung der Kosten der Versorgung mit Wärme und Warmwasser fest. Dieser Verpflichtung entspricht ein Recht des Gebäudeeigentümers, die nach §§ 7 bis 9 zulässigen Bemessungssätze einseitig zu bestimmen.

Erläuterungen

Die Vorschriften dieser Verordnung zur Kostenverteilung gelten nach dem Einigungsvertrag vom 23. September 1990[68]) für das Gebiet der ehemaligen DDR erstmalig für den Abrechnungszeitraum, der nach dem Anbringen der Ausstattungen beginnt. Das gilt insbesondere, wenn der Gebäudeeigentümer in Gebäuden, die vor dem 1. Januar 1991 bezugsfertig geworden sind, die Ausstattungen bereits vor dem 31. Dezember 1995 angebracht hat.

Die Umwandlung der im Brennstoff ruhenden Energie in nutzbare Wärme ist immer mit Verlusten verbunden. Rationalisierungsmaßnahmen sollen helfen, diese Verluste klein zu halten. Das wird z.B. durch Verbesserung des thermischen Wirkungsgrades des Wärmeerzeugers erreicht. Dieser Wirkungsgrad ist abhängig von der Größe des Wärmeerzeugers im Verhältnis zu dem zu beheizenden Objekt, den Oberflächenverlusten von Wärmeerzeuger und Verteilungsrohren, der Brennerdimensionierung und -einstellung sowie von der Funktion der Regel- und Steuereinrichtungen. Weitere Verlustquellen liefert das Gebäude selbst. Um bei gegebener Außentemperatur die gewünschte Raumtemperatur erzielen zu können, muß eine bestimmte Wärmemenge aufgebracht werden. Die Größe dieser Wärmemenge hängt, bei sonst gleichen Voraussetzungen, wesentlich von der wärmetechnischen Qualität des Gebäudes und der Lage der zu beheizenden Räume ab. In einem nach Süden gerichteten, innenliegenden Raum wird die gewünschte Raumtemperatur mit weniger Heizenergie erzielt als in einem außenliegenden, schlecht wärmegedämmten Raum in Nordlage. Das gilt gleichermaßen für Einzel- wie für Sammelheizungen.

---

67) BR-Drs. 632/80, S. 27
68) BGBl. II S. 1007

Sammelheizungen haben gegenüber Einzelheizungen den Vorteil, daß sie aufgrund einer Vielzahl von Nutzern i.d.R. gleichmäßiger ausgelastet sind und somit günstiger betrieben werden können als Einzelheizungen. Ihr Nachteil sind die Verteilungsverluste, die aber zum großen Teil dem Gebäude wieder zugute kommen.

Der Nutzer von Einzelheizungen wird vom hohen Brennstoffverbrauch unmittelbar betroffen. Er wird dadurch eher dazu motiviert, die Ursachen an der Quelle abzustellen. Bei Sammelheizungen ist es der Gebäudeeigentümer, der sich mit diesen Ursachen auseinandersetzen muß. Dazu bedarf es aber in der Regel eines Anstoßes von seiten der Nutzer. Oft gibt es Beanstandungen, wenn innerhalb der Liegenschaft bei der Heizkostenabrechnung große Kostenunterschiede zwischen den einzelnen Nutzern festgestellt werden. Dabei wird übersehen, daß diese durchaus auf den Einfluß unterschiedlichen Heizverhaltens zurückzuführen sind (vgl. Abschnitt 7.22).

Um die bei Gemeinschaftsheizungen durch den einzelnen Nutzer nicht beeinflußbaren Wärmeverluste zu berücksichtigen und eventuelle Härten zu mildern, sieht die Verordnung eine Spanne von 30 % bis 50 % vor, in der die Heizkosten nach einem festen Maßstab verteilt werden können. Damit werden unterschiedliche Heizkosten innerhalb eines Gebäudes weitgehend nivelliert (s. Abschnitt 1.3.17, Tabelle 1.3 und Bild 1.3).

Vor Erlaß der HeizkostenV wurden von einigen Abrechnungsunternehmen sog. Reduktionen an den Skalen der Heizkostenverteiler oder bei der Abrechnung vorgenommen. Damit wurden die Heizkosten exponiert gelegener Wohnungen mit höherem Wärmebedarf – zu Lasten der übrigen Nutzer – reduziert. Solche Reduktionen sind nicht mehr zulässig. Der Bundesminister für Wirtschaft brachte das auch mit seinem Begleitschreiben zur Kabinettvorlage der HeizkostenV vom 10. Dezember 1980 zum Ausdruck: *„Reduktionsverfahren mindern in erheblichem Maße den Anreiz zur Energieeinsparung. Es ist nicht gerechtfertigt, daß der Mieter einer innen liegenden Wohnung zum Teil auch die Heizkosten des Mieters einer außen liegenden Wohnung mitträgt."* Das gleiche gilt auch für den sog. „Lageausgleich", über den lagebedingte Wärmebedarfsunterschiede innerhalb eines Gebäudes ausgeglichen werden sollen; eine Folgerung, die sich bereits aus § 4 Abs. 1 ergibt[69]).

Wie man in Österreich über diese Frage denkt, zeigt folgendes Zitat: *„Im Sinne des Energieeinspargedankens – unter dem auch die verbrauchsabhängige Heizkostenverrechnung zu sehen ist – wäre die Berücksichtigung von Einflußfaktoren auf erhöhten Energieverbrauch überhaupt abzulehnen, da für Bausünden (schlechte Wärmedämmung), heizungstechnische Mängel (überdimensionierte Heizkessel und Heizkörper) usw. kein Anreiz*

69) Vgl. auch Pfeifer, Heft 3, S. 17

gegeben wird, diese zu beheben, da die entsprechenden Mehrkosten ja sowieso auf die Allgemeinheit übertragen werden …

… In Wohnungen älterer Bauart können allerdings wesentlich größere Unterschiede im spezifischen Wärmebedarf je m² auftreten, welche natürlich bei gleichen Heizgewohnheiten und gleicher Wohnungsgröße höhere Energiekosten verursachen. Dieser Tatsache mit der Forderung nach „Vergleichmäßigung" des höheren Energiebedarfs zu begegnen, ist aus energiepolitischen und wirtschaftlichen Gründen falsch, da dadurch weder die Ursache des Übels, nämlich eine ungenügende Wärmedämmung oder Bausünden der Vergangenheit, behoben werden, noch die Heizkosten insgesamt für den einzelnen geringer werden." [70])

Auch 1988, im Vorfeld der Beratungen zur zweiten Änderung der HeizkostenV, wurde das Thema „Lageausgleich" wieder in die Diskussion gebracht. Die federführenden Bundesressorts fühlten sich schließlich „auf Anregung aus dem parlamentarischen Raum" veranlaßt, eine entsprechende Bestimmung in den Referentenentwurf aufzunehmen.

Danach sollte es in das Ermessen des Gebäudeeigentümers gestellt werden, bei besonderen baulichen oder heizungstechnischen Verhältnissen Zu- und Abschläge zu dem erfaßten Wärmeverbrauch der Nutzer vorzunehmen. Nach den Erläuterungen, welche dazu in der Anhörung der Verbände[71]) gegeben wurden, sollten damit Ausgleichsmöglichkeiten für extreme Sonderfälle, wie Wohnungen über Tordurchfahrten, Penthousewohnungen oder Eckwohnungen mit großen Fensterflächen, geschaffen werden. Eine solche Regelung wurde sowohl in der Anhörung der Verbände wie auch bei der Beratung mit den Bundesländern als nicht justitiabel abgelehnt, so daß dieser Vorschlag endgültig gestrichen wurde.

Die HeizkostenV bietet im Rahmen der Bandbreite der Abrechnungsmaßstäbe genügend Spielraum zum Ausgleich eventueller Härten. Zusätzlicher Ausgleich von Lagenachteilen kann nur nach allgemeinen Regelungen des Mietrechts erfolgen, wie dies beispielsweise auch bei anderen Qualitätsunterschieden von Wohnraum geschieht. So werden im Bereich des preisgebundenen Wohnraumes Lagevorteile und Lagenachteile bei der Wirtschaftlichkeitsberechnung ausdrücklich berücksichtigt.

1.3.14 Nutzergruppentrennung (§ 6 Abs. 2)

§6 Abs. 2: In den Fällen des § 5 Abs. 2 sind die Kosten zunächst mindestens zu 50 vom Hundert nach dem Verhältnis der erfaßten Anteile am Gesamtverbrauch auf die Nutzergruppen aufzuteilen. Werden die Kosten nicht vollständig nach dem Verhältnis der erfaßten Anteile am Gesamtverbrauch aufgeteilt, sind

70) Hofbauer u.a., S. 26

71) § 24 Abs. 1 GGO, GMBl. 76, S. 555

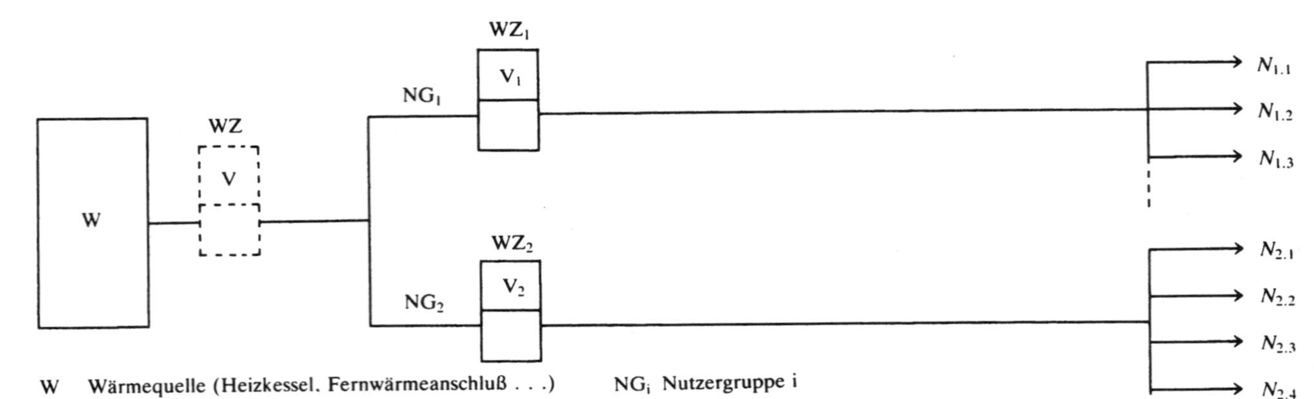

W Wärmequelle (Heizkessel, Fernwärmeanschluß . . .)
WZ Wärmezähler
V Gesamtwärmemenge

NG_i Nutzergruppe i
V_i Wärmemenge der NG_i
$N_{i.k}$ Nutzer k der NG_i

Bild 1.2: Nutzergruppentrennung

Tabelle 1.2: Kostenverteilung bei Nutzergruppentrennung

$K \rightarrow \left(\frac{k_V}{k_F}\right)_V = \frac{60}{40} \rightarrow$

NG_1: $(v_1 = 30\,\%;\, f_1 = 65\,\%) \rightarrow (0{,}6 \cdot 0{,}3 + 0{,}4 \cdot 0{,}65)$ $\Rightarrow K_1 = 0{,}44\,K \rightarrow \left(\frac{k_V}{k_F}\right)_1 : N_{1.i}$

NG_2: $(v_2 = 70\,\%;\, f_2 = 35\,\%) \rightarrow (0{,}6 \cdot 0{,}7 + 0{,}4 \cdot 0{,}35)$ $\Rightarrow K_2 = 0{,}56\,K \rightarrow \left(\frac{k_V}{k_F}\right)_2 : N_{2.i}$

K Gesamt umlegbare Kosten gem. §§ 7 u. 8 Abs. 2 bzw. 4
k_V Verbrauchskostensatz
k_F Festkostensatz

v_i prozentualer Verbrauchsanteil der NG_i
f_i prozentualer Flächenanteil der NG_i
K_i Kostenanteil der NG_i

1. die übrigen Kosten der Versorgung mit Wärme nach der Wohn- oder Nutzfläche oder nach dem umbauten Raum auf die einzelnen Nutzergruppen zu verteilen; es kann auch die Wohn- oder Nutzfläche oder der umbaute Raum der beheizten Räume zugrunde gelegt werden,

2. die übrigen Kosten der Versorgung mit Warmwasser nach der Wohn- oder Nutzfläche auf die einzelnen Nutzergruppen zu verteilen.

Die Kostenanteile der Nutzergruppen sind dann nach Absatz 1 auf die einzelnen Nutzer zu verteilen.

Begründung zu § 6 Abs. 2[72])

In den Fällen des Absatz 2 ist zunächst eine Kostenverteilung nach den gemäß §5 Abs. 2 vorweg erfaßten Anteilen am Gesamtverbrauch vorzunehmen. Die sich hiernach ergebenden Kostenanteile sind dann unter Berücksichtigung des individuellen Verbrauchs auf die einzelnen Nutzer zu verteilen.

Begründung zur Änderung des § 6 Abs. 2[73])

Die Änderung ermöglicht – anknüpfend an die Vorerfassung des §5 Abs. 2 – ein flexibleres Vorgehen bei der Aufteilung der Kosten auf die Nutzergruppen. Nach der bisherigen Fassung waren die Kosten zunächst in voller Höhe nach dem Verhältnis der erfaßten Anteile am Gesamtverbrauch aufzuteilen, was in der Praxis zu Härten führen konnte. Die Neuregelung ermöglicht es dem Gebäudeeigentümer, die Kosten – in Grenzen – auch nach festen Maßstäben aufzuteilen, was z.B. in Fällen nutzungsbedingter unterschiedlicher Intensität des Verbrauchs geboten sein kann. Dabei wird davon ausgegangen, daß der Gebäudeeigentümer einen Aufteilungsschlüssel wählt, der den konkreten Gegebenheiten angemessen Rechnung trägt.

Erläuterungen

Bei Nutzergruppentrennung gemäß § 6 Abs. 2 HeizkostenV besteht die Möglichkeit, bereits mit der Vorverteilung einen Aufteilungsschlüssel zwischen 50/50 und 50/100 anzuwenden. Damit kann bereits eine Nivellierung der Kosten erreicht werden. Nutzergruppen mit sehr niedrigem Verbrauch werden damit stärker an den Kosten beteiligt. Eine solche Maßnahme kann da sinnvoll sein, wo ein Teil der Wohnungen nur als Wochenend- oder Ferienwohnung genutzt werden und diese als eigene Nutzergruppe abtrennbar sind. Das Verfahren der Nutzergruppentrennung wird anhand von Bild 1.2 und Tabelle 1.2. veranschaulicht. In dem

72) BR-Drs. 632/80, S. 27
73) BR-Drs. 483/83, S. 36

Beispiel wurde für die Vorverteilung ein Aufteilungsschlüssel von 60/40 angenommen. Die Nutzergruppe 1 soll einen gemessenen Verbrauch von 30 % und entsprechend Nutzergruppe 2 einen solchen von 70 % haben. Das Verbrauchsverhältnis 30:70 oder 1:2,33 führt bei einem Schlüssel 60/40 zu einem Kostenverhältnis 44:56 oder 1:1,3. Bei einem Schlüssel von 50:50 würde das Kostenverhältnis zugunsten der Nutzergruppe 2 auf 47:52,5 oder 1:1,1 schrumpfen. Bei der nachfolgenden Verteilung auf die einzelnen Nutzer sind Aufteilungsschlüssel gemäß § 7 Abs. 1 oder § 10 anzuwenden, die unabhängig voneinander gewählt werden können und eine weitere Nivellierung der Heizkosten bewirken (vgl. Bild 1.3).

1.3.15 Gemeinschaftsräume mit nutzungsbedingt hohem Verbrauch (§ 6 Abs. 3)

§ 6 Abs. 3: In den Fällen des § 4 Abs. 3 Satz 2 sind die Kosten nach dem Verhältnis der erfaßten Anteile am Gesamtverbrauch auf die Gemeinschaftsräume und die übrigen Räume aufzuteilen. Die Verteilung der auf die Gemeinschaftsräume entfallenden anteiligen Kosten richtet sich nach rechtsgeschäftlichen Bestimmungen.

Begründung zum neuen § 6 Abs. 3[74]

Im Hinblick auf die Regelung des § 4 Abs. 3 Satz 2 (neu) (Verbrauchserfassungspflicht für Gemeinschaftsräume mit nutzungsbedingt hohem Wärme- und Warmwasserverbrauch) bestimmt § 6 Abs. 3 (neu), wie die Kosten in diesen Fällen zu verteilen sind. Satz 1 legt fest, daß die insgesamt zu verteilenden Kosten im Verhältnis der Anteile am Gesamtverbrauch auf die Gemeinschaftsräume und die übrigen Räume aufzuteilen sind. Die Verteilung der auf die Gemeinschaftsräume entfallenden Kosten bestimmt sich gemäß Satz 2 nach rechtsgeschäftlichen Bestimmungen. Solche Bestimmungen können bereits ausdrücklich vorliegen, im Wege ergänzender Vertragsauslegung ermittelt oder künftig getroffen werden.

Erläuterungen

Mit dem neuen § 6 Abs. 3 wird bestimmt, wie die Verteilung der Heiz- und Warmwasserkosten von Gemeinschaftsräumen mit nutzungsbedingt hohem Verbrauch (§ 4 Abs. 3 Satz 2) zu erfolgen hat.

Demnach sind dort entsprechende Ausstattungen zur Verbrauchserfassung anzubringen und die Anzeige- bzw. Verbrauchswerte abzulesen. Die sich daraus ergebenden Anteile am Gesamtverbrauch sind alsdann „nach rechtsgeschäftlichen Bestimmungen" auf die einzelnen Nutzer aufzuteilen. Derartige Bestimmungen können bereits im Mietvertrag bzw. in der Tei-

---

74) BR-Drs. 494/88, S. 25

lungserklärung enthalten sein oder ergänzend festgelegt werden. Wenn sich die quantitative Nutzung der Gemeinschaftsräume mit hohem Verbrauch durch einzelne Nutzer feststellen läßt, könnte beispielsweise die Umlage der dort anfallenden Kosten entsprechend vorgenommen werden.

1.3.16 Änderung der Abrechnungsmaßstäbe (§ 6 Abs. 4)

§ 6 Abs. 4: Die Wahl der Abrechnungsmaßstäbe nach Absatz 2 sowie nach den §§ 7 bis 9 bleibt dem Gebäudeeigentümer überlassen. Er kann diese einmalig für künftige Abrechnungszeiträume durch Erklärung gegenüber den Nutzern ändern

1. bis zum Ablauf von drei Abrechnungszeiträumen nach deren erstmaliger Bestimmung,

2. bei der Einführung einer Vorerfassung nach Nutzergruppen,

3. nach Durchführung von baulichen Maßnahmen, die nachhaltig Einsparungen von Heizenergie bewirken.

Die Festlegung und die Änderung der Abrechnungsmaßstäbe sind nur mit Wirkung zum Beginn eines Abrechnungszeitraumes zulässig.

Begründung zu § 6 Abs. [3] {jetzt Abs. 4}[75])

Absatz [3] {jetzt Abs. 4} Satz 1 unterstreicht den Grundsatz des Absatzes 1, daß der Eigentümer die Abrechnungsmaßstäbe einseitig bestimmen kann.

Nicht sachgerechte Abrechnungsmaßstäbe müssen revidiert werden können. Eine Änderung durch eine rechtsgeschäftliche Vereinbarung, der alle Nutzer zustimmen müßten, ist aufgrund der zu erwartenden Interessengegensätze unwahrscheinlich. Deshalb legt Satz 2 fest, daß der Eigentümer bis zum Ablauf von drei Abrechnungszeiträumen nach der erstmaligen Bestimmung einseitig die Abrechnungsmaßstäbe revidieren kann (Satz 2 Nr. 1) ...

Eine Abänderung der Abrechnungsmaßstäbe soll für den Gebäudeeigentümer ferner dann möglich sein, wenn dieser eine bauliche Maßnahme durchgeführt hat, die nachhaltig Einsparungen von Heizenergie bewirkt (Satz 2 Nr. 3). Was unter diese baulichen Maßnahmen fällt, ist in § 4 Abs. 3 ModEnG im einzelnen aufgeführt. Damit erhält der Gebäudeeigentümer immer dann, wenn sich durch die Vornahme von energiesparenden Maßnahmen der Wärmebedarf des Hauses verringert, die Möglichkeit, die Abrechnungsmaßstäbe neu festzusetzen.

---

75) BR-Drs. 632/80, S. 27

Um die Nutzer vor Überraschungen zu schützen, bestimmt Satz 2 weiter, daß die einseitige Änderung von Abrechnungsmaßstäben durch den Gebäudeeigentümer nur mit Wirkung zum Beginn eines Abrechnungszeitraumes zulässig sein soll.

Bei der Festlegung der Abrechnungsmaßstäbe nach Absatz [3] {jetzt Abs. 4} wird – ebenso wie bei der Auswahl der Ausstattungen nach § 4 – davon ausgegangen, daß der Gebäudeeigentümer die Belange der Nutzer berücksichtigt.

Begründung zur Änderung des § 6 Abs. [3] {jetzt Abs. 4}[76])

Die Vorschrift der bisherigen Nummer 2 ist durch Zeitablauf gegenstandslos geworden. An ihre Stelle tritt die bisher in der Übergangsvorschrift des §12 Abs. 3 enthaltene Regelung (Änderung der Abrechnungsmaßstäbe bei Einführung einer Vorerfassung nach Nutzergruppen) unter Aufgabe der bisherigen zeitlichen Befristung.

Erläuterungen

Mit „Abrechnungsmaßstäben" sind die Prozentsätze gemeint, mit denen die Heizkosten gem. §§7 bis 10 in einen verbrauchsabhängigen (variablen) und einen verbrauchsunabhängigen (festen) Anteil aufgeschlüsselt werden. In der Literatur findet man auch gleichbedeutende Begriffe wie Umlage-, Bemessungs-, Verteilmaßstäbe, Verteilschlüssel und andere Bezeichnungen. Auch in den amtlichen Begründungen wird der Begriff nicht einheitlich verwendet. Um mit dem Verordnungstext in Einklang zu bleiben, wird hier bevorzugt der Begriff „Abrechnungsmaßstäbe" verwendet. Im Mietrecht, so auch in der NMW, wird vorwiegend der Begriff „Umlage" verwendet. Mit „Abrechnung" wurde in der HeizkostenV ein übergreifender Terminus gewählt, da beispielsweise beim Wohnungseigentum keine Umlagen erfolgen, sondern Wohngeld gezahlt wird. Der Begriff „Abrechnung" entspricht insofern auch der kaufmännischen Terminologie, da den über das Jahr verteilten Ausgaben des Gebäudeeigentümers für den Betrieb der Heizungsanlage in der Regel monatliche Vorauszahlungen der Nutzer gegenüberstehen, worüber mit der Heizkostenabrechnung ein Ausgleich erfolgt.

1.3.17 Abrechnungsmaßstäbe für Wärme (§ 7 Abs. 1 und 3)

§ 7 Verteilung der Kosten der Versorgung mit Wärme

§ 7 Abs. 1: Von den Kosten des Betriebs der zentralen Heizungsanlage sind mindestens 50 vom Hundert, höchstens 70 vom Hundert nach dem erfaßten Wärmeverbrauch der Nutzer zu verteilen. Die

76) BR-Drs. 494/88, S. 26

übrigen Kosten sind nach der Wohn- oder Nutzfläche oder nach dem umbauten Raum zu verteilen; es kann auch die Wohn- oder Nutzfläche oder der umbaute Raum der beheizten Räume zugrunde gelegt werden.

(§ 7 Abs. 2 siehe Abschn. 1.7.18)

§ 7 Abs. 3: Für die Verteilung der Kosten der Wärmelieferung gilt Absatz 1 entsprechend.

Begründung zu § 7 Abs. 1 und 3[77])

Absätze 1 und 3 legen die Bandbreite für den verbrauchsabhängigen Teil der Heizkostenabrechnung auf 50 % bis 70 % fest. Innerhalb dieses Rahmens bleibt die Auswahl des Vom-Hundert-Satzes grundsätzlich dem Gebäudeeigentümer überlassen. Wenn alle Nutzer zustimmen, kann der Höchstsatz von 70 % auch überschritten werden (vgl. § 10).

Die Bandbreite berücksichtigt, daß ein bestimmter Teil der Kosten unabhängig vom individuellen Verbrauch entsteht (betriebsbedingte Fixkosten, wie z.B. für die Wartung der Anlage oder den Wärmevorhalt). Die Bandbreite bietet zugleich die Möglichkeit, lagebedingte Wärmebedarfsunterschiede zu berücksichtigen. Haben z.B. Außenwohnungen einen höheren Wärmebedarf als innen gelegene Wohnungen, so kann es sich empfehlen, einen Vom-Hundert-Satz verbrauchsabhängiger Abrechnung im unteren Bereich der Bandbreite zu wählen. Bei gut wärmegedämmten Gebäuden mit geringen Wärmebedarfsunterschieden kann dagegen durch Festlegung eines höheren Vom-Hundert-Satzes ein stärkerer Energieeinsparungsanreiz geschaffen werden.

Erläuterungen

Bei Zentralheizungen gibt es Kostenanteile, die unabhängig vom Heizverhalten des einzelnen entstehen. Dazu gehören beispielsweise die Kosten für Kessel-, Rohrleitungs- und Abgasverluste. Man kann auch sagen, daß hier, ebenso wie z.B. bei der Stromversorgung, Bereitstellungskosten anfallen. Die Verordnung gibt deshalb dem Gebäudeeigentümer die Möglichkeit, die Heizkosten nach einem festen, verbrauchsunabhängigen und einem variablen, verbrauchsabhängigen Maßstab aufzuteilen. Die Festkosten werden in der Regel nach dem Verhältnis der Flächenanteile der Nutzer verteilt. Bei unterschiedlicher Raumhöhe, etwa bei ausgebauten Dachgeschoßwohnungen, sollen die Festkosten nach dem Verhältnis der umbauten Räume verteilt werden. Damit wird auch einem höheren Wärmebedarf dieser Dachgeschoßwohnungen weitgehend Rechnung getragen (vgl. Abschnitt 3.6). Die variablen Kosten werden nach dem Verhältnis der erfaßten Verbrauchswerte verteilt.

77) BR-Drs. 632/80, S. 29

Bei den Beratungen zur HeizkostenV wurde der Kostenanteil der nicht durch die Nutzer beeinflußbaren Heizkosten von Fachkreisen mit 25 % bis 30 % angegeben. Zur Abdeckung evtl. weiterer Unwägbarkeiten wurde dem Gebäudeeigentümer die Möglichkeit gegeben, 30 % bis 50 % verbrauchs**un**abhängig zu verteilen. Entsprechend sind 70 % bis 50 % der Heizkosten verbrauchsabhängig umzulegen. Der Verordnungsgeber ging davon aus, daß im Hinblick auf möglichst weitgehende Motivation zur Energieeinsparung in der Regel ein hoher Verbrauchskostensatz gewählt wird. Sowohl durch die amtliche Begründung als auch durch den später hinzugefügten § 10, nach dem dieser Satz bis auf 100 % erweitert werden kann, wird das belegt. Aus dem gleichen Grunde wurde auch die Untergrenze des Verbrauchskostensatzes, die nach der NMV in der Fassung von 1979 40 % betrug, in der HeizkostenV auf 50 % angehoben.

In der folgenden Betrachtung wird der Satz für die variablen, verbrauchsabhängig umzulegenden Kosten mit k_V und der für die nach festem Maßstab umzulegenden Kosten mit k_F bezeichnet.

Nach § 7 Abs. 1 sind Abrechnungsmaßstäbe k_V/k_F von 70/30 bis 50/50 und nach § 10 solche von 100/0 bis theoretisch 51/49 möglich. Je niedriger der Satz k_V gewählt wird, um so mehr nähert man sich wieder der früher üblichen Pauschalabrechnung, und um so geringer wird die Sparmotivation. Ein k_V von weniger als 70 % sollte deshalb nur aufgrund besonderer Umstände gewählt werden. Ein niedriger verbrauchsabhängiger Kostensatz könnte beispielsweise dadurch begründet sein, daß wegen schlechten Wirkungsgrades der Heizungsanlage oder wegen mangelnder Wärmedämmung des Gebäudes, z.B. infolge von Bauschäden, ein lagebedingt unterschiedlicher Wärmebedarf innerhalb eines Gebäudes besonders stark zum Tragen kommt.

Die Abrechnungsmaßstäbe sind ausschlaggebend für die Bestimmung des Kostenanteils K_N des einzelnen Nutzers. Hierzu ermittelt man zunächst den Kostensatz k_N des Nutzers N nach der Gleichung

$$k_N = k_V \cdot v_N + k_F \cdot f_N \qquad (1)$$

mit

k_V Verbrauchskostensatz
k_F Festkostensatz = $100 - k_V$
v_N prozentualer Verbrauchsanteil des Nutzers N
f_N prozentualer Flächen-(Raum-)anteil des Nutzers N

Der auf den Nutzer N entfallende Heizkostenanteil ist

$$K_N = k_N \cdot K \qquad (2)$$

wenn K die Gesamtheizkosten für das Gebäude sind.

Ein oft nicht beachtetes Beurteilungskriterium ist der spezifische Wärmepreis, den der einzelne Nutzer zu zahlen hat. Der spezifische Wärmepreis p_N (DM/MWh), den der Nutzer N zu zahlen hat, errechnet sich zu

$$p_N = p \cdot \frac{k_N}{v_N} \tag{3}$$

wenn p der spezifische Wärmepreis für das gesamte Gebäude ist. Dieser ergibt sich aus der Division der Gesamtheizkosten des Gebäudes durch die gesamt abgegebene Wärmemenge. Bei eigenständig gewerblicher Wärmelieferung oder Nutzergruppentrennung wird diese Menge durch Wärmezähler ermittelt. In anderen Fällen bezieht man die Gesamtkosten auf die Summe der Verbrauchswerte des Gebäudes. Mit p bezeichnet man also den kWh- bzw. MWh- oder Verbrauchswertpreis des Gebäudes und mit p_N den des Nutzers N. Bei den Nutzern, deren prozentuale Verbrauchs- und Flächenanteile gleich sind, ist $p_N = p$.

Das folgende Zahlenbeispiel geht von vier Nutzern, N_1 bis N_4, aus, deren Verbrauchsanteile 10, 20, 30 und 40 % sind. Die Flächenanteile ihrer Nutzeinheiten seien gleich. Der Wärmepreis für das Gebäude wurde mit 50 DM/MWh angenommen. Die Ergebnisse der Gleichung (1) und (3) sind, abhängig von den Abrechnungsmaßstäben, in Tabelle 1.3 und 1.4 sowie in Bild 1.3 und 1.4 dargestellt.

Von dem Ergebnis ist festzuhalten, daß mit abnehmendem Verbrauchskostensatz k_V die Heizkostenunterschiede immer mehr nivelliert werden. Das Verbrauchsverhältnis 10:40 oder 1:4 führt bei einem Maßstab 70/30 zu einem Kostenverhältnis von 14,5:35,5 oder 1:2,5 und bei 50/50 zu 17,5:32,5 oder 1:1,86. Dabei steigt der Kostenanteil der Nutzer, deren Verbrauch unter dem Durchschnittsverbrauch liegt (N_1 und N_2) an, während der der Nutzer mit überdurchschnittlichem Verbrauch (N_3 und N_4) abnimmt. Einen Durchschnittsverbrauch haben die Nutzer, deren prozentuale Verbrauchs- und Flächenanteile gleich sind.

In der Praxis wurden weit höhere Verbrauchsunterschiede festgestellt, als hier angenommen (vgl. Abschnitt 7.22). Dort wirkt sich die vom Abrechnungsmaßstab abhängige Kostennivellierung noch stärker aus.

Tabelle 1.3: Kostenanteile der Nutzer, abhängig vom Abrechnungsmaßstab

	100/0	90/10	80/20	70/30	60/40	50/50	k_V/k_F	0/100
N_1	10,0	11,5	13,0	14,5	16,0	17,5	k_N (%)	25,0
N_2	20,0	20,5	21,0	21,5	22,0	22,5		25,0
N_3	30,0	29,5	29,0	28,5	28,0	27,5		25,0
N_4	40,0	38,5	37,0	35,5	34,0	32,5		25,0
	nach § 10			nach §§ 7 und 8			pauschal	

Tabelle 1.4: Spezifische Heizkosten, abhängig vom Abrechnungsmaßstab

	100/0	90/10	80/20	70/30	60/40	50/50	k_V/k_F	0/100
N_1	50,00	57,50	65,00	72,50	80,00	87,50	p_N (DM/ MWh)	125,00
N_2	50,00	51,25	52,50	53,75	55,00	56,25		62,50
N_3	50,00	49,17	48,33	47,50	46,67	45,83		41,67
N_4	50,00	48,13	46,25	44,38	42,50	40,63		31,25
	nach § 10			nach §§ 7 und 8			pauschal	

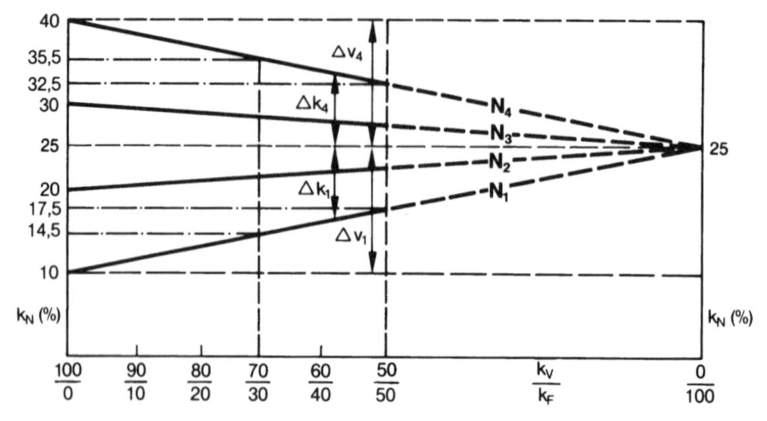

Bild 1.3 Nivellierung der Heizkosten mit abnehmendem Verbrauchsanteil

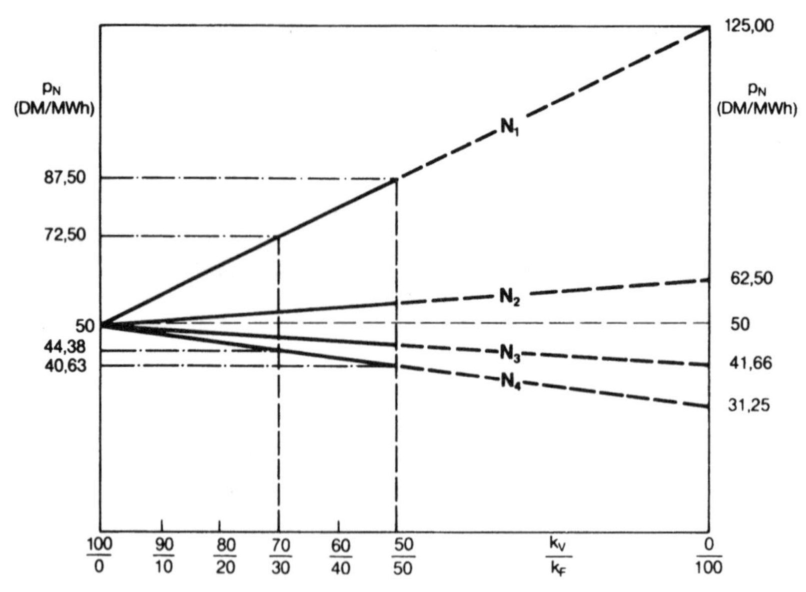

Bild 1.4 Spreizung der spezifischen Heizkosten mit abnehmendem Verbrauchsanteil

Daß die Motivation zur Energieeinsparung mit kleinem Verbrauchskostenanteil nachläßt, zeigt auch folgende Betrachtung:

Der Nutzer 1 liegt mit seinem Verbrauch um 15 Prozentpunkte unter dem Mittelwert ($\Delta v_1 = 10 - 25 = -15$). Bei einem Maßstab 50/50 wird er jedoch kostenmäßig nur um 7,5 Prozentpunkte entlastet ($\Delta k_1 = -7{,}5$). Von den durch ihn verursachten Minderkosten spart er selbst also nur 50 %. Demgegenüber liegt der Nutzer 4 mit seinem Verbrauch um 15 Prozentpunkte über dem Mittelwert ($\Delta v_4 = +15$), zahlt bei 50/50 jedoch nur für 7,5 Prozentpunkte mehr als der Durchschnitt ($\Delta k_4 = +7{,}5$). Seine zusätzliche Kostenbelastung beträgt nur 50 % der durch ihn verursachten Mehrkosten (s. Bild 1.3).

Allgemein gilt: Minderverbrauch unter dem Durchschnitt wird nur in Höhe des Verbrauchskostensatzes honoriert, während Mehrverbrauch über dem Durchschnitt nur in Höhe des Verbrauchskostensatzes zu bezahlen ist.

Mit abnehmendem Verbrauchskostensatz werden die Kostenunterschiede der einzelnen Nutzer immer kleiner. Das erweckt den Anschein einer sozialen Maßnahme mit dem Ziel, Ungleiches gleicher zu machen. Den Nutzen hat aber der Mehrverbraucher. Der Sparer wird zusätzlich belastet. Es ist interessant, daß bei den Diskussionen um energieeinsparende Stromtarife umgekehrte Forderungen gestellt werden. Dort wird dafür plädiert, bei möglichst kleinem Festkostenanteil (Grundpreis) den Verbrauchskostensatz entsprechend hoch anzusetzen. Derartige Argumente kommen bei der Heizkostenabrechnung seltsamerweise nicht an, obwohl insgesamt für die Raumheizung wesentlich mehr und hochwertigere Primärenergie eingesetzt wird als für die Stromerzeugung.

1.3.18 Umlegbare Betriebskosten für Wärme (§ 7 Abs. 2)

§ 7 Abs. 2: Zu den Kosten des Betriebs der zentralen Heizungsanlage einschließlich der Abgasanlage gehören die Kosten der verbrauchten Brennstoffe und ihrer Lieferung, die Kosten des Betriebsstromes, die Kosten der Bedienung, Überwachung und Pflege der Anlage, der regelmäßigen Prüfung ihrer Betriebsbereitschaft und Betriebssicherheit einschließlich der Einstellung durch einen Fachmann, der Reinigung der Anlage und des Betriebsraumes, die Kosten der Messungen nach dem Bundes-Immissionsschutzgesetz, die Kosten der Anmietung oder anderer Arten der Gebrauchsüberlassung einer Ausstattung zur Verbrauchserfassung sowie die Kosten der Verwendung einer Ausstattung zur Verbrauchserfassung einschließlich der Kosten der Berechnung und Aufteilung.

(§ 7 Abs. 3 siehe Abschn. 1.7.17)

§ 7 Abs. 4: Zu den Kosten der Wärmelieferung gehören das Entgelt für Wärmelieferung und die Kosten des Betriebs der zugehörigen Hausanlage entsprechend Absatz 2.

Begründung zu § 7 Abs. 2 und 4[78])

Absätze 2 und 4 zählen die im Rahmen dieser Verordnung zu berücksichtigenden Kosten des Betriebs der zentralen Heizungsanlage sowie der Lieferung von Wärme abschließend auf.

Begründung zur Änderung des § 7 Abs. 2 und 4[79])

Mit den [vorgesehenen] Änderungen wird Bedürfnissen der Praxis entsprochen. Nach der bisherigen Fassung des § 7 Abs. 2 war es zweifelhaft, ob der Gebäudeeigentümer auch Kosten der Anmietung oder anderer Arten der Gebrauchsüberlassung einer Ausstattung zur Verbrauchserfassung (z.B. Leasing) als Betriebskosten auf die Nutzer verteilen konnte. Da diese Fallgestaltungen in der Praxis an Bedeutung gewinnen, wird nunmehr ausdrücklich klargestellt, daß derartige Nutzungsentgelte den Betriebskosten zugeordnet werden können. Die Voraussetzungen, unter denen dies zulässig ist, regeln sich nach dem neuen § 4 Abs. 2 Satz 2.

Die Frage, ob zu den Kosten der Verwendung einer Ausstattung zur Verbrauchserfassung auch jene Kosten zählen, die bei Inanspruchnahme von Wärmemeßdienstfirmen für die Berechnung und Aufteilung der Kosten der Versorgung mit Wärme oder Warmwasser erhoben werden, wird in der Praxis nicht einheitlich beurteilt. Aus Gründen der Rechtssicherheit wird dies nunmehr in der Definition klargestellt.

Begründung zur Ergänzung in § 7 Abs. 2 Satz 1[80])

Zu den Kosten des Betriebs der zentralen Heizungsanlage gehören aus physikalisch-technischer Sicht wegen des funktionalen Zusammenhangs von Wärmeerzeugungsanlage und Abgaseinrichtung auch die Kosten des Betriebs der Abgasanlage, insbesondere die Kosten der Schornsteinreinigung. Insofern handelt es sich um eine Klarstellung.

Begründung zur Änderung des § 7 Abs. 4[81])

Die in der bisherigen Fassung in Klammern stehenden Kriterien „Grund-, Arbeits- und Verrechnungspreis" sollen künftig entfallen. Die Angabe dieser Kriterien hat verschiedentlich zu Unklarheiten geführt. Die Praxis hat gezeigt, daß bei der Ermittlung des Entgelts für die Wärmelieferung auch andere Maßstäbe maßgeblich sein können.

Erläuterungen

In der ersten Fassung der HeizkostenV von 1981 wurde aus Harmonisierungsgründen die abschließende Aufzählung der in der Heizkostenabrech-

78) BR-Drs. 632/80, S. 29
79) BR-Drs. 483/83, S. 37
80) BR-Drs. 494/88, S. 26
81) BR-Drs. 494/88, S. 26

nung umlegbaren Kosten aus § 22 Abs. 1 NMV a. F. übernommen. Mit der Novelle von 1984 kamen einige erläuternde Ergänzungen hinzu, so z.B. die Umlagefähigkeit von Miet- und Leasingkosten.

Kosten, die im Abstand von mehreren Jahren auftreten, wie beispielsweise die für die Nacheichung von Wärmezählern, welche alle fünf Jahre anfallen, sind aus Gründen der Sachgerechtigkeit auf die dazwischenliegenden Jahre zu verteilen[82]) (vgl. auch Abschnitt 3.8.7).

Ob die Kosten der Schornsteinreinigung als Kosten der Reinigung der Heizanlage anzusehen sind, konnte dahingestellt bleiben. Auch da führten zunächst Harmonisierungsgründe dazu, diese nicht in den Katalog von § 7 Abs. 2 zu übernehmen. Für den preisgebundenen Wohnraum sind die Kosten der Schornsteinreinigung in der Anlage 3 zur II. BV unter Nr. 12 getrennt von den Kosten des Betriebs der zentralen Heizungsanlage aufgeführt. Das ist insofern sinnvoll, als auch bei nicht zentralbeheizten Gebäuden Schornsteinreinigungskosten anfallen können. Aus Gründen einer einheitlichen Handhabung sollte die Umlage der Schornsteinreinigungskosten auch im übrigen Gebäudebereich mit den sonstigen Betriebskosten erfolgen.

Wegen verschiedener Einwände entschloß sich der Verordnungsgeber jedoch, mit der Novelle von 1989 die Betriebskosten für die Abgasanlage, also insbesondere die Schornsteinfegerkosten, in die Liste des § 7 Abs. 2 aufzunehmen. Damit war eine Folgeänderung bei der II. BV notwendig (vgl. Abschnitt 1.5.2, Nr. 12).

Die Kosten für Tankreinigung und Tankversicherung gehören jedoch nicht zu den in der Heizkostenabrechnung umlegbaren Kosten. Das schließt nicht aus, daß solche Kosten im verfahrensmäßigen Zusammenhang mit der Heizkostenabrechnung umgelegt werden dürfen, insbesondere dann, wenn dies auf rechtsgeschäftlichen Vereinbarungen beruht und keine sonstigen Rechtsvorschriften dem entgegenstehen. Dabei muß jedoch deutlich erkennbar sein, daß es sich nicht um Kosten der Heizkostenabrechnung handelt.

Zu den nicht umlagefähigen Kosten gehören auch Zinskosten für eventuelle frühzeitige Einlagerung des Brennstoffs. Es muß unterstellt werden, daß der Gebäudeeigentümer jeweils den günstigsten Zeitpunkt für den Brennstoffeinkauf wählt, auch wenn die HeizkostenV eine Umlage der Zinsen nicht vorsieht. Es wäre ein schwieriges Unterfangen, die Höhe der entstandenen Zinsen nachzuweisen. Mit gleichem Recht könnten die Nutzer entsprechende Zinsansprüche für die in den Sommermonaten geleisteten Heizkostenvorauszahlungen geltend machen.

Es ist nicht zulässig, einzelne in § 7 Abs. 2 aufgeführte Betriebskosten außerhalb der Heizkostenabrechnung umzulegen. Damit könnte die Heiz-

82) Schilling, FWW 1985/248

kostenV unterlaufen werden. Wenn beispielsweise zuvor die Kosten für die Verwendung der Ausstattungen zur Verbrauchserfassung unter den allgemeinen Verwaltungskosten abgerechnet wurden, sind sie nun mit den Heizkosten umzulegen. Wenn der Gebäudeeigentümer nicht alle in § 7 Abs. 2 aufgeführten Kosten mit der Heizkostenabrechnung umlegt, darf er diese dann jedoch nicht an anderer Stelle den Mietern in Rechnung stellen[83]). Nach Auffassung der zuständigen Bundesressorts ist es auch nicht zulässig, für einzelne Kostenbestandteile unterschiedliche Abrechnungsmaßstäbe zu wählen. Bezieht der Gebäudeeigentümer zur Versorgung mehrerer Nutzer Wärme von einem eigenständig gewerblichen Unternehmen, so schreibt § 7 Abs. 4 vor, daß die dafür entstandenen Kosten ebenfalls nach den Abrechnungsmaßstäben gemäß § 7 Abs. 1 zu verteilen sind.

Mit „Hausanlage" ist die Übergabestation (Hauszentrale) gemeint, soweit sie im Besitz des Gebäudeeigentümers ist. Im Gegensatz dazu wird in der Fachliteratur mit „Hausanlage" gelegentlich die gesamte Heizungsanlage des Gebäudes, einschließlich Rohrleitungen und Heizkörper, bezeichnet.

Bereits nach allgemeinem Mietrecht hat der Gebäudeeigentümer den Nutzern auf Verlangen Auskunft über die Ermittlung und Zusammensetzung der Betriebskosten zu geben. Er hat zudem Einsicht in die Unterlagen, die eine Berechnung der Kostenbeträge ermöglichen, zu gewähren. Die zur Abrechnung gelangenden Kosten müssen im einzelnen nachvollziehbar und auf ihre Richtigkeit überprüfbar sein. Eine ausdrückliche Normierung einer Auskunftspflicht durch die HeizkostenV war insofern nicht erforderlich. Das Einsichtsrecht des Mieters in Einzelbelege wird in Abschnitt 3.8.4 ausführlich behandelt[84]).

Bei Umstellung auf Wärmelieferung und Abrechnung nach § 7 Abs. 4 ist beim preisgebundenen Wohnraum Senkung der Kostenmiete gem. § 5 Abs. 3 NMV zu beachten (s. Abschn. 1.4.2). Beim nicht preisgebundenen Wohnraum ist entsprechend zu verfahren.

1.3.19 Abrechnungsmaßstäbe und umlegbare Betriebskosten für Warmwasser (§ 8 Abs. 1 bis 4)

§ 8 Verteilung der Kosten der Versorgung mit Warmwasser

§ 8 Abs. 1: Von den Kosten des Betriebs der zentralen Warmwasserversorgungsanlage sind mindestens 50 vom Hundert, höchstens 70 vom Hundert nach dem erfaßten Warmwasserverbrauch, die übrigen Kosten nach der Wohn- und Nutzfläche zu verteilen.

83) Pfeifer, Heft 3, S. 13
84) Siehe Korff, ZMR 1986/7

§ 8 Abs. 2: Zu den Kosten des Betriebs der zentralen Warmwasserversorgungsanlage gehören die Kosten der Wasserversorgung, soweit sie nicht gesondert abgerechnet werden, und die Kosten der Wassererwärmung entsprechend § 7 Abs. 2. Zu den Kosten der Wasserversorgung gehören die Kosten des Wasserverbrauchs, die Grundgebühren und die Zählermiete, die Kosten der Verwendung von Zwischenzählern, die Kosten des Betriebs einer hauseigenen Wasserversorgungsanlage und einer Wasseraufbereitungsanlage einschließlich der Aufbereitungsstoffe.

§ 8 Abs. 3: Für die Verteilung der Kosten der Warmwasserlieferung gilt Absatz 1 entsprechend.

§ 8 Abs. 4: Zu den Kosten der Warmwasserlieferung gehören das Entgelt für die Lieferung des Warmwassers und die Kosten des Betriebs der zugehörigen Hausanlage entsprechend § 7 Abs. 2.

Begründung zu § 8[85])

§ 8 regelt entsprechend § 7 die Verteilung der Kosten der Versorgung mit Warmwasser.

Begründung zur Änderung des § 8 Abs. 1[86])

Die Änderung in § 8 Abs. 1 dient der Beseitigung eines Redaktionsversehens bei Erlaß der HeizkostenV.

Erläuterungen

Sofern die Erwärmung des Brauchwassers in einer Anlage erfolgt, die nicht mit dem Wärmeerzeuger für die Gebäudeheizung verbunden ist, sind die Betriebskosten nach § 8 verbrauchsabhängig zu verteilen. Diese Vorschriften entsprechen im wesentlichen denen des § 7.

Im Gegensatz zu § 7 ist hier der Festkostenanteil jedoch nur nach der Wohn- oder Nutzfläche zu verteilen, da der umbaute Raum allenfalls für die Aufteilung der Heizkosten von Belang ist. Maßgebend ist auch hier analog zu § 7 die gesamte Wohn- oder Nutzfläche der Nutzeinheit und nicht nur die mit Warmwasser-Entnahmestellen versehenen Räume. Bei der Wahl der Wohn- und Nutzfläche für die Festkostenumlage bei Warmwasser waren allein pragmatische Gründe ausschlaggebend.

In Abs. 2 sind die Kosten ausgeklammert, die gesondert abgerechnet werden. Diese Regelung gilt dann, wenn die Kaltwasserkosten insgesamt nach einem wie auch immer vereinbarten Maßstab auf die Miete verteilt werden oder wenn sie durch die Grundmiete abgegolten sind.

---

85) BR-Drs. 632/80, S. 29
86) BR-Drs. 483/83, S. 37

Bei Umstellung auf Warmwasserlieferung und Abrechnung nach § 8 Abs. 4 ist beim preisgebundenen Wohnraum § 5 Abs. 3 NMV zu beachten (s. Abschn. 1.4.2). Beim nicht preisgebundenen Wohnraum ist entsprechend zu verfahren.

1.3.20 Verbundene Anlagen (§ 9)

§ 9 Verteilung der Kosten der Versorgung mit Wärme und Warmwasser bei verbundenen Anlagen

§ 9 Abs. 1: Ist die zentrale Anlage zur Versorgung mit Wärme mit der zentralen Warmwasserversorgungsanlage verbunden, so sind die einheitlich entstandenen Kosten des Betriebs aufzuteilen. Die Anteile an den einheitlich entstandenen Kosten sind nach den Anteilen am Energieverbrauch (Brennstoff- oder Wärmeverbrauch) zu bestimmen. Kosten, die nicht einheitlich entstanden sind, sind dem Anteil an den einheitlich entstandenen Kosten hinzuzurechnen. Der Anteil der zentralen Anlage zur Versorgung mit Wärme ergibt sich aus dem gesamten Verbrauch nach Abzug des Verbrauchs der zentralen Warmwasserversorgungsanlage. Der Anteil der zentralen Warmwasserversorgungsanlage am Brennstoffverbrauch ist nach Absatz 2, der Anteil am Wärmeverbrauch nach Absatz 3 zu ermitteln.

Begründung zu § 9[87])

§ 9 regelt, wie bei verbundenen Anlagen (z.B. Bereitstellung von Wärme und Warmwasser durch nur einen Heizkessel) die einheitlich entstehenden Kosten aufzuteilen sind.

Begründung zur Änderung des § 9[88])

Die Vorschrift über die Kostentrennung sogenannter Verbundanlagen (Wärme- und Warmwasserversorgung) wird neu gefaßt, um in der Praxis aufgetretene Verständnisschwierigkeiten auszuräumen. In Absatz 3 wird eine präzisere Zahlenwertgleichung für die Ermittlung der auf die zentrale Warmwasserversorgungsanlage entfallenden Wärmemenge vorgegeben. Außerdem wird es künftig möglich sein, wie bisher bereits bei zentralen Heizungsanlagen, die für die Brauchwassererwärmung notwendige Energie aufgrund der gemessenen Wassermenge zu bestimmen. Absatz 4 Satz 2 muß wegen der [jetzt vorgesehenen] Änderung der Verordnung – insbesondere wegen § 6 Abs. 3 (neu) sowie §§ 9 a und 9 b – weiter gefaßt werden.

---

87) BR-Drs. 632/80, S. 30
88) BR-Drs. 494/88, S. 27

1.3.20.1 Warmwasser aus zentraler Heizungsanlage (§ 9 Abs. 2)

§ 9 Abs. 2: Der Brennstoffverbrauch der zentralen Warmwasserversorgungsanlage (B) ist in Litern, Kubikmetern oder Kilogramm nach der Formel

$$B = \frac{2{,}5 \cdot V \cdot (t_w - 10)}{H_u} \qquad (4)$$

zu errechnen. Dabei sind zugrunde zu legen

1. **das gemessene Volumen des verbrauchten Warmwassers (V) in Kubikmetern;**
2. **die gemessene oder geschätzte mittlere Temperatur des Warmwassers (t_w) in Grad Celsius;**
3. **der Heizwert des verbrauchten Brennstoffes (H_u) in Kilowattstunden (kWh) je Liter (l), Kubikmeter (m^3) oder Kilogramm (kg). Als H_u-Werte können auch verwendet werden für**

Heizöl	**10 kWh/l**
Stadtgas	**4,5 kWh/m^3**
Erdgas L[89])	**9 kWh/m^3**
Erdgas H[90])	**10,5 kWh/m^3**
Brechkoks	**8 kWh/kg**

Im Einigungsvertrag[91]) ergänzt:

Braunkohlenbrikett	*5,5 kWh/kg*
Braunkohlenhochtemperaturkoks	*8,0 kWh/kg*

Enthalten die Abrechnungsunterlagen des Energieverbrauchsunternehmens H_u-Werte, so sind diese zu verwenden.

Der Brennstoffverbrauch der zentralen Warmwasserversorgungsanlage kann auch nach anerkannten Regeln der Technik errechnet werden. Kann das Volumen des verbrauchten Warmwassers nicht gemessen werden, ist als Brennstoffverbrauch der zentralen Warmwasserversorgungsanlage ein Anteil von 18 vom Hundert der insgesamt verbrauchten Brennstoffe zugrunde zu legen.

Begründung zu § 9 Abs. 2[92])

Zur Aufteilung der Kosten ist eine Formel vorgesehen, mit der die auf Wärme und Warmwasser entfallenden Kosten – gemessen an den An-

89) Gase der Gruppe L (low) mit niedrigem Brennwert
90) Gase der Gruppe H (high) mit hohem Brennwert
91) BGBl. II 1990, S. 1007
92) BR-Drs. 632/80, S. 30

teilen am Brennstoffverbrauch – berechnet werden können. Eine genauere, wenn auch aufwendigere Berechnung nach DIN 4713 Teil 5 Abschnitt 2.5 bleibt freigestellt.

Falls die zur Berechnung benötigte Menge des verbrauchten Warmwassers nicht gemessen werden kann, sind als Anteil für die Warmwassererzeugung 18 vom Hundert der insgesamt verbrauchten Brennstoffe zugrunde zu legen. [Für den Fall, daß die Fernwärmeversorgung mit der zentralen Warmwasserversorgung verbunden ist, sind die auf Wärme und Warmwasser entfallenden Kosten anhand der gemessenen Wärmemengen aufzuteilen.] Können diese Mengen nicht gemessen werden, sind für den Warmwasseranteil 18 vom Hundert der insgesamt verbrauchten Wärmemenge zugrunde zu legen.

Der Warmwasseranteil von 18 vom Hundert beruht auf Abrechnungserfahrungen der Meßdienstfirmen und wurde auch von Fachleuten aus dem Heizungs- und Installationsbereich bestätigt.

Begründung zur Neufassung des § 9 Abs. 2 Nr. 2[93])

Die exakte Messung der mittleren Temperatur im Brauchwassernetz bereitet in der Praxis technische Schwierigkeiten und kann zu unvertretbaren Kosten führen. Die Neufassung läßt daher auch Temperaturschätzungen zu und sieht davon ab, eine bestimmte Meßstelle vorzuschreiben. Als Ansatzpunkte für die Ermittlung der Temperatur kommen der Brauchwasserspeicher, die Entnahme-(Zapf-)Stellen oder verschiedene Stellen im Brauchwassernetz in Betracht. Durch die Neufassung bleibt sichergestellt, daß Extrem- oder andere unsachgemäße Werte außer Ansatz bleiben. Der zur Anwendung gebrachte Wert muß sich – auch im Falle der Schätzung – als Mittelwert darstellen, der den Gegebenheiten des Einzelfalles (technische und nutzungsbedingte Besonderheiten der Anlage) hinreichend Rechnung trägt.

Begründung zur Änderung des § 9 Abs. 2 Nr. 3[94])

Für die Änderungen gelten die gleichen Überlegungen, wie sie in der Begründung zu § 5 Abs. 1 (vgl. oben zu Nr. 2) dargelegt sind.

Darüber hinaus wird die Ermittlung des im konkreten Fall zur Anwendung kommenden Heizwertes (H_u) erleichtert; dieser kann nunmehr auch der Verordnung selbst in Form eines gemittelten Wertes oder den Abrechnungsunterlagen des Energieversorgungsunternehmens entnommen werden.

93) BR-Drs. 483/83, S. 38
94) BR-Drs. 483/83, S. 38

Erläuterungen

Zur Ermittlung des Brennstoffanteils für die Brauchwassererwärmung gibt es verschiedene rechnerische Verfahren, so z.B. die VDI 3811 „Aufteilung des Energieverbrauchs für Heizung und Warmwasserbereitung bei kombinierten zentralen Heizungsanlagen (Ausg. 08/81)". Wegen des aufwendigen Verfahrens bei der Anwendung dieser Methode hat der Verordnungsgeber eine davon abgeleitete, vereinfachte Formel angegeben, mit welcher der angestrebte Zweck auch erreicht wird. Der oben in § 9 Abs. 2 angegebenen Zahlenwertgleichung (4) liegt folgende Größengleichung zugrunde:

$$B = \frac{c \cdot V \cdot (t_w - t_k)}{\eta \cdot H_u} \qquad (4a)$$

Dabei bedeuten:

c	Spezifische Wärmekapazität für die Erwärmung von 1 m^3 Wasser um 1 K; das sind unter Normalbedingungen 1,16 $kWh/(m^3 \cdot K)$.
V	Volumen des erwärmten Brauchwassers (Warmwasser) in m^3.
t_w	Mittlere Temperatur des erwärmten Brauchwassers (Warmwasser) in °C.
t_k	Mittlere Temperatur des zu erwärmenden Brauchwassers – hier mit 10 °C angenommen.
η	Wirkungsgrad der Heizungsanlage, der unter Berücksichtigung des verminderten Ausnutzungsgrades für die Brauchwassererwärmung in der heizfreien Zeit mit rd. 0,46 angenommen wurde.
H_u	Heizwert des verwendeten Brennstoffes in kWh je Liter, Kubikmeter oder Kilogramm. Richtwerte für die wichtigsten Brennstoffe sind in der Verordnung angegeben.

Zur Anwendung der Formel ist es notwendig, die Menge des verbrauchten Warmwassers zu messen. Dieses kann auch durch einen Kaltwasserzähler im Zulauf zum Brauchwassererwärmer erfolgen. Sollte auch das nicht möglich sein, ist ein Anteil von 18 % der insgesamt verbrauchten Brennstoffe anzunehmen.

In § 23 a der NMV i.d.F. von 1979 war der Faktor für den spezifischen Wärmeverbrauch mit 7000 $kJ/(K \cdot m^3)$ angegeben. Bei den Beratungen zur HeizkostenV wurde von dem DIN-Normenausschuß Heiz- und Raumlufttechnik (NHR) vorgeschlagen, diesen Faktor wegen der großen Stillstandsverluste während der Sommermonate auf 9000 $kJ/(K \cdot m^3)$ anzuheben. Durch Umstellung auf die Einheit $kWh/(K \cdot m^3)$ ergibt das gerundet den Wert 2,5.

Die HeizkostenV sieht keine Regelung dafür vor, daß die Warmwasserversorgung aus einer verbundenen Anlage nur von einem Teil der Nutzer in Anspruch genommen werden kann. Sollte in einem solchen Fall die Warmwassermenge nicht gemessen werden können, ist gleichwohl ein Anteil von 18 % der insgesamt verbrauchten Brennstoffmenge zugrunde zu legen. Es sei denn, daß im Rahmen rechtsgeschäftlicher Bestimmungen (z.B. in den Mietverträgen) anderes vereinbart wurde[95]).

1.3.20.2 Warmwasser aus Wärmelieferung (§ 9 Abs. 3)

§ 9 Abs. 3: Die auf die zentrale Warmwasserversorgungsanlage entfallende Wärmemenge (Q) ist mit einem Wärmezähler zu messen. Sie kann auch in Kilowattstunden nach der Formel

$$Q = 2{,}0 \cdot V \cdot (t_w - 10) \qquad (5)$$

errechnet werden. Dabei sind zugrunde zu legen

1. **das gemessene Volumen des verbrauchten Warmwassers (V) in Kubikmetern;**
2. **die gemessene oder geschätzte mittlere Temperatur des Warmwassers (t_w) in Grad Celsius.**

Die auf die zentrale Warmwasserversorgungsanlage entfallende Wärmemenge kann auch nach den anerkannten Regeln der Technik errechnet werden. Kann sie weder nach Satz 1 gemessen noch nach den Sätzen 2 bis 4 errechnet werden, ist dafür ein Anteil von 18 vom Hundert der insgesamt verbrauchten Wärmemenge zugrunde zu legen.

Begründung zur Änderung des § 9 Abs. 3 siehe nach § 9 Abs. 1.

Erläuterungen

In § 9 Abs. 3 wird analog zu Gleichung (4) eine Näherungsformel (5) angegeben, mit der bei Wärmelieferung auch ohne Wärmezähler, jedoch mit Wasserzähler, die für die Brauchwassererwärmung benötigte Wärmemenge angenähert ermittelt werden kann. Dieser Zahlenwertgleichung (5) liegt folgende Größengleichung (5 a) zugrunde:

$$Q = \frac{c}{\eta} \cdot V \cdot (t_w - t_K) \qquad (5a)$$

Die einzelnen Größen entsprechen denen von Gleichung (4a). Lediglich der Wirkungsgrad η wurde wegen der besseren Ausnutzung hier höher angesetzt. Daraus reduziert sich die Konstante von 2,5 auf 2.

Falls jedoch weder Wärmezähler noch Wasserzähler auf der Kalt- oder Warmwasserseite eingebaut werden können, ist auch bei Wärmelieferung für die Brauchwassererwärmung ein Anteil von 18 % der insgesamt bezogenen Wärmemenge auszusetzen.

95) Anderer Ansicht Freytag, S. 90; der von 18 % des entspr. Teilverbrauchs ausgeht.

§ 9 Abs. 4: Der Anteil an den Kosten der Versorgung mit Wärme ist nach § 7 Abs. 1, der Anteil an den Kosten der Versorgung mit Warmwasser nach § 8 Abs. 1 zu verteilen, soweit diese Verordnung nichts anderes bestimmt oder zuläßt.

Begründung zur Änderung des § 9 Abs. 4 siehe nach § 9 Abs. 1.

1.3.21 Schätzung des Verbrauchs (§ 9 a)

§ 9 a Kostenverteilung in Sonderfällen

§ 9 a Abs. 1: Kann der anteilige Wärme- oder Warmwasserverbrauch von Nutzern für einen Abrechnungszeitraum wegen Geräteausfalls oder aus anderen zwingenden Gründen nicht ordnungsgemäß erfaßt werden, ist er vom Gebäudeeigentümer auf der Grundlage des Verbrauchs der betroffenen Räume in vergleichbaren früheren Abrechnungszeiträumen oder des Verbrauchs vergleichbarer anderer Räume im jeweiligen Abrechnungszeitraum zu ermitteln. Der so ermittelte anteilige Verbrauch ist bei der Kostenverteilung anstelle des erfaßten Verbrauchs zugrunde zu legen.

§ 9 a Abs. 2: Überschreitet die von der Verbrauchsermittlung nach Absatz 1 betroffene Wohn- oder Nutzfläche oder der umbaute Raum 25 vom Hundert der für die Kostenverteilung maßgeblichen gesamten Wohn- oder Nutzfläche oder des maßgeblichen gesamten umbauten Raumes, sind die Kosten ausschließlich nach den nach § 7 Abs. 1 Satz 2 und § 8 Abs. 1 für die Verteilung der übrigen Kosten zugrunde zu legenden Maßstäben zu verteilen.

Begründung zur Einfügung eines § 9 a[96])

Die Neuregelung betrifft Fälle, in denen eine Verbrauchserfassung wegen Geräteausfalls oder aus anderen zwingenden Gründen nicht möglich ist.

In der Praxis hat sich die – im Prinzip sinnvolle – Übung herausgebildet, in solchen Fällen den Verbrauch auf der Grundlage von Ersatzkriterien zu ermitteln, wobei auf Vorjahresverbräuche, den Verbrauch vergleichbarer Räume oder andere verbrauchsnahe Kriterien zurückgegriffen wird. Die Praxis verfährt jedoch nicht einheitlich. Unterschiede ergeben sich insbesondere hinsichtlich der Frage, bis zu welchem Grad eine Ermittlung des Verbrauchs anhand derartiger Ersatzkriterien noch als hinnehmbar erscheint. Dies haben auch die Gerichte unterschiedlich beurteilt.

Die Neuregelung will die bestehenden Unsicherheiten beseitigen. Leitgedanke der Regelung ist die Aufrechterhaltung einer möglichst verbrauchsnahen Abrechnung. Zu diesem Zweck schreibt Absatz 1 Satz 1

---

96) BR-Drs. 494/88, S. 27

vor, daß der anteilige Wärme- oder Warmwasserverbrauch der Nutzer, in deren Nutzeinheit die zwingenden Hinderungsgründe eingetreten sind, mit Hilfe bestimmter Ersatzkriterien zu ermitteln ist. Als solche läßt die Verordnung gleichrangig den Verbrauch der von dem Hinderungsgrund betroffenen Räume in vergleichbaren früheren Abrechnungszeiträumen und den Verbrauch vergleichbarer anderer Räume im aktuellen Abrechnungszeitraum zu. Die Wahl des im Einzelfall maßgebenden Kriteriums obliegt dem Gebäudeeigentümer. Durch die geforderte Vergleichbarkeit soll sichergestellt werden, daß vor allem nicht Abrechnungszeiträume herangezogen werden, in denen z.B. aus Witterungsgründen ein wesentlich anderer Heizwärmebedarf als im aktuellen Abrechnungszeitraum bestand, und daß nicht Räume herangezogen werden, die z.B. nutzungsbedingt einen wesentlich anderen Wärmeverbrauch als die betroffenen Räume aufweisen.

In Absatz 2 erfolgt die Grenzziehung, innerhalb derer eine Verbrauchsermittlung auf der Basis der in Absatz 1 genannten Ersatzkriterien aus Praktikabilitäts- und Wirtschaftlichkeitsgründen noch als vertretbar angesehen werden kann. Wird ein Grenzwert von 25 v.H. (der für Kostenverteilung maßgeblichen Gesamtfläche oder -raumvolumina) überschritten, soll die Pflicht zu einer verbrauchsbezogenen Abrechnung nach Absatz 1 – für das gesamte Objekt – entfallen; dies liegt auf der Linie der bisherigen Erfahrungen in der Abrechnungspraxis. Es kommen dann ausschließlich Verteilungsmaßstäbe zur Anwendung, wie sie für die Verteilung der sog. übrigen Kosten vorgesehen sind.

1.3.22 Nutzerwechsel (§ 9 b)

§ 9 b Kostenaufteilung bei Nutzerwechsel

§ 9 b Abs. 1: Bei Nutzerwechsel innerhalb eines Abrechnungszeitraumes hat der Gebäudeeigentümer eine Ablesung der Ausstattung zur Verbrauchserfassung der vom Wechsel betroffenen Räume (Zwischenablesung) vorzunehmen.

§ 9 b Abs. 2: Die nach dem erfaßten Verbrauch zu verteilenden Kosten sind auf der Grundlage der Zwischenablesung, die übrigen Kosten des Wärmeverbrauchs auf der Grundlage der sich aus anerkannten Regeln der Technik ergebenden Gradtagszahlen oder zeitanteilig und die übrigen Kosten des Warmwasserverbrauchs zeitanteilig auf Vor- und Nachnutzer aufzuteilen.

§ 9 b Abs. 3: Ist eine Zwischenablesung nicht möglich oder läßt sie wegen des Zeitpunktes des Nutzerwechsels aus technischen Gründen keine hinreichend genaue Ermittlung der Verbrauchsanteile zu, sind die gesamten Kosten nach den nach Absatz 2 für die übrigen Kosten geltenden Maßstäben aufzuteilen.

§9b Abs. 4: Von den Absätzen 1 und 3 abweichende rechtsgeschäftliche Bestimmungen bleiben unberührt.

Begründung zur Einfügung eines § 9 b[97])

Es wird erstmals eine einheitliche Rechtsgrundlage für das Vorgehen bzw. die Kostenaufteilung in Fällen des Nutzerwechsels geschaffen. In Praxis und Rechtsprechung war häufig streitig, ob bei Auszug eines Nutzers eine Zwischenablesung zu erfolgen hat und nach welchen Kriterien die „übrigen Kosten" zu verteilen sind. Dies wird jetzt in den Absätzen 1 und 2 geregelt. Für Fälle, in denen eine Zwischenablesung nicht möglich oder sinnvoll ist, werden in Absatz 3 die ersatzweise anzuwendenden Verfahren benannt.

Grundgedanke auch des §9b ist das Bestreben, in den Fällen des Nutzerwechsels möglichst eine verbrauchsabhängige Verteilung der Heiz- und Warmwasserkosten auf die wechselnden Nutzer zu erhalten. Absatz 1 schreibt demgemäß in Übereinstimmung mit der überwiegenden Rechtsprechung und Praxis vor, daß der Verbrauch der wechselnden Nutzer durch eine Zwischenablesung zu erfassen ist. Damit schafft Absatz 1 die Grundlage für eine verbrauchsabhängige Aufteilung der Kosten auf Vor- und Nachnutzer.

Für die Kostenverteilung schreibt Absatz 2 dementsprechend vor, daß die nach dem erfaßten Verbrauch zu verteilenden Kosten auf der Grundlage der Zwischenablesung auf Vor- und Nachnutzer aufzuteilen sind.

Die „übrigen Kosten" (vgl. §7 Abs. 1 Satz 2 HeizkostenV) sollen nach Hilfsmaßstäben auf Vor- und Nachnutzer aufgeteilt werden. Dabei wird dem Gebäudeeigentümer die Wahl zwischen einer Aufteilung auf der Grundlage von Gradtagszahlen[98]) und einer zeitanteiligen Aufteilung gelassen. Er kann somit den Gegebenheiten des Einzelfalles – insbesondere unter Wirtschaftlichkeits- und Praktikabilitätsgründen – hinreichend Rechnung tragen.

Bei den „übrigen Kosten" des Warmwasserverbrauchs ist eine zeitanteilige Aufteilung auf Vor- und Nachnutzer angemessener als eine solche nach Gradtagszahlen, da der Warmwasserverbrauch nur im geringen Maße vom Witterungsverlauf abhängig ist.

Durch die in Absatz 3 enthaltene Umschreibung „oder läßt sie wegen des Zeitpunktes des Nutzerwechsels aus technischen Gründen keine hinreichend genaue Ermittlung der Verbrauchsanteile zu" sind insbesondere die Fälle angesprochen, in denen bei Verwendung von Kostenverteilern eine sachgerechte Aufteilung nach Absatz 2 nicht möglich ist. Praktische Erfahrungen belegen, daß dies z.B. regelmäßig der Fall ist, wenn bei Ver-

97) BR-Drs. 494/88, S. 29
98) Vgl. Abb. 7.14

wendung von Heizkostenverteilern nach dem Verdunstungsprinzip (keine Verbrauchsanzeige in Meßeinheiten wie kWh oder m³) der Nutzerwechsel unmittelbar vor oder nach der Heizperiode bzw. dem Abrechnungszeitraum erfolgt.

Nach Absatz 4 bleiben von den Absätzen 1 bis 3 abweichende rechtsgeschäftliche Vereinbarungen unberührt. Dieser Vorbehalt rechtfertigt sich daraus, daß die bei einem Nutzerwechsel auftretenden besonderen Umstände nach den Erfahrungen der Praxis sehr unterschiedlich sind. Der Verordnungsgeber könnte ihnen durch starre Vorgaben nicht immer gerecht werden. Auch aus Gründen der Wirtschaftlichkeit (§ 5 EnEG) muß hier ein Freiraum für zivilrechtliche Lösungen verbleiben. Deshalb soll es den Beteiligten freigestellt werden, ihnen billig erscheinende einfachere oder wirtschaftlichere Lösungen zu vereinbaren. Unberührt sollen nach Absatz 4 bereits beim Inkrafttreten der Vorschrift bestehende rechtsgeschäftliche Vereinbarungen bleiben. Aus den vorgenannten Gründen erscheint es aber gerechtfertigt, auch künftige abweichende rechtsgeschäftliche Vereinbarungen zuzulassen. Diese können sowohl in Individualverträgen als auch in Allgemeinen Geschäftsbedingungen enthalten sein.

Erläuterungen

Mit den Bestimmungen der neu eingefügten §§ 9 a und 9 b wurden die wesentlichen Punkte aufgenommen, die bereits in der „Verbändeerklärung“ und in den „Richtlinien zur Durchführung der verbrauchsabhängigen Heizkostenabrechnung“ der Arbeitsgemeinschaft Heizkostenverteilung, i.d.F. vom 1.12.1986, ihren Niederschlag fanden.

Damit wurde die praktische Anwendung der HeizkostenV verbessert und der Rechtsprechung Entscheidungskriterien an die Hand gegeben. Da, wo die Verordnung bzw. die „Anerkannten Regeln der Technik“ noch Spielräume gelassen haben, hat die Arbeitsgemeinschaft Heizkostenverteilung ihren Mitgliedsfirmen in der Neufassung ihrer Richtlinien vom 13. Februar 1990 pragmatische Lösungen an die Hand gegeben (s. Anhang 8.4).

Das schließt jedoch nicht aus, daß Sonderheiten des Einzelfalles so zu entscheiden sind, daß die Lösung nach Billigkeitserwägungen (§§ 315 ff. BGB) den tatsächlichen Verhältnissen möglichst nahe kommt.

1.3.23 Überschreiten der Höchstsätze (§ 10)

§ 10 Überschreitung der Höchstsätze

Rechtsgeschäftliche Bestimmungen, die höhere als die in § 7 Abs. 1 und § 8 Abs. 1 genannten Höchstsätze von 70 vom Hundert vorsehen, bleiben unberührt.

Begründung zu § 10[99])

Die Regelungen der Verordnung greifen in einem nicht unerheblichen Maße in die zivilrechtlichen Rechtsbeziehungen zwischen Nutzern und Gebäudeeigentümern ein. Dies erscheint nur insoweit gerechtfertigt, als es durch das Ziel der Verordnung, die Nutzer von Räumen zu rationellem Verbrauch von Energie anzuhalten, geboten ist. Wo dagegen diesem Ziel durch rechtsgeschäftliche Bestimmungen eines höheren verbrauchsabhängigen Abrechnungssatzes in stärkerem Maße Rechnung getragen wird als nach der Verordnung, sollen die Beteiligten nicht gezwungen werden, den rechtsgeschäftlich bestimmten Abrechnungssatz nach unten zu revidieren. Diesem Ziel dient der – dem § 2 als Spezialvorschrift vorgehende – § 10, nach dem die entsprechenden rechtsgeschäftlichen Bestimmungen unberührt bleiben sollen.

Solche rechtsgeschäftlichen Bestimmungen sind im Bereich des Wohnungseigentums namentlich Teilungsvereinbarungen, die die Festlegung der Prozentsätze der verbrauchsabhängigen Abrechnung nach Maßgabe der Beschlüsse der Eigentümerversammlung ohne eine Höchstgrenze zulassen. In diesen Fällen soll die Gemeinschaft der Wohnungseigentümer nicht gehindert sein, an einem bereits vor Inkrafttreten der Verordnung beschlossenen höheren Prozentsatz festzuhalten. Es soll ihr aber auch nicht verwehrt sein, einen höheren Prozentsatz erst in Zukunft zu beschließen.

Dies kann dazu führen, daß – nach Maßgabe der zugrunde liegenden Teilungsvereinbarung – entsprechende Beschlüsse der Eigentümerversammlung auch gegen den Willen von Nutzern gefaßt werden, die für ihre Räume einen durch deren Lage bedingten höheren Heizenergieverbrauch haben. Eine unbillige Benachteiligung dieser Nutzer ist jedoch damit nicht verbunden, da die Nutzer schon aufgrund der Teilungsvereinbarung damit rechnen mußten, daß die Eigentümerversammlung einen über 70 % hinausgehenden Satz für die verbrauchsabhängige Abrechnung beschließen wird. § 10 beschränkt sich lediglich darauf, an dieser bereits gegebenen Rechtslage nichts zu ändern.

Im Bereich des Mietrechts und anderer vertraglicher Nutzungsrechte betrifft § 10 hauptsächlich Vereinbarungen höherer verbrauchsabhängiger Prozentsätze in Mietverträgen; daneben kommen aber auch Klauseln in Mietverträgen in Betracht, die dem Eigentümer generell ein einseitiges Bestimmungsrecht hinsichtlich des verbrauchsabhängigen Abrechnungssatzes einräumen, ohne eine Obergrenze festzulegen. Im erstgenannten Fall bedarf eine Abweichung von dem mietvertraglich vereinbarten Satz einer Vereinbarung mit allen Mietern. Bei der zweiten, wohl seltenen Fallgruppe ist eine Vertragsabänderung nicht erforderlich; aber auch hier beschränkt § 10 sich darauf, die bisherige vom Mieter im Miet-

---

99) BR-Drs. 632/80, S. 31

vertrag akzeptierte Bestimmungsbefugnis des Gebäudeeigentümers unangetastet zu lassen.

In allen weiteren Fällen vertraglicher Nutzung bedarf die Festlegung eines über 70 hinausgehenden Prozentsatzes einer Vereinbarung mit jedem einzelnen Nutzer. Dieses schon nach allgemeinem Zivilrecht gegebene Erfordernis braucht in § 10 daher nicht mehr wiederholt zu werden.

Erläuterungen

Wenn rechtsgeschäftliche Vereinbarungen im Sinne des § 10 getroffen wurden, so kann ein später hinzukommender Mieter oder Wohnungseigentümer diese nicht mehr ändern (vgl. auch Abschnitt 1.3.7).

1.3.24 Ausnahmen (§ 11)

§ 11 Ausnahmen

§ 11 Abs. 1: Soweit sich die §§ 3 bis 7 auf die Versorgung mit Wärme beziehen, sind sie nicht anzuwenden

1. auf Räume,

a) bei denen das Anbringen der Ausstattung zur Verbrauchserfassung, die Erfassung des Wärmeverbrauchs oder die Verteilung der Kosten des Wärmeverbrauchs nicht oder nur mit unverhältnismäßig hohen Kosten möglich ist oder

b) die vor dem 1. Juli 1981 bezugsfertig geworden sind und in denen der Nutzer den Wärmeverbrauch nicht beeinflussen kann;

Begründung zu § 11 Abs. 1 Nr. 1[100])

Absatz 1 enthält die Ausnahmen von den Vorschriften über die Versorgung mit Wärme.

Nach Nummer 1 Buchstabe a) bleiben Räume von einer Anwendung dieser Vorschriften ausgenommen, bei denen das Anbringen der Ausstattung zur Verbrauchserfassung, die Erfassung des Wärmeverbrauchs oder die Verteilung der Kosten des Wärmeverbrauchs nicht oder nur mit unverhältnismäßig hohen Kosten möglich ist. Welche Kosten unverhältnismäßig hoch sind, muß der Beurteilung im konkreten Einzelfall überlassen bleiben.

Nach Nummer 1 Buchstabe b) bleiben Räume, bei denen der Nutzer den Wärmeverbrauch nicht beeinflussen kann, von einer Anwendung dieser Vorschriften nur dann ausgenommen, wenn sie vor dem 1. Juli 1981 be-

100) BR-Drs. 632/80, S. 33

zugsfertig geworden sind. Eine Nichtbeeinflußbarkeit des Wärmeverbrauchs durch den Nutzer kann z.B. bei einer Einrohrheizung gegeben sein, bei der der erste Nutzer seine Heizung nicht abschalten kann, ohne zugleich die Heizungen der dahinterliegenden Nutzer mit abzuschalten.

Erläuterungen

Zur Inanspruchnahme einer Ausnahme nach § 11 Abs. 1 Nr. 1 bedarf es keiner Zustimmung durch eine Behörde. Der Gebäudeeigentümer sollte jedoch die Nutzer über das Vorliegen eines Ausnahmetatbestandes unterrichten. Für die Nutzer entfällt mit einem solchen Ausnahmetatbestand auch die Duldungspflicht gem. § 4 Abs. 2. Die Verbindung der einzelnen Kriterien durch „oder" sagt, daß es für eine Ausnahme genügt, wenn eines dieser Kriterien zutrifft.

Der Ausnahmetatbestand „Nichtbeeinflußbarkeit des Wärmeverbrauchs" ist auf die vor dem 1. Juli 1981 bezugsfertigen Wohnräume beschränkt. Das heißt, daß die Räume, die nach diesem Zeitpunkt bezugsfertig wurden, mit Ausstattungen zur Beeinflussung des Wärmeverbrauchs versehen sein müssen. Die Heizungsanlagen-Verordnung schreibt in § 7 selbsttätig wirkende Einrichtungen zur raumweisen Temperaturregelung vor. Für bestehende Anlagen gilt dies seit dem 1. Oktober 1987.

Nach dem Einigungsvertrag vom 23. September 1990[101]) *„ist §11 Abs. 1 Buchstabe b) mit der Maßgabe anzuwenden, daß an die Stelle des Datums ‚1. Juli 1981' das Datum ‚1. Januar 1991' tritt."*

Zu § 11 Abs. 1 Nr. 1 b ist anzumerken, daß Heizungsanlagen nach § 7 Abs. 2 Heizungsanlagen-Verordnung i.d.F. vom 20. Januar 1989[102]) mit selbsttätig wirkenden Regel- und Steuereinrichtungen aus- bzw. nachzurüsten sind. Im Gebiet der ehem. DDR gibt es nach dem Einigungsvertrag für Nachrüstungen noch eine Übergangsfrist bis zum 31. Dezember 1995.

§ 11 Abs. 1 Nr. 2:

2. a) auf Alters- und Pflegeheime, Studenten- und Lehrlingsheime,

b) auf vergleichbare Gebäude oder Gebäudeteile, deren Nutzung Personengruppen vorbehalten ist, mit denen wegen ihrer besonderen persönlichen Verhältnisse regelmäßig keine üblichen Mietverträge abgeschlossen werden;

Begründung zu § 11 Abs. 1 Nr. 2[103])

[Nummer 2 behandelt die Fälle der sogenannten „Warmmiete". Die Vereinbarung von Warmmieten soll grundsätzlich nicht mehr zulässig sein,

101) BGBl. II S. 1007
102) BGBl. I S. 120
103) BR-Drs. 632/80, S. 33

jedoch sind Ausnahmen vorgesehen für Alters- und Pflegeheime, Studenten- und Lehrlingsheime und für vergleichbare Gebäude, deren Nutzung Personengruppen vorbehalten ist, mit denen wegen ihrer besonderen persönlichen Verhältnisse regelmäßig keine üblichen Mietverträge abgeschlossen werden.

Eine Ausnahme zugunsten weiterer Warmmietverhältnisse schien dagegen angesichts der Vorrangigkeit der Energieeinsparung in diesem Bereich nicht angebracht. Insbesondere sollen Warmmietverträge, die beim Inkrafttreten der Verordnung bereits bestehen, nicht generell ausgenommen werden.

Für Wohnungen, die auf Warmmietbasis vermietet worden sind, wird die Verordnung nämlich erst am 1. Juli 1984 voll wirksam werden. Da Warmmietverträge meist über verhältnismäßig kurze Zeiträume abgeschlossen werden, kann davon ausgegangen werden, daß bis zum vollen Wirksamwerden der Verordnung die meisten der alten Warmmietverträge ausgelaufen sind. Für etwa noch verbleibende Fälle könnte über § 11 Abs. 1 Nr. 1 und 4 eine dem jeweiligen Fall angemessene Lösung gefunden werden.

Nicht ausdrücklich ausgenommen sind auch künftig Warmmietverhältnisse über Einliegerwohnungen sowie in Fällen der Untervermietung. Für diese Fälle bietet Absatz 1 Nr. 1 und 4 ebenfalls die Möglichkeit einer Lösung, die dem Verhältnis der Kosten zum Einspareffekt Rechnung trägt und unbillige Härten vermeidet.]

Erläuterungen

In dem Regierungsentwurf[104]) war § 11 Abs. 1 Nr. 2 auf bestehende Warmmietverträge abgestellt. Der Bundesrat hat jedoch in seiner Sitzung am 20. Februar 1981 der Verordnung mit der Maßgabe zugestimmt, daß der diesbezügliche Zusatz Nr. 2 gestrichen wird. Diese Streichung entsprach einer Empfehlung aus der Ausschußsitzung vom 10.2.1981, die wie folgt begründet wurde.

Begründung zur Änderung des § 11 Abs. 1 Nr. 2[105])

Es ist aus energiepolitischer Sicht nicht gerechtfertigt, bei den vorgesehenen Ausnahmen für Alters- und Pflegeheime, Studenten- und Lehrlingsheime sowie für vergleichbare Fälle auf das Bestehen von „Warmmietverträgen" abzustellen. Entscheidend für diese Ausnahmeregelung ist nämlich, daß bei derartigen Heimen in Anbetracht der meist geringen Größe der Wohneinheiten, des großen Wärmeaustauschs zwischen den einzelnen Räumen sowie zum Teil auch einer häufigeren Fluktuation der

104) BR-Drs. 632/80, S. 10
105) BR-Drs. 632/1/80, S. 2 und 632/80 (Beschluß), S. 2

erforderliche Verwaltungsaufwand für eine verbrauchsabhängige Heizkostenabrechnung unverhältnismäßig groß ist. Die Ausnahme soll deshalb unabhängig davon gelten, ob die Kosten der Versorgung mit Wärme aufgrund der vertraglichen Vereinbarung gesondert ausgewiesen werden oder nicht.

§ 11 Abs. 1 Nr. 3:

3. auf Räume in Gebäuden, die überwiegend versorgt werden

a) mit Wärme aus Anlagen zur Rückgewinnung von Wärme oder aus Wärmepumpen- oder Solaranlagen oder

b) mit Wärme aus Anlagen der Kraft-Wärme-Kopplung oder aus Anlagen zur Verwertung von Abwärme, sofern der Wärmeverbrauch des Gebäudes nicht erfaßt wird,

wenn die nach Landesrecht zuständige Stelle im Interesse der Energieeinsparung und der Nutzer eine Ausnahme zugelassen hat;

Begründung zu § 11 Abs. 1 Nr. 3[106])

In Nummer 3 werden Ausnahmen zugelassen für den Fall der Verwendung energieeinsparender Technologien. In derartigen Fällen ist eine von der verbrauchsabhängigen Abrechnung abweichende Verteilung der Kosten nur dann zulässig, wenn die nach Landesrecht zuständige Stelle eine Ausnahmegenehmigung erteilt hat. Die Erteilung der Genehmigung erfolgt nach pflichtgemäßem Ermessen dieser Stelle. Da eine Verteilung der Kosten ohne Rücksicht auf den tatsächlichen Verbrauch die Nutzer nicht zu energieeinsparendem Verhalten motiviert, ist es nötig, die Voraussetzungen für die Ausnahmeregelung eng zu begrenzen. Eine Ausnahme soll deshalb nur in Betracht kommen, wenn sie „im Interesse der Energieeinsparung und der Nutzer" liegt. Mit der Begrenzung auf das Interesse der Nutzer soll sichergestellt werden, daß die zu erzielende Energieeinsparung der Gesamtheit der Nutzer zugute kommt. Nur bei wenigen Versorgungssystemen wird die Pauschalabrechnung zu einer solchen Energieeinsparung beitragen.

Erläuterungen

Verbrauchsabhängige Heizkostenabrechnung setzt voraus, daß der Nutzer seinen Wärmeverbrauch beeinflussen kann. Bei Wärme aus Wärmerückgewinnungs-, Wärmepumpen- oder Solaranlagen steht das Wärmeangebot nur zu bestimmten Zeiten zur Verfügung. Um derartige Energiequellen optimal auszunützen, muß die jeweils anfallende Wärme zeitgleich der Nutzung zugeführt werden. Solarenergie steht beispielsweise nur am Tage zur Verfügung. Werden während dieser Zeit die Heizkörper abgestellt, so

106) BR-Drs. 632/80, S. 34

bleibt diese Energie ungenutzt. Die tagsüber ausgekühlten Räume haben am Abend einen höheren Wärmebedarf, welcher dann durch zusätzlichen Brennstoffaufwand gedeckt werden muß.

Ähnliche Kriterien gelten auch für Fernwärme aus Kraft-Wärme-Kopplung oder aus Abwärme. Eine Ausnahme nach Buchstabe b setzt jedoch voraus, daß dem Fernwärmeunternehmen eine Ausnahme nach § 18 Abs. 3 AVBFernwärmeV gewährt wurde (vgl. Abschnitt 1.6).

§ 11 Abs. 1 Nr. 4:

4. auf die Kosten des Betriebs der zugehörigen Hausanlagen, soweit diese Kosten in den Fällen des § 1 Abs. 3 nicht in den Kosten der Wärmelieferung enthalten sind, sondern vom Gebäudeeigentümer gesondert abgerechnet werden;

Begründung zur eingefügten Nr. 4[107])

Nach Einbeziehung der Fälle der Direktabrechnung zwischen Wärmeversorgungsunternehmen und Nutzer in den Anwendungsbereich der Verordnung wäre an sich der Gebäudeeigentümer verpflichtet, bei ihm entstandene Kosten des Betriebs der zugehörigen Hausanlage, die in den vom Versorgungsunternehmen in Rechnung gestellten Kosten der Wärmelieferung nicht enthalten sind, verbrauchsabhängig zu verteilen. Dies erscheint wirtschaftlich nicht vertretbar; bei der Größenordnung dieser Kosten (Schätzungen gehen von allenfalls 1 bis 2 % der Gesamtkosten aus) stünde der hiermit verbundene Verwaltungsaufwand in keinem Verhältnis zu dem erzielbaren Nutzen. Nummer 4 (neu) trägt dem Rechnung.

§ 11 Abs. 1 Nr. 5:

5. in sonstigen Einzelfällen, in denen die nach Landesrecht zuständige Stelle wegen besonderer Umstände von den Anforderungen dieser Verordnung befreit hat, um einen unangemessenen Aufwand oder sonstige unbillige Härten zu vermeiden.

Begründung zu § 11 Abs. 1 Nr. [4] {jetzt Abs. 5}[108])

Nr. [4] {jetzt Abs. 5} beinhaltet eine generelle Härteklausel, die durch § 5 Abs. 2 EnEG ausdrücklich geboten ist. Hiernach kann die nach Landesrecht zuständige Stelle wegen besonderer Umstände von den Anforderungen dieser Verordnung befreien, um einen unangemessenen Aufwand oder sonstige unbillige Härten zu vermeiden. Die praktische Auswirkung dieser Härteklausel wird allerdings gering sein, da der weitaus überwiegende Teil der Härtefälle bereits durch die – gegenüber §§ 22 Abs. 3, 23 Abs. 3 NMV 1970 erweiterte – Nr. 1 erfaßt wird.

---

107) BR-Drs. 494/88, S. 31
108) BR-Drs. 632/80, S. 35

§ 11 Abs. 2: Soweit sich die §§ 3 bis 6 und § 8 auf die Versorgung mit Warmwasser beziehen, gilt Absatz 1 entsprechend.

Begründung zu § 11 Abs. 2[109])

Absatz 2 enthält entsprechend Absatz 1 die Ausnahmen von den Vorschriften über die Versorgung mit Warmwasser.

Erläuterungen

Ausnahmen nach § 11 Abs. 1 und Abs. 2, jeweils Nr. 3 und 5, sind bei den nach Landesrecht zuständigen Stellen zu beantragen. Über Ansiedlung dieser Stellen gibt es keine einheitliche Regelung bei den Bundesländern. Die Zuständigkeiten wechseln gelegentlich. In Zweifelsfällen wende man sich an die Kanzlei des jeweiligen Ministerpräsidenten.

1.3.25 Kürzungsrecht (§ 12 Abs. 1)

§ 12 Kürzungsrecht, Übergangsregelungen

§ 12 Abs. 1: Soweit die Kosten der Versorgung mit Wärme oder Warmwasser entgegen den Vorschriften dieser Verordnung nicht verbrauchsabhängig abgerechnet werden, hat der Nutzer das Recht, bei der nicht verbrauchsabhängigen Abrechnung der Kosten den auf ihn entfallenden Anteil um 15 vom Hundert zu kürzen. Dies gilt nicht beim Wohnungseigentum im Verhältnis des einzelnen Wohnungseigentümers zur Gemeinschaft der Wohnungseigentümer; insoweit verbleibt es bei den allgemeinen Vorschriften.

Erläuterungen

In der HeizkostenV a.F. war das 15 %ige Kürzungsrecht auf die Räume beschränkt, die vor dem 1. Juli 1981 bezugsfertig geworden sind. So war es auch in dem Regierungsentwurf vom 20.10.1988 vorgesehen[110]). Auf Empfehlung des Wirtschaftsausschusses wurde diese zeitliche Beschränkung mit folgender Begründung gestrichen:

Begründung zu § 12 Abs. 1[111])

Das geltende Kürzungsrecht hat sich bewährt. Es sollte deshalb im Interesse der Durchsetzbarkeit der verbrauchsabhängigen Abrechnung beibehalten werden. Ob sich ein Kürzungsrecht nach den allgemeinen Vorschriften durchsetzen läßt, ist zu bezweifeln. Der Hinweis in der Begründung der Verordnung, wonach z.B. bei preisgebundenen Wohnun-

109) BR-Drs. 632/80, S. 35
110) BR-Drs. 494/88, S. 9
111) BR-Drs. 494/1/88, S. 3 und 494/88 (Beschluß), S. 2

gen der Mieter einen Rückerstattungsanspruch nach § 8 Abs. 2 WoBindG habe, ist zwar theoretisch richtig, praktisch jedoch nicht praktikabel, denn der Mieter kann nicht den ihm obliegenden Beweis führen, welchen Teil der Heizungsbetriebskosten er zurückfordern könnte, wenn verbrauchsabhängig abgerechnet worden wäre.

1.3.26 Übergangsregelungen (§ 12 Abs. 2 bis 5)

§ 12 Abs. 2: Die Anforderungen des § 5 Abs. 1 Satz 2 gelten als erfüllt

1. **für die am 1. Januar 1987 für die Erfassung des anteiligen Warmwasserverbrauchs vorhandenen Warmwasserkostenverteiler und**
2. **für die am 1. Juli 1981 bereits vorhandenen sonstigen Ausstattungen zur Verbrauchserfassung.**

§ 12 Abs. 3: Bei preisgebundenen Wohnungen im Sinne der Neubaumietenverordnung 1970 gilt Absatz 2 mit der Maßgabe, daß an die Stelle des Datums „1. Juli 1981“ das Datum „1. August 1984“ tritt.

§ 12 Abs. 4: § 1 Abs. 3, § 4 Abs. 3 Satz 2 und § 6 Abs. 3 gelten für Abrechnungszeiträume, die nach dem 30. September 1989 beginnen; rechtsgeschäftliche Bestimmungen über eine frühere Anwendung dieser Vorschriften bleiben unberührt.

§ 12 Abs. 5: Wird in den Fällen des § 1 Abs. 3 der Wärmeverbrauch der einzelnen Nutzer am 30. September 1989 mit Einrichtungen zur Messung der Wassermenge ermittelt, gilt die Anforderung des § 5 Abs. 1 Satz 1 als erfüllt.

Begründung zu § 12 Abs. 2 bis 5 [112])

Die Absätze 2 und 3 enthalten Besitzstandsregelungen aus dem bisherigen Verordnungstext, die weiterhin Bedeutung haben und aus Rechtssicherheitsgründen erhalten bleiben müssen.

Absatz 4 enthält eine wegen der erforderlichen Umstellung in der Praxis gebotene Übergangsregelung.

Die in Absatz 5 vorgesehene Besitzstandsregelung für Fälle, in denen – abweichend von § 5 Abs. 1 HeizkostenV, aber nach § 18 Abs. 1 Satz 3 der AVBFernwärmeV bisher zulässigerweise – das sogenannte Ersatzverfahren (Ermittlung des Wärmeverbrauchs mit Hilfe von Wasserzählern) angewendet wird, ist aus Verhältnismäßigkeitsgründen erforderlich und vertretbar.

112) BR-Drs. 494/88, S. 33

Erläuterungen

Nach dem Einigungsvertrag vom 23. September 1990[113]) ist § 12 Abs. 2 in dem Gebiet der ehemaligen DDR *„mit der Maßgabe anzuwenden, daß an die Stelle der Daten ‚1. Januar 1987' und ‚1. Juli 1981' jeweils das Datum ‚1. Januar 1991' tritt."*

Zur Handhabung der Besitzstandsregelung des § 12 Abs. 2 nimmt der BMWi in einem mit den beteiligten Bundesressorts abgestimmten Schreiben wie folgt Stellung:

„Der in § 12 Abs. 2 der Heizkosten-Verordnung formulierte Bestandsschutz deckt diejenigen Ausstattungen zur Verbrauchserfassung ab, die am 1. Juli 1981 bereits vorhanden waren, d.h. in einer konkreten Heizungsanlage installiert und zur Erfassung der Verbräuche bzw. der Verbrauchsanteile der Nutzer verwendet wurden. Mit anderen Worten: Diese Ausstattungen brauchen zwar nicht die sich aus den anerkannten Regeln der Technik ergebenden technischen Anforderungen (§ 5 Abs. 1 Satz 2) zu erfüllen, müssen aber – nach dem Sinn der Verordnung – zumindest funktionsfähig sein. Nicht mehr funktionierende Ausstattungen (z.B. defekte oder ungeeignete Geräte) waren und sind somit in die Besitzstandsregelung nicht einbezogen.

Diesem Grundgedanken trägt auch der mit der Novelle 1984 in § 5 Abs. 1 der Verordnung aufgenommene Satz 4 („... für das jeweilige Heizsystem geeignet sein und so angebracht werden, daß ihre technisch einwandfreie Funktion gewährleistet ist") Rechnung. Wird demnach aus irgendwelchen Gründen (z.B. baulichen Änderungen an der Heizungsanlage; Änderungen des Heizungsbetriebs – evtl. Umstellung auf Niedertemperaturbetrieb –; Einbau von Thermostatventilen; Beschädigung der Ausstattungen u.ä.) die bestimmungsgemäße Funktionsfähigkeit der Ausstattung beeinträchtigt, muß sie zur Aufrechterhaltung einer sachgerechten Erfassung der Verbrauchsanteile der Nutzer (§ 4 der Verordnung) wiederhergestellt werden. Dies ergibt sich darüber hinaus auch z.B. aus mietrechtlichen Bestimmungen, wonach die zur Mietsache gehörenden Ausstattungen in funktionsfähigem Zustand zu erhalten sind.

In diesem Zusammenhang kann im übrigen davon ausgegangen werden, daß die Fortentwicklung der technischen Regelwerke (z.B. technische Normen) allein noch keine Beeinträchtigung der Eignung und Funktionsfähigkeit der Ausstattungen bedeutet, die zu Anpassungsmaßnahmen führen würde.

Da unter Wirtschaftlichkeits- und Verhältnismäßigkeitsgesichtspunkten verschiedene abgestufte Maßnahmen zur Wiederherstellung der Funktionsfähigkeit der Ausstattungen möglich sind, bedarf es im Einzelfall der gründlichen Prüfung, ob und ggf. welche Anpassungsmaßnahme erforderlich und auch ausreichend ist (z.B. nur Austausch einer beschädigten Ampulle, Änderung des Montagepunktes oder gar Austausch des kompletten Gerätes).

113) BGBl. II S. 1007

Weil es sich bei den für die Anpassungsmaßnahme erforderlichen Kosten meist um Folgekosten einer Modernisierung oder um Kosten der Instandsetzung der Heizungsanlage bzw. der Ausstattung handelt, die nach den einschlägigen miet- bzw. mitpreisrechtlichen Bestimmungen zu behandeln sind, halte ich insoweit eine Verteilung derartiger Kosten nach § 7 Abs. 2 der HeizkostenV – etwa als ‚Kosten der Verwendung einer Ausstattung zur Verbrauchserfassung' – nicht für vertretbar"[114]).

Mit der Änderung der DIN 4713 sind für das Anbringen der Heizkostenverteiler neue Richtlinien erstellt worden, die der mittleren Temperaturverteilung bei thermostatisch geregelten Heizkörpern gerecht werden. Aus Gründen der sachgerechten Verbrauchserfassung sind deshalb bei allen Heizkörpern die neuen Montagehöhen einzuhalten und ggf. nachträglich herzustellen. Das gilt sowohl für die Geräte, welche den anerkannten Regeln der Technik entsprechen, als auch für die, die unter den Bestandsschutz nach § 12 Abs. 2 fallen. Auch bei letzteren kann durch eine Änderung des Montagepunktes ihre Funktionsfähigkeit im Sinne der Verordnung wieder hergestellt werden[115]). Derartige Maßnahmen an den Geräten beeinflussen nicht deren Eignung und sind somit i.S. der Verordnung unschädlich. Das gilt auch für andere Vorkehrungen und nachträgliche Verbesserungen, welche die Eignung für das jeweilige Heizungssystem nicht beeinflussen.

Eine Änderung des Anbringungsortes der Heizkostenverteiler setzt jedoch voraus, daß dies ohne Beschädigung der Geräte erfolgt. Das dürfte z.B. bei geschweißter Anbringung nicht immer gewährleistet sein. In diesem Fall müßte die Anlage neu ausgestattet werden, was bei den Altanlagen in den meisten Fällen zu einer völligen Neuaufnahme der Bewertungsgrößen führen dürfte.

1.3.27 Berlin-Klausel, Inkrafttreten (§§ 13 und 14)

§ 13 Berlin-Klausel

Diese Verordnung gilt nach § 14 des Dritten Überleitungsgesetzes in Verbindung mit § 10 des Energieeinsparungsgesetzes auch im Land Berlin.

§ 14 (Inkrafttreten)

---

114) Schreiben BMWi Az. III A 5 105167/2 vom 11.12.1989 an Arbeitsgemeinschaft Heizkostenverteilung e.V. Schwalbach/Ts.

115) Siehe Pfeifer, Heft 3, S. 73

Begründung zu § 14[116])

Wirtschaftlichen und technischen Hindernissen, die der Durchführung der Verordnung entgegenstehen können, ist bereits durch die Übergangsvorschrift des § 12 Rechnung getragen. Die Verordnung kann daher bereits zum 1. März 1981 in Kraft treten.

Erläuterungen

Der Bundesrat hat der HeizkostenV in seiner Sitzung am 20. Februar 1981 zugestimmt[117]). Sie wurde im Bundesgesetzblatt I S. 261 veröffentlicht und auf S. 296 berichtigt.

Die erste Neufassung der HeizkostenV wurde im Rahmen der Verordnung zur Änderung wohnungsrechtlicher Vorschriften vom 5. April 1984 erlassen und trat am 1. Mai 1984 in Kraft. Sie wurde im BGBl. I S. 592 veröffentlicht.

Die zweite Neufassung der HeizkostenV wurde im Rahmen der Verordnung zur Änderung energieeinsparrechtlicher Vorschriften vom 19. Januar 1989 erlassen und trat am 1. März 1989 in Kraft. Sie wurde im BGBl. I S. 115 veröffentlicht.

Nach dem Einigungsvertrag vom 23. September 1990[118]) tritt die Verordnung im Gebiet der ehemaligen DDR zum 1. Januar 1991 in Kraft.

116) BR-Drs. 632/80, S. 38
117) Plenarprotokoll 496, S. 50 [C]
118) BGBl. II S. 1007

1.4 Neubaumietenverordnung (Auszug)[119])

1.4.1 Allgemeine Begründung zur Änderung der NMV

Begründung zur Änderung der NMV[120]) (Auszug)

Anstelle der bisherigen eigenständigen Regelung über die verbrauchsabhängige Abrechnung der Heiz- und Warmwasserkosten findet nunmehr auch für die preisgebundenen Neubaumietwohnungen die Verordnung über Heizkostenabrechnung Anwendung. Damit gilt für sämtliche Wohnungen auf einem unter Einsparungsgesichtspunkten energiepolitisch bedeutsamen Sektor einheitliches Recht. Auf diese Weise ist auch dem gemeinsamen Anliegen des Bundesrates und des Deutschen Bundestages nach Harmonisierung im preisgebundenen und nicht preisgebundenen Wohnungsbau anläßlich der Beratungen des Ersten Gesetzes zur Änderung des Energieeinsparungsgesetzes (vgl. Stellungnahme des Bundesrates vom 28. September 1979 – BR-Drucksache 339/79 [Beschluß] und Entschließung des Deutschen Bundestages vom 23. April 1980 – BT-Drucksache 8/3924) vollständig Rechnung getragen.

1.4.2 Änderung der Kostenmiete bei Umstellung auf Wärmelieferung (§ 5)

§5 Senkung der Kostenmiete in Folge Verringerung der laufenden Aufwendungen

§5 Abs. 1: Verringert sich nach der erstmaligen Ermittlung der Kostenmiete der Gesamtbetrag der laufenden Aufwendungen oder wird durch Gesetz oder Rechtsverordnung nur ein verringerter Ansatz in der Wirtschaftlichkeitsberechnung zugelassen, so hat der Vermieter unverzüglich eine neue Wirtschaftlichkeitsberechnung aufzustellen. Die sich ergebende verringerte Durchschnittsmiete bildet vom Zeitpunkt der Verringerung der laufenden Aufwendungen an die Grundlage der Kostenmiete. Der Vermieter hat die Einzelmieten entsprechend ihrem bisherigen Verhältnis zur Durchschnittsmiete zu senken. Die Mietsenkung ist den Mietern unverzüglich mitzuteilen; sie ist zu berechnen und entsprechend § 4 Abs. 7 Satz 2 und 3 zu erläutern.

§ 5 Abs. 2: Wird nach § 4 Abs. 6 neben der Einzelmiete ein Zuschlag zur Deckung erhöhter laufender Aufwendungen erhoben, so senkt sich der Zuschlag entsprechend, wenn sich die zugrundeliegenden laufenden Aufwendungen verringern. Absatz 1 Satz 4 gilt sinngemäß.

---

119) BGBl. I 1990, S. 2203
120) BR-Drs. 483/83, S. 21

§ 5 Abs. 3: Sind die Gesamtkosten, Finanzierungsmittel und laufenden Aufwendungen einer zentralen Heizungs- oder Warmwasserversorgungsanlage in der Wirtschaftlichkeitsberechnung enthalten, wird jedoch die Anlage eigenständig gewerblich im Sinne des § 1 Abs. 1 Nr. 2 der Verordnung über Heizkostenabrechnung in der Fassung der Bekanntmachung vom 20. Januar 1989 (BGBl. I S. 115) betrieben, verringern sich die Gesamtkosten, Finanzierungsmittel und laufenden Aufwendungen in dem Maße, in dem sie den Kosten der eigenständig gewerblichen Lieferung von Wärme und Warmwasser zugrunde gelegt werden. Dieser Anteil ist nach den Vorschriften der §§ 33 bis 36 der Zweiten Berechnungsverordnung über die Aufstellung der Teilwirtschaftlichkeitsberechnung zu ermitteln. Absatz 1 gilt entsprechend.

Begründung zur Einfügung des Abs. 3 (neu) zu § 5[121])

Bei Verringerung der laufenden Aufwendungen für Sozialwohnungen sieht § 5 NMV 1970 eine entsprechende Senkung der Kostenmiete vor, und zwar der Durchschnittsmiete durch Berücksichtigung der Aufwandsminderung in der Wirtschaftlichkeitsberechnung und damit zugleich auch der Einzelmiete (Absatz 1) sowie etwaiger Zuschläge zur Deckung erhöhter laufender Aufwendungen (Absatz 2).

Durch die Neuregelung in § 1 HeizkostenV (Artikel 1 Nr. 1) werden in die Heizkostenverordnung zum einen grundsätzlich auch die Fälle der Direktabrechnung zwischen Versorgungsunternehmen und Nutzern einbezogen; zum andern wird die eigenständig gewerbliche Lieferung von Wärme und Warmwasser durch Dritte – auch aus zentralen Heizungs- und Warmwasseranlagen – klarstellend der Lieferung von Fernwärme und Fernwarmwasser gleichgestellt. Hierdurch wird unter anderem sichergestellt, daß insoweit die gesamten Kosten der Wärme- und Warmwasserlieferung – Entgelt der Lieferung zuzüglich Kosten des Betriebs der zugehörigen Hausanlagen – nach § 7 Abs. 4 HeizkostenV grundsätzlich verteilungsfähig sind.

Wenn in der Wirtschaftlichkeitsberechnung die Gesamtkosten für eine Heizungs- und Warmwasserversorgungsanlage, d. h. Finanzierungsmittel und laufende Aufwendungen, angesetzt sind, nach der Heizkostenverordnung zukünftig aber – anstelle der Umlage dieser Kosten – das Entgelt der Lieferung verteilt werden darf (Artikel 1 Nr. 6 und 7 – § 7 Abs. 4 und § 8 Abs. 4 –), müssen in der Wirtschaftlichkeitsberechnung diese Kosten abgesetzt werden. Nur auf diese Weise kann über eine entsprechende Verringerung der Durchschnittsmiete und der einzelnen Mieten eine Doppelbelastung des Mieters mit den Investitionskosten der Heizungs- und Warmwasserversorgungsanlage sowohl in der Miete als auch im Entgelt der Lieferung vermieden werden.

---

121) BR-Drs. 494/88, S. 33

Um einer solchen Doppelbelastung des Mieters vorzubeugen, sieht der [vorgesehene] Absatz 3 die entsprechende Aufwendung der Absätze 1 und 2 des § 5 NMV 1970 für den Fall der Übertragung einer zentralen Heizungs- oder Warmwasserversorgungsanlage auf einen Drittbetreiber vor, auch wenn mit dieser Übertragung eine Übereignung dieser Anlage nicht einhergeht.

Begründung zu der vom Bundesrat beschlossenen geänderten Fassung des § 5 Abs. 3 (neu)[122])

Verpachtet der Vermieter die zentrale Heizungsanlage einem eigenständig gewerblichen Wärmelieferanten, dann darf der Mieter nicht mehr mit Kosten der Heizungsanlage über die Kostenmiete belastet werden, da diese Kosten ihm über den Wärmelieferungspreis auferlegt werden. Es ist eine neue Wirtschaftlichkeitsberechnung aufzustellen. Hierbei ist wie folgt zu verfahren:

a) Die Gesamtkosten sind um den Betrag der zentralen Heizungs- oder Warmwasserversorgungsanlage zu verringern.

b) Im Finanzierungsplan sind die Finanzierungsmittel auf den verringerten Betrag der Gesamtkosten zu kürzen.

c) Unter den Kapitalkosten sind die Kapitalkosten für die Finanzierungsmittel zu streichen, die im Finanzierungsplan entfallen sind.

d) Die allgemeine Abschreibung nach § 25 Abs. 1 und 2 der Zweiten Berechnungsverordnung ist von den verringerten Gesamtkosten zu berechnen. Der bisherige Ansatz der besonderen Abschreibung für die zentrale Heizungs- oder Warmwasserversorgungsanlage entfällt.

e) Der Erhöhungsbetrag der Instandhaltungspauschale für die Sammelheizung entfällt.

1.4.3 Heizkostenabrechnung bei preisgebundenem Wohnraum (§ 22 Abs. 1)

§ 22 Umlegung der Kosten der Versorgung mit Wärme und Warmwasser

§ 22 Abs. 1: Für die Umlegung der Kosten des Betriebs zentraler Heizungs- und Warmwasserversorgungsanlagen und der Kosten der eigenständig gewerblichen Lieferung von Wärme und Warmwasser, auch aus zentralen Heizungs- und Warmwasserbereitungsanlagen, findet die Verordnung über Heizkostenabrechnung in der Fassung der Bekanntmachung vom 5. April 1984 (BGBl. I S. 592), geändert durch Artikel 1 der Verordnung vom 19. Januar 1989 (BGBl. I S. 109), Anwendung.

122) BR-Drs. 494/88 (Beschluß), S. 3

Begründung zur Änderung des § 22 Abs. 1 [123])

Es handelt sich in § 22 Abs. 1 um eine Anpassung an die Neuregelung der Heizkostenverordnung. Der Begriff „Lieferung von Fernwärme und Fernwarmwasser" soll durch „eigenständig gewerbliche Lieferung von Wärme und Warmwasser, auch aus zentralen Heizungs- und Warmwasserversorgungsanlagen" ersetzt werden (vgl. Artikel 1 Nr. 1 Buchstabe a – § 1 Abs. 1 Nr. 2 –). Im übrigen wird der Bezug auf die Heizkostenverordnung aktualisiert.

1.4.4 Sonderregelungen für den preisgebundenen Wohnraum (§ 22 Abs. 2 und 3)

§ 22 Abs. 2: Liegt eine Ausnahme nach § 11 der Verordnung über Heizkostenabrechnung vor, dürfen umgelegt werden:

1. die Kosten der Versorgung mit Wärme nach der Wohnfläche oder nach dem umbauten Raum; es darf auch die Wohnfläche oder der umbaute Raum der beheizten Räume zugrunde gelegt werden.

2. die Kosten der Versorgung mit Warmwasser nach der Wohnfläche oder einem Maßstab, der dem Warmwasserverbrauch in anderer Weise als durch Erfassung Rechnung trägt.

§ 7 Abs. 2 und 4, § 8 Abs. 2 und 4 der Verordnung über Heizkostenabrechnung gelten entsprechend. Genehmigungen nach den Vorschriften des § 22 Abs. 5 oder des § 23 Abs. 5 in der bis zum 30. April 1984 geltenden Fassung bleiben unberührt.

§ 22 Abs. 3: Werden für Wohnungen, die vor dem 1. Januar 1981 bezugsfertig geworden sind, bei verbundenen Anlagen die Kosten der Versorgung mit Wärme und Warmwasser am 30. April 1984 unaufgeteilt umgelegt, bleibt dies weiterhin zulässig.

Begründung zur Änderung des § 22 [124])

Bereits bisher eröffnete § 20 Abs. 1 dem Vermieter die Möglichkeit, die Kosten des Betriebs der zentralen Heizungs- und Brennstoffversorgungsanlage und der Versorgung mit Fernwärme sowie die Kosten der zentralen Warmwasserversorgungsanlage und der Versorgung mit Fernwarmwasser neben der Einzelmiete umzulegen, wenn oder soweit Beträge hierfür nicht in der Einzelmiete enthalten waren. Machte der Vermieter von dieser Möglichkeit Gebrauch, mußte er die Kosten nach §§ 22, 23 und 23 a nach einem Maßstab umlegen, der dem erfaßten Wärme- oder Warmwasserverbrauch der Mieter Rechnung trug.

---

123) BR-Drs. 494/88, S. 35
124) BR-Drs. 483/83, S. 26

[Soweit Wohnungen, die vor dem 1. Januar 1980 bezugsfertig geworden sind, noch nicht mit den erforderlichen meßtechnischen Ausstattungen versehen waren, enthält § 23 b für diese eine Übergangsregelung. Solange diese Geräte noch nicht eingebaut waren, längstens aber bis zu dem im Jahre 1983 abgelaufenen Abrechnungszeitraum, durften die Heiz- und Warmwasserkosten für diese Wohnungen noch nach einem festen Maßstab umgelegt werden. Auch diese Übergangsregelung bezieht sich nur auf den Umlegungsfall. Wenn und soweit die Kosten in der Einzelmiete enthalten sind, entfällt bisher auch die verbrauchsabhängige Abrechnung.]

Auf Grund der Verordnung über Heizkostenabrechnung vom 23. Februar 1981 (BGBl. I S. 261, 296) sind inzwischen diese Kosten auch außerhalb des Anwendungsbereichs der Neubaumietenverordnung 1970 unter Berücksichtigung des individuellen Verbrauchs auf die einzelnen Nutzer zu verteilen. Entsprechend dem gemeinsamen Anliegen des Bundesrates und des Deutschen Bundestages wurden dabei die Übergangsfristen zur verbrauchsabhängigen Abrechnung mit den Fristen in der Neubaumietenverordnung abgestimmt. Dem weiteren Wunsch der beiden Gesetzgebungsorgane nach einer Harmonisierung der Umlegungsschlüssel wird nunmehr in der Weise Rechnung getragen, daß in § 22 Abs. 1 anstelle der bisherigen eigenständigen Abrechnungsvorschriften in den §§ 22 bis 23 a die Anwendung der Verordnung über Heizkostenabrechnung vorgeschrieben wird. Damit wird erreicht, daß für den gesamten Wohnungsbestand insoweit einheitliches Recht gilt. Bei Anwendung der Vorschriften der Verordnung über Heizkostenabrechnung auf Mietverhältnisse über preisgebundenen Wohnraum sind diese Vorschriften zugleich Preisrecht. Das bedeutet ferner, daß in den Fällen, in denen bisher zulässigerweise die Heiz- oder Warmwasserkosten in der Einzelmiete enthalten sind und daher auch noch nicht verbrauchsabhängig abgerechnet zu werden brauchten, künftig ebenfalls die Pflicht zur Verbrauchserfassung und zur verbrauchsabhängigen Kostenverteilung besteht. Um eine reibungslose Umstellung zu gewährleisten, sind Übergangsregelungen vorgesehen.

Für die Fälle, in denen schon nach bisherigem Recht (vgl. § 22 Abs. 3, § 23 Abs. 3, § 23 a Abs. 5) die Kosten ausnahmsweise weiterhin nach einem festen Maßstab umgelegt werden durften und bei denen auch künftig nach § 11 der Verordnung über Heizkostenabrechnung die Vorschriften über die verbrauchsabhängige Abrechnung keine Anwendung finden, oder auch für die Fälle, in denen die Heiz- oder Warmwasserkosten bisher in der Einzelmiete enthalten waren und eine Ausnahme nach § 11 der Verordnung über Heizkostenabrechnung Platz greift, der Vermieter jedoch im Einvernehmen mit den Mietern die Kosten künftig neben der Einzelmiete umlegen will, wird in Absatz 2 ein fester Umlegungsmaßstab an die Hand gegeben. Hierbei kommt für die Kosten der Versorgung mit Wärme als Bemessungsgrundlage die Wohnfläche, der umbaute Raum oder auch die Wohnfläche der beheizten Räume bzw.

deren umbauter Raum in Betracht, für die Kosten der Versorgung mit Warmwasser die Wohnfläche oder ein Maßstab, der dem Warmwasserverbrauch in anderer Weise als durch Erfassung Rechnung trägt.

Soweit bei Verwendung moderner Technologien die Umlegung der Kosten nach der Wohnfläche der beheizten Räume oder nach dem umbauten Raum dieser Räume nach den bisherigen Vorschriften des § 22 Abs. 5, § 23 Abs. 5 und § 23 a Abs. 5 von den dafür zuständigen Stellen genehmigt worden ist, bleibt es dabei.

Um bei der Umstellung auf das neue Recht zusätzlichen Verwaltungsaufwand zu vermeiden und das Verfahren zu erleichtern, wird in Absatz 3 bestimmt, daß es im Umlegungsfalle für die laufende Abrechnungsperiode bei den bisherigen Regelungen bleibt.

Weitere Sondervorschriften, die größtenteils ebenfalls Übergangscharakter besitzen, ergeben sich für die preisgebundenen Neubaumietwohnungen aus § 12 a der Verordnung über Heizkostenabrechnung.

Erläuterungen

Mit der Novelle von 1989 wurde § 23 Abs. 3 redaktionell überarbeitet. Mit diesem wird ein alter Bestandsschutz aus § 23 a Abs. 5 der NMV in der Fassung vom 29. Juli 1979 fortgeführt. Demzufolge gibt es heute vereinzelt noch Fälle, in denen bei verbundenen Anlagen auch noch ein Festkostensatz von 40 % möglich ist. Dazu folgende

Begründung zu § 22 Abs. 3, zweiter Halbsatz [125])

Nach § 23 a Abs. 5 NMV durfte der Vermieter bisher für Wohnungen, die vor dem 1. Januar 1981 bezugsfertig geworden sind, die Kosten der Versorgung mit Wärme und Warmwasser bei verbundenen Anlagen unaufgeteilt nach einem für die Heizkosten zulässigen Maßstab umlegen. Aus Gründen der Rechtssicherheit, aber auch unter dem Gesichtspunkt der Verfahrensvereinfachung und zur Vermeidung zusätzlichen Verwaltungsaufwandes wird es für gerechtfertigt gehalten, daß der vom Vermieter gewählte Umlegungsmaßstab in diesen Fällen für alle späteren Abrechnungszeiträume verbindlich bleibt. Eine Aufteilung der Kosten würde demgegenüber nicht zu einer nennenswerten Energieeinsparung führen. Die Einbeziehung der Regelung in Absatz 3 erfolgt aus Gründen der Rechtssystematik, weil sie zugleich eine Ausnahme von § 9 der Verordnung über Heizkostenabrechnung bildet.

Begründung zur erneuten Änderung des § 22 NMV [126])

Es handelt sich in § 22 Abs. 1 um eine Anpassung an die Neuregelung der Heizkostenverordnung. Der Begriff „Lieferung von Fernwärme und Fern-

125) BR-Drs. 483/83 (Beschluß), S. 11
126) BR-Drs. 494/88, S. 35

warmwasser“ soll durch „eigenständig gewerbliche Lieferung von Wärme und Warmwasser, auch aus zentralen Heizungs- und Warmwasserversorgungsanlagen“, ersetzt werden ... Im übrigen wird der Bezug auf die Heizkostenverordnung aktualisiert.

Von den beiden Überleitungsfällen des § 22 Abs. 3 NMV 1970 soll der Halbsatz 1 entfallen, der keine praktische Bedeutung mehr hat. Der in Halbsatz 2 geregelte Überleitungsfall ist heute noch für die Praxis bedeutend; die Regelung ist redaktionell überarbeitet.

1.5 Zweite Berechnungsverordnung (Auszug)[127])

1.5.1 Umlegbare Betriebskosten beim preisgebundenen Wohnraum (§ 27)

§27 Betriebskosten

§27 Abs. 1: Betriebskosten sind die Kosten, die dem Eigentümer (Erbbauberechtigten) durch das Eigentum am Grundstück (Erbbaurecht) oder durch den bestimmungsmäßigen Gebrauch des Gebäudes oder der Wirtschaftseinheit, der Nebengebäude, Anlagen, Einrichtungen und des Grundstücks laufend entstehen. Der Ermittlung der Betriebskosten ist die dieser Verordnung beigefügte Anlage 3 „Aufstellung der Betriebskosten“ zugrunde zu legen.

§ 27 Abs. 2: Sach- und Arbeitsleistungen des Eigentümers (Erbbauberechtigten), durch die Betriebskosten erspart werden, dürfen mit dem Betrage angesetzt werden, der für eine gleichwertige Leistung eines Dritten, insbesondere eines Unternehmers, angesetzt werden könnte. Die Umsatzsteuer des Dritten darf nicht angesetzt werden.

§27 Abs. 3: Im öffentlich geförderten sozialen Wohnungsbau und im steuerbegünstigten oder freifinanzierten Wohnungsbau, der mit Wohnungsfürsorgemitteln gefördert worden ist, dürfen die Betriebskosten nicht in der Wirtschaftlichkeitsberechnung angesetzt werden.

§ 27 Abs. 4: (weggefallen)

1.5.2 Betriebskosten bei preisgebundenem Wohnraum (Anlage 3 zu § 27 Abs. 1 – Auszug)

Aufstellung der Betriebskosten

Betriebskosten sind nachstehende Kosten, die dem Eigentümer (Erbbauberechtigten) durch das Eigentum (Erbbaurecht) am Grundstück oder durch den bestimmungsmäßigen Gebrauch des Gebäudes oder der Wirtschaftseinheit, der Nebengebäude, Anlagen, Einrichtungen und des Grundstücks laufend entstehen, es sei denn, daß sie üblicherweise vom Mieter außerhalb der Miete unmittelbar getragen werden:

1. Die laufenden öffentlichen Lasten des Grundstücks

Hierzu gehören namentlich die Grundsteuer, jedoch nicht die Hypothekengewinnabgabe.

127) BGBl. I 1990, S. 2178

2. Die Kosten der Wasserversorgung

Hierzu gehören die Kosten des Wasserverbrauchs, die Grundgebühren und die Zählermiete, die Kosten der Verwendung von Zwischenzählern, die Kosten des Betriebs einer hauseigenen Wasserversorgungsanlage und einer Wasseraufbereitungsanlage einschließlich der Aufbereitungsstoffe.

3. Die Kosten der Entwässerung

Hierzu gehören die Gebühren für die Benutzung einer öffentlichen Entwässerungsanlage, die Kosten des Betriebs einer entsprechenden nicht öffentlichen Anlage und die Kosten des Betriebs einer Entwässerungspumpe.

4. Die Kosten

a) des Betriebs der zentralen Heizungsanlage einschließlich der Abgasanlage;

hierzu gehören die Kosten der verbrauchten Brennstoffe und ihrer Lieferung, die Kosten des Betriebsstroms, die Kosten der Bedienung, Überwachung und Pflege der Anlage, der regelmäßigen Prüfung ihrer Betriebsbereitschaft und Betriebssicherheit einschließlich der Einstellung durch einen Fachmann, der Reinigung der Anlage und des Betriebsraumes, die Kosten der Messungen nach dem Bundes-Immissionsschutzgesetz, die Kosten der Anmietung oder anderer Arten der Gebrauchsüberlassung einer Ausstattung zur Verbrauchserfassung sowie die Kosten der Verwendung einer Ausstattung zur Verbrauchserfassung einschließlich der Kosten der Berechnung und Aufteilung;

oder

b) des Betriebs der zentralen Brennstoffversorgungsanlage;

hierzu gehören die Kosten der verbrauchten Brennstoffe und ihrer Lieferung, die Kosten des Betriebsstroms und die Kosten der Überwachung sowie die Kosten der Reinigung der Anlage und des Betriebsraumes;

oder

c) der eigenständig gewerblichen Lieferung von Wärme, auch aus Anlagen im Sinne des Buchstaben a;

hierzu gehören das Entgelt für die Wärmelieferung und die Kosten des Betriebs der zugehörigen Hausanlage entsprechend Buchstabe a;

oder

d) der Reinigung und Wartung von Etagenheizungen;

hierzu gehören die Kosten der Beseitigung von Wasserablagerungen und Verbrennungsrückständen in der Anlage, die Kosten der regelmäßigen Prüfung der Betriebsbereitschaft und Betriebssicherheit und der damit zusammenhängenden Einstellung durch einen Fachmann sowie die Kosten der Messungen nach dem Bundes-Immissionsschutzgesetz.

5. Die Kosten

a) des Betriebs der zentralen Warmwasserversorgungsanlage;

hierzu gehören die Kosten der Wasserversorgung entsprechend Nummer 2, soweit sie nicht dort bereits berücksichtigt sind, und die Kosten der Wassererwärmung entsprechend Nummer 4 Buchstabe a;

oder

b) der eigenständig gewerblichen Lieferung von Warmwasser, auch aus Anlagen im Sinne des Buchstaben a;

hierzu gehören das Entgelt für die Lieferung des Warmwassers und die Kosten des Betriebs der zugehörigen Hausanlagen entsprechend Nummer 4 Buchstabe a;

oder

c) der Reinigung und Wartung von Warmwassergeräten;

hierzu gehören die Kosten der Beseitigung von Wasserablagerungen und Verbrennungsrückständen im Inneren der Geräte sowie die Kosten der regelmäßigen Prüfung der Betriebsbereitschaft und Betriebssicherheit und der damit zusammenhängenden Einstellung durch einen Fachmann.

6. Die Kosten verbundener Heizungs- und Warmwasserversorgungsanlagen

a) bei zentralen Heizungsanlagen entsprechend Nummer 4 Buchstabe a und entsprechend Nummer 2, soweit sie nicht dort bereits berücksichtigt sind;

oder

b) bei der eigenständig gewerblichen Lieferung von Wärme entsprechend Nummer 4 Buchstabe c und entsprechend Nummer 2, soweit sie nicht dort bereits berücksichtigt sind;

oder

c) bei verbundenen Etagenheizungen und Warmwasserversorgungsanlagen entsprechend Nummer 4 Buchstabe d und entsprechend Nummer 2, soweit sie nicht dort bereits berücksichtigt sind.

. . .

12. Die Kosten der Schornsteinreinigung

Hierzu gehören die Kehrgebühren nach der maßgebenden Gebührenordnung, soweit sie nicht bereits als Kosten nach Nummer 4 Buchstabe a berücksichtigt sind.

Begründung zur Änderung der Anlage 3 zu § 27, II. BV[128])

Mit den [vorgesehenen] Änderungen wird Bedürfnissen der Praxis entsprochen; teilweise sind sie auch zur Anpassung an die Verordnung über Heizkostenabrechnung geboten.

Nach der bisherigen Fassung der Nummer 4 Buchstabe a war zweifelhaft, ob die Kosten der Anmietung oder anderer Arten der Gebrauchsüberlassung einer Ausstattung zur Verbrauchserfassung (z.B. Leasing) als Betriebskosten auf die Mieter umgelegt werden konnten. Da diese Fallgestaltungen in der Praxis zunehmend an Bedeutung gewinnen, wird nunmehr ausdrücklich klargestellt, daß derartige Nutzungsentgelte den Betriebskosten zugeordnet werden können. Die Voraussetzungen, unter denen dies zulässig ist, regeln sich nach dem neuen § 4 Abs. 2 Satz 2 der Verordnung über Heizkostenabrechnung.

In Anpassung an § 7 Abs. 2 der Verordnung über Heizkostenabrechnung wird ferner bei dem Begriff „Ausstattung zur Verbrauchserfassung“ auf die Beifügung „meßtechnische“ verzichtet.

In Praxis, Rechtsprechung und Literatur ist nicht eindeutig, ob zu den Kosten für die Verwendung einer Ausstattung zur Verbrauchserfassung auch jene Kosten zählen, die für die Berechnung und Aufteilung der Kosten der Versorgung mit Wärme und Warmwasser entstehen. Der Verordnungsgeber hat diesen Begriff stets im umfassenden Sinne verstanden. Aus Gründen der Rechtssicherheit ist eine entsprechende Klarstellung geboten.

Mit der Neufassung der Nummern 4 Buchstabe c und 5 Buchstabe b wird die Anpassung des bisherigen Klammerzusatzes „(Grund- und Arbeitspreis)“ an den Klammerzusatz in § 7 Abs. 4 und § 8 Abs. 4 der Verordnung über Heizkostenabrechnung vorgenommen. Außerdem wird in gleicher Weise wie in diesen Vorschriften hinsichtlich der Kosten des Betriebs der zugehörigen Hausanlagen auf die entsprechende Aufzählung dieser Kosten in Nummer 4 Buchstabe a der Anlage 3 verwiesen.

Begründung zur Änderung der Anlage 3 Nr. 12[129])

Nach der bisherigen Regelung werden im preisgebundenen Wohnraum die Kosten der Schornsteinreinigung als Betriebskosten neben den Heiz-

128) BR-Drs. 483/83, S. 31
129) BR-Drs. 494/88, S. 36

kosten umgelegt. Die Abrechnung erfolgt dabei nach dem Verhältnis der Wohnflächen. Die [vorgesehene] Änderung stellt klar, daß in den Fällen, in denen die Kosten der Schornsteinreinigung nicht im Rahmen der Heizkosten verbrauchsabhängig abgerechnet werden, es bei der geltenden Regelung verbleibt.

1.6 AVB-Fernwärmeverordnung[130])

1.6.1 Allgemeine Begründung zur AVBFernwärmeV

Begründung[131])

A. Allgemeines

1. § 27 des Gesetzes zur Regelung des Rechts der Allgemeinen Geschäftsbedingungen (AGB-Gesetz) vom 9. Dezember 1976 (BGBl. I S. 3317) ermächtigt den Bundesminister für Wirtschaft, mit Zustimmung des Bundesrates durch Rechtsverordnung die allgemeinen Bedingungen für die Versorgung mit Fernwärme ausgewogen zu gestalten. Mit der vorliegenden Verordnung wird von dieser Ermächtigung Gebrauch gemacht.

   Die Fernwärmeversorgung hat ähnliche wirtschaftlich-technische Voraussetzungen wie die Strom- und Gasversorgung. Ein wichtiges gemeinsames Merkmal ist z. B. die Leitungsgebundenheit und der damit verbundene Zwang zu hohen Investitionen. Auch bei der Fernwärmeversorgung besteht im übrigen eine rechtliche, zumindest aber faktische Monopolstellung der Unternehmen gegenüber ihren Kunden und ein besonderes öffentliches Interesse an einer möglichst kostengünstigen, zu weitgehend gleichen Bedingungen erfolgenden Versorgung. Eine gesetzlich vorgeschriebene Anschluß- und Versorgungspflicht zu Tarifbedingungen besteht im Gegensatz zur Strom- und Gasversorgung nicht.

   Das AGB-Gesetz findet nach seinem § 28 Abs. 2[132]) drei Jahre nach seinem Inkrafttreten, d. h. am 1. 4. 1980, auch auf Verträge über die Versorgung mit Fernwärme Anwendung. Zwischenzeitlich soll der Bundesminister für Wirtschaft die Möglichkeit haben, von § 27 AGB-Gesetz Gebrauch zu machen und die Allgemeinen Geschäftsbedingungen unter angemessener Berücksichtigung der Unternehmens- und der Kundeninteressen ausgewogen zu gestalten. Das AGB-Gesetz ist nicht darauf angelegt, die zu regelnden Sachverhalte in vollem Umfange zu erfassen. So ergeben sich z.B. aus der monopolartigen Stellung der Fernwärmeversorgungsunternehmen und der dadurch bedingten Abhängigkeit der Verbraucher, aber auch aus den wirtschaftlich-technischen Eigenheiten der leitungsgebundenen Energieversorgung spezifische Regelungsbedürfnisse, denen dieses Gesetz nicht Rechnung trägt.

---

130) Siehe Anhang 9.3
131) BR-Drs. 90/80, S. 32
132) Gemeint ist Abs. 3

2. Die Konzeption der vorliegenden Verordnung entspricht weitgehend den ebenfalls vom Bundesminister für Wirtschaft erlassenen Verordnungen über allgemeine Bedingungen für die Elektrizitäts- und Gasversorgung von Tarifkunden (AVBEltV, AVBGasV) vom 21. Juni 1979 (BGBl. I S. 684 ff., 676 ff.). Sie paßt die Geschäftsbedingungen in der Fernwärmeversorgung unter Berücksichtigung ihrer wirtschaftlich-technischen Besonderheiten an die Zielsetzungen des AGB-Gesetzes an und schafft eine Regelung, die sowohl energiewirtschaftlichen, technischen und rechtlichen, als auch verbraucherpolitischen Erfordernissen Rechnung trägt.

   Erfaßt werden Geschäftsbedingungen, die in Gestalt von Vertragsmustern oder von sonstigen für eine Vielzahl von Verträgen vorformulierten Bedingungen dem Versorgungsverhältnis zugrunde liegen. Eine Differenzierung zwischen Tarifabnehmer- und Sonderabnehmerverträgen findet nicht statt, denn im Gegensatz zur Strom- und Gasversorgung gibt es bei Fernwärme keine entsprechenden gesetzlichen Regelungen. Die Verordnungsermächtigung ist entsprechend weit angelegt. Für die Versorgung von Industrieunternehmen findet die Verordnung allerdings keine Anwendung, da die Versorgungsverhältnisse hier von den Beteiligten entsprechend den besonderen Bedürfnissen geregelt werden (z.B. Prozeßwärme). Darüber hinaus muß auch sonst sichergestellt sein, daß die Geschäftsbedingungen der Vielfalt der Bezugsverhältnisse sowie der unterschiedlichen Schutzbedürftigkeit einzelner Abnehmergruppen Rechnung tragen können. Kunden, die an das Versorgungsnetz angeschlossen werden, haben deshalb zwar Anspruch, zu den Bedingungen der Verordnung versorgt zu werden, sie können sich aber nach ausdrücklicher Vereinbarung auch zu abweichenden Bedingungen versorgen lassen, sofern die Regelungen des AGB-Gesetzes eingehalten werden.

3. § 27 AGB-Gesetz ermächtigt in bestimmtem Umfange auch zur Regelung der Bedingungen öffentlich-rechtlich ausgestalteter Versorgungsverhältnisse. Dies ermöglicht es, die Rechtsbeziehungen zwischen Fernwärmeversorgungsunternehmen und ihren Kunden auf eine weitgehend einheitliche Rechtsbasis zu stellen, gleichgültig, ob die Versorgung öffentlich-rechtlich oder privat-rechtlich ausgestaltet ist. Die Verordnung macht von dieser Befugnis Gebrauch. Sie erfaßt grundsätzlich auch die öffentlich-rechtlich ausgestalteten Versorgungsverhältnisse, überläßt es aber in erster Linie den betreffenden Körperschaften, ihre Regelungen an die im einzelnen genannten Bestimmungen dieser Verordnung anzupassen. Dabei bleiben insbesondere gemeinderechtliche Vorschriften zur Regelung des Abgabenrechts unberührt.

4. Die Verordnung hat keine Auswirkungen auf die Einnahmen und Ausgaben der öffentlichen Haushalte. Da sich der mit der Verbesserung der

Kundenstellung verbundene Mehraufwand bei den Unternehmen in engen Grenzen halten dürfte, sind Auswirkungen auf das Fernwärmepreisniveau nicht zu erwarten.

Begründung zur Änderung der AVBFernwärmeV [133])

Es erfolgt ein Hinweis auf den Anwendungsbereich der Heizkostenverordnung bei der Lieferung von Fernwärme und Fernwarmwasser. Es wird klargestellt, daß eine Deckung des Wärmebedarfs durch Holz als Nutzung regenerativer Energiequellen anzusehen ist. Schließlich wird künftig das sog. Ersatzverfahren zur Wärmemessung (Messung der Wassermenge) nicht mehr zulässig sein.[134])

1.6.2 Allgemeine Bestimmungen der AVBFernwärmeV (§ 1)

§ 1 Gegenstand der Verordnung

§ 1 Abs. 1: Soweit Fernwärmeversorgungsunternehmen für den Anschluß an die Fernwärmeversorgung und für die Versorgung mit Fernwärme Vertragsmuster oder Vertragsbedingungen verwenden, die für eine Vielzahl von Verträgen vorformuliert sind (allgemeine Versorgungsbedingungen), gelten die §§ 2 bis 34. Diese sind, soweit Absatz 3 und § 35 nichts anderes vorsehen, Bestandteil des Versorgungsvertrages.

§ 1 Abs. 2: Die Verordnung gilt nicht für den Anschluß und die Versorgung von Industrieunternehmen.

§ 1 Abs. 3: Der Vertrag kann auch zu allgemeinen Versorgungsbedingungen abgeschlossen werden, die von den §§ 2 bis 34 abweichen, wenn das Fernwärmeversorgungsunternehmen einen Vertragsabschluß zu den allgemeinen Bedingungen dieser Verordnung angeboten hat und der Kunde mit den Abweichungen ausdrücklich einverstanden ist. Auf die abweichenden Bedingungen sind die §§ 3 bis 11 des Gesetzes zur Regelung des Rechts der Allgemeinen Geschäftsbedingungen anzuwenden. Von der in § 18 enthaltenen Verpflichtung, zur Ermittlung des verbrauchsabhängigen Entgelts Meßeinrichtungen zu verwenden, darf nicht abgewichen werden.

§ 1 Abs. 4: Das Fernwärmeversorgungsunternehmen hat seine allgemeinen Versorgungsbedingungen, soweit sie in dieser Verordnung nicht abschließend geregelt sind oder nach Absatz 3 von den §§ 2 bis 34 abweichen, einschließlich der dazugehörenden Preisregelungen und Preislisten in geeigneter Weise öffentlich bekanntzugeben.

133) BR-Drs. 494/88, S. 20
134) Siehe Fußnote zu § 18 Abs. 1 und Erläuterung dazu

Begründung zu § 1 [135])

Die Verordnung findet nach Absatz 1 immer dann Anwendung, wenn der Anschluß an die Fernwärmeversorgung oder die Versorgung mit Fernwärme auf der Grundlage von vorformulierten Vertragsmustern oder Vertragsbedingungen im Sinne von § 1 des Gesetzes zur Regelung des Rechts der Allgemeinen Geschäftsbedingungen vom 9. Dezember 1976 erfolgt. Dabei führt der Anschlußvertrag zur Verbindung mit dem Fernwärmenetz und zur Bereitstellung von Fernwärme, während aufgrund des Versorgungsvertrages Fernwärme abgenommen wird. Die Verordnung stellt sicher, daß öffentlich-rechtlich ausgestaltete Versorgungsverhältnisse an ihre Regelungen angepaßt werden (§ 35).

Ausgenommen sind Anschluß und Versorgung von Industrieunternehmen (Absatz 2). Diese Versorgungsverhältnisse müssen von den Beteiligten nach ihren spezifischen Bedürfnissen (z.B. Prozeßwärme) geregelt werden können. Sie haben weitgehend den Charakter von Sonderabnahmeverhältnissen, wie sie bei der Versorgung mit Strom und Gas vorkommen. Diese werden ebenfalls nicht von den gesetzlich normierten allgemeinen Versorgungsbedingungen erfaßt werden. Industrieunternehmen sind vom handwerksmäßig, land- oder forstwirtschaftlich betriebenen Gewerbe zu unterscheiden, für das die Verordnung Anwendung finden soll.

Individuell vereinbarte Versorgungsbedingungen fallen nicht unter diese Verordnung.

Verwendet das Fernwärmeversorgungsunternehmen allgemeine Versorgungsbedingungen und ist es bereit, einen Kunden zu versorgen, so hat er nach Absatz 3 Anspruch darauf, zu den in der Verordnung enthaltenen Bedingungen versorgt zu werden. In einzelnen Bereichen läßt die Verordnung eng begrenzte Spielräume, die durch die Unternehmen ausgefüllt werden können. Dies gilt z.B. für die Baukostenzuschußregelungen (§ 9) sowie die technischen Anschlußbedingungen (§ 17). Auch derartige Unternehmensregelungen sind allgemeine Versorgungsbedingungen im Sinne der Verordnung.

Um der Vielfalt der zu regelnden Bezugsverhältnisse Rechnung zu tragen, können die Versorgungsunternehmen nach Absatz 4 auch vorformulierte Geschäftsbedingungen anwenden, die von der Verordnung abweichen. Voraussetzung ist, daß der Kunde hiermit ausdrücklich einverstanden ist, daß die abweichenden Bedingungen den §§ 9 bis 11 des AGB-Gesetzes nicht widersprechen, und daß dem Kunden alternativ der Mindeststandard dieser Verordnung angeboten wurde. Von den Vorschriften des § 18, die Grundlage für die Einführung einer verbrauchsgerechten Abrechnung sein sollen, kann allerdings nicht abgewichen werden.

135) BR-Drs. 90/80, S. 35

Begründung zu der vom Bundesrat beschlossenen Fassung des Abs. 1[136])

Ebenso wie in der AVBGasV und AVBEltV soll für die Versorgungsbedingungen der Fernwärmeversorgungsunternehmen geregelt werden, daß diese kraft Verordnung und nicht aufgrund Vereinbarung Bestandteil des Versorgungsvertrages werden. Ein hinreichender Anlaß, in dieser Verordnung von der Systematik der AVBGasV und AVBEltV abzuweichen, ist nicht ersichtlich, insbesondere ist es auch bei dieser Systematik möglich, abweichende Bedingungen (vgl. den [vorgesehenen] neuen Absatz 3) zuzulassen.

Begründung zu der vom Bundesrat beschlossenen Fassung des Abs. 3

Wenn ein Fernwärmeversorgungsunternehmen nicht die allgemeinen Versorgungsbedingungen der AVBFernwärmeV anwenden will, soll es jedenfalls keine Besserstellung gegenüber solchen Unternehmen erreichen, die dem AVB-Gesetz unterworfen sind. Ein Verweis auf die §§ 9 bis 11 AGB-Gesetz reicht insoweit nicht aus, da insbesondere auch das Verbot überraschender Klauseln (§ 3 AGB-Gesetz) und die Unklarheitenregel (§ 5 AGB-Gesetz) sowie das Umgehungsverbot (§ 7 AGB-Gesetz) Anwendung finden müssen.

Im übrigen Folgeänderung und redaktionelle Anpassung, wobei verdeutlicht werden soll, daß der Kunde mit den Abweichungen ausdrücklich einverstanden sein muß.

Begründung zu der vom Bundesrat beschlossenen Fassung des Abs. 4[137])

Da die allgemeinen Bedingungen dieser Verordnung im Bundesgesetzblatt veröffentlicht werden, kommt eine öffentliche Bekanntgabe, wie sie § 2 Abs. 4 der Verordnung vorsieht, nur hinsichtlich solcher Bedingungen in Betracht, die von dem Versorgungsunternehmen selbständig aufgestellt werden können.

Erläuterungen

Die Anwendung der AVBFernwärmeV ist nicht von der geographischen Entfernung zwischen Wärmeerzeuger und Abnahmestelle abhängig. Es ist auch unerheblich, ob es sich um ein offenes Versorgungsnetz mit vielfältigen Abnahme- und Einspeisemöglichkeiten handelt oder um einen geschlossenen Versorgungsbereich. Entscheidend ist lediglich die Vertragsgestaltung für die Wärmeversorgung. Rechtsunsicherheiten, die sich aus dem Begriff „Fernwärme" im Zusammenhang mit der Heizkostenabrechnung ergaben, wurden mit der Änderung der HeizkostenV vom 20. Januar 1989 ausgeräumt. Dort ist nun nicht mehr von „Fernwärme", sondern von „Eigenständig gewerblicher Wärmelieferung" die Rede.

---

136) BR-Drs. 90/80 (Beschluß), S. 2
137) BR-Drs. 90/80 (Beschluß), S. 4

1.6.3 Hausanlage des Kunden (§ 12)

§ 12 Kundenanlage

§ 12 Abs. 1: Für die ordnungsgemäße Errichtung, Erweiterung, Änderung und Unterhaltung der Anlage hinter dem Hausanschluß, mit Ausnahme der Meß- und Regeleinrichtungen des Fernwärmeversorgungsunternehmens, ist der Anschlußnehmer verantwortlich. Hat er die Anlage oder Anlagenteile einem Dritten vermietet oder sonst zur Benutzung überlassen, so ist er neben diesem verantwortlich.

§ 12 Abs. 2: Die Anlage darf nur unter Beachtung der Vorschriften dieser Verordnung und anderer gesetzlicher oder behördlicher Bestimmungen sowie nach den anerkannten Regeln der Technik errichtet, erweitert, geändert und unterhalten werden. Das Fernwärmeversorgungsunternehmen ist berechtigt, die Ausführung der Arbeiten zu überwachen.

§ 12 Abs. 3: Anlageteile, die sich vor den Meßeinrichtungen befinden, können plombiert werden. Ebenso können Anlageteile, die zur Kundenanlage gehören, unter Plombenverschluß genommen werden, um eine einwandfreie Messung zu gewährleisten. Die dafür erforderliche Ausstattung der Anlage ist nach den Angaben des Fernwärmeversorgungsunternehmens zu veranlassen.

§ 12 Abs. 4: Es dürfen nur Materialien und Geräte verwendet werden, die entsprechend den anerkannten Regeln der Technik beschaffen sind. Das Zeichen einer amtlich anerkannten Prüfstelle bekundet, daß diese Voraussetzungen erfüllt sind.

Begründung zu § 12[138]

Für die Anlage hinter dem Hausanschluß ist – mit Ausnahme der Meß- und Regeleinrichtungen des Fernwärmeversorgungsunternehmens – der Anschlußnehmer verantwortlich. Er trägt insoweit die Gefahr für den störungsfreien Betrieb (Absatz 1).

Arbeiten an der Anlage dürfen nur unter den Voraussetzungen des Absatzes 2 erfolgen. Zu beachten sind neben den Vorschriften dieser Verordnung, wozu auch die technischen Anforderungen nach § 17 gehören, insbesondere auch die anerkannten Regeln der Technik.

138) BR-Drs. 90/80, S. 47

1.6.4 Pflicht zur Verbrauchserfassung (§ 18 Abs. 1 bis 3)

Begründung zu den §§ 18, 19 und 20[139])

Pauschalabrechnungen des Fernwärmeverbrauchs sind im Interesse der Energieeinsparung grundsätzlich nicht mehr erwünscht. Anzustreben ist die verbrauchsabhängige Abrechnung der Heizkosten. Nur auf diese Weise kann erreicht werden, daß etwa in Mehrfamilienhäusern der Preis einen Anreiz zu möglichst sparsamem Verhalten bietet. Die einwandfreie Messung des Fernwärmeverbrauchs ist daher eine wichtige Voraussetzung für die Ermittlung des vom Kunden zu zahlenden Preises. Die §§ 18 bis 20 regeln die Einzelheiten der Messung. Die Verordnung schafft damit die Grundlage für die verbrauchsabhängige Abrechnung im Mietverhältnis, die durch die Änderung der Neubaumietenverordnung vom 22.6.1979 (BGBl. I S. 711) im öffentlich geförderten Wohnungsbau bereits vorgeschrieben ist und auch im übrigen Mietrecht aufgrund des Energieeinsparungsgesetzes eingeführt werden soll.

§ 18 Messung

§ 18 Abs. 1: Zur Ermittlung des verbrauchsabhängigen Entgelts hat das Fernwärmeversorgungsunternehmen Meßeinrichtungen zu verwenden, die den eichrechtlichen Vorschriften entsprechen müssen. Die gelieferte Wärmemenge ist durch Messung festzustellen (Wärmemessung). Anstelle der Wärmemessung ist auch die Messung der Wassermenge ausreichend (Ersatzverfahren), wenn die Einrichtungen zur Messung der Wassermenge vor dem 30. September 1989 installiert worden sind[140]). Der anteilige Wärmeverbrauch mehrerer Kunden kann mit Einrichtungen zur Verteilung von Heizkosten (Hilfsverfahren) bestimmt werden, wenn die gelieferte Wärmemenge

1. an einem Hausanschluß, von dem aus mehrere Kunden versorgt werden,

oder

2. an einer sonstigen verbrauchsnah gelegenen Stelle für einzelne Gebäudegruppen, die vor dem 1. April 1980 an das Verteilungsnetz angeschlossen worden sind, festgestellt wird. Das Unternehmen bestimmt das jeweils anzuwendende Verfahren; es ist berechtigt, dieses während der Vertragslaufzeit zu ändern.

§ 18 Abs. 2: Dient die gelieferte Wärme ausschließlich der Deckung des eigenen Bedarfs des Kunden, so kann vereinbart werden, daß das Entgelt auf andere Weise als nach Absatz 1 ermittelt wird.

---

139) BR-Drs. 90/80, S. 50

140) Es ist beabsichtigt, diese Regelung auf die Lieferung von Heizwasser zu beschränken.

§ 18 Abs. 3: Erfolgt die Versorgung aus Anlagen der Kraft-Wärme-Kopplung oder aus Anlagen zur Verwertung von Abwärme, so kann die zuständige Behörde im Interesse der Energieeinsparung Ausnahmen von Absatz 1 zulassen.

Begründung zu § 18 Abs. 1 bis 3 [141])

§ 18 geht von dem Grundsatz aus, daß die gelieferte Wärme durch Meßeinrichtungen festzustellen ist. Meßeinrichtungen im Sinne der §§ 18 ff. sind in erster Linie sog. Wärmemengenmesser, aber auch Ersatz- oder Hilfsverfahren. Bei Wärmemengenmessern werden sowohl die Wassermenge als auch die Temperaturdifferenz gemessen. Bei Ersatzverfahren wird nur die Wassermenge gemessen, die Temperaturdifferenz wird nach Stichproben oder Erfahrungswerten ermittelt; dies gestattet zwar nur eine weniger genaue Feststellung des tatsächlichen Wärmeverbrauchs, [bietet aber gleichwohl noch eine ausreichende Grundlage für eine verbrauchsabhängige Abrechnung der Heizkosten].

Bei den Hilfsverfahren wird weder Wärmemenge noch Wassermenge noch Temperaturdifferenz ermittelt. Sie dienen lediglich der möglichst verbrauchsnahen Verteilung von Kosten auf mehrere über ein gemeinsames Heizsystem versorgte Kunden. Diese Verfahren sollen nur dann zulässig sein, wenn die gelieferte Gesamtwärmemenge entweder am Hausanschluß oder für einzelne Gebäudegruppen, die vor dem 1. April 1980 an das Verteilungsnetz angeschlossen worden sind, an einer sonstigen verbrauchsnah gelegenen Stelle festgestellt wird. In der Praxis kommt ihnen Bedeutung zu, wenn etwa in Gebäuden mit Eigentumswohnungen zwischen den einzelnen Wohnungseigentümern und dem Fernwärmeversorgungsunternehmen Versorgungsverträge bestehen (Absatz 1).

Absatz 2 gibt in Fällen, in denen die Fernwärmeversorgung ausschließlich der Deckung des eigenen Bedarfs des Kunden dient, die Möglichkeit, von der Wärmemengenmessung oder der Ermittlung des Wärmeverbrauchs durch Ersatzverfahren abzusehen. Voraussetzung dafür ist, daß Kunde und Fernwärmeversorgungsunternehmen hierüber einig sind. Dabei wird häufig die Frage eine Rolle spielen, ob sich eine Abweichung von den sonst üblichen Verbrauchsermittlungsverfahren mit dem Ziel einer möglichst einheitlichen Preisgestaltung vereinbaren läßt.

Wesentliches Ziel der Wärmemengenmessung ist die Motivation des Kunden zu energiesparendem Verhalten. Bei Anlagen, in denen Strom und Fernwärme auf der Basis der Kraft-Wärme-Kopplung erzeugt werden, kann es in Ausnahmefällen allerdings technisch-wirtschaftliche Zusammenhänge geben, die es auch unter dem Aspekt der Energieeinsparung zweckmäßig erscheinen lassen, den Verbrauch zentral durch das Fernwärmeversorgungsunternehmen zu regulieren. Wenn in solchen Fäl-

141) BR-Drs. 90/80, S. 51

len die Möglichkeit zu verbrauchssparender individueller Regulierung nicht zu besseren Energieeinspareffekten führt, soll auf den Einbau von Meßeinrichtungen verzichtet werden können. Hierzu soll allerdings eine behördliche Genehmigung erforderlich sein. Diese Regelung trägt dem [§ 22 Abs. 5 Satz 1 Nr. 2 der Neubaumietenverordnung] {jetzt § 11 Abs. 1 Nr. 3 HeizkostenV} Rechnung (Absatz 3).

Begründung zur Änderung des § 18 Abs. 1[142])

Nach Erlaß der AVBFernwärmeverordnung hat sich wider Erwarten herausgestellt, daß der Einsatz von Wassermengenzählern zur Ermittlung des Fernwärmeverbrauchs in der Praxis zu erheblichen Ungenauigkeiten führt. Ein derartiges Ersatzverfahren soll daher nicht mehr zulässig sein. Dies entspricht auch § 5 Abs. 1 HeizkostenV sowie DIN 4713 Teil 4 Ziffer 4.2, wonach Warmwasserzähler nur noch für die Messung des Warmwasserverbrauchs und als Volumenmeßteil für die Wärmemengenmessung, nicht aber zur Wärmekostenverteilung schlechthin eingesetzt werden sollen.

Im Interesse des Bestandsschutzes und um laufende Bauvorhaben nicht zu beeinträchtigen, bleibt die Anwendung von Ersatzverfahren zulässig, wenn die entsprechenden Meßeinrichtungen vor dem 30. September 1989 installiert worden sind. Nach § 18 Abs. 1 Nr. 5[143]) AVBFernwärmeV ist das Fernwärmeversorgungsunternehmen aber berechtigt, in derartigen Fällen das anzuwendende Meßverfahren von sich aus zu ändern.

Erläuterungen

Nach dem Einigungsvertrag vom 23. September 1990[144]) gilt für das Gebiet der ehemaligen DDR: *„Die §§ 18 bis 21 finden keine Anwendung, so weit bei Kunden am Tage des Wirksamwerdens des Beitritts*[145]) *keine Meßeinrichtungen für die verbrauchte Wärmemenge vorhanden sind. Meßeinrichtungen sind nachträglich einzubauen, es sei denn, daß dies auch unter Berücksichtigung des Ziels der rationellen und sparsamen Wärmeverwendung wirtschaftlich nicht vertretbar ist."*

Bei Dampflieferung sind Wärmemessungen mit erheblichen räumlichen und finanziellen Problemen verbunden. Aus diesem Grunde ist beabsichtigt, bei einer künftigen Verordnungsänderung die mit der Änderung vom 19.1.1989 in § 18 Abs. 1 Satz 3 eingeführte Frist für Verwendung des Ersatzverfahrens (Wassermessung) nur auf die Lieferung von Heizwasser zu beschränken. Falls es dazu kommt, könnte es bei Heizdampflieferung weiterhin bei der bisher bewährten Messung der Kondensatmenge bleiben.

---

142) BR-Drs. 494/88, S. 37
143) Gemeint ist „Satz" 5
144) BGBl. II S. 1008
145) Das ist der 3. Oktober 1990

Die Ausnahmeregelung nach § 18 Abs. 3 wird von den Behörden oft restriktiv gehandhabt. Vermutlich ist es schwierig, die erforderlichen Nachweise zu erbringen bzw. diese nachzuvollziehen. Als erstem FVU wurde der Berliner Bewag eine solche Ausnahme genehmigt. Die Bewag liefert Wärme aus Kraft-Wärme-Kopplung über ein Dreileitersystem, das besondere Voraussetzungen für zentrale, energiesparende Regelung bietet, die durch Individualregelungen an Wirksamkeit verlöre. Es gibt aber auch bei Zweileitersystemen Möglichkeiten, die Voraussetzungen für eine Ausnahme nach § 18 Abs. 3 zu schaffen.

Hin und wieder tritt im Zusammenhang mit der Meßpflicht die Frage nach deren Wirtschaftlichkeit auf. Die AVBFernwärmeV ist zwar nicht auf das EnEG gegründet, das in § 5 Abs. 1 eine Wirtschaftlichkeitsklausel für die verordneten Maßnahmen enthält, doch sollte diese aus Gründen der Sachgerechtigkeit auch hier gelten. Dafür spricht auch die Tatsache, daß bei dem § 18 AVBFernwärmeV u.a. auch die Bemühungen um Einsparung von Energie in Gebäuden Pate gestanden haben, wie aus der amtlichen Begründung zu § 18[146]) zu entnehmen ist. Eine weitere Hilfe dafür ist die Regelung aus dem Einigungsvertrag, nach dem in den neuen Bundesländern auf den nachträglichen Einbau von Meßeinrichtungen verzichtet werden kann, *„wenn das auch unter Berücksichtigung des Ziels der rationellen und sparsamen Wärmeverwendung nicht vertretbar ist" (siehe oben).*

1.6.5 Anwendung der Meß- und Regeleinrichtungen (§ 18 Abs. 4 bis 6)

§18 Abs. 4: Das Fernwärmeversorgungsunternehmen hat dafür Sorge zu tragen, daß eine einwandfreie Anwendung der in Absatz 1 genannten Verfahren gewährleistet ist. Es bestimmt Art, Zahl und Größe sowie Anbringungsort von Meß- und Regeleinrichtungen. Ebenso ist die Lieferung, Anbringung, Überwachung, Unterhaltung und Entfernung der Meß- und Regeleinrichtungen Aufgabe des Unternehmens. Es hat den Kunden und den Anschlußnehmer anzuhören und deren berechtigte Interessen zu wahren. Es ist verpflichtet, auf Verlangen des Kunden oder des Hauseigentümers Meß- oder Regeleinrichtungen zu verlegen, wenn dies ohne Beeinträchtigung einer einwandfreien Messung oder Regelung möglich ist.

§18 Abs. 5: Die Kosten für die Meßeinrichtungen hat das Fernwärmeversorgungsunternehmen zu tragen; die Zulässigkeit von Verrechnungspreisen bleibt unberührt. Die im Falle des Absatzes 4 Satz 5 entstehenden Kosten hat der Kunde oder der Hauseigentümer zu tragen.

146) BR-Drs. 90/80, S. 50

§ 18 Abs. 6: Der Kunde haftet für das Abhandenkommen und die Beschädigung von Meß- und Regeleinrichtungen, soweit ihn hierzu ein Verschulden trifft. Er hat den Verlust, Beschädigungen und Störungen dieser Einrichtungen dem Fernwärmeversorgungsunternehmen unverzüglich mitzuteilen.

Begründung zu § 18 Abs. 4 und 5[147])

Die Verantwortung für die Messung liegt in erster Linie beim Fernwärmeversorgungsunternehmen, das Eigentümer der Meßeinrichtungen ist. Um eine zweckgerechte Messung des Verbrauchs zu gewährleisten, muß es die Möglichkeit haben, ihre Voraussetzungen etwa in bezug auf Art, Zahl und Größe sowie Aufstellungsort der Meß- und Regeleinrichtungen zu bestimmen. Es ist allerdings sicherzustellen, daß berechtigten Belangen des Hauseigentümers bzw. Kunden Rechnung getragen wird. Absatz 4 regelt in dieser Hinsicht die näheren Einzelheiten.

Absatz 5 stellt klar, daß die Fernwärmeversorgungsunternehmen berechtigt bleiben, Kosten für die Meßeinrichtungen, für welche sie zunächst selbst aufzukommen haben, über Verrechnungspreise an den Kunden weiterzugeben.

1.6.6 Bezug zur HeizkostenV (§ 18 Abs. 7)

§ 18 Abs. 7: Bei der Abrechnung der Lieferung von Fernwärme und Fernwarmwasser sind die Bestimmungen der Verordnung über Heizkostenabrechnung in der Fassung vom 5. April 1984 (BGBl. I S. 592), geändert durch Artikel 1 der Verordnung vom 19. Januar 1989 (BGBl. I S. 109), zu beachten.

Begründung zur Anfügung des Abs. 7 (neu) in § 18[148])

Im Interesse der Rechtsklarheit ist es sinnvoll, in § 18 AVBFernwärmeV darauf hinzuweisen, daß bei der Abrechnung der Lieferung von Fernwärme und Fernwarmwasser die Bestimmungen der Heizkostenverordnung zu beachten sind. Dies empfiehlt sich auch deswegen, weil die Bestimmungen der AVBFernwärmeverordnung automatisch Bestandteil der Versorgungsverträge werden (§ 1 Abs. 1 Satz 3 AVBFernwärmeV).

Erläuterungen

Der Hinweis in § 18 Abs. 7 wurde aufgrund des neu hinzugekommenen Abs. 3 in § 1 HeizkostenV aufgenommen. Mit dieser Vorschrift ist die HeizkostenV nunmehr auch im Anwendungsbereich der AVBFernwärmeV an-

147) BR-Drs. 90/80, S. 52
148) BR-Drs. 494/88, S. 37

zuwenden. Das bezieht sich auch auf die Bestimmungen wie Ausstattung von Gemeinschaftsräumen (§ 4 Abs. 3), Verwendung von Ausstattungen zur Verbrauchserfassung, die anerkannten Regeln der Technik zu entsprechen haben (§ 5 Abs. 1), Nutzergruppentrennung (§ 5 Abs. 2) usw.

Mit der Bindung der Verteilungsgeräte an anerkannte Regeln der Technik gelten auch bei Fernwärme die dort beschriebenen Anwendungsbereiche (vgl. Abschnitt 4, 5 und 6).

1.6.7 Anforderungen an die Meßeinrichtungen (§ 19)

§ 19 Nachprüfung von Meßeinrichtungen

§ 19 Abs. 1: Der Kunde kann jederzeit die Nachprüfung der Meßeinrichtungen verlangen. Bei Meßeinrichtungen, die den eichrechtlichen Vorschriften entsprechen müssen, kann er die Nachprüfung durch eine Eichbehörde oder eine staatlich anerkannte Prüfstelle im Sinne des § 6 Abs. 2 des Eichgesetzes verlangen. Stellt der Kunde den Antrag auf Prüfung nicht bei dem Fernwärmeversorgungsunternehmen, so hat er dieses vor Antragstellung zu benachrichtigen.

§ 19 Abs. 2: Die Kosten der Prüfung fallen dem Unternehmen zur Last, falls eine nicht unerhebliche Ungenauigkeit festgestellt wird, sonst dem Kunden. Bei Meßeinrichtungen, die den eichrechtlichen Vorschriften entsprechen müssen, ist die Ungenauigkeit dann nicht unerheblich, wenn sie die gesetzlichen Verkehrsfehlergrenzen überschreitet.

Begründung zu § 19[149])

Im Hinblick auf die Bedeutung, die das einwandfreie Funktionieren der Meßeinrichtungen für die ordnungsgemäße Abrechnung hat, soll der Kunde nach § 19 jederzeit die Möglichkeit haben, von den zuständigen Stellen die Überprüfung der Meßeinrichtungen zu verlangen. Da die Meßgeräte im Eigentum der Fernwärmeversorgungsunternehmen stehen sowie wegen der möglicherweise auf sie zukommenden Prüfkosten, erscheint es zweckmäßig, den Kunden zur vorherigen Benachrichtigung seines Versorgungsunternehmens zu verpflichten. Ist dieses selbst Prüfstelle, was nach der Prüfstellenverordnung vom 18. Juni 1970 (BGBl. I S. 795) möglich ist, so ist diese Benachrichtigung nicht erforderlich.

149) BR-Drs. 90/80, S. 53

1.6.8 Ablesung der Meßeinrichtungen (§ 20)

§20 Ablesung

§20 Abs. 1: Die Meßeinrichtungen werden vom Beauftragten des Fernwärmeversorgungsunternehmens möglichst in gleichen Zeitabständen oder auf Verlangen des Unternehmens vom Kunden selbst abgelesen. Dieser hat dafür Sorge zu tragen, daß die Meßeinrichtungen leicht zugänglich sind.

Begründung zu § 20 Abs. 1[150])

Um es dem Kunden zu erleichtern, sein Verbrauchsverhalten auch im Interesse einer sparsamen Energieverwendung zu überprüfen, sollen die Ablesezeiträume möglichst gleich sein.

§ 20 Abs. 2: Solange der Beauftragte des Unternehmens die Räume des Kunden nicht zum Zwecke der Ablesung betreten kann, darf das Unternehmen den Verbrauch auf der Grundlage der letzten Ablesung schätzen; die tatsächlichen Verhältnisse sind angemessen zu berücksichtigen.

1.6.9 Schätzung des Verbrauchs (§ 21)

§21 Berechnungsfehler

§21 Abs. 1: Ergibt eine Prüfung der Meßeinrichtungen eine nicht unerhebliche Ungenauigkeit oder werden Fehler in der Ermittlung des Rechnungsbetrages festgestellt, so ist der zuviel oder zuwenig berechnete Betrag zu erstatten oder nachzuentrichten. Ist die Größe des Fehlers nicht einwandfrei festzustellen oder zeigt eine Meßeinrichtung nicht an, so ermittelt das Fernwärmeversorgungsunternehmen den Verbrauch für die Zeit seit der letzten fehlerfreien Ablesung aus dem Durchschnittsverbrauch des ihr vorhergehenden und des der Feststellung des Fehlers nachfolgenden Ablesezeitraumes oder auf Grund des vorjährigen Verbrauchs durch Schätzung; die tatsächlichen Verhältnisse sind angemessen zu berücksichtigen.

Begründung zu § 21 Abs. 1[151])

Die Bestimmung stellt klar, daß Über- oder Unterzahlungen, die aufgrund fehlerhafter Meßeinrichtungen oder falscher kaufmännischer Berechnung entstanden sind, ausgeglichen werden müssen. Läßt sich infolge fehlerhafter Meßeinrichtungen der exakte Verbrauch nicht ermitteln, so bietet

150) BR-Drs. 90/80, S. 53
151) BR-Drs. 90/80, S. 53

sich als Hilfsgröße der Durchschnittsverbrauch an, der sich aus dem letzten einwandfrei gemessenen Verbrauch und dem nächsten auf die Beseitigung des Fehlers folgenden abgelesenen Verbrauch ergibt. Daneben kann auch eine auf der Grundlage des vorjährigen Verbrauchs erfolgende Schätzung zweckmäßig sein. In beiden Fällen sollen im Interesse einer möglichst gerechten Ermittlung des Verbrauchs die tatsächlichen Verhältnisse (z.B. längere Abwesenheit des Kunden oder wesentliche Änderungen des Gerätebestandes) angemessen berücksichtigt werden.

§ 21 Abs. 2: Ansprüche nach Absatz 1 sind auf den der Feststellung des Fehlers vorhergehenden Ablesezeitraum beschränkt, es sei denn, die Auswirkung des Fehlers kann über einen größeren Zeitraum festgestellt werden; in diesem Fall ist der Anspruch auf längstens zwei Jahre beschränkt.

Begründung zu § 21 Abs. 2 [152])

In der Praxis kann es Schwierigkeiten bereiten, den Zeitpunkt zu ermitteln, zu dem der Meßfehler eingetreten ist, so daß seine Auswirkungen nicht einwandfrei festgestellt werden können. Für solche Fälle scheint es unter Berücksichtigung der beiderseitigen Interessen zweckmäßig, die Erstattung der Nachberechnung grundsätzlich auf den der Fehlerentdeckung unmittelbar vorhergehenden Ablesezeitraum zu beschränken. Läßt sich der Zeitpunkt, zu dem der Meßfehler eingetreten ist, allerdings feststellen, so soll dieser maßgeblich sein. Da es jedoch zu vermeiden gilt, daß der Kunde größeren Nachforderungen ausgesetzt wird, die weit in die Vergangenheit zurückreichen, empfiehlt es sich, eine zeitliche Begrenzung festzulegen. Dabei ist zu berücksichtigen, daß dem Fernwärmeversorgungsunternehmen Einnahmen entgehen können. Unter Abwägung dieser Umstände erscheint es gerechtfertigt, eine für beide Seiten gleiche Ausschlußfrist von zwei Jahren vorzusehen. Dies entspricht auch der in der AVBEltV sowie der AVBGasV gefundenen Lösung. Beide Seiten müssen es in Kauf nehmen, daß ihnen im Einzelfall unter Umständen weitergehende Ansprüche auf Rückerstattung bzw. Nachzahlung abgeschnitten werden.

1.6.10 Verwendung der Wärme (§ 22)

§ 22 Verwendung der Wärme

§ 22 Abs. 1: Die Wärme wird nur für die eigenen Zwecke des Kunden und seiner Mieter zur Verfügung gestellt. Die Weiterleitung an sonstige Dritte ist nur mit schriftlicher Zustimmung des Fernwärmeversorgungsunternehmens zulässig. Diese muß erteilt werden, wenn

152) BR-Drs. 90/80, S. 54

dem Interesse an der Weiterleitung nicht überwiegende versorgungswirtschaftliche Gründe entgegenstehen.

§ 22 Abs. 2: Dampf, Kondensat oder Heizwasser dürfen den Anlagen, soweit nichts anderes vereinbart ist, nicht entnommen werden. Sie dürfen weder verändert noch verunreinigt werden.

Begründung zu § 22[153])

Fernwärme soll grundsätzlich nur für die eigenen Zwecke des Kunden und seiner Mieter verwendet werden dürfen. Das Fernwärmeversorgungsunternehmen muß die Möglichkeit haben, eine Weiterleitung an sonstige Dritte zu verhindern, wenn sie z.B. negative Auswirkungen auf die allgemeine Preisgestaltung hätte oder aus sonstigen überwiegenden fernwärmewirtschaftlichen Gründen nicht erwünscht wäre. Die Interessen des Kunden sind deshalb mit den versorgungswirtschaftlichen Interessen abzuwägen.

1.6.11 Vertragsstrafe (§ 23)

§ 23 Vertragsstrafe

§ 23 Abs. 1: Entnimmt der Kunde Wärme unter Umgehung, Beeinflussung oder vor Anbringung der Meßeinrichtungen oder nach Einstellung der Versorgung, so ist das Fernwärmeversorgungsunternehmen berechtigt, eine Vertragsstrafe zu verlangen. Diese bemißt sich nach der Dauer der unbefugten Entnahme und darf das Zweifache des für diese Zeit bei höchstmöglichem Wärmeverbrauch zu zahlenden Entgelts nicht übersteigen.

Begründung zu § 23 Abs. 1[154])

Bei der unbefugten Inanspruchnahme von Fernwärme kann die Realisierung von Schadensersatzansprüchen auf erhebliche Beweisschwierigkeiten stoßen. Es ist nicht zweckmäßig, zur Lösung dieses Problems eine pauschalierte Schadensersatzregelung vorzusehen, da es insbesondere auch darum geht, den Kunden von vornherein zu einem vertragsgemäßen Verhalten anzuhalten. Diesem Ziel wird nur die Vertragsstrafe gerecht.

§ 23 Abs. 2: Ist die Dauer der unbefugten Entnahme nicht festzustellen, so kann die Vertragsstrafe über einen festgestellten Zeitraum hinaus für längstens ein Jahr erhoben werden.

153) BR-Drs. 90/80, S. 54
154) BR-Drs. 90/80, S. 54

Begründung zu § 23 Abs. 3[155])

Absatz 2 legt die zeitliche Obergrenze für die Vertragsstrafe fest, wenn sich die Dauer des vertragswidrigen Verhaltens nur teilweise oder überhaupt nicht feststellen läßt.

1.6.12 Abrechnung und Preisänderungsklauseln (§ 24)

§ 24 Abrechnung, Preisänderungsklauseln

§ 24 Abs. 1: Das Entgelt wird nach Wahl des Fernwärmeversorgungsunternehmens monatlich oder in anderen Zeitabschnitten, die jedoch zwölf Monate nicht wesentlich überschreiten dürfen, abgerechnet.

Begründung zu § 24 Abs. 1[156])

Absatz 1 trägt dem Umstand Rechnung, daß die Fernwärmeversorgungsunternehmen aus Rationalisierungsgründen zunehmend dazu übergehen, die Rechnungserteilung in größeren Zeitabständen vorzunehmen. Im Interesse einer hinlänglich verbrauchsnahen Abrechnung ist es jedoch geboten, einen längeren Zeitabschnitt als 12 Monate grundsätzlich nicht zuzulassen. Abrechnungstechnisch bedingte Überschreitungen können allerdings im Einzelfall erforderlich sein; sie sollen zulässig sein, sofern 12 Monate nicht wesentlich überschritten werden.

Mehrmonatige Abrechnungs- und damit auch Ablesezeiträume führen zu dem Problem, wie zwischenzeitliche Preisänderungen möglichst zutreffend dem Verbrauch zugeordnet werden können.

§ 24 Abs. 2: Ändern sich innerhalb eines Abrechnungszeitraumes die Preise, so wird der für die neuen Preise maßgebliche Verbrauch zeitanteilig berechnet; jahreszeitliche Verbrauchsschwankungen sind auf der Grundlage der für die jeweilige Abnehmergruppe maßgeblichen Erfahrungswerte angemessen zu berücksichtigen. Entsprechendes gilt bei Änderung des Umsatzsteuersatzes.

Begründung zu § 24 Abs. 2[157])

Absatz 2 geht vom Prinzip der zeitanteiligen Verbrauchsabrechnung aus. Der im Abrechnungszeitraum entstandene Verbrauch wird pro rata auf die Anzahl der jeweils in Frage kommenden Zeiteinheiten (z.B. Monate) aufgeteilt. Für den pro rata berechneten Verbrauch ist vom Inkrafttreten der

155) BR-Drs. 90/80, S. 55
156) BR-Drs. 90/80, S. 55
157) BR-Drs. 90/80, S. 55

Preiserhöhung an der höhere Preis zu zahlen. Da diese Durchschnittsberechnung im Einzelfall – je nach Zeitpunkt der Preiserhöhung – vom wirklichen Verbrauch abweichen kann, werden die auf Erfahrung beruhenden jahreszeitlichen Verbrauchsschwankungen angemessen berücksichtigt. Bei Änderung des Mehrwertsteuersatzes gilt Entsprechendes.

§ 24 Abs. 3: Preisänderungsklauseln dürfen nur so ausgestaltet sein, daß sie sowohl die Kostenentwicklung bei Erzeugung und Bereitstellung von Fernwärme durch das Unternehmen als auch die jeweiligen Verhältnisse auf dem Wärmemarkt angemessen berücksichtigen. Sie müssen die maßgeblichen Berechnungsfaktoren vollständig und in allgemein verständlicher Form ausweisen. Bei Anwendung der Preisänderungsklauseln ist der prozentuale Anteil des die Brennstoffkosten abdeckenden Preisfaktors an der jeweiligen Preisänderung gesondert auszuweisen.

Begründung zu § 24 Abs. 3[158])

Die Langfristigkeit der Versorgungsverträge macht es erforderlich, daß sich notwendige Preisanpassungen im Rahmen von Preisänderungsklauseln, d.h. ohne Kündigung der Vertragsverhältnisse vollziehen können. Absatz 3 schreibt die Kriterien vor, die in Preisgleitklauseln berücksichtigt werden müssen. Sie tragen sowohl der Zielsetzung kostenorientierter Fernwärmepreise als auch dem Umstand Rechnung, daß sich die Fernwärmepreisgestaltung nicht losgelöst von den Preisverhältnissen am Wärmemarkt vollziehen kann. Im Rahmen der kartellbehördlichen Aufsicht wird darauf geachtet, daß die Fernwärmeversorgungsunternehmen Preisgestaltungsspielräume nicht mißbräuchlich ausschöpfen.

Erläuterungen

Für die Bereitstellung von Fernwärme sind umfangreiche Investitionen mit z.Z. sehr hohen Abschreibungszeiten erforderlich. Die Fernwärmewirtschaft ist deshalb auf langfristige Lieferverträge angewiesen. In deren Verlauf kann sich der Markt sowohl nach oben als auch nach unten ändern. Um dem Rechnung zu tragen, enthalten Wärmelieferungsverträge Preisänderungsklauseln, mit deren Hilfe dem Rechnung getragen wird. Mit Hilfe von Preisänderungsklauseln (auch Preisanpassungs- oder Preisgleitklauseln) soll sich der Preis eines Wirtschaftsgutes am Liefertag in dem Maße ändern, in dem sich ein oder mehrere Kostenelemente verändert haben. Nach den Genehmigungsrichtlinien der Deutschen Bundesbank sind Preisgleitklauseln grundsätzlich genehmigungsbedürftig[159]). Anträge sind bei der zuständigen Landeszentralbank einzureichen[160]). Es herrscht jedoch die Auffas-

158) BR-Drs. 90/80, S. 56
159) RW 1991/P., S. 26 a
160) Gramlich in Währungsgesetz, S. 358

sung vor, daß Preisänderungsklauseln in Wärmelieferungsverträgen keiner Genehmigung bedürfen, wenn die Gewichtung der Lohn- und Brennstoffkosten den wirklichen Verhältnissen in dem Unternehmen entspricht und der eingesetzte Energiepreis die tatsächliche Entwicklung am Wärmemarkt repräsentiert[161]).

Preisanpassungsklauseln haben i.d.R. folgende Form:

$$p = p_0 (f_1 \frac{a}{a_0} + f_2 \frac{b}{b_0} + f_3 \frac{c}{c_0} \ldots)$$

mit:

p = neuer Preis
p_0 = alter Preis
f_1, f_2, f_3 = Wichtungsfaktoren ($\sum f_i = 1$)
a, b, c = neue Kostenkomponenten
a_0, b_0, c_0 = alte Kostenkomponenten

Der § 24 Abs. 3 will kein Rezept für die Gestaltung der Preisanpassungsklauseln in Fernwärmeverträgen geben. Es soll lediglich verhindert werden, daß sich der Fernwärmepreis an der Entwicklung von Preisen orientiert, welche die Gestehungskosten nicht beeinflussen. Lediglich die „angemessene Berücksichtigung der Verhältnisse auf dem Wärmemarkt“ bildet da eine Ausnahme. Über die Frage, welche Aufwendungen des Unternehmens in den Bereichen „Erzeugung“ und „Bereitstellung“ aus betriebswirtschaftlicher Sicht unterzubringen sind und wie sich diese in Grund-, Meß- und Arbeitspreis auswirken sollen, gibt es in der Literatur einige Hinweise[162]). Als Parameter für den Grundpreis werden z.B. der Investitionsgüterindex für Dampfkessel, Behälter und Rohrleitungen sowie der Ecklohn für entsprechende Berufsgruppen genannt. Wesentlicher Kostenfaktor für den Arbeitspreis ist der Preis der verwendeten Brennstoffe. Bei Mischfeuerung ist eine entsprechende Aufteilung erforderlich. Als Parameter für „die jeweiligen Verhältnisse auf dem Wärmemarkt“ wird derzeit von den meisten Unternehmen der Preis für extra leichtes Heizöl (HEL) herangezogen. Für Grund- und Arbeitspreis werden zweckmäßigerweise getrennte Preisanpassungsklauseln gebildet. Weitere Überlegungen zu diesem Thema werden derzeit in der „Arbeitsgruppe Preisänderungsklauseln“ bei der AGFW angestellt.

161) Witzel, S. 110
162) Witzel, S. 104, AGFW, S. 54, m.w.N.

1.6.13 Abschlagzahlungen, Vordrucke (§§ 25 u. 26)

§ 25 Abschlagzahlungen

§ 25 Abs 1: Wird der Verbrauch für mehrere Monate abgerechnet, so kann das Fernwärmeversorgungsunternehmen für die nach der letzten Abrechnung verbrauchte Fernwärme sowie für deren Bereitstellung und Messung Abschlagzahlung verlangen. Die Abschlagzahlung auf das verbrauchsabhängige Entgelt ist entsprechend dem Verbrauch im zuletzt abgerechneten Zeitraum anteilig zu berechnen. Ist eine solche Berechnung nicht möglich, so bemißt sich die Abschlagzahlung nach dem durchschnittlichen Verbrauch vergleichbarer Kunden. Macht der Kunde glaubhaft, daß sein Verbrauch erheblich geringer ist, so ist dies angemessen zu berücksichtigen.

Begründung zu § 24 Abs. 1[163])

Sinn der Abschlagzahlung ist es, für nicht gemessenen zurückliegenden Verbrauch eine möglichst wirklichkeitsnahe Bezahlung zu erreichen. Absatz 1 trägt diesem Ziel Rechnung. Für das verbrauchsabhängige Entgelt wird in erster Linie an den Verbrauch des vorhergehenden Abrechnungszeitraums angeknüpft, der in den Fällen des § 20 Abs. 2 auch geschätzt werden kann. Für den Kunden besonders wichtig ist es z.B., im Einzelfall glaubhaft machen zu können, daß bei ihm Umstände vorliegen, die billigerweise zu einer im Vergleich zur Durchschnittsbetrachtung niedrigeren Abschlagzahlung führen. Auch Abschläge auf den sog. Grundpreis sind zulässig.

§ 25 Abs. 2: Ändern sich die Preise, so können die nach der Preisänderung anfallenden Abschlagzahlungen mit dem Vomhundertsatz der Preisänderung entsprechend angepaßt werden.

Begründung zu § 25 Abs. 2[164])

Im Falle von Preisänderungen reicht es aus, wenn Abschlagzahlungen mit dem der Preisänderung entsprechenden Vomhundertsatz zeitanteilig angepaßt werden. Die Berücksichtigung jahreszeitlicher Verbrauchsschwankungen ist hier in Gegensatz zur Rechnungserteilung nicht erforderlich.

§ 25 Abs. 3: Ergibt sich bei der Abrechnung, daß zu hohe Abschlagzahlungen verlangt wurden, so ist der übersteigende Betrag unverzüglich zu erstatten, spätestens aber mit der nächsten Abschlagforderung zu verrechnen. Nach Beendigung des Versorgungs-

163) BR-Drs. 80/90, S. 56
164) BR-Drs. 80/90, S. 56

verhältnisses sind zuviel gezahlte Abschläge unverzüglich zu erstatten.

§ 26 Vordrucke für Rechnung und Abschläge

Vordrucke für Rechnungen und Abschläge müssen verständlich sein. Die für die Forderung maßgeblichen Berechnungsfaktoren sind vollständig und in allgemein verständlicher Form auszuweisen.

Begründung zu § 26[165])

Die Bestimmung will gewährleisten, daß der Kunde in der Lage ist, Zahlungsbeträge anhand der einzelnen Berechnungsfaktoren nachzuvollziehen. Rechnungsvordrucke müssen daher verständlich ausgestaltet sein und die für die Forderung maßgeblichen Positionen vollständig ausweisen.

Dies ist insbesondere auch für den Fall wichtig, daß der Kunde als Vermieter die Fernwärme an seine Mieter weitergibt. Vermieter können ihrerseits verpflichtet sein, ihren Mietern die einzelnen Positionen der Heizkostenrechnung so verständlich und übersichtlich aufzugliedern, daß eine Nachprüfung ohne weiteres möglich ist. Zur Erfüllung dieser Verpflichtung ist es sinnvoll, daß auch die Fernwärmeversorgungsunternehmen entsprechend verfahren.

In der Vergangenheit ist es insoweit in der gesamten Versorgungswirtschaft insbesondere durch den zunehmenden Einsatz von Datenverarbeitungsanlagen und die dadurch bedingte maschinelle Ausfertigung von Belegen zu Schwierigkeiten gekommen. Die Fernwärmeversorgungsunternehmen sollen jetzt gehalten sein, die Systematik der Rechnung sowie etwa verwendete Schlüsselzeichen den Kunden auf den Formularen in geeigneter Weise zu erläutern. Dies kann sich insbesondere bei Änderung der Abrechnungsmodalitäten als notwendig erweisen.

165) BR-Drs. 80/90, S. 57

1.7 Anerkannte Regeln der Technik

1.7.1 DIN 4713, Verbrauchsabhängige Wärmekostenabrechnung – Entstehungsgeschichte

Aus Gründen des Verbraucherschutzes sah sich der Verordnungsgeber veranlaßt, für Ausstattungen zur Verbrauchserfassung Mindestanforderungen festzuschreiben. Damit sollte verhindert werden, daß dem Investitionszwang mit nicht sachgemäßen Billiggeräten Genüge getan wird.

Der Bundesminister für Wirtschaft beauftragte das DIN – Deutsches Institut für Normung e.V., mit dieser Aufgabe. Das DIN ist durch Vertrag vom 5. Juni 1975 mit der Bundesrepublik Deutschland verpflichtet, bei seinen Normungsarbeiten das öffentliche Interesse zu berücksichtigen und bei der Ausarbeitung von DIN-Normen dafür Sorge zu tragen, daß die Normen bei der Gesetzgebung, in der öffentlichen Verwaltung und im Rechtsverkehr als Umschreibungen technischer Anforderungen herangezogen werden können.

Am 25. September 1978 beschloß daraufhin der Beirat des Normenausschusses für Heiz- und Raumlufttechnik im DIN (NHR)[166]), die Normung auf dem Gebiet der Heizkostenabrechnung in die Wege zu leiten. Nachdem geeignete Experten aus der Wissenschaft sowie von der Hersteller- und Verbraucherseite für diese Arbeit gefunden waren, kam es am 11. November 1978 im kleinen Senatssitzungssaal der Technischen Universität München zur Gründungssitzung des Arbeitsausschusses. Die öffentlichen Belange wurden durch die Mitarbeit von Vertretern zuständiger Bundes- und Länderressorts wahrgenommen.

Von dem Ausschuß bzw. den von diesem berufenen Unterausschüssen wurden folgende DIN-Normen erarbeitet:

DIN 4713 Teil 1	Verbrauchsabhängige Wärmekostenabrechnung Allgemeines, Begriffe
DIN 4713 Teil 2	Verbrauchsabhängige Wärmekostenabrechnung Heizkostenverteiler nach dem Verdunstungsprinzip
DIN 4713 Teil 3	Verbrauchsabhängige Wärmekostenabrechnung Heizkostenverteiler mit elektrischer Meßgrößenerfassung
DIN 4713 Teil 4	Verbrauchsabhängige Wärmekostenabrechnung Wärmezähler und Wasserzähler
DIN 4713 Teil 5	Verbrauchsabhängige Wärmekostenabrechnung Betriebskostenverteilung und Abrechnung
DIN 4713 Teil 6	Verbrauchsabhängige Wärmekostenabrechnung Verfahren zur Registrierung

166) Jetzt NHRS

Für die DIN 4713 Teil 2 und 3 galten ergänzend die folgenden Normen, die insbesondere Herstellungs- und Prüfkriterien enthielten:

DIN 4714 Teil 2	Aufbau der Heizkostenverteiler Heizkostenverteiler nach dem Verdunstungsprinzip
DIN 4714 Teil 3	Aufbau der Heizkostenverteiler Heizkostenverteiler mit elektrischer Meßgrößen-erfassung

Diese Normen erschienen im Dezember 1980. In § 5 Abs. 1 HeizkostenV i.d.F. vom 23.2.81 wurde auf die DIN 4713 Teil 2 bis 4, Ausgabe Dezember 1980, verwiesen.

Mit der Novelle der HeizkostenV von 1984 wurde auf diese starre Verweisung verzichtet. Statt dessen sollen die Ausstattungen nun „anerkannten Regeln der Technik" entsprechen, wozu auch weiterhin namentlich die DIN-Normen gehören. Mit dieser Lösung bedarf es bei Änderung der Normen keiner Verordnungsänderung. Außerdem sollte diese Neuregelung mögliche technische Handelshemmnisse im innergemeinschaftlichen Warenverkehr verhindern[167]).

Wegen der raschen Entwicklung einzelner Ausstattungen und neuerer Forschungsergebnisse war es notwendig, die Teile 2 und 3 der Norm zu ändern. Mit diesen Änderungen wurden die beiden Teile der DIN 4714 zurückgezogen, die, soweit erforderlich, in die folgenden geänderten Teile 2 und 3 der DIN 4713 übernommen wurden.

DIN 4713 Teil 2	Verbrauchsabhängige Wärmekostenabrechnung Heizkostenverteiler ohne Hilfsenergie nach dem Verdunstungsprinzip (Ausgabe März 1990)
DIN 4713 Teil 3	Verbrauchsabhängige Wärmekostenabrechnung Heizkostenverteiler mit Hilfsenergie (Ausgabe Januar 1989)

Die Konformität der Ausstattungen zur Verbrauchserfassung mit der Norm wird durch „sachverständige Stellen" festgestellt. Das sind derzeit vier anerkannte, unabhängige Prüfstellen, die über entsprechende Prüfeinrichtungen verfügen. Diese Stellen stimmen prinzipielle Entscheidungen mit einem Prüfstellenausschuß ab, dessen Vorsitz bei der Physikalisch-Technischen Bundesanstalt (PTB) liegt. Der mit der Novelle der HeizkostenV von 1984 ins Leben gerufene Prüfstellenausschuß ersetzte den zuvor für diesen Zweck eingesetzten „Anerkennungsausschuß". Durch regelmäßigen Erfahrungsaustausch wird sichergestellt, daß die Prüfungen reproduzierbare Ergebnisse ergeben.

Die bis zum 30. April 1984 zugelassenen Ausstattungen wurden im Bundesanzeiger veröffentlicht. In Nr. 131 des Bundesanzeigers vom 17. Juli

---

167) BR-Drs. 838/83, S. 35

1984 erfolgte noch einmal eine Zusammenfassung aller bis dahin zugelassenen Geräte. Seither werden neu zugelassene Geräte in den Mitteilungen der Physikalisch-Technischen Bundesanstalt (PTB-Mitteilungen) bekanntgegeben.

1.7.2 DIN 4713, Verbrauchsabhängige Wärmekostenabrechnung – Erläuterungen

DIN 4713 Teil 1, Verbrauchsabhängige Wärmekostenabrechnung – Allgemeines, Begriffe (Ausgabe Dezember 1980).

In diesem Teil werden die Voraussetzungen für die Anwendung der nachfolgenden Normen beschrieben und die darin verwendeten Begriffe erläutert. Diese Begriffe wurden inzwischen erweitert und z.T. geändert. Begriffserklärungen sind nunmehr in den Teilnormen selbst enthalten. Insofern hat dieser Teil der Norm keine besondere Bedeutung mehr. Auch die dort angegebenen „Weiteren Normen und Unterlagen" sind zum Teil überholt.

DIN 4713 Teil 2, Verbrauchsabhängige Wärmekostenabrechung – Heizkostenverteiler ohne Hilfsenergie nach dem Verdunstungsprinzip (Ausgabe März 1990)

In diesem Teil der Norm werden Begriffe und Anforderungen an die Konstruktion, die Fertigung, den Einbau, die Auswertung der Meßanzeige sowie die Wartung und Ablesung von Heizkostenverteilern nach dem Verdunstungsprinzip und die Regeln für deren Prüfung festgelegt.

Heizkostenverteiler nach dem Verdunstungsprinzip sind nicht eichfähig. Sie dürfen nicht verwendet werden bei Fußbodenheizungen, Deckenstrahlungsheizungen, klappengesteuerten Heizkörpern, Heizkörpern mit Gebläse, Warmlufterzeugern, Badewannenkonvektoren, bei Heizungssystemen, die mit Dampf betrieben werden sowie bei Einrohrheizungen, sofern diese sich über den Bereich einer Nutzeinheit hinaus erstrecken. Näheres hierzu siehe Abschnitt 5.2.

DIN 4713 Teil 3, Verbrauchsabhängige Wärmekostenabrechnung – Heizkostenverteiler mit Hilfsenergie (Ausgabe Januar 1989)

Hier werden Begriffe definiert, die Anforderungen an die Geräte, den Einsatz, den Einbau, die Bewertung, die Anzeige und die Funktionskontrolle von Heizkostenverteilern mit Hilfsenergie sowie die Regeln für deren Prüfung festgelegt. Bei Heizkostenverteilern ist eine Bewertung der Anzeigewerte mit mindestens den Kenndaten des Heizkörpers erforderlich.

Bewertete Anzeigewerte heißen Verbrauchswerte und sind die Basis der Heizkostenverteilung. Für alle Heizkostenverteilungssysteme mit Hilfsenergie muß die jeweilige Eignung für Fußbodenheizung, Deckenstrahlungsheizung, klappengesteuerte Heizkörper und Warmlufterzeuger nachgewiesen werden. Ihr Einsatzbereich ist durch die Auslegungs-Vorlauftemperatur der Heizungsanlage begrenzt. Heizkostenverteiler mit Hilfsenergie sind nicht bei Dampfheizungen anwendbar. Näheres hierzu siehe Abschnitt 6.1.2.

DIN 4713 Teil 4, Verbrauchsabhängige Wärmekostenabrechnung – Wärmezähler und Wasserzähler (Ausgabe Dezember 1980)

Diese Norm gilt für die Verwendung von Wärmezählern und Wasserzählern zur verbrauchsabhängigen Heizkostenabrechnung. Sie erläutert die einschlägigen Begriffe, enthält Regeln für die Anwendung der Zähler und weist auf zu beachtende Vorschriften hin. Wärmezähler müssen von der Physikalisch-Technischen Bundesanstalt (PTB) zugelassen und nach den Richtlinien des Eichgesetzes geeicht oder von einer staatlich anerkannten Prüfstelle beglaubigt werden. Weitere Erläuterungen siehe Abschnitt 4.3.

DIN 4713 Teil 5, Verbrauchsabhängige Wärmekostenabrechnung – Betriebskostenverteilung und Abrechnung (Ausgabe 1980)

In diesem Teil sollten praktische Hinweise für das Abrechnungsverfahren gegeben werden. Die derzeitige Fassung (Ausgabe Dezember 1980) ist durch die beiden Novellen der HeizkostenV in vielen Bereichen überholt. Derzeit werden in einem Unterausschuß des NHR Überlegungen für eine Neufassung angestellt. Näheres siehe Abschnitt 7.

DIN 4713 Teil 6, Verbrauchsabhängige Wärmekostenabrechnung – Verfahren zur Registrierung (Ausgabe 1980)

Dieser Teil war eine mehr DIN-interne Anleitung für das Genehmigungsverfahren zum Führen des DIN Prüf- und Überwachungszeichens in Verbindung mit einer Registriernummer. Wegen der durch die Novelle der HeizkostenV von 1984 geänderten Regelungen für das Zulassungsverfahren wurde diese Norm zurückgezogen.

1.7.3 Europäische Normen für Heizkostenverteiler

Europäische Normen (EN) werden von dem Europäischen Normenkomitee (Comité Européen de Normalization, CEN), einem Verein belgischen Rechts, entweder aus eigener Initiative, auf Antrag Dritter oder aufgrund eines Mandates der EG-Kommission erarbeitet. Mitglied sind 18 nationale Normenorganisationen aus der Europäischen Gemeinschaft (EG) und der Europäischen Freihandelszone (EFTA). Die Bundesrepublik Deutschland wird durch das DIN vertreten. Die Normungsarbeit selbst erfolgt in Arbeitsausschüssen (Technischen Komitees – TC). Eine Unterorganisation des CEN (CENCER) stellt Zertifikate (CEN-Certifikation) über die Konformität eines Erzeugnisses mit der CEN-Norm aus.

Die Erstellung europäischer Normen für Heizkostenverteiler erfolgt in dem Technischen Komitee 171 (CEN/TC 171). Die konstituierende Sitzung dieses Komitees, das unter deutschem Vorsitz arbeitet, fand am 14. und 15. September 1989 in Berlin statt. Das Sekretariat dieses Komitees wurde bei der Geschäftsstelle des Normenausschusses Heiz- und Raumlufttechnik im DIN (NHRS) in Berlin angesiedelt. An der Normungsarbeit im TC 171 sind neben der Bundesrepublik Deutschland u.a. Dänemark, die Niederlande, Österreich und die Schweiz beteiligt. Grundlage für die Europa-Norm für Heizkostenverteiler sind die 1989 geänderten Teile 2 und 3 der DIN 4713.

1.7.4 Internationale Empfehlungen für Wärmezähler

Ende 1988 wurde von der Internationalen Organisation für Meßwesen (Organisation Internationale de Métrologie Légale – OIML) die „OIML-Richtlinie R 75“ verabschiedet. Mit dieser Richtlinie werden Empfehlungen für den Aufbau von Wärmezählern und deren Teilgeräte, deren Anwendungsbereiche und Fehlergrenzen sowie die jeweiligen technischen Ausführungen gegeben. Darüber hinaus werden Prüf- und Bauzulassungsverfahren beschrieben. Diese Empfehlungen sind von den meisten europäischen Ländern übernommen worden (vgl. Abschnitt 4.16.2).

1.7.5 Europäische Normen für Wärmezähler

Die OIML-Richtlinien R 75 wurden auch zur Grundlage für die Erstellung europäischer Normen für Wärmezähler herangezogen. 1988 wurde auf Antrag Dänemarks beim CEN das Technische Komitee TC 176 mit dieser Normungsarbeit beauftragt. Den Vorsitz hat Dänemark (zum Stand dieser Arbeiten vgl. Abschnitt 4.16.3).

2 Eigenständig gewerbliche Wärmelieferung

Von Joachim Kreuzberg

In der Heizkostenverordnung der Fassung vom 20. Januar 1989[1]) wurden in § 1 Abs. 1 der in der HeizkostenV a.F. verwendete Begriff „Lieferung von Fernwärme und Fernwarmwasser" durch „eigenständig gewerbliche Lieferung von Wärme und Warmwasser, auch aus Anlagen nach Nummer 1" ersetzt. Im weiteren Verordnungstext ist dann kurz von „Wärmelieferung" bzw. „Warmwasserlieferung" die Rede. Im folgenden sollen die Hintergründe für diese Änderung und deren Auswirkungen auf Rechtsprechung und Praxis erläutert werden.

2.1 Arten der Wärmeversorgung

Die Wärmeversorgung von Gebäuden erfolgt in der überwiegenden Zahl aller Fälle durch den Gebäudeeigentümer oder einen von ihm Beauftragten aus einer „zentralen Heizungsanlage". In diesen Fällen sind in der Regel die Betriebskosten, also insbesondere die Brennstoffkosten, Gegenstand der Abrechnung. Brennstoffe werden, je nach Art, in DM/l, DM/m³ oder DM/kg abgerechnet. Die Preise werden durch den Markt bestimmt. Investitionen und Erneuerungen der Heizungsanlage werden durch die Nettomieteinnahmen für die vermieteten Räume abgedeckt. Die Wärmeversorgung gehört zur Gebrauchsgewährleistungspflicht des Gebäudeeigentümers (§ 535 BGB). Auf diese Art der Wärmeversorgung ist das Mietrecht anzuwenden.

Eine andere Art der Wärmeversorgung ist die durch ein Wärmeversorgungsunternehmen (WVU) (z.B. Fernwärme). Das WVU liefert Wärme über einen Wärmeträger. Das ist heute vorwiegend Heizwasser, in seltenen Fällen auch noch Heizdampf. Wärmelieferung tritt hier in gewissem Sinne an die Stelle von Brennstofflieferung. Für die gelieferte Wärme, das ist die Differenz der thermischen Energie des Wärmeträgers zwischen Vor- und Rücklauf, ist ein Wärmepreis zu zahlen. Wärmepreise setzen sich i.d.R. aus Grund-, Arbeits- und Verrechnungs- oder Meßpreis zusammen. Wärmepreise werden in DM/kWh oder einer davon abgeleiteten Einheit abgerechnet. Investitionen und Erneuerungen für die Wärmeerzeuger und ggf. auch für die Verteilungsleitungen sind vorwiegend durch den Grundpreis

---

1) Siehe Anhang 9.2

abgedeckt. Die Kalkulation des Wärmepreises muß nicht offengelegt werden. Auf Wärmekauf ist nicht das Miet-, sondern das Kaufrecht anzuwenden[2]). Wärmepreise richten sich wie Brennstoffpreise nach dem Markt. Sie sind Gegenstand von Wärmelieferungsverträgen und werden mit Hilfe von Preisänderungsklauseln[3]) der Veränderung der den Wärmepreis bestimmenden variablen Kosten (Brennstoffe, Ecklöhne usw.) angeglichen.

Bei Wärmelieferung wird die dem Wärmeträger entnommene thermische Energie durch Messung der Vor- und Rücklauftemperatur sowie des Volumenstroms des Wärmeträgers bestimmt. Die Messung erfolgt mit Hilfe von Wärmezählern, welche wie andere im geschäftlichen Verkehr eingesetzte Meßgeräte der Eichpflicht unterliegen[4]).

Der Vollständigkeit halber ist auch die Wärmeversorgung durch elektrische Direkt- oder Speicherheizung zu erwähnen. Der hier zur Anwendung kommende Energieträger Strom wird ebenfalls in DM/kWh abgegolten. Kunde ist hier i.d.R. der einzelne Nutzer selbst. Ähnliche Verhältnisse liegen da vor, wo der Nutzer Gas für den wohnungsweisen Betrieb einer eigenen Gasheizung (Gastherme) bezieht. Diese Heizungsarten unterliegen, so wie Einzelofenheizungen, weder der HeizkostenV noch der AVBFernwärmeV.

---

2) Günther in Krug/Schröder, S. 94
3) Vgl. Abschnitt 1.6.12
4) Siehe Abschnitt 4

2.2 Wärmelieferungskonzepte

Das heute verbreitetste Wärmelieferungskonzept ist das der öffentlichen Fernwärmeversorgung. In Deutschland gibt es derzeit mehr als 170 örtliche, regionale und überregionale Fernwärmeversorgungsunternehmen (FVU). Der Großteil dieser Unternehmen ist in kommunaler Hand. Die Versorgung erfolgt meist über offene Versorgungsnetze, die auf Zuwachs angelegt sind. Bei hohen Brennstoffkosten und hohem Investitionsaufwand für die Rohrleitungsnetze ist der Nachweis für die Wirtschaftlichkeit großflächiger Fernwärmeversorgung ohne einen entsprechenden Anteil an Kraft-Wärme-Kopplung oder sonstiger Restwärmenutzung jedoch schwer zu erbringen.

Deshalb werden zunehmend auch kleinere, in sich geschlossene Versorgungssysteme erstellt, die einzelne Gebäudekomplexe oder geschlossene Siedlungen zentral mit Wärme versorgen. Dieser Markt wird heute vorwiegend durch Tochterunternehmen der Brennstoffindustrie abgedeckt. In diesem Zusammenhang wurde der Begriff „Nahwärmeversorgung" gebildet. Die Versorgung erfolgt in solchen Fällen entweder aus Blockheizzentralen oder bei großen Gebäudeeinheiten auch aus gebäudeintegrierten Heizzentralen.

Eine weitere Variante der Wärmelieferung besteht darin, daß ein Wärmeversorgungsunternehmen (WVU) die Heizanlage (Kessel mit Meß-, Regel- und Steuereinrichtungen, ggf. auch Brennstofflager) des zu beheizenden Objektes übernimmt und die damit erzeugte Wärme an den Gebäudeeigentümer oder direkt an die Nutzer verkauft. In diesem Zusammenhang wurde der Begriff „Direktwärmeversorgung" gebildet. Die Wirtschaftlichkeit dieses Konzeptes ist dann gewährleistet, wenn das WVU eine veraltete Anlage durch ein modernes Heizsystem ersetzt und diese – bei etwa gleichen Kosten für die Nutzer – durch die bei rationellerem Betrieb eingesparten Brennstoffe amortisiert. Dieses Konzept hat sich bereits in mehreren Fällen bewährt und wird sich auch weiter durchsetzen, weil hier ein Dritter eingeschaltet ist, der ein wirtschaftliches Interesse daran hat, die Wärmeversorgung mit einem Minimum an Brennstoffverbrauch zu bewältigen. Diese Motivation ist bei der Betriebskostenumlage nicht gegeben. Der Gebäudeeigentümer wird mit dieser Art der Wärmeversorgung von allen Investitions- und Betriebsfragen für die Gebäudeheizung entlastet. Wenn das WVU dann auch die Heizkostenabrechnung übernimmt, dürfte die Aussicht für ein solches Vorhaben noch steigen.

Der Übergang auf ein solches Konzept bedarf einer vorherigen Unterrichtung der betroffenen Mieter. In Anlehnung an die Rechtsentscheide des Kammergerichts Berlin vom 1.9.88[5]) und des OLG Stuttgart[6]) wird davon

5) ZMR 1988/422
6) ZMR 1991/259

ausgegangen, daß es über die Duldung hinaus einer ausdrücklichen Zustimmung nicht bedarf. – Der Übergang auf das neue Konzept wird jedoch nur dann unwidersprochen bleiben, wenn der Nachweis erbracht werden kann, daß die Heizkosten insgesamt nicht teurer werden. Von Befürwortern dieses Konzeptes wird sogar davon ausgegangen, daß die Nutzer mit niedrigeren Heizkosten rechnen können.

Solche Wärmelieferungskonzepte wurden in der Vergangenheit bereits von einigen Unternehmen der Heizungsbranche erprobt. Wegen ihrer volkswirtschaftlichen Bedeutung, aber auch wegen der damit zu erwartenden Energieeinsparungen und der Entlastung der Umwelt hat der BMFT vor einigen Jahren ein Forschungsprojekt vergeben, mit dem anhand einiger Pilotprojekte alle Rahmenbedingungen für ein solches Konzept erarbeitet und getestet werden sollen. Zielgruppe für die Verwirklichung sind „kleine und mittlere handwerkliche Heizungsbetriebe". Bei diesen werden die besten fachlichen Voraussetzungen für die Durchführung erwartet. Ein Bericht über Ergebnisse aus diesem Forschungsvorhaben liegt inzwischen vor[7]). Er befaßt sich u.a. mit den wesentlichen technischen, wirtschaftlichen und rechtlichen Voraussetzungen zur Durchführung eines solchen Projektes.

Zu diesen gehören z.B. eine Beurteilung der vorhandenen Anlage, Durchführung einer statischen und dynamischen Wärmebedarfsrechnung, Klärung der Finanzierungsfragen, rechtliche Fragen für die Vertragsgestaltung, Beurteilung des jeweiligen Standes der Heiz- und Regeltechnik, sachdienliche DV-Programme, steuerliche Gesichtspunkte u.a.

Es wäre begrüßenswert, wenn auch in diesem Bereich einmal die Wärmepreise der einzelnen Unternehmer offengelegt und so für Markttransparenz gesorgt würde, wie das bei der öffentlichen Fernwärmeversorgung bereits der Fall ist[8]).

Bei der Wärmeversorgung durch „Dritte" kann es u.U. auch der Gebäudeeigentümer selbst sein, der die Wärme an seine Mieter verkauft. Dieser Fall wurde in einer Fragestunde des Deutschen Bundestages behandelt[9]). In dem konkreten Fall handelte es sich um ein Versorgungsunternehmen, das eines der von ihm versorgten Gebäude nachträglich in eigenen Besitz übernahm.

Bei allen hier genannten Wärmelieferungskonzepten wird die Wärme zu marktwirtschaftlich kalkulierten Preisen verkauft.

---

7) Münder u.a., Hannover Dez. 1991
8) Kröhner: Fernwärme-Preisvergleich 1990, FWI 1991/306
9) Plenarprotokoll 10/58 vom 14. März 1984, S. 4116

2.3 Rechtsgrundlagen

Da in der HeizkostenV a.F. nur die Begriffe „Zentrale Heizungsanlage" und „Fernwärme" Eingang gefunden hatten, kam es in der Vergangenheit vereinzelt zu Rechtsunsicherheiten bei der Abrechnung der Heizkosten aus objektbezogenen Anlagen. Auch wenn mit der Verordnung zur Änderung energieeinsparrechtlicher Vorschriften vom 19. Januar 1989[10]) der die Mißverständnisse verursachende Begriff „Fernwärmelieferung" durch „Wärmelieferung" ersetzt wurde, bedarf es hierzu einiger Erläuterungen.

Wärmelieferungsverträge sind grundsätzlich dem Gesetz zur Regelung des Rechts der Allgemeinen Geschäftsbedingungen (AGB-Gesetz)[11]) unterworfen. Im Hinblick auf die Bedeutung der Fernwärmeversorgung hat die Bundesregierung von der Ermächtigung des § 27 dieses Gesetzes Gebrauch gemacht und mit Zustimmung des Bundesrates eine Verordnung erlassen, welche den Besonderheiten der Fernwärme-Versorgungswirtschaft Rechnung trägt. Die 1980 erlassene Verordnung über Allgemeine Bedingungen für die Versorgung mit Fernwärme (AVBFernwärmeV)[12]) ist in wesentlichen Punkten identisch mit den bereits früher erlassenen Verordnungen der Allgemeinen Geschäftsbedingungen für die Strom- und Gasversorgung (AVBElt und AVBGas).

Zielsetzung des AGB-Gesetzes und somit auch der AVBFernwärmeV ist der Verbraucherschutz. Dieser ist überall da angezeigt, wo eine Vielzahl gleichartiger Versorgungsverhältnisse besteht. Die Bestimmungen des AGB-Gesetzes auf die Besonderheiten der leitungsgebundenen Energieversorgung abzustimmen und insbesondere den Erfordernissen der langfristigen und sicheren Versorgung sowie den hohen Investitionsrisiken Rechnung zu tragen, setzten sich nicht zuletzt unter dem Einfluß der Verbände der Versorgungswirtschaft durch. Die Regelungen des Inhalts der Versorgungsverträge durch Rechtsverordnungen erschien als geeignetes Mittel, einen vertretbaren Interessenausgleich zwischen den Überlegungen des Verbraucherschutzes und den Erfordernissen der leitungsgebundenen Energieversorgung herzustellen[13]).

§ 1 Abs. 3 AVBFernwärmeV räumt jedoch die Möglichkeit ein, Verträge auch zu allgemeinen Versorgungsbedingungen abzuschließen, die von der überwiegenden Zahl der Bestimmungen der AVBFernwärmeV abweichen. Davon wird vor allem von den Unternehmen Gebrauch gemacht, welche sich nicht zu den FVU im herkömmlichen Sinne zählen.

---

10) BGBl. I S. 109
11) BGBl. I 1976, S. 3317
12) Siehe Anhang 9.3
13) Witzel, S. 27

2.3.1 Grundzüge der AVBFernwärmeV

Der Regelungsbereich der AVBFernwärmeV erstreckt sich insbesondere auf Fragen der Vertragsgestaltung, Umfang der Wärmeentnahme aus dem Versorgungsnetz, Vertragsanpassung bei Nutzung regenerativer Energiequellen, physikalische Beschaffenheit des Wärmeträgers sowie Haftungs- und Verjährungsfragen. Ferner sind Bestimmungen enthalten über Grundstücksbenutzung, Baukostenzuschüsse, Ausgestaltung von Hausanschlüssen, Übergabestationen und Kundenanlagen, Inbetriebnahme und Überprüfungsvorschriften sowie Zutrittsrecht und technische Anschlußbedingungen[14]).

Der hier besonders interessierende § 18 regelt die meßtechnische Erfassung der gelieferten Wärmemenge zur Ermittlung des verbrauchsabhängigen Entgelts. In weiteren Paragraphen werden Fragen der Abrechnung, der Verwendung der Wärme sowie Zahlungsmodalitäten und Ausgestaltung von Preisänderungsklauseln geregelt. Die Verordnung sagt nichts über die Ausgestaltung der einzelnen Preiskomponenten und über das Verhältnis von Grund-, Arbeits- und Verrechnungspreis. Dies zu regeln ist der Geschäftspolitik des einzelnen Versorgungsunternehmens überlassen.

Die Bestimmungen des § 18 AVBFernwärmeV weichen in wesentlichen Punkten von denen der HeizkostenV ab. Das betrifft vor allem die Ausnahmeregelungen. Da bei der wohnungsweisen Erfassung der Wärme i.d.R. nur dann Wärmezähler verwendet werden können, wenn die Heizleitungen horizontal verlegt sind[15]), läßt die AVBFernwärmeV auch die Verwendung von Heizkostenverteilern (Hilfsverfahren) zu. Voraussetzung ist, daß die Wärme für die Versorgung mehrerer Kunden in der Hausanlage oder in einer verbrauchsnah gelegenen Stelle gemessen wird. Letzteres ist jedoch nur bei Anlagen zulässig, die vor dem 1. April 1980 an das Verteilungsnetz angeschlossen wurden[16]).

Erfolgt die Messung, wie vorstehend angegeben, „verbrauchsnah", so werden die Rohrleitungsverluste zwischen dieser verbrauchsnahen Stelle und der Hausanlage dem Verbrauch der Abnehmer zugerechnet. Mit der Messung am Hausanschluß, wie nun vorgeschrieben, erhält gute Wärmedämmung der Rohrleitungen für das Versorgungsunternehmen ein zusätzliches betriebswirtschaftliches Interesse.

Ausnahmen von der Meßpflicht sieht § 18 Abs. 2 und 3 vor. Danach kann auf die Bestimmungen des § 18 im Einvernehmen zwischen Versorgungsunternehmen und Kunde verzichtet werden, wenn die gelieferte Wärme ausschließlich für den eigenen Bedarf des Kunden bestimmt ist. Ferner kann auf die Bestimmungen des § 18 verzichtet werden, wenn die geliefer-

14) Vgl. Abschnitt 1.16 und Anhang 8.3
15) Vgl. Bild 4.2 und 4.3
16) § 18 Abs. 1 Nr. 2 AVBFernwärmeV

te Wärme aus Kraft-Wärme-Kopplung oder aus Abwärme erfolgt, sofern die zuständige Behörde die Befreiung von der Meßpflicht erteilt hat. Eine solche Ausnahme ist jedoch nur dann zu gewähren, wenn der Verzicht auf Messung und Regelmöglichkeit beim Nutzer im Interesse der Energieeinsparung ist. Den entsprechenden Nachweis hat das Versorgungsunternehmen zu liefern[17]).

2.3.2 Grundzüge der HeizkostenV

Während die AVBFernwärmeV auf den Ausgleich der Interessen zwischen Versorgungsunternehmen und Verbraucher abgestellt ist, dient die HeizkostenV primär energiepolitischen Zielen. Dabei steht das gesamtwirtschaftliche Interesse an einem rationellen und sparsamen Umgang mit Energie im Vordergrund.

Ausschlaggebend für den Erlaß dieser Verordnung waren die durch eingehende Untersuchungen gewonnenen und in der Praxis bestätigten Erkenntisse, daß über eine verbrauchsabhängige Abrechnung der Heiz- und Warmwasserkosten ein beachtliches Maß an Energieeinsparung erzielt werden kann[18]). Wegen der energiepolitischen Zielsetzung schreibt die HeizkostenV vor, daß die Kosten für die zentrale Gebäudeheizung dem jeweiligen Verbrauch der Nutzer entsprechend auf diese zu verteilen sind. Dabei ist es zunächst gleichgültig, ob die Wärmeversorgung von dem Gebäudeeigentümer selbst bzw. dessen Erfüllungsgehilfen oder von einem Dritten erbracht wird.

Die Verordnung findet Anwendung auf Mietwohnungen, Eigentumswohnungen und gewerblich genutzte Räume. Sie gilt, was Wohnraum anbelangt, seit ihrer Änderung vom 5. April 1984 gleichermaßen für den preisgebundenen wie für den nicht preisgebundenen Wohnraum. Nach der Verordnung kann ein Teil der Kosten verbrauchsabhängig, ein anderer Teil verbrauchsunabhängig zur Verteilung gelangen. Wegen anlagen- und gebäudebedingter Unterschiede sind für die zur Anwendung kommenden Abrechnungsmaßstäbe Höchst- und Mindestgrenzen vorgesehen.

In § 7 Abs. 2 und § 8 Abs. 2 sind abschließend (enumerativ) die Kostenarten aufgeführt, die beim Betrieb einer „zentralen Heizungsanlage" in die Heizkostenabrechnung eingehen dürfen. Aus Harmonisierungsgründen wurden diese Kostenarten seinerzeit aus der Neubaumietenverordnung alter Fassung[19]) bzw. der Zweiten Berechnungsverordnung a.F.[20]) übernommen. Durch die Neubaumietenverordnung war für den preisgebundenen Wohnraum bereits seit 1979 die verbrauchsabhängige Heizkostenabrechnung

17) Vgl. Abschnitt 1.6.4
18) Zimmermann, S. 1
19) BGBl. I 1979, S. 1103
20) BGBl. I 1979, S. 1077

vorgeschrieben. Eine enumerative Aufzählung der in der Heizkostenabrechnung umlegbaren Kostenarten war zwar im Rahmen mietrechtlicher Bestimmungen geboten, im nicht preisgebundenen Wohnraum und bei gewerblich genutzten Räumen wäre eine derartige Aufzählung jedoch entbehrlich gewesen. Sie fand aber aus Gründen der einheitlichen Handhabung auch hier Anwendung.

2.3.3 Verhältnis der AVBFernwärmeV zur HeizkostenV

Die beiden Verordnungen stehen im Grunde nicht miteinander in Beziehung, obwohl der § 18 AVBFernwärmeV die Voraussetzung schafft, auch bei Wärmelieferung die Vorschriften der HeizkostenV wirksam werden zu lassen. Bei der Weiterverteilung an die Nutzer sind die Vorschriften der HeizkostenV anzuwenden[21]).

Wie bereits erwähnt, regelt die AVBFernwärmeV insbesondere das Verhältnis zwischen Wärmelieferanten und Wärmekunden. Wärmekunde kann unmittelbar der Nutzer, aber auch ein anderer, z.B. der Gebäudeeigentümer sein, dem etwa als Vermieter von Wohn- oder Gewerberaum die Wärme für eine Mehrzahl von Nutzern geliefert wird. Die HeizkostenV regelt in erster Linie das Verhältnis zwischen Gebäudeeigentümer und Nutzer. Insgesamt haben sich folgende Versorgungsfälle herausgebildet:

- Wärmelieferung durch ein Unternehmen, das den Wärmelieferungsvertrag unmittelbar mit den Nutzern abschließt. Die Rechtsbeziehungen bestimmen sich aus der AVBFernwärmeV, ggf. auch aus der HeizkostenV[22]).
- Wärmelieferung durch ein Unternehmen, das – bei einer Mehrzahl von Nutzern – den Wärmelieferungsvertrag mit dem Gebäudeeigentümer abschließt. Die Rechtsbeziehungen zwischen Versorgungsunternehmen und Gebäudeeigentümer bestimmen sich nach AVBFernwärmeV, die für den Gebäudeeigentümer im Verhältnis zu den Nutzern nach der HeizkostenV.
- Wärmelieferung durch den Gebäudeeigentümer aus der zentralen Heizungsanlage. Die Rechtsbeziehungen bestimmen sich nach der HeizkostenV; in Sonderfällen auch nach der AVBFernwärmeV[23]).
- Wärmelieferung aus der zentralen Heizungsanlage durch einen Dritten (Erfüllungsgehilfen) gem. § 1 Abs. 2 Nr. 2. Die Rechtsbeziehungen bestimmen sich nach der HeizkostenV.

---

21) Vgl. Abschnitt 1.6.6
22) Vgl. Abschnitt 1.3.5
23) Vgl. Abschnitt 2.2, vorletzter Absatz

Aus diesen Versorgungsfällen haben sich Auslegungsfragen ergeben, die im wesentlichen auf folgendes hinauslaufen:

- Lieferung von Wärme durch ein Unternehmen aus dem Verteilungsnetz dieses Unternehmens.
- Lieferung von Wärme durch ein Unternehmen aus einer Heizzentrale dieses Unternehmens, welche ausschließlich für die Versorgung des zu beheizenden Objektes errichtet wurde.
- Lieferung von Wärme durch ein Unternehmen, das die Heizungsanlage des Gebäudeeigentümers im eigenen Namen und für eigene Rechnung betreibt.
- Lieferung von Wärme durch den Gebäudeeigentümer aus einer eigenen Heizungsanlage zu vertraglich festgelegten Wärmepreisen.
- Lieferung von Wärme aus einer zentralen Heizungsanlage des Gebäudeeigentümers, der den Betrieb durch einen Erfüllungsgehilfen besorgen läßt.

Bei der Beurteilung dieser Versorgungsfälle geht es im wesentlichen darum, ob die gelieferte Wärme durch Betriebskostenumlage gemäß § 7 Abs. 2 bzw. § 8 Abs. 2 HeizkostenV abzugelten ist oder ob ein marktwirtschaftlich kalkulierter Wärmepreis verrechnet werden darf.

2.4 Entstehungsgeschichte der Verordnungen

Um die vorstehend aufgeworfene Frage beurteilen zu können, ist es hilfreich, die Entstehungsgeschichte der diesbezüglichen Verordnungstexte zu verfolgen. Vor der Änderung wohnungsrechtlicher Vorschriften im Jahr 1984[24]) wurde die Frage, ob Betriebskostenumlage oder Wärmepreis verrechnet werden dürfen, vielfach danach beurteilt, ob die Heizungsanlage zur Wirtschaftseinheit der zu versorgenden Gebäude gehört oder nicht. Eine Wirtschaftseinheit liegt nach § 2 der II. BV dann vor, wenn gleicher Eigentümer, örtlicher Zusammenhang und einheitlicher Finanzierungsplan gegeben sind. Auf diesen Begriff stellte insbesondere § 22 Abs. 4 NMV a.F. ab. Danach wurde die Verrechnung von Wärmepreisen dann als zulässig angesehen, wenn es sich bei der Wärmelieferung um „Fernwärme" handelte, welche in einer „nicht zur Wirtschaftseinheit gehörenden Anlage" erzeugt wurde. Im Umkehrschluß wurde daraus gefolgert, daß bei Wärmelieferungen aus einer zur Wirtschaftseinheit gehörenden Heizungsanlage nur die in der II. BV bzw. in der HeizkostenV enumerativ aufgezählten Betriebskostenarten in die Heizkostenrechnung eingehen dürfen.

Wenn im Anwendungsbereich der NMV Wärmeversorgung nur dann wie Fernwärme abgerechnet werden durfte, wenn die Heizungsanlage „nicht zur Wirtschaftseinheit" gehörte, so hatte das aus Gründen des öffentlichen Mietpreisrechts seine Berechtigung. Es sollte damit verhindert werden, daß bei den zur Wirtschaftseinheit gehörenden Anlagen deren Annuitäten, die dort bereits über die Kostenmiete abgegolten werden, dem Mieter über den Wärmepreis noch einmal in Rechnung gestellt werden.

Für eine entsprechende Regelung beim nicht preisgebundenen Wohnraum und bei gewerblich genutzten Räumen gab es keine Ermächtigungsgrundlage. Zwar war der Begriff „nicht zur Wirtschaftseinheit gehörend" als Kriterium für Fernwärme im Verordnungsentwurf vom 12. Mai 1980 als Relikt aus dem Text der NMV a.F. noch enthalten, doch wurde er aufgrund eines Einspruchs, der während der Anhörung der Verbände am 20. Juni 1980 vorgebracht wurde, gestrichen. So fand dieser Begriff im Zusammenhang mit „Fernwärme" keinen Eingang in die HeizkostenV. Dieses hätte zu einer Reglementierung des Wärmemarktes geführt, welche über die Rechtsgrundlage dieser Verordnung hinausgegangen wäre.

Mit der Novelle von 1984 wurde das Kriterium „nicht zur Wirtschaftseinheit gehörend" auch für den Anwendungsbereich der NMV gegenstandslos, da die HeizkostenV seit dem 1. Mai 1984 auch beim preisgebundenen Wohnraum anzuwenden ist. Falls es danach zu Problemen bei der richtigen Bemessung der Kostenmiete gekommen wäre, hätte das die Preisbehörde regeln müssen. Mit der Verordnung zur Änderung energieeinsparrecht-

24) BGBl. I 1984, S. 546

licher Vorschriften wurde in § 5 NMV für solche Fälle eine entsprechende Kostenanpassung vorgesehen[25]).

Die Betriebskostenumlage nach § 7 Abs. 2 bzw. nach § 8 Abs. 2 HeizkostenV ist dem Bereich zuzuordnen, der unter § 1 Abs. 1 Nr. 1 HeizkostenV mit „Betrieb zentraler Heizungsanlagen und zentraler Warmwasserversorgungsanlagen“ umschrieben ist. Damit sind die Fälle gemeint, bei denen der Gebäudeeigentümer oder ein ihm Gleichgestellter die Wärmeversorgung der Räume im Rahmen des Mietvertrages aus einer eigenen Anlage erbringt[26]). Dagegen wurde die Verrechnung von Wärmepreisen dann für zulässig gehalten, wenn es sich um „Lieferung von Fernwärme und Fernwarmwasser“ im Sinne von § 1 Abs. 1 Nr. 2 HeizkostenV handelte.

Für den Begriff „Fernwärme“ gab es keine Legaldefinition. Auch aus dem allgemeinen Sprachgebrauch ließ sich keine sachgerechte Definition ableiten. Bereits in ältester Fachliteratur tauchte der Begriff „Fernheizzentrale“ auf. Damit waren Anlagen gemeint, für die später der Begriff „Blockheizzentrale“ geprägt wurde. Diese standen in der Regel mit den zu beheizenden Wohnanlagen auf gleichem Grundstück. Die Vorsilbe „Fern“ hatte also keinerlei charakteristische Bedeutung. Im Englischen steht für die Fernwärme der fachlich gleichbedeutende Begriff „District Heating“. Fernwärme steht auch nicht ausschließlich für die Versorgung offener Verteilungsnetze, sondern auch für geschlossene Systeme, die ausschließlich für die Versorgung von einem oder mehreren Gebäudekomplexen errichtet werden. Von der Sache her ist es auch kein Unterschied, ob die Heizzentrale einen separaten Standort hat oder ob sie aus technischen oder aus Kostengründen in eines der zu versorgenden Gebäude integriert ist.

Auch für die Wärmelieferungen aus einer zentralen Heizungsanlage des Gebäudes durch „Dritte“ sind die gleichen Kriterien anzuwenden. Das geht aus der amtlichen Begründung zur HeizkostenV i.d.F. vom 19.12.1980[27]) eindeutig hervor[28]).

---

25) Vgl. Abschnitt 1.4.2
26) Schubart WK 1986/116
27) BR-Drs. 632/80, S. 17
28) Vgl. Abschnitt 1.3.3

2.5 Rechtsprechung

In der weit überwiegenden Anzahl diesbezüglicher Rechtsfälle deckten sich die Entscheidungen auch in der Vergangenheit bereits mit den hier gemachten Darlegungen[29]). Unsicherheit entstand durch zwei Entscheidungen der zweiten Zivilkammer des LG Hamburg[30]) sowie durch eine Entscheidung des BGH[31]). Die Auffassung, daß bei den zuletzt genannten Fällen lediglich Betriebskostenumlage gemäß § 7 Abs. 2 HeizkostenV statthaft sei, wurde von diesen Instanzen u. a. mit der geographischen Entfernung zwischen der Heizzentrale und den zu beheizenden Gebäuden, der Zugehörigkeit zu einer „natürlichen" Wirtschaftseinheit oder der Einordnung des Versorgungsunternehmens unter § 1 Abs. 2 Nr. 2 HeizkostenV begründet.

Diese Entscheidungen wurden im juristischen und fachlichen Schrifttum überaus kritisch beurteilt[32]). Sie wurden als rechtlich und wirtschaftlich problematisch eingestuft, was auch in der Begründung einiger nachfolgender Entscheidungen zum Ausdruck kam, die sich zum Teil expressis verbis von diesen umstrittenen Entscheidungen distanzierten. Gewisse Unsicherheiten blieben jedoch bestehen. Sie wurden erst mit der erwähnten Novelle der HeizkostenV ausgeräumt.

---

29) BGH, 6.12.1978, Az. VIII ZR 273/77
LG Berlin, 8.12.1967, Az. 63 S 109/78
BGH, 9.11.1983, Az. VIII ZR 161/82
OLG Stuttgart, 9.12.1983, Az. 8 W 177/83
LB Berlin, 16.10.1984, Az. 65 S 100/84
LG Lübeck, 20.11.1984, Az. 6 S 161/84
LG Hamburg, 27.3.1985, Az. 29 O 484/84
LG Köln, 19.9.1984, Az. 20 O 289/83
OLG Köln, 3.4.1985, Az. 27 U 18/84
LG München I, 22.5.1985, Az. 15 S 20234/84
OLG Celle, 10.10.1985, Az. 5 U 156/85
OLG Celle, 19.12.1985, Az. 5 U 269/85
LG Hamburg, 7.3.1986, Az. 13 O 468/84
OLG Hamburg, 31.10.1986, Az. 14 U 129/85
LG Düsseldorf, 30.12.1986, Az. 24 S 117/86

30) LG Hamburg, 19.5.1983, Az. 2 S 271/82
LG Hamburg, 5.4.1984, Az. 2 S 363/83

31) BGH, 9.4.1986, Az. VIII ZR 133/85

32) Schubart: WK 1986/116
Schilling: DWW 1983/306
Pauls: NJW 1984/2448
Ebel: ET 1985/267
Kreuzberg: FWI 1985/286
Schubart: NJW 1985/1682
von Hesler: ET 1986/70
Kreuzberg: ZMR 1988/83

2.6 Ausblick

Mit der so geschaffenen Rechtssicherheit können sich auf dem Wärmemarkt neue Aktivitäten entwickeln, die heute, insbesondere in den neuen Bundesländern, einen wesentlichen Beitrag zur Energieeinsparung und Entlastung der Umwelt leisten können.

3 Heizkostenabrechnung im Miet- und Wohnungseigentumsrecht

Von Rainer von Brunn

3.1 Einführung

Bei der Beurteilung der verbrauchsabhängigen Abrechnung der Heiz- und Warmwasserkosten (im folgenden unter dem Begriff „Heizkosten" zusammengefaßt) ist vor allem zu berücksichtigen, daß es sich hierbei ebenso um Betriebskosten handelt, wie etwa bei den Grundbesitzabgaben, den Kosten der Sach- und Haftpflichtversicherung oder der Müllabfuhr. Sie unterliegen daher im Prinzip denselben gesetzlichen und vertraglichen Bestimmungen wie die übrigen Betriebskosten. Sind Heizkosten auf eine Mehrheit von Nutzern (zum Begriff vgl. 3.3.5.) zu verteilen, gelten die besonderen gesetzlichen Vorschriften über die verbrauchsabhängige Abrechnung, insbesondere die der HeizkostenV. Soweit die Vorschriften der Verordnung greifen, gehen diese nach § 2 (§§ ohne Gesetzesbezeichnung sind solche der HeizkostenV) vor[1]). Soweit die Vorschriften im konkreten Fall nicht anwendbar sind, so z. B. bei Gasetagenheizungen, Einfamilienhäusern oder in Ausnahmefällen des § 11 sowie außerhalb jedes generellen Anwendungsbereichs (z. B. bei der Frage der Verteilung der Kosten der Ausstattung zur Verbrauchserfassung), bleibt es bei den allgemeinen gesetzlichen Bestimmungen sowie den im Einzelfall getroffenen rechtsgeschäftlichen Vereinbarungen.

Auch in den neuen Bundesländern gelten die Vorschriften der HeizkostenV nach dem Einigungsvertrag[2]) seit dem 1. Januar 1991. Ihre Anwendung beschränkt sich zunächst jedoch auf Wohnungen, die ab diesem Zeitpunkt bezugsfertig geworden sind, bzw. auf solche, in denen die nach der Verordnung erforderliche Ausstattung zur Verbrauchserfassung bereits vorhanden ist. Im übrigen gelten Übergangsfristen (vgl. nachfolgend 3.3.).

Die Einschränkung des Gestaltungsspielraums der Vertragsparteien geschieht in erster Linie unter einer gesamtwirtschaftlichen Zielsetzung, nämlich um den Verbrauch an Heizenergie in Gebäuden zu mindern und dadurch zur Verringerung der Abhängigkeit der Bundesrepublik Deutschland von Energieimporten beizutragen. Zugleich wird mit der durch die verbrauchsabhängige Abrechnung im Einzelfall erzielbaren Energieeinsparung auch einzelwirtschaftlichen Interessen Rechnung getragen. Nicht im Vordergrund der Verordnung steht allerdings eine für den einzelnen

---

1) BayObLG DWW 1988/249
2) Einigungsvertrag BGBl. II 1990, S. 885, 1007

Mieter „gerechtere“ Verteilung der anteiligen Kosten am Gesamtverbrauch, etwa im Sinne einer Verbesserung des Verbraucherschutzes. Andererseits darf die Abrechnung unter Zugrundelegung des beim einzelnen Mieter festgestellten Verbrauchs nicht zu willkürlichen oder unbilligen Ergebnissen führen. Die Verordnung stellt daher sicher, daß gebäude- oder anlagebedingte Besonderheiten im Einzelfall bei der verbrauchsabhängigen Abrechnung berücksichtigt werden können, sei es durch die Wahl eines entsprechenden Abrechnungsmaßstabes oder durch Herausnahme des Gebäudes aus der verbrauchsabhängigen Abrechnung überhaupt (vgl. § 11).

3.2 Vermieterpflichten

Die HeizkostenV richtet sich in erster Linie an den Gebäudeeigentümer (Vermieter). Dieser wird in mehrfacher Hinsicht verpflichtet, und zwar zur:

- Anbringung der Ausstattung zur Verbrauchserfassung (§ 4 Abs. 2),
- Erfassung des anteiligen Verbrauchs der Mieter (§ 4 Abs. 1),
- Verteilung der Heizkosten auf der Grundlage der Verbrauchserfassung (§§ 6 ff.).

Im Bereich des Wohnungseigentums steht dem Gebäudeeigentümer die Gemeinschaft der Wohnungseigentümer gleich, soweit es das Verhältnis zum einzelnen Eigentümer betrifft (§ 1 Abs. 2 Nr. 3). Hat der Einzeleigentümer seine Räume entweder als Wohnräume oder bei Teileigentum als gewerbliche Räume vermietet, so ist er im Verhältnis zum Mieter der Verpflichtete aus der Verordnung. Er befindet sich insoweit hinsichtlich der Heizkosten in einer „Doppelrolle". Einerseits ist er im Verhältnis zur Eigentümergemeinschaft verpflichtet, die von seinen Mietern verursachten Heizkosten zu tragen, andererseits besteht gegenüber dem Mieter die Verpflichtung, verbrauchsabhängig abzurechnen. Um sicherzugehen, daß der Vermieter in diesen Fällen seinen Verpflichtungen in beiden Richtungen nachkommen kann, ist darauf zu achten, daß die beiden Rechtsverhältnisse inhaltlich gleich ausgestaltet sind[3]).

Die HeizkostenV schreibt nicht vor, daß der Vermieter die erforderlichen Tätigkeiten im Zusammenhang mit der verbrauchsabhängigen Abrechnung persönlich vornimmt. In der Praxis wird dies weitgehend Abrechnungsunternehmen übertragen, die insbesondere für die regelmäßige Erfassung des Verbrauchs und die Aufteilung der Kosten auf die einzelnen Mieter sorgen. Hierbei ist es dem Vermieter überlassen, ob und wen er damit beauftragt. Allerdings entstehen durch eine solche Beauftragung keine vertraglichen Beziehungen zwischen dem Abrechnungsunternehmen und dem Mieter. Vielmehr bleibt der Vermieter in vollem Umfang weiterhin verpflichtet, während das Unternehmen hierbei lediglich Erfüllungsgehilfe ist[4]). Zwar ist das richtige Ablesen der Verbrauchsergebnisse und die Zusammenstellung des Datenmaterials in erster Linie Aufgabe des Abrechnungsunternehmens, jedoch kann sich der Vermieter nicht gegenüber dem Mieter darauf berufen, wenn das Unternehmen hierbei Fehler macht. Der Mieter kann nicht darauf verwiesen werden, sich insoweit an das Unternehmen zu wenden. Der Mieter kann vielmehr vom Vermieter – und nur von diesem – eine ordnungsgemäße Abrechnung verlangen und gegebenenfalls Nachforderungen des Vermieters zurückbehalten (vgl. 3.8.6). Es

---

3) LG Düsseldorf DWW 1988/210

4) Pfeifer, Die neue Heizkosten-Verordnung, S. 18; Sternel, Mietrecht aktuell, Rdn. 33

ist dann Sache des Vermieters, sich wegen Regreßansprüchen an das jeweilige Unternehmen zu halten.

3.3 Ausstattung zur Verbrauchserfassung

Der Verpflichtung des Vermieters, durch Ausstattung der Räume mit Erfassungsgeräten die Grundlage für die verbrauchsabhängige Abrechnung zu schaffen, steht eine entsprechende Duldungspflicht des Mieters gegenüber (§ 4 Abs. 2). Diese Verpflichtung des Mieters ist eine Sonderregelung gegenüber der allgemeinen Duldungspflicht bei Modernisierungsmaßnahmen an der Mietsache aus § 541 b BGB[5]). Insbesondere bedarf es weder der dort vorgesehenen Ankündigung der Maßnahme zwei Monate vor Beginn, noch kann der Mieter einwenden, die Anbringung der Ausstattung bedeute für ihn eine unzumutbare Härte. Jedoch dürfte eine angemessene Ankündigungsfrist (ca. eine Woche) zu fordern sein. Die Frage, wie der Mieter von der bevorstehenden Anbringung der Ausstattung in Kenntnis zu setzen ist, richtet sich nach den im Einzelfall getroffenen Vereinbarungen über das Betretungsrecht des Vermieters. Der Mieter hat grundsätzlich alle Maßnahmen zu dulden, die zur Durchführung der verbrauchsabhängigen Abrechnung erforderlich sind. Der Vermieter ist daher berechtigt, die Räume zur Anbringung der Ausstattung auch dann zu betreten und die erforderlichen Maßnahmen durchzuführen, wenn eine entsprechende Vereinbarung im Mietvertrag nicht getroffen worden ist. Der Mieter kann den Zutritt nicht mit der Behauptung verhindern, die Heizkostenverteiler nach dem Verdunstungsprinzip seien generell zur Erfassung des Wärmeverbrauchs ungeeignet oder die in ihnen enthaltene Flüssigkeit sei gesundheitsgefährdend[6]).

In den neuen Bundesländern gilt für Räume, die vor dem 1. Januar 1991 bezugsfertig geworden sind und in denen die nach der Verordnung erforderliche Ausstattung zur Verbrauchserfassung nicht vorhanden ist, eine Übergangsfrist zur Anbringung bis zum 31. Dezember 1995. Der Gebäudeeigentümer ist allerdings berechtigt, die Ausstattung bereits unter einer entsprechenden Duldungspflicht des Mieters vor diesem Zeitpunkt anzubringen.

3.3.1 Wahl der Ausstattung

Die HeizkostenV überläßt es grundsätzlich dem Vermieter, welche Ausstattung zur Verbrauchserfassung er verwenden will. Allerdings dürfen nur solche Geräte zum Einsatz kommen, die die nach § 5 erforderliche Eignung besitzen. Diese Eignung muß in zweierlei Hinsicht gegeben sein, nämlich generell zur Verbrauchserfassung und im Hinblick auf das jeweilige Heizsystem. Generelle Eignung besitzen zunächst die Geräte, die den eichrecht-

5) Sternel ZfgWBay 1986/507
6) LG Düsseldorf WM 1986/266, bestätigt durch BVerfG WM 1986/266

lichen Bestimmungen unterliegen (Wärmezähler, Warmwasserzähler). Andere Geräte bedürfen der Bestätigung sachverständiger Stellen, daß sie den anerkannten Regeln der Technik entsprechen, oder eines Eignungsnachweises auf andere Weise. Betroffen hiervon sind die Heizkostenverteiler, welche entweder auf elektronischer Basis oder nach dem Verdunstungsprinzip arbeiten können.

Warmwasserkostenverteiler dürfen seit dem 1. Januar 1987 nicht mehr eingebaut werden, da entgegen ursprünglicher Erwartungen auch in absehbarer Zeit nicht mit technischen Regelwerken für diese Geräte zu rechnen ist. In der Novelle 1989 ist der Begriff „Warmwasserkostenverteiler" daher durch „andere geeignete Ausstattungen" ersetzt worden. Mit der Formulierung soll die Verordnung gegenüber technischen Weiterentwicklungen offenbleiben. Die Eignung solcher Geräte ist – soweit nicht eichrechtliche Bestimmungen zur Anwendung kommen – nach § 5 Abs. 1 Satz 2 zu beurteilen.

Die lange umstrittene Frage, ob Heizkostenverteiler nach dem Verdunstungsprinzip als geeignete Erfassungsgeräte anzusehen sind, kann als geklärt angesehen werden. Überwiegend werden diese Geräte im Rahmen der technisch bedingten Einsatzgrenzen für eine geeignete Grundlage gehalten, die Abrechnung der Kosten in Abhängigkeit vom Verbrauch vorzunehmen[7]). Die Eignung dieser Erfassungsgeräte kann unter Umständen bei Niedertemperaturheizungen zweifelhaft sein.

Im Zusammenhang mit der Verwendung von Heizkostenverteilern nach dem Verdunstungsprinzip ist in der Öffentlichkeit wiederholt die Frage aufgeworfen worden, ob von der in diesen Verteilern enthaltenen Verdunstungsflüssigkeit gesundheitsgefährdende Wirkungen ausgehen können. Das Bundesgesundheitsamt hat solche Wirkungen für die zur Anwendung kommenden Stoffe (Methylbenzoat, Cyclohexanol und Phenethol) nach eingehenden Untersuchungen verneint. Es hat insbesondere festgestellt, daß bei bestimmungsgemäßem Gebrauch die mögliche Konzentration des Stoffes in der Luft so gering ist (0,01 mg/m^3), daß sie in keinem Fall die Gesundheit von im Raum befindlichen Menschen beeinträchtigen kann. Das OLG Celle[8]) hat sich in zwei gleichgelagerten Gerichtsverfahren den Standpunkt des Bundesgesundheitsamtes zu eigen gemacht und der Klage auf Ausstattung stattgegeben[9]).

Neben der Eignung der Geräte hat der Vermieter allerdings auch in gewissem Umfang wirtschaftliche Gesichtspunkte zu beachten. So ist nach dem Rechtsentscheid des OLG Karlsruhe[10]) das Gebot der Wirtschaftlichkeit

---

7) BGH WM 1986/214; OLG Schleswig WM 1986/346; OLG Köln DWW 1987, 180
8) OLG Celle Urteile vom 10.10.1985 – 3 O 83/85 – und 19.12.1985 – 3 O 281/85
9) Vgl. hierzu auch BVerfG WM 1986/266
10) OLG Karlsruhe ZMR 1984/411

aus der Sicht des Mieters zu beachten und das Verhältnis zwischen einzusparenden Heizkosten und Mietzinserhöhung zu prüfen[11]). Die Frage der Wirtschaftlichkeit kann z.B. relevant werden, wenn Wärmezähler eingesetzt werden sollen und wegen der Leitungsführung der Heizrohre jeweils mehrere Geräte in einer Nutzereinheit erforderlich sind. Hier dürfte im Hinblick auf die relativ hohen Anschaffungskosten sowie auf die alle fünf Jahre erforderliche Nacheichung, die praktisch erneut zu Kosten in Höhe der Anschaffungskosten führt, eine Wirtschaftlichkeit zu verneinen sein. Die verwendeten Ausstattungen müssen ferner gleichartig sein, da lediglich in den Fällen, in denen eine Vorerfassung durchgeführt wird, unterschiedliche Geräte zulässig sind (vgl. § 5 Abs. 2).

Eine Zustimmung der Mieter zu der vom Vermieter getroffenen Auswahl ist nicht erforderlich. Es empfiehlt sich jedoch, soweit die Anschaffung während eines laufenden Mietverhältnisses anliegt, etwa bei dem erstmaligen Einbau einer Zentralheizung, gleichwohl die Mieter entsprechend zu informieren und ihren Belangen in angemessener Weise Rechnung zu tragen. Unabhängig von der Frage, welche Ausstattung im Einzelfall zur Anwendung gelangen soll, ist die Abstimmung mit den Mietern erforderlich, falls die Geräte nicht gekauft, sondern im Wege des Leasings oder einer sonstigen Anmietung beschafft werden sollen (vgl. § 4 Abs. 2 S. 2).

3.3.2 Bestandsschutz für vorhandene Ausstattungen

Bei dem Inkrafttreten der HeizkostenV im Jahre 1981 waren die Wohnungen zum Teil bereits mit Erfassungsgeräten versehen, die den von der HeizkostenV aufgestellten Anforderungen in § 5, insbesondere den Vorschriften der DIN, nicht entsprachen. Für diese Fälle hat die Verordnung in § 12 Abs. 2 geregelt, daß bei den am 1. Juli 1981 vorhandenen Ausstattungen zur Verbrauchserfassung die „Mindestanforderungen nach § 5 Abs. 1 Satz 2" als erfüllt gelten[12]). Diese Bestandsschutzvorschrift ist im Rahmen der Novelle der HeizkostenV im Jahre 1984 unverändert geblieben. Zugleich wurde für die neu in die HeizkostenV einbezogenen preisgebundenen Wohnungen ein auf das Datum 1. August 1984 gelegter Bestandsschutz begründet. In den neuen Bundesländern gilt als Stichtag für den Bestandsschutz der 1. Januar 1991[13]). Hiermit wollte der Verordnungsgeber den Eingriff in die vertraglichen Beziehungen der Parteien, die auch die verwendete Ausstattung umfassen, möglichst gering halten.

Dieser Gesichtspunkt tritt jedoch dann in den Hintergrund, wenn die Altanlage technischen Veränderungen bzw. einer Modernisierung unterzogen wird. Hierdurch kann die bestimmungsmäßige Funktion der Ausstattung zur Verbrauchserfassung beeinflußt werden. Insbesondere dürfte beim

11) Vgl. auch KG ZMR 1986/119
12) Zu den Voraussetzungen für den Bestandsschutz vgl. auch AG Hamburg WM 1989, 29; LG Berlin WM 1989/584
13) Einigungsvertrag a.a.O., S. 1007

Übergang auf Niedertemperaturbetrieb oder bei Einbau von Thermostatventilen der bisherige Bestandsschutz an Bedeutung verlieren. Im Einzelfall ist dann zu prüfen, ob die Ausstattung zur Verbrauchserfassung weiterhin geeignet und so angebracht ist, daß ihre technisch einwandfreie Funktion gewährleistet ist, oder ob eine Anpassung an die geänderten Verhältnisse vorgenommen werden muß. Ergibt die Prüfung, daß eine Änderung der Ausstattung notwendig ist, dann dürften die hierbei entstehenden Kosten als Folgekosten der Modernisierung der Heizungsanlage anzusehen und nach mietrechtlichen Bestimmungen zu behandeln sein (§ 3 MHG, § 6 NMV i.V.m. § 11 Abs. 6 II. BV). Eine Verteilung dieser Kosten nach § 7 Abs. 2 – etwa als Kosten der Verwendung einer Ausstattung zur Verbrauchserfassung – dürfte dagegen nicht vertretbar sein. Warmwasserkostenverteiler, die am 1. Januar 1987 bereits vorhanden waren, dürfen weiterbenutzt werden (§ 12 Abs. 2 Nr. 1). Das gleiche gilt nach § 12 Abs. 5 für die am 30. September 1989 verwendeten Einrichtungen zur Messung der Wassermenge bei der Erfassung des Wärmeverbrauchs.

3.3.3 Auszustattende Räume

Nach der HeizkostenV ist der Vermieter verpflichtet, „die Räume" mit der Ausstattung zur Verbrauchserfassung zu versehen (§ 4 Abs. 2). Dies bedeutet aber nicht, daß damit alle Räume, unabhängig davon, ob sie einen Heizkörper besitzen oder nicht, der Ausstattungspflicht unterliegen. Wie sich aus den Arten der nach der Verordnung zulässigen Erfassungsgeräte ergibt, bezieht sich die Verbrauchserfassung nicht auf die Raumtemperatur, sondern auf die Wärmeabgabe. Deshalb kommt eine Ausstattung mit Erfassungsgeräten nur dort in Betracht, wo eine Wärmeabgabe stattfindet. Die Wärmeabgabe kann dabei zentral, d.h. für die gesamte Nutzereinheit (Wohnung oder gewerbliche Räume) etwa durch einen Wärmezähler, oder dezentral an den einzelnen Heizkörpern erfaßt werden. Daher scheiden für eine Ausstattung zunächst die Räume aus, in denen sich kein Heizkörper befindet. In einer analogen Anwendung des § 11 Abs. 1 dürften auch die Räume von der Ausstattungspflicht ausgenommen sein, in denen aus technischen Gründen eine Erfassung nicht möglich ist, wie z. B. Baderäume mit Badewannenkonvektoren. (Eine unmittelbare Anwendung des § 11 ist nicht möglich, da diese Vorschrift die gesamte Abrechnungseinheit [Gebäude] von der verbrauchsabhängigen Abrechnung ausnimmt.) Dagegen müssen auch zur Wohnung gehörende Nebenräume, wie z.B. mit Heizkörpern ausgestattete Garagen oder Kellerräume, mit Erfassungsgeräten versehen werden. Das gleiche dürfte für Räume gelten, die nur einem Teil der Mieter zur Verfügung stehen, während die übrigen von der Benutzung ausgeschlossen sind. Die anteiligen Heizkosten für diese Räume dürften in gleicher Höhe auf die nutzenden Mietvertragsparteien zu verteilen sein.

Die lange umstrittene Frage, ob Heizkörper in Räumen, die allen Mietern zugängig sind (sog. Gemeinschaftsräume) mit Erfassungsgeräten auszustatten sind, ist durch die Novelle 1989 geklärt worden. Nach dem neu eingeführten § 4 Abs. 3 unterliegen Gemeinschaftsräume, unabhängig davon, ob diese entgeltlich oder unentgeltlich genutzt werden dürfen[14]), nur noch insoweit einer Verpflichtung zur verbrauchsabhängigen Abrechnung, als sie einen nutzungsbedingt hohen Verbrauch aufweisen. Die Verordnung nennt als solche Räume mit hohem Verbrauch beispielhaft Schwimmbäder und Saunen. Dagegen ist nach den Erfahrungen in der Praxis der anteilige Verbrauch „normaler" Gemeinschaftsräume am Gesamtverbrauch lediglich mit ca. 2 bis 3 % anzusetzen. Berücksichtigt man, daß der Abrechnungsmaßstab 50:50 heute am gebräuchlichsten ist, so wird die Verbrauchserfassung in den Gemeinschaftsräumen sich in der Regel lediglich auf 1 bis 1,5 % der Gesamtkosten beziehen. Mit der Wahl dieses relativ groben Maßstabes werden andererseits Vor- und Nachteile einzelner Nutzer weitgehend ausgeglichen, so daß es schon eine Frage der Wirtschaftlichkeit ist, ob bei dieser Nivellierung eine exakte Erfassung eines verhältnismäßig geringen Anteils der Heizkosten erfolgen soll. Von der Verpflichtung zur verbrauchsabhängigen Abrechnung und damit auch von der Ausstattungspflicht befreit im Sinne des § 4 Abs. 3 Satz 1 sind in erster Linie Treppenhäuser, Flure und Trockenräume. Die Heizkosten für diese Gemeinschaftsräume gehen in die gesamte Kostenberechnung ein und werden damit automatisch zum Teil über den Festkostenanteil und zum Teil über den verbrauchsabhängigen Anteil der Kosten abgerechnet.

Für die Kostenverteilung bei den Gemeinschaftsräumen, die weiterhin der Ausstattungspflicht unterliegen, enthält § 6 Abs. 3 eine besondere Regelung. Hiernach sind die Kosten zunächst nach dem Verhältnis der erfaßten Anteile am Gesamtverbrauch auf die Gemeinschaftsräume und die übrigen Räume aufzuteilen. Die Verteilung der auf die Gemeinschaftsräume entfallenden anteiligen Kosten richtet sich nach rechtsgeschäftlichen Bestimmungen. Dabei bietet sich an, die Verteilung entsprechend der Anzahl der Mietparteien vorzunehmen[15]). Die Vereinbarungen können entweder ausdrücklich vorliegen, im Wege ergänzender Vertragsauslegung ermittelt oder künftig getroffen werden. Für die auf die sonstigen Räume entfallenden anteiligen Kosten bestehen keine Besonderheiten für die Verteilung. Sie richten sich ausschließlich nach den Kriterien der Heizkostenverordnung.

3.3.4 Umlage der Investitionen

Die HeizkostenV enthält keine abschließenden Regelungen darüber, wer die Kosten zu tragen hat, die durch den Erwerb und den Einbau der Ausstattung zur Verbrauchserfassung entstehen. Die öffentlich-rechtliche Verpflichtung zur Anbringung und Ausstattung trifft nach der Heizkostenverordnung den Vermieter oder die ihm gleichgestellten Personen, so daß diese in erster Linie diejenigen sind, denen die Anschaffungskosten zur

14) Pfeifer, Die neue Heizkosten-Verordnung, S. 19
15) OLG Hamburg DWW 1987/222

Last fallen. Die Möglichkeiten, diese Kosten auf einen Dritten abzuwälzen, sind nach den allgemeinen mietrechtlichen Vorschriften bzw. den im Einzelfall getroffenen parteilichen Vereinbarungen über die Kosten bei baulichen Veränderungen zu beurteilen.

Für Mietverhältnisse über freifinanzierten Wohnraum findet § 3 des Gesetzes zur Regelung der Miethöhe (MHG) Anwendung. In Betracht kommen insoweit die Alternativen „Maßnahmen zur nachhaltigen Einsparung von Heizenergie“ und „Umstände, die der Vermieter nicht zu vertreten hat“. Die Vorschrift des § 3 MHG berechtigt den Vermieter, die jährliche Miete um 11% der auf die einzelne Wohnung entfallenden Kosten der baulichen Änderungen zu erhöhen. Hat der Vermieter mit der Auswahl der Ausstattung gegen das Gebot der Wirtschaftlichkeit verstoßen (vgl. Abschnitt 3.1), so bleiben nur diejenigen Kosten umlagefähig, die auch bei Berücksichtigung der Wirtschaftlichkeitsgrundsätze entstanden wären[16]).

Auch im Bereich des preisgebundenen Wohnungsbaus bestehen ähnliche Vorschriften für die Umlage der Kosten baulicher Änderungen. Danach kann der Vermieter nach § 6 der Neubaumietenverordnung (NMV) in Verbindung mit § 11 der II. Berechnungsverordnung (II. BV) die Kosten solcher Aufwendungen in der Wirtschaftlichkeitsberechnung und damit in der Kostenmiete geltend machen. Hierbei gilt aber nicht die Pauschale von 11% jährlich, sondern es werden die veränderten laufenden Aufwendungen insbesondere aus den Kapitalkosten zugrunde gelegt.

Entsprechende Regelungen bestehen für die gewerblichen Mietverhältnisse nicht. Hier kommt es daher ausschließlich darauf an, welche Vereinbarungen die Parteien getroffen haben. Sind solche nicht getroffen worden, bleibt es dabei, daß der Gebäudeeigentümer die Investitionen selbst zu tragen hat.

Im Bereich des Wohnungseigentums (und auch des Teileigentums) nach dem Wohnungseigentumsgesetz (WEG) trifft die Ausstattungspflicht und damit die Kostentragungspflicht zunächst die Wohnungseigentümergemeinschaft (vgl. § 4 Abs. 2 i. V. m. § 1 Abs. 2 Nr. 3). Die Kosten für die „Anbringung der Ausstattung“ sind nach § 3 Sätze 2 und 3 entsprechend den für die Verwaltung des gemeinschaftlichen Eigentums im WEG enthaltenen oder durch Vereinbarungen der Wohnungseigentümer (Teileigentümer) getroffenen Regelungen auf die einzelnen Wohnungseigentümer (Teileigentümer) zu verteilen. Da sich die Ausstattungspflicht nicht in der eigentlichen Anbringung erschöpft, sondern die Anschaffung voraussetzt, sind beide Kostengruppen von der Regelung des § 3 erfaßt. Eine Weitergabe dieser dem einzelnen Eigentümer zugewiesenen Kosten kommt nur dann in Betracht, wenn er die Räume nicht selbst nutzt, sondern einem Dritten zur Nutzung überlassen hat. Im Falle der Vermietung ergibt sich dann eine der vorgenannten Fallgestaltungen.

---

16) OLG Karlsruhe ZMR 1984/411

Soweit in den neuen Bundesländern die Ausstattungen zur Verbrauchserfassung vor dem 31. Dezember 1995 vom Gebäudeeigentümer freiwillig angebracht worden sind, können die Investitionskosten hierfür entsprechend früher geltend gemacht werden, wenn ab dem auf die Anbringung der Ausstattung folgenden Abrechnungszeitraum die verbrauchsabhängige Abrechnung auch tatsächlich durchgeführt wird. Dies setzt voraus, daß jeweils alle einer einheitlichen Abrechnung unterliegenden Räume ausgestattet sind. Der Gebäudeeigentümer kann daher die Kosten der Anbringung nicht schon dann umlegen, wenn er gewissermaßen lediglich „auf Vorrat" einzelne Räume oder Gebäude ausstattet.

3.3.5 Geräte-Leasing

Die Frage, ob der Mieter auch mit Kosten der Anschaffung der Geräte belastet werden kann, wenn der Vermieter die Ausstattung nicht kauft, sondern least oder mietet, war bis zur Änderung der HeizkostenV im Jahre 1984 umstritten. Probleme ergaben sich hierbei zunächst aus der Tatsache, daß in diesen Fällen kaum eine Trennung zwischen den Kosten der Anschaffung und den Kosten der Verwendung der Ausstattung möglich war. Um der wachsenden Bedeutung des Leasings in der Praxis Rechnung zu tragen und „Anstöße zur Verwendung verbesserter Ausstattungen zu geben" (amtl. Begründung zur HeizkostenV[17])), hat der Gesetzgeber die Umlegung der Kosten für Leasing und sonstige Anmietung ausdrücklich zugelassen. Unter Berücksichtigung des Charakters dieser Nutzungsentgelte als laufende Aufwendungen sind sie gesetzlich unter den Betriebskosten im Sinne des § 7 Abs. 2 bzw. § 8 Abs. 2 zusammengefaßt worden. Sie sind damit im Einzelfall entsprechend den übrigen Heizkosten zu verteilen.

Die Entscheidung darüber, ob die Ausstattung zur Verbrauchserfassung geleast oder gekauft werden soll, liegt in erster Linie im Ermessen des Vermieters. Entscheidet sich der Vermieter für den Kauf, so bedarf er vorstehend hierzu – abgesehen von den erwähnten Wirtschaftlichkeitsüberlegungen – keiner Zustimmung der Mieter. Entschließt er sich zu einer Anmietung der Geräte, so ist seine Wahlmöglichkeit durch § 4 Abs. 2 eingeschränkt. Er ist in diesem Falle verpflichtet, den Mietern die beabsichtigte Art der Beschaffung vorher unter Angabe der dadurch entstehenden Kosten mitzuteilen. Die Maßnahme ist unzulässig, wenn die Mehrheit der Nutzer innerhalb eines Monats nach Zugang der Mitteilung widerspricht.

Unter Mehrzahl der Nutzer ist nicht die Anzahl der tatsächlich mit Heizenergie versorgten Personen zu sehen. Es ist nämlich weder für die verbrauchsabhängige Abrechnung der Heizkosten noch für die HeizkostenV von Bedeutung, wie viele Personen eine Wohnung oder gewerbliche Räume nutzen. Auch ist nicht maßgeblich, wie viele Personen rechtlich zur Zahlung der anteiligen Heizkosten verpflichtet sind (z.B. Ehegatten bei ge-

17) BR-Drs. 483/83, S. 33–37

meinsam unterschriebenem Mietvertrag oder als Miteigentümer einer Eigentumswohnung). Maßgeblich ist vielmehr die Anzahl der „Nutzereinheiten" oder „Abrechnungseinheiten", die bei der Abrechnung der Heizkosten zugrunde gelegt werden [18]).

Für das Abstimmungsverfahren gelten die allgemeinen Vorschriften über die Abgabe von Willenserklärungen und Fristen (vgl. §§ 130, 186, 188, 193 BGB). Der Mieter braucht seinen Widerspruch nicht zu begründen. Bei der in der Verordnung genannten Frist von einem Monat handelt es sich um eine Ausschlußfrist. Das bedeutet, daß nach dieser Frist eingehende Widersprüche keine Wirkung mehr haben.

Auch im Bereich des Wohnungs- und Teileigentums ist eine Beschaffung der Ausstattung zur Verbrauchserfassung im Wege des Leasings oder anderer Arten der Gebrauchsüberlassung nur unter den vorgenannten Voraussetzungen möglich, da § 3 Satz 2 einen entsprechenden Hinweis auf § 4 enthält. Unter „Mehrheit der Nutzer" ist hierbei die Mehrheit der Einzeleigentümer zu verstehen, wobei auch insofern maßgeblich ist, wie sie in der Heizkostenabrechnung repräsentiert werden. Bei der Vermietung von Wohnungs- und Teileigentum ist auch in diesen Fällen darauf zu achten, daß der Vermieter aus seiner „Doppelrolle" (vgl. Abschnitt 3.2) nicht in widersprüchlicher Weise verpflichtet wird. Stimmt nämlich die Mehrheit der Einzeleigentümer dem Leasing zu, so ist auch der nicht zustimmende Eigentümer entsprechend verpflichtet. Andererseits muß er gegenüber seinem Mieter vom Leasing Abstand nehmen, wenn dieser widerspricht, da es insoweit keine Mehrheit, sondern nur ein „Alles-oder-Nichts" gibt. Gerichtsentscheidungen zu dieser Frage liegen bisher nicht vor. Im Schrifttum werden zwei Lösungsansätze erörtert: einerseits ein Vorbehalt des vermietenden Einzeleigentümers gegenüber dem Beschluß der Eigentümergemeinschaft[19]), andererseits Vorrangigkeit des Beschlusses der Wohnungseigentümergemeinschaft gegenüber dem Widerspruch des Mieters[20]).

3.3.6 Ersatz vorhandener Ausstattungen zur Verbrauchserfassung

Hat der Vermieter die Ausstattung zur Verbrauchserfassung angebracht und entspricht diese den Vorschriften der HeizkostenV, so enden damit sowohl die Ausstattungspflicht des Vermieters als auch die Duldungspflicht des Mieters gegenüber der Anbringung. Die Aufgabe des Vermieters besteht im wesentlichen darin, sowohl aus öffentlich-rechtlicher Sicht als auch aufgrund seiner Instandhaltungspflicht aus § 536 BGB dafür zu sorgen, daß die Erfassungsgeräte ihrem Zweck entsprechend funktionieren. Dabei hat er insbesondere Geräte, die nicht mehr funktionieren, auf eigene Kosten zu ersetzen, sofern nicht ein Verschulden des Mieters hieran vorliegt.

18) Peruzzo, S. 6; Lefèvre, S. 29
19) Peruzzo, S. 24
20) Brintzinger, HeizkostenV § 7 Anm. 4

Beabsichtigt der Gebäudeeigentümer, eine den Anforderungen der Verordnung entsprechende Ausstattung gegen eine andere – etwa auf Mietbasis – auszuwechseln, beurteilt sich die Duldungspflicht des Nutzers in erster Linie nach den Kriterien des § 541 b BGB. Ob danach der Mieter diesen Wechsel der Ausstattung als „Maßnahme der Verbesserung der gemieteten Räume oder sonstiger Teile des Gebäudes oder zur Einsparung von Heizenergie“ zu dulden hat, kann nur anhand der Umstände des Einzelfalls entschieden werden. Der Gebäudeeigentümer müßte in diesen Fällen begründen können, worin die vorgenannte Verbesserung oder Einsparung besteht. Dazu sind z. B. die Hinweise auf technische und praktische Verbesserungen (genauere Erfassung, nachvollziehbare Verbrauchsanzeige in physikalischen Einheiten, geringerer Ableseaufwand und dergleichen) denkbar. Maßgeblich ist hierbei jedoch die zusätzliche Verbesserung oder Einsparung gegenüber dem bestehenden Erfassungssystem. Da selbst bei Vorliegen dieser Voraussetzungen die Gesichtspunkte der Wirtschaftlichkeit zu beachten sind (vgl. Abschnitt 3.3.1), dürfte eine Duldungspflicht des Mieters nur in Ausnahmefällen in Betracht kommen[21]). Soweit diese Voraussetzungen gegeben sind, müßten in den Fällen des Mietens oder Leasens zusätzlich die Voraussetzungen des § 4 Abs. 2 Satz 2 (kein Widerspruch der Mehrheit der Mieter) erfüllt sein. Unbenommen bleibt es den Parteien, sich vertraglich über die Neuanschaffung einer Ausstattung zur Verbrauchserfassung zu einigen. In diesen Fällen wäre allerdings die Zustimmung aller Beteiligten erforderlich.

In bestimmten Fällen kann es jedoch erforderlich sein, die Ausstattungen zur Verbrauchserfassung durch neue zu ersetzen, da die bisherigen nicht mehr den Anforderungen der HeizkostenV entsprechen. Zwar besteht durch § 12 weitgehend Bestandsschutz für vorhandene Ausstattungen, jedoch kann sich bei einer Umstellung des Heizsystems die Notwendigkeit ergeben, auf ein anderes System überzugehen. So kann z.B. bei der Erneuerung der Heizungsanlage, einem Übergang zur Niedertemperaturheizung und einer entsprechenden Veränderung der Heizkörper die Eignung der bisher verwendeten Heizkostenverteiler nach dem Verdunstungsprinzip nicht mehr gegeben sein. Handelt es sich bei der Erneuerung der Heizung ganz oder teilweise um eine Modernisierungsmaßnahme oder Energieeinsparmaßnahme im Sinne der Vorschriften des § 3 MHG bzw. der §§ 6 NMV, 11 Abs. 6 II. BV, so dürften die Kosten der Erneuerung der Erfassungsgeräte als Folgemaßnahme ebenfalls umlegbar sein. Die Duldungspflicht des Mieters stellt sich in diesen Fällen bereits hinsichtlich des Heizungseinbaus, nicht aber bei der Auswechslung der Erfassungsgeräte. Es kann daher insofern dahingestellt bleiben, ob die Duldungspflicht des Mieters nach § 4 Abs. 2 dadurch wieder auflebt, daß die vorhandene Ausstattung nach der

---

21) Weitergehend Pfeifer, Nebenkosten, S. 12, der auch den bloßen Einbau verbesserter Erfassungsgeräte (z.B. Installation elektronischer Heizkostenverteiler) als bauliche Veränderung i.S.d. § 3 MHG ansieht.

Änderung der Heizung nicht mehr den Anforderungen der Verordnung entspricht und der Vermieter insofern eine Auswechslung vornehmen muß. Wird die neue Anschaffung der Geräte allerdings zum Anlaß genommen, zukünftig anzumieten, so ist auch in diesem Fall das Verfahren nach § 4 Abs. 2 durchzuführen.

Sofern bei einem Übergang zur Anmietung – mit der Folge der Kostenverteilung im Rahmen der Betriebskostenabrechnung nach der Heizkostenverordnung – Kosten der zuvor gekauften Geräte bereits nach anderen Bestimmungen (z.B. aufgrund rechtsgeschäftlicher Vereinbarungen nach dem MHG oder der NMV bzw. II. BV) auf die Nutzer umgelegt wurden, kann eine teilweise oder völlige Rücknahme des damaligen Zuschlages für die baulichen Änderungen durch entsprechende Verringerung der Miete angebracht sein. Hierbei dürfte es jedoch auf die Umstände des Einzelfalles ankommen. So kann z. B. bei einer bereits längere Zeit zurückliegenden Anschaffung der Erfassungsgeräte der damalige „Modernisierungszuschlag" durch die zwischenzeitliche Entwicklung der Vergleichsmiete nivelliert worden sein, so daß er überhaupt nicht mehr faßbar ist. Das gleiche dürfte auch bei einer zwischenzeitlichen Neuvermietung unter Zugrundelegung frei vereinbarter Mieten gelten.

3.4 Verbrauchserfassung

Die Erfassung des anteiligen Wärmeverbrauchs bildet die Grundlage für die verbrauchsabhängige Abrechnung (§ 6 Abs. 1). Hierin liegt neben der Wahl der im Einzelfall geeigneten Ausstattung der technische Schwerpunkt der verbrauchsabhängigen Abrechnung. Unzulänglichkeiten bei der Verbrauchserfassung, sei es durch falsches Ablesen oder die Unmöglichkeit der Ermittlung, sind nur schwer oder in der Regel gar nicht zu beseitigen. Die Heizkostenverordnung läßt unter bestimmten Voraussetzungen und bis zu einem bestimmten Grad Schätzungen zu (§ 9a; vgl. 3.4.4).

3.4.1 Ankündigung der Verbrauchserfassung

Der Mieter muß gegen Ende des Abrechnungszeitraumes nicht jederzeit damit rechnen, daß bei ihm abgelesen wird, und sich deshalb nicht ständig hierzu bereithalten. Es ist vielmehr Aufgabe des Vermieters oder des von ihm beauftragten Abrechnungsunternehmens, den Mieter rechtzeitig auf die beabsichtigte Verbrauchserfassung hinzuweisen. Hierbei dürfte ein Ankündigungszeitraum von 1 bis 2 Wochen als angemessen anzusehen sein. Umstritten ist, wie die Ankündigung zu erfolgen hat. Unstreitig dürfte jedoch sein, daß eine schriftliche Mitteilung erforderlich ist.

Hierzu werden mehrere Verfahren diskutiert, nämlich der Einwurf der Mitteilung in den Briefkasten oder die Zusendung durch die Post, ein entsprechender Anschlag[22]) im Treppenhaus oder an einer sonstigen von allen Mietern wahrnehmbaren Stelle. Die Zusammenschlüsse der Abrechnungsunternehmen haben aufgrund intensiver Gespräche mit den Verbänden der Hauseigentümer, Mieter und Verbraucher Richtlinien erarbeitet, die zu einer Verbesserung der verbrauchsabhängigen Abrechnung beitragen sollen (vgl. Richtlinien zur Durchführung der verbrauchsabhängigen Heizkostenabrechnung der Arbeitsgemeinschaft Heizkostenverteilung e.V.[23]). Hiernach ist ein Aushang an gut sichtbarer Stelle vorgesehen, der mindestens folgende Angaben enthalten muß:

- Tag der Ablesung mit Zeitraumangabe
- Hinweise auf die Kontrollmöglichkeiten der Ableseergebnisse durch die Nutzer
- Für die Ablesung erforderliche Hinweise, z.B. jährlicher Wechsel der Kontrollfarbe, Wechsel der Batterie, Ablesemöglichkeiten (maßgeblicher Flüssigkeitsstand usw.)
- Name, Anschrift und Telefonnummer des Ablesers bzw. des Abrechnungsunternehmens

---

22) Pfeifer, Die neue Heizkosten-Verordnung, S. 26
23) Siehe Anhang 9.4

Für den Fall, daß die Ablesung zum ersten Termin nicht möglich ist, ist entweder eine individuelle Abstimmung eines zweiten Termins oder die Festlegung eines erneuten Ablesetermins nach mindestens 14 Tagen vorgesehen.

Die von dem Abrechnungsunternehmen beschlossenen Regelungen haben keinen rechtsverbindlichen Charakter, sie führen aber zu einer Selbstbindung der Mitgliedsfirmen. Hierdurch wird die Handhabung der verbrauchsabhängigen Abrechnung für den Mieter transparenter.

3.4.2 Zutrittsrecht

Bis auf wenige Ausnahmefälle, in denen bereits heute durch Verwendung entsprechender Erfassungsgeräte der anteilige Verbrauch der einzelnen Mieter auch außerhalb der Wohnung abgelesen werden kann, bedarf es der Mitwirkung der Mieter bei der Verbrauchserfassung. Der Mieter muß dem Vermieter oder des von ihm beauftragten Abrechnungsunternehmens die vermieteten Räume zugänglich machen, um den erfaßten Verbrauch ablesen, die Geräte für die nächste Heizperiode herrichten oder u. U. eichen zu lassen. Häufig wird ein solches Zutrittsrecht bereits im Vereinbarungswege im Mietvertrag vorgesehen. Es dürfte jedoch auch dort bestehen, wo eine entsprechende Vereinbarung nicht getroffen ist. Nach § 4 Abs. 2 ist der Mieter verpflichtet, die Anbringung der Ausstattung zu dulden. Bereits hieraus ergibt sich ein Zutrittsrecht des Vermieters (vgl. Abschnitt 3.3). Dies muß in gleicher Weise gelten, wenn der Vermieter die Ausstattung zur Verbrauchserfassung für die nächste Heizperiode herrichten muß. Unabhängig hiervon dürfte aber auch aus der Tatsache, daß der Vermieter die verbrauchsabhängige Abrechnung aufgrund öffentlich-rechtlicher Verpflichtungen durchführt, der Mieter verpflichtet sein, alle Maßnahmen zu dulden, die von dem Vermieter in diesem Zusammenhang vorgenommen werden müssen. Hiervon wird auch der Zutritt zu den gemieteten Räumen zum Zwecke der Ablesung der Verbrauchsergebnisse erfaßt.

Der Vermieter ist berechtigt, seinen Zutrittsanspruch im Wege der Klage oder der einstweiligen Verfügung gerichtlich geltend zu machen und durchzusetzen. Hierfür hat der Vermieter notfalls Sorge zu tragen[24]). Er kann sich daher bei einer Beanstandung der Heizkostenabrechnung gegenüber anderen Mietern nicht lediglich darauf berufen, daß das Abrechnungsunternehmen die Verbrauchserfassung nicht vornehmen konnte, weil der Zutritt zu der Wohnung nicht möglich war. Hierbei kommt wiederum die Tatsache zum Tragen, daß zwischen dem Mieter und dem Abrechnungsunternehmen grundsätzlich keine vertraglichen Verpflichtungen bestehen, sondern sich alle Rechte und Pflichten aus dem Vertragsverhältnis Mieter und Vermieter ergeben.

24) LG Köln WM 1989/87 und DWW 1985/234

Probleme bei der Durchsetzung des Zutrittsrechts unter Zuhilfenahme des Gerichts dürften sich jedoch bei größeren Wohnanlagen ergeben[25]). Wegen der Vielzahl der Ablesefälle und dem Erfordernis, die Ablesung möglichst zum Ende des Abrechnungszeitraums vorzunehmen, können hier erhebliche Schwierigkeiten auftreten, wenn der Vermieter in jedem Verweigerungsfall gerichtliche Hilfe in Anspruch nehmen muß. Unter Umständen wird man hier in bestimmten Ausnahmefällen Schätzungen zulassen müssen.

Die Mitwirkungspflicht des Mieters bei der Erfassung des anteiligen Verbrauchs bedeutet auch, daß er die Ablesung nicht durch seine Abwesenheit verhindern darf. Hat der Vermieter den Ablesetermin ordnungsgemäß angekündigt, so muß der Mieter, notfalls durch Einschaltung eines Dritten, Sorge tragen, daß die Wohnung zugänglich ist. Hat der Mieter entweder durch Verweigerung des Zutrittsrechts oder durch Abwesenheit die Verbrauchserfassung unmöglich gemacht, so ist er hieraus dem Vermieter zu Schadenersatz verpflichtet, wenn dieser durch Verschulden des Mieters eine ordnungsgemäße Abrechnung nicht aufstellen und deshalb Nachforderungsansprüche gegenüber anderen Mietern nicht geltend machen kann.

3.4.3 Mieterwechsel

Zieht ein Mieter während der Heizperiode aus, so hat dies zunächst auf die Heizkostenabrechnung für das Gebäude insgesamt keine Auswirkungen, da der anteilige Verbrauch der vom Mieterwechsel betroffenen Nutzereinheit (Wohnung, Praxis, Laden o. ä.) normal erfaßt werden kann.

Unstreitig ist zunächst, daß der ausziehende Mieter keinen Anspruch darauf hat, daß der Vermieter sofort eine Abrechnung über den von ihm zu tragenden Heizkostenanteil sowie die übrigen Betriebskosten vorlegt[26]). Etwas anderes ist lediglich dann anzunehmen, wenn die Parteien eine entsprechende Vereinbarung getroffen haben. Ansonsten handelt der Vermieter ordnungsgemäß, wenn er die Abrechnung am Ende der Heizperiode für diesen Mieter mit durchführt.

Problematisch und umstritten war jedoch die Frage, wie die Aufteilung der Kosten auf den alten und den neuen Mieter vorzunehmen ist. Für die Festlegung des verbrauchsabhängig abzurechnenden Anteils der Heizkosten wurden im wesentlichen die nachfolgend genannten drei Verfahren diskutiert:

- Zwischenablesung bei Auszug des Mieters,
- Ermittlung des anteiligen Verbrauchs aufgrund der sog. Gradtagszahlen-Methode,
- Aufteilung des für die Nutzereinheit insgesamt erfaßten Verbrauchs nach der jeweiligen Nutzungsdauer der beiden Mieter.

---

25) Vgl. Pfeifer: Taschenbuch Nr. 13, S. 40
26) Herrschende Meinung vgl. Sternel, Mietrecht, III Rdn. 370 m.w.N.

Die Novelle 1989 hat hierzu eine ausdrückliche Regelung in § 9b vorgesehen, um die aufgetretenen Rechtsunsicherheiten zu beseitigen, die durch die unterschiedliche Beurteilung der Fälle von Mieterwechsel in der Praxis und Rechtsprechung aufgetreten sind. Die Regelung schließt an die drei vorgenannten Verfahren an und stellt dabei die Zwischenablesung in den Vordergrund, da auf diese Weise der anteilige Verbrauch der beiden Nutzer anhand der von der Heizkostenverordnung vorgesehenen Erfassungsgeräte ermittelt wird und damit diese Methode der in der Verordnung niedergelegten Vorstellung einer verbrauchsabhängigen Abrechnung am nächsten kommt.

Der Gebäudeeigentümer wird nach § 9b grundsätzlich verpflichtet, eine Zwischenablesung beim Auszug des Nutzers durchzuführen. Die Ergebnisse der Zwischenablesung bilden die Grundlage für die Aufteilung der verbrauchsabhängig abzurechnenden Kosten auf den ausgezogenen und den neuen Nutzer. Für die Aufteilung der übrigen Kosten, d. h. der nach einem festen Maßstab (z. B. Wohn- oder Nutzfläche) abzurechnenden Kosten, werden hinsichtlich des Wärmeverbrauchs zwei Alternativen zur Verfügung gestellt. Der Gebäudeeigentümer kann nach der sog. Gradtagszahlen-Methode vorgehen oder die Aufteilung nach der jeweiligen Nutzungsdauer innerhalb des jeweiligen Abrechnungszeitraumes vornehmen. Beides sind Schätzverfahren. Bei der Abrechnung des Warmwasserverbrauchs ist die Aufteilung der übrigen Kosten nach § 9 b Abs. 2 in jedem Falle zeitanteilig vorzunehmen.

Von den beiden genannten Methoden kommt die Abrechnung nach Gradtagszahlen der Verbrauchserfassung am nächsten. Bei dieser Methode werden langfristige Erfahrungswerte für den anteiligen Verbrauch in den einzelnen Monaten am Gesamtverbrauch zugrunde gelegt. Eine Aufstellung der Wärmeverbrauchsanteile in Promille, abgeleitet aus Gradtagszahlen, ist in VDI 2067 Blatt 1, Ausgabe 1. 1983, Tabelle 22, enthalten. Hieraus ergibt sich für die Sommermonate ein erheblich geringerer Anteil (z.B. Mai bis August jeweils 40 %) gegenüber den Wintermonaten (z.B. Dezember mit 160 %, Januar mit 170 %). Darüber hinaus wird in der Tabelle der Wert für die einzelnen Tage der Monate ausgewiesen (vgl. auch Bild 7.17).

Die Zwischenablesung ist zwar die genaueste Methode, jedoch ergeben sich bei Verwendung von Erfassungsgeräten mit einer geringen Auflösung Probleme, wenn die Ablesung kurz nach der Installation der Geräte oder in geringem Abstand zum Ende der Heizperiode notwendig wird. Dies gilt insbesondere bei Heizkostenverteilern nach dem Verdunstungsprinzip. Liegt z.B. der Beginn des Abrechnungszeitraums Anfang Juni oder Juli, so ist bei einem Mieterwechsel im Sommer u. U. noch die Kaltverdunstungsvorgabe vorhanden, so daß eine Ablesung sinnlos wäre. Ohne Aussage wäre z.B. auch eine Erfassung anhand solcher Geräte, wenn der Mieterwechsel im Dezember stattfindet und der Abrechnungszeitraum im Januar beginnt, obwohl der Dezember noch zu den Monaten mit starkem Heizwärmeverbrauch zu zählen ist. Wird hingegen der Verbrauch mit Wärmezählern erfaßt, so kann auch bei relativ kurzen Zeitabständen zum Beginn oder zum Ende der Heizperiode eine Erfassung aussagefähig sein. Die Richtlinien der Arbeitsgemeinschaft Heizkostenverteilung e.V. (siehe Anhang 8.4) sehen bei Heizkostenverteilern nach dem Verdunstungsprinzip eine Zwischenablesung nur vor, wenn sich für die betreffenden Monate Verbrauchsanteile von mindestens 400 Promille und höchstens 800 Promille ergeben. Auch Heizkostenverteiler auf elektronischer Basis dürften insoweit eine größere Toleranzgröße besitzen als Verdunster. Im Ergebnis läßt sich daher feststellen, daß nicht in jedem Fall eine Zwischenablesung zu verwertbaren Ergebnissen führt, sondern daß technisch-physikalische Grenzen zu beachten sind.

Kommt eine Zwischenablesung aus den vorgenannten Gründen nicht in Betracht, so sind die gesamten Kosten entweder nach der Gradtagszahlen-Methode oder zeitanteilig auf Vor- und Nachmieter aufzuteilen. Das gleiche gilt, wenn eine Zwischenablesung nicht möglich ist (vgl. § 9 Abs. 3). Bei der schätzungsweisen Ermittlung der Mieteranteile auf der Grundlage der zeitlichen Nutzung der Räume ist zu berücksichtigen, daß diese Methode unter Umständen überhaupt keinen Bezug zum Verbrauch hat, wenn z.B. der eine Mieter 6 Monate während der warmen Jahreszeit, der andere Mieter 6 Monate während des heizintensiven Winters die Wohnung genutzt hat.

Die Regelungen über die Zwischenablesung sind jedoch nicht zwingend. Vielmehr können die Parteien hiervon abweichende rechtsgeschäftliche Bestimmungen unberührt lassen (§ 9 b Abs. 4 HeizkostenV). Diese Regelung bezieht sich sowohl auf bestehende als auch auf künftige Vereinbarungen[27]). In einer solchen Vereinbarung kann z.B. Zwischenablesung generell abbedungen und statt dessen die Aufteilung der auf die Nutzereinheit im gesamten Abrechnungszeitraum entfallenden anteiligen Kosten ausschließlich nach der Gradtagszahlen-Methode vorgesehen werden.

3.4.4 Geräteausfall und Schätzungen aus anderen Gründen

Besondere Probleme treten ferner in den Fällen auf, in denen ein Teil der Erfassungsgeräte nicht abgelesen werden kann, weil z. B. einzelne Geräte ausgefallen sind oder die Ablesung der Erfassungsgeräte aus anderen Gründen (z.B. Abwesenheit oder Weigerung des Mieters) nicht vorgenommen werden kann. Eine Lösung bieten insoweit nicht die Ausnahmeregelungen des § 11, da dort eine grundsätzliche Unmöglichkeit der Verbrauchserfassung (Abs. 1 Nr. 1) vorausgesetzt wird, während beim Geräteausfall nur eine vorübergehende, für die Zukunft behebbare Unmöglichkeit besteht. Von der Praxis wird deshalb der Weg über die Schätzung des auf die nicht erfaßten Räume entfallenden Verbrauchsanteils gewählt. Die Gerichte haben jedoch zum Teil lediglich eine Schätzung für 5–10 %

---

27) Pfeifer, Die neue Heizkosten-Verordnung, S. 56

der abgerechneten Fläche zugelassen[28]). Die Heizkostenverordnung enthält nunmehr in § 9 a eine ausdrückliche Regelung, in welchen Fällen und in welchem Umfang Schätzungen vorgenommen werden können. Dabei stellt sie auf die von der Praxis in den genannten Hinderungsfällen verwendeten Ersatzkriterien ab. Nach Absatz 1 der Vorschrift kommen gleichrangig der Verbrauch der betroffenen Räume in vergleichbaren früheren Abrechnungszeiträumen und der Verbrauch vergleichbarer anderer Räume im aktuellen Abrechnungszeitraum in Betracht. Der auf diese Weise ermittelte anteilige Verbrauch wird bei der Kostenverteilung so behandelt, als wäre es der erfaßte Verbrauch. Die Entscheidung darüber, welches Kriterium im konkreten Fall zugrunde gelegt werden soll, obliegt dem Gebäudeeigentümer. Nach den Richtlinien der Arbeitsgemeinschaft Heizkostenverteilung e.V. (s. Anhang 8.4) soll die Gradtagszahlen-Methode zur Anwendung gelangen, wenn der Zeitpunkt des Geräteausfalls zuverlässig bestimmt werden kann und die bis dahin erfolgte Versuchserfassung mindestens 60 % der Heizperiode abdeckt.

Mit der Forderung nach Vergleichbarkeit der früheren Abrechnungszeiträume oder der anderen Räume soll ausgeschlossen werden, daß die Verbrauchsschätzungen wegen unterschiedlicher Witterungsgründe in den einzelnen Abrechnungszeiträumen oder aufgrund nutzungsbedingter Wärmebedarfsunterschiede der zum Vergleich herangezogenen Räume zu willkürlichen Ergebnissen führen.

Nach Absatz 2 ist die Grenze für eine verbrauchsabhängige Abrechnung dann erreicht, wenn der Verbrauch von mehr als 25 % der zur Kostenverteilung anstehenden Gesamtfläche bzw. des Gesamtraumvolumens geschätzt werden muß, da eine Verbrauchsnähe nicht mehr gegeben ist. Für das gesamte Objekt sind dann ausschließlich bei der Abrechnung die Maßstäbe anzuwenden, die im konkreten Fall bei einer normalen verbrauchsabhängigen Abrechnung für den Festkostenanteil i. S. des § 7 Abs. 1 Satz 1, § 8 Abs. 1 (z. B. Wohn- oder Nutzfläche) vorgesehen waren.

Bei der Anwendung des § 9 a ist jedoch zu beachten, daß die Schätzung nur aus „zwingenden Gründen" erfolgen darf. Beispielhaft als zwingender Grund wird der Geräteausfall genannt. Die sonstigen zwingenden Gründe müssen in ihrer Tragweite dem Geräteausfall vergleichbar sein[29]). Da der Vermieter derjenige ist, der die Heizkostenabrechnung vornehmen muß, kommt es darauf an, ob die zwingenden Gründe für seine Person gegeben sind. Dies gilt auch für den Geräteausfall. So kann sich der Vermieter nicht auf einen Geräteausfall berufen, wenn ihm dieser rechtzeitig mitgeteilt worden ist und er die Reparatur nicht oder zu spät durchgeführt hat. Zur Instandsetzungspflicht des Vermieters und zur entsprechenden Duldungspflicht des Mieters vergleiche 3.2.

---

28) Vgl. LG Köln DWW 1985/234

29) Pfeifer, Die neue Heizkosten-Verordnung, S. 49

Auch kann der Vermieter sich z.B. nicht damit zufrieden geben, daß der Mieter ihm etwa mehrfach den Zugang zur Wohnung verwehrt. Er muß dann unter Umständen den Rechtsweg beschreiten (vgl. 3.4.2). Wird der anteilige Verbrauch nach § 9 a ermittelt, obwohl ein zwingender Grund i. S. dieser Vorschrift nicht vorliegt, so liegt eine nicht ordnungsgemäße Abrechnung vor, die dazu führen kann, daß der Mieter den auf ihn entfallenden Anteil der Kosten um 15 % kürzen kann (§ 12, Näheres siehe 3.8.6).

3.4.5 Plausibilitätsprüfungen

Weichen die Meßergebnisse einzelner Nutzer oder Räume in zunächst unerklärlicher Weise von den übrigen Ergebnissen ab, so ist eine Überprüfung notwendig. Eine solche Plausibilitätsprüfung kann z.B. auf Ablesefehler, Vorjahreswerte, Anteile des Warmwasserverbrauchs am Gesamtverbrauch gerichtet sein[30]). Eine gesetzliche Regelung hierzu besteht nicht. Zu diesem umstrittenen Thema liegt bisher auch keine verbindliche Rechtsprechung vor. Wegen weiterer Einzelheiten kann auf Abschnitt 7 verwiesen werden.

30) Sternel ZfgWBay 1986/504; Pfeifer, Taschenbuch Nr. 13, S. 43

3.5 Heizkosten

In den neuen Bundesländern gilt für Wohnungen, die am 2. Oktober 1990 bereits bestanden und der Preisbindung unterlagen, gemäß §3 Abs.4 BetrKostUV eine Höchstgrenze für die Umlegung von Heizkosten. Sie beträgt grundsätzlich 3 DM und verringert sich auf 2,60 DM je Quadratmeter Wohnfläche monatlich, wenn nicht zugleich Warmwasserkosten umgelegt werden. Es handelt sich um eine Schutzvorschrift zugunsten der einzelnen Mieter[31]), so daß auf die konkrete Wohnung und nicht auf das Gesamtgebäude oder die Wirtschaftseinheit abzustellen ist. Ein darüber hinausgehender Betrag kann vom einzelnen Mieter auch dann nicht gefordert werden, wenn verbrauchsabhängig abgerechnet wird. Dies bedeutet, daß eine verbrauchsabhängige Heizkostenabrechnung für den Vermieter nur dann kostenneutral sein kann, wenn der Heizkostenanteil bei keinem der Mieter die Obergrenzen übersteigt. Abgesehen von den Fällen, in denen bereits eine Verpflichtung zur verbrauchsabhängigen Abrechnung besteht (z.B. bei Neubauten oder bereits mit Erfassungsgeräten ausgestatteten Wohnungen), sollte daher aus der Sicht des Vermieters eine solche Abrechnung vom wärmetechnischen Zustand des Gebäudes und/oder dem Wirkungsgrad des Heizsystems abhängig gemacht werden. Dies dürfte insbesondere bei der Fernwärmeversorgung von Bedeutung sein. Die Kappungsgrenze gilt auch für den Fall des Mieterwechsels (vgl. 3.4.3).

Für nicht preisgebundene Wohnungen sowie für die gewerblich genutzten Räume gelten für die Abrechnung der Heizkosten die Regelungen, die auch im übrigen Bundesgebiet Anwendung finden.

Die Aufzählung der Heizkosten in § 7 Abs. 2 stimmte von Anfang an fast wörtlich mit der Definition des § 22 Abs. 1 NMV in der 1981 geltenden Fassung überein. Da letztere für den Bereich des preisgebundenen Wohnungsbaus galt, war sie identisch mit der Heizkostendefinition in Nr. 4 Buchstabe a der Anlage 3 zur II. BV. Damit war sowohl für den preisgebundenen als auch für den nicht preisgebundenen Wohnungsbau sowie für die gewerbliche Miete die Kostendefinition wörtlich übereinstimmend. Eine weitere Querverbindung zwischen dem preisgebundenen und nicht preisgebundenen Bereich ergab sich durch § 4 MHG, wo hinsichtlich der Betriebskosten, für die eine Vorauszahlung vereinbart werden kann, auf die vorgenannte Regelung in der II. BV verwiesen wird. Durch die Novellierung der HeizkostenV im Jahre 1984, mit der die preisgebundenen Wohnungen in die Verordnung mit einbezogen wurden, ist die Definition der Heizkosten (insbesondere durch Einbeziehung der Leasingkosten) geändert worden und gilt nunmehr für die verbrauchsabhängige Abrechnung in allen Wohnräumen oder gewerblich genutzten Räumen. Die Anlage 3 zur II. BV ist entsprechend angepaßt worden.

---

31) Schilling FWW 1991/114

Da es sich bei den Heizkosten lediglich um eine Art der Betriebskosten handelt, werden sie vom Rechtsentscheid des OLG Koblenz[32]) erfaßt, wonach die Aufzählung der Betriebskosten in Anlage 3 zur II. BV abschließend ist. In der verbrauchsabhängigen Abrechnung dürfen daher nur solche Kosten berücksichtigt werden, die von dem Kostenbegriff des § 7 Abs. 2 bzw. § 8 Abs. 2 erfaßt werden.

3.5.1 Heizkostenarten

Die wichtigste Kostengruppe bilden die Aufwendungen für die verbrauchten Brennstoffe und ihre Lieferung. Maßgeblich sind hierbei die in der Heizperiode verbrauchten Brennstoffe. Dies bedeutet, daß bei lagerfähigen Brennstoffen (z.B. Öl) Anfangs- und Endbestand angegeben werden müssen[33]). Der Ölbestand kann auch aus der Eigenart der Heizungsanlage dargelegt werden.[34])

Bei schwankenden Heizölpreisen sind die Kosten in der Reihe des Einkaufs anzusetzen. Dies bedeutet, daß Restbestände aus der früheren Heizperiode nur mit dem Betrag angesetzt werden dürfen, der bei der damaligen Lieferung maßgeblich war, selbst dann, wenn zwischenzeitlich die Heizölpreise gestiegen sind[35]). Entsprechend ist der Endbestand nach den bei der Lieferung maßgeblichen Preisen in die nächste Heizperiode zu übernehmen. Bei den Heizöleinkäufen hat der Vermieter im übrigen den Grundsatz der Wirtschaftlichkeit zu beachten. Er hat daher grundsätzlich „die günstigen Sommerpreise sowie den bei Einkauf einer größeren Menge bestehenden Preisvorteil gegenüber mehrfachen Kleinkäufen“ auszunutzen[36]). Dies bedeutet nicht, daß der Vermieter im Sommer den Tank ohne Rücksicht auf die angesammelten Vorschüsse volltanken muß[37]). Muß der Vermieter hierdurch Vorfinanzierungskosten aufwenden, so stellt sich die Frage, ob er diese zu den Heizkosten zurechnen kann. Dies wird jedoch von der Rechtsprechung und Literatur überwiegend abgelehnt[38]). Diese Auffassung vertritt auch das OLG Koblenz[39]) und verweist den Vermieter zur Verringerung oder zum Ausschluß der Vorfinanzierungskosten auf die Möglichkeit, vom Mieter Vorauszahlungen auf die Heizkosten zu verlangen. Dies ist jedoch nur möglich, sofern eine entsprechende vertragliche Vereinbarung getroffen ist. Mit den Heizkosten können ebenfalls nicht Trinkgelder geltend gemacht werden, die bei der Lieferung der Brennstoffe gezahlt wurden[40]).

---

32) OLG Koblenz (RE) WM 1986/50
33) Sternel ZfgWBay 1986/515 m. Hinw. auf LG Köln WM 1985; 303; LG Hamburg HambGrdEig 1986/67
34) LG Saarbrücken WM 1990/229
35) OLG Koblenz DWW 1986/67; vgl. auch LG Hamburg WM 1989/522
36) OLG Koblenz a.a.O. m.w.N.; vgl. auch AG Rotenburg a.d.F. WM 1992/139
37) Vgl. AG Friedberg/Hessen WM 1982, 86
38) Vgl. AG Münster WM 1982/310; AG Idar-Oberstein WM 1980/10; Lefèvre, S. 130
39) OLG Koblenz a.a.O.
40) Sternel a.a.O.; Lefèvre, S. 127, jeweils m.w.N.

Auch bei den Kosten des Betriebsstromes sind grundsätzlich die entstandenen Kosten anzusetzen. Dies setzt voraus, daß ein entsprechender Zähler vorhanden ist. Ist dies nicht der Fall, so kann der Verbrauch auch geschätzt werden. Dabei sollten die angesetzten Kosten nicht mehr als 5 % der Heizkosten betragen[41]). Eine allgemein gültige Regel besteht insoweit jedoch nicht[42]). Kosten für die Beleuchtung der Heizräume gehören nicht zu den Heizkosten, sondern zu den Kosten der Beleuchtung der Gemeinschaftsräume.

Kosten für die Bedienung dürften bei einer vollautomatisch arbeitenden modernen Heizanlage in der Regel nicht anfallen, da hier nur ein äußerst geringer Zeit- und Arbeitsaufwand erforderlich ist und daher die Kosten hierfür als mit der Miete abgegolten anzusehen sind[43]). Soweit die Überwachung und Pflege durch einen Hausmeister erfolgt, sind die Bedienungskosten nicht bei den Heizkosten, sondern bei den Hausmeisterkosten abzurechnen[44]).

In der Literatur wird die Möglichkeit, Bedienungskosten anzusetzen, im wesentlichen auf mit Koks befeuerte Anlagen beschränkt[45]). Die Kosten für die Bedienung umfassen neben dem Grundlohn auch die Sozialbeiträge[46]). Nicht zu den Bedienungskosten gehören die Kosten für die Reinigung des Betriebsraumes, da diese einen Extraposten bilden. Die Kosten für die Reinigung des Schornsteines sind als Kosten des Betriebs der Abgasanlage Heizkosten (vgl. § 7 Abs. 2, Anlage 3 Nr. 4 Buchstabe a und Nr. 12 zu § 27 II. BV).

Schwierigkeiten bei der Abgrenzung der Heizkosten von sonstigen Kosten, die im Zusammenhang mit der Heizungsanlage entstehen, ergeben sich bei den Wartungskosten. So werden z.B. Tankreinigungskosten von der Rechtsprechung zum Teil als Instandhaltungsaufwand angesehen[47]), während andere Gerichte hierin Heizkosten in Form von Reinigungskosten sehen[48]). In der Literatur wird – richtigerweise – überwiegend die Auffassung vertreten, daß es sich hierbei um Kosten handelt, die den Heizkosten zuzurechnen sind[49]). Dagegen sind die Kosten für die Neubeschichtung des Tanks[50]), der Öltankversicherung[51]) sowie der Tankanstrich mit Rost-

41) Vgl. Sternel a.a.O.; Pfeifer, Taschenbuch Nr. 13, S. 43
42) LG Hamburg WM 1991/540
43) AG Hagen ZMR 1987/59
44) LG Hamburg WM 1990/561
45) Lefèvre, S. 130
46) LG Berlin, Urt. vom 12.2.1963 – 615 201/62 –
47) AG Pinneberg WM 1985/370; AG Rheine WM 1985/345
48) AG Gummersbach WM 1981/U 7; AG Hamburg WM 1982/310
49) Brintzinger, HeizkostenV § 7, Anm. 4; Lefèvre, S. 133; Freywald Rdn. 102, 83, m.w.N.
50) LG Frankenthal ZMR 1985/302
51) LG Berlin GE 1984/83; a.A. AG Berlin-Wedding GE 1985/1035

schutzfarbe[52]) zu den nicht umlegbaren Instandhaltungskosten zu rechnen. Soweit Tankreinigungskosten als Kosten vorbereitender Arbeiten zur Neubeschichtung anfallen, sind sie nicht umlegbar[53]).

Die lange umstrittene Frage, ob der Vermieter auch die Kosten für die Anmietung oder andere Arten der Gebrauchsüberlassung einer Ausstattung zur Verbrauchserfassung auf die Mieter im Rahmen der Heizkostenabrechnung umlegen kann, ist durch die Novelle der Heizkostenverordnung im Jahre 1984 geklärt worden. Obwohl in diesen Kosten Bestandteile enthalten sind, die im Prinzip den Investitionen zuzuordnen sind, hat der Gesetzgeber sich entschieden, diese Trennung nicht vorzunehmen, sondern die Kosten insgesamt als Betriebskosten zu behandeln. Sie sind als solche den Heizkosten zuzurechnen und damit wie die übrigen Heizkosten umlegungsfähig. Voraussetzung ist allerdings, daß der Vermieter das in § 4 Abs. 2 vorgesehene Verfahren durchgeführt hat, d. h. die Mehrheit der betroffenen Nutzer der Anschaffung im Wege des Leasings oder der Anmietung nicht widersprochen hat.

Unter dem Begriff „Verwendung einer Ausstattung zur Verbrauchserfassung“ können grundsätzlich drei Kostengruppen unterschieden werden:

- Kosten für die laufende Überwachung, den Austausch der Verdunsterröhrchen bei Heizkostenverteilern nach dem Verdunstungsprinzip und die Ablesung des Wärmeverbrauchs.
- Kosten für die von der Vertragsfirma außerdem übernommene Berechnung der auf die einzelnen Nutzer entfallenen Anteile der Heizkosten und die Erstellung einer besonderen Heizkostenabrechnung.
- Kosten des Eigentümers durch Versendung der Abrechnungen an die Mieter, der Verrechnung mit den Vorschüssen und der Einziehung der nachzuzahlenden Beträge.

Für die Verbrauchserfassung können keine Kosten in Rechnung gestellt werden, wenn wegen fehlerhafter Erfassungsgeräte nicht verbrauchsabhängig abgerechnet wird[54]).

Seit der Novellierung der Verordnung im Jahre 1984 sind im § 7 Abs. 2 als Kosten der Verwendung auch die „Kosten der Berechnung und Aufteilung“ ausdrücklich genannt. Nach herrschender Meinung sind die vorstehend zuletzt genannten Kosten (z. B. Versendung, Verrechnung) zumindest im sozialen Wohnungsbau durch die Pauschalen nach § 26 der II. BV als Kosten der Verwaltung abgegolten, da es sich hier um einen Teil des Zahlungsverkehrs zwischen Vermieter und Mieter handelt. Da diese Kosten somit von dem Begriff der Heizkosten im Sinne des § 7 Abs. 2 nicht erfaßt werden, sind sie auch im freifinanzierten Wohnungsbau und bei

---

52) AG Schöneberg GE 1981/1119
53) LG Hamburg WM 1988/38
54) LG Hannover WM 1991/540

gewerblicher Nutzung nicht als Betriebskosten umlegbar, da die Aufzählung der Betriebskosten in Anlage 3 zu der II. BV abschließend ist[55]).

3.5.2 Sonderfragen zu den Heizkosten

Sofern im Falle des Mieterwechsels eine Zwischenablesung durchgeführt ist, entstehen hierdurch zusätzliche Kosten. Auch hierbei handelt es sich im Prinzip um Kosten, die im Zusammenhang mit der Verwendung der Ausstattung zur Verbrauchserfassung entstanden sind. Nach dem Sinn und Zweck des § 7 Abs. 2 sollen die dort angesprochenen Heizkosten nur deshalb in die allgemeine Umlage fallen, weil sie von allen Nutzern einer Liegenschaft[56]) verursacht werden. Bei den Kosten einer Zwischenablesung fehlt es aber an der gemeinsamen Verursachung durch alle Nutzer. Es wäre daher nicht gerechtfertigt, die durch den Auszug eines einzelnen Mieters entstandenen Kosten durch eine Zwischenablesung in eine allgemeine Umlage hineinzunehmen. Vielmehr dürften diese Kosten ebenfalls nach dem Verursachungsprinzip, jedoch unter Zugrundelegung der Fallkonstellation zu behandeln sein. Kündigt z.B. der Vermieter den Vertrag, etwa weil er Eigenbedarf geltend macht, so dürften ihm diese Kosten zuzurechnen sein. Falls der Mieter von sich aus kündigt oder ihm wegen einer Verletzung seiner Verpflichtungen aus dem Mietvertrag fristlos gekündigt wird, so dürften ihn als Verursachenden die Kosten einer Zwischenablesung treffen[57]).

Wärmezähler oder Warmwasserzähler unterliegen der Eichpflicht. Nach den eichrechtlichen Vorschriften müssen die Geräte alle fünf Jahre nachgeeicht werden. Da der Verordnungsgeber in § 5 ausdrücklich die Verwendung solcher eichpflichtiger Geräte zur Verbrauchserfassung zugelassen hat, sind die Kosten der Eichung bzw. Nacheichung untrennbar mit der Verwendung einer solchen Ausstattungs- und Verbrauchserfassung verbunden und können daher als Heizkosten im Sinne der vorgenannten Vorschriften angesehen werden[58]). Die Geräte werden in der Regel nicht an Ort und Stelle nachgeeicht, sondern gegen generalüberholte und nachgeeichte Geräte ausgetauscht. Dies dürfte einer Anerkennung der dadurch entstehenden Kosten als Heizkosten nicht entgegenstehen, da diese Vorgehensweise kostengünstiger und zeitsparend ist[59]). In der Rechtsprechung wird die Umlegbarkeit von Eichkosten im Rahmen von Wartungsverträgen unterschiedlich beurteilt[60]).

---

55) OLG Koblenz (RE) WM 1986/50 und (RE) WM 1988/204

56) Unter „Liegenschaft“ wird im folgenden die Summe der abrechnungstechnisch zusammengefaßten Nutzereinheiten verstanden.

57) AG Köln WM 1984/230

58) Schilling FWW 1985/248; Lefèvre, S. 135; Freywald Rdn.71

59) Vgl. Pfeifer, Die neue Heizkosten-Verordnung, S. 39; derselbe, Taschenbuch Nr. 15, S. 55

60) Dafür: AG Bremerhaven WM 1987/33; AG Köln Urt. v. 7.2.1986 – Az. 218 C 208/85; LG Berlin GE 1987/782; dagegen: AG Berlin-Schöneberg WM 1988/189; siehe auch 3.87

Auch für unvermietete, leerstehende Wohnungen fallen Heizkosten an. Soweit die Wohnungen über den Winter leer stehen, kann eine Beheizung erforderlich sein, die sich auch auf die Verbrauchserfassung auswirkt. Für den nicht verbrauchsabhängigen Anteil der Heizkosten spielt es ohnehin keine Rolle, ob die Wohnung beheizt wird oder nicht. Deshalb fallen diese Kosten auch den Wohnungen zur Last, die nicht genutzt werden. Nach dem im gesamten Betriebskostenrecht herrschenden Verursacherprinzip hat jeder Mieter nur die auf seine Wohnung entfallenden Kosten zu tragen. Deshalb sind die Kosten für die leerstehenden Wohnungen demjenigen zuzurechnen, der Verfügungsbefugter über die leerstehende Wohnung ist.

Auf die Gründe des Leerstehens kommt es nicht an, so daß auch bei Unvermietbarkeit oder vorübergehendem Leerstand infolge Mieterwechsels die auf die betroffenen Räume entfallenden Heizkosten ausschließlich vom Vermieter zu tragen sind. Eine Aufteilung der Kosten auf die übrigen Nutzer scheidet auch dann aus, wenn in einer Ferienwohnanlage einzelne Wohnungen insbesondere während des Winters nicht genutzt werden. Ebensowenig dürfte ein Mieter, der während der Heizperiode längere Zeit abwesend ist (z.B. „Überwintern auf Mallorca"), verlangen können, daß ihm der Festkostenanteil der Heizkosten zum Teil oder ganz erlassen wird. Hierbei dürfte es nicht darauf ankommen, ob er dem Vermieter die längere Abwesenheit vorher angekündigt hat[61]). Da der Festmaßstab im wesentlichen die Kosten abdecken soll, die vom Vermieter nicht individuell beeinflußt werden können, kommt es insofern auch nicht darauf an, ob der Mieter Wärme abnimmt oder nicht. Es wäre unbillig, die nutzenden Mieter mit immer höheren Kosten zu belasten, je weniger andere Mieter von ihrer Nutzungsmöglichkeit Gebrauch machen. Der Mieter hat auch in gewissem Umfang – abgesehen davon, daß er zur Verhinderung von Frostschäden heizen muß – quasi eine Verpflichtung zur Abnahme von Heizenergie. So kann er sich nicht dadurch von den Festkosten befreien, daß er sich über andere Wärmequellen (z.B. Elektroheizung) individuell versorgt.

Bei Neubauten fallen oft erhöhte Heizkosten durch das sogenannte Trokkenheizen an. Umstritten ist, wem diese Mehrkosten zuzurechnen sind. Die Rechtsprechung geht zum Teil davon aus, daß diese Kosten vom Vermieter zu tragen sind[62]), wobei eine Kürzung von 20 bis 25 % der Heizkosten für angemessen gehalten wird[63]). Bedenken gegen diese Ansicht ergeben sich daraus, daß Neubaufeuchtigkeit ein ganz normales Phänomen ist und nicht etwa ein Mangel der Mietsache. Es dürfte daher durchaus vertretbar sein, den Mieter ab Bezug der Wohnung mit den hierfür anfallenden Heizkosten zu belasten[64]), zudem auch die Frage, ob wirklich mehr Kosten entstanden sind, vom Einzugstermin abhängig sein dürfte.

---

61) Lefèvre, S. 142

62) Vgl. LG Lübeck WM 1983/239; LG Mannheim BlGBW 1984/73; AG Köln WM 1985/371

63) So auch Gramlich, S. 213

64) So auch Pfeifer, Taschenbuch Nr. 13, S. 50

3.6 Abrechnungsmaßstäbe

Nach § 6 Abs. 3 ist der Vermieter berechtigt, die Abrechnungsmaßstäbe im Einzelfall einseitig zu bestimmen. Die Grenze für die Auswahl des Vermieters bilden die Vorschriften des § 315 BGB, nach denen die Bestimmung einer Leistung durch den Vertragspartner der Billigkeit entsprechen muß. Die Frage der Billigkeit dürfte sich allenfalls in den Fällen stellen, in denen der Vermieter bei schlecht wärmegedämmten Wohnungen den verbrauchsabhängig abzurechnenden Anteil mit dem Höchstsatz von 70 % festlegt. Diese Frage könnte jedoch nur nach den Gesamtumständen des Einzelfalls entschieden werden. Dagegen dürfte mit der Wahl der in der Praxis am häufigsten vorkommenden Maßstäbe 50/50 ein Verstoß gegen die Billigkeitsregelung des § 315 BGB kaum in Betracht kommen.

Mit der Festlegung durch den Vermieter oder mit der Vereinbarung zwischen den Beteiligten wurden die gewählten Abrechnungsmaßstäbe zum Vertragsbestandteil. Dies bedeutet, daß der Vermieter grundsätzlich hieran gebunden ist und eine Änderung einseitig nicht mehr vornehmen kann. Andererseits kann der Mieter nicht die Wahl anderer Abrechnungsmaßstäbe verlangen, es sei denn, daß der praktizierte Maßstab den sogenannten Billigkeitsvoraussetzungen nicht entspricht. Die Heizkostenverordnung gewährt dem Vermieter allerdings unter bestimmten Voraussetzungen die Möglichkeit, die Abrechnungsmaßstäbe erneut einseitig zu bestimmen. Hiermit soll in erster Linie eine Korrektur von Maßstäben ermöglicht werden, wenn sich nachträglich herausstellt, daß gebäude- oder anlagenbedingt ein höherer oder niedrigerer verbrauchsabhängiger Maßstab als bisher gerechter erscheint. Eine einseitige Änderung ist ferner auch dann zulässig, wenn das Gebäude durch energieeinsparende Maßnahmen (z.B. Verbesserung des Wärmeschutzes und/oder der Heizungsanlage) baulich verändert worden ist. Die Änderung ist allerdings nur für die Zukunft und zum Beginn einer Heizperiode zulässig[65]). Im übrigen bleibt es dem Vermieter und den Mietern überlassen, im Wege der vertraglichen Vereinbarung die Abrechnungsmaßstäbe nachträglich zu ändern, wobei allerdings die Zustimmung aller Beteiligten erforderlich ist.

Eine solche Einstimmigkeit ist auch für eine Überschreitung der Höchstsätze für den verbrauchsabhängig abzurechnenden Anteil (70 %) erforderlich. Eine entsprechende Vereinbarung kann auch in einer Mietvertragsklausel liegen, die den Gebäudeeigentümer berechtigt, den verbrauchsabhängigen Maßstab einseitig zu bestimmen, ohne daß hierbei eine Obergrenze festgelegt worden ist[66]). Die Klausel muß aber eindeutig die Möglichkeit einer 100 %igen verbrauchsabhängigen Abrechnung erge-

---

65) Vgl. AG Hamburg-Altona WM 1987/162
66) Peruzzo, S. 61; Lefèvre, S. 97

ben[67]). Ob eine solche Klausel auch in einem Formularmietvertrag enthalten sein darf, ist in der Literatur und der Rechtsprechung bisher nicht erörtert worden. Die Überschreitung der Höchstsätze nach § 10 unterliegt keiner Obergrenze, so daß auch eine ausschließlich vom Verbrauch abhängige Abrechnung vereinbart werden kann. Dagegen wäre eine Vereinbarung, die eine Überschreitung des höchstzulässigen Festkostenanteils von 50 % zum Inhalt hat, nicht wirksam.

Der Wahlmöglichkeit des Vermieters unterliegen auch die Kriterien, die bei der Verteilung der nicht verbrauchsabhängig abzurechnenden Kosten maßgeblich sein sollen. Hierbei stellt die Verordnung folgende Grundlagen zur Wahl:

- Wohn- oder Nutzfläche oder der umbaute Raum.
- Wohn- oder Nutzfläche oder der umbaute Raum der beheizten Räume.

3.6.1 Wohn- oder Nutzfläche

Überwiegend wird nicht die Fläche der beheizten Räume, sondern die Wohn- oder Nutzfläche insgesamt bei der Ermittlung des Festanteils zugrunde gelegt. Vorschriften über die Berechnung der für die Heizkostenabrechnung maßgeblichen Fläche sind weder in der Heizkostenverordnung noch in allgemeinen mietrechtlichen Bestimmungen enthalten. Es ist hierbei in erster Linie von den gleichen Kriterien auszugehen, die bei der Festlegung der ortsüblichen Vergleichsmiete bzw. der Kostenmiete oder der Umlegung der übrigen Betriebskosten maßgeblich sind. Für den Bereich des preisgebundenen Wohnraums ist bei der Ermittlung der Wohnfläche nach den Vorschriften der §§ 42ff. II. BV vorzugehen. Dies ist insbesondere in den neuen Bundesländern von Bedeutung.

Für Mietverhältnisse über nicht preisgebundene Wohnungen und Geschäftsräume existieren keine entsprechenden Regelungen. Zur Bestimmung der im Einzelfall maßgeblichen Fläche kommen hier neben der im Mietvertrag angegebenen Fläche das Ausmessen sowie das Berechnen in analoger Anwendung der II. BV oder der – allerdings nicht mehr gültigen – DIN 283 Blatt 2 (Wohnungen, Berechnung der Wohnflächen und Nutzflächen) in Betracht. Die Rechtsprechung hat sich mit dieser Frage im Zusammenhang mit der ortsüblichen Vergleichsmiete auseinandergesetzt, hierbei aber keine der genannten Bestimmungsmethoden als allgemein verbindlich angesehen. Nach dem Rechtsentscheid des BayObLG vom 20. Juli 1983[68]) sind weder die DIN 283 noch die II. BV oder eine andere Rechtsvorschrift maßgeblich, sondern die Verhältnisse des Einzelfalles. Es empfiehlt sich daher, die maßgebliche Fläche von vornherein im Mietvertrag festzulegen[69]).

67) LG Saarbrücken WM 1990/85
68) BayObLG (RE) WM 1983/254
69) Schilling FWW 1987/1

Ist die Wohn- oder Nutzfläche im Mietvertrag angegeben, so entsteht hierdurch eine gewisse Bindungswirkung für den Vermieter. Dieser kann vom Mieter keine Betriebskosten nachfordern, wenn sich nachträglich herausstellt, daß die Wohnfläche tatsächlich größer ist als im Mietvertrag angegeben. Dagegen können für den Mieter Rückforderungsansprüche gegeben sein[70]). Bei Wohnraummietverhältnissen geht die Ausstattungspflicht und damit auch die Abrechnung über die reine Wohnfläche hinaus, wenn dem Mieter Nebenräume zur Verfügung stehen, die mit Heizkörpern ausgestattet sind. Die Nutzfläche dieser Nebenräume ist in der Regel im Mietvertrag nicht angegeben, so daß diese für die Heizkostenabrechnung gesondert ermittelt werden muß. Hierbei dürfte das Ausmessen und die analoge Anwendung der Vorschriften der §§ 42ff. II. BV in Betracht kommen.

3.6.2 Beheizte Räume

Wird bei der Umlegung von Heizkosten für die Ermittlung des Festanteils auf die Wohn- oder Nutzfläche der beheizten Räume zurückgegriffen, so bedeutet dies nicht, daß nur die mit Heizkörpern ausgestatteten Räume maßgeblich sind. Wesentlich ist vielmehr, ob sie in dem Bereich liegen, der von der Beheizung erfaßt wird. Deshalb gehören zu den beheizten Räumen auch Dielen oder Flure, in denen keine Heizkörper angeordnet sind, dagegen z.B. nicht Balkone oder Loggien. Bei der Entscheidung, ob ein beheizter Raum im Sinne des § 7 Abs. 1 vorliegt, wird darauf abzustellen sein, ob der Raum (gezielt) im Einzugsbereich eines Heizkörpers liegt oder seine Beheizung unbeachtlich oder gar unerwünscht ist (z.B. bei Speisekammern, Loggien, außenliegenden Fluren). Ein Raum ist auch dann „beheizt", wenn ein vorhandenes Heizkörperventil nicht geöffnet wird[71]).

Da für alle Nutzer, die von der Heizkostenabrechnung erfaßt werden, ein einheitlicher Maßstab zugrunde zu legen ist, hängt die Entscheidung über einen der möglichen Festmaßstäbe von den Gesamtumständen des Einzelfalls ab. So kann es z.B. bei erheblichen Unterschieden hinsichtlich der Balkone oder Terrassen sinnvoll sein, die Fläche der beheizten Räume zugrunde zu legen. Das gleiche gilt, wenn z.B. nur in einigen Wohnungen große Dielen oder Flure nicht mit Heizkörpern ausgestattet sind, die auch nicht von den umliegenden Räumen ausreichend mit Wärme versorgt werden können[72]).

3.6.3 Lageausgleich

Der unterschiedliche Wärmebedarf der einzelnen Wohnungen innerhalb eines Gebäudes hat wiederholt zu der Forderung geführt, den Mietern von außenliegenden Wohnungen bei der Heizkostenabrechnung einen „Lage-

70) Sternel ZfgWBay 1985/441
71) LG München WM 1988/310
72) Sternel ZfgWBay 1986/510

ausgleich" zu gewähren. Bis zum Inkrafttreten der Heizkostenverordnung im Jahre 1981 wurde dies von einigen Abrechnungsfirmen im Wege der sogenannten Skalenreduktion gemacht, bei der man je nach Lage der Wohnung innerhalb des Gebäudes unterschiedliche Skalen bei den Erfassungsgeräten verwendete, die bei gleichem Verbrauch zu unterschiedlichen Ergebnissen führten. Die Verordnung läßt eine Berücksichtigung der Lage weder durch Skalenreduktion noch durch Zu- oder Abschläge oder ähnliche Eingriffe in die Verbrauchserfassung zu. Allerdings gilt auch insoweit der Bestandsschutz des § 12 (vgl. Abschnitt 3.4.5). Danach dürfen Geräte, die eine Skalenreduktion vorsehen, weiter verwendet werden, wenn sie am 1. Juli 1981 (bei Sozialwohnungen am 1. August 1984) bereits vorhanden waren. Die Weiterbenutzung ist aber nur unter den in Abschnitt 3.4.5 genannten Bedingungen zulässig, nämlich daß die technischen Gegebenheiten sich nicht ändern[73]).

Gleichwohl läßt die Heizkostenverordnung den unterschiedlichen Wärmebedarf der einzelnen Wohnungen nicht unberücksichtigt. Vielmehr gestattet sie in gewissen Grenzen einen Ausgleich über die Wahl der Abrechnungsmaßstäbe. Der Festkostensatz geht von den durch Untersuchungen bestätigten Annahmen aus, daß bis zu 30 % der Gesamtkosten unabhängig vom individuellen Verbrauchsverhalten entstehen (z.B. durch Festkosten wie Betriebsstrom, Reinigung der Anlage oder anlagenbedingte Wärmeverluste). Wird ein Festkostenmaßstab von über 30 % gewählt, insbesondere der in der Praxis häufigste von 50 %, so findet hierbei bereits ein erheblicher Ausgleich zwischen den erfaßten Verbräuchen der einzelnen Nutzer statt. Damit werden auch anlagen- und lagebedingte etwaige Vor- oder Nachteile einzelner Nutzer nivelliert.

Bei der Diskussion über weitere Möglichkeiten eines Lageausgleichs wird außer acht gelassen, daß die Berechnung des Wärmebedarfs einer Wohnung zunächst nur Bedeutung für die Auslegung der Heizungsanlage und der einzelnen Heizkörper hat. Damit ist noch keine Aussage darüber getroffen, wie sich der tatsächliche Wärmebedarf bei Beheizung der Räume darstellt. Dieser Verbrauch wird neben dem genannten Wärmebedarf erheblich von weiteren Faktoren bestimmt, die u.U. zu völlig anderen Ergebnissen hinsichtlich des tatsächlichen Verbrauchs einer Wohnung führen, als nach der reinen Bedarfsberechnung zu erwarten wäre.

Wichtige Faktoren bilden z.B. die Heizgewohnheiten des Inhabers der Wohnung und der umliegenden Wohnungen. Eine innenliegende Wohnung kann daher einen überdurchschnittlichen Verbrauch aufweisen, wenn der Mieter (z.B. Rentner) den ganzen Tag über heizt, während die Mieter der umliegenden Wohnungen wenig heizen, weil sie berufstätig sind. Umgekehrt kann eine Außenwohnung mit eigentlich erhöhtem Wärmebedarf geringe Heizkosten aufweisen, weil der Mieter sparsam heizt, berufstätig ist

73) Vgl. AG Hamburg WM 1989/29

und die umliegenden Wohnungen voll durchgehend beheizt werden. Einen erheblichen Einfluß auf den Wärmeverbrauch können z.B. leerstehende Nachbarwohnungen haben. In der Praxis lassen sich häufig überhaupt keine signifikanten Unterschiede bei außenliegenden und innenliegenden Wohnungen feststellen. Vielmehr sind die Wohnungen mit extrem hohen und extrem niedrigen Verbräuchen über das ganze Gebäude verteilt. Es scheint daher in jedem Fall problematisch, für diesen Fragenkomplex anerkannte Regeln der Technik aufzustellen, die eine Aussage darüber machen sollen, mit welchen Faktoren der tatsächliche Verbrauch einer Wohnung lagebedingt zu bewerten ist.

3.7 Vorauszahlungen

Auf die erst nach Ablauf der Heizperiode und nach Abrechnung feststehenden anteiligen Heizkosten des Mieters sind Vorauszahlungen zulässig (vgl. § 4 MHG, § 20 Abs. 3 NMV). Dies bedeutet jedoch nicht, daß der Mieter ohne weiteres zu Vorauszahlungen verpflichtet ist, da die genannten Vorschriften lediglich die Zulässigkeit regeln, nicht aber einen gesetzlichen Anspruch gewähren. Für die gewerbliche Nutzung ist die Vorauszahlungsmöglichkeit ohnehin nicht gesetzlich geregelt, so daß es hier allein von dem Willen der Parteien abhängt, ob und wie der Mieter zu Vorauszahlungen herangezogen werden soll.

Eine solche Vereinbarung entspricht jedoch sowohl dem Interesse des Mieters als auch dem des Vermieters. Der Mieter kann sich durch die Vorauszahlungen weitgehend davor schützen, am Ende des Abrechnungszeitraumes mit großen Nachforderungen belastet zu werden; der Vermieter hat hierdurch die Möglichkeit, Vorfinanzierungen der Heizkosten zu vermeiden und das Risiko zu verringern, daß der Mieter wegen der Höhe der Nachforderungen seinen Verpflichtungen nicht nachkommen kann oder will.

Für Wohnraummietverhältnisse ist in den vorstehend genannten Vorschriften festgelegt, daß Vorauszahlungen nur in „angemessener" Höhe verlangt werden können. Diese Einschränkung dürfte allerdings auch für gewerbliche Räume gelten. Für den Bereich des nicht preisgebundenen Wohnungsbaus hat das OLG Stuttgart in seinem Rechtsentscheid vom 10. August 1982[74]) die Auffassung vertreten, daß die bloße Vereinbarung von Vorauszahlungen für den Mieter keinen Vertrauenstatbestand dahingehend schafft, daß diese in etwa die anfallenden Kosten abdecken. Dem Mieter steht daher grundsätzlich kein Schadensersatzanspruch aus Verschulden bei Vertragsabschluß zu, wenn zu niedrig bemessene Vorauszahlungen zu erheblichen Nachforderungen führen.

Im Grundsatz dürfte diese Entscheidung für die Angemessenheit von Vorauszahlungen überhaupt von Bedeutung sein, so daß die Angemessenheit in erster Linie als eine Begrenzung nach oben angesehen werden muß[75]). Bei der gegenwärtigen Wohnungsmarktlage und der daraus resultierenden Mietensituation dürfte das Problem der Angemessenheit aber gerade nicht selten in zu niedrig angesetzten Vorauszahlungen liegen. Es fragt sich daher, ob bei einer bewußt zu niedrig angesetzten Vorauszahlung, um dem Mieter eine geringere Mietbelastung vorzuspiegeln (z.B. bei dem Erstbezug von Neubauwohnungen), der Vermieter nicht eine Einschränkung bei der Geltendmachung seiner Nachforderungen hinnehmen muß[76]). Auch in der

74) OLG Stuttgart (RE) NJW 1982/2506; a.A. LG Arnsberg NJW-RR 1988/397; AG Rendsburg NJW-RR 1988/398

75) Sternel ZfgWBay 1985/441; Wienicke § 20 NMV Anm. 8

76) Eisenschmid ZfgWBay 1986/196

Rechtsprechung wird zum Teil die Auffassung vertreten, daß dem Vermieter eine Nebenpflicht zukommt, den Mieter über die voraussichtlichen Betriebskosten aufzuklären und hiernach eine angemessene Vorauszahlung zu vereinbaren[77]). Hiermit soll für den Mieter gewährleistet sein, daß er seine Gesamtbelastung kalkulieren kann. Nach Auffassung des LG Frankfurt[78]) kann der Mieter unter Umständen das Mietverhältnis fristlos kündigen.

Die Angemessenheit von Vorauszahlungen dürfte durch einen Vergleich mit den im letzten Abrechnungszeitraum angefallenen Betriebskosten möglich sein, wobei allerdings zwischenzeitliche Entwicklungen (z.B. der Ölpreise) mit zu berücksichtigen sind[79]). Stellt sich heraus, daß die Vorauszahlungen der zwischenzeitlichen Betriebskostenentwicklung nicht mehr Rechnung tragen, so ist der Vermieter bei preisgebundenen Wohnungen berechtigt, durch Erklärung nach § 4 Abs. 7 NMV mit Wirkung vom Ersten des nächsten Monats an die erforderliche Anpassung vorzunehmen.

Eine Erhöhung der Vorauszahlung für einen zurückliegenden Zeitraum ist dagegen nicht zulässig. Eine entsprechende Regelung für den preisfreien Wohnraum besteht nicht; der Vermieter ist hier zu einer Erhöhung der Vorauszahlung nur berechtigt, wenn eine entsprechende vertragliche Vereinbarung geschlossen wird[80]). Das gleiche gilt für gewerbliche Mietverhältnisse. In der Regel werden jedoch in den letztgenannten Fällen entsprechende vertragliche Vereinbarungen in den Mietverträgen vorgesehen.

Von der Vorauszahlung, durch die der Mieter Teilleistungen auf die noch nicht endgültig feststehenden Heizkosten erbringt, ist die Pauschale zu unterscheiden. Diese dient gerade dem Zweck, eine spätere Abrechnung über die tatsächlichen Kosten zu vermeiden. Der Vermieter trägt hierbei das Risiko der Kostendeckung, braucht dem Mieter allerdings auch nichts zurückzuzahlen, wenn die gezahlten Pauschalen die tatsächlichen Kosten übersteigen. Wegen der Verpflichtung des Vermieters aus der Heizkostenverordnung, in jedem Fall eine Abrechnung durchzuführen, ist die Vereinbarung von Heizkostenpauschalen soweit unzulässig. Selbst dort, wo solche Vereinbarungen getroffen worden sind, gehen die Vorschriften der Heizkostenverordnung vor[81]). Der Mieter muß in diesen Fällen eine verbrauchsabhängige Abrechnung und einen Nachforderungsanspruch des Vermieters hinnehmen[82]). Haben die Parteien im Mietvertrag zwar „monatliche Pauschalen" vereinbart, jedoch eine jährliche Abrechnung vorgesehen, so liegt hierin gleichwohl die Vereinbarung von Vorauszahlungen[83]).

---

77) Vgl. AG Eschweiler WM 1980/233; AG Homburg WM 1982/247

78) LG Frankfurt WM 1979/24

79) Blank C 282

80) Strittig vgl. LG Köln WM 1983/59; AG Darmstadt WM 1982/307; Blank C 281; s. aber auch Sternel, Mietrecht, III Rdn. 326

81) BayObLG DWW 1988/249

82) OLG Hamm (RE) WV1986/267; OLG Schleswig (RE) DWW 1986/293

83) AG Landsberg DWW 1986/19

3.8 Heizkostenabrechnung

Die Heizkostenverordnung verpflichtet den Gebäudeeigentümer lediglich, auf der Grundlage des erfaßten Verbrauchs und der vorgesehenen Maßstäbe abzurechnen. Dagegen enthält sie keine näheren Bestimmungen darüber, wann und wie abzurechnen ist. Dies richtet sich daher nach den für die Betriebskosten allgemein geltenden Bestimmungen.

3.8.1 Abrechnungszeitraum

Nach § 20 Abs. 3 Satz 2 NMV ist für den preisgebundenen Wohnraum über die Betriebskosten, den Umlegungsbetrag und die Vorauszahlungen jährlich abzurechnen (Abrechnungszeitraum). Für den nicht preisgebundenen Wohnraum ergibt sich eine entsprechende Verpflichtung aus § 4 Abs. 1 MHG. Bei der Geschäftsraummiete sind die Vereinbarungen der Parteien maßgeblich. Soweit vermietete Räume den Bestimmungen der Heizkostenverordnung unterliegen, ergibt sich bereits hieraus eine Abrechnungspflicht. Nach überwiegender Meinung handelt es sich bei der Jahresfrist um eine Höchstfrist, die durch Parteivereinbarungen nicht verlängert werden kann. Das bedeutet, der Vermieter darf keinen längeren Abrechnungszeitraum als 12 Monate wählen[84]). Nicht erforderlich ist dagegen, daß der Zeitraum mit dem Kalenderjahr identisch ist. In der Praxis wird nicht selten der Beginn der Heizperiode auf die Jahresmitte festgelegt.

Für die unterschiedlichen Betriebskostenarten können auch verschiedene Abrechnungszeiträume gewählt werden. So kann die Heizperiode zum 1. Juli beginnen, während die übrigen Betriebskosten nach dem Kalenderjahr abzurechnen sind. Maßgeblich für den Abrechnungszeitraum dürfte sein, wann der Vermieter alle zur Abrechnung erforderlichen Unterlagen üblicherweise zur Verfügung hat (z.B. Strom-, Gas- oder Wasserrechnungen). Streitig ist, ob die Parteien auch einen kürzeren Zeitraum als 1 Jahr (etwa 9 Monate oder 6 Monate) vereinbaren dürfen[85]).

Man wird dies für die Heizkostenabrechnung nur insoweit zulassen können, als durch besondere Umstände, wie z.B. den Bezug eines Neubaus oder die Änderung des Beginns des Abrechnungszeitraumes, sich eine kürzere Heizperiode ergibt. Für die Frage, wie in diesen Fällen der anteilige Verbrauch zu erfassen ist, sind dieselben Kriterien maßgeblich, die auch beim Mieterwechsel gelten (vgl. Abschnitt 3.4.3).

3.8.2 Abrechnungsfrist

Eine gesetzliche Frist zur Vorlage von Betriebskostenabrechnungen ist nur im preisgebundenen Wohnungsbau vorgesehen. Durch die Dritte Verord-

84) Sternel, Mietrecht, III Rdn. 366; Pfeifer ZAP-DDR 1991/429

85) Dafür: Palandt/Putzo, § 4 MHRG Anm. 2 a; Sternel a.a.O; Sonnenschein NJW 1986/2731; dagegen: Eisenschmid ZfgWBay 1986/196

nung zur Änderung wohnungswirtschaftlicher Vorschriften vom 20. August 1990[86]) ist die in § 20 Abs. 3 NMV vorgesehene Abrechnungsfrist von 9 auf 12 Monate verlängert worden. Sie ist nunmehr eine gesetzliche Ausschlußfrist. Der Vermieter kann daher nach Ablauf dieser Frist Heizkostenforderungen nicht mehr geltend machen, es sei denn, er hat die Fristüberschreitung nicht zu vertreten. Die Ausschlußfrist hat allerdings keinen Einfluß auf die Ansprüche des Mieters auf Abrechnung und Auszahlung eines etwaigen Guthabens[87]).

Entsprechende gesetzliche Regelungen für den nicht preisgebundenen Wohnraum oder für die gewerbliche Miete bestehen nicht. Man wird auch insofern eine Abrechnungsfrist von 12 Monaten als Hilfsgrenze ansehen können, sofern die Parteien nicht eine andere Abrechnungsfrist vereinbart haben. Eine Ausschlußfrist auch für den nicht preisgebundenen Wohnraum läßt sich aus § 20 Abs. 3 NMV nicht herleiten. Dies bedeutet aber nicht, daß dem Vermieter keine Nachteile aus der Nichteinhaltung der Frist erwachsen. Zumindest führt die Regelung dazu, daß die Abrechnung spätestens nach Ablauf der Frist fällig wird. Leistet der Vermieter bei Fälligkeit nicht, d. h. legt er keine Abrechnung vor, kann der Mieter weitere Vorauszahlung auf die Heizkosten zurückhalten[88]). Er kann ferner vom Vermieter gegebenenfalls im Klagewege die Vorlage der Abrechnung verlangen[89]). Ergibt sich ein Überschuß zugunsten des Mieters, so hat der Vermieter diesen vom Tag der Fälligkeit an zu verzinsen. Ferner dürfte die Nichteinhaltung der Frist zu einer großzügigeren Handhabung der Maßstäbe für die Verwirkung der Vermieteransprüche (vgl. 3.9) führen[90]).

3.8.3 Form und Inhalt der Abrechnung

Zur Form und zum Verfahren der Heizkostenabrechnung bestehen keine ausdrücklichen gesetzlichen Vorschriften. Es finden jedoch insoweit die allgemeinen Vorschriften über die Rechnungslegung Anwendung, daß die Heizkostenabrechnung den Anforderungen des § 259 BGB entsprechen muß. Überwiegend wird verlangt, daß zumindest schriftlich abgerechnet wird. Allerdings wird die Einhaltung der Schriftform des § 126 BGB nicht für notwendig gehalten, so daß die Abrechnung nicht unterschrieben zu werden braucht. Die Abrechnung kann daher auch in Form des Computerauszuges geschehen.

Der Bundesgerichtshof hat sich in seinem – zur Fernwärme nicht unumstrittenen – Urteil vom 9. April 1986[91]) mit den inhaltlichen Anforderungen an eine ordnungsgemäße Heizkostenabrechnung auseinandergesetzt und

86) BGBl. I 1990, S. 1813
87) Sternel, Mietrecht aktuell, Rdn. 33
88) BGH (RE) WM 1984/185; OLG Hamburg WM 1989/150
89) LG Kiel WM 1990/312
90) Sternel, Mietrecht aktuell, Rdn. 34
91) BGH WM 1986/214

hierbei im wesentlichen auf seine im Urteil vom 23. November 1981[92]) aufgestellten Grundsätze zu Betriebskostenabrechnungen verwiesen. Danach setzt eine ordnungsgemäße Abrechnung

- eine Zusammenstellung der Gesamtkosten,
- die Angabe und Erläuterung der zugrunde gelegten Abrechnungsmaßstäbe,
- die Berechnung des auf den Mieter entfallenden Anteils,
- die Abrechnung über die Vorauszahlungen des Mieters

voraus.

Für die Abrechnung von Heizkosten ergeben sich aus der HeizkostenV zusätzlich Kriterien, da dort in den §§ 7 und 8 bestimmte Kostenarten und Abrechnungsmaßstäbe vorgegeben sind.

Die Abrechnung muß gedanklich und rechnerisch nachvollziehbar sein. Hierbei ist es nach dem Bundesgerichtshof erforderlich, daß sowohl die Einzelangaben als auch die Abrechnung insgesamt klar, übersichtlich und aus sich heraus verständlich sind. Hierbei ist auf das durchschnittliche Verständisvermögen eines juristisch und betriebswirtschaftlich nicht geschulten Mieters abzustellen. Allerdings muß der Mieter für die Überprüfung der Abrechnung wegen der nicht einfachen Rechenvorgänge einigen Arbeits- und Zeitaufwand in Kauf nehmen. Unter Umständen kann von ihm sogar verlangt werden, daß er sich einen Taschenrechner anschafft[93]).

Es ist allerdings nicht Aufgabe des Mieters, unklare Angaben (z.B. „sonstige Kosten") beim Vermieter nachzufragen oder durch Einsicht in die Belege zu prüfen. Die Tatsache, daß bei der Berechnung der Heizkosten andere Maßstäbe zugrunde zu legen sind als bei den übrigen Betriebskosten, hindert den Vermieter nicht, alle Betriebskosten in einer gemeinsamen Abrechnung geltend zu machen. Erforderlich ist hierbei jedoch, daß die Heizkosten von den übrigen Kostenarten eindeutig getrennt sind.

3.8.4 Einsichtsrecht des Mieters

Die Abrechnung ist den Mietern einzeln zuzusenden. Weitere Unterlagen, aus denen sich die Richtigkeit der Abrechnung ergibt, brauchen nicht beigefügt zu werden. Der Mieter ist jedoch berechtigt, diese Unterlagen einzusehen. Hierzu kann er auch einen Dritten beauftragen[94]). Dagegen ist der Vermieter nicht verpflichtet, dem Mieter die Unterlagen ohne entsprechende Anfrage vorzulegen. Der Mieter braucht sich nicht mit Kopien zu begnügen, sondern kann Einsicht in die Originalunterlagen verlangen. Der Vermieter kann dies nicht mit dem Hinweis auf datenschutzrechtliche Bedenken verweigern[95]). Fraglich ist dagegen, ob der Mieter nur die Unter-

---

92) BGH ZMR 1982/108

93) LG Köln DWW 1985/74

94) AG Hamburg WM 1991/282

95) AG Flensburg WM 1985/74; AG Siegen WM 1984/57

lagen für seine Wohnung oder auch die der anderen Wohnungen des Gebäudes einsehen darf[96]). Bei Verletzung der Vorlagepflicht des Vermieters besteht ein Zurückbehaltungsrecht des Mieters an der Nachforderung[97]).

Der Mieter hat keinen Anspruch auf Übersendung der Unterlagen, sondern kann lediglich verlangen, daß auf seine Kosten Fotokopien angefertigt werden. Für die Kopierkosten dürften 0,50 DM pro Kopie nicht zu hoch sein[98]). Für die Richtigkeit der Angaben in der Heizkostenabrechnung ist der Vermieter beweispflichtig, so daß der Verlust von Unterlagen zu seinen Lasten geht[99]). Für die Frage, an welchem Ort die Unterlagen dem Mieter zur Einsicht vorgelegt werden müssen, wird zunehmend die Ansicht vertreten, daß bei auswärtigen Vermietern oder großen Wohnanlagen der Ort der Mietsache maßgeblich ist[100]). Überwiegend wird aber noch der Sitz des Vermieters als Einsichtsort anerkannt[101]). Es erscheint daher sinnvoll, die Frage vertraglich zu regeln.

3.8.5. Prüfungsrecht des Mieters und Fälligkeit

Die Ansprüche des Vermieters auf eine Nachzahlung aufgrund der Heizkostenabrechnung werden erst fällig, wenn er eine ordnungsgemäße Abrechnung vorgelegt hat[102]). Unbestritten ist, daß dem Mieter eine angemessene Frist eingeräumt werden muß, um die Richtigkeit der Abrechnung zu überprüfen. Der Mieter muß von seinem Recht zur Einsichtnahme und Prüfung unverzüglich Gebrauch machen. Zur Länge des angemessenen Prüfzeitraums liegt keine eindeutige Rechtsprechung vor. Man wird jedoch einen Zeitraum von zwei Wochen für angemessen ansehen müssen, wenn auch der Vermieter seinerseits die Abrechnung rechtzeitig vorlegt[103]). Ein längerer Zeitraum dürfte in Betracht kommen, wenn der Vermieter erheblich verspätet und unter Umständen für mehrere Jahre zugleich abrechnet. In jedem Fall dürfte eine Einspruchsfrist von lediglich einer Woche nach Zugang der Heizkostenabrechnung unangemessen kurz sein, so daß eine entsprechende Klausel im Formularmietvertrag unwirksam ist[104]).

Macht der Mieter von seinem Prüf- und Einsichtsrecht nicht Gebrauch, so wird die Abrechnung nach Ablauf der Prüffrist fällig, so daß der Vermieter

---

96) LG Frankenthal WM 1985, 347; Sternel ZfgWBay 1986/507
97) Herrschende Meinung vgl. Sternel, Mietrecht III Rdn. 373; näheres s. 3.8.6
98) So AG Charlottenburg MM 1991/195 (LS); LG Duisburg WM 1990/562; nach AG Köln WM 1992/201 und LG Berlin GE 1991/151 sogar 1,– DM zulässig
99) OLG Düsseldorf WM 1974/236
100) LG Hanau WM 1981/132; AG Wetter ZMR 1984/119; Blank C 278; Freywald Rdn. 184
101) Sternel, Mietrecht aktuell, Rdn. 398 m.w.N.
102) Sternel, Mietrecht aktuell, Rdn. 396; LG Hamburg DWW 1988/147
103) Pfeifer, Die neue Heizkosten-Verordnung, S. 29
104) AG Geesthacht WM 1985/269

etwaige Nachforderungen aus der Heizkostenabrechnung geltend machen kann. Nachforderungen aus der jährlichen Nebenkostenabrechnung sind jedoch nicht als Mietzins im Sinne des § 554 BGB anzusehen. Der Vermieter ist dabei bei Verzug des Mieters nicht zur fristlosen Kündigung berechtigt, selbst wenn die ausstehenden Forderungen die in § 554 BGB genannten Beträge übersteigen[105]). Eine Kündigung kommt daher insoweit nur in Betracht, wenn der Mieter die besonderen Voraussetzungen des § 554a BGB (schuldhafte Vertragsverletzung) erfüllt. Der Vermieter ist bei Zahlungsverzug auch nicht berechtigt, dem Mieter die Heizung „abzudrehen", da insoweit kein Zurückbehaltungsrecht besteht.

3.8.6 Folgen einer nicht ordnungsgemäßen Abrechnung

Solange der Vermieter keine ordnungsgemäße Abrechnung vorgelegt hat, kann der Mieter gegenüber Nachforderungsansprüchen des Vermieters ein Zurückbehaltungsrecht geltend machen (ständige Rechtsprechung sowie herrschende Meinung in der Literatur[106]). Der Mieter kann daher grundsätzlich eine Nachzahlungsforderung des Vermieters aus einer Heizkostenabrechnung zurückweisen, solange der Vermieter keine ordnungsgemäße Abrechnung vorgelegt hat. In der Literatur wird dem Mieter als weiteres Druckmittel, um eine ordnungsgemäße Abrechnung zu erreichen, die Einstellung der Vorauszahlungen zugestanden[107]). Die Rechte stehen dem Mieter dann zu, wenn der Vermieter entweder in angemessener Frist nach Ablauf des Abrechnungszeitraumes überhaupt keine Abrechnung vorlegt oder die Abrechnung nicht ordnungsgemäß ist, weil etwa Unrichtigkeiten enthalten sind oder dem Mieter nicht in ausreichendem Maße die Möglichkeit eröffnet wird, Zweifel an der Richtigkeit der Abrechnung durch Einsicht in die Belege zu beseitigen. Zahlt der Mieter den vom Vermieter geltend gemachten Saldobetrag vorbehaltslos, sind spätere Nachforderungsansprüche des Vermieters grundsätzlich ausgeschlossen[108]).

Gegenüber einer nicht ordnungsgemäßen Heizkostenabrechnung gewährt die Heizkostenverordnung dem Mieter ein besonderes Kürzungsrecht. Nach § 12 Abs. 1 besteht für den Mieter – seit der Novelle 1989 als Dauerregelung – die Möglichkeit, den auf ihn anfallenden Anteil der Kosten der Versorgung mit Wärme und Warmwasser auf 15 % zu kürzen, wenn der Gebäudeeigentümer entgegen den Vorschriften der Heizkostenverordnung nicht verbrauchsabhängig abrechnet. Von der Regelung werden alle Fälle erfaßt, in denen von der Verordnung in unzulässiger Weise abgewichen oder nicht verbrauchsabhängig abgerechnet wird. Es kommt daher für das Kürzungsrecht nicht darauf an, ob eine Ausstattung zur Verbrauchserfassung fehlt, nicht oder nur unzureichend verwendet wird. Eine Kürzung

---

105) OLG Koblenz (RE) WM 1984/269
106) BGH WM 1986/214 und ZMR 1982/108
107) Sternel, Mietrecht, III Rdn. 369
108) AG Hamburg WM 1990/444

kommt nicht in Betracht, wenn der Vermieter aufgrund der Ausnahmeregelung der §§2,4 Abs.3,9a,9b und 11 nicht im Wege der Verbrauchserfassung abrechnet, da die Verordnung ausdrücklich diese Ausnahmen zuläßt. Andererseits kann das Kürzungsrecht nach § 12 Abs. 1 gleichwohl zum Zuge kommen, wenn der Vermieter von einer dieser Ausnahmeregelungen Gebrauch machen will, aber deren Voraussetzungen nicht vorliegen. Dies kann z.B. der Fall sein, wenn der Vermieter bei einem Vorgehen nach §9 die Unmöglichkeit der teilweisen oder gesamten Verbrauchserfassung einzelner oder aller Nutzereinheiten zu vertreten hat, etwa weil er mögliche Reparaturen an den Erfassungsgeräten nicht rechtzeitig durchgeführt hat oder sich nicht ausreichend um den Zugang zu den Räumen bemüht hat (vgl. 3.4.4).

Will der Mieter von seinem Kürzungsrecht Gebrauch machen, muß er dies ausdrücklich und eindeutig tun[109]). Es kann wiederholt, d.h. für jeden Zeitraum geltend gemacht werden, in dem entgegen den Vorschriften der Verordnung nicht verbrauchsabhängig abgerechnet wird. Der Mieter kann auch das Kürzungsrecht teilweise ausüben, wenn es z.B. nur zum Teil unrichtig ist. Allerdings dürfte das Kürzungsrecht nicht automatisch dadurch eingeschränkt sein, daß nur ein Teil der Räume nicht verbrauchsabhängig abgerechnet wird[110]). Vielmehr wird es insoweit auf die Umstände des Einzelfalls ankommen, nämlich ob dadurch die gesamte Abrechnung zu einer nicht verbrauchsabhängigen Abrechnung wird, etwa bei Überschreiten der Schätzgrenzen nach § 9 a. Von dem Kürzungsrecht nach § 12 bleiben weitergehende Rechte des Mieters, insbesondere aus dem Mietrecht, unberührt. Der Mieter kann daher eventuell ein Zurückbehaltungsrecht hinsichtlich der Nachforderung des Vermieters geltend machen und Vorauszahlungen auf die Heizkosten einstellen, bis ihm eine ordnungsgemäße Abrechnung i.S. des § 259 BGB vorgelegt wird. Wird die Abrechnung später ordnungsgemäß erstellt, muß der Mieter zurückbehaltene Vorauszahlungen nachentrichten.

Als Unzulänglichkeiten bei der Abrechnung der Heizkosten im Rahmen der Heizkostenverordnung wurden z.B. folgende Fälle angesehen:

- Unterbliebenes Ablesen wegen nicht rechtzeitiger Ankündigung[111]).
- Unrichtigkeit der Kostensätze[112]).
- Unterschiede bei den Ablesewerten an den Heizkörpern und den in Rechnung gestellten Einheiten[113]).
- Fehlerhafte Montage der Heizkostenverteiler[114]).

---

109) Pfeifer, Die neue Heizkosten-Verordnung, S. 63
110) Pfeifer a.a.O.
111) AG Münster WM 1987/230
112) AG Freiburg WM 1987/231
113) AG Kiel WM 1986/346
114) LG Berlin WM 1986,/346

- Unterbliebene Zwischenablesung, obwohl technisch möglich und nicht vertraglich ausgeschlossen[115]).
- Verfälschte Ergebnisse, da Vermieter in einem Teil der Räume Heizkörperverkleidungen angebracht hatte[116]).
- Änderung der Skalenkodierung ohne ersichtlichen Grund[117]).

Als Rechtsfolge der fehlerhaften Abrechnung haben die Gerichte in der Regel die Ansprüche der Vermieter auf Nachzahlung von Heizkosten als zur Zeit unbegründet abgewiesen. Eine Heizkostenabrechnung ist aber nicht schon dann nicht ihrem Saldo nach fällig, wenn der zugrunde liegende Abrechungszeitraum und der tatsächliche Ablesezeitraum nur um wenige Wochen auseinander fallen[118]).

Der Vermieter kann sich nicht darauf berufen, die verbrauchsabhängige Abrechnung sei vertraglich ausgeschlossen worden (vgl. OLG Schleswig[119])). So hat auch das OLG Hamm in seinem Beschluß vom 2. Juli 1986[120]) durch Rechtsentscheid den Anspruch des Vermieters auf Nachforderungen trotz der Vereinbarung einer Pauschale bejaht. Nach beiden Entscheidungen ist damit in jedem Falle, soweit die HeizkostenV Anwendung findet, die Heizkostenabrechnung entsprechend vorzunehmen. Dies gilt auch für Warmmietverträge, die vor dem Inkrafttreten der HeizkostenV abgeschlossen worden sind[121]).

3.8.7 Sonderfall „aperiodische Kosten“

Ein Teil der als Heizkosten umlegbaren Aufwendungen fällt nicht jährlich an, sondern in größeren Abständen. Dies gilt z.B. für die Kosten der Tankreinigung, die überwiegend als Betriebskosten angesehen werden (vgl. 3.5.1). Von größerer Bedeutung sind jedoch die Eichkosten, die bei der Verwendung von Wärmezählern und Warmwasserzählern anfallen. Diese Geräte sind eichpflichtig und müssen in festgelegten Abständen nachgeeicht werden. Die Eichkosten sind als Heizkosten umlegbar[122]).

Zur Frage, ob solche Kosten in dem Jahr, in dem sie dem Vermieter in Rechnung gestellt werden, bei der Abrechnung berücksichtigt werden müssen oder auf mehrere Jahre verteilt werden können oder müssen, besteht keine einheitliche Meinung. Für eine Aufteilung auf mehrere Jahre spricht, daß hierdurch bei einem Mieterwechsel nicht zufällig der Mieter mit den Kosten für den gesamten Berechnungszeitraum belastet wird, der

115) LG Hamburg GE 1989/153
116) LG Hamburg WM 1988/405
117) LG Saarbrücken WM 1989/311
118) OLG Schleswig (RE) DWW 1990/355; Sternel, Mietrecht aktuell, Rdn. 101
119) OLG Schleswig DWW 1986/293
120) OLG Hamm (RE) WM 1986/184
121) BayObLG DWW 1988/249
122) AG Bremerhaven WM 1987/33; a.A. AG Berlin-Schöneberg WM 1988/189

sich im Jahr der Abrechnung in der Wohnung befindet[123]). Gegen eine solche Vorgehensweise spricht allerdings der Wortlaut der §§ 4 Abs. 1 MHG und 20 Abs. 3 S. 2 NMV, wonach über die Betriebskosten, den Umlegungsbetrag und die Vorauszahlung jährlich abzurechnen ist. Andererseits wird für den sozialen Wohnungsbau aus dem Grundsatz, daß nur solche Kosten umgelegt werden dürfen, die bei gewissenhafter Abwägung aller Umstände und bei ordentlicher Geschäftsführung entstanden sind (§ 20 Abs. 1 S. 2 NMV, § 24 Abs. 2, II. BV), entnommen, daß eine Aufteilung auf mehrere Jahre möglich ist[124]).

Zu den Kosten der Öltankreinigung sei auf Freywald[125]) hingewiesen, der sich ebenfalls für eine Verteilung auf mehrere Jahre ausspricht. In der Praxis wird dieses Problem zum Teil dadurch umgangen, daß Wartungsverträge abgeschlossen werden, bei denen die Kosten laufend sind. Diese Wartungsverträge umfassen auch die periodisch anfallenden Eichkosten. Das AG Bremerhaven[126]) hat, ebenso wie das AG Köln[127]), die Kosten solcher Wartungsverträge als nach § 7 Abs. 2 umlegbar angesehen.

123) Schilling FWW 1987/7; Hanke ZfgWBay 1986/184

124) Hanke a.a.O.; Wirth NWB 1986/2835; a.A. Sternel, Mietrecht, III Rdn. 303: Transparenz der Betriebskosten erfordert Umlegung im Jahr des Kostenanfalls; AG Neuss WM 1988/309

125) Freywald Rdn. 102, 83, m.w.N.

126) AG Bremerhaven WM 1987/33

127) AG Köln, Urt. v. 7.2.1986 – Az. 218 C 280/85 –

3.9 Verjährung und Verwirkung von Heizkostenforderungen

Die Ansprüche des Vermieters auf Zahlung von Nebenkosten, zu denen die Heizkosten gehören, verjähren in der Regel nach vier Jahren (§ 197 BGB). Für den Beginn der Verjährung ist der Zeitpunkt maßgebend, zu dem dem Mieter die Abrechnung zugeht[128]). Die Verjährung wird nicht durch eine Mahnung des Vermieters unterbrochen, sondern insbesondere durch einen der folgenden Umstände:

- Anerkenntnis des Mieters (§ 208 BGB),
- Klageerhebung oder Zustellung eines Mahnbescheids im Mahnverfahren (§ 209 BGB).

Bereits vor dem Eintritt der Verjährung kann der Anspruch auf Zahlung der Heizkosten nicht mehr durchsetzbar sein, wenn der Mieter sich auf Verwirkung berufen kann. Nach einem Rechtsentscheid des Berliner Kammergerichts vom 14. August 1981[129]) wird der Anspruch des Vermieters auf Nachzahlung von Nebenkosten nicht allein dadurch verwirkt, daß er es längere Zeit unterlassen hat, abzurechnen und den Anspruch geltend zu machen. Die länger dauernde Untätigkeit des Vermieters ist grundsätzlich nur einer der bei der Prüfung der Verwirkung zu würdigenden Umstände des Einzelfalls.

Das Umstandsmoment umfaßt nach Auffassung des Gerichts zwei Voraussetzungen, nämlich einerseits ein Verhalten des Vermieters, aufgrund dessen der Mieter mit der Geltendmachung von Ansprüchen nicht mehr zu rechnen braucht und sich hierauf einrichten darf, und andererseits ein Verhalten des Mieters, nämlich daß er sich tatsächlich darauf eingerichtet hat, nicht mehr in Anspruch genommen zu werden. Der Bundesgerichtshof hat sich in seinem Urteil vom 29. Februar 1984[130]) den Ausführungen des Kammergerichts zur Verwirkung angeschlossen. Hiervon unabhängig ist das Recht des Mieters, gegenüber Verzögerungen des Vermieters bei der Abrechnung weitere Vorauszahlungen zurückzuhalten.

Rückforderungsansprüche des Mieters wegen zuviel gezahlter Heizkosten verjähren ebenfalls nach vier Jahren[131]).

---

128) BGH WM 1991/150

129) KG WM 1981/270

130) BGH WM 1984/217; zur Verwirkung vgl. ferner LG Berlin GE 1990/657; AG Köln WM 1990/444

131) OLG Hamburg (RE) WM 1988/83; OLG Düsseldorf DWW 1990/84; zur Verwirkung der Mieteransprüche vgl. LG Düsseldorf WM 1990/69

3.10 Sonderprobleme

3.10.1 Umlageausfallwagnis

Durch Änderung der Vorschriften über den preisgebundenen Wohnungsbau zum 1. Mai 1984 dürfen die Betriebskosten ab Januar 1987 nicht mehr in der Einzelmiete enthalten sein (§ 27 Abs. 3, II. BV, i.V.m. §§ 25 b, 20 NMV). Mit der Herausnahme dieser Betriebskosten wird insoweit auch das sich aus der Grundmiete ergebende Mietausfallwagnis entsprechend verringert. Dafür wird dem Eigentümer nunmehr das sogenannte Umlageausfallwagnis zugestanden. Dies bezieht sich auf alle Betriebskosten, d.h., auch bereits früher üblicherweise als Umlage erhobene Betriebskosten (z.B. Heizkosten) unterliegen nunmehr dem Umlageausfallwagnis. Der Wagniszuschlag ist jedoch nicht unmittelbarer Bestandteil der Betriebskosten, sondern wird neben der Einzelmiete erhoben. Das Umlageausfallwagnis ist daher anders zu berechnen als das bisherige Mietausfallwagnis. Das Umlageausfallwagnis darf 2 % der im Abrechnungszeitraum auf den Wohnraum entfallenden Höchstkosten nicht überschreiten (§ 20 Abs. 3 NMV). Es ist damit kein fester Betrag, sondern in gleicher Weise veränderlich wie die Betriebskosten[132]).

Umstritten ist, wie das Umlageausfallwagnis bei Heizkosten auf die einzelnen Wohnungen verteilt wird. Einerseits wird darauf hingewiesen, daß es sich um eine gesonderte Position handelt, deren Umlage nach Quadratmetern vorzunehmen ist[133]). Die andere Auffassung sieht das Umlageausfallwagnis von der jeweiligen Belastung des einzelnen Mieters abhängig. Hiernach erhöhen sich die für die Wohnung anfallenden Heizkosten um 2 %[134]).

3.10.2 Ausnahmeregelung des § 2

Nach § 2 der HeizkostenV sind Gebäude mit nicht mehr als zwei Wohnungen, von denen eine der Vermieter selbst bewohnt, von den Vorschriften der Verordnung ausgenommen, wenn die Parteien andere Bestimmungen getroffen haben. Dies bedeutet zunächst, daß bei diesen Gebäuden die Beteiligten sich entscheiden können, ob sie nach der HeizkostenV vorgehen wollen, eine Warmmiete vereinbaren oder eine Verteilung der Heizkosten in vollem Umfang nach einem festen Maßstab (z.B. Wohnfläche) vornehmen wollen.

Die Vorschrift findet ihrem Wortlaut nach Anwendung, wenn maximal zwei Wohnungen vorhanden sind und der Nutzer der einen Wohnung der Vermieter ist. Sie betrifft daher Gebäude mit zwei abgeschlossenen Wohnungen (Zweifamilienhäuser) sowie Gebäude mit einer Wohnung und einer

132) Wienicke § 25 a NMV Anm. 3
133) OLG Hamburg WM 1990/561; Sternel ZfgWBay 1986/507
134) Hannig SHuW 1986/301

weiteren abgeschlossenen oder nicht abgeschlossenen Wohnung von untergeordneter Bedeutung (Einliegerwohnung; zum Begriff vgl. § 11, II. WoBauG). Daher muß der Nutzer der anderen Wohnung ein Mieter sein, so daß von ihr Gebäude mit zwei Eigentumswohnungen nicht betroffen sind, unabhängig davon, ob beide Wohnungen selbst genutzt oder eine oder beide vermietet sind. Bei der Einfügung der Vorschrift im Rahmen der Novellierung 1984 ist der Gesetzgeber jedoch davon ausgegangen, daß in der Regel aufgrund des engen Zusammenlebens in Häusern dieser Größe Vermieter und Mieter gemeinsam interessiert sind, Heiz- und Warmwasserkosten zu sparen[135]).

Maßgeblich für die Ausnahmeregelung dürfte daher in erster Linie nicht die Art der Nutzung, sondern die Zahl der Nutzer sein. Unter dieser Voraussetzung könnten die vorgenannten Fälle in den Anwendungsbereich der Ausnahmeregelung einbezogen werden. Für eine solche Ausfallregelung spricht auch, daß sich bei nur zwei Nutzern die Frage der Wirtschaftlichkeit einer verbrauchsabhängigen Abrechnung im Sinne des § 11 Abs. 1 Nr. 1 stellen kann. Umstritten ist die Frage, ob das Gebäude im Sinne des § 2 neben den beiden Wohnungen auch Gewerberaum enthalten darf[136]). Eine verbindliche Rechtsprechung zu diesem gesamten Problembereich liegt bisher nicht vor. In analoger Anwendung des § 2 sind auch Untermietverhältnisse von der verbrauchsabhängigen Abrechnung nach der Verordnung befreit.

3.10.3 Wärmepaß

Bei der Anmietung einer Wohnung weiß der Mieter in der Regel nicht, mit welchen Heizkosten er zu rechnen hat. Um die auf ihn zukommenden Gesamtbelastungen transparenter zu machen, ist wiederholt gefordert worden, daß der Vermieter den Mietinteressenten oder Mietern Unterlagen zur Verfügung stellt, aus denen sich der Wärmeverbrauch der konkreten Wohnung ermitteln läßt.

In der Praxis haben sich für die Information über den spezifischen Wärmeverbrauch zwei – im Ermittlungsaufwand und in der Aussagekraft unterschiedliche – Beschreibungsmuster als „Energiekennzahl“ (EKZ) bzw. „Wärmepaß“ (oder auch „Wärmeschein“) für Gebäude bzw. Wohnungen bewährt:

- Der globale Indikator „Verbrauch je m^2 beheizter Fläche“;
- eine Diagnose des energetischen Zustandes des Gebäudes (einschließlich Heizanlage) bzw. einer Wohnung.

135) Brintzinger, § 2 HeizkostenV Anm. 7

136) Sternel ZfgWBay 1986/504; einengend Pfeifer, Nebenkosten, S. 36: nur „echtes“ Zweifamilienhaus

Für die Ermittlung und Bekanntgabe des spezifischen Wärmeverbrauchs einer Wohnung bzw. eines Gebäudes besteht keine ausdrückliche gesetzliche Grundlage im Mietrecht. Der Vermieter ist daher bisher nicht verpflichtet, einen entsprechenden Wärmepaß aufzustellen. Sind ihm jedoch die Verbräuche der vergangenen Jahre für die jeweilige Wohnung bekannt, so kann eine Verpflichtung des Vermieters in Betracht kommen, diese Kenntnisse bei der Festlegung einer „angemessenen" Vorauszahlung zugrunde zu legen (vgl. Abschnitt 3.7). Ebenso besteht die Möglichkeit, Angaben über den Wärmeverbrauch in die Mietverhandlungen und den Mietvertrag einzubeziehen. Soweit im Zusammenhang mit der Ermittlung des spezifischen Wärmebedarfs Kosten entstehen, können diese nicht auf den Mieter einseitig umgelegt werden. Der Wärmepaß dürfte insbesondere in den neuen Bundesländern an Bedeutung gewinnen.

3.11 Zusammenfassung

Die verbrauchsabhängige Abrechnung der Heiz- und Warmwasserkosten im Rahmen der Heizkostenverordnung wirft eine Reihe mietrechtlicher Fragen auf. Ein Teil der ursprünglichen Probleme ist bereits durch die Novellierung der HeizkostenV im Jahre 1984 und durch die Rechtsprechung gelöst worden. Ein wesentlicher Teil der in der Praxis aufgetretenen Schwierigkeiten ist durch entsprechende mietvertragliche Vereinbarungen vermeidbar. Bei der Forderung nach einer Novellierung der Vorschriften über die verbrauchsabhängige Abrechnung sollte nicht außer acht gelassen werden, daß die Verordnung sich in erster Linie an gesamtwirtschaftlichen Zielen orientiert und nicht die gerechte Verteilung von Betriebskosten unter den einzelnen Mietern im Auge hat. Dies ist vielmehr eine Aufgabe des allgemeinen Mietrechts. Ein wichtiger Schritt zu mehr Klarheit bei der verbrauchsabhängigen Abrechnung ist in den Richtlinien der Vereinigungen der Meßdienstunternehmen (vgl. Anlage 8.4) zu sehen. Sie betreffen insbesondere die bessere Information der Mietparteien über technische Gegebenheiten des Gebäudes und der Anlage, die Vorgehensweise bei der Erfassung, bei Schätzungen und Mieterwechsel sowie die Plausibilitätsprüfung.

4 Wärmezähler und Warmwasserzähler

Von Dieter Stuck

4.1 Einleitung

In diesem Abschnitt, der sich mit der Messung der thermischen Energie bzw. der Brauchwasser-Volumina beschäftigt, werden nachstehende Formelzeichen benutzt:

$\dot{W}$	Wärmestrom
W	Wärmemenge
τ	Zeit
$\dot{m}$	Massenstrom
Δh	Enthalpiedifferenz
h_i	Enthalpie ($i = V$, h_v: Enthalpie bei der Vorlauftemperatur T_v, $i = R$, h_R: Enthalpie bei der Rücklauftemperatur T_R)
$\dot{h}$	Enthalpiestrom
p	Druck
T_{max}	höchste Temperatur
T_i	Temperatur (i = V, T_V: Vorlauftemperatur; i = R, T_R: Rücklauftemperatur)
ΔT	Temperaturdifferenz
ΔT_{max}	größte Temperaturdifferenz
ΔT_{min}	kleinste Temperaturdifferenz
$C_p(T)$	spezifische Wärmekapazität bei konstantem Druck
$\dot{V}$	Volumenstrom
υ	spezifisches Volumen
$K(p, T_V, T_R)$	Wärmekoeffizient
V	Volumen
U	induzierte Spannung
B	magnetische Induktion
L	Elektrodenabstand
v	Geschwindigkeit
Re	Reynoldszahl
$\bar{v}$	Geschwindigkeitsmittelwert
d	Rohrdurchmesser
ν	kinematische Viskosität
Q_n	Nenndurchfluß
Q_t	Übergangsdurchfluß
Q_{min}	kleinster Durchfluß

Die im Haushalt weitverbreiteten und benötigten Medien, wie z.B. Wasser, Strom oder Gas, werden bereits seit längerer Zeit dem individuellen Verbrauch entsprechend abgerechnet. Die Ermittlung der verbrauchten Mengen erfolgt durch hierfür geeignete, geeichte Meßgeräte. Vom 1. Juli 1980 an wurden auch die im geschäftlichen Verkehr, d.h. die zu Abrechnungszwecken benutzten Meßgeräte für thermische Energie oder Leistung in Heizungsanlagen eichpflichtig. Seitdem ist jeder Wärmezähler in einem Eichamt (oder in einer staatlich anerkannten Prüfstelle für Meßgeräte für Wärme[1]) einer Überprüfung der Anzeigerichtigkeit (Eichung) bezüglich der Einhaltung vorgegebener (Eich-) Fehlergrenzen zu unterziehen (s. Abschnitt 4.8). Das von eichfähigen Geräten angezeigte Meßergebnis ist in gesetzlichen Einheiten (Wh, J oder deren dezimale Vielfache) anzugeben.

Zähler für thermische Energie (Wärmezähler) sind relativ neuartige Geräte, im Gegensatz zu Gas- oder Wassermeßgeräten. Den Vertrauensvorsprung, den die zuletzt genannten Geräte beim Verbraucher genießen, müssen die Wärmezähler auszugleichen versuchen.

Erschwerend für den Einsatz von Wärmezählern wirken sich bauseits einzuhaltende Randbedingungen aus, die, weil sie von anderen eichpflichtigen, im geschäftlichen Verkehr benutzten Geräten nicht gefordert werden, anschließend kurz diskutiert werden sollen.

1) Eichordnung S. 14

4.2 Bau- und heizungstechnische Voraussetzungen für den Wärmezählereinbau

Wärmezähler werden üblicherweise an der Schnittstelle zwischen den Netzen von Wärmelieferanten (Fernwärme o.ä.) und des Wärmeverbrauchers installiert. Viele der in Altbauten vorhandenen Heizungssysteme sind wegen ihrer Rohrführung jedoch nicht für den Einbau von Wärmezählern geeignet. Zur Vereinfachung der dazu nötigen Erläuterungen ist im Bild 4.1 in jeder Ebene des Mehrfamilienhauses nur eine Wohnung dargestellt. Die Verteilung der Wärme erfolgt vom Wärmeerzeuger aus zunächst über die waagerecht an der Kellerdecke verlaufenden Hauptverteilleitungen und von hier aus über die abzweigenden senkrechten Steigestränge zu den in den einzelnen Stockwerken installierten Heizkörpern. An die senkrechten Steigstränge sind jeweils die übereinander angeordneten Heizkörper in den einzelnen Stockwerken angeschlossen. Zur Bestimmung des Wärmeverbrauchs in jeder Wohnung wäre es daher notwendig, an jedem der sechs zu ihr gehörenden Heizkörper je einen Wärmezähler zu installieren. Jede Wohnung besitzt nämlich genau sechs „Schnittstellen“ zwischen dem Netz des Wärmelieferanten und den Anschlußleitungen zu den Wärmeverbrauchern. Da die Gerätekosten für die erforderliche Anzahl von Wärmezählern (etwa 500,– DM bis 1.500,– DM je Stück [2,3]) die zu erwartende Energieeinsparung um ein Vielfaches übersteigen, verbietet sich eine solche Lösung aus wirtschaftlichen Gründen.

Eine für den Einbau von Wärmezählern geeignete Rohrleitungsführung für ein Zweifamilienhaus ist im Bild 4.2 dargestellt. An einen zentralen, senkrechten Steigestrang, bestehend aus Vor- und Rücklaufleitung, wird etagenweise jede Wohnung so angeschlossen, daß eine Wärmemessung an der Anschlußstelle der zu versorgenden Wohneinheit möglich ist.

Eine etwas anders gestaltete Rohrführung gibt das im Bild 4.3 dargestellte Schema einer Einrohr-Heizung für ein Dreifamilienhaus wieder. Die Wärme wird hier mittels eines im Keller des Hauses stehenden Heizkessels erzeugt. Von dort aus erfolgt die Wärmeverteilung über einen zentralen Steigestrang, bestehend aus Vor- und Rücklaufleitung, von dem in jeder Geschoßebene eine Einrohr-Ringleitung die angeschlossenen Heizkörper versorgt. Die geeigneten Stellen zum Einbau eines Wärmezählers sind in jeder Geschoßebene die Abzweigpunkte der Ringleitung vom zentralen Steigestrang.

---

2) Preisstand 1989.
3) test 1987/83

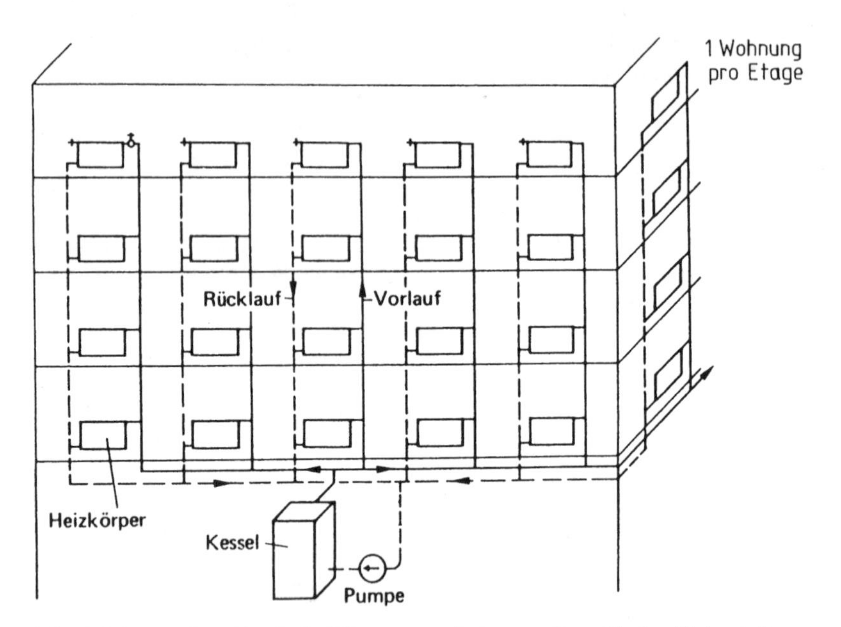

Bild 4.1 Schema einer Zweirohr-Warmwasserheizung mit vertikalen Steigesträngen in einem Mehrfamilienhaus.

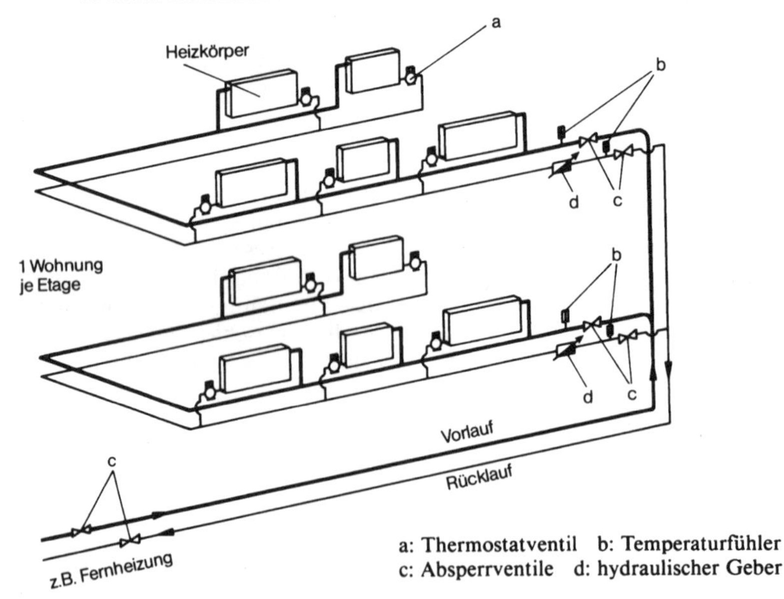

Bild 4.2 Schema einer Zweirohr-Warmwasserheizung in einem Zweifamilienhaus (horizontale Verteilung)

Zukünftig sollte bei Neubauvorhaben oder bei Grundsanierungen von Heizungen in Altbauten verstärkt darauf geachtet werden, die Führung der Rohrleitungen so vorzunehmen, daß ein problemloser Einbau von Wärmezählern möglich ist. Es ist nicht einzusehen, warum entsprechende Installationen aufwendiger sein sollten als die Erstellung von Heizungssystemen mit dezentralen Steigesträngen gemäß Bild 4.1.

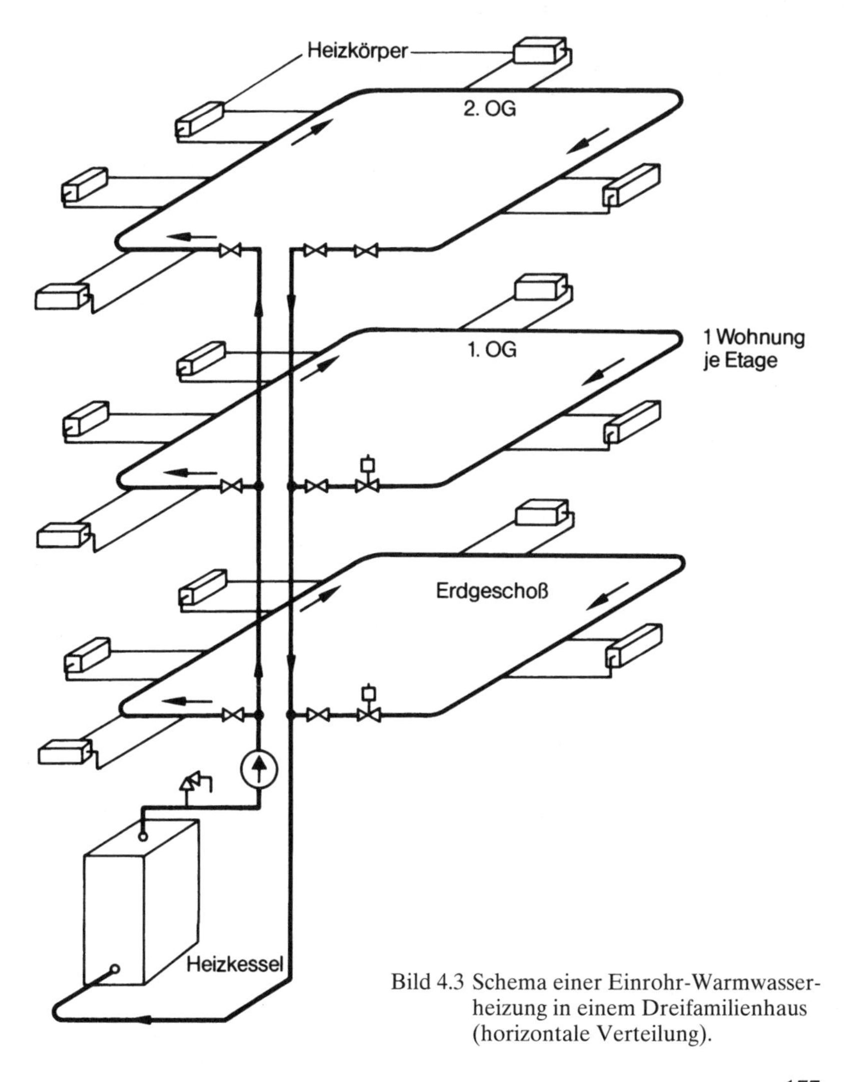

Bild 4.3 Schema einer Einrohr-Warmwasserheizung in einem Dreifamilienhaus (horizontale Verteilung).

4.3 Physikalische Grundlagen der Messung thermischer Energie

Im folgenden werden die physikalischen Grundlagen, deren Kenntnis zur Messung der thermischen Energie erforderlich ist, behandelt. Dabei wird erkennbar werden, daß kaum eine andere physikalische Größe so schwierig zu messen ist wie die thermische Energie, vielleicht abgesehen von der Messung optischer Strahlungsgrößen (Bestrahlungsstärke usw.). Diese Aussage hilft vielleicht, die hohen Erwartungen, die aus Unkenntnis über die realisierbaren Genauigkeiten von Wärmezählern aufgestellt wurden, zu dämpfen. Das hat in der jüngsten Vergangenheit oftmals dazu geführt, daß die Nutzer von Wärmezählern von ihren teuren, eichfähigen Geräten enttäuscht waren, insbesondere dann, wenn die Heizkostenabrechnungen gegenüber früheren Jahren auch noch angestiegen waren (was wiederum nicht den Meßgeräten anzulasten war).

Stellvertretend für das gesamte, in einer Wohnung befindliche Heizungssystem werde ein im stationären Zustand betriebener Heizkörper, Bild 4.4, betrachtet.

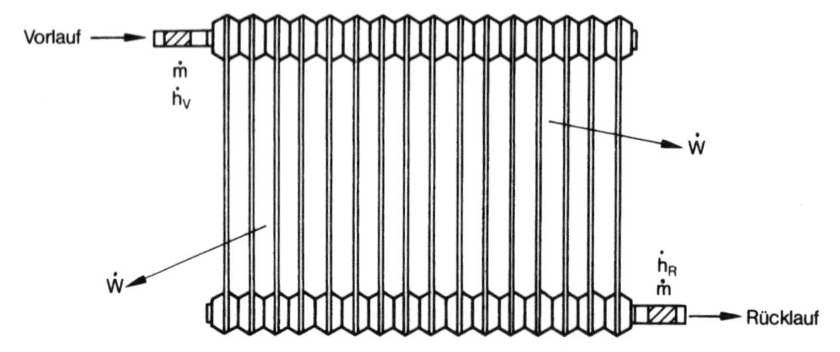

Bild 4.4 Massen- und Enthalpieströme durch einen Heizkörper.

Durch die Vorlaufleitung strömt in der Zeiteinheit ein stationärer Massestrom $\dot{m}$ des Heizmittels (im allgemeinen Wasser) in den Heizkörper. Ein gleich großer Massestrom verläßt den Heizkörper durch die Rücklaufleitung nach Abgabe von Wärme mit der Leistung $\dot{W}$ an die den Heizkörper umgebende Luft. Die thermodynamische Zustandsgröße, die zur Kennzeichnung des Energieinhaltes von offenen Systemen bevorzugt herangezogen wird, ist die vom Druck p und der Temperatur T abhängige (spezifische) Enthalpie $h = h(p,T)$[4]). Mit dem Massestrom $\dot{m}$ tritt der Enthalpiestrom $\dot{h}_v$ in den Heizkörper ein. Durch Wärmeentzug verkleinert sich der Enthalpiestrom auf $\dot{h}_R$ am Ausgang des Heizkörpers. Vorausgesetzt bei allen Austauschvorgängen ist, daß diese bei konstantem Druck vor sich gehen und daß weder die kinetische noch die potentielle Energie des

4) Sajadatz S. 75

strömenden Mediums Änderungen unterworfen ist. Die Summe sämtlicher dem System zugeführter Energieströme muß gleich der Summe der vom System abgeführten Energieströme sein, die in Gl. (1) auf die spezifischen Größen reduziert ist:

$$\dot{W} = \dot{m}\,(h_V - h_R) = \dot{m}\Delta h \tag{1}$$

Die abgegebene thermische Leistung $\dot{W}$ ist gleich dem Produkt aus der Enthalpiedifferenz Δh und dem Massestrom $\dot{m}$.

Die an die Umgebung des Heizkörpers abgegebene Wärmemenge W wird durch Integration von Gl. (1) über die Zeitspanne von τ_0 bis τ_1 erhalten, wobei die Integrationsgrenzen so gewählt werden müssen, daß sich ein stationärer Systemzustand einstellen kann:

$$W = \int_{\tau_0}^{\tau_1} \dot{m} \cdot \Delta h \cdot d\tau \tag{2}$$

Gleichung (2) ist für die Praxis zur Messung der thermischen Energie nicht geeignet, obwohl sie zwar die leicht meßbaren Größen Massestrom $\dot{m}$ und Zeit τ, aber auch die einer direkten Messung nicht zugängliche Enthalpiedifferenz Δh enthält. Als thermodynamische Zustandsgröße muß die spezifische Enthalpie $h = h(p, T)$ jedoch die Gl. (3) erfüllen:

$$\mathrm{d}h = \left(\frac{\partial h}{\partial T}\right)_p \mathrm{d}T + \left(\frac{\partial h}{\partial p}\right)_T \mathrm{d}p \tag{3}$$

Bei dem (partiellen) Differentialquotienten im ersten Summanden von Gl. (3) handelt es sich um die spezifische Wärmekapazität bei konstantem Druck $C_p(T)$. Da die Druckabhängigkeit der spezifischen Enthalpie bei (nahezu) inkompressiblen Medien wie Wasser vernachlässigt werden kann, läßt sich Gl. (2) umformen zu

$$W = \int_{\tau_0}^{\tau_1}\int_{T_R}^{T_V} \dot{m}\, C_p\,(T)\, d\tau\, dT \tag{4}$$

In der Praxis ist die Volumenstrommessung $\dot{V}$ oftmals geeigneter als die Messung des Massestroms $\dot{m}$. Gleichung (4) wird mit Hilfe der Beziehung $\dot{m} = \dot{V}/\upsilon\,(T_i)$ umgeformt zu

$$W = \int_{\tau_0}^{\tau_1}\int_{T_R}^{T_V} \frac{\dot{V}}{\upsilon(T_i)}\, C_p\,(T)\, d\tau \cdot dT \tag{5}$$

$$i = \begin{cases} V: \text{Vorlauf} \\ R: \text{Rücklauf} \end{cases}$$

oder

$$W = \underbrace{\left\{ \frac{1}{\upsilon(T_i)(T_V - T_R)} \cdot \int_{T_R}^{T_V} C_p(T)\, dT}_{:=\; K(p,\, T_V,\, T_R)} \cdot \underbrace{\int_{\tau_0}^{\tau_1} \dot{V} d\tau \right\}}_{V} \cdot \underbrace{(T_V - T_R)}_{(T_V - T_R)} \tag{6}$$

Die jeder Messung zugrundeliegende Gl. (7) zur Bestimmung der von einem Heizungssystem abgegebenen thermischen Energie W ist das Produkt aus dem Volumen V des Wärmeträgermediums, der Differenz $(T_V - T_R)$ zwischen der Vor- und der Rücklauftemperatur des Heizungssystems sowie dem Wärmekoeffizienten $K(p, T_V, T_R)$, der die spezifischen Eigenschaften des jeweiligen Wärmeträgermediums berücksichtigt:

$$W = K(p, T_V, T_R) \cdot V \cdot (T_V - T_R) \tag{7}$$

Für das Wärmeträgermedium Wasser lassen sich Zahlenwerte für die Wärmekoeffizienten aus den bekannten Zustandsgleichungen für $\upsilon(T)$, $h(T)$ usw. berechnen[5, 6]) oder aus Tabellen[7]) entnehmen.

5) Schmidt
6) Haar, Gallagher, Kell
7) Stuck

4.4 Grundsätzlicher Aufbau von Wärmezählern

Meßgeräte für thermische Energie, deren Arbeitsweise die Gl. (7) zugrunde liegt, führen die nachstehenden Messungen aus:

Bestimmung der Vorlauf- und der Rücklauftemperatur im Heizungssystem sowie des Volumens des Wärmeträgermediums.

Üblicherweise werden Wärmezähler aus drei deutlich voneinander unterscheidbaren Teilgeräten aufgebaut (Bild 4.5), und zwar aus:

- dem elektronischen Rechenwerk mit der Anzeigeeinrichtung für die thermische Energie (bzw. Leistung),
- dem Volumen oder Durchflußmeßteil (hydraulischer Geber) und
- dem Temperaturfühlerpaar.

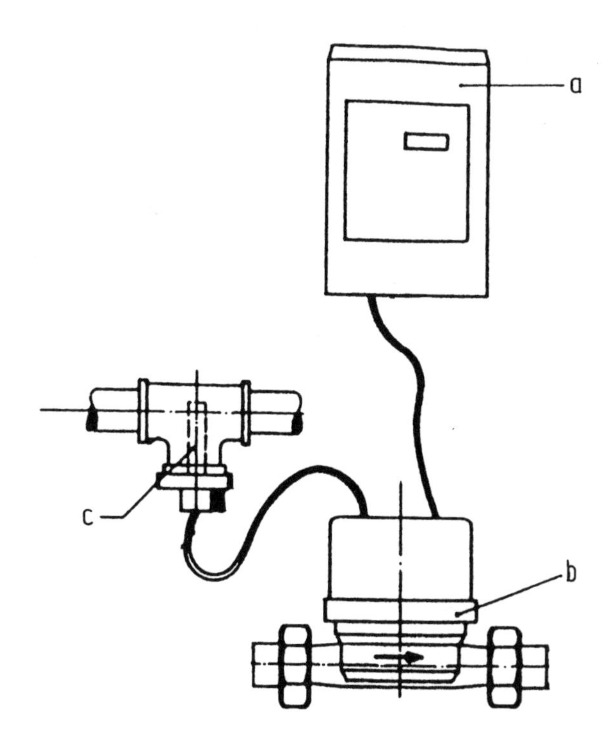

Bild 4.5 Prinzipieller Aufbau eines Wärmezählers mit integriertem Rücklauffühler im hydraulischen Geber.
a: Rechenwerk
b: Hydraulischer Geber
c: Vorlauf-Temperaturfühler

Im elektronischen Rechenwerk werden die Signale vom hydraulischen Geber und dem Temperaturfühlerpaar miteinander verknüpft, die thermische Energie berechnet und in gesetzlichen Einheiten (Wh, J) angezeigt.

Eine Vielzahl von Ausführungen für jedes dieser Teilgeräte, basierend auf der Verwendung verschiedenster physikalischer Prinzipien, wird von den Wärmezähler-Herstellern angeboten (Bild 4.6).

4.4.1 Hydraulischer Geber

Der hydraulische Geber wird vorzugsweise im Rücklauf des Heizungssystems eingebaut, um seine thermischen Belastungen möglichst gering zu halten. Bei dieser Einbauart des hydraulischen Gebers bietet es sich an, sein Gehäuse so auszubilden, daß dort Raum für die Aufnahme des Rücklauftemperaturfühlers geschaffen werden kann. Der Sinn dieser Maßnahme ist es, eine Fehlerquelle beim Einbau der Temperaturfühler des Wärmezählers durch wenig geübte Installateure von vornherein auszuschließen.

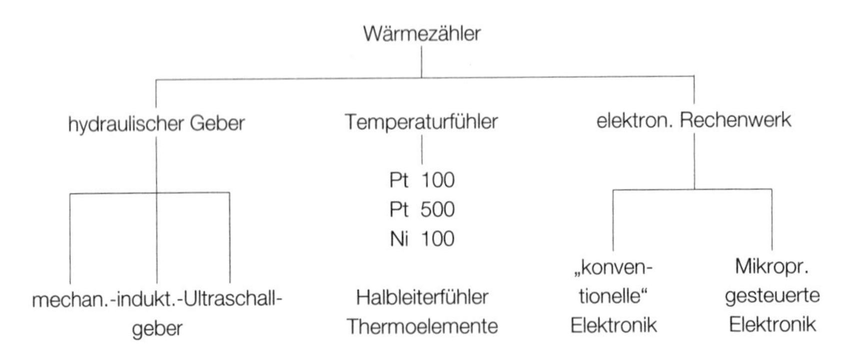

Bild 4.6 Übersicht über marktgängige Typen der Wärmezähler-Teilgeräte

Die Volumenmeßteile (hydraulische Geber) von Wärmezählern in Gestalt mechanisch arbeitender Geräte sind Flügelradzähler (s. auch Abschnitt 4.12). Ein in die Rohrstrecke eingebautes, in einem Gehäuse drehbar gelagertes Flügelrad wird in eine der Fluidgeschwindigkeit proportionale Drehbewegung versetzt. Über eine geeignete Vorrichtung (z.B. Magnet-Kupplung) wird die Drehbewegung des Flügelrades aus dem Naßraum in den Trockenraum, in dem sich das Zählwerk befindet, übertragen (Bild 4.7). Auf dem Zählwerk werden die durch den hydraulischen Geber geflossenen Volumina akkumuliert.

Flügelradzähler unterscheiden sich durch die Art der Anströmung des Flügels. Gegenüber der unsymmetrischen Anströmung beim Einstrahlzähler lassen sich die am Flügelrad angreifenden Kräfte mittels einer geeigneten symmetrischen Anordnung der Zuströmkanäle, durch die das Fluid geführt wird, gleichmäßig verteilen (Mehrstrahlzähler).

Das seit mehr als 100 Jahren bekannte und bewährte Prinzip des Flügelradzählers – im Volksmund bekannt als „Wasseruhr" – hat gerade in den letzten Jahren eine bemerkenswerte Weiterentwicklung erfahren. Rückwirkungsfreie Abtastverfahren der Drehbewegung des Flügelrades (mittels Ultraschallwellen, durch Erfassung von Leitfähigkeitsunterschieden oder durch induktive Verstimmung von Hochfrequenzspulen) haben zu einer Empfindlichkeitssteigerung der Geräte geführt. Sie sind nunmehr geeignet, auch kleinste Volumenströme (5 bis 10 l/h) sicher zu erfassen.

Die Hersteller mechanisch arbeitender hydraulischer Geber haben in den letzten Jahren große Anstrengungen unternommen, um die Meßbeständigkeit ihrer Produkte zu verbessern. Probleme entstehen ihnen insbesondere dadurch, daß an die Qualität des in Heizungsanlagen verwendeten Wassers

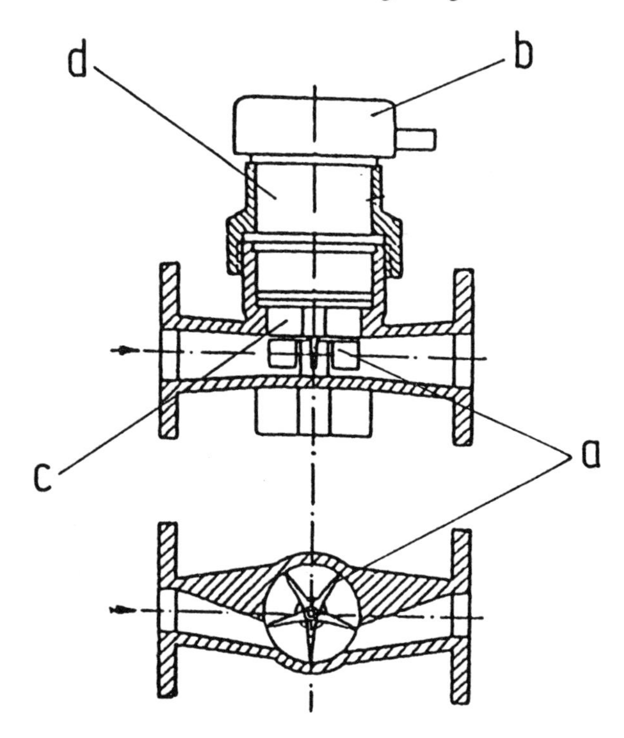

Bild 4.7 Einstrahl-Flügelradzähler
a: Flügelrad
b: Gehäuse für das Zählwerk und für den Impulsgeber
c: Naßraum
d: Trockenraum zur Aufnahme des Getriebes für das Zählwerk

keine Mindestanforderungen bezüglich eventueller Verschmutzungen gestellt werden können, weil diesbezügliche Normen oder Richtlinien fehlen. Zwar hat der Wegfall der Magnetkupplung zwischen Naß- und Trockenraum im hydraulischen Geber die Möglichkeit zur Ablagerung des (magnetischen) Magnetits als Fehlerquelle (Flügelradbremsung) beseitigt, jedoch greifen die im Heizungswasser enthaltenen festen Schwebstoffe auch weiterhin die Lager des Flügelrades an und erhöhen damit dessen Widerstandsmoment.

Zwei Bauarten von hydraulischen Gebern ohne mechanisch bewegte Teile, deren Funktion auf unterschiedlichen physikalischen Prinzipien basiert, haben sich in der Praxis, sogar in Wärmezählern kleiner Leistungen, durchsetzen können:

- magnetisch-induktive Durchflußgeber und
- Ultraschall-Durchflußgeber.

Der Arbeitsweise der magnetisch-induktiven Durchflußgeber liegt das Faradaysche Induktionsgesetz zugrunde. Durchquert elektrisch leitfähiges Material ein homogenes Magnetfeld, so induziert dieses in dem leitfähigen Medium eine Spannung U, die an zwei Elektroden abgenommen werden kann (Bild 4.8). Zwischen den Polschuhen eines Magneten wird ein magnetisches Feld mit der Flußdichte B aufgebaut. Senkrecht zu den Magnetfeld-

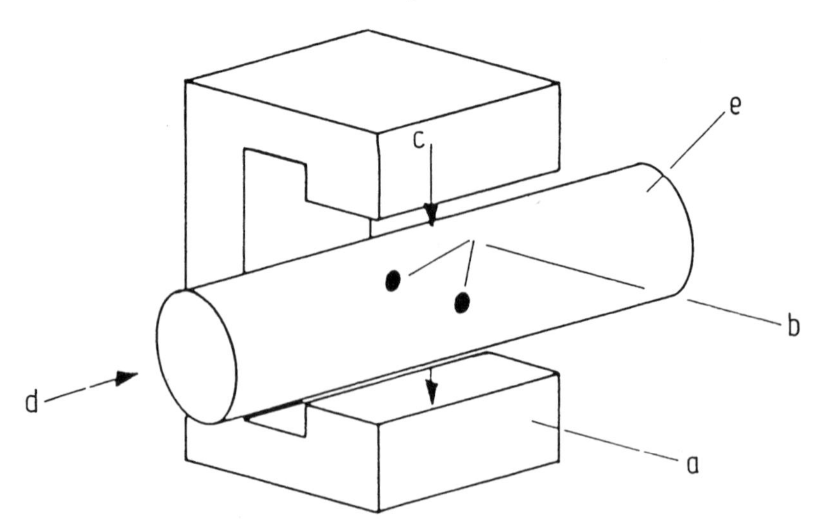

Bild 4.8 Prinzipieller Aufbau eines magnetisch-induktiven Durchflußgebers.

a: Magnet
b: Elektroden
c: Richtung des Magnetfeldes
d: Strömungsrichtung des Fluids
e: Rohr

linien strömt das elektrisch leitfähige Medium mit der Geschwindigkeit $\overline{v}$. An den Elektroden im Abstand L tritt die induzierte Spannung U auf, die der Gl. (8) genügt.

$$U = B \cdot L \cdot \overline{v} \tag{8}$$

Die induzierte Spannung ist dem Mittelwert der Geschwindigkeit und damit dem Durchfluß des strömenden Mediums direkt proportional. Die Größen B und L sind durch den geometrischen Aufbau des hydraulischen Gebers vorgegeben.

Nach dem magnetisch-induktiven Prinzip arbeitende hydraulische Geber haben den Vorteil, weder mechanisch bewegte Teile zu beinhalten, noch einen Druckverlust im hydraulischen System hervorzurufen, da sie stets den vollen Rohrquerschnitt freigeben. Nachteilig für magnetisch-induktive Geber ist dagegen, daß sie ein Medium mit einer elektrischen Mindestleitfähigkeit benötigen und daß sie – bisher jedenfalls – ihres relativ hohen Leistungsbedarfs wegen mit einem Netzanschluß (z.B. 230 V, 50 Hz) versehen sein müssen.

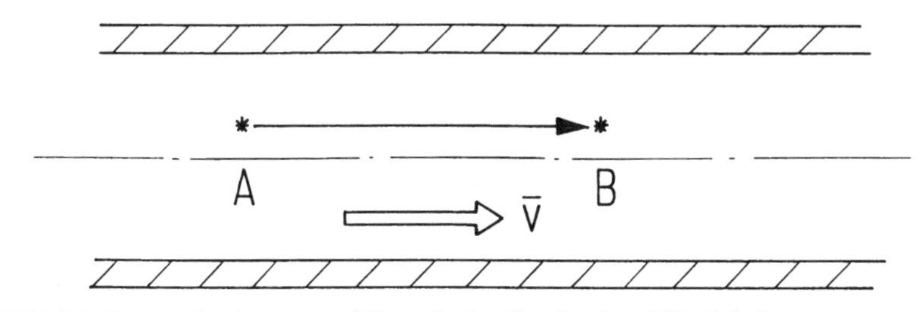

Bild 4.9 Zur Ausbreitung von Ultraschallwellen in einer Flüssigkeit.

Hydraulische Geber kleiner Leistungen nach dem Ultraschall-Prinzip sind dagegen seit kurzer Zeit mit einer Batterie ausgerüstet erhältlich. Der Energiebedarf dieser Geräte konnte in den letzten Jahren durch den zunehmenden Einsatz integrierter elektronischer Baugruppen drastisch reduziert werden.

Läuft eine Ultraschallwelle in einer im Rohr ruhenden Flüssigkeit von Punkt A zum Punkt B, so benötigt sie dazu eine Zeitspanne $\Delta\tau$ (Bild 4.9). Fließt nunmehr das Fluid mit der Geschwindigkeit $\overline{v}$ in der Ausbreitungsrichtung der Schallwelle, so wird die Laufzeit $\Delta\tau$ verkürzt. Um den gleichen Betrag verlängert sich die Laufzeit, wenn die Richtungen von Schallgeschwindigkeit und Fluidgeschwindigkeit einander entgegengesetzt sind. Aus der Laufzeitdifferenz zweier Wellenzüge, die von der Strömung mitgeführt werden bzw. ihr entgegenlaufen, läßt sich auf die mittlere Strömungsgeschwindigkeit des Fluids schließen.

In der Praxis wird ein hydraulischer Geber nach dem Ultraschall-Prinzip, z.B. wie in Bild 4.10 dargestellt, realisiert. Zwei einander gegenüberliegende

Ultraschallsender werden unmittelbar, nachdem sie simultan einen Wellenzug emittiert haben, auf Empfang umgeschaltet. Entsprechend der im Geber herrschenden Strömungsgeschwindigkeit erreichen die gleichzeitig emittierten Signale die Empfänger zu unterschiedlichen Zeiten. Die Laufzeitdifferenz beider Wellenzüge ist ein Maß für die mittlere Fluidgeschwindigkeit. Um systematische Fehler zu vermeiden, muß daher das Meßsignal mit dem im jeweiligen Geber vorhandenen Strömungsprofil bewertet werden.

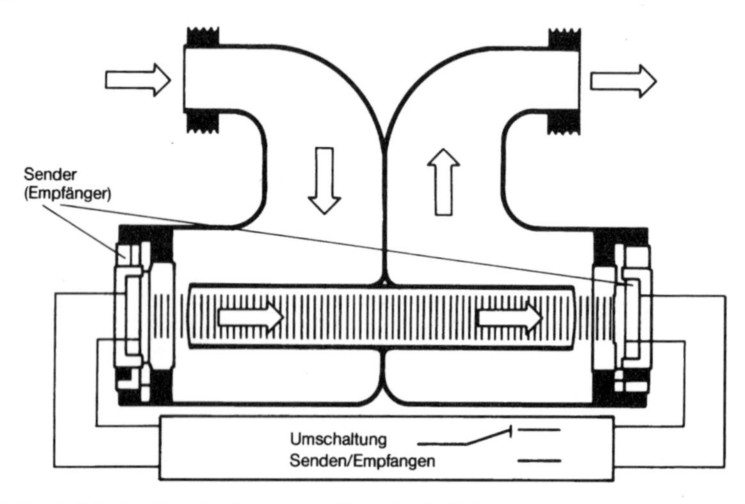

Bild 4.10 Prinzipieller Aufbau eines Ultraschall-Gebers.

4.4.2 Temperaturfühler

Der weitaus größte Teil der auf dem Markt befindlichen Wärmezähler ist mit Widerstandstemperaturfühlern ausgerüstet. Zur Temperaturbestimmung wird der mit der Heizmediumtemperatur sich ändernde Widerstand von reinem Platin (Pt) ausgenutzt. Platin-Widerstandsthermometer unterscheiden sich untereinander in bezug auf ihre Grundwerte, d.h. den Widerstandswerten bei der Temperatur $T = 0$ °C. Ein Pt 100-Temperaturfühler hat den Widerstandswert $R_0 = 100$ Ohm bei 0 °C, und ein Pt 500-Temperaturfühler hat den Widerstandswert $R_0 = 500$ Ohm bei derselben Bezugstemperatur. Die vielfältigen Einsatzmöglichkeiten der Pt Widerstandsthermometer auch in anderen Bereichen der Meß-, Regel- oder Verfahrenstechnik haben zu einer Normung der Grundwerte geführt[8]). Durch den großen Einsatzbereich der Pt Widerstandsthermometer, ihre gute Meßbeständigkeit und ihre relativ einfachen Fertigungsmöglichkeiten wur-

8) DIN-IEC 751

den nahezu alle anderen Typen von Widerstandstemperaturfühlern in den Hintergrund gedrängt. Ni 100-Temperaturfühler z.B. haben zwar einen merklich größeren Temperaturkoeffizienten als Pt 100-Temperaturfühler, aber dafür einen zu hohen Temperaturen hin auf 150 °C begrenzten Einsatzbereich.

Die praktische Realisierung von Pt Fühlern geschieht z.B. dadurch, daß der Widerstandsdraht zu einer Wendel geformt, in einen Keramikkörper eingebettet und abschließend mit einer Keramikmasse locker vergossen wird (Bild 4.11). Erschütterungen, wie sie in Rohrleitungen von Heizungen insbesondere in der Nähe von Pumpen, Kompressoren usw. auftreten, können die Meßwicklungen beschädigen bzw. zu ihrer Zerstörung führen.

Zu einer deutlichen Verringerung der geometrischen Abmessungen von Widerstandstemperaturaufnehmern hat die Dünnfilm-Technik mit der Schaffung von Schichtwiderständen beigetragen (Bild 4.12). Auf eine keramische Trägerplatte wird unter Hochvakuumbedingungen ein Platinfilm aufgedampft. Danach wird aus dem Film mit einem Laser eine mäanderförmige Leiterbahn mit dem gewünschten Widerstandswert „herausgeschnitten“. Abschließend wird das Widerstandsband mit einer Schutzschicht aus Kunststoff oder Glas abgedeckt.

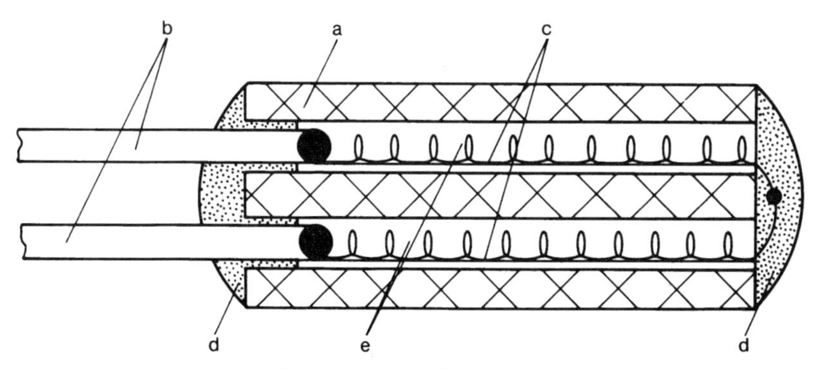

Bild 4.11 Meßwiderstand mit einer in Keramik eingebetteten Meßwicklung.
a: Trägerkörper (Al_2O_3)
b: Zuleitungen
c: Meßwicklung
d: Befestigungsglasur
e: Füllmasse

Die Vorteile der preisgünstigen Herstellung bei geringen geometrischen Abmessungen und – verbunden damit – geringen Zeitkonstanten werden bei den derzeit angebotenen Schichtwiderständen durch eine gegenüber gewickelten Widerständen geringere Langzeitstabilität und mechanische Haltbarkeit kompensiert. Die mechanische Verbindung des Widerstandsbandes mit dem keramischen Trägermaterial zwingt das Widerstandsband dazu, bei Temperaturänderungen dessen Bewegungen zu folgen. Dadurch wird der Widerstandswert merklich beeinflußt. Eine Aufgabe der zukünftigen Weiterentwicklungen der Schichtwiderstände wird es sein, diesen gravierenden Nachteil durch Einfügen einer Zwischenschicht zwischen Substrat und Widerstandselement zu vermei den.

Die in Wärmezählern vereinzelt anzutreffenden Halbleiter-Widerstandsfühler mit negativem Temperaturkoeffizienten zeichnen sich durch große Widerstandsänderungen mit der Temperatur aus. Damit können die Zuleitungswiderstände bei den Messungen vernachlässigt werden. Nachteilig bei dieser Art Temperaturfühler sind die Nichtlinearität der Kennlinien, der große Strombedarf und hohe Anforderungen an die Stromkonstanz bei der Messung sowie die geringe mechanische Stabilität der Fühler.

Prädestiniert für den Einsatz in Wärmezählern scheinen auf den ersten Blick Thermoelemente zu sein, von denen aufgrund der Seebeck-Effektes eine der zu messenden Temperaturdifferenz[9]) proportionale Spannung abgenommen werden kann. Die geringe Abhängigkeit der Thermospannung von der Temperaturdifferenzänderung[10]) sowie Schwierigkeiten bei der Herstellung genügend reiner Thermoelement-Materialien haben deren Verbreitung im großen Maßstab verhindert.

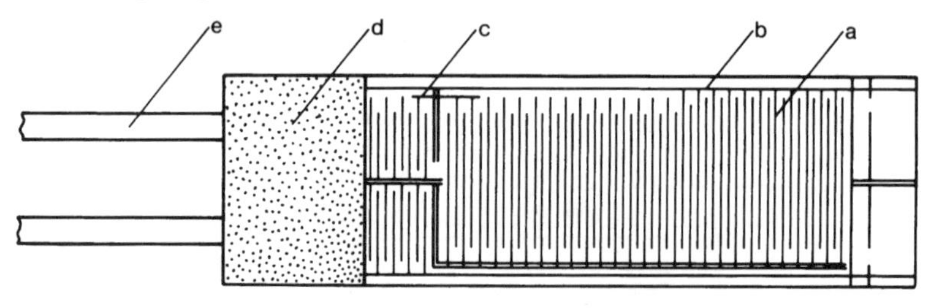

Bild 4.12 Schicht-Meßwiderstand.
a: Mäander
b: Grobabgleich
c: Feinabgleich
d: Befestigung der Zuleitungen
e: Zuleitungen

Zusammenfassend läßt sich feststellen, daß mehr als 90% der auf dem Markt angebotenen Wärmezähler mit Widerstandstemperaturfühlern ausgestattet sind. Von diesen wiederum sind 90% Fühler mit Grundwerten $R_0 = 100$ Ohm bzw. 500 Ohm. Aus Kostengründen und wegen der geringen geometrischen Abmessungen werden sich zukünftig wohl zunehmend Temperaturfühler mit Schicht-Widerständen durchsetzen.

9) Das heißt die Temperaturdifferenz zwischen Vor- und Rücklauf, die ein Wärmezähler zu erfassen hat; vgl. Gl. (7).

10) Das vom Thermoelement gelieferte Spannungssignal ist – bei gleicher Temperaturdifferenz – um etwa eine Größenordnung kleiner als dasjenige eines Pt 100-Fühlerpaares

4.4.3 Elektronische Wärmezähler-Rechenwerke

Elektronische Wärmezähler-Rechenwerke haben die folgenden Aufgabenstellungen zu bewältigen:

- Bestimmung von Vorlauf- und Rücklauftemperatur,
- Berechnung der Temperaturdifferenz,
- Multiplikation von Temperaturdifferenz, Volumen und Wärmekoeffizienten.

Die konventionellen, teilweise noch vollständig aus diskreten elektronischen Bauelementen aufgebauten Rechenwerke (Rechenwerke der zweiten Generation[11]) arbeiten nach dem in Bild 4.13 vereinfacht dargestellten Schema.

Durch die Temperaturfühler fließt, ausgehend von einer geregelten Stromquelle, während einer definierten Zeitspanne $\Delta\tau$ (5 ms bis 20 ms) ein Strom (< 1 mA), wodurch eine dem jeweiligen Fühlerwiderstand proportionale Spannung (U_V, U_R) erzeugt wird. Dieser Spannungswert wird in zwei Kondensatoren gespeichert, deren Anschlüsse nacheinander auf einen Eingang einer Vergleichsschaltung (Komparator) geschaltet werden. Dem zweiten Eingang des Komparators wird eine mit konstanter Geschwindigkeit ansteigende Spannung U_X zugeführt. Beim Nulldurchgang der Spannung U_X wird eine Torschaltung geöffnet (U_M). Mit dem Erreichen des Spannungswertes U_V durch die Vergleichsspannung U_X wird die Torschaltung geschlossen. Auf dieselbe Art und Weise wird das vom Rücklauffühler erzeugte Spannungssignal U_R in eine zu dieser proportionalen Toröffnungszeit umgewandelt. Die sich durch U_V ergebende Toröffnungszeit ist entsprechend der höheren „Vorlauf"-Spannung größer als diejenige bei der niedrigeren „Rücklauf"-Spannung U_R. Während der gesamten Meßzeit werden durch die Torschaltung hochfrequente Impulse geführt und in einen Vorwärts-Rückwärts-Zähler eingezählt. Dieser wird während der längeren Öffnungszeit als Vorwärtszähler betrieben. Während der kürzeren, der Rücklauftemperatur entsprechenden Toröffnungszeit zählt der Zähler rückwärts. In dem elektronischen Zählerbaustein (Speicher) steht deshalb als Ergebnis eine der Temperaturdifferenz proportionale Impulszahl. Da die Temperaturdifferenzmessung im allgemeinen vom Wasserzähler jeweils nach dem Durchfließen eines konstanten Wasservolumens ausgelöst wird (z.B. 10 l), ist im Rechenwerk das Produkt $V \cdot \Delta T$ gebildet worden. Die Nachbildung des noch fehlenden Wärmekoeffizienten geschieht dadurch, daß abhängig von der am Rücklauftemperaturfühler auftretenden Spannung U_R die Fühlerstromquelle nach empirisch ermittelten Werten nachgeregelt wird.

---

11) Stuck S. 2

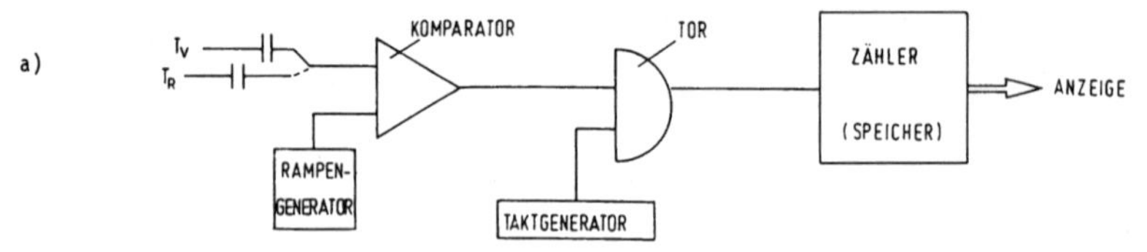

Bild 4.13 a Blockschaltbild eines elektronischen Wärmezählers.

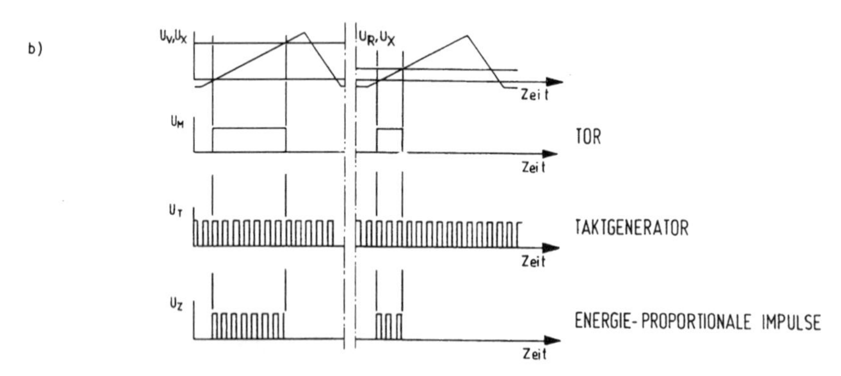

Bild 4.13 b Spannungs-Zeit-Diagramme zur Erfassung von Vor- bzw. Rücklauftemperatur eines Wärmezählers

Die während der letzten Jahre entwickelten Wärmezähler-Rechenwerke sind fast ausschließlich mit Mikroprozessor-Bausteinen ausgestattet (Rechenwerke der dritten Generation[12]). Im analogen Eingangsteil sind Geräte der zweiten bzw. dritten Generation noch identisch. Jedoch werden die digitalisierten Spannungssignale vom Vorlauf- bzw. Rücklauffühler dann aber vom Mikrorechner in (codierte) Zahlenwerte umgewandelt und in mathematisch einwandfreier Weise weiterverarbeitet. Die Werte für die Wärmekoeffizienten wiederum sind im Rechenspeicher abgelegt oder werden bei der Messung durch Interpolationspolynome approximiert. Damit ist eine präzisere Bewertung des Produktes $V \cdot \Delta T$ mit dem Wärmekoeffizienten des Heizmittels möglich, als es in den Geräten der zweiten Generation durch elektrische Nachbildung des Wärmekoeffizienten realisierbar war.

In mikroprozessorbestückten Rechenwerken werden dem Anwender zusätzlich eine Vielzahl von Informationen angeboten und auf der geräteeigenen LC- oder LED-Anzeige zur Verfügung gestellt: wie Vorlauf- und Rücklauftemperatur, Temperaturdifferenz, Durchfluß, akkumuliertes Volumen, Uhrzeit, Datum, Betriebsstundenzahl der Batterie usw. Die meisten dieser Informationen sind nur für den Servicefachmann oder den Hei-

12) Stuck S. 3

zungsinstallateur von Interesse. Die Genauigkeit der thermischen Energiemessung, die allein dem Anwender von Wärmezählern wichtig ist, wird durch diese Zusatzinformationen nicht verbessert.
Das Potential, das in mikroprozessorbestückten Rechenwerken bezüglich der Verbesserung der Meßgenauigkeit von Wärmezählern steckt, wurde in der Vergangenheit nur vereinzelt und in den entsprechenden Fällen nur teilweise genutzt. Bei der Diskussion zukünftiger Entwicklungsmöglichkeiten von Wärmezählern in Abschnitt 4.6 wird auf dieses Problem noch einmal detailliert eingegangen.

Wärmezähler, die im geschäftlichen Verkehr eingesetzt werden, müssen die gemessene thermische Energie in gesetzlichen Einheiten anzeigen[13]). Zulässige Einheiten sind Joule (J) oder Wattsekunde (Ws) bzw. deren dezimale Vielfache. Damit ist es für jeden, auch für den technisch nicht besonders vorgebildeten Hausverwalter und Nutzer möglich, die Heizkostenabrechnung aufgrund der Wärmezähleranzeige selbst zu erstellen bzw. zu kontrollieren. Den Preis für die Einheit der gelieferten thermischen Energie in DM/kWh kann jeder von seinem Versorgungsunternehmen erfahren. Dieser Preis ist dann mit der Anzahl der verbrauchten Kilowattstunden zu multiplizieren. Hierin unterscheiden sich Wärmezähler von Heizkostenverteilsystemen. Die Erstellung der Heizkostenabrechnung mit den zuletzt genannten Systemen ist nur mit Hilfe detaillierter Informationen über die Leistungen der Heizkörper möglich, die dem normalen Nutzer nicht zugänglich sind.

---

13) Einheitengesetz S. 1

4.5 Leistungsbereiche von Wärmezählern

Typische Leistungsbereiche von Wärmezählern sind in Tabelle 4.1 angegeben. Ein Wärmezähler sei mit einem hydraulischen Geber mit dem Nenndurchfluß $Q_n = 1$ m³/h ausgerüstet, der die Eichfehlergrenzen im Durchflußbereich $\dot{V}$ von 0,02 m³/h bis zum Nenndurchfluß einhält. Das zugehörige Rechenwerk sei für Temperaturdifferenzen ΔT von 2 K bis 100 K zugelassen. Mit einem repräsentativen Wert von 1,15 kWh/(m³ · K) für den Wärmekoeffizienten läßt sich der von diesem Wärmezähler erfaßbare Leistungsbereich von $P_{min} = 0{,}05$ kW bis zu $P_{max} = 115$ kW berechnen. Das Verhältnis von kleinster Leistung P_{min} zur größten Leistung P_{max} beträgt 1 : 2 300. Die eher zurückhaltend abgeschätzten Werte für $\dot{V}$ und ΔT sind um den Faktor 2 (für $\dot{V}$) und 1,5 (für ΔT) bei den meisten Geräten zu vergrößern. Damit erhöhen sich die Leistungsverhältnisse auf mehr als 1 : 5 000.

Typische Meßbereichsverhältnisse eichfähiger Geräte (Waagen, Zapfsäulen, Elektrizitätszähler usw.) betragen 1 : 100, in Einzelfällen 1 : 500. Für Wärmezähler werden diese Werte um mehr als den Faktor 10 übertroffen und als selbstverständlich hingenommen, oftmals jedoch ohne zu bedenken, daß bei elektronischen Wärmezähler-Rechenwerken die Grenzen der Präzisionsmeßtechnik zum Erfassen kleinster Spannungen bereits erreicht sind.

Tabelle 4.1: Typische Kenndaten von Wärmezählern für den Wohnungsbereich

Durchfluß	$\dot{V}$ in m³/h	0,02 bis 1,0	0,03 bis 1,5
Temperaturdifferenz	ΔT in K	2 bis 100	2 bis 100
Wärmekoeffizient	K in $\frac{\text{kWh}}{\text{m}^3 \cdot \text{K}}$	1,15	1,15
Leistung	P in kW	0,05 bis 115	0,07 bis 170
Verhältnis von minimaler zu maximaler Leistung	$P_{min} : P_{max}$	1 : 2300	1 : 2430

4.6 Zukünftige Entwicklung von Wärmezählern

Die zukünftige Entwicklung von Wärmezählern wird zwei Schwerpunkte zu beachten haben, und zwar:

- die Verbesserung der Meßbeständigkeit bei hydraulischen Gebern und
- die Verbesserung der Meßgenauigkeit der Wärmezähler durch Einsatz der Mikroprozessoren.

Bei den hydraulischen Gebern wurde der Weg begangen, verschleißfreie Geräte (d.h. ohne mechanisch bewegte Teile), wie z.B. magnetisch-induktive oder Ultraschall-Geber, zu entwickeln. Wie erfolgreich dieser Weg ist, wird die Zukunft zeigen.

Nicht ausgenutzt wurde bisher die naheliegende Möglichkeit, mit mikroprozessorbestückten Rechenwerken die Meßgenauigkeit von Wärmezählern zu verbessern. Dazu sei mit Hilfe von Bild 4.14 die prinzipielle Vorgehensweise erläutert. (Der Einfachheit halber sei angenommen, daß beide Temperaturfühler einen linearen Kennlinienverlauf mit der Temperatur zeigen.)

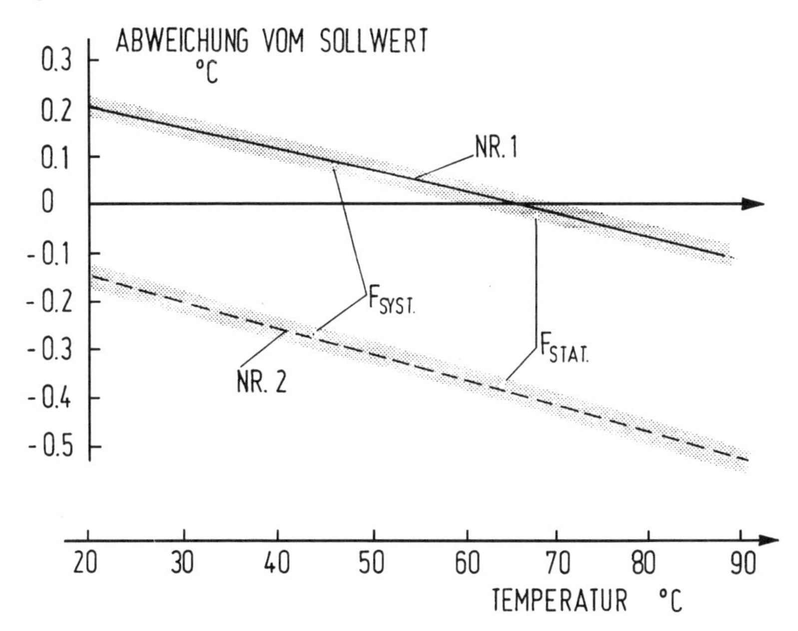

Bild 4.14 Kennlinien eines Temperaturfühlerpaares für Wärmezähler
Systematischer Fehler: F_{syst}; Statistischer Fehler: F_{stat}

Eingetragen sind dort die Fehlerkurven zweier Temperaturfühler für Wärmezähler über der Temperatur T im Bereich von 20 °C bis 90 °C. Die

Abweichungen von den konventionell wahren Werten der Kennlinie[14]) betragen bei der Temperatur von 20 °C für den Fühler Nr. 1 +0,2 °C und für den Fühler Nr. 2 –0,15 °C. Bei der Temperatur von 90 °C wurden für den Fühler Nr. 1 die Abweichung –0,1 °C und für den zweiten Fühler die Abweichung –0,5 °C gemessen.

Für kleine Temperaturdifferenzen ($\Delta T = 3K$) ergibt sich für das Temperaturfühlerpaar ein Fehler von 0,3 °C. Dieser Wert überschreitet die in Tabelle 4.4 für diese Temperaturdifferenz angegebene Eichfehlergrenze von 0,1 °C beträchtlich. Das Temperaturfühlerpaar ist daher für den Einsatz in dem Wärmezähler nicht geeignet.

Die Fehler der Einzelfühler, d.h. die Abweichungen vom konventionell wahren Wert, setzen sich zusammen aus einem systematischen Anteil (F_{syst}) und einem statistischen Anteil (F_{stat}); grau schraffiert in Bild 4.14. Um den systematischen Fehleranteil läßt sich jede Temperaturmessung korrigieren, wenn zuvor die Kennlinie des Fühlers experimentell hinreichend genau bestimmt und die zugehörigen Daten im Mikroprozessor abgespeichert wurden.

Die dem statistischen Fehler entsprechende, verbleibende Unsicherheit je Temperaturfühler von 0,02 °C führt bei $\Delta T = 3K$ zu einem relativen Fehler von 1,4%. Dieser Wert ist um beinahe 2% kleiner als die momentan gültigen Eichfehlergrenzen von 3,3%. Voraussetzung für die Anwendung der Korrektur systematischer Fehler ist die Stabilität der Kennlinie während des gesamten Zeitraumes, für den die Eichung gültig ist, was bei Widerstandstemperaturfühlern gesichert ist[15]).

Mit der Möglichkeit zur Korrektur der systematischen Fehler durch mikroprozessorbestückte Rechenwerke, unter gleichzeitiger Reduzierung der Fehlergrenzen, ist der „scheinbare" Nachteil verbunden, daß die Gerätekombination „elektronisches Rechenwerk – Temperaturfühlerpaar" gemeinsam geeicht bzw. beglaubigt werden muß. Daher ist vom Anwender des Wärmezählers zu entscheiden, ob er auf den Vorteil der genaueren Energiemessung zugunsten der einfacheren Handhabung bei der Installation und während des Betriebes verzichten will (s. auch Abschnitt 4.8).

---

14) DIN-IEC 751

15) Nicht jedoch bei den derzeit bekannten hydraulischen Gebern. Für diese verbietet sich derzeit ein ähnliches Korrekturverfahren noch.

4.7 Arbeitsbereiche von Heizungssystemen

Das Meßgerät „Wärmezähler“ wird in vorhandene oder neu installierte Heizungsanlagen eingebaut. Insbesondere solche Anlagen, die in der Vergangenheit projektiert wurden, sind häufig in bezug auf ihre Leistung überdimensioniert. Daraus resultierende Schwierigkeiten, die der Meßtechnik entgegenstehen, kann der Wärmezähler nicht immer überwinden. Das Ziel der folgenden Ausführungen ist es, eine Vorstellung von den Vor- und Rücklauftemperaturen und den Temperaturdifferenzen zu erhalten, die während einer Heizperiode im Heizungssystem auftreten können und die vom Wärmezähler dann möglichst korrekt zu erfassen sind.

Der Wärmebedarf einer Wohnung hängt ab sowohl von der jeweiligen Außentemperatur als auch von der gewünschten Raumtemperatur. Ausgehend von einer konstanten Raumtemperatur von 20 °C soll in einer 90/70 °C-Heizung bei der niedrigsten Außentemperatur von z.B. –15 °C nach DIN 4701 die Vorlauftemperatur einen Wert von 90 °C in der Vorlaufleitung zu den Heizkörpern einer Wohnung erreichen. Wurde die gesamte Heizungsanlage richtig bemessen, d.h., entspricht die Heizlast genau der Heizleistung, so wird sich die zugehörige Rücklauftemperatur auf 70 °C einstellen (Bild 4.15a).

Mit steigender Außentemperatur verringern sich sowohl die Vorlauf- als auch die sich frei einstellende Rücklauftemperatur und damit auch die Temperaturdifferenz ($T_V - T_R$) (Bild 4.15b). In Bild 4.15c sind für eine Heizperiode (von Oktober bis Mai) die mittleren Monatstemperaturen für Berlin aufgetragen (durchgezogene Linie). Da es sich um die mittleren Monatstemperaturen handelt, sind tägliche Temperaturschwankungen mit großen Abweichungen von den Mittelwerten durchaus mit diesen Werten verträglich. (Selbstverständlich hat diese Kurve einen anderen Verlauf in anderen deutschen Städten wie z.B. Freiburg oder Emden.) Der mittlere, tägliche Temperaturverlauf für Berlin ist in Bild 4.15c durch die in die Kurve eingezeichneten Balken berücksichtigt. Als repräsentative Mittelwerte für die höchste Außentemperatur lassen sich (im Mai) 17 °C aus Bild 4.15c entnehmen, als niedrigster Wert –2 °C (im Februar). Die sich bei diesen Außentemperaturen einstellenden Temperaturdifferenzen betragen 2 K bzw. 12 K.

Im Zuge der Energieeinsparmaßnahmen sind im letzten Jahrzehnt zunehmend mehr Niedertemperaturheizungen installiert worden mit dem Ziel, unter anderem die Stillstandsverluste der Heizkessel drastisch zu reduzieren. Die in Bild 4.16a in Abhängigkeit von der Außentemperatur dargestellten Heizwassertemperaturen T_V und T_R entsprechender Anlagen erreichen bei –15 °C Werte von T_V = 60 °C bzw. T_R = 50 °C. Die Temperaturdifferenzen des Heizwassers in Bild 4.16b sind um den Faktor 2 kleiner gegenüber denjenigen in Bild 4.15b dargestellten Werten einer 90/70 °C-Heizung. Werden die Temperaturdifferenzen gemäß Bild 4.16b zu den mittleren Monatstemperaturen und den täglichen Temperaturverläufen in Beziehung gesetzt, so hat ein Wärmezähler, der in eine 60/50 °C-Heizung eingesetzt wird, Temperaturdifferenzen zwischen 1 K und 6 K zu erfassen.

Mit wirtschaftlich vertretbarem Aufwand[16]) sind derzeit mit Wärmezählern

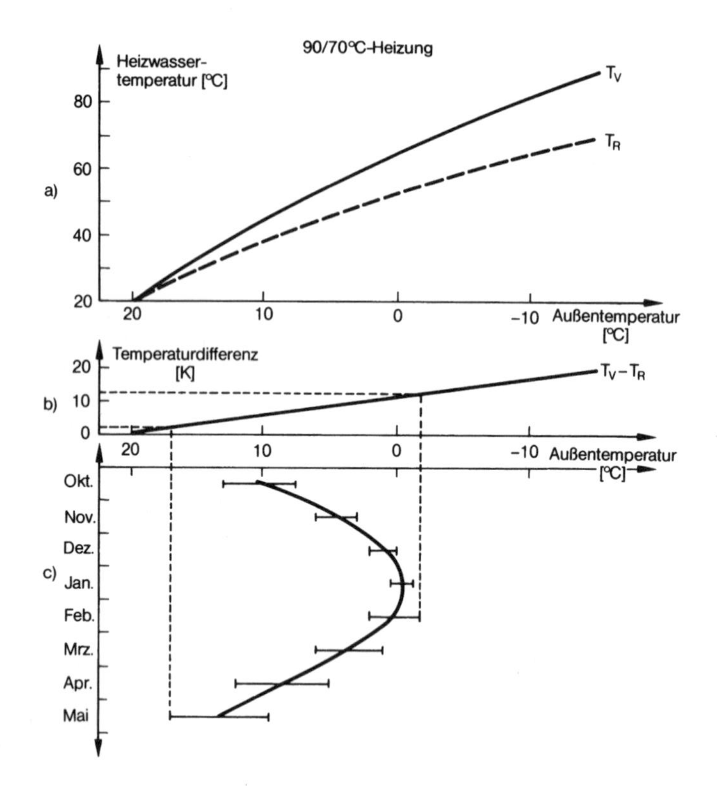

Bild 4.15a Heizwassertemperaturen einer 90/70°C-Heizung in Abhängigkeit von der Außentemperatur; V: Vorlauf R: Rücklauf.

Bild 4.15b Temperaturdifferenzen des Heizwassers einer 90/70°C-Heizung in Abhängigkeit von der Außentemperatur.

Bild 4.15c Mittlere Monatstemperaturen (durchgezogene Linie) und mittlerer täglicher Temperaturverlauf (Balken) für Berlin.

16) Es ist stets zu bedenken, daß der Anwender die Meßkosten trägt.

Temperaturdifferenzen von weniger als 6 K nur mit einer Unsicherheit von 0,1 K zu erfassen[17]). Würde sich in einer Heizungsanlage eine Temperaturdifferenz von nur 1 K einstellen (Bild 4.16c), so beträgt die relative Unsicherheit bei der Messung der thermischen Energie mindestens 10% – ein für die Praxis nicht tragbarer Wert. Bei einer Temperaturdifferenz von 3 K

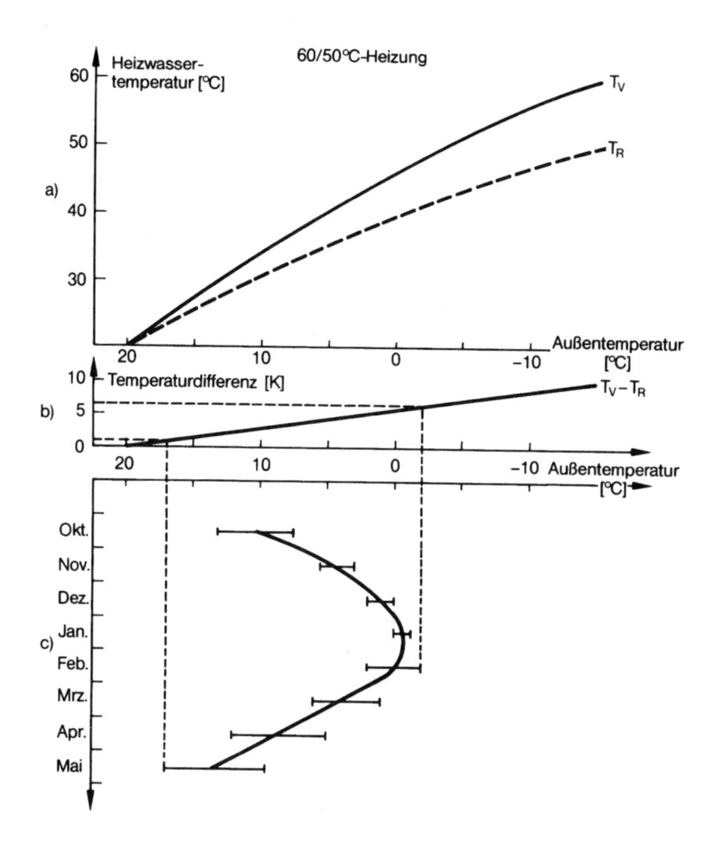

Bild 4.16 a Heizwassertemperatur einer 60/50°C-Heizung in Abhängigkeit von der Außentemperatur

Bild 4.16 b Temperaturdifferenz des Heizwassers einer 60/50°C-Heizung in Abhängigkeit von der Außentemperatur

Bild 4.16 c Mittlere Monatstemperaturen (durchgezogene Linie) und mittlerer täglicher Temperaturverlauf für Berlin.

---

17) Adunka S. 82

beträgt die relative Unsicherheit der Energiemessung immer noch mehr als 3%. Daraus ist der Schluß zu ziehen, daß bei der Planung und beim Betrieb der Heizungsanlage eine große Auskühlung des Heizwassers zu erzwingen ist. Große Temperaturdifferenzen begünstigen die genaue Energiemessung mit Wärmezählern.

4.8 Eichfehlergrenzen für Wärmezähler (und Teilgeräte)

Die Eichfehlergrenzen für Wärmezähler sind in der Anlage 22 zur Eichordnung[18]) in Abhängigkeit von der zu erfassenden Temperaturdifferenz zwischen Vor- und Rücklauf ($\Delta T = T_V - T_R$) aufgeführt (siehe Tabelle 4.2). Der Fehler eines Wärmezählers ist definiert als die Abweichung seiner Anzeige vom physikalisch vorgegebenen, konventionell wahren Wert für die thermische Energie gemäß Gl. (7)[19]). Im gesetzlichen Meßwesen gilt ein eichpflichtiges Meßgerät als richtig anzeigend, wenn seine Abweichungen vom konventionell wahren Wert für die thermische Energie festgesetzte Grenzen – die Eichfehlergrenzen in Tabelle 4.2 – nicht übersteigen.

Tabelle 4.2: Eichfehlergrenzen für Wärmezähler

8% für			$\Delta T < 10°C$
7% für	10°C	$\leqq$	$\Delta T < 20°C$
5% für	20°C	$\leqq$	ΔT

Die im ersten Moment dem Betrag nach groß erscheinenden Fehlergrenzen für Wärmezähler werden verständlich, wenn vom Nutzer der Geräte berücksichtigt wird, welcher Aufwand erforderlich ist, um die Größe „thermische Energie“ zu bestimmen. Nicht etwa von einem Gerät, das im klimatisierten Labor arbeitet, sondern vom Wärmezähler, der unter rauhen Umgebungsbedingungen und unter Beachtung wirtschaftlich vertretbarer Aufwendungen eingesetzt werden soll.

Während der in unseren geographischen Breiten auftretenden Übergangszeiten mit relativ hohen Außentemperaturen von März bis Mai und September bis Mitte November werden in richtig ausgelegten Heizungsanlagen Temperaturdifferenzen von 3 K oder weniger angetroffen (Bild 4.15 und 4.16). Nach Tabelle 4.2 beträgt die zu dieser Temperaturdifferenz gehörige Eichfehlergrenze für den Wärmezähler 8%. Für die beiden Teilgeräte „Hydraulische Geber und Rechenwerk“ gelten die in Tabelle 4.3 angegebenen „Teilgeräte-Fehlergrenzen“ von 3% bzw. 1,5%. Damit verbleibt gemäß Tabelle 4.2 für das Temperaturfühlerpaar ein „Restfehler“ von 3,5%, entsprechend einer Unsicherheit von 0,1 °C bei der Temperaturdifferenz $\Delta T = 3$ K. Der Vollständigkeit halber sind in Tabelle 4.4 die Eichfehlergrenzen im Temperaturfühlerpaare in Abhängigkeit von der Temperaturdifferenz aufgelistet. Im Gegensatz zu den Angaben in den Tabellen 4.2 und 4.3 werden für Eichfehlergrenzen von Temperaturfühlerpaaren absolute Werte anstelle relativer Werte angegeben.

18) Eichordnung Anl. 22 S. 6

19) Wird die Genauigkeit von Heizkostenerfassungssystemen unterschiedlicher Bauart betrachtet, so sind die für sie anzuwendenden Fehlerdefinitionen sorgfältig zu vergleichen.

Zur Verdeutlichung sind in Bild 4.17 die in den Tabellen 4.2 bis 4.4 aufgeführten Eichfehlergrenzen in Abhängigkeit von der Temperaturdifferenz ΔT graphisch dargestellt.

Tabelle 4.3: Eichfehlergrenzen für hydraulische Geber und für Rechenwerke

Hydraulische Geber 3%
Wärmezähler-Rechenwerke 1,5% für 3°C ≦ ΔT < 20°C 1,0% für 20°C ≦ ΔT

Tabelle 4.4: Eichfehlergrenzen für Temperaturfühlerpaare von Wärmezählern

0,1°C für 3°C ≦ ΔT < 6°C 0,2°C für 6°C ≦ ΔT < 30°C 0,3°C für 30°C ≦ ΔT < 50°C 0,5°C für 50°C ≦ ΔT < 100°C 0,7°C für 100°C ≦ ΔT

Der Abszisse am nächsten ist die Eichfehlergrenze für die hydraulischen Geber eingezeichnet (± 3%). Dazu addieren sich die Fehler für das Rechenwerk (± 1,5%; ± 1%) mit der Unstetigkeitsstelle bei $\Delta T = 20$ °C. Zu diesen Fehlergrenzen addieren sich die Eichfehler für das Temperaturfühlerpaar mit mehreren Unstetigkeitsstellen bei $\Delta T = 6$ °C, 30 °C, 50 °C usw. Aus der Hüllkurve für den Summenfehler der drei Teilgeräte lassen sich aus Bild 4.17 schließlich die in Tabelle 4.2 angegebenen Eichfehlergrenzen in Abhängigkeit von der Temperaturdifferenz ablesen.

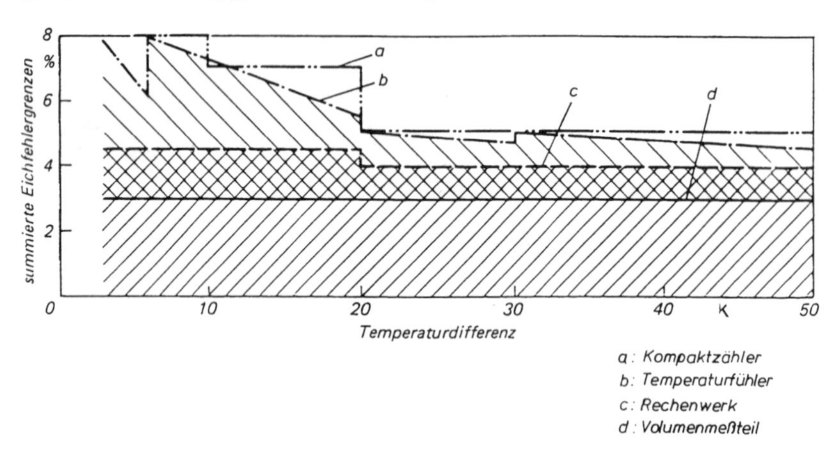

Bild 4.17 Eichfehlergrenzen für Wärmezähler und Wärmezähler-Teilgeräte in Abhängigkeit von der Temperaturdifferenz ΔT.

Die aufgeführten Eichfehlergrenzen für Wärmezähler und für seine Teilgeräte (Hydraulischer Geber, Rechenwerk, Temperaturfühlerpaar) werden von den produzierten Geräten unterschritten. Denn das Ziel der Hersteller von Wärmezählern muß es sein, sämtliche von ihnen zur Eichung gestellten Geräte auch geeicht zu erhalten.

Auf die Sonderstellung, die Wärmezähler im Zusammenhang mit dem Eichgesetz genießen, sei besonders hingewiesen. Meßgeräte im Sinne des Eichgesetzes bestehen fast immer aus einem Meßwertaufnehmer, einem Meßwertumformer und einer Anzeigeeinheit. Ein vollständiger Wärmezähler erfüllt diese Anforderungen. Bei der Diskussion von Gl. (7) hatte sich gezeigt, daß Wärmezähler derzeit ausnahmslos aus drei Teilgeräten (Hydraulischer Geber, Rechenwerk, Temperaturfühlerpaar) aufgebaut sind. Die Teilgeräte für sich wären im Sinne der vorstehenden Definition nicht eichfähig.

Bei Schäden an Wärmezählern (z.B. am Temperaturfühlerpaar) ist es jedoch wirtschaftlich vernünftig, nur dieses Teilgerät gegen ein anderes geeichtes (Teilgerät) auszuwechseln. Auf der Vollversammlung für das Meß- und Eichwesen der Physikalisch-Technischen Bundesanstalt im Jahre 1977 wurde beschlossen, die Möglichkeit zu schaffen, auch für die genannten Teilgeräte von Wärmezählern eine Bauartzulassung zu erteilen und zugehörige (Teilgeräte-)Eichfehlergrenzen festzulegen (Tabellen 4.3 und 4.4)[20]). Damit wurde gleichzeitig zugestanden, einen Wärmezähler aus drei, jeweils für sich beglaubigten Teilgeräten unterschiedlicher Hersteller zusammenzustellen und nach einer abschließenden Funktionsprüfung in Betrieb zu nehmen.

---

20) Techn. Richtlinie K5

4.9 Eichung, Nacheichung und Befundprüfung von Wärmezählern

Durch die Eichung wird einzeln für jeden Wärmezähler nachgewiesen, daß er innerhalb der Eichfehlergrenzen richtig justiert ist. Dazu wird der hydraulische Geber bei den drei signifikanten Volumenströmen Q_{min}, Q_t und Q_n geprüft. Die Wassertemperatur beträgt dabei 55 °C ± 5 °C. In einigen wenigen Ausnahmefällen ist die eichtechnische Prüfung der betreffenden hydraulischen Geber mit kaltem Wasser zulässig.

Dem elektronischen Rechenwerk werden simulierte Signale, die denjenigen des hydraulischen Gebers und dem Temperaturfühlerpaar entsprechen, zugeführt. Die Frequenz der Signale des hydraulischen Gebers entspricht seinem Betrieb beim Nenndurchfluß Q_n. Für die Temperaturdifferenz ΔT werden die folgenden drei Zahlenwerte eingestellt:

$$\Delta T_{min} \leqq \Delta T \leqq \Delta T_{min} + 1$$
$$\Delta T = 10 \text{ oder } \Delta T = 20$$
$$\Delta T_{max} - 5 \leqq \Delta T \leqq \Delta T_{max}$$

ΔT_{min} bzw. ΔT_{max} sind dabei die kleinste bzw. größte Temperaturdifferenz in Kelvin, bei der das elektronische Rechenwerk innerhalb der Eichfehlergrenzen richtig anzeigt. Die Rücklauftemperaturen variieren dabei zwischen 20 °C und 80 °C.

Temperaturfühler werden einzeln geprüft und anschließend zu Paaren zusammengestellt. Jeder Temperaturfühler wird nacheinander in eines von drei unterschiedlich temperierten Flüssigkeitsbädern getaucht und der zugehörige Widerstandswert gemessen. Gemäß dem Temperaturbereich der Fühler betragen die Badtemperaturen ~40 °C, ~85 °C und ~T_{max}, d.h. die höchste zulässige Temperatur. Aus diesen Meßergebnissen wird die Kennlinie des Temperaturfühlers errechnet. Die Kennlinien zweier Temperaturfühler werden dann untereinander verglichen und auf Einhaltung der zugehörigen Eichfehlergrenzen bezüglich der Temperaturdifferenz ΔT nach Tabelle 4.4 kontrolliert. Dabei wird für die kleinste Temperaturdifferenz die Einhaltung der Eichfehlergrenzen nur bis zu Rücklauftemperaturen von ≤ 60 °C erwartet.

Wärmezähler sind jeweils nach Ablauf der Eichgültigkeitsdauer erneut zur Eichung vorzustellen (Nacheichung). Bei der willkürlichen Festlegung der Eichgültigkeitsdauer auf fünf Jahre wurde seinerzeit von der Erwartung ausgegangen, daß etwa 95% der Geräte, die im Einsatz waren, die Eichfehlergrenzen ohne besondere Instandsetzung wiederum einhalten werden. Mit Beginn des Jahres 1986 haben Eichämter und staatlich anerkannte Prüfstellen von Meßgeräten für Wärme begonnen, Prüfungen an Wärmezählern vorzunehmen, und zwar unmittelbar nach deren Ausbau aus dem Netz. Das hieraus gewonnene und in den kommenden Jahren immer umfangreicher werdende Datenmaterial wird Auskunft darüber geben, ob die Eichgültigkeitsdauer richtig gewählt oder zu kurz bzw. zu lang bemessen wurde. Ziel aller Anstrengungen muß es sein, die Eichgültigkeitsdauer zu verlängern, weil sich dieses in einer Senkung der Meßkosten niederschlagen würde.

Die Eichpflicht für Wärmezähler (und die Pflicht zur Nacheichung) wird, insbesondere im Vergleich mit anderen Heizkostenerfassungssystemen, oftmals als Nachteil hervorgehoben. Die Notwendigkeit zur in regelmäßigen Abständen vorgenommenen Überprüfung der Anzeigerichtigkeit eines Meßgerätes bedeutet jedoch für den technisch nicht vorgebildeten Nutzer einen Schutz vor Übervorteilung.

Darüber hinaus kann aufgrund des § 32 der Eichordnung[21]) jeder, der „ein begründetes Interesse an der Richtigkeit des Meßgerätes (Wärmezähler) darlegt", eine Befundprüfung beantragen. Befundprüfungen werden in einem Eichamt oder in einer staatlich anerkannten Prüfstelle für Meßgeräte für Wärme durchgeführt. Sie dienen der Feststellung, ob das beanstandete Gerät den Anforderungen der Zulassung entspricht und ob es die Verkehrsfehlergrenzen einhält. Die Verkehrsfehlergrenzen sind (dem Betrag nach) gleich dem Doppelten der Eichfehlergrenzen. Mit der Befundprüfung hat der Verordnungsgeber dem Verbraucher einen Rechtsanspruch auf Überprüfung seines eichpflichtigen Meßgerätes garantiert; eine Zusicherung, die nicht geringgeschätzt werden sollte.

21) Eichordnung S. 11

4.10 Zulassung zur Eichung von Wärmezählern

Der Eichung voranzugehen hat die Bauartzulassung zur Eichung[22]), die von der Physikalisch-Technischen Bundesanstalt erteilt wird[23]). Ein Gerät ist eichfähig, wenn seine Bauart bestimmte Konstruktions- und Materialanforderungen erfüllt, wenn es richtige Meßergebnisse zeigt, ausreichende Meßbeständigkeit aufweist[24]) und wenn die zu messende Größe „thermische Energie" in gesetzlichen Einheiten angezeigt wird.

Bei den Zulassungsprüfungen werden an mehreren Exemplaren der betreffenden Wärmezählerbaureihe umfangreiche meßtechnische und Meßbeständigkeits-Prüfungen vorgenommen. Die Untersuchung der Geräte erstreckt sich über den gesamten Meßbereich des Gerätes auf die Einhaltung der Eichfehlergrenzen, unter anderem:

- bei (normaler) Umgebungstemperatur von ~20 °C sowie bei Umgebungstemperaturen von 5 °C bzw. 50 °C.
- beim Absinken der Versorgungsspannungen um −15% (bzw. beim Ansteigen um +10%).
- bei Beeinflussung der Geräte (nacheinander):
  mit permanenten Magnetfeldern,
  mit elektromagnetischen Wechselfeldern von 50 Hz,
  mit hochfrequenten elektromagnetischen Feldern im Frequenzbereich von 100 kHz bis 160 MHz.
- während und nach einer Dauerbeanspruchung des Wärmezählers von mindestens 300 Stunden bis zu 500 Stunden bei der höchsten von ihm registrierbaren thermischen Leistung und der höchstzulässigen Mediumtemperatur.

Die zuletzt genannten Dauerversuche werden mit dem Ziel durchgeführt, während eines eng bemessenen Zeitraumes Aussagen über möglicherweise anstehende Änderungen im meßtechnischen Verhalten der Geräte während des Alltagsbetriebes zu gewinnen. So hat sich z.B. gezeigt, daß diejenigen Volumenmeßteile, die ihre Dauerversuche ohne oder nur mit geringfügigen Änderungen ihres meßtechnischen Verhaltens absolviert haben, auch im täglichen Einsatz nur kleine Ausfallraten haben.

Ein bauartzugelassener Wärmezähler oder ein Teilgerät eines Wärmezählers ist an seinem Zulassungszeichen erkennbar. (Bild 4.18)

22) Wärmezähler bzw. Teilgeräte von Wärmezählern mit Bauartzulassung zur Eichung werden jeweils in den PTB-Mitteilungen veröffentlicht.
23) Eichordnung, Anl. 22 S. 9
24) Eichgesetz BGBl. I S. 9

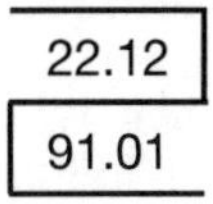

22.12
91.01

Bild 4.18 Zulassungszeichen für einen Wärmezähler

Die Kennzeichnung der zugelassenen Bauart setzt sich aus zwei Zahlenfolgen zusammen. Im oberen Feld steht die Meßgeräteart, während im unteren Feld eine Bauartnummer angegeben ist. Die Ziffer 22 im oberen Feld weist auf die für Wärmezähler geltende Anlage 22 zur Eichordnung hin, die Ziffer nach dem Punkt (12) dient zur Unterscheidung der Wärmezähler bzw. der Teilgeräte untereinander (Tabelle 4.5). Im unteren Feld geben die Ziffern vor dem Punkt das Zulassungsjahr (1991) an, die danach folgenden Ziffern (01) zählen die Zulassungen des betreffenden Jahres.

Tabelle 4.5 Ziffern zur Kennzeichnung der Wärmezähler bzw. Wärmezähler-Teilgeräte

22.12	Komplette Wärmezähler
22.14	Rechenwerke mit fest angeschlossenen Temperaturfühlern (Teilgerät)
22.15	Rechenwerk (Teilgerät)
22.16	Volumen- oder Durchflußmeßteile (Teilgerät)
22.17	Wärmezähler für den Wärmeträger Wasserdampf
22.30	Temperaturfühlerpaare (Teilgerät)

Über die restlichen Ziffern (nach dem Punkt) dieser Tabelle ist bisher noch nicht verfügt.
Trotz Bauartzulassung kann ein Wärmezähler noch falsch justiert sein. Erst in dem Augenblick, wo der Wärmezähler oder das Teilgerät mit einem Eichzeichen versehen ist, wird amtlich bestätigt, daß das Gerät während der Prüfung die Eichfehlergrenzen eingehalten hat.

4.11 Warmwasserzähler zur Verbrauchserfassung

Bei den nachfolgend beschriebenen Warmwasserzählern handelt es sich gemäß Anlage 6 der Eichordnung um eichpflichtige Volumenmeßgeräte für Brauch-Warmwasser, die in Ein- und Mehrfamilienhäusern Verwendung finden. Hat in einem Mehrfamilienhaus jeder Mieter einen eigenen Brauchwassererwärmer, so ist es ausreichend, die jedem Gerät zugeführte Kaltwassermenge mit einem Kaltwasserzähler zu ermitteln (Bild 4.19a). Werden dagegen mehrere Verbraucher gemeinsam aus einer Warmwasserversorgungsanlage bedient, so muß das verbrauchte Warmwasser jedes Abnehmers individuell gemessen werden. Dazu bedarf es eines geeichten Warmwasserzählers (Bild 4.19b). Auf der Kaltwasserseite des Gerätes kann zusätzlich der Gesamtwasserverbrauch ermittelt werden.

Gemäß Anlage 6 der Eichordnung gilt

- Wasser als kalt, wenn seine Temperatur zwischen 0 °C und 30 °C liegt;
- Wasser als warm, wenn seine Temperatur höher als 30 °C ist, aber 90 °C nicht übersteigt.

Warmwasserzähler bzw. die hydraulischen Geber von Wärmezählern als weitgehend baugleiche Geräte ermitteln das Volumen des durch sie hindurchströmenden Wassers. Jedoch sind beide Gerätearten unterschiedlichen Betriebsbedingungen ausgesetzt. Im Gegensatz zu den hydraulischen Gebern von Wärmezählern werden Warmwasserzähler in einem

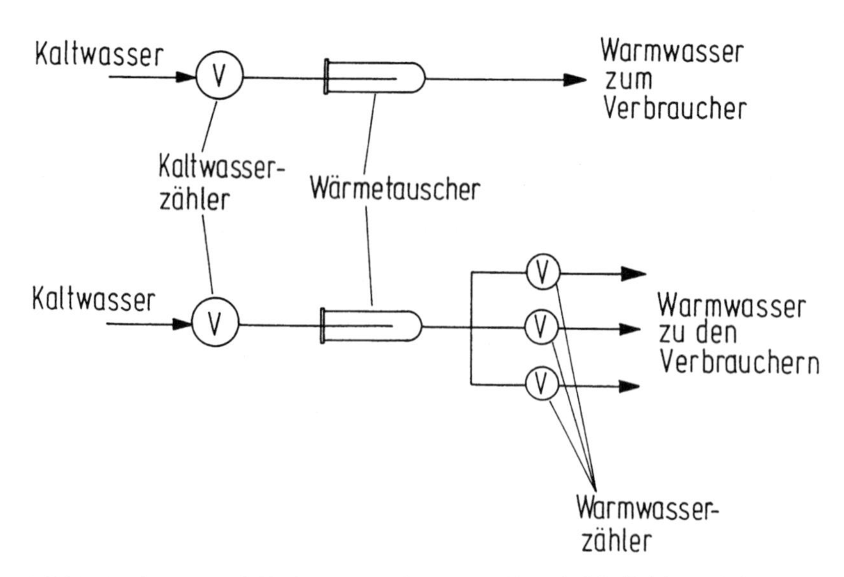

Bild 4.19 Einsatzmöglichkeiten von Kaltwasserzählern (Bildteil a) bzw. Kaltwasser- und Warmwasserzählern (Bildteil b) in Warmwasserversorgungsanlagen.

sauberen Medium mit Trinkwasserqualität betrieben. Darüber hinaus müssen Warmwasserzähler kurzzeitigen Überlastungen bis zum Doppelten ihres Nenndurchflusses Q_n widerstehen, ohne daß sich ihre meßtechnischen Eigenschaften ändern. Warmwasserzähler arbeiten, im Gegensatz zu hydraulischen Gebern von Wärmezählern, üblicherweise im intermittierenden Betrieb. So steht ein Warmwasserzähler oft tagsüber still, am Abend jedoch wird dann während einer kurzen Zeitspanne eine Badewanne mit möglichst großem Volumenstrom gefüllt.

4.12 Bauarten von Warmwasserzählern

Haushalts-Warmwasserzähler sind ausschließlich mechanisch arbeitende, teilbeaufschlagte Flügelradzähler, die aus einer der Strömungsgeschwindigkeit proportionalen Umdrehungsgeschwindigkeit des Flügelrades das Meßsignal für das durchgeflossene Volumen ableiten. Das Flügelrad wird stets tangential angeströmt, sei es durch einen einzigen Kanal wie beim Einstrahlzähler (Bild 4.20a) oder durch mehrere symmetrisch auf dem Umfang des Meßwerkgehäuses verteilte Einlaßkanäle wie beim Mehrstrahl-Flügelradzähler (Bild 4.20b).

Beim Einstrahlzähler wird der in der Rohrleitung fließende Flüssigkeitsstrom gar nicht (oder nur geringfügig) aus der durch die Rohrleitung bestimmten Strömungsrichtung ausgelenkt. Eine im Zählergehäuse zusätzlich vorhandene Querschnittsverringerung dient der Erhöhung der Strömungsgeschwindigkeit mit dem Ziel einer Meßbereichsvergrößerung für den betreffenden Zähler. Im Mehrstrahlzähler dagegen wird die Strömung durch mehrere Einlaßkanäle geführt und bis zum Verlassen durch die Auslaßkanäle zweimal um je 90° umgelenkt. Ein- und Auslaßkanäle liegen in verschiedenen Ebenen. Der Vorteil dieser Konstruktion aber ist die symmetrische Kräfteverteilung auf die Flügelelemente bzw. die Flügelachse.

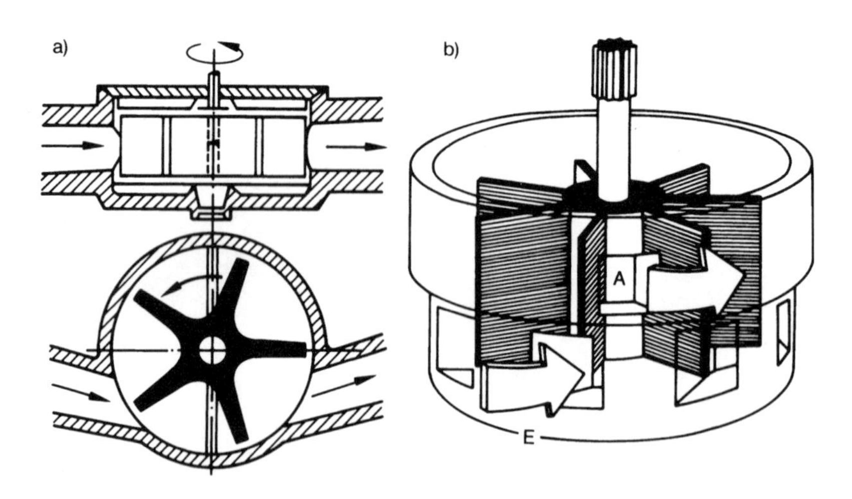

Bild 4.20a Flüssigkeitsstrom im Einstrahlzähler.
Bild 4.20b Vereinfachte Darstellung eines Mehrstrahlflügelradzählers
A: Auslauf E: Einlauf

Ein leistungsarmer Antrieb des Flügelrades ist nur realisierbar durch Verringerung der Massenträgheitskräfte und der Reibung. Deshalb geschieht die Lagerung der Flügelradwelle bevorzugt in Halbedelsteinen. Mit kleinstmöglichen Reibungswiderständen ist anschließend die Drehbewegung des Flügelrades aus dem „Naßraum" auf das zugehörige Getriebe und die Anzeigeeinrichtung im „Trockenraum" zu übertragen (Bild 4.21). „Naß-

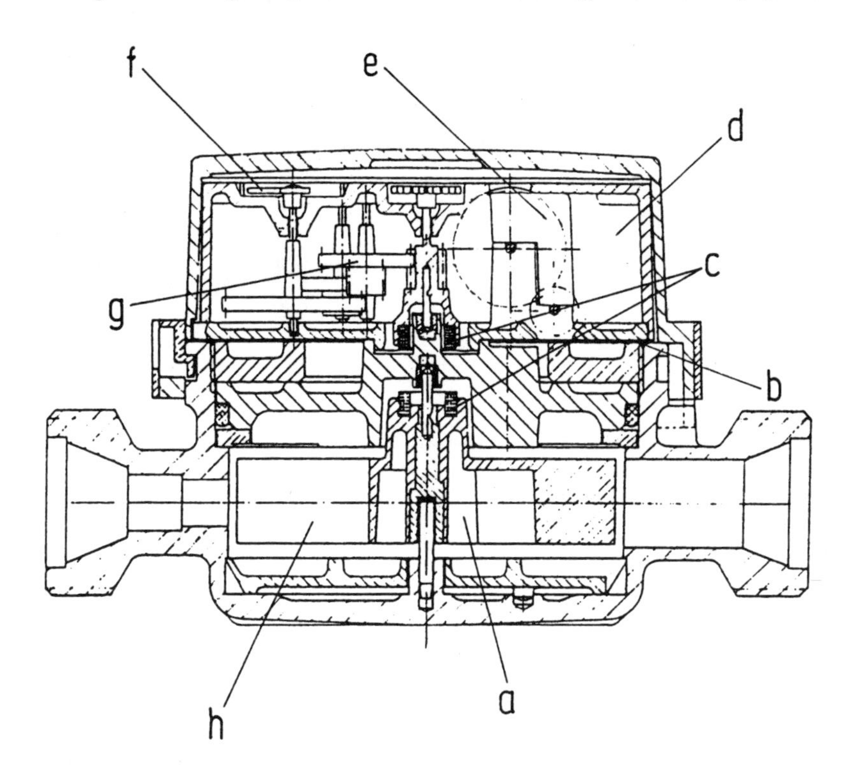

Bild 4.21 Querschnitt-Detailzeichnung von Getriebe und Anzeigeeinrichtung eines Einstrahl-Flügelradzählers.

a: Naßraum
b: Abdichtplatte
c: Sektor-Magnete
d: Trockenraum
e: Rollenzählwerk
f: Zeiger
g: Getriebe
h: Flügelrad

und Trockenraum“ des Flügelradzählers sind durch die Abdichtplatte voneinander getrennt. Die Übertragung der Flügelraddrehbewegung geschieht über Sektormagnete ober- und unterhalb der Abdichtplatte. Ein auf einer im Trockenraum befindlichen Welle geschrumpftes Zahnrad (Ritzel) greift in ein Getriebe ein, zu dem das Anzeigewerk gehört. Die Wasservolumenanzeige erfolgt auf einem Rollenzählwerk und/oder einem Zeigerwerk.

4.13 Diskussion der Fehlerkurve eines Warmwasserzählers

Die meßtechnischen Eigenschaften eines Warmwasserzählers werden durch seine Fehlerkurve beschrieben (Bild 4.22). Aufgetragen ist dort längs der Abszisse der relative Durchfluß $\dot{V}/Q_n$ in%, und längs der Ordinate der relative Fehler des Warmwasserzählers in%. Die durchgezogene Kurve ist typisch für die Abhängigkeit des Meßfehlers eines Warmwasserzählers bei den Medientemperaturen von <30 °C. In dieser Fehlerkurve lassen sich drei Bereiche erkennen.

Im Anlaufbereich (1) beginnt sich das Flügelrad bei kleinen Strömungsgeschwindigkeiten zu drehen. Die Größe der dazu von der Strömung aufzubringenden Kraft hängt unter anderem von der Masse des Flügelrades, von der Qualität seiner Lagerung und vom Widerstandsmoment des angeschlossenen Zählwerkgetriebes ab. Wegen der niedrigen Strömungsgeschwindigkeit bildet sich im Gehäuse des hydraulischen Gebers eine laminare Strömung aus. Das Strömungsbild einer Strömung in Rohren mit kreisrundem Querschnitt wird durch die dimensionslose Reynoldszahl *Re* gekennzeichnet:

$$Re = \frac{\overline{v} \cdot d}{\nu} \qquad (9)$$

Die Reynoldszahl ist der Quotient aus dem Produkt der mittleren Strömungsgeschwindigkeit $\overline{v}$, multipliziert mit dem Rohrdurchmesser d und der kinematischen Zähigkeit ν. Laminare Strömung tritt in kreisförmigen Rohren auf für $Re \leq 2300$. Bei Reynoldszahlen $Re > 2300$ ändert sich plötzlich der laminare in den turbulenten Strömungszustand (Bereich (3) der Fehlerkurve). Die den unterschiedlichen Strömungszuständen (turbulent bzw. laminar) zuzurechnenden Strömungsprofile (gemessen über den Rohrquerschnitt) erklären auch den verschiedenartigen Verlauf der Fehlerkurve von Wasserzählern in den Bereichen 1 und 3.

Im Bereich (2), dem Übergangsbereich, erfolgt der Übergang vom laminaren in den turbulenten Strömungszustand. Erschwerend für eine quantitative Beschreibung der Fehlerkurve ist, daß sich in der Umgebung des Flügelrades die Strömung nicht so ungestört ausbilden kann wie in den Ein- bzw. Ausflußkanälen. In Flügelradnähe können nebeneinander (labile) laminare und turbulente Strömungsbereiche existieren.

Der Temperatureinfluß auf die Fehlerkurve eines Warmwasserzählers resultiert aus der Temperaturabhängigkeit sowohl der Dichte als auch der Viskosität des Wassers. Die bereits erwähnte Reynoldszahl ist nicht nur eine Funktion der mittleren Strömungsgeschwindigkeit, sondern auch der Viskosität. Entsprechend Gl. (9) wird mit steigender Temperatur und damit abnehmender kinematischer Viskosität die Geschwindigkeit, bei der

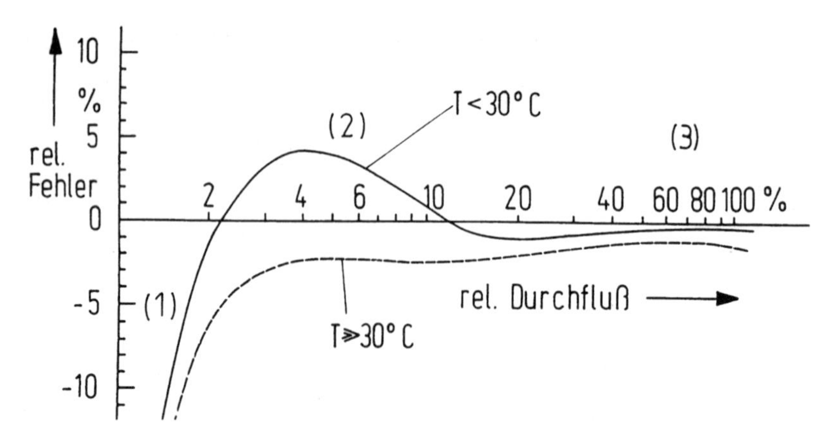

Bild 4.22 Fehlerkurve eines Flügelradzählers.

die Strömung vom laminaren in den turbulenten Strömungszustand übergeht, reduziert. Die im unteren Geschwindigkeitsbereich vorhandene Überhöhung der Kaltwasserkurve ($T < 30$ °C) im Bereich (2) muß daher bei höheren Temperaturen vollständig verschwinden, wie sich aus der gestrichelt gezeichneten Kurve in Bild 4.22 entnehmen läßt.

4.14 Metrologische Klassen für Warmwasserzähler

Warmwasserzähler werden durch den Nenndurchfluß Q_n und den kleinsten Durchfluß Q_{min} charakterisiert[25]). Der Nenndurchfluß Q_n ist der Durchfluß, bei dem der Zähler unter Einhaltung der Eichfehlergrenzen ununterbrochen betrieben werden kann. Der kleinste Durchfluß Q_{min} ist der Durchfluß, von dem an der Zähler die Eichfehlergrenzen einhalten muß. Er wird in Abhängigkeit von Q_n festgelegt. Darüber hinaus wird ein Übergangsdurchfluß Q_t definiert, der den unteren Belastungsbereich von Q_{min} bis Q_t von dem oberen Belastungsbereich von Q_t bis Q_n trennt und bei dem eine Unstetigkeit der Fehlergrenzen auftritt.

In Tabelle 4.6 sind die vier metrologischen Klassen A, B, C und D für Warmwasserzähler mit den Werten für Q_{min} und Q_t in Abhängigkeit von Q_n aufgeführt.

Tabelle 4.6: Metrologische Klassen für Warmwasserzähler ($Q_n < 15\ m^3/h$)

Metrologische Klasse	Werte für Q_{min} und Q_t
A	$Q_{min} = 0{,}04\ Q_n$ $Q_t = 0{,}10\ Q_n$
B	$Q_{min} = 0{,}02\ Q_n$ $Q_t = 0{,}08\ Q_n$
C	$Q_{min} = 0{,}01\ Q_n$ $Q_t = 0{,}06\ Q_n$
D	$Q_{min} = 0{,}01\ Q_n$ $Q_t = 0{,}015\ Q_n$

So kann z.B. ein Warmwasserzähler der metrologischen Klasse A mit einem im Haushaltsbereich üblichen Nenndurchfluß von $Q_n = 1{,}5\ m^3/h$ im geschäftlichen Verkehr eingesetzt werden im Durchflußbereich von $Q_{min} = 0{,}06\ m^3/h$ bis zu $Q_n = 1{,}5\ m^3/h$ (kurzzeitig sogar bis zu $Q_{max} = 2\ Q_n = 3\ m^3/h$).

Ein baugleicher Warmwasserzähler der metrologischen Klasse C ist einsetzbar bis herab zu Durchflüssen von $Q_{min} = 0{,}015\ m^3/h$. Der zuletzt genannte Zähler ist also wegen seines großen Dynamikbereiches ($Q_{min} : Q_n = 1 : 100$) besonders zur Erfassung kleiner Durchflüsse geeignet.

Ist der Betreiber einer Warmwasseranlage sich jedoch sicher, daß aus konstruktiven oder regelungstechnischen Gründen Kleinstdurchflüsse nicht

25) Eichordnung, Anl. 6 S. 21

auftreten können, so genügt es, dort einen Zähler der metrologischen Klasse A (der im allgemeinen preiswerter sein wird) einzusetzen.
Die bereits mehrfach diskutierten Eichfehlergrenzen für Warmwasserzähler sind mit denen für hydraulische Geber von Wärmezählern identisch (Tabelle 4.7). Die Verkehrsfehlergrenzen für Warmwasserzähler sind gleich dem Doppelten der Eichfehlergrenzen.

Tabelle 4.7: Eichfehlergrenzen für (mechanisch arbeitende) Warmwasserzähler in Abhängigkeit vom Durchfluß Q

Eichfehlergrenze	Belastungsbereich
3%	oberer Bereich ($Q_t \leqq Q \leqq Q_n$)
5%	unterer Bereich ($Q_{min} \leqq Q < Q_t$)

4.15 Zukünftige Entwicklungen von Warmwasserzählern

Die Erfassung der zur Brauchwassererwärmung eingesetzten thermischen Energie ausschließlich mit Warmwasserzählern ist, wie sich aus Gl. (7) erkennen läßt, mit genügender Genauigkeit nur unter Annahme der Gewährleistung einer ausreichend guten Konstanz der Temperatur des abgegebenen Wassers möglich. Wird das kalte Wasser von der „Eintrittstemperatur" von 15 °C auf 55 °C Austrittstemperatur erwärmt ($\Delta T = 40$ K), so verursacht eine Unsicherheit bei der Einhaltung der Austrittstemperatur von 3 K einen relativen Fehler von 7,5%.

In größeren Warmwasserversorgungsnetzen würde bereits dadurch, daß erwärmtes Wasser längere Zeit in den Rohrleitungen steht und sich dabei abkühlt, ein bemerkenswerter Fehler bei der Energieberechnung entstehen. Bis an der Verbraucherstelle ausreichend warmes Wasser der gewünschten Temperatur zur Verfügung steht, müßten erst größere Mengen abgekühlten Wassers entnommen werden.

Dieser Nachteil wird durch die Installation einer Zirkulationsleitung gemäß Bild 4.23 vermieden. Sie bewirkt durch den damit gegebenen Umlauf des Wassers direkt oder bis in unmittelbare Nähe zur Entnahmestelle und wieder zum Ausgangspunkt zurück, daß nach Öffnung der Entnahmearmatur sofort warmes Wasser zur Verfügung steht. Zur Vermeidung von unnötigen Energieverlusten empfiehlt es sich, die Zirkulation z.B. während der Nachtstunden zu unterbrechen. Dies kann durch Abschaltung der in der Regel erforderlichen Zirkulationspumpe geschehen.

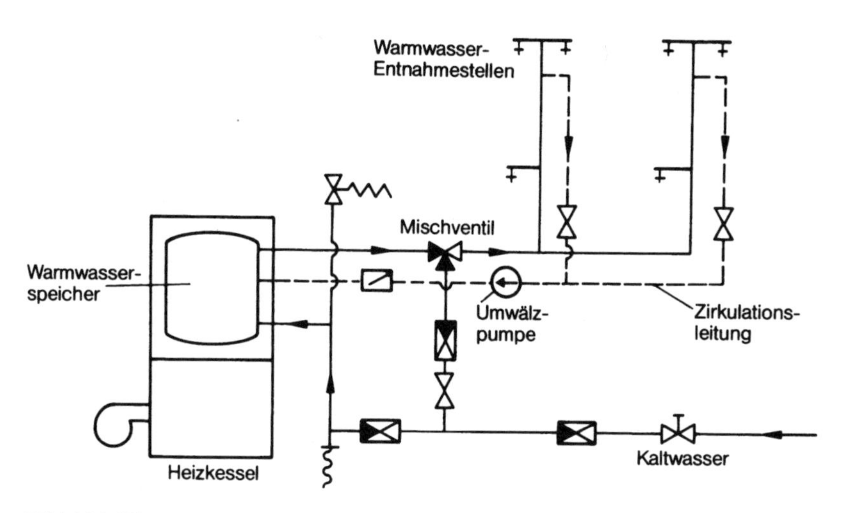

Bild 4.23 Warmwassernetz mit Zirkulationsleitung.

Die geschilderten Unzulänglichkeiten bei der Bestimmung der zur Brauchwassererwärmung notwendigen thermischen Energie lassen sich aber auch mit Hilfe von Geräten vermeiden:

- die weitgehend einem Wärmezähler gleichen oder
- die nur dann die Messung des warmen Wassers ausführen, wenn dieses eine bestimmte Mindesttemperatur überschreitet.

Mit einem Wärmezähler, dessen Rücklauffühler durch einen Festwiderstand (≙ 15 °C) repräsentiert wird (15 °C sei die im Jahresmittel auftretende Kaltwassertemperatur), läßt sich die zur Brauchwassererwärmung benötigte thermische Energie in Abhängigkeit von der jeweiligen Vorlauftemperatur ermitteln. Da ein im Warmwassernetz als Warmwasserzähler eingesetzter Wärmezähler stets bei Temperaturdifferenzen ≧ 20 K arbeitet, wird an die im Rechenwerk enthaltene Elektronik bezüglich ihrer Empfindlichkeit kein besonders hoher Anspruch gestellt. Die Vereinfachung herkömmlicher Rechenwerksschaltungen muß deren Kosten senken.

Andererseits sind Konstruktionen von Warmwasserzählern denkbar, bei denen das Volumenzählwerk nur dann bestätigt wird, wenn das durch den Zähler fließende Wasser eine bestimmte Mindesttemperatur überschreitet. Dazu bedarf es nur eines geeigneten Temperaturfühlers (z.B. Widerstandsthermometer o.ä.) und eines Komparators. Nach Überschreiten der Grenztemperatur (z.B. von 45 °C) wird das Zählwerk zur Volumenerfassung freigegeben. Nachteilig bei der zuletzt genannten Warmwasserzähler-Konstruktion ist, daß Wasser unterhalb der Grenztemperatur nicht gemessen wird. Es sind also geeignete bauseitige Maßnahmen zu ergreifen, damit an den Entnahmestellen stets warmes Wasser genügend hoher Temperatur zur Verfügung steht.

4.16 Normen und Empfehlungen

4.16.1 Erläuterungen zur DIN 4713 Teil 4

(Verbrauchsabhängige Wärmekostenabrechnung, Wärmezähler und Warmwasserzähler)

Der Teil 4 der DIN 4713 (Ausgabe Dezember 1980) ist inhaltlich ungeändert in die Neuausgabe der Norm über verbrauchsabhängige Wärmekostenabrechnung (DIN 4713) übernommen worden.

Über die in dem vorliegenden Buch enthaltenen Ausführungen über Wärme- und Warmwasserzähler hinaus werden in den Erläuterungen zum Teil 4 der DIN 4713 einige, diese Geräte betreffenden Besonderheiten zusätzlich angesprochen.

1 Wärmezähler und Teilgeräte von Wärmezählern

Wärmezähler erfassen die von einer Heizung abgegebene thermische Energie durch Messung der Vorlauf- und Rücklauftemperatur und des Volumenstromes des Heizmediums. Die Temperaturen im Vorlauf (T_V) und Rücklauf (T_R) des Heizungssystems werden meist mit elektrischen Widerstandsthermometern gemessen; der Volumenstrom des Heizmediums i. allg. mit einem mechanischen Warmwasserzähler. Mit dem Wärmezähler-Rechenwerk wird aus der gemessenen Temperaturdifferenz $\Delta T = T_V - T_R$ und dem Volumen die abgegebene thermische Energie ermittelt, unter zusätzlicher Berücksichtigung der spezifischen Eigenschaften des Heizmediums (i. allg. Wasser).

Eichfähige Meßgeräte bestehen i.allg. aus einem Meßwertaufnehmer, einem -umformer und aus einer Anzeigeeinheit, so z.B. auch ein Kompakt-Wärmezähler. Aus praktischen Gründen, sowohl bei der eichtechnischen Prüfung als auch bei der Anwendung der Wärmezähler, haben die Physikalisch-Technische Bundesanstalt und die Eichverwaltungen die Zulassung von Wärmezähler-Teilgeräten (hydraulischer Geber, elektronisches Rechenwerk, Temperaturfühlerpaar) mit jeweils eigenen Eichfehlergrenzen ermöglicht.

Bei Beschädigung des Temperaturfühlerpaares genügt es beispielsweise, nur dieses Teilgerät auszuwechseln, d.h. durch ein geeichtes Fühlerpaar zu ersetzen.

Da die Wärmezähler-Teilgeräte von unterschiedlichen Herstellern stammen können, kann ein Wärmezähler aus drei Teilgeräten dreier Hersteller mit drei unterschiedlichen Zulassungszeichen zusammengestellt werden. Ein derart (modular) aufgebauter Wärmezähler hat die gleichen Eichfehlergrenzen einzuhalten wie ein vollständiger Wärmezähler.

2 Eichung

Die Eichung sichert eine gleichbleibende meßtechnische Qualität der Geräte und ist die amtlich bestätigte Erlaubnis, das Meßgerät zu dem Zweck, für den dieses geeicht wurde, einsetzen zu dürfen.

Die Eichung erfolgt in drei Schritten:

- Beschaffenheitsprüfung,
- meßtechnische Prüfung und
- Stempelung.

Bei der Beschaffenheitsprüfung wird festgestellt, ob das zur Eichung gestellte Gerät den äußeren Merkmalen, die in der Zulassung zur Eichung beschrieben sind, entspricht. Während der meßtechnischen Prüfung wird nachgewiesen, daß das betreffende Meßgerät richtig justiert ist und die Eichfehlergrenzen einhält. Die Stempelung gibt Auskunft darüber, wann die Eichung vorgenommen wurde. Zusätzlich werden im Gehäuse enthaltene Öffnungen durch Eichzeichen verschlossen und gesichert, damit meßtechnisch relevante Teile erst dann zugänglich sind, wenn zuvor das oder die Eichzeichen erkennbar zerstört wurden.

Der Eichung in rechtlicher Bedeutung gleichgestellt ist die Beglaubigung durch staatlich anerkannte Prüfstellen von Meßgeräten für Wärme.

Die Anzeigen in Gebrauch befindlicher, geeichter Meßinstrumente gelten innerhalb festgelegter Verkehrsfehlergrenzen als richtig. Verkehrsfehlergrenzen sind dem Betrag nach gleich dem Doppelten der Eichfehlergrenzen, die bei der Eichung einzuhalten sind.

In vorgegebenen zeitlichen Abständen (fünf Jahre) müssen die geeichten Meßgeräte zur erneuten meßtechnischen Überprüfung (Nacheichung) vorgestellt werden. Wenn bei der Nacheichung (z.B. nach Reparatur des Gerätes) die Eichfehlergrenzen nicht eingehalten werden, ist der Wärmezähler aus dem Verkehr zu ziehen. Wärme- und Wasserzähler, an deren Meßrichtigkeit begründete Zweifel bestehen, können bei einer Eichbehörde oder einer staatlich anerkannten Prüfstelle einer Befundprüfung unterzogen werden. Hierbei wird festgestellt, ob vom Wärmezähler mindestens die Verkehrsfehlergrenzen eingehalten werden.

3 Zulassung

Voraussetzung zur Eichung für die betreffenden Gerätebauarten ist die Zulassung zur Eichung. Die Zulassung zur Eichung wird für den nationalen Bereich von der Physikalisch-Technischen Bundesanstalt Braunschweig und Berlin erteilt.

Die Bauart eines Meßgerätes ist zur Eichung zuzulassen, wenn diese richtige Meßergebnisse sowie ausreichende Meßbeständigkeit erwarten läßt (Meßsicherheit).

Ungeeignete Einbauorte können den Wärmezähler beschädigen, seinen Ausfall bewirken oder Meßfehler auslösen, die um ein Vielfaches größer sind als die Eichfehlergrenzen. Hersteller, Versorgungsunternehmen und Installateure haben die notwendigen Informationen zu geben bzw. sie sich zu beschaffen, um einen fehlerfreien Einbau von Wärmezählern zu gewährleisten.

Grundsätzlich dürfen Wärmezähler nur dann in neuerstellte Heizanlagen eingebaut werden, wenn diese zuvor durch eingehendes Spülen gesäubert wurden. Unterbleibt diese Maßnahme, so wird der Wärmezähler erfahrungsgemäß in kürzester Zeit beschädigt.

Werden Volumenmeßteile an der tiefsten Stelle des Heizsystems eingebaut, so besteht die Gefahr, daß sich im Sommer während der Stillstandszeit der Heizung die vom Wasser mitgeführten Schwebeteilchen dort ablagern und zu einem Verkleben der Lager und der Magnetkupplung führen. Ein derart belasteter Wärmezähler wird bei der Wiederinbetriebnahme der Heizung nicht oder nur schwer anlaufen. Die Registrierung kleiner Volumenströme wird wegen der erhöhten Lagerreibung nur fehlerhaft möglich sein.

Die Fehlerkurven hydraulischer Geber von Wärmezählern werden von der Geschwindigkeitsverteilung der Strömung im Rohr beeinflußt. Ungestörte Geschwindigkeitsverteilungen können sich nur dann ausbreiten, wenn sich vor und hinter dem hydraulischen Geber genügend lange Rohrstrecken gleichen Durchmessers befinden (mit Längen von 5 ... 10 Durchmessern; siehe Herstellerangaben). Erst in größeren Abständen vom Wärmezähler dürfen Absperrarmaturen, Rohrkrümmer oder Verzweigungen in das Heizsystem eingebaut werden.

Die Temperaturfühler von Wärmezählern müssen mit größtmöglicher Sorgfalt in das Heizsystem eingebaut werden. Wird die Anzeige eines Fühlers durch fehlerhaften Einbau um z.B. 0,3 °C verfälscht, so resultieren daraus bei kleinen Temperaturdifferenzen (3 K bis 6 K) bereits Fehler bis zu 10%. Um sicherzustellen, daß die Temperaturfühler die Temperatur des Heizmediums richtig erfassen, muß zum Heizmedium ein guter Wärmekontakt hergestellt werden. Das ist am besten zu verwirklichen, indem der Fühler mit großer Eintauchtiefe direkt eintauchend (ohne Verwendung einer Tauchhülse) eingebaut wird. Zur Vermeidung von Wärmeableitfehlern sollten Fühler eine Mindestlänge von 70 mm nicht unterschreiten.

Schließlich ist es günstig, die Fühlereinbaustelle thermisch zu isolieren.

Elektrische Meßleitungen dürfen nicht zusammen mit Starkstromleitungen verlegt werden. Zusätzlich müssen die Meßleitungen abgeschirmt sein.

4.16.2 Internationale Empfehlungen für Wärmezähler (R 75) der OIML

Die Internationale Organisation für Gesetzliches Meßwesen (Organisation Internationale de Métrologie Légale; OIML) hat sich zum Ziel gesetzt, für den Bereich des gesetzlichen Meßwesens einheitliche Anforderungen an Meßgeräte zu erarbeiten und diese als internationale Empfehlung (R; Recommandation) zu publizieren.

Die ersten Beratungen zur Formulierung eines Entwurfs einer Internationalen Empfehlung für „Zähler für thermische Energie" (Wärmezähler) begannen im Jahr 1971 auf Basis der Arbeiten des Berichtssekretariats SP 12 – SR 8, das die Bundesrepublik Deutschland führt. Nach einer Reihe von Arbeitssitzungen von SP 12 – SR 8 (u.a. in Wien, Hamburg, Hannover, München) war dann bis zum Jahr 1980 über einen Entwurf einer Empfehlung für Wärmezähler Einigkeit erzielt worden. Jedoch mußte dieser dann in den folgenden Jahren noch um einen umfangreichen Abschnitt „Zusätzliche Anforderungen an elektronische Teilgeräte von Wärmezählern" erweitert werden. Der so vervollständigte Entwurf der Empfehlung für „Zähler für thermische Energie" ist Ende 1988 von der Internationalen Konferenz der OIML verabschiedet worden.

Diese Empfehlung behandelt Zähler für thermische Energie (Wärmezähler), d.h. Geräte, welche die in einem Wärmetauscher-Kreislauf von einem flüssigen Wärmeträger aufgenommene oder abgegebene thermische Energie messen.

In Abschnitt 1 (Beschreibung der Geräte) wird der Aufbau von Wärmezählern beschrieben, und zwar als vollständiges Gerät oder zusammengesetzt aus zwei Teilgeräten (hydraulischer Geber, elektronisches Rechenwerk mit Temperaturfühlerpaar).

Der Abschnitt 2 (Grenzwerte und Definitionen) enthält Erläuterungen zu den für Wärmezähler wichtigen Begriffen.

In Abschnitt 3 (Prüfbereich, Fehlergrenzen, konventionell richtiger Wert) wird die Anwendung der für die verschiedenen Arten von Wärmezählern und Teilgeräten festgelegten Fehlergrenzen erläutert.

Die technische Ausführung der Wärmezähler sowie die Gestaltung der Anzeigevorrichtung für die ermittelte Energie sind in den Abschnitten 4 und 5 (Technische Merkmale, Anzeigevorrichtung für die thermische Energie) festgelegt.

Der Abschnitt 6 (Beschriftungen und Stempelstellen) enthält Vorgaben über die bei der Eichung vorzunehmenden Sicherungen am Gerät.

Im letzten Abschnitt 7 (Bauartzulassung) ist der Katalog derjenigen Prüfungen zusammengestellt, die während eines Bauart-Zulassungsverfahrens zu erledigen sind.

Die meisten europäischen Länder, insbesondere diejenigen, in denen die Messung thermischer Energie eine wirtschaftliche Bedeutung hat, haben die OIML-Richtlinie R 75 ganz oder in wesentlichen Auszügen in ihre nationalen Vorschriften übernommen.

4.16.3 Europäische Normen für Wärmezähler

Im Mai 1988 wurde vom dänischen „Rat für Standardisierung" beim europäischen Komitee für Normung, CEN, der Antrag gestellt, ein Technisches Sekretariat (TC) zur Erarbeitung einer europäischen Norm für Wärmezähler zu gründen. Diesem Wunsch wurde durch Einrichtung des CEN/TC-176 „Heat Energy Meters (Wärmezähler)" entsprochen. Die Sekretariatsleitung hat Dänemark übernommen.

Die Mitglieder des CEN sind verpflichtet, verabschiedete Europäische Normen als nationale Normen zu übernehmen und etwaige weitere nationale Dokumente zum gleichen Thema zurückzuziehen. Normen sind nicht automatisch rechtsverbindlich. Deshalb ist es erklärtes Ziel der Kommission der Europäischen Gemeinschaften (EG), auf dem Weg zur Harmonisierung des zukünftigen EG-Binnenmarktes europäische Normen mittels EG-Richtlinien in nationales Recht umzusetzen.

Auf der ersten CEN/TC-176-Sitzung Anfang Oktober 1989 wurde beschlossen, daß

„... die Normung von Wärmezählern mit Anforderungen an die Meßgenauigkeit, Konstruktion und Prüfung ... behandelt wird. Das Arbeitsprogramm berücksichtigt auch Empfehlungen für den Einbau, die Inbetriebnahme und den Betrieb der Geräte. Alle Bauarten, Größen und Funktionsprinzipien (von Wärmezählern) werden berücksichtigt. ..."

Von seiten des CEN wurde dem TC-176 vorgegeben, die OIML-Richtlinie für Wärmezähler R 75 (s. 4.16.2) als Basisdokument der zukünftigen Wärmezähler-Norm zu betrachten.

In den einzelnen von TC-176 eingesetzten Arbeitsgruppen werden die Detailformulierungen der Teile I bis V des Normenentwurfs vorgenommen.

Die nachstehend aufgeführte Gliederung des Entwurfs einer Norm für Wärmezähler deutet an, daß es sich um ein sehr umfangreiches Papier (etwa 100 Seiten) handeln wird.

Gliederung der Norm für Wärmezähler (CEN/TC-176)
Entwurf (Stand: Oktober 1991)

Teil I
Allgemeines

1. Anwendungsbereich der Norm
2. Gerätekonfigurationen von Wärmezählern
3. Begriffsbestimmungen (Untergliederung Pkt. 3.1 ... 3.16)
4. Bauanforderungen (4.1 ... 4.5)
5. Prüfbereich der Wärmezähler
6. Zulässige Fehlergrenzen (6.1 ... 6.3)
7. Bestimmungsgleichungen für die thermische Energie
8. Definition der Anwendungsbereiche
9. Technische Daten von Wärmezählern
10. Betriebs- und Montageanleitungen — S. 1 ... 10

Teil II
Konstruktive Anforderungen

1. Anwendungsbereich der Norm
2. Konstruktive Anforderungen an Wärmezähler bzw. Teilgeräte
   - 2.1 Temperaturfühler (2.1.1 ... 2.1.4)
   - 2.2 Hydraulische Geber (2.2.1 ... 2.2.4)
   - 2.3 Elektronische Rechenwerke (2.3.1 ... 2.3.5)
   - 2.4 Vollständige Wärmezähler
3. Schnittstellen zwischen den Teilgeräten der Wärmezähler
4. Aufschriften und Sicherungsmöglichkeiten
   - Anhang A: Konstruktive Ausführung von Temperaturfühlern (A 1 ... A 12)
   - Anhang B: Eingangs- und Ausgangssignale am elektronischen Rechenwerk — S. 11 ... 38

Teil III
Datenaustausch über Schnittstellen

(nach intensiver Beratung sind noch umfangreiche Änderungen möglich) — S. 39 ... 75

Teil IV
Bauartprüfungen

1. Anwendungsbereich der Norm
2. Allgemeines
3. Anforderungen
4. Definition der Betriebsbedingungen (4.1 ... 4.3)
5. Tests und Messungen (5.1 ... 5.28.3)
6. Dokumentation — S. 76 ... 93

Teil V
Meßtechnische Prüfungen

Es war vorgesehen, auf der nächsten TC-176-Sitzung im Frühjahr 1992 den „99%-Entwurf" der Norm für Wärmezähler zu verabschieden und das zeitaufwendige Abstimmungsverfahren zwischen den Mitgliedsstaaten des CEN einzuleiten.

Gegenüber den innerstaatlichen Anforderungen an Wärmezähler[26]) wird die europäische Norm einige gravierende Änderungen aufweisen, die sich leider nicht nur zum Vorteil der Verbraucher auswirken werden.

- Während bisher in Deutschland bei Wärmezählern drei Teilgeräte zulässig waren, wobei jedem Teilgerät eine einzige Fehlergrenze zugeordnet war, werden zukünftig hydraulische Geber wahlweise drei Genauigkeitsklassen haben. Für elektronische Rechenwerke und Temperaturfühlerpaare sind mehrere Werte für $\Delta T \leqq 3K$ zulässig.

Wenn es bei diesen Formulierungen bleibt, wird es dem „normalen" Anwender eines Gerätes zukünftig verwehrt sein, die Angaben über die Meßunsicherheit des von ihm erworbenen Gerätes nachvollziehen zu können. Zusätzlich wird der Wunsch nach Transparenz noch dadurch erschwert, daß für die Fehlergrenzen analytische Zusammenhänge angegeben werden, in Abhängigkeit von der jeweiligen Temperaturdifferenz.

Dem in Deutschland im Eichwesen im Vordergrund stehende Begriff des Verbraucherschutzes wird durch die zukünftige europäische Norm nur noch bedingt Rechnung getragen.

Normgerechte Ausführungen von Wärmezählern haben ihre diesbezüglichen Eigenschaften im Rahmen von umfangreichen Typprüfungen nachzuweisen. Der Umfang der vorgesehenen Typprüfungen übersteigt denjenigen bei der gesetzlich geforderten Bauartzulassung beträchtlich, wie sich aus der nachstehend aufgeführten Tabelle entnehmen läßt.

---

26) Reihlen S. 5

Tabelle 4.8 Typprüfung von Wärmezählern entsprechend CEN/TC-176

Lfd.Nr.	**Art der Prüfung**		
1	Meßtechnische Prüfung		
2	Dauerprüfung		
3	Meßtechnische Prüfung in trockener Wärme		
4	" " " " Kälte		
5	" " " " " (veränderlich)		
6	"	"	bei stationärer Absenkung der Versorgungsspannung
7	"	"	bei kurzzeitigem Absinken der Versorgungsspannung
8	"	"	bei aufgeprägten Bursts und transienten Signalen
9	"	"	in hochfrequenten elektromagnetischen Feldern
10	"	"	unter Einwirkung elektrostatischer Entladungen
11	"	"	in statischen Magnetfeldern
12	"	"	in elektromagnetischen Feldern mit 50 Hz
13	"	"	mit elektromagnetischen Feldern im Radiofrequenz-Bereich
14	"	"	bei erhöhtem Druck
15	"	"	des Druckverlusts
16	"	"	unter gleichzeitiger Messung elektromagnetischer Emission

Sollte es dabei bleiben, daß sämtliche hier aufgeführten Tests während einer Typprüfung durchzuführen sind, wäre das eine sehr kosten- und zeitaufwendige Vorgehensweise. An Wärmezähler kleiner Leistung (Haushaltszähler), die etwa 300 DM/Stück kosten dürfen, können und müssen nicht die gleichen Anforderungen bezüglich der Störfestigkeit gestellt werden wie an Wärmezähler großer Leistungen (Preis ca. 20000 bis 30000 DM/Stück). Die zuletzt genannten Geräte werden in Wärmeübergabestationen eingesetzt, über die Wärmelieferungen von 1 Mio. DM pro Jahr und mehr abgerechnet werden.

Hier scheint doch das Grundanliegen jeder Normung verletzt zu werden: „Normung verlangt das bewußte Einbeziehen ihrer wirtschaftlichen Wirkungen. Normung ist für jede vernünftige Wirtschaft notwendig. Aber im Übermaß kann jede Wohltat zur Plage werden. Normung ist kein Selbstzweck. Nur das unbedingt notwendige soll genormt werden.“[27])

27) Reihlen S. 5

Wird diesen Ausführungen gefolgt, dann muß es für Haushaltszähler einen kleineren Prüfungsumfang geben als für Zähler größerer Leistungen. Für die Zähler großer Leistungen sollten zusätzlich zwei „Beanspruchungsklassen" definiert werden:

Eine Klasse A mit einer Testfolge, die alle Geräte durchlaufen müssen,

eine Klasse B für Geräte, die für den Einsatz unter erschwerten Einsatzbedingungen ausgelegt sind.

5 Heizkostenverteiler nach dem Verdunstungsprinzip

Von Armin Hampel

5.1 Einleitung

Der nach dem Verdunstungsprinzip arbeitende Heizkostenverteiler ist bei uns bereits seit mehreren Jahrzehnten im Gebrauch. Erhöhte Bedeutung erlangte er durch die Heizkostenverordnung.

Seine Arbeitsweise wurde in der Öffentlichkeit ausgiebig diskutiert. Verbesserte Geräte mit elektronischer Ausstattung zur Erhöhung der Verteilgenauigkeit – allerdings zu höherem Preis als das Verdunstungsgerät – kamen auf den Markt. Trotzdem wurde die Heizkostenverteilung, die nun einen großen Teil der Bevölkerung betraf, weiter kritisch beobachtet.

Die große Verbreitung der Heizkostenverteiler verlangt sowohl im Interesse des Nutzers als auch des Herstellers, daß die Fertigung und Handhabung dieser Geräte durch Vorschriften und Richtlinien geregelt wird. Es sind Mindestanforderungen zu erfüllen, und die Abrechnung muß nachvollziehbar sein.

Diese Überlegungen führten 1978 zur Erarbeitung von „Güterichtlinien" nach RAL-RG 975, die mittlerweile ausgesetzt sind; die Gütegemeinschaft, in der Firmen zusammengefaßt waren, die ihre Geräte den Güterichtlinien unterwarfen, ist vor einigen Jahren aufgelöst worden.

1979 und 1980 wurden erstmals Normen für die verbrauchsabhängige Wärmekostenabrechnung – DIN 4713 – und für den Aufbau der Heizkostenverteiler – DIN 4714 – entworfen [1]), die in ihren Teilen 2 und 3 überarbeitet und in DIN 4713 neu gefaßt wurden.

Zu Beginn des Jahres 1987 wurde von der Kommission der Europäischen Gemeinschaften (KEG) ein Vorschlag für eine Rahmenrichtlinie zur Angleichung der Rechts- und Verwaltungsvorschriften der Mitgliedsstaaten über Bauprodukte zur Beratung und Verabschiedung vorgelegt. In diesem Zusammenhang werden zur Zeit europäische Normen durch das CEN (Europäisches Komitee für Normung) im Technischen Komitee (TC) in Zusammenarbeit mit dem Spiegelausschuß des Normenausschusses Heiz- und Raumlufttechnik (NHRS) erarbeitet, die sich auch auf die vorliegenden deutschen Normen stützen.

In der Rahmenrichtlinie der KEG werden u.a. Angaben über Verfahren der Konformitätsbescheinigung für Produkte, die das EG-Konformitätszei-

1) DIN 4713, Teil 2

chen tragen und Freiheit des Verkehrs, der Vermarktung und der Verwendung genießen sollen, gemacht. Es sind folgende Verfahren genannt:

- Zertifizierung der Konformität durch eine zugelassene Stelle
- Zertifizierung der Qualitätskontrolle des Herstellers durch eine zugelassene Stelle
- Typenprüfung durch eine zugelassene Prüfstelle
- Konformitätseigenbescheinigung des Herstellers

Unter der Federführung der Deutschen Gesellschaft für Warenkennzeichnung (DGWK) werden ergänzend zur europäischen Normung für die Heizkostenverteiler derartige Verfahren in dem Prüfstellenausschuß, der sich aus Vertretern der anerkannten Prüfstellen, der Landeseichämter, der Physikalisch-Technischen Bundesanstalt (PTB), des Normenausschusses Heiz- und Raumlufttechnik (NHRS) zusammensetzt – ein Vertreter des Bundesministeriums für Wirtschaft (BMWi) ist berechtigt, an den Sitzungen teilzunehmen –, entworfen und beraten.

5.2 DIN 4713 und europäische Normung

Als anerkannte Regeln der Technik für Heizkostenverteiler nach dem Verdunstungsprinzip gelten insbesondere die DIN 4713 Teil 2 in der Neufassung von 1989: „Verbrauchsabhängige Wärmekostenabrechnung – Heizkostenverteiler ohne Hilfsenergie nach dem Verdunstungsprinzip" (s. Abschnitt 1.7).

Zur Erteilung des DIN-Zeichens sind Prüfungen von hierfür autorisierten Prüfstellen durchzuführen. Neutrale sachverständige Stellen wurden mit der Neubearbeitung der Heizkostenverordnung 1984 geschaffen. Sie führen auf Antrag Prüfungen durch, die zur staatlichen Zulassung der Geräte führen. Die zur Durchführung der Prüfungen erforderlichen technischen Grundeinrichtungen werden von der PTB überprüft. Die Ernennung der sachverständigen Stellen geschieht durch die jeweiligen Landeseichbehörden. Die erteilten Prüfzertifikate gelten nach Übereinkunft für die gesamte Bundesrepublik.

Bild 5.1 zeigt die Zeichen, die für die einzelnen Prüfverfahren vergeben werden, in der Reihenfolge: DIN-Zeichen, Zeichen der staatlichen Zulassung.

Die 1989 neugefaßte DIN 4713 Teil 2 enthält neben der Definition des Anwendungsbereiches Begriffsbestimmungen, Angaben über Meßverfahren, Ausführungen über den Aufbau der Geräte, Anforderungen an die Heizkostenverteiler und die Bewertung der Meßanzeige sowie Hinweise zum Einbau, zur Befestigung, zur Prüfung, zur Kennzeichnung, zur Wartung und zur Ablesung.

In den folgenden einzelnen Abschnitten wird die Norm an den geeigneten Stellen jeweils besprochen und soweit erforderlich ausführlich kommentiert.

Die überarbeitete Norm berücksichtigt insbesondere die in kurzer Zusammenfassung nachstehend erläuterten Gegebenheiten:

- Die Erfahrung in den alten Bundesländern zeigte, daß auch unter Berücksichtigung der in den letzten Jahren geänderten Bauausführungen – verstärkte Wärmedämmung, Einsatz von Thermostatventilen –

und der geänderten Nutzergewohnheiten die Heiztemperaturen und damit die Meßflüssigkeitstemperaturen immer stärker abnahmen und die in der ersten Norm vorgesehene untere Einsatzgrenze für Geräte nach dem Verdunstungsprinzip wegen der Nähe der zu erwartenden Warmanzeigen zu den Anzeigen bei der Kaltverdunstung angehoben werden mußte. Die Anhebung erfolgte auf eine in der Norm besonders definierte Auslegungs-Vorlauftemperatur von 65 °C. (Im Entwurf der europäischen Norm ist ein auf die mittlere Auslegungs-Heizmitteltemperatur bezogener Wert von 60 °C vorgesehen!).

- Aufgenommen sind zur Verdeutlichung die Definitionen weiterer Begriffe, wie z. B. „Anzeigewert" und „Verbrauchswert", wobei letzterer den bewerteten Anzeigewert bedeutet.
- Auf eine untere Begrenzung des Ampullendurchmessers wurde verzichtet, da die Kapillarität auf das Verdunstungsverhalten nach Untersuchungen von Zöllner ohne bestimmenden Einfluß bleibt.
- Die Randbedingungen für die Wasseraufnahme der Meßflüssigkeit sind verdeutlicht, verbunden mit erhöhten Anforderungen an das Verdunstungsverhalten hygroskopischer Flüssigkeiten.
- Die obere Einsatzgrenze ist durch Tabellenwerte definiert, wodurch Gegebenheiten bei der Fernwärmeversorgung berücksichtigt werden. Durch die in den neuen Bundesländern vorhandenen Heizungsanlagen sind für die Ausstattung mit Heizkostenverteilern weitere Randbedingungen zu beachten, die u.U. zu einer Korrektur dieser Angaben führen.
- Um einen einheitlichen Befestigungsort für die Verteiler an den Heizkörpern einer Liegenschaft zu gewährleisten, sind Abweichungen für die Höhe des Befestigungsortes festgelegt.

Die Prüfungen zur Erlangung der Zulassung nach dem Stand der Technik bzw. der DIN-Registriernummer umfassen folgende Elemente:

- *Gehäuse, Bauteile:* Werkstoffnachweis und Nachweis der thermischen Beständigkeit durch Prüfung im Wärmeschrank.
- *Konstruktion:* Prüfung der Lage der Einzelteile anhand von Zeichnungen und Nachprüfung der Einhaltung der zulässigen Toleranzen.
- *Ampulle:* Nachprüfung anhand von Zeichnungen und Ermittlung der Standardabweichung.
- *Beständigkeit und Durchsichtigkeit des Ampullenmaterials.*
- *Hygroskopizität, Toxizität und Reinheit der Flüssigkeit.*
- *Verdunstungsverhalten der Flüssigkeit:* Prüfung im Wärmeschrank, Überprüfung der Kaltverdunstung und des Diffusionswiderstandes am unteren Ende der Ampulle.

- *Abfüllung:* Kontrolle der Abfülleinrichtung.
- *Verplombung.*
- *Skalierung.*
- *c-Werte:* Prüfung an sieben Grundheizkörpern im Basiszustand; im einzelnen: DIN-Stahlradiator, Gußradiator, Stahl-Röhrenradiator, senkrecht profilierter Plattenheizkörper, Plattenheizkörper mit glatter Vorderfront, Plattenheizkörper mit horizontaler Wasserführung und Rohrregisterheizkörper.
- *Bewertungsfaktoren:* Prüfung der richtigen Ermittlung und Anwendung anhand von Firmenunterlagen.

Werden weitere als die unter „c-Werte" angeführten Heizkörper mit Verteilern ausgestattet, sind die Bewertungsgrundlagen einer Prüfstelle zur Kontrolle und zur Genehmigung vorzulegen.

Die europäische Norm für Heizkostenverteiler ist zur Zeit im Stadium des Entwurfs, der voraussichtlich 1992 vorgelegt werden wird und nach Ablauf der Einspruchsfrist und Entscheid über Widersprüche dann endgültig verabschiedet werden kann. Die Normungsarbeit bezieht sich in großen Teilen auf die vorliegende DIN 4713, berücksichtigt jedoch darüber hinaus neue Erkenntnisse, basierend auf Untersuchungen von Zöllner und Mitarbeitern für den Einsatz der Geräte bei hohen Temperaturen und Einrohrheizungen, insbesondere auch in den Wohneinheiten der neuen Bundesländer.

5.3 Heizungstechnische Voraussetzungen zur verbrauchsabhängigen Heizkostenabrechnung

Die Voraussetzung zur verbrauchsabhängigen Abrechnung ist das Vorhandensein eines eindeutigen Zusammenhangs zwischen dem Ergebnis des Erfassungssystems und dem tatsächlichen Energieverbrauch. Dazu ist der Heizkostenverteiler an den Heizkörper anzupassen, wobei von besonderer Bedeutung der Heizkörpertyp, die Heizkörperanschlußart, die zu erwartende Durchströmung des Heizkörpers und die Heizkörperbetriebstemperaturen sind. Besonders erschwerend ist die Vielfalt der auf dem Markt befindlichen Heizkörpertypen.

Von Einfluß auf die Auswahl der Verteiler ist daneben die Ausführung der Heizung: z.B. als Zweirohrsystem mit unterer Verteilung und mehreren Steigsträngen, als Einrohrheizung z.B. mit wohnungsweiser horizontaler Verteilung des Heizwassers, als Fußbodenheizung usw.

Durch die neuen Bundesländer hat sich die Vielfalt der Heizungssysteme ausgeweitet; neben der Zweirohrheizung ist hier die vertikale Einrohrheizung von großer Bedeutung. Beide Systeme kennt man mit oberer und unterer Verteilung auch abhängig von der Gebäudehöhe. Als Heizkörper findet man bei den älteren Heizungsanlagen Gliederheizkörper und Konvektortruhen mit Klappensteuerung vor. Heizungsanlagen etwa ab 1970 besitzen neben Konvektortruhen vorwiegend Flachheizkörper (etwa bis 1983) und Plattenheizkörper. Die Anlagen sind sowohl ohne als auch mit Heizkörperventilen ausgeführt; ab etwa 1982 wurden thermostatische Heizkörperventile eingesetzt. Der überwiegende Teil der Zentralheizungen ist an die Fernwärmeversorgung angeschlossen (siehe auch dort).

Generell ist eine verbrauchsabhängige Wärmekostenabrechnung mittels Heizkostenverteiler nach dem Verdunstungsprinzip nicht möglich bei [2]):

- Fußbodenheizungen,
- Deckenstrahlungsheizungen,
- klappengesteuerten Heizkörpern,
- Heizkörpern mit Gebläse,
- Dampfheizsystemen,
- Heizungssystemen mit Auslegungsvorlauftemperaturen unter 65 °C,
- Heizsystemen, bei denen der Nutzer keine Möglichkeit hat, den Wärmeverbrauch direkt zu beeinflussen,
- Einrohrheizungen, die sich über eine Nutzeinheit hinaus erstrecken (diese Forderung der DIN wird auf der Basis der Ermittlungen von Zöllner und Mitarbeitern neu überdacht und führt gegebenenfalls zu einer Änderung).

Zusätzlich wird nunmehr noch die Verwendung untersagt bei:

- Badewannenkonvektoren und
- Warmlufterzeugern.

---

2) DIN 4713, Teil 2, S. 1

5.4 Meßprinzipien der Heizkostenverteiler

Die Erfassung des Heizwärmeverbrauchs erfolgt nach der Gleichung:

$$Q = \int_{z=0}^{z=Z} \rho \; c_p \; \dot{V} \, (t_v - t_r) \, dz \qquad (1)$$

mit

$\rho \, c_p$ Produkt aus Dichte und spezifischer Wärmekapazität des Heizwassers
$\dot{V}$ Volumstrom des Heizwassers
$(t_v - t_r)$ zeitlich veränderliche Temperaturdifferenz zwischen Vorlauf und Rücklauf
z Heizzeit

Für die Übertragung der Heizwärme vom Heizkörper an die Raumluft gilt die Gleichung:

$$\dot{Q} = \dot{Q}_N \left(\frac{\Delta t_m}{60 \, K} \right)^n \qquad (2)$$

mit

$\dot{Q}_N$ Normheizleistung bei Wassertemperaturen von 90/70 °C und Raumlufttemperatur 20 °C (durch Prüfinstitute nach DIN 4704 bestimmt)
Δt_m mittlere Temperaturdifferenz zwischen Heizwassertemperatur und Raumlufttemperatur
n Exponent der Heizkörperkennlinie (etwa 1.1 bis 1.5)

Aus beiden Gleichungen ergeben sich die für die Erfassung des Heizwärmeverbrauchs erforderlichen Größen:

- Volumstrom
- Wasservorlauftemperatur
- Wasserrücklauftemperatur
- Raumlufttemperatur
- Heizkörperexponent

Man unterscheidet nach Art und Anzahl der bei der Erfassung des Heizwärmeverbrauchs berücksichtigten Größen zwischen „eichfähigen Wärmezählern“ und „nicht eichfähigen Heiz- bzw. Warmwasserkostenverteilern“.

Eichfähige Wärmezähler messen den Wärmeverbrauch als physikalische Größe, z.B. in kWh, nach Gleichung (1). Nicht eichfähige Geräte gehören zur Gruppe der Ersatz- oder Hilfsverfahren. Die Ersatzverfahren (entweder alleinige Messung der Wassermenge oder der Temperaturdifferenz zwischen Vorlauf und Rücklauf, wobei der jeweilige andere Einfluß als konstant angesetzt wird) haben nur geringe Bedeutung erlangt.

Heizkostenverteiler gehören zur Gruppe der Hilfsverfahren; sie stellen keine physikalisch exakten Meßgeräte dar und können nur zur anteiligen Kostenverteilung eingesetzt werden.

Heizkostenverteiler nach dem Verdunstungsprinzip reagieren im wesentlichen auf die Heizwassertemperatur in der Höhe ihres Anbringungsortes. Sie arbeiten nach Gleichung (2).

5.5 Meßverfahren ohne Hilfsenergie – Heizkostenverteiler nach dem Verdunstungsprinzip

5.5.1 Aufbau der Geräte und Funktionsprinzip

Heizkostenverteiler bestehen im wesentlichen aus dem metallischen Gehäuse bzw. Gehäuseunterteil, der Ampulle mit Meßflüssigkeit, der Gehäuseabdeckung mit Skale und Verplombung. Die Plombe schützt das Gerät gegen unbefugten äußeren Eingriff (Bild 5.2).

Bei verschiedenen Bauarten wird zu Kontrollzwecken die gebrauchte Ampulle im Gehäuse aufbewahrt oder der Füllstand der alten Ampulle durch einen Zeiger an der Skale angezeigt (Bild 5.3).

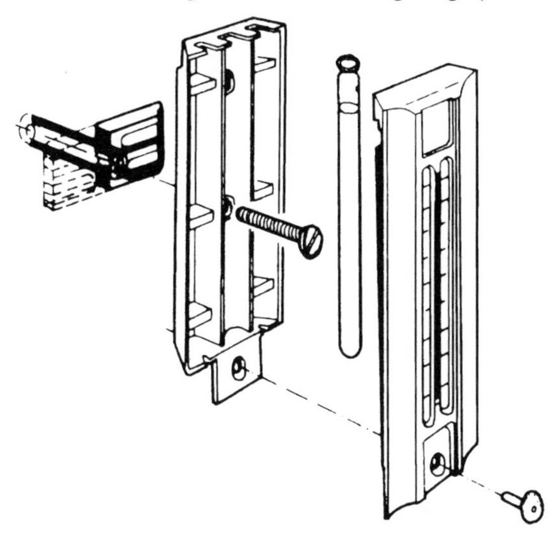

Bild 5.2: Aufbau von Heizkostenverteilern nach dem Verdunstungsprinzip

Heizkostenverteiler nach dem Verdunstungsprinzip werden mit dem Gehäuseunterteil wärmeleitend an den Heizkörpern z.Z. üblicherweise durch Verschraubung oder Klebung befestigt. Die Befestigung muß dauerhaft sein und ein unzulässiges Entfernen des Verteilers vom Heizkörper sicher verhindern. Eine Klebung ist aus diesem Grund nach der Norm nur noch dann möglich, wenn der Heizkostenverteiler beim Lösen der Klebebefestigung erkennbar beschädigt wird.

Für eine einwandfreie Verteilerfunktion ist es unerläßlich, daß der Anpreßdruck durch die Verschraubung bzw. die Kleberdicke zwischen Gehäuse und Heizkörperoberfläche an allen Heizkörpern in einer Liegenschaft gleich ist. Erforderlich ist außerdem ein guter wärmeleitender Kontakt zwischen Ampulle und Gehäuserückenteil.

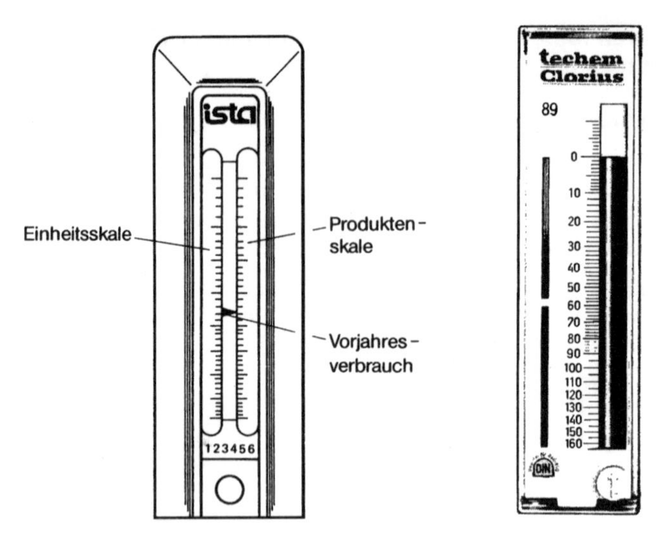

Bild 5.3: Ausführungen von Heizkostenverteilern

Die Wärmeübertragung vom Heizwasser an die Meßflüssigkeit erfolgt durch Wärmeübergang vom Heizwasser an die Heizkörperinnenwand, durch Wärmeleitung durch die Heizkörperwand und das Verteilergehäuse sowie durch die Ampullenwand zur Meßflüssigkeit. Durch die Konvektion der Raumluft um den Heizkostenverteiler und durch Strahlung wird Wärme vom Verteiler abgeführt.

Die Meßflüssigkeit in der offenen durchsichtigen Ampulle verdunstet in Abhängigkeit von ihrer Temperatur und der Dauer der Temperatureinwirkung. Die Menge der verdunsteten Flüssigkeit wird durch Ablesen von Skalenteilstrichen bestimmt. Die Anzahl der abgelesenen Teilstriche der Skalen an den einzelnen Heizkörpern dient als Vergleichsmaß für die abgegebene Wärme. Der bei der Verdunstung der Meßflüssigkeit entstehende Dampf wird infolge Diffusion durch die oberhalb der Flüssigkeit befindliche Luftsäule die Ampulle verlassen.

Die Meßflüssigkeit nimmt mit der Zeit ab und die Luftsäule zu, d.h., die in der Zeiteinheit verdunstende Flüssigkeitsmenge wird bei konstanter Wärmeabgabe des Heizkörpers und konstanten Temperaturen stetig kleiner werden. Die Abnahme der Meßflüssigkeit erfolgt nicht linear, daher sind die Skalen mit kleiner werdenden Teilstrichabständen, von oben nach unten betrachtet, ausgeführt.

Der Heizkostenverteilertyp OPTRONIC arbeitet mit einem Kapillarsystem (Ampulle) und langer Ableseskale; durch die Kapillare und die lange Ableseskale wird die Auflösung verbessert. Er kann sowohl vertikal als auch schräg oder horizontal eingebaut werden. Bei Beleuchtung des Gerätes erscheint die Oberfläche der Meßflüssigkeit als leuchtende Linie; dies erleichtert die Ablesung. Die Verwendung eines optoelektronischen Ablesegerätes ist vorgesehen. Eine am Rande des Gerätes angebrachte Codierung dient diesem Zweck (Bild 5.4).

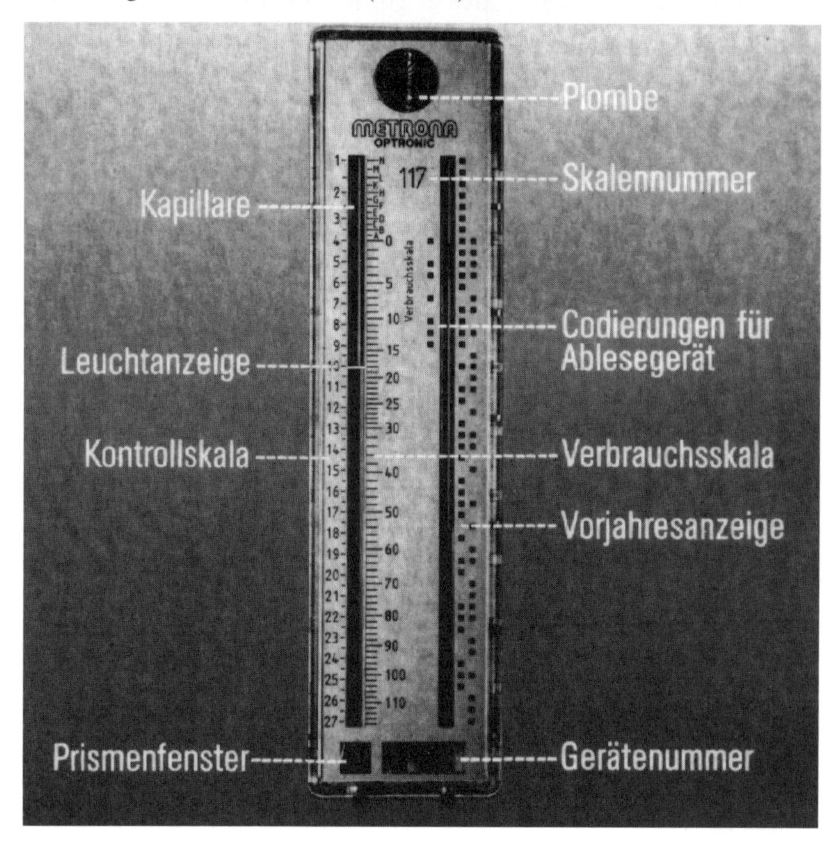

Bild 5.4: Heizkostenverteiler mit Kapillarsystem

5.5.2 Wichtige Bauteile

5.5.2.1 Gehäuse

Das Gehäuse besteht im allgemeinen aus mehreren Teilen und muß so ausgeführt sein, daß weitgehende Sicherheit gegen Beschädigung und Verformung bei der Montage und während des Betriebes infolge äußerer Einwirkung und Temperatureinwirkung besteht. Der Wärmetransport vom

Gehäuserückenteil zur Meßflüssigkeit muß über die Skalenlänge gleichmäßig sein.

Verwendet werden im allgemeinen Zinkdruckgusse, Silumin u. ä. als Material für die Rückenteile. Die Gehäusevorderteile bestehen üblicherweise aus temperaturfesten Kunststoffen und dienen als Skalenträger.

Der Dampf muß aus dem Gehäuse möglichst ungestört austreten können. Das Verdunstungsverhalten der Meßflüssigkeit darf nicht wesentlich beeinträchtigt werden.

5.5.2.2 Ampulle

Die Ampulle besteht in der Regel aus Glas. Das verwendete Material muß gegen die Meßflüssigkeit resistent sein und auf Dauer durchsichtig bleiben.

Als Ampullen werden zwei konstruktive Ausführungen von den Meßdienstfirmen bevorzugt verwendet:

- Ampullen mit durchgehend konstantem Querschnitt (auch in der Form der Kapillarampulle),
- Ampullen mit einer Einschnürung am oberen Ende (Bild 5.5).

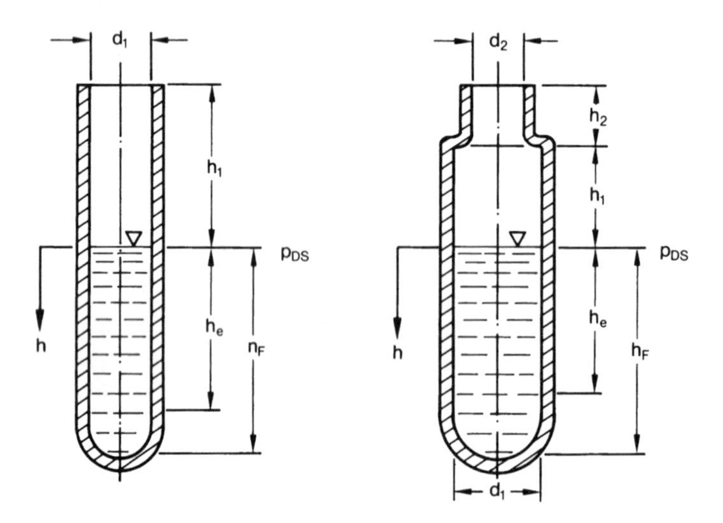

Bild 5.5: Ausführungsformen von Ampullen

Nach DIN 4713 darf der Verdunstungsstrom bei einem Flüssigkeitsstand am Skalennullstrich nicht mehr als das Vierfache am Ende der Skale betragen. Darauf ist bei der Festlegung der Ampullenlänge zu achten.

Die Ampullenfüllmenge darf nicht größer als 5 cm^3 sein.

Die Ampulle muß definiert unverrückbar und von außen nicht zugänglich im Gehäuse gelagert sein. Der Skalennullstrich und der Sollwert des Flüssigkeitsnullstandes in der Ampulle dürfen um nicht mehr als ± 0,75 mm voneinander abweichen.

Die Skale oder die Ampulle muß mit Markierungen versehen sein, die eine Kontrolle der Ampullengesamtfüllung einschließlich Überfüllung für Kaltverdunstung ermöglichen. Der Gesamtfüllstand einschließlich der Kaltverdunstungsvorgabe muß von außen erkennbar sein.

5.5.2.3 Plombe

Die Plombe hat die Aufgabe, den unbefugten Zutritt zur Ampulle und zur Gerätebefestigung derart zu verhindern, daß ein unbefugter Versuch, das Gerät zu öffnen, an der Plombe oder am Gerät erkennbar ist.

5.5.2.4 Skale und Skalierung

Die Skalenlänge sollte nicht größer als die Ampullenhöhe sein. Die Skale muß eine so hohe mechanische und thermische Festigkeit haben, daß bei der Montage und während des Betriebes keine Deformationen auftreten, die die Ablesegenauigkeit beeinflussen.

Die Skaleneinteilung bei Heizkostenverteilern ist so auszuführen, daß bei einer zeitlich konstanten Wärmeabgabe des Heizkörpers der Flüssigkeitsstand in der Zeiteinheit um eine gleichbleibende, der Heizkörperleistung proportionale Anzahl von Skalenteilen abnimmt.

Die Skalierungsgleichung hat folgenden Aufbau:

$$h_i = \sqrt{K_a^2 + (h_c^2 + 2\,K_a\,h_c)\,\frac{n_i}{n_c}} - K_a \qquad (3)$$

mit

$K_a = h_1$ für Ampullen ohne Einschnürung
$K_a = h_1 + h_2\,(A_1/A_2)$ für Ampullen mit Einschnürung

Es bedeuten:

h_c gesamte Skalenhöhe
n_c Skalenendwert
h_i Skalenhöhe bei dem Skalenwert n_i
h_1 Diffusionshöhe ohne Einschnürung bei Flüssigkeitsstand 100 %
h_2 Diffusionshöhe der Einschnürung
A_1 Diffusionsquerschnitt oberhalb der Flüssigkeit
A_2 Diffusionsquerschnitt der Einschnürung

Siehe hierzu auch Bild 5.5.

Die Skalierungsgleichung berücksichtigt das nichtlineare Verdunstungsverhalten der Meßflüssigkeit. Über der gesamten Skale ergeben sich, unabhängig vom Flüssigkeitsstand in gleich langer Zeit bei gleichen Temperaturen, gleich große Anzeigen in Skalenteilen. Der Teilstrichabstand der Skale darf nicht kleiner als 0,7 mm sein.

Verschiedene Meßdienstunternehmen verwenden unabhängig von der Heizkörperbauart und der Heizkörpergröße die in DIN 4713 definierte Einheitsskale zur Bestückung sämtlicher Heizkörper. Bei der Verwendung derartiger Skalen erhalten die Heizkörper einer Abrechnungseinheit alle Skalen mit gleicher Skaleneinteilung.

Die Bewertung der Ableseergebnisse muß rechnerisch mit Hilfe der Bewertungsfaktoren durchgeführt werden, d.h., die Ableseergebnisse müssen sich später verbrauchsgerecht umrechnen lassen. Vorteilhaft ist hier die einfache Lagerhaltung der Skalen.

Die Basisskale ist für den Basisheizkörper, eine Raumlufttemperatur von 20 °C und die Grundleistung des Heizkörpers ausgelegt.

Andere Meßdienstunternehmen verwenden sogenannte Produktskalen (Verbrauchsskalen); d.h., jeder Heizkörper erhält eine bereits unter Berücksichtigung der Heizkörperbewertung angepaßte Skale. Die Skalenanzeige entspricht direkt dem relativen Verbrauch. Bei diesen Skalen ergibt gleiche Wärmeabgabe bei unterschiedlichen Heizkörpern gleiche Skalenanzeige. Von Nachteil ist hier die Bevorratung einer ganzen Reihe unterschiedlicher Skalen (Bild 5.6 und 5.7).

Je größer die Heizkörperleistung, um so größer ist der Skalenendwert.

Beispiel 1: Für eine Ampulle mit einem Innendurchmesser von 6 mm, einer Einschnürung mit einem Innendurchmesser von 4 mm bei einer Höhe h_2 der Einschnürung von 5 mm und einer Diffusionshöhe h_1 von 20 mm ist für eine Basisskale mit dem Endwert $n_c = 40$ und einer Skalenhöhe von 58 mm die Skalierungsgleichung zu ermitteln.

Gemäß Gl. (3) erhält man

$$h = \left[\left(20 + 5\frac{36}{16}\right)^2 + 6\,989\,\frac{n_i}{40}\right]^{0,5} - \left(20 + 5\frac{36}{16}\right)$$

mit

$$K = 58^2 + 2\left(20 + 5\frac{36}{16}\right)58 = 6\,989\ \text{mm}^2$$

das heißt:

$$h_i = \left(976{,}56 + 174{,}73\ n_i\right)^{0,5} - 31{,}26\ \text{mm}$$

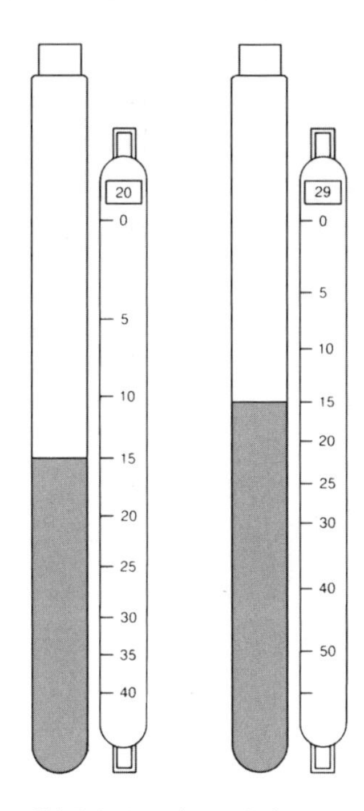

Bild 5.6: Anzeigeverhalten von Produktskalen bei Heizkörpern unterschiedlicher Bauart und gleicher Wärmeabgabe – Beispiel

5.5.3 Meßflüssigkeit

5.5.3.1 Anforderungen, Warmverdunstung

Die Verdunstungscharakteristik der Meßflüssigkeit muß bewirken, daß eine Veränderung der Wärmeabgabe des Heizkörpers durch Veränderung der Heizwassertemperaturen eine zur Registrierung geeignete Änderung der Verdunstungsgeschwindigkeit verursacht.

Die Flüssigkeit soll eine möglichst geringe Verdunstung bei normalen Umgebungstemperaturen bis etwa 30 °C aufweisen (Kaltverdunstung). Ihre Wasseraufnahme bei Umgebungszustand darf nur so groß sein, daß sie das Verdunstungsverhalten nicht entscheidend beeinflußt (siehe Abschnitt 4.1.3 der DIN). Das Verhältnis der Verdunstungsströme bei 50 °C und 20 °C muß mindestens 7 betragen. Weitere Ausführungen sind der Norm zu entnehmen. Die Dämpfe der Meßflüssigkeit dürfen bei bestimmungsgemäßer Verwendung keine Gesundheitsschäden verursachen. Die Flüssigkeit muß leicht einfärbbar sein; der Farbstoff darf die Verdunstungseigenschaften nicht merklich verändern.

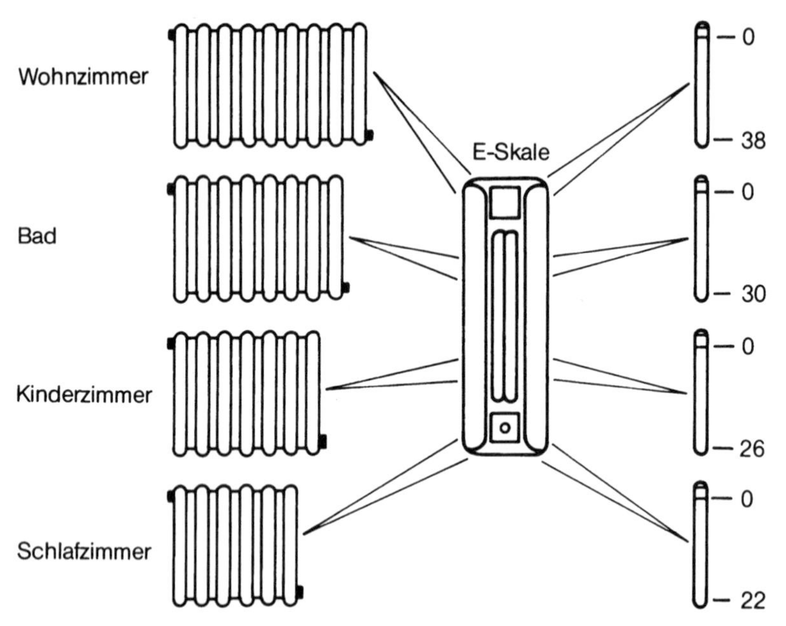

Bild 5.7: Produktskalen bei Heizkörpern gleicher Bauart, aber unterschiedlicher Leistung – Beispiel

Als Meßflüssigkeit verwendet man heute vorwiegend Methylbenzoat. Die in der Vergangenheit vielfach angewandten Stoffe, wie z.B. Hexanol, Benzylalkohol, Diethylsuccinat, Tetralin u.a., sind wegen ihrer physikalischen Eigenschaften heute kaum noch in Gebrauch.

Die thermodynamische Beurteilung des Verdunstungsverhaltens von Flüssigkeiten erfolgt anhand des Verlaufes der Dampfdruckkurven. Charakteristische Kurven verschiedener Flüssigkeiten sind in Bild 5.8 gezeigt. Dabei wurden Flüssigkeiten berücksichtigt, die als Meßflüssigkeiten bereits verwendet wurden, zum Teil heute noch eingesetzt werden oder für den Einsatz geeignet erscheinen. Zum Vergleich wurde außerdem die Dampfdruckkurve von Wasser eingetragen, die sich deutlich von den übrigen Kurven abhebt.

Das von einer Reihe von Meßdienstunternehmen z.Z. verwendete Methylbenzoat ist „dick herausgehoben". Die Siedetemperaturen der Flüssigkeiten mit Ausnahme von Hexanol (1) und Wasser bewegen sich im Bereich von etwa 200 bis 210 °C, die Siedetemperatur von Hexanol (1) liegt bei etwa 160 °C. Die Angaben sind auf einen Druck von 1 bar bezogen.

Deutlich erkennbar ist das starke Anwachsen des Dampfdruckes abhängig von der Flüssigkeitstemperatur. In Tabelle 5.1 sind die Konstanten der

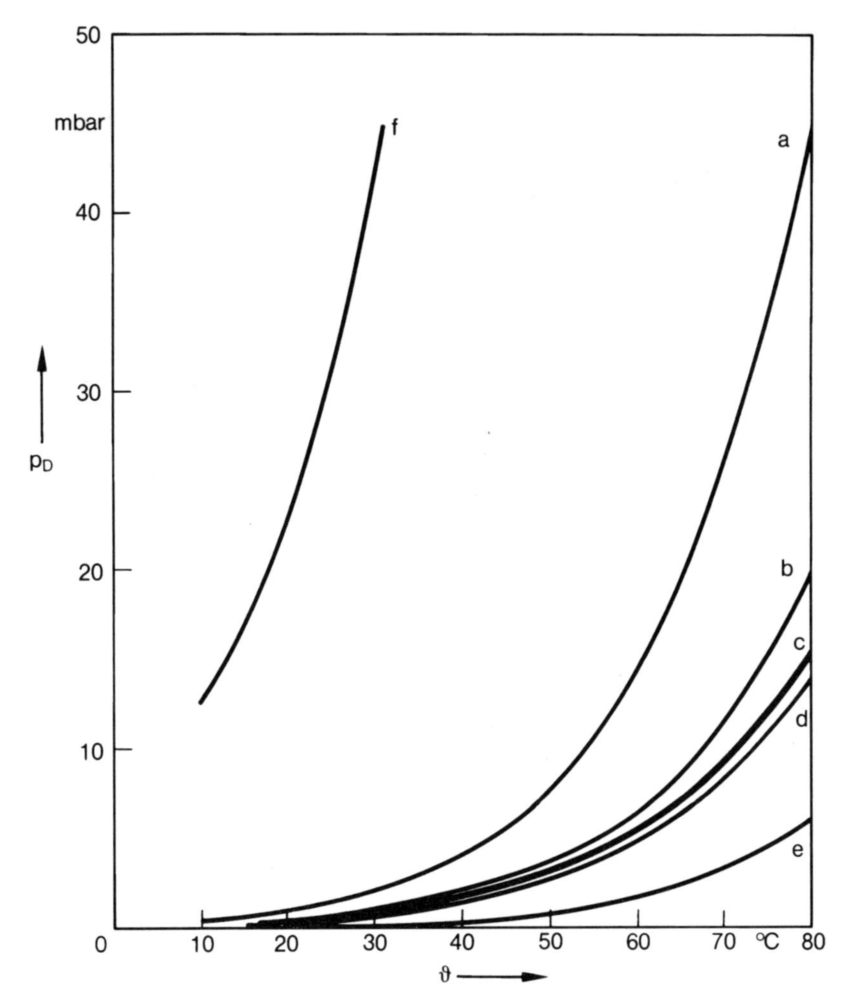

Bild 5.8: Dampfdruckkurven verschiedener Flüssigkeiten

a	*Hexanol (1)*	*d*	*Tetralin*
b	*Malonsäurediethylester*	*e*	*Benzylalkohol*
c	*Methylbenzoat*	*f*	*Wasser*

Dampfdruckkurven angegeben[3]), während in Tabelle 5.2 für die einzelnen Flüssigkeiten die temperaturabhängigen Dampfdrucke zusammengestellt sind.

---

3) Landolt/Boernstein

Tabelle 5.1: Konstanten der Dampfdruckkurven

Bezeichnung	Koeffizienten			Siede-temperatur bei 1 bar °C
	a	b	c	
Benzylalkohol	10,597	3509,00	0,000	205,0
Hexanol (1)	45,738	4719,00	12,106	158,0
Malonsäurediethylester	9,256	2852,00	0,000	199,0
Methylbenzoat	8,516	2632,00	0,000	199,0
Tetralin	8,571	2666,00	0,000	208,0

Tabelle 5.2: Temperaturabhängige Dampfdrücke

Temperatur °C	Benzyl-alkohol mbar	Hexanol(1) mbar	Malonsäure-diethyl-ester mbar	Methyl-benzoat mbar	Tetralin mbar
20,0	0,056	0,791	0,448	0,459	0,399
30,0	0,140	1,790	0,939	0,909	0,797
40,0	0,328	3,796	1,876	1,721	1,521
50,0	0,729	7,594	3,590	3,133	2,791
60,0	1,545	14,407	6,608	5,501	4,936
70,0	3,133	26,053	11,738	9,347	8,445
80,0	6,102	45,107	20,180	15,413	14,016

Die Dampfdrücke wurden mittels der folgenden Dampfdruckgleichung berechnet[4]):

$$p_{DS} = (10^{a-b/T-c\,\lg T})\ 1{,}333 \tag{4}$$

mit

T absolute Temperatur der Meßflüssigkeit
p_{DS} Sättigungsdampfdruck der Meßflüssigkeit in mbar

Anhand der Tabellenwerte kann errechnet werden, daß das Verhältnis der Dampfdrücke bei beispielsweise 50 °C und 20 °C unterschiedlich groß ist. So weist bei diesen Temperaturen Hexanol (1) ein Verhältnis von 9,60 und Methylbenzoat ein Verhältnis von 6,83 auf. Dieses Verhalten ist bei der Beurteilung des Verdunstungsmassenstromes (Verdunstungsgeschwindigkeit) von Bedeutung.

---

4) Landolt/Boernstein

Bei den betrachteten Flüssigkeiten handelt es sich ausschließlich um technisch reine Flüssigkeiten, Flüssigkeitsgemische sind aus thermodynamischen Gründen als Meßflüssigkeiten ungeeignet.

Die Verdunstungsmenge wird von den Stoffdaten der Meßflüssigkeit, von deren Temperatur, den Ampullenabmessungen und der sich zeitlich verändernden Diffusionshöhe bestimmt. Für ein Fabrikat sind die Ampullenabmessungen und die Meßflüssigkeit bei allen Verteilern üblicherweise gleich, so daß das Verdunstungsverhalten bei den verschiedenen Verteilern allein durch die Flüssigkeitstemperatur und den Flüssigkeitsstand nach folgender Gleichung beschrieben werden kann (Gesamtdruck 1 bar)[5]):

$$\dot{m}_D = K_1 \frac{A_1}{h + K_a} T^{0,81} \ln \frac{1}{1 - p_{DS}} \qquad (5)$$

mit

$\dot{m}_D$ diffundierender Massestrom des Dampfes
K_1 Konstante, in der Stoffdaten und Gesamtdruck zusammengefaßt sind
T absolute Temperatur der Meßflüssigkeit
p_{DS} Dampfdruck des diffundierenden Dampfes (Sättigungspartialdruck)
A_1 freier Querschnitt über der Meßflüssigkeit
h variable Diffusionshöhe
K_a Konstante, abhängig von der Ampullenform

(siehe auch Legende unter Gl. (3))

Man erhält den diffundierenden Massestrom in g/h, wenn man die Höhen in mm, die Flächen in mm^2, die Flüssigkeitstemperatur in K und den Dampfdruck in bar einsetzt.

Der logarithmische Einfluß des Dampfdruckes ist deutlich erkennbar sowie gleichzeitig auch der Einfluß der Ampullenkonstruktion. Die Konstante K_1 wird üblicherweise durch Messung am System Flüssigkeit/Ampulle ermittelt.

Der Verdunstungsstrom ist durch die gewählte Meßflüssigkeit und die gewählte Ampullenkonstruktion bestimmt. Will man die Verdunstungsgeschwindigkeit beeinflussen, kann dies durch die Wahl einer anderen Meßflüssigkeit oder durch die Veränderung der Ampullenkonstruktion erfolgen. Letzteres ist jedoch immer mit einer Änderung der Skalierung verbunden.

In Bild 5.9 ist eine modifizierte Beziehung von Gleichung (5) beispielhaft für Methylbenzoat und Ampullen mit Einschnürung gezeigt. Für die Darstellung wurde ein Flüssigkeitsstand von 100 % (d.h. h = 0) gewählt. Damit

5) Hampel, S. 49

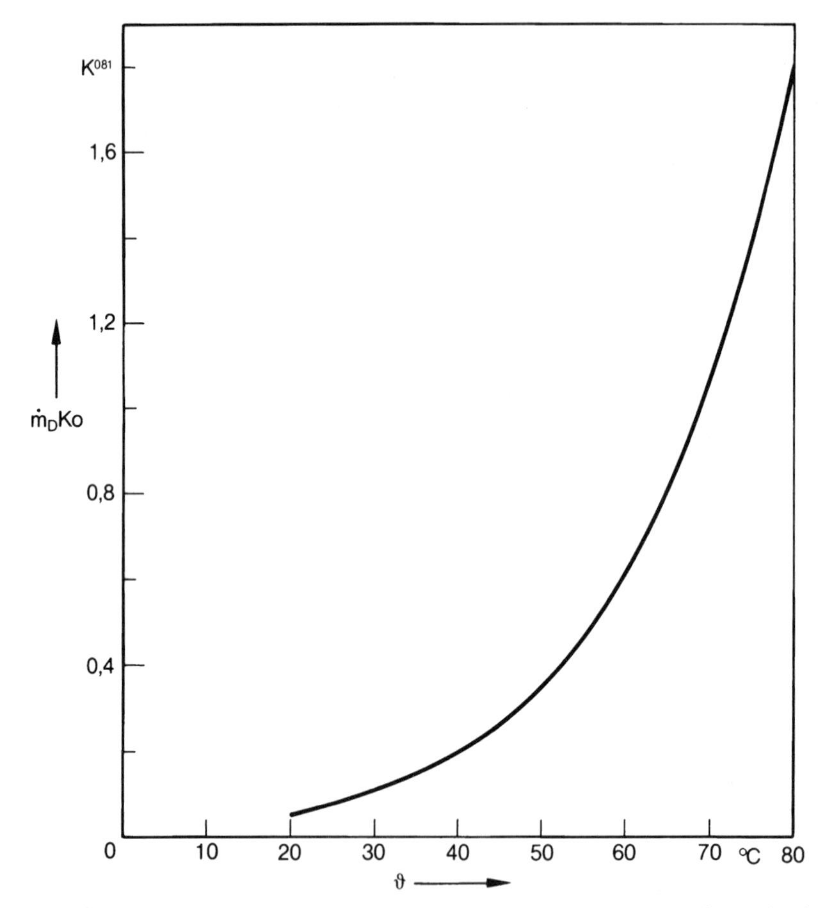

Bild 5.9: Bezogenes Verdunstungsverhalten von Methylbenzoat für einen Flüssigkeitsstand von 100 % – Beispiel

kann bei bekannter Konstante K_1 und bekannten Ampullenabmessungen leicht die Verdunstungsmenge ermittelt werden:

$$\frac{\dot{m}_D\,(h_1 + h_2\,A_1/A_2)}{K_1\;A_1} = T^{0,81}\;\ln\;\frac{1}{1 - p_{DS}} \tag{6}$$

Die Einschnürung dient quasi als „Verdunstungsbremse". Dies ist daran zu erkennen, daß der Nenner in Gleichung (5) dadurch vergrößert und daher die Verdunstungsmenge verringert wird. Eine Querschnittsvergrößerung führt demgegenüber zur Zunahme des Verdunstungsmassenstroms.

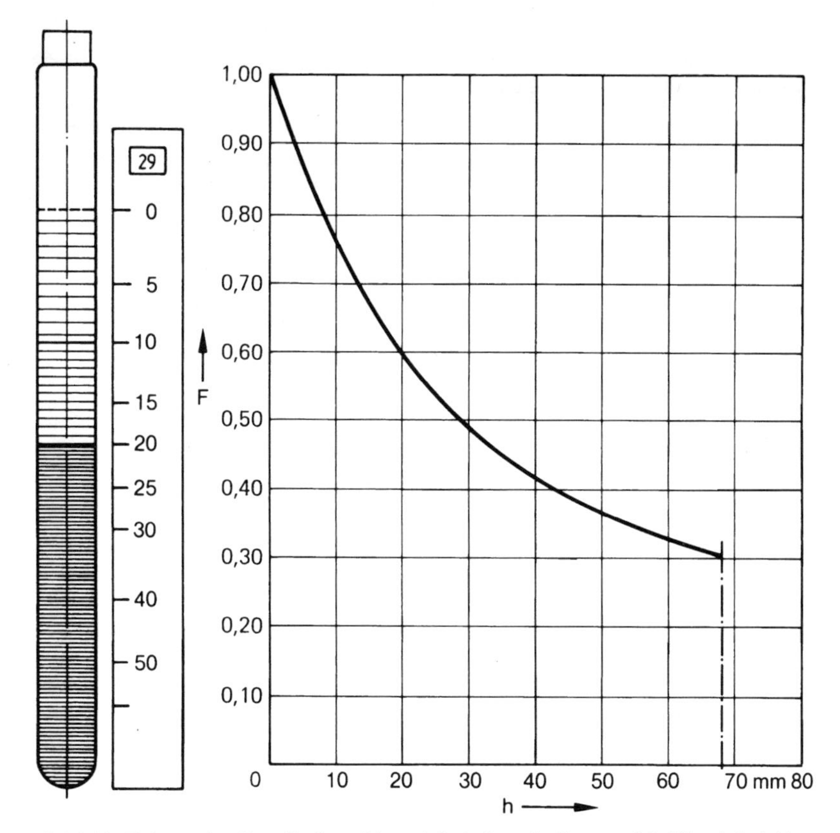

Bild 5.10: Faktor der Standhöhenabhängigkeit für ein System Meßflüssigkeit/Ampulle – Beispiel

Die Verdunstung der Meßflüssigkeit erfolgt nicht linear. Sie ist vom Flüssigkeitsstand in der Ampulle sowie von der Ausführung und der Länge der Meßampulle abhängig.

Die Vergrößerung der Diffusionshöhe durch die Flüssigkeitsabnahme während der Verdunstung führt zu einer stetigen Verringerung der in der Zeiteinheit verdunstenden Flüssigkeitsmenge. Der Faktor F, der die jeweilige Standhöhe berücksichtigt, ist in Bild 5.10 eingetragen. Er lautet:

$$F = \frac{K_1}{h + K_1} \quad (7)$$

Trägt man den verdunstenden Massestrom der Meßflüssigkeit abhängig von der Standhöhe mit dem Parameter Flüssigkeitstemperatur auf, erhält man die in Bild 5.11 angegebenen Verdunstungskurven. Der Verdunstungsmassenstrom nimmt sowohl mit fallender Flüssigkeitstemperatur als auch mit fallender Standhöhe ab.

Bei Heizkostenverteilern nach dem Verdunstungsprinzip sind genügend hohe Flüssigkeitstemperaturen für die Warmverdunstung während der Heizperiode erforderlich, um gut auswertbare Warmverdunstungsmengen zu erhalten.

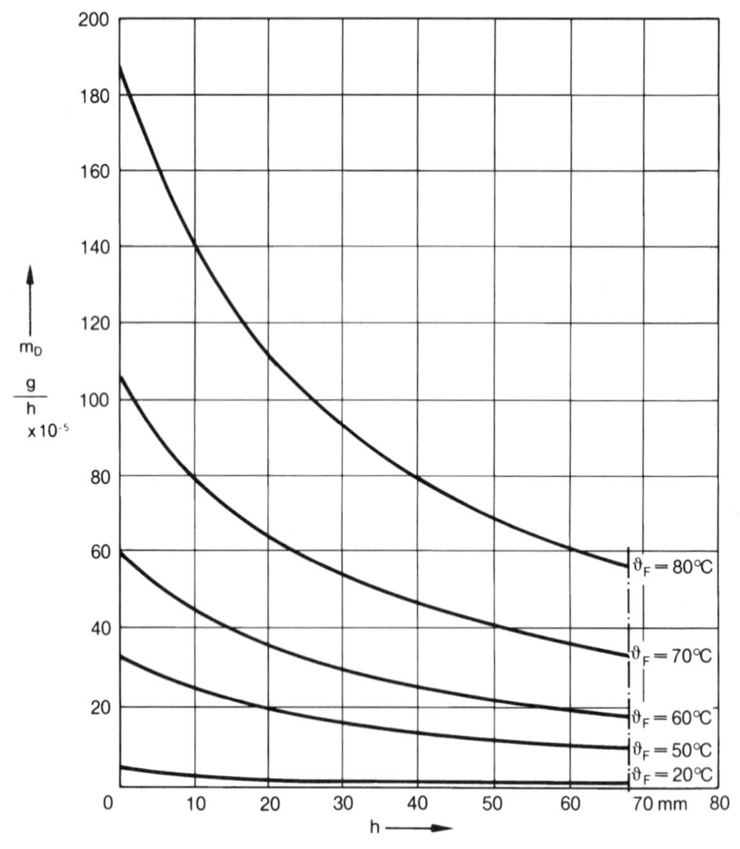

Bild 5.11: Verdunstungsmassestrom abhängig von der Flüssigkeitsstandhöhe und der Temperatur – Beispiel

Es wäre wünschenswert, daß die Verdunstungskurve der Meßflüssigkeit und die Kennlinie des Heizkörpers, dessen Wärmeabgabe erfaßt werden soll, über den in der Heizperiode auftretenden Temperaturbereich übereinstimmten. Dies ist wegen des unterschiedlichen physikalischen Verhaltens leider nicht der Fall.

Um einen Überblick über die Abweichungen zu bekommen, sind in Bild 5.12 für die vorgenannten Meßflüssigkeiten nach Gleichung (6) normierte Verdunstungskurven eingetragen. Durch die Schreibweise von Gleichung (6) wurden firmenspezifische Eigenheiten (Ampullenabmessungen) eliminiert. Als Bezugstemperatur für die Normierung wurde eine Temperatur von 50 °C angenommen. Für diese Temperatur ergibt sich für alle Meßflüssigkeiten der Ordinatenwert 1.

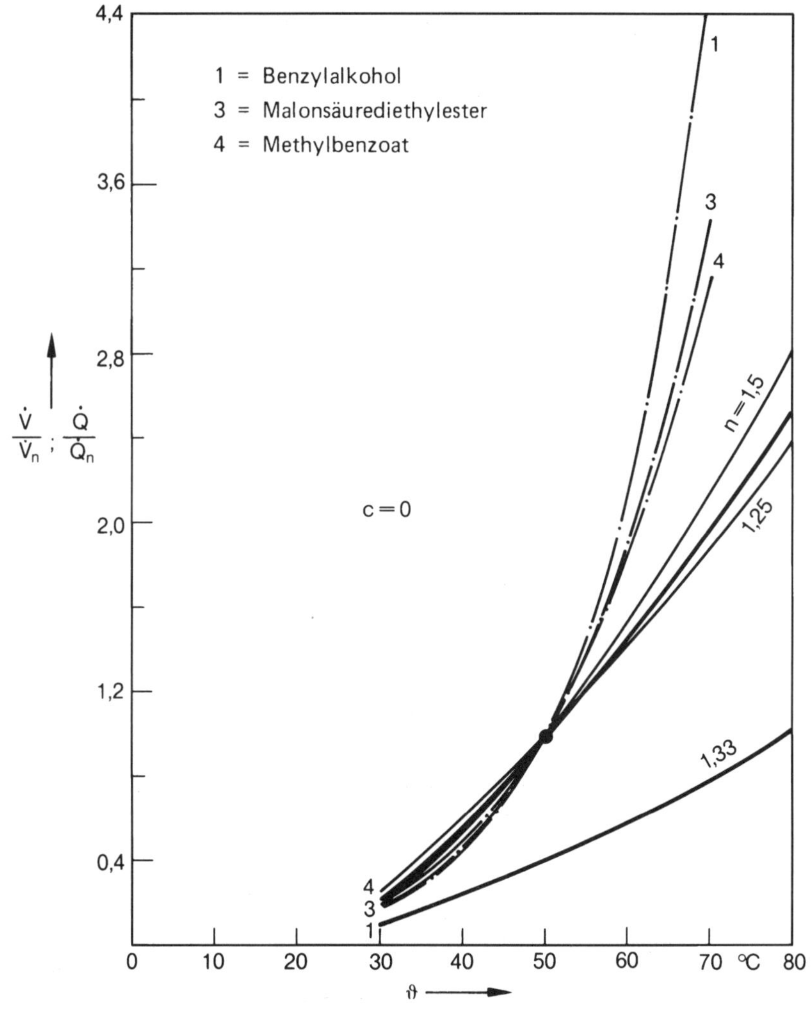

Bild 5.12: Vergleich der normierten Verdunstungskurven mit normierten Heizkörperkennlinien (50 °C).

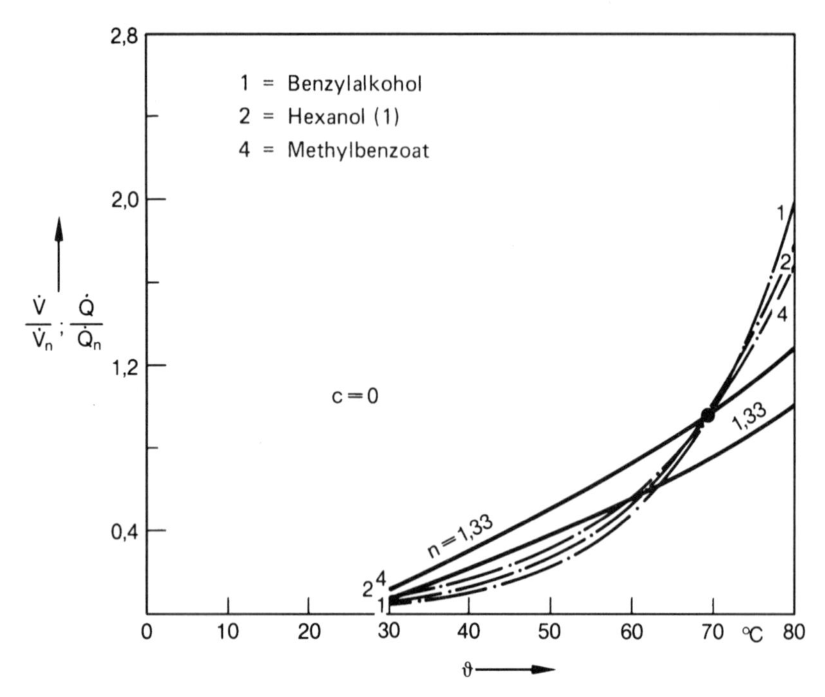

Bild 5.13: Vergleich der normierten Verdunstungskurven mit normierten Heizkörperkennlinien (70 °C)

In das gleiche Bild wurde die ebenfalls normierte Heizkörperkennlinie eingetragen. Auch für diese Eintragung wurde als Bezugstemperatur die Temperatur 50 °C gewählt. Damit sind Temperaturunterschiede zwischen Heizkörperoberfläche und Meßflüssigkeit, wie sie in der Praxis auftreten, unberücksichtigt geblieben: es gilt für den Kennwert des Systems Heizkörper/Heizkostenverteiler c = 0 (siehe Abschnitt 5.6). Für die vorliegende Betrachtung ist dies unerheblich. Sämtliche Kurven in Bild 5.12 schneiden sich in dem Wert (50 °C/1).

Die Heizkörperkennlinie wurde nach Gleichung (2) berechnet. Als Exponenten wurden n = 1,25; n = 1,33; n = 1,5 berücksichtigt. Damit ist das Spektrum der vorkommenden Exponenten abgedeckt. Der am häufigsten anzutreffende Exponent n = 1,33 wurde verstärkt eingezeichnet.

Bei dieser Bezugstemperatur, die auch als mittlere Temperatur während der Heizperiode verstanden werden kann, ist ein Teil der Verdunstungskurve unterhalb und der größte Teil oberhalb der Heizkörperkennlinie angeordnet. Bei niedrigen Temperaturen ist eine zu geringe Anzeige und bei hohen Temperaturen eine zu hohe Anzeige, verglichen mit der Heizkörperkennlinie, zu erwarten.

Verschiebt man die Bezugstemperatur für Meßflüssigkeit und Heizkörper zu höheren Werten, ändert sich auch das Zuordnungsverhältnis, wie Bild 5.13 zeigt. Das grundsätzliche Verhalten bleibt jedoch erhalten. Die Abweichungen liegen im Erfassungssystem begründet und sind nicht auszuschalten.

Zum Vergleich sind in beiden Bildern noch die Heizkörperkennlinien für die Bezugstemperatur 80 °C, d. h. für die mittlere Heizwassertemperatur zwischen Vorlauf und Rücklauf bei Normalauslegung, eingezeichnet.

Die Lage der Verdunstungskennlinien wird im Vergleich mit der Lage der Heizkörperkennlinie bei Werten von $c > 0$ verschoben. Bild 5.14 macht dies für eine Temperatur von 60 °C deutlich. Hier wurde am Beispiel von Methylbenzoat das Verhältnis der Verdunstungsanzeige zur Wärmeabgabe eines Heizkörpers mit $n = 1{,}33$ für ein bestimmtes Fabrikat eingetragen. Bei dieser Darstellung wird die Diskrepanz zwischen Verdunstungsmenge und Wärmeleistung deutlich. Ideale Zuordnung würde überall den Ordinatenwert 1 liefern.

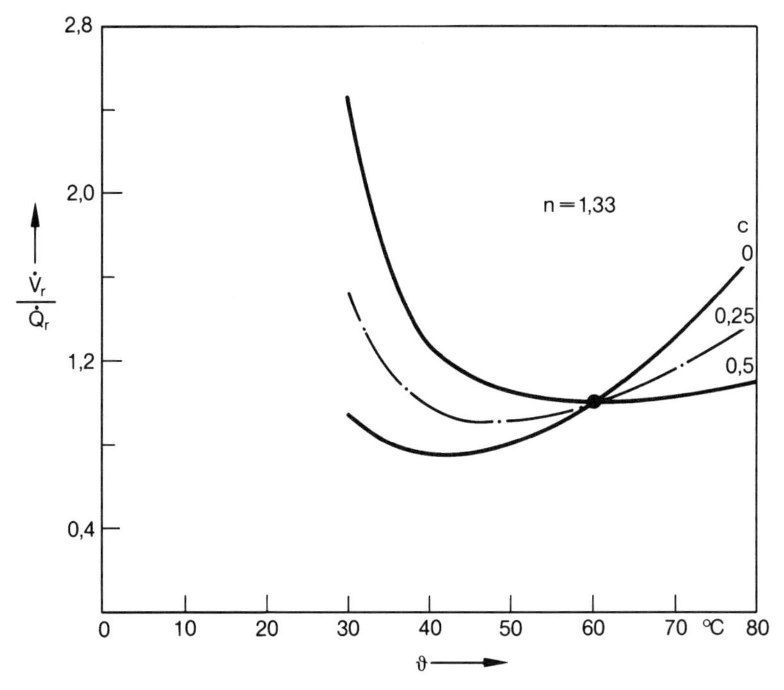

Bild 5.14: Verhältnis der Verdunstungsanzeige zur Wärmeabgabe des Heizkörpers am Beispiel von Methylbenzoat

Mittlere Abweichungen vom Idealzustand sind bei größeren c-Werten geringer als bei kleineren. Ein Optimum des c-Wertes läge dann vor, wenn die positiven und die negativen Abweichungen sich über die Heizperiode ausgleichen würden. Dieses Optimum hängt jedoch von den jeweiligen Witterungsverhältnissen ab und ist in der Praxis nur zufällig erreichbar. Dies erklärt auch, warum in verschiedenen Heizperioden sich selbst bei gleichem Wärmeverbrauch unterschiedliche Skalenanzeigen ergeben können.

Beispiel 2: Ein Heizkostenverteiler mit eingeschnürter Ampulle besitze die Abmessungen nach Beispiel 1 (Seite 240). Als Meßflüssigkeit werde Methylbenzoat verwendet. Die Konstante K_1 der Verdunstungsgleichung sei 0,0014.

Man bestimme:

a) den Verdunstungsmassenstrom bei 50 °C und 100 % Füllstandshöhe.

b) den Standhöhenfaktor für eine Flüssigkeitsabnahme von 25 mm.

Zu a: Die Lösung der Aufgabe erfolgt mit den Gleichungen (4) und (5).

Danach beträgt der Dampfdruck

$$p_{DS} = (10^{8{,}516-2632/323{,}15})\ 1{,}333 = 3{,}133 \text{ mbar}$$

Das Resultat entspricht dem in Tabelle 2 enthaltenen Wert. Weitere Berechnungsgänge:

Freier Querschnitt

$$A_1 = 36 - \pi/4 = 28{,}27 \text{ mm}^2$$

Ampullenkonstante

$$K_a = 20 + 5\ (36/16) = 31{,}25 \text{ mm}$$

Verdunstungsmassenstrom

Zu b: Die Lösung erfolgt gemäß Gleichung (7).

Standhöhenfaktor

$$F = \frac{31{,}25}{25 + 31{,}25} = 0.56$$

5.5.3.2 Kaltverdunstung

Betrachtet man die Verdunstungskurven bei 20 °C, wird deutlich, daß hier nur geringe Verdunstungsmengen auftreten, die Verdunstung jedoch nicht vollständig unterbunden werden kann. Man spricht von „Kaltverdunstung“.

Unter der Kaltverdunstung versteht man nach DIN 4713 die Verdunstungsmenge, die ohne Wärmeabgabe des Heizkörpers infolge der Verdunstung bei Raumtemperatur entsteht. Dieser Effekt ist insbesondere während der heizfreien Zeit von Bedeutung, da eine Anzeige ohne Wärmeleistung des Heizkörpers erfolgt. Auch bei niedrigen Temperaturen ist eine, wenn auch deutlich gegenüber der bei höheren Temperaturen verringerte Verdunstung vorhanden.

Damit durch diese Flüssigkeitseigenschaft keine zu großen Fehlanzeigen entstehen, soll das Verhältnis der Mengen der Warmverdunstung zur Kaltverdunstung möglichst groß sein. Bei Methylbenzoat liegt dieses Verhältnis bezogen auf die Meßflüssigkeitstemperaturen von 50 °C und 20 °C bei etwa 6,8.

Das Kriterium der Kaltverdunstung wird um so bedeutsamer, je niedriger die Betriebstemperaturen liegen. Die Warmverdunstung darf keinesfalls in den Bereich kommen, in dem keine eindeutige Mehranzeige gegenüber der Kaltverdunstung durch den Betrieb hervorgerufen wird. Daher sind die Heizkostenverteiler nach dem Verdunstungsprinzip nicht für Niedertemperaturheizungen geeignet.

Es hat seit jeher Bemühungen gegeben, die Kaltverdunstung zu unterdrücken, sei es durch Abdeckung der Ampulle mit einem Bimetall, das die Öffnung der Ampulle erst bei Betriebstemperaturen freigibt, oder durch Zusätze, von denen man eine starke Unterdrückung der Verdunstung bei niedrigen Temperaturen erwartete und deren Einfluß bei Betriebstemperaturen verschwindet. Bislang hatte man auch aus physikalischen Gründen mit diesen Maßnahmen noch keinen großen Erfolg. Zusätze, die die Kaltverdunstung verminderten, verringerten gleichzeitig auch die Warmverdunstung, so daß sich in diesem Bereich negative Auswirkungen ergaben.

Eine weitere Überlegung führte zum Vorschlag von Flüssigkeiten, die sich bei Umgebungstemperatur in fester Phase befinden und sich erst bei Betriebstemperaturen verflüssigen. Dabei wird häufig übersehen, daß auch über einer festen Phase ein Dampfdruck auftritt und ein Stoffübergang in der Form der Sublimation stattfindet. Der Feststoff sublimiert und geht sofort von der festen Phase in die Dampfphase über: Man befindet sich unterhalb des Tripelpunktes. Auch zwischen der festen und der dampfförmigen Phase stellt sich eine Dampfdruckkurve, die Sublimationskurve, ein (Bild 5.15).

Benes[6]) gibt verschiedene Stoffe an, die dieses Verhalten zeigen. Bei der Diskussion des Verhaltens von Medien mit Festpunkt (Tripelpunkt) in der Nähe der Umgebungstemperatur genügt es jedoch nicht, nur die abgesenkte Sublimationsmenge beim Übergang von der festen in die dampfförmige Phase zu betrachten. Es muß vielmehr zusätzlich untersucht werden, ob das Warmverdunstungsverhalten zufriedenstellend ist. Bislang sind derartige Stoffe noch nicht in der Anwendung.

---

6) Adunka, S. 192

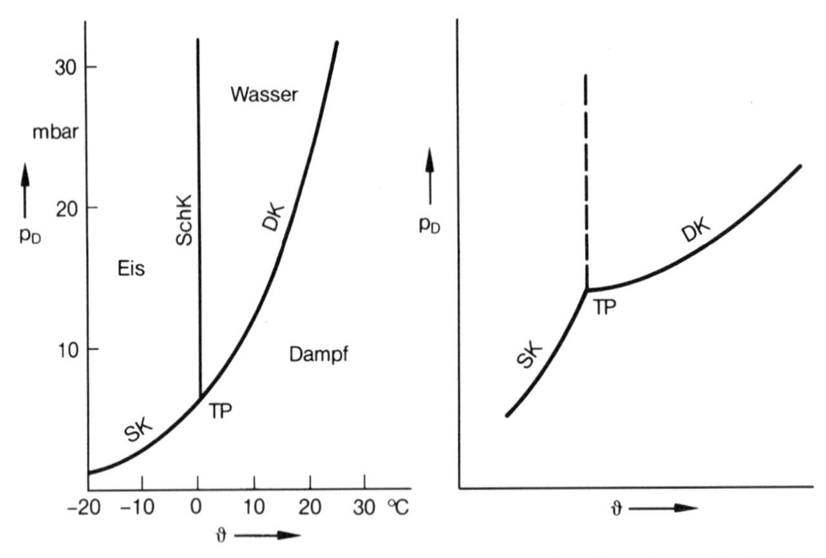

Bild 5.15: Dampfdruckverhalten von Flüssigkeiten in der Umgebung des Tripelpunktes

Um den Effekt der Kaltverdunstung auszugleichen, wird eine Kaltverdunstungsvorgabe durch Überfüllen der Ampullen über den Skalennullpunkt hinaus vorgesehen. Die Überfüllung ist so zu bemessen, daß mindestens die Verdunstung in der heizfreien Zeit nach statistischen Gesichtspunkten ausgeglichen werden kann.

Als Richtwert für die Ermittlung einer derartigen Vorgabe ist zu nennen:

- Mindestens 120 Tage bei einer mittleren Raumtemperatur von 20 °C.

Daß diese Angabe nicht alle tatsächlich vorkommenden Gegebenheiten erfassen kann, ist selbstverständlich. So ergeben sich von diesen Daten abweichende Kaltverdunstungsmengen dann, wenn abweichende mittlere Raumtemperaturen vorliegen (Unterschied von Räumen in Nord- oder Südlage) oder unterschiedliche Witterungsbedingungen bzw. verschieden lange Heizperioden in den einzelnen Jahren auftreten usw.

Die Vorgabemenge hängt von den Ampullenabmessungen und der gewählten Flüssigkeit ab und kann mit den hierfür angegebenen Gleichungen bestimmt werden. Die einzelnen Meßdienstunternehmen legen für ihre Geräte zum Teil unterschiedliche Vorfüllungen für unterschiedliche, über den Mindestzeitraum hinausgehende Zeiträume fest.

5.5.3.3 Basisverdunstung

Die Basisverdunstung bezieht sich auf das Anzeigeverhalten der Meßflüssigkeit. Sie ist der Anzeigewert an der Basisskale nach 210 Tagen bei einer Flüssigkeitstemperatur von 50 °C. (In dem Entwurf der europäischen Norm wird die Bezeichnung Nominalverdunstung anstelle Basisverdunstung vorgeschlagen).

5.5.3.4 Änderung der Verdunstungseigenschaften

Die Meßflüssigkeit darf ihre Verdunstungseigenschaften im Zeitraum einer Heizperiode nicht verändern. Durch diese Anforderung werden Flüssigkeiten ausgeschieden, welche z.B. zeitabhängig oder temperaturabhängig chemischen Reaktionen unterliegen.

Lösungen von Flüssigkeiten entsprechen aufgrund der Veränderung ihres Mischungsverhältnisses wegen der unterschiedlich starken Verdunstung der einzelnen Komponenten dieser Anforderung ebenfalls nicht und können daher nicht eingesetzt werden.

5.5.3.5 Hygroskopizität

Die verwendete Meßflüssigkeit darf nach DIN 4713 bei 20 °C in einem Exsikkator bei Lagerung über gesättigter Kochsalzlösung (entsprechend einer relativen Luftfeuchte von 77 %) im Gleichgewichtszustand bis zu 2 Vol.-% Wasser aufnehmen. Höhere Wasseraufnahme ist dann zulässig, wenn das Verhältnis der Verdunstungsströme bei 50 °C und bei 20 °C erhöhten Anforderungen nach folgender Gleichung genügt:

$$\frac{\dot{m}_{50}}{\dot{m}_{20}} \geq 3 + 2\, r_w \qquad \text{für } 2 \leq r_w \leq 6 \tag{8}$$

mit

r_w Gleichgewichtswassergehalt in Vol.-% bei 77 % relativer Luftfeuchte

Durch die Anforderung sind insbesondere hygroskopische Flüssigkeiten, wie z.B. die Alkohole, betroffen.

Die Meßflüssigkeit muß ohne Berücksichtigung der Wasseraufnahme eine Reinheit von mindestens 98 % aufweisen. Die Anforderung an die Reinheit bezieht sich auf die anzuliefernde Flüssigkeit mit der durch das Herstellungsverfahren bedingten Verunreinigung. Dieser Reinheitsgrad ist einzuhalten.

5.5.3.6 Toxizität

Gesundheitsschädliche Wirkungen der Dämpfe dürfen bei bestimmungsgemäßer Anwendung nicht auftreten. Durch diese Anforderung wird die

Verwendung giftiger Substanzen ausgeschlossen. Die Beurteilung kann aufgrund der MAK(maximale Arbeitsplatzkonzentration)-Werte oder der mittleren letalen Dosis (LD 50) für die Ratte erfolgen.

Werden in Einzelfällen Ampullen z.B. durch Kinder zerbrochen, die deren Inhalt trinken, ist sofort Kontakt mit beispielsweise den Giftzentralen der Krankenhäuser zu suchen. Die Meßdienstfirmen besitzen die einschlägigen Adressen.

5.6 Einfluß der Heizkörperbauart; Kennzahl c

Die anteilige Erfassung und Verteilung des Wärmeverbrauchs setzt voraus, daß jeder Heizkörper einer Abrechnungseinheit einen an die Größe und Bauart angepaßten Heizkostenverteiler besitzt und bei unterschiedlichen Nutzergruppen, die nicht alle über Verteiler erfaßt werden können, eine geeignete Aufteilung des Gesamtwärmeverbrauches möglich ist.

In der Praxis muß mit einer großen Anzahl von Heizkörpertypen gerechnet werden, die sich in bezug auf ihre Ausführung teilweise stark unterscheiden. Eine grobe Einteilung der Heizkörperbauarten (Auswahl) zeigt Tabelle 5.3.

Tabelle 5.3: Bauarten von Heizkörpern – Auswahl

Art der Wärmeabgabe	Bauart
Wärmeabgabe zu einem großen Teil durch Strahlung	Gliederheizkörper aus Guß oder Stahl; Rohrheizkörper ohne/mit Verkleidung; Plattenheizkörper in einlagiger oder mehrlagiger Ausführung ohne/mit Konvektionsheizfläche;
Wärmeabgabe fast ausschließlich durch Konvektion	Konvektoren ohne/mit Verkleidung mit Sonderformen als Unterflurkonvektoren Badewannen-Konvektoren o.ä.

An wenigen charakteristischen Heizkörpern wird gezeigt, wie unterschiedliche Konstruktionsmerkmale die Anzeige der Heizkostenverteiler beeinflussen (Bild 5.16). Beim Gliederheizkörper werden die Heizkostenverteiler direkt auf den wasserführenden Gliedern angebracht. Beim verkleideten Rohrregisterheizkörper ist auf die, verglichen mit dem Stahlradiator, unterschiedliche Luftzirkulation hinzuweisen. Während beim Gliederheizkörper die einzelnen Glieder in freier Konvektion von Raumluft umströmt werden, wird beim verkleideten Rohrregisterheizkörper die Luft über schlitzförmige Öffnungen in der vorderen Abdeckplatte an die eigentliche Heizfläche herangeführt. Für die Montage der Heizkostenverteiler steht diese geschlitzte Abdeckplatte zur Verfügung. Der Verteiler ist also nicht mehr in direktem Kontakt mit der wasserführenden Heizfläche. Beim Konvektor fehlt der Kontakt zur wasserführenden Heizfläche vollständig. Dadurch ergeben sich unterschiedliche Wärmetransportwege zur Meßflüssigkeit. Das System „Heizkörper – Heizkostenverteiler“ muß daher als zusammengehörende Einheit betrachtet werden.

Den Zusammenhang zwischen mittlerer Heizwassertemperatur, Meßflüssigkeitstemperatur und Raumlufttemperatur liefert die Kennzahl c, deren Wert typisch für die Kombination „Heizkörper – Heizkostenvertei-

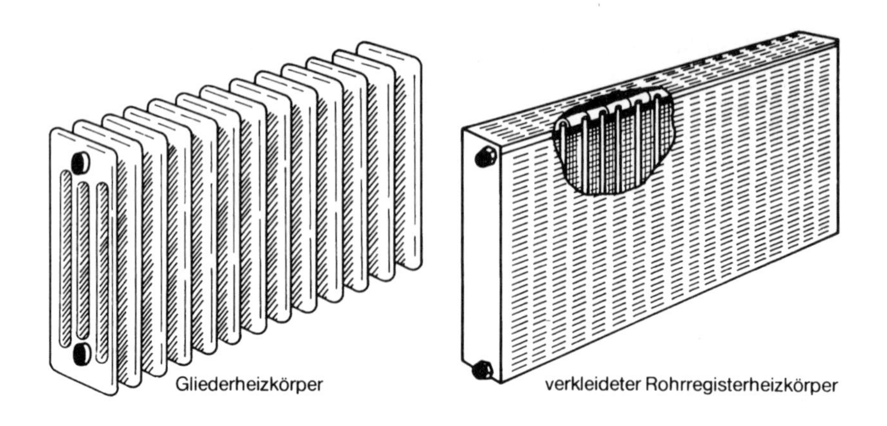

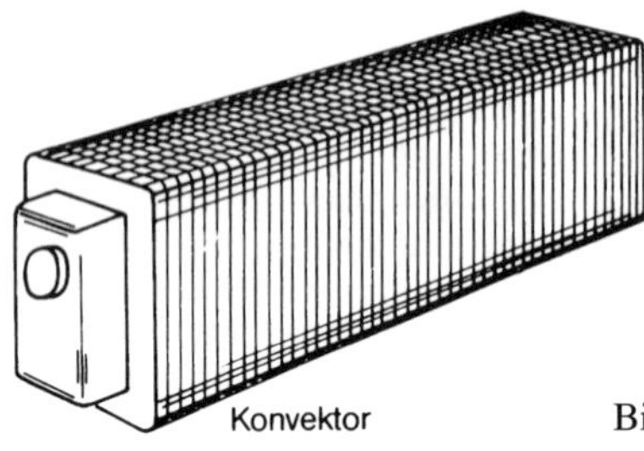

Bild 5.16: Charakteristische Heizkörpertypen

ler“ ist. Der c-Wert ist als Temperaturdifferenzverhältnis gebildet und lautet[7]):
mit

$$c_w = \frac{t_m - t_F}{t_m - t_R} \tag{9}$$

t_m mittlere Heizwassertemperatur
t_F Meßflüssigkeitstemperatur
t_R Bezugs-Raumlufttemperatur

Der c-Wert ist ein Ausdruck für den Grad der thermischen Ankopplung der Meßflüssigkeit an das Heizwasser.

Je kleiner der c-Wert ist, desto näher liegt die Meßflüssigkeitstemperatur bei der mittleren Heizwassertemperatur und desto größer ist die Verdunstungsgeschwindigkeit. Trägt man die c-Werte in ein Diagramm ein (Bild 5.17), ergeben sich praktisch Geraden.

7) DIN 4713, Teil 2, S. 2

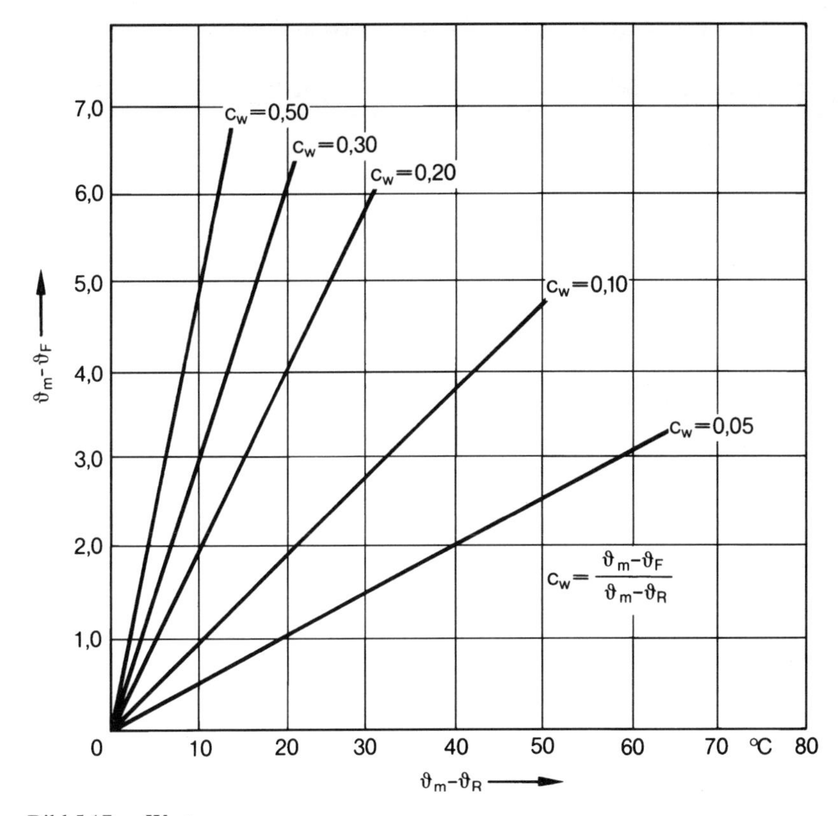

Bild 5.17: c-Werte

Die c-Wert-Zuordnung kann immer nur bauartspezifisch erfolgen, da die Heizkostenverteiler der Hersteller in bezug auf ihre Konstruktion voneinander abweichen.

5.7 Anordnungsstelle der Heizkostenverteiler am Heizkörper

Durch die Anzeige des Heizkostenverteilers ist die Wärmeabgabe des Heizkörpers zu beschreiben. Der Heizkostenverteiler ist daher an der Stelle des Heizkörpers mit der möglichst kleinsten Fehlererwartung anzubringen.

Zöllner und Mitarbeiter stellten fest, daß ein nennenswerter Einfluß der Montagehöhe auf den systembedingten Verteilfehler von den Drosselzuständen im Heizkörper ausgeht. Beim Betrieb mit thermostatischen Heizkörperventilen haben sie nachgewiesen, daß zur Fehlerminimierung eine Anordnung der Verteiler in der Längsmitte des Heizkörpers in einer Höhe von 70 bis 80 % der Heizkörperbauhöhe auf die Gerätemitte des Verteilers bezogen zu guten Ergebnissen führt. Nach der DIN 4713 sind bei Radiatoren Anordnungsstellen im oberen Drittel der Heizkörper vorzusehen. (Der Entwurf der europäischen Norm gibt 66 % bis 80 % an und empfiehlt 75 % der Heizkörperbauhöhe). Innerhalb einer Abrechnungseinheit ist die Anordnung nach einheitlichen Kriterien, beispielsweise 75 % der Bauhöhe, vorzunehmen, wobei die Höhe des Befestigungsortes maximal ±10 mm Abweichung aufweisen darf. Ausnahmen sind nur in Sonderfällen, z.B. bei Heizkörpern mit niedriger Bauhöhe, zulässig. Überlange Heizkörper erhalten mehrere Heizkostenverteiler, die entsprechend der Wärmeleistung aufzuteilen sind.

5.8 Bewertung der Anzeige bei Heizkostenverteilern

Zur verbrauchsabhängigen Wärmekostenabrechnung ist die Anzeige der Heizkostenverteiler zu bewerten. Die die Bewertung bestimmenden Einflüsse sind:

- Wärmeleistung des Heizkörpers
- System „Heizkörper – Heizkostenverteiler“
- Raumlufttemperatur
- Heizkörperanschlußart
- Art der Heizungsanlage

Die Bewertung wird auf mehrere Einzelbewertungsfaktoren aufgeteilt, die durch Multiplikation zu einem Gesamtbewertungsfaktor zusammengefaßt werden.

Bewertungsfaktor K_Q

Der Bewertungsfaktor K_Q erfaßt die Wärmeleistung des installierten Heizkörpers bei Normzustand.

Die Heizkörperleistung bei Normzustand Q_N wird auf eine frei wählbare Grundleistung Q_G bezogen:

$$K_Q = \frac{Q_N}{Q_G} \quad (10)$$

Für die K_Q-Bewertung ist zur Feststellung der Normheizleistung die einwandfreie Identifizierung der Heizkörper unbedingte Voraussetzung. Es genügt nicht festzustellen, ob es sich um einen Gliederheizkörper oder einen Plattenheizkörper handelt. Insbesondere in der Gruppe der Plattenheizkörper gibt es eine ganze Reihe einander ähnlich aussehender Typen. Diese Vielfalt wird bei den Plattenheizkörpern mit Konvektionslamellen auf der Rückseite noch wesentlich gravierender (Bild 5.18).

Daher muß in vielen Fällen neben der Ermittlung der Abmessungen zusätzlich noch das Fabrikat, das Modell und oft auch noch das Herstelldatum ermittelt werden. Hierfür sind entsprechende technische Handbücher und/oder technische Unterlagen der Hersteller erforderlich, denn die Genauigkeit der Abrechnung wird wesentlich von der richtigen Ermittlung des mit einem Heizkostenverteiler zu versehenden Heizkörpers mitbestimmt.

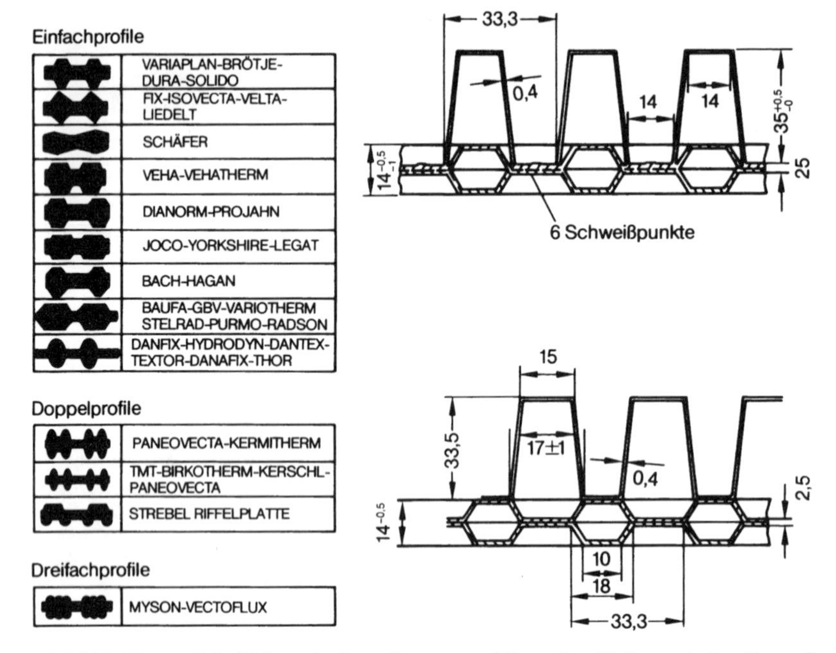

Bild 5.18: Unterschiedlicher Aufbau der wasserführenden Teile und der Konvektionslamellen bei Plattenheizkörpern.
Quelle: Unterlagen von Prof. Dr.-Ing. H. Bach, Universität Stuttgart

Bewertungsfaktor K_c

Der c-Wert als Kennzahl für die Wärmeübertragung vom Heizwasser auf die Meßflüssigkeit ist, wie in Abschnitt 5.6 erläutert, von der Bauart und dem Typ des Heizkörpers abhängig. Die Ausführungen zur Heizkörperidentifizierung zur K_Q-Bewertung gelten hier sinngemäß.

Der Bewertungsfaktor ist beim Heizkostenverteiler nach dem Verdunstungsprinzip als Verhältnis des temperaturabhängigen Verdunstungsstromes am frei wählbaren Basisheizkörper zum Verdunstungsstrom am zu bewertenden Heizkörper jeweils auf den Basiszustand und gleichen Füllstand der Ampullen bezogen definiert:

$$K_c = \frac{\dot{m}_{\text{Basis}}}{\dot{m}_{\text{Bewertung}}} \tag{11}$$

Dieser Faktor muß bei Verdunstungsgeräten angewendet werden, wenn er Unterschiede > 3 % innerhalb einer Abrechnungseinheit aufweist.

Unter dem Basiszustand versteht man nach DIN 4713 Teil 2 einen vorgegebenen, in Grenzen frei wählbaren Zustand, der durch nachstehende Temperaturen festgelegt ist[8]):

Mittlere Heizmitteltemperatur bei Normheizwasserstrom

$t_m = 50$ bis 65 °C

Bezugslufttemperatur

$t_R = 20 \pm 2$ °C

Hohe c-Werte ergeben hohe Werte für den Bewertungsfaktor. Ein großer Bewertungsfaktor bewirkt eine Stauchung der Skale.

Kombinationen von Heizkörpern und Heizkostenverteilern mit c-Werten > 0,3 sind nach DIN 4713 unzulässig. Ausnahmsweise können c-Werte bis 0,4 toleriert werden, wenn die Auslegungsvorlauftemperatur nach DIN 4713 > 90 °C ist oder die davon betroffene beheizte Fläche maximal 25 % der gesamten beheizten Fläche beträgt.

Bewertungsfaktor K_T

Bei sondergenutzten Räumen wie Garagen, Lagerräumen usw. ist wegen der beträchtlichen Temperaturabweichung von der Bezugslufttemperatur von 20 °C eine Korrektur vorzusehen. Die Korrektur ist bei Auslegungs-Raumtemperaturen < 16 °C durchzuführen. Der Bewertungsfaktor ergibt sich aus der veränderten Wärmeleistung des Heizkörpers und der veränderten Anzeigegeschwindigkeit.

Bewertungsfaktor K_A

Dieser Bewertungsfaktor berücksichtigt besondere Anschlußarten der Heizkörper und führt zur Korrektur der Heizkörperleistung. Er muß angewendet werden, wenn sein Einfluß im Basiszustand oder bei den Betriebszuständen einer Heizperiode > 5 % beträgt und die Anschlußart mit den Faktoren K_Q und K_c nicht erfaßt ist.

Gesamtbewertungsfaktor K

Der Gesamtbewertungsfaktor muß die bewertete Heizkörperleistung im Leistungsbereich von 300 W bis einschließlich 3 kW entweder mit einer maximalen Stufung von 60 W oder 5 % und im Leistungsbereich über 3 kW mit einer maximalen Stufung von 3 % wiedergeben.

Die Einzelbewertungsfaktoren werden zum Gesamtbewertungsfaktor K zusammengefaßt:

$$K = K_Q \, K_c \, K_T \, K_A \qquad (12)$$

8) DIN 4713, Teil 2, S. 1

Während K_Q in jedem Fall berücksichtigt werden muß, sind die Bewertungsfaktoren K_c, K_T und K_A nur fallweise anzuwenden.

Der Gesamtbewertungsfaktor muß für jeden Heizkörper vom Nutzer feststellbar sein. Alle Bewertungsfaktoren sind auf mindestens zwei Dezimalen genau anzugeben.

Beispiel 3: Für einen Heizkörper mit einem c-Wert = 0,150 und einer Normheizleistung von 900 W ist für eine Raumlufttemperatur von 20 °C bei normalem Heizkörperanschluß der Gesamtbewertungsfaktor zu ermitteln. Der Basiszustand betrage $t_m = 55$ °C und $t_R = 20$ °C. Als Basisheizkörper dient ein Heizkörper mit c = 0,186. Die Ampulle habe die Ausführung nach Beispiel 1 (Seite 240); die Verdunstungsgleichung nach Beispiel 2 (Seite 252) sei zugrunde zu legen. Die Grundleistung betrage 116,3 W.

Bewertungsfaktor K_Q

$$K_Q = \frac{900 \text{ W}}{116{,}3 \text{ W}} = 7{,}739$$

Bewertungsfaktor K_c

Die Meßflüssigkeitstemperatur ergibt sich mit Gleichung (9):

zu bewertender Heizkörper:

$t_F = 55 - 0{,}150\,(55 - 20) = 49{,}8$ °C
Basisheizkörper:

$t_F = 55 - 0{,}186\,(55 - 20) = 48{,}5$ °C

Mit der Verdunstungsgleichung ergeben sich folgende Verdunstungsströme:

48,5 °C : $\dot{m}_D = 0{,}391$ mg/h

49,8 °C : $\dot{m}_D = 0{,}423$ mg/h

Damit wird

$$K_c = \frac{0{,}391}{0{,}423} = 0{,}924$$

Die Bewertungsfaktoren K_T und K_A entfallen, so daß der Gesamtbewertungsfaktor

$K = 7{,}739 \cdot 0{,}924 = 7{,}151$

beträgt.

Da 7,151 < 7,739 ist, wird die Skale gedehnt; die Verdunstung am zu bewertenden Heizkörper ist größer als beim Basisheizkörper.

5.9 Genauigkeit der Heizkostenverteilung

5.9.1 Fehlerarten

Die bei den Heizkostenverteilern auftretenden Fehler können in drei Gruppen unterteilt werden, und zwar in:

- systembedingte Fehler, die durch das Meßverfahren und dessen physikalische Eigenarten vorgegeben sind,
- realisierungsbedingte Fehler, die durch die konstruktive Ausführung und die Fertigung der Geräte bestimmt werden,
- exemplarbedingte Fehler, die durch Unterschiede der einzelnen Exemplare des gleichen Gerätes auftreten.

Auf die Abrechnungsgenauigkeit der Heizkosten wirken sich diese Fehler unterschiedlich stark aus. Über die systembedingten Fehler können heute schon vielfach durch Untersuchungen gesicherte Aussagen gemacht werden, während die beiden übrigen Fehlergruppen zu einer endgültigen Wertung noch weiterer gezielter Untersuchungen bedürfen.

Systembedingte Fehler

Die in diesem Bereich auftretenden Fehler hängen von der mehr oder weniger genauen Nachbildung der physikalischen Gegebenheiten bei der Wärmeübertragung von den Heizkörpern an die Raumluft durch die unterschiedlichen Heizkostenverteiler ab.

Durch die von der Meßflüssigkeit bedingten Abweichungen der Verdunstungskennlinie von der Heizkörperkennlinie können die Abweichungen zwischen beiden Kennlinien je nach Temperatur bis über 20 % betragen (Bild 5.19). Festzuhalten ist, daß bei gleichartiger Nutzung durch die einzelnen Verbraucher eines Gebäudes diese Unterschiede zwar auftreten, durch das Verteilverfahren jedoch nicht wirksam werden. Selbst bei abweichender Nutzung werden sich die Fehler durch die während einer Heizperiode unterschiedlichen Temperaturen teilweise ausgleichen, so daß der Einfluß auf die Kostengerechtigkeit innerhalb weniger Prozentpunkte bleibt. Bei den Verdunstungsgeräten ist in diesem Zusammenhang die durch das physikalische Verhalten der Meßflüssigkeit bedingte Kaltverdunstung anzuführen.

Ein weiterer systematischer Fehler bei der Berücksichtigung der Heizkörperleistung ist durch das Meßprinzip gegeben. Hier ist der Einfluß der Anschlußart sowie evtl. Abdeckungen z.B. durch Vorhänge und die durch DIN 4713 vorgegebene Klassifizierung der Heizkörperleistung zu nennen (zulässige Abweichung 3 bis 5 %).

Nach Untersuchungen von *Zöllner* und Mitarbeitern[9,10]) können bei richtiger Wahl des Anordnungspunktes der Heizkostenverteiler unabhängig von den Betriebsbedingungen bei gut konzipierten Geräten die systembedingten Fehler auf etwa + 2 % bis –5 % begrenzt werden.

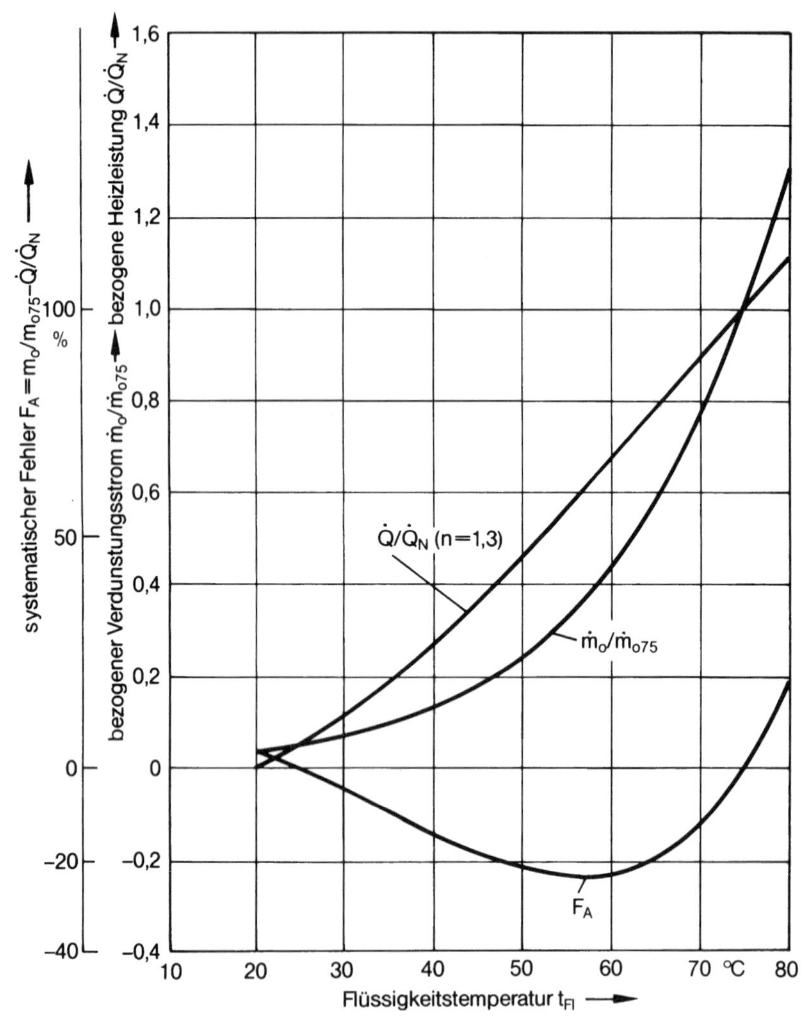

Bild 5.19: Abweichungen zwischen Verdunstungskennlinie und Heizkörperkennlinie abhängig von der Meßflüssigkeitstemperatur – Beispiel
Quelle: Unterlagen von Prof. Dr.-Ing. G. Zöllner, Techn. Universität Berlin

9) Zöllner/Bindler, HLH 1980/195
10) Zöllner/Bindler/Konzelmann, HLH 1980/408

Realisierungs- und exemplarbedingte Fehler

Hier werden Eigenschaften der realen Geräte zusammengefaßt, die Abweichungen vom idealen Meßsystem bewirken: Exemplarstreuungen wie Fertigungstoleranzen, Montageschwankungen, z.B. unterschiedliche Montagehöhen, unterschiedliche Befestigungsdrucke der Geräte an den Heizkörpern und unterschiedliche Kleberdicke gehören hierzu. Ablesefehler werden insbesondere bei den Verdunstern durch die Definition und Erkennung des Endes der Flüssigkeitssäule und durch eventuelle Ablesung im Warmzustand der Ampulle bewirkt. Hierdurch bedingte Fehler können mehr als 10 % betragen, so daß diesen Fehlergruppen besondere Aufmerksamkeit gewidmet werden muß.

5.9.2 Untersuchungsergebnisse

Über Untersuchungen der Fehler wurde bereits von *Hausen*, Technische Hochschule Hannover, im Jahre 1965 berichtet[11]). Weitere Fehleruntersuchungen wurden an verschiedenen Instituten, insbesondere am Hermann-Rietschel-Institut der Technischen Universität Berlin von *Zöllner* und Mitarbeitern, in verstärktem Umfang durchgeführt[12,13]). Auch die Stiftung Warentest befaßte sich mit der Genauigkeit der Verbrauchsabrechnung mittels Heizkostenverteilern nach dem Verdunstungsprinzip[14,15]). Über die Ergebnisse der Untersuchungen wird nachfolgend berichtet.

5.9.2.1 Untersuchungen von *Hausen*[16])

Hausen hat bei seinen Untersuchungen Heizkostenverteiler betrachtet, die in mittlerer Höhe der Heizkörper angeordnet waren. Diese Anordnung war früher weit verbreitet und bei Heizungsanlagen zu finden, die nicht mit thermostatischen Heizkörperventilen, sondern mit handbetätigten Heizkörperventilen ausgestattet waren (Auf-Zu-Betrieb). Untersucht wurde insbesondere die Beeinträchtigung der Verteilgenauigkeit, wenn ein einzelner Nutzer deutlich weniger oder mehr als andere Nutzer während bestimmter Zeiten, z. B. während des Winterurlaubs, heizt. Dazu wurden Extremfälle während zweier unterschiedlicher Winter, einem relativ milden Winter und einem relativ strengen Winter, für die Berechnung herangezogen.

Betrachtet wurde der ungünstige Fall, daß ein Nutzer während der kältesten Jahreszeit über 21 Tage keine Wärme verbraucht, z.B. wegen eines Winterurlaubs, sonst jedoch so heizt wie die übrigen Mieter, d.h. eine

11) Hausen, HLH 1965/314 und 1965/347
12) Zöllner/Bindler, HLH 1980/195
13) Zöllner/Bindler/Konzelmann, HLH 1980/408
14) test 1980/967
15) test 1982/428
16) Hausen, HLH 1965/314 und 347

Raumtemperatur von 20 °C aufrechterhält. Ein weiterer ungünstiger Fall liegt dann vor, wenn einzelne Nutzer dauernd über die gesamte Heizperiode eine andere Raumtemperatur als die restlichen Nutzer wählen. Bei z.B. einer um 3 °C abgesenkten Raumtemperatur wird ein derartig sich verhaltender Nutzer mit zu niedrigen Kosten und bei um 3 °C erhöhter Raumtemperatur mit zu hohen Kosten belastet.

Hausen berechnete, daß bei einem Abrechnungsverfahren mit 50 % der Kosten nach Verbrauch und 50 % nach Wohnfläche sich zu niedrige Kosten von etwa 7 % bzw. zu hohe Kosten von etwa 13 % ergeben, wenn die tatsächlichen festen Kosten für die Heizung 25 % betragen. Da er für diese Berechnung extreme Fälle herausgegriffen hat, schließt er daraus, daß bei dem angesetzten Abrechnungsmodus die physikalisch begründeten Fehler in den weitaus meisten praktischen Fällen wesentlich unter 7 % liegen und nur in einzelnen Fällen 10 % übersteigen werden.

Hausen sagte weiter: „Man kann daher den Verdunstungsgeräten ihre Eignung zu einer angenähert gerechten Verteilung der Heizungskosten nicht absprechen. Trotz der genannten Ungenauigkeiten erscheint eine solche Grundlage der Heizkostenberechnung besser und gerechter, als wenn die Kosten allein nach der Wohnfläche aufgeschlüsselt werden. Hierzu kommt die psychologische Wirkung, die darin besteht, daß viele Mieter nur sparen, wenn sie wissen, daß sie selbst einen Mehrverbrauch bezahlen müssen und nicht andere."

5.9.2.2 Untersuchungen von *Zöllner* und Mitarbeitern[17,18])

Für die heutigen modernen Heizungsanlagen mit thermostatischen Heizkörperventilen und zentraler, außentemperaturgeführter Regelung der Vorlauftemperatur hat *Zöllner* Untersuchungen über einen repräsentativen Montageort der Heizkostenverteiler und über systembedingte, von den Betriebsbedingungen und vom Montageort abhängige Fehler durchgeführt.

Insbesondere hat er den häufigsten Fall der oberen Vorlaufeinführung in den Heizkörper betrachtet. Bedingt durch das Drosselverhalten der thermostatischen Heizkörperventile verlagert sich der Montageort gegenüber dem früher bei Auf-Zu-Betrieb der Heizkörperventile gewählten Montageort nach oben. *Zöllner* kam zu dem Ergebnis, daß als Montageort für die Heizkostenverteiler der Bereich von 75 bis 80 % der Bauhöhe des Heizkörpers von unten gemessen zu empfehlen ist.

Er stellte weiter fest, daß bei Wahl dieses Montageortes und bei dem praktisch vorkommenden Heizbetrieb zwischen 18 °C und 22 °C Raumtemperatur die systembedingten Fehler der Kostenbelastung auf etwa + 2 % bis –5 % begrenzt werden können. Wird der Montageort nach unten abwei-

---

17) Zöllner/Bindler, HLH 1980/195
18) Zöllner/Bindler/Konzelmann, HLH 1980/408

chend vom angegebenen Bereich gewählt, so steigen die Fehler stark an. Bei Wahl des optimalen Bereiches für den Montageort wird die Anzeigegenauigkeit von Verdunstungsverteilern und damit die Güte der Heizkostenabrechnung erheblich verbessert.

Weiter wurde von *Zöllner* der Einfluß unterschiedlicher Betriebsbedingungen auf den Montageort und den systembedingten Fehler untersucht. Dazu wurden folgende Einflüsse berücksichtigt:

- unterschiedliche Regelung der Heizkörperleistung;
- unterschiedlicher Heizbetrieb (durchgehend oder mit 8 h Nachtabsenkung);
- eingeschränkte Beheizung während eines 28tägigen Winterurlaubs einzelner Nutzer;
- Nutzerwechsel nach dem ersten Drittel der Heizperiode.

Bei konstantem Heizmittelstrom durch den Heizkörper (keine Drosselung infolge thermostatischer Heizkörperventile) bestätigte sich, daß der Montageort für die Fehlergröße nahezu ohne Einfluß ist. Ein nennenswerter Einfluß der Montagehöhe auf den systembedingten Verteilfehler geht allein von Drosselzuständen im Heizkörper aus.

5.9.2.3 Ergebnisse der Stiftung Warentest[19,20])

Die Stiftung Warentest hat im Jahre 1980 Heizkostenverteiler nach dem Verdunstungsprinzip von acht Meßdienstfirmen auf ihre Funktion und Genauigkeit hin untersucht. Der Test führte zu dem Ergebnis, daß bei zweckmäßiger Konstruktion der Geräte und richtiger Handhabung trotz aller Schwierigkeiten durchaus eine ausreichend genaue Verteilung der Heizungskosten erreichbar ist. Bei der Berechnung der Verteilgenauigkeit wurden sechs Modellwohnungen betrachtet. Bei den Wohnungen 1 bis 5 wurden in allen Räumen die gleichen Temperaturen, nämlich 18, 19, 20, 21 und 22 °C gewählt. In der Wohnung 6 wurden das Wohnzimmer mit 22 °C, das Schlafzimmer mit 18 °C, das Kinderzimmer und die Küche mit 20 °C und das Bad mit 22 °C angesetzt. Für diese sechs Wohnungen wurde der tatsächliche Wärmeverbrauchsanteil mit dem Anteil verglichen, der mit Hilfe der Heizkostenverteiler bestimmt wurde. Für den Vergleich wurde ein Verteilungsschlüssel von 70 % nach Verbrauch und 30 % nach Festkosten verwendet. Zusätzlich wurde die Ablesegenauigkeit durch fünf unabhängig voneinander arbeitende Prüfer ermittelt.

Die Untersuchung der acht Geräte ergab, daß der größtmögliche Fehler bei hohem Wärmeverbrauch bei +9,8 %, der größtmögliche Fehler bei gerin-

---

19) test 1980/967
20) test 1982/428

gem Wärmeverbrauch bei –11,2 % lag. Der durchschnittliche Fehler lag im Bereich von 2,1 bis 5,8 %, und der durchschnittliche Ablesefehler im Bereich von 1,0 bis 6,1 %. Damit bestätigten sich auch durch diese Überprüfungen tendenziell die bereits zuvor beschriebenen Untersuchungen.

5.10 Einflußgrößen, die das Anzeigeverhalten der Heizkostenverteiler nach dem Verdunstungsprinzip verfälschen

Neben den Einflußgrößen, die in Abschnitt 5.9 besprochen wurden und zu den genannten Fehlern führten, müssen weitere Einflußgrößen beachtet werden, die teilweise durch das Nutzverhalten bedingt sind. Zur Vermeidung der damit verbundenen Fehler bei der Heizkostenabrechnung ist eine entsprechende Information und Aufklärung der Nutzer nötig.

So führen beispielsweise Heizkörperverkleidungen oder auch über die Heizkörper herabhängende lange Vorhänge je nach ihrer Kompaktheit bzw. Dichte einmal zu Leistungsminderungen des Heizkörpers, zum anderen wegen des Wärmestaus hinter den Verkleidungen bzw. Vorhängen zu höheren Meßflüssigkeitstemperaturen und damit zu höheren Verdunstungsanzeigen. Dies hat zur Folge, daß ein zu hoher Wärmeverbrauch registriert wird.

Wegen der Vielfalt der möglichen Verkleidungen und Vorhänge ist eine generelle Anzeigenkorrektur nicht möglich, zumal Verkleidungen und Vorhänge entfernt werden können. Abhilfe ist nur zu erreichen, wenn der Nutzer nach entsprechender Information auf derartige Ausstattungen verzichtet oder die erhöhten Kosten in Kauf nimmt. Auch ein im Badezimmer über den Heizkörper und damit über den Heizkostenverteiler zum Trocknen gehängtes Badetuch wirkt in gleicher Weise.

In gleichem Zusammenhang ist der Manipulationseffekt zu nennen. Dieser Effekt wird häufig diskutiert, obwohl eine gewollte Manipulation und damit die gewollte Beeinflussung des Abrechnungsergebnisses eine strafbare Handlung darstellt. So wird beispielsweise eine Manipulation durch Umwickeln des Verteilers mit feuchten oder trockenen Lappen, mit Aluminium- oder Kunststoff-Folie immer wieder angesprochen. Derartige Eingriffe führen durch die behinderte Wärmeabfuhr und den damit verbundenen Wärmestau in Gerätenähe im allgemeinen ebenfalls zu einer erhöhten Anzeige und damit nicht zum gewünschten Spareffekt. Nach früheren Messungen können derartige Manipulationen Mehranzeigen von über 30 % ergeben[21]).

Daneben ist nicht von der Hand zu weisen, daß eine verstärkte Verdunstung beispielsweise durch äußere Wärmequellen in der Nähe des Verteilers hervorgerufen werden kann, wie z.B. durch offene Kamine, die auf den Verteiler Wärme abstrahlen, durch Heizlüfter oder gelegentlich auch durch Sonneneinstrahlung. Die erhöhte Verdunstung liegt im physikalischen Prinzip begründet. Die Verdunstungsmenge ist temperaturabhängig und steigt mit steigender Meßflüssigkeitstemperatur an, wobei das Gerät nicht entscheiden kann, woher die Wärmelieferung kommt.

Reflexionsfolien, die zur Energieeinsparung im Raum hinter dem Heizkör-

21) Rheinisch-Westfäl. Kohlesyndikat

per in der Heizkörpernische angebracht werden, beeinflussen das Anzeigeverhalten ebenfalls. Die Folien können je nach Material und Reflexionsgrad über 20 % Energieeinsparung bringen. Durch die Folien wird eine effektive Verminderung der Heizkörperleistung bewirkt.

Dies erfordert eine Skalenkorrektur. Der Einfluß kann allerdings unberücksichtigt bleiben, wenn alle Heizkörper mit Folien ausgestattet sind. Ist durch die Verminderung der Heizkörperleistung ein Anheben der Heizwassertemperatur notwendig, steigt gleichzeitig die Meßflüssigkeitstemperatur und damit die Anzeige des Gerätes. In ungünstigen Einzelfällen können je nach Art der Reflexionsfolie und Reflexionsgrad Verteilfehler, bezogen auf 100 % Abrechnung nach Verbrauch, von mehr als 20 % entstehen. Eine Ausstattung mit derartigen Folien sollte daher möglichst bei allen Nutzern erfolgen.

Von Einfluß auf den Verteilfehler ist ebenfalls die häufig anzutreffende Überdimensionierung der Heizkörper. Für Stahl-Gliederheizkörper und eine einheitliche Überdimensionierung bis zu 60 % der Heizkörper einer Abrechnungseinheit fand *Zöllner* bei seinen Untersuchungen folgende Ausgangsdaten:

durchgehender Heizbetrieb und Leistungsanpassung durch

- außentemperaturgeführte Vorlauftemperaturregelung,
- thermostatische Heizkörperventile,
- Montagehöhe der Heizkostenverteiler 75 %,

maximale Verteilfehler zwischen etwa -6 % und -12 % bzw. zwischen etwa +6 % und +12 % je nach Raumtemperatur im Bereich von 18 °C bis 22 °C.

Erfolgt eine Anpassung der Heizkurve an die Überdimensionierung und damit eine Beeinflussung der Vorlauftemperaturregelung, so werden die Verhältnisse richtig ausgelegter Heizflächen wieder erreicht. Besitzen nur einzelne Nutzer überdimensionierte Heizflächen, z.B. infolge nachträglicher Wärmedämmung der Außenwände, so liegt der Fehlerbereich zwischen etwa –5 % und +3 %.

Die angegebenen Fehler in dieser Position gelten alle für eine Abrechnung von 100 % nach Verbrauch. Es erscheint daher erforderlich, die Wirkung einer Aufteilung der Abrechnung kurz zu zeigen.

Treten für den Abrechnungsschlüssel, 50 % nach Verbrauch und 50 % nach der Wohnfläche, wahre Festkostenanteile von etwa 30 % auf (Betriebsbereitschaftsverluste des Kessels, Abstrahlungsverluste u.a.), dann überlagern sich die verbrauchsabhängigen Kosten und die verbrauchsunabhängigen Kosten günstig, d.h., der Fehler wird um mehr als 50 % (Anteil der Festkosten) reduziert[22]).

---

22) Zöllner, Anwendung von Heizkostenverteilern

Weiterhin ist erkennbar, daß man unter der Zielsetzung einer möglichst genauen Heizkostenabrechnung bei der Wahl des Festkostenanteils nicht frei ist. Dieser hängt vielmehr sowohl vom wahren Festkostenanteil als auch von der Verteilfehlercharakteristik des gewählten Erfassungsverfahrens ab[23]).

23) Zöllner, Anwendung von Heizkostenverteilern

5.11 Heizkostenverteiler nach dem Verdunstungsprinzip bei der Fernwärmeversorgung

Die bisherigen Betrachtungen galten für Heizungssysteme mit Auslegungsvorlauftemperaturen oberhalb des Niedertemperaturbereichs (> als etwa 65 °C) bis zu 90/70 °C. Fernheizungen werden in den alten Bundesländern in der Regel mit höheren Vorlauftemperaturen und größeren Temperaturspreizungen (Temperaturdifferenzen zwischen Vorlauf und Rücklauf) betrieben.

Die Wärmeübergabe aus dem Wärmeverteilungsnetz des Fernwärmeversorgungsunternehmens an die Haus-Zentralheizungsanlage (Abnehmeranlage) erfolgt in einer Fernwärme-Hausstation.

Dies kann

- entweder indirekt über einen Wärmeübertrager oder
- direkt ohne Zwischenschaltung eines Wärmeübertragers geschehen.

Während bei der indirekten Wärmeübergabe die beiden Systeme „Wärmeverteilungsnetz" und „Haus-Zentralheizungsanlage" hydraulisch vollständig voneinander getrennt sind, stehen bei der direkten Wärmeübergabe beide Systeme hydraulisch unmittelbar miteinander in Verbindung. Das heißt, die Haus-Zentralheizungsanlage wird direkt mit dem Heizwasser aus dem Fernwärmeverteilungsnetz beaufschlagt. Hierzu sind besondere Betrachtungen erforderlich.

Das Fernheiznetz wird vielfach entweder mit Vorlauftemperaturen zwischen 70 °C und 130 °C außentemperaturabhängig und mit Rücklauftemperaturen bis zu 40 °C bzw. 50 °C oder mit Vorlauftemperaturen bis zu 110 °C betrieben. In beiden Fällen ist an den Heizkörpern eine große Temperaturspreizung zwischen Vorlauf und Rücklauf abzubauen. Dies erfordert den Einbau von Feinregulierventilen (Auf-Zu-Betrieb) oder, wie seit den letzten Jahren allgemein üblich, den Einbau von thermostatisch gesteuerten Feinregulierventilen (örtliche Regelung der Raumtemperatur). Zusätzlich kann eine außentemperaturgeführte Regelung der Vorlauftemperatur erfolgen. Dies ist insbesondere bei größeren Gebäuden von Vorteil.

Wesentlich bei der Betriebsweise mit großer Temperaturspreizung ist die Tatsache, daß die Wärmeabgabe der Heizkörper nicht mehr allein durch die mittlere Oberflächentemperatur, wie dies bei den bisher besprochenen Fällen gegeben war, bestimmt wird, sondern auch durch den durch den Heizkörper fließenden, stark gedrosselten Heizwasserstrom. Die Heizkörperleistung sinkt bei starker Drosselung (etwa unter 30 bis 40 % des Normmassendurchsatzes an Heizwasser bei Normheizsystemen) erheblich ab. Messungen der Stadtwerke Mannheim[24]) zeigten, daß auch bei großer

24) Winkens

Spreizung der Heizwassertemperatur die Verteilung der Oberflächentemperatur in einer Höhenebene sehr gleichmäßig ist.

Wichtig ist die Erkenntnis, daß infolge der Injektorwirkung des Vorlaufstrahles auch bei hohen Vorlauftemperaturen der Fernwärmeversorgung von 130 °C die Oberflächentemperatur in der oberen Heizkörperebene stark absinkt und nicht wesentlich über 100 °C (bis zu maximal etwa 110 °C) bei einer Rücklauftemperatur von etwa 50 °C liegt. Bei einer Vorlauftemperatur von 106 °C und einer Rücklauftemperatur von etwa 47 °C wurden in der oberen Heizkörperebene etwa 90 °C gemessen.

Der Unterschied zwischen der Vorlauftemperatur und der Temperatur in der oberen Heizebene wird um so größer, je größer die Temperaturspreizung zwischen Vorlauf und Rücklauf ist. Die vergrößerte Temperaturspreizung hat eine Verringerung des Heizmittelmassendurchsatzes zur Folge; der Massenstrom kann bis auf etwa 10 % zurückgehen.

Bei einer Anordnung der Heizkostenverteiler in 75 % der Bauhöhe des Heizkörpers sind bei derartigen Heizungsanlagen Temperaturen zwischen etwa 80 °C und 95 °C, allerdings nur bei hohem Wärmebedarf an wenigen Tagen der Heizperiode, zu erwarten. Bei diesen Verhältnissen sind Heizkostenverteiler nach dem Verdunstungsprinzip durchaus einsetzbar.

In den neuen Bundesländern ist neben der **Zweirohrheizung** mit Auslegungstemperaturen von 90/70 °C aus den fünfziger und sechziger Jahren und 110/70 °C der späteren Jahre die **vertikale Einrohrheizung** mit Auslegungstemperaturen von 110/70 °C von hoher Bedeutung, wobei die Spreizung nur als Richtwert zu verstehen ist; die Rücklauftemperaturen der Stränge können zwischen 55 °C und 85 °C liegen. Beide Systeme kennt man mit oberer und unterer Verteilung auch abhängig von der Gebäudehöhe. Als Heizkörper findet man bei den älteren Heizungsanlagen Gliederheizkörper und Konvektortruhen mit Klappensteuerung vor. Heizungsanlagen etwa ab 1970 besitzen neben Konvektortruhen vorwiegend Flachheizkörper (etwa bis 1983) und Plattenheizkörper. Die Anlagen sind sowohl ohne als auch mit Heizkörperventilen ausgeführt; ab etwa 1982 wurden thermostatische Heizkörperventile eingesetzt. Der überwiegende Teil der Zentralheizungen ist an die Fernwärmeversorgung angeschlossen.

Zöllner und Mitarbeiter haben in einer Simulationsrechnung für eine Heizperiode bzw. ein vollständiges Kalenderjahr die bei den ostdeutschen Heizungsanlagen zu erwartenden Verhältnisse und Einflüsse bei dem Einsatz von Verdunstungsgeräten untersucht und den zu erwartenden systembedingten Verteilfehler ermittelt. Als Betriebsweise wurde zentrale, außentemperaturgeführte Regelung der Vorlauftemperatur und örtliche Drosselregelung am Heizkörper angenommen. Die Rauminnentemperaturen wurden ähnlich wie bei früheren Rechnungen mit Werten von 17 °C bis 22 °C angesetzt. Die Montagehöhe der Verteiler war mit 75 % festgelegt und obere Vorlaufeinführung zugrunde gelegt.Zur Beurteilung des Fehlerverhaltens hat *Zöllner* seine Rechnungen auf Zweirohr-Heizanlagen mit Auslegungstemperaturen 90/70 °C – der sogenannten Referenzanlage – bezogen[25]).

Zöllner ermittelte, daß das Fehlerniveau mit der Auslegungsvorlauftemperatur wie erwartet ansteigt, jedoch mit steigenden Werten für die Auslegungsrücklauftemperatur abnimmt. Daraus leitet er ab, daß die Auslegungsrücklauftemperatur nach unten und nicht, wie bislang angenommen, nach oben begrenzt werden müsse.

Um den Verteilfehler in einer von ihm gesetzten Grenze eines um maximal 50 % höheren Fehlerniveaus verglichen mit der Referenzanlage zu halten[26]), ist nach seinen Ermittlungen die maximale Auslegungsvorlauftemperatur auf 120 °C abzusenken; in der DIN sind 130 °C als obere Grenze bei großer Temperaturspreizung angegeben.

Als Kriterium für die Einhaltung des angegebenen Fehlerniveaus bei Einsatz von Verdunstungsgeräten im Bereich von 90 °C bis 120 °C Auslegungsvorlauftemperatur definiert *Zöllner:*

- der bezogene Auslegungsheizmittelstrom muß mindestens 0.5 betragen. Dieser Heizmittelstrom ist definiert als:

$$b_{m,AL} = \frac{\dot{m}_{AL}}{\dot{m}_N} \tag{13}$$

mit

$\dot{m}_{AL}$ Auslegungs-Heizmittelstrom des Heizkörpers
$\dot{m}_N$ Norm-Heizmittelstrom des Heizkörpers

Die Anwendung der Heizkostenverteiler nach dem Verdunstungsprinzip wird demnach von hohen Werten der Auslegungs-Rücklauftemperatur begünstigt.

Es ist jedoch getrennt zu untersuchen, ob die einzusetzenden Heizkostenverteiler bei den zu erwartenden Temperaturen u.U. zu Leerverdunstung neigen! Zur Klärung dieser Frage wurde ein Verfahren zur Bestimmung der notwendigen Skalenlänge und damit der notwendigen Ampullenlänge abgeleitet. Dem Verfahren wurden durchgehender Heizbetrieb und Vielverbraucher mit großer Absenkung der Flüssigkeitsstandhöhe zugrunde gelegt, um auf der sicheren Seite der Auslegung zu bleiben. Die notwendige Skalenlänge wird als Vielfaches des Anzeigewertes bei Basisverdunstung (Nominalverdunstung im Entwurf der europäischen Norm), dem sogenannten Skalengrößenfaktor, angegeben. Als technische Daten des

25) Zöllner/Bindler, Anwendbarkeit von HKV/V in Einrohrheizanlagen, S. 547/553
26) Zöllner/Bindler, Anwendbarkeit von HKV/V in Einrohrheizanlagen, S. 547/553

Heizkostenverteilers wurden eine Ampullenkonstante $K_a = 30$ und Meßflüssigkeit Methylbenzoat angenommen.

Zur Ermittlung des Skalengrößenfaktors wird bei gegebenen Heizkörper-Auslegungsdaten und bekanntem c-Wert die Auslegungs-Meßflüssigkeitstemperatur – Temperatur der Meßflüssigkeit bei mit Hilfe der Auslegungs-Vorlauftemperatur und der Auslegungs-Rücklauftemperatur logarithmisch gemittelter Auslegungs-Heizwassertemperatur – berechnet. *Zöllner* schlägt zur Berechnung des Skalengrößenfaktors für die angenommenen ungünstigen Betriebsverhältnisse (siehe oben) eine vereinfachte Näherungsgleichung vor, die den Faktor als Funktion der Meßflüssigkeitstemperatur beschreibt (siehe Bild 5.20).

$$SF = 1.603 - 0.06296\, t_{FL,AL} + 0.00087359\, t_{FL,AL}^2 \quad (14)$$

mit

$t_{FL,AL}$ Auslegungs-Meßflüssigkeitstemperatur in °C

Berücksichtigt man eine Nachtabschaltung der Heizungsanlage von 6 h, so reduziert sich die Flüssigkeitsabnahme in der Heizperiode und man erhält einen kleineren Skalengrößenfaktor.

$$SF = 2.16 - 0.0753\, t_{FL,AL} + 0.00085\, t_{FL,AL}^2 \quad (15)$$

Beispiel 4: Man bestimme für eine Auslegungs-Heizwassertemperatur von 90 °C, eine Raumlufttemperatur von 20 °C und c = 0.1 bei einer Basisverdunstung von 45 mm die erforderliche Skalenlänge

a) ohne Nachtabschaltung
b) mit Nachtabschaltung (6 h)

Mit Gleichung (9) erhält man für die Auslegungs-Meßflüssigkeitstemperatur:

$$t_{FL,AL} = 90\,°C - 0.1\,(90 - 20)\,°C = 83\,°C$$

Zu a: Gleichung (13) liefert für den Skalengrößenfaktor

SF = 2.4

damit errechnet sich die erforderliche Skalenlänge zu: 108 mm

Zu b: Gleichung (14) liefert für den Skalengrößenfaktor

SF = 1.77

damit errechnet sich die erforderliche Skalenlänge zu: 79.7 mm

5.12 Heizkostenverteiler nach dem Verdunstungsprinzip bei Einrohrheizungen

Bei Einrohrheizungen durchströmt den Heizkörper in der Regel nur ein Teilstrom des Heizwassers. Üblich sind Werte von ca 30 %, 50 % und 100 %. Letzter Wert überwiegt in den Anlagen der neuen Bundesländer; der Auslegungs-Massestrom der Heizkörper entspricht dem jeweiligen Strang-Heizwasserstrom. Am Anfang eines Heizungsstranges wird eine hohe Heizmitteltemperatur vorhanden sein, am Ende des Stranges eine durch das Mischungsverhalten der Heizwasserströme durch die Heizkörper und die jeweiligen Kurzschlußstrecken um die Heizkörper abgesenkte Heizwassertemperatur. Die Heizkörperflächen werden diesem Verhalten angepaßt. Die unterschiedlichen Heizkörpertemperaturen – abnehmend in Durchströmrichtung – bewirken unterschiedliche Anzeigen der Verteiler nach dem Verdunstungsprinzip. In den neuen Bundesländern kommen ausschließlich vertikale Einrohrheizungen zur Anwendung, wobei in verschiedenen Strängen eines Wohngebäudes unterschiedliche Spreizungen zwischen Vorlauf- und Rücklauftemperatur auftreten können. Nichtwärmegedämmte Rohrstränge durch die Wohnungen dienen zusätzlich zu den Heizkörpern der Beheizung und sind daher mit mindestens einem Verteiler an einem Strang je Wohnung bei Berücksichtigung der Wärmeabgabe aller Stränge in der Wohnung auszustatten.

Zöllner schlägt zur Bewertung dieses Effektes nach Optimierung einen weiteren Bewertungsfaktor K_E vor, der die Ausstattung mit Verdunstungsgeräten auch von Einrohrheizungen über eine Nutzereinheit hinaus ermöglichen soll[27]).

$$K_E = \left[\frac{\dot{m}_{Fl,BA}}{\dot{m}_{Fl,HK}} \left(\frac{\Delta t_{AL,HK}}{\Delta t_{AL,BA}}\right)^n - 1\right] 0.35 + 1 \qquad (16)$$

mit

$\dot{m}_{Fl,HK}$ Verdunstungsmassestrom am zu bewertenden Heizkörper unter Auslegungsbedingungen

$\dot{m}_{Fl,BA}$ Verdunstungsmassestrom an einem Heizkörper gleicher Bauart, berechnet mit den Auslegungstemperaturen des Vorlaufs und des Rücklaufs der Heizungsanlage

$\Delta t_{AL,HK}$ logar. Heizwasserübertemperatur bei Auslegungsbedingungen des zu bewertenden Heizkörpers

$\Delta t_{AL,BA}$ logar. Heizwasserübertemperatur bei Auslegungstemperaturen des Vorlaufs und des Rücklaufs der Heizungsanlage

n Heizkörperexponent der Teillastkennlinie

---

27) Zöllner Bindler, Anwendbarkeit von HKV/V in Einrohrheizanlagen, S. 547/553

An dieser Stelle sei darauf hingewiesen, daß z.Zt. die Anwendung des K_E-Faktors umstritten ist. So wird ausgeführt, daß eine Änderung der Einsatzgrenzen für Einrohrheizungen gegenüber der heutigen DIN 4713 nicht zu empfehlen sei, da zur Ermittlung von K_E eine umfangreiche Analyse der auszustattenden Anlage erforderlich sei, Änderungen an der Anlage bzw. dem Gebäude ggf. eine Neuberechnung bedingten und ungünstige Betriebszustände den Verteilfehler sogar unakzeptabel vergrößern könnten. Eine systematische Reduzierung der Verteilfehler sei selbst bei richtiger Bestimmung von K_E nicht gewährleistet!

5.13 Wartung und Überwachung der Geräte

Im Rahmen der Ablesung nach dem jährlichen Abrechnungszeitraum werden die gebrauchten Ampullen durch neu gefüllte Ampullen ersetzt. An der farblichen Kennzeichnung ist ersichtlich, in welchem Abrechnungszeitraum die Ampullen eingesetzt waren. Die farbliche Kennzeichnung ist jährlich zu ändern.

Folgende Kontrollen werden durchgeführt:

- Kontrolle auf vollständige Bestückung der Heizkörper mit Heizkostenverteilern
- Kontrolle des Zustands der Plombe und der Befestigung
- Kontrolle der farblichen Kennzeichnung der Flüssigkeit
- Kontrolle der Unversehrtheit des Gerätes

Beschädigungsbeispiele sind:

- gelockerte Halterung
- verschobener Verteiler
- beschädigte oder entfernte Plombe
- beschädigte Abdeckung
- defekte, entfernte oder mit Flüssigkeit aufgefüllte Ampulle

Nach dem Ampullenwechsel werden die Geräte neu verplombt.

Der Nutzer ist anzuhalten, die Ablesung zu kontrollieren. Elektronisch arbeitende Ablesegeräte, die gleichzeitig eine Temperaturkorrektur vornehmen, kommen verstärkt zur Anwendung.

Die Beseitigung verbrauchter Ampullen erfolgt durch die Meßdienstfirmen.

6 Elektronische Heizkostenverteiler

Von Lothar Braun

6.1 Physikalische Grundlagen

6.1.1 Begriffe und Voraussetzungen

6.1.1.1 Einleitung und Begriffsbestimmungen

Unter Heizkostenverteilern werden meistens Geräte verstanden, die auf die Heizkörperoberfläche montiert werden. Für die Heizkörperverteilung sind aber auch Hunderttausende amtlich geeichte Wärmezähler eingesetzt. Kennzeichnend für Wärmezähler ist gemäß Abschnitt 4, daß zusätzlich zu einer Temperaturdifferenz das Volumen des durchgeströmten Wärmeträgers, z.B. Wasser, erfaßt wird.

In der Heizkostenverteilung können auch ungeeichte Geräte verwandt werden, wenn sie von zugelassenen Prüfinstituten anerkannt sind. Wird die Wärme unter Angabe einer gesetzlichen Wärmeeinheit (zum Beispiel kWh) verkauft, können nur amtlich geeichte Wärmezähler eingesetzt werden. Dann wird von Tarifgeräten und tarifärer Abrechnung gesprochen im Gegensatz zum üblichen Begriff der Heizkostenabrechnung mit Heizkostenverteilern und/oder Wärmezählern. In der Heizkostenverteilung spielen die gesetzlichen Wärmeeinheiten grundsätzlich keine Rolle. Werden zur Heizkostenverteilung jedoch Wärmezähler eingesetzt, müssen diese gleichwohl geeicht sein.

Für Verteiler ist typisch, daß die zu verteilenden Heiz- odcr besser Wärmekosten erst nach Ablauf der Heizperiode aus der Gesamtheit der Kostenarten errechnet werden. In der Abrechnung können keine gesetzlichen Verbrauchseinheiten, beispielsweise kWh, angegeben werden. Bei der tarifären Wärmelieferung ist typisch, daß der Wärmepreis pro Einheit (z.B. kWh) bereits im Augenblick der Lieferung bekannt ist.

Im Sinne der vorstehenden Bemerkungen sind Geräte auf der Grundlage ihrer Verwendung und nicht ihrer Bauart zu unterscheiden. Der im folgenden beschriebene Teilbereich gemäß der DIN 4713 „Elektronische Heizkostenverteiler" bezieht sich auf das physikalische Prinzip der Erfassung der Übertemperaturen der Heizkörper, wie es in DIN 4703 erläutert wird.

6.1.1.2 Sicherung der Bauartenqualität elektronischer HK-Verteiler

In Abschnitt 5.2 wurden die Güte- und Qualitätsanforderungen für Verteiler nach dem Verdunstungsprinzip beschrieben. Elektronische Heizkostenverteiler müssen in ihrer Bauart der DIN 4713 Teil 3, Ausgabe Januar 1989,

oder gleichwertigen Regeln der Technik entsprechen. Die Bauartenprüfung muß durch ein autorisiertes Institut durchgeführt werden.
Die DIN 4713 gibt Angaben über die Definition des Anwendungsbereichs, Begriffsbestimmungen, Meßverfahren, Anforderungen an die Heizkostenverteiler und die Bewertung sowie Hinweise über die Bauartprüfung, Wartung und Ablesemöglichkeiten. Eine Bauartprüfung nach DIN 4713 Teil 3 für die Zulassung nach den Bestimmungen der HeizkostenV umfaßt u.a. folgende Einzelprüfungen:

- Gehäuse, Bauteile: Werkstoffnachweis und Nachweis der thermischen Festigkeit durch Test im Wärmeprüfschrank.
- Konstruktion: Kontrolle des mechanischen Aufbaus und ihrer Einzelteile auf Grundlage der Zeichnungen. Nachprüfung der Einhaltung der zulässigen Toleranzen und Einschätzung ihrer Beständigkeit während der vorgesehenen Lebensdauer. Gleiches gilt für die elektrische Schaltung.
- Verplombung: Die Funktion und Gestaltung der Verplombung bzw. des vorgesehenen Manipulationsschutzes werden überprüft.
- Temperaturbeständigkeit: Der Nachweis wird durch Test im Wärmeschrank geführt. Die DIN-Fehlergrenzen dienen als Prüfkriterium.
- Einhaltung der DIN-Fehlergrenzen: Die Prüfung am Basisheizkörper darf keine Gerätemeßfehler ergeben, die außerhalb der DIN-Fehlergrenzen liegen.
- Alterung: An funktionsfähigen Geräten werden im Wärmeschrank oder am ölgefüllten Elektroheizkörper geraffte Alterungstests durchgeführt. Das Prüfkriterium ist die Einhaltung der doppelten DIN-Fehlergrenzen.
- Äußere Beeinflussung: Es wird geprüft, ob eine zufällige oder absichtliche Manipulation der Anzeige durch elektrische, magnetische, mechanische oder thermische Beeinflussung möglich ist. Bestimmte Störgrößen werden auf funktionsfähige Geräte aufgebracht. Die Prüflinge müssen gegen die Störungen immun sein.
- c-Werte: Prüfung an sieben Grundheizkörpern im Basiszustand, und zwar: DIN-Stahlradiator, Gußradiator senkrecht profilierter Plattenheizkörper, Plattenheizkörper mit glatter Vorderfront, Plattenheizkörper mit horizontaler Wasserführung und Rohrregisterheizkörper.
- Bewertungsfaktoren: Prüfung der Bestimmung bzw. der richtigen Ermittlung und Anwendung auf Grundlage der Unterlagen des Antragstellers.

Werden die Geräte an andere als die genannten Grundheizkörper montiert, so sind die dafür erforderlichen Bewertungsgrundlagen einer zugelassenen Prüfstelle zur Gegenkontrolle und Genehmigung vorzulegen.

6.1.1.3 Anwendungsvoraussetzungen für elektronische HK-Verteiler

Die generellen Voraussetzungen für die Anwendung der elektronischen Heizkostenverteiler-Systeme sind denen für Verteiler nach dem Verdunstungsprinzip sehr ähnlich (siehe Abschnitt 5.3). Das im Vergleich zu diesen etwas weitere Anwendungsspektrum darf nicht zur Annahme führen, daß eine universelle Anwendung in allen Heizungssystemen und bei allen Heizkörperarten möglich ist: Bei einem Einsatz über die Standardfälle – Grundheizkörper in Zweirohr-Heizungssystemen beispielsweise – hinaus, muß beispielsweise für Fußbodenheizungen von unabhängigen Prüfinstituten die Anwendbarkeit bestätigt werden.

Eine wichtige Anwendungsvoraussetzung ist die Auslegungs-Vorlauftemperatur des Heizungssystems, für die der Verteiler noch im praktischen Betrieb die Fehlergrenzen einhält.

In Dampfheizungen sind elektronische Heizkostenverteiler nicht anwendbar.

6.1.2 Physikalische Zusammenhänge

Im Gegensatz zum oberflächenmontierten Verteiler ist die Arbeitsweise der Wärmezähler leichter zu erklären: Gemessen wird die Temperaturdifferenz des zu- und abfließenden Wärmeträgers gemeinsam mit dem zu- oder abgeströmten Volumen. Bild 6.1 zeigt dies schematisch. Der physikalische Zusammenhang ist mit der Gleichung

$$Q = \Delta\vartheta \cdot V \cdot k \qquad (1)$$

darstellbar, mit

$$\Delta\vartheta = \vartheta_V - \vartheta_R$$

V = Heizwasservolumen
k = Korrekturgröße

Dabei kann zum Beispiel, um die Wärmemenge in kWh zu bestimmen, $\Delta\vartheta$ in °C und V in m^3 gemessen werden. Die Größe k ist eine Korrekturgröße mit dem ungefähren Wert $k = 1{,}146$. Im heiztechnischen Temperaturbereich schwankt dieser Wert kaum mehr als um 5 %. Die Korrekturgröße hat für das gewählte Beispiel die Dimension kWh/°C m^3. Der angegebene Wert gilt für die Stoffkonstante des Wassers als Wärmeträger. Die Größe k beschreibt die Übertragungseigenschaften des Wärmeträgers. Eine weiterführende Erklärung der Zusammenhänge ist in Abschnitt 4 enthalten.

6.1.3 Physikalische Grundlagen des Verteilers mit Übertemperaturerfassung

Die physikalischen Grundlagen des Verteilers mit Übertemperaturerfassung sind anders. Die Arbeitsweise dieser oberflächenmontierten Verteiler ist nicht so anschaulich zu erklären wie die der Wärmezähler. Bild 6.2 zeigt, worauf es ankommt: Bestimmt wird die Temperaturdifferenz zwischen der

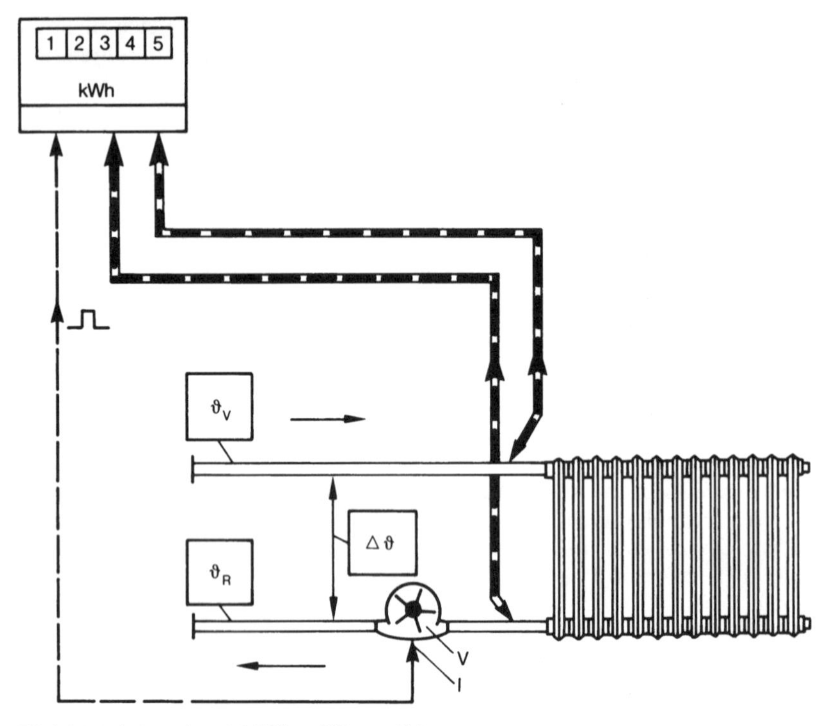

Bild 6.1 Arbeitsweise eichfähiger Wärmezähler

Wärmemenge:

Q	$= k \cdot \Delta\vartheta \cdot V$
ϑ_V und ϑ_R	= Vor-, Rücklauftemperatur
$\Delta\vartheta$	$= \vartheta_V - \vartheta_R$
V	= Volumen des Wärmeträgers, z. B. mit Wasserzähler gemessen
I	= elektr. Volumenimpulse, z. B. $1I$
k	= Stoffkonstante des Wärmeträgers, z. B. Wasser

Oberfläche des Heizkörpers und seiner Umgebungsluft. Da ein Heizkörper um so mehr Wärme abgibt, je höher seine Temperatur über der Umgebungstemperatur liegt, ist diese Temperaturdifferenz $\Delta\vartheta$, die auch als arithmetische (Heizkörper-)Übertemperatur definiert ist. Wird nun zusätzlich die Zeit gemessen, in der der Heizkörper Wärme abgibt – also Arbeit leistet –, so ist damit ein Maß für die Wärmemenge gefunden:

$$Q = K \cdot \int_0^t (\vartheta_V - \vartheta_R)^n \, dt \qquad (2)$$

Da in Heizungssystemen naturgemäß die Temperaturen sehr schwanken, wird gerätetechnisch das Integral durch eine Summation von Wärmeteilmengen in sehr kleine Zeitabschnitte in der Größenordnung von Sekunden bis Minuten aufgelöst. Der Exponent n hat für einen fiktiven Heizkörper den Wert $n = 1{,}33$. Für beliebige Heizkörperbauarten liegen im praktischen Betrieb die Werte für n zwischen 1,1 bis 1,5. Der Faktor K umschreibt für einen konkreten Heizkörper die Normwärmeleistung unter bestimmten Meßbedingungen. Die Meßverfahren sind in DIN 1704 festgelegt. Unter Berücksichtigung der dort gegebenen Zusammenhänge kann Gleichung (2) wie folgt vervollständigt werden:

$$Q = \dot{Q}_n \left(\frac{1}{\Delta\vartheta_{in}}\right)^n \cdot \int_0^t (\vartheta_m - \vartheta_L)^n \cdot dt \qquad (3)$$

Dabei ist $\dot{Q}_n$ die Normwärmeleistung und $\Delta\vartheta_{ln}$ die logarithmisch gemittelte Heizkörper-Übertemperatur. $\dot{Q}_n$ und der Heizkörperexponent n werden nach DIN 4704 für den jeweiligen Heizkörper bestimmt.

Der mit Gleichung (3) gegebene physikalische Zusammenhang kann in einer Prüfkabine nach DIN 4704 reproduzierbar nachgeprüft werden. Nach den Prüfregeln in DIN 4704 ist die Heizkörperoberflächen-Temperatur $\Delta\vartheta_m$ über die Messung der Vor- und Rücklauftemperaturen zu bestimmen. Dies wird meßtechnisch ähnlich wie bei Wärmezählern mit Präzisionstauchfühlern mit sehr hoher Genauigkeit durchgeführt.

Alle in Gl. (3) angegebenen Temperaturen sind deshalb im Heizwasser zu messen (Raumlufttemperatur ausgenommen).

Es sei darauf hingewiesen, daß bei den üblichen Konstruktionen der Heizkostenverteiler mit Anlegefühlern auf Vor- und Rücklaufleitungen die Temperaturen nicht so genau gemessen werden können wie mittels Tauchfühlern nach DIN 4704.

Noch viel kritischer ist in der Praxis die Erfassung der maßgebenden Raumlufttemperatur ϑ_L: DIN 4704 bestimmt sie in der Prüfkabine (s. Bild 2) in einem Abstand von etwa 1,5 m vom Heizkörper und einer Höhe vom Boden von 0,75 m mit einem strahlungsgeschützten Präzisionsthermometer.

Diese in der Prüftechnik der Heizkörper reale Meßgröße wird in der Praxis realer Räume irreal bzw. fiktiv. Aus diesem Grund wird in der Fachliteratur der Heizkostenverteiler nicht von der maßgebenden Raumlufttemperatur ϑ_L gesprochen, sondern grob umschreibend von der Raumtemperatur ϑ_i.

6.2 Technische Realisierbarkeit

6.2.1 Möglichkeiten der Realisierung

Tabelle 6.1 zeigt mögliche technische Realisierungen. Sie wurden aus den Gl. (1) und (3) abgeleitet. Die Bezeichnung X bedeutet, daß diese Größe stetig gemessen wird. Das eingeklammerte (X) weist darauf hin, daß diese Größe nur einmal zu Beginn bei der Inbetriebnahme festgestellt und als Festwert in das Verteilersystem eingegeben wird.

Außer dem Meßverfahren Nr. 3 sind alle Systeme mit mehr oder weniger großem Erfolg auf dem Markt vertreten. Das Meßverfahren Nr. 6 wurde in der Form von Verdunstungsgeräten am häufigsten angewendet. Auch die „ersten Generationen" der elektrischen Heizkostenverteiler wenden dieses Meßverfahren in der Mehrzahl an. Die meßtechnischen Eigenschaften der einzelnen Verfahren werden im folgenden stichwortartig beschrieben.

6.2.2 Meßverfahren Nr. 1 – Wärmezähler

Dieses Verfahren ist mit Gl. (1) vollständig beschrieben und in den üblichen Bauformen von eichfähigen Wärmezählern realisiert. Wird der Massenstrom m bzw. das Volumen V mit dynamischen oder statistischen Gebern bestimmt, und werden die Tauchfühler für Vor- und Rücklauftemperaturen optimal angeordnet, so werden sich die zu erwartenden Meßunsicherheiten für die Wärmeenergie in der Größenordnung der Eichfehlergrenzen, und zwar zwischen 5 % und 8 %, je nach Leistungsbereich der Zähler, bewegen. Diese für eine Wärmemessung ausgezeichnete Meßsicherheit kann von keinem anderen Meßverfahren in Nr. 2 bis Nr. 6 erreicht werden.

6.2.3 Meßverfahren Nr. 2 – RH-Verteiler

Das Meßverfahren Nr. 2 wurde im Zusammenhang mit einem speziellen Heizungssystem der Firma Rietschel u. Henneberg realisiert: Bei diesem System handelt es sich um eine Profil-Einrohrheizung, bei der alle Einrohrstränge von einer Umwälzpumpe bzw. von einem Punkt aus versorgt werden. Durch die Wahl eines großen Querschnittes ist der Rohrleitungswiderstand des Profilrohres so gering, daß Drosselzustände bei Heizkörpern den Wasserumlauf im Profilrohr kaum beeinflussen. Damit ist systembedingt der Volumenstrom durch das Profilrohr konstant. Bei von außen verursachten Störungen werden alle Stränge des Systems in gleicher Richtung beeinflußt. Für die Heizkostenverteilung kann dieser systematische Fehler außer Betracht bleiben.

In der Entwicklungsphase dieses Heizungssystems hatte sich ein für Wärmezähler allgemein gültiges thermodynamisches Problem ergeben: Besonders in Einrohrheizungen kann sich die maßgebende Temperaturdifferenz beim plötzlichen Öffnen mehrerer Heizkörper im Strang für einige Zeit umkehren, d.h., sie kann negativ werden. Im Zusammenhang mit einem Mikroprozessor-Rechenwerk ist dieses Problem durch wohnungsweise Wärmebilanzierung lösbar. Bei konventionellen Wärmezähler-Rechenwerken ist eine Kompensation der negativen Temperatursprünge aufwendiger.

6.2.4 Meßverfahren Nr. 3 – Verteiler DDC

Das Verfahren Nr. 3 ist bisher noch nicht marktreif. Es wurde untersucht und ist als ein Meßverfahren zu betrachten, das in aufwendige DDC-Regelungssysteme integriert werden könnte.

6.2.5 Meßverfahren Nr. 4 – Dreifühlergeräte

Dieses Verfahren ist schon früh in Anlehnung an DIN 4704 entwickelt worden. Aus preislichen und montagetechnischen Gründen wurde jedoch auf Tauchfühler nach DIN 4704 verzichtet und nur mit Anlegefühlern gearbeitet. Dadurch kann die Heizkörperoberflächentemperatur nicht genauer bestimmt werden als bei den Meßverfahren Nr. 5 und Nr. 6, die auch mit Anlegefühlern ausgestattet sind.

Beim Meßverfahren Nr. 4, das auch Dreifühlermeßverfahren genannt wird, läßt sich in vielen praktischen Fällen die Montage der Fühler auf den Rohrleitungen nicht realisieren, so daß der Fühler auf die Heizkörperoberfläche montiert werden muß. Damit gehen die (kleinen) meßtechnischen Vorteile verloren, und es bleiben die gravierenden praktischen Nachteile der mehr oder weniger geschützten Kabelfühlermontage zurück.

Auch mit dem etwa ab 1983 lieferbaren Dreifühlersystem mit zentraler Anzeige (je Wohnung) konnte in der Praxis die erwünschte bessere Temperaturerfassung durch hochwertigere Fühlermontagen an Vor- und Rücklauf nicht umfassend realisiert werden. Bei diesem Meßsystem werden die Fühler mit guter Wärmeankopplung auf die Anschlußschrauben (Überwurfmuttern) der Heizkörper aufgeklemmt.

Mit der so erzielten guten thermischen Verbindung können bei einer Reihe von Heizkörpern (leider nicht generell) die Wassertemperaturen fast so genau wie nach DIN 4704 bestimmt werden. Die Erfassung der Heizkörperoberflächentemperatur über der Messung der Vor- und Rücklauftemperaturen hat zur Folge, daß der Heizkörperexponent gemäß Gl. (3) am Verteiler einstellbar ist. Diese zusätzlichen anwendungstechnischen Schwierigkeiten vermeiden die Meßverfahren Nr. 5 und Nr. 6 durch die Fühlermontage auf der Heizoberfläche.

Meßverfahren für Heizkostenverteiler Nr.	Massenstrom $\dot{m}$ (Volumen V)	Vorlauftemperatur ϑ_V	Rücklauftemperatur ϑ_R	mittlere Heizmitteltemperatur ϑ_m	Raumlufttemperatur ϑ_{Raum}	zusätzliche Parameter
1	x	x	x			keine
2	(x)	x	x			keine
3	x	x				Heizkörperleistung, Exponent
4		x	x		x	Heizkörperleistung, Exponent (*c*-Wert)
5				x	x	Heizkörperleistung, *c*-Wert Exponent
6				x		Heizkörperleistung, *c*-Wert Exponent Raumtemperatur

Tabelle 6.1: Arbeitsprinzipien von Wärmemengen-Erfassungsgeräten

Nr. 1 = eichfähiger Wärmezähler
Nr. 2 = Spezial-Verteiler Rietschel-Henneberg
Nr. 3 = Verteiler DDC
Nr. 4–6 = oberflächenmontierte Verteiler

Auch wenn im Einzelfall durch die Fühlermontage an Vor- und Rücklaufrohr des Heizkörpers die mittlere Heizkörperoberflächentemperatur mit Dreifühlersystemen genauer bestimmt werden kann, bleibt doch die Erfassung der Raumtemperatur das unsicherste Element des Meßverfahrens Nr. 4: Besonders bei dezentralen Dreifühlergeräten können in der Anwendung nicht durchgängig thermisch richtige Montageorte neben den Heizkörpern gefunden werden. Dadurch wird gegenüber dem Meßverfahren Nr. 5 die Raumtemperaturerfassung erheblich verschlechtert. Zentrale Dreifühlermeßsysteme vermeiden diesen gravierenden zusätzlichen Fehler, indem der Raumfühler unterhalb des Heizkörpers angeordnet wird. Durch Untersuchungen hat sich gezeigt, daß in der Raumheizung der beste Meßort für die Raumtemperatur unmittelbar unter dem Heizkörper oder in der Vertikalen am Heizkörper zu finden ist.

In der Praxis sind aus den dargestellten Gründen Dreifühlersysteme keineswegs meßtechnisch höher zu bewerten als Systeme, die nach dem Zweifühlermeßverfahren der Kompaktgeräte arbeiten.

6.2.6 Meßverfahren Nr. 5 – Kompakt-Zweifühlergeräte

Das Meßverfahren Nr. 5 wurde im Zusammenhang mit dem Zweifühler-Kompaktgerät Anfang der 80er Jahre entwickelt. Bild 6.3 zeigt sein Arbeitsprinzip: Die Heizkörperoberflächentemperatur wird mittels des Oberflächenfühlers mit guter thermischer Ankopplung gemessen. Die Raumtemperatur wird indirekt durch die Messung der Temperatur der Gerätefrontseite erfaßt.

Als Verständnishilfe für die letztere Maßnahme sei daran erinnert, daß ein thermostatisches Heizkörperventil auch nur deshalb die Raumtemperatur einigermaßen zu regeln vermag, weil eine sehr ähnliche Meßgröße für den Soll-Ist-Wertvergleich der Raumtemperatur herangezogen wird.

Die physikalische Ableitung ist einfach und in Heizungshandbüchern unter dem Stichwort „Rippenrechnung“ zu finden. Die im Gerät erfaßbare Temperaturdifferenz, die eine Funktion der gesuchten Heizkörperübertemperatur ist, kann mathematisch nachvollzogen werden. Mit guter Näherung ergibt sich ein linearer Zusammenhang folgender Form:

$$\Delta\vartheta_G = K_G \cdot \Delta\vartheta \qquad (4)$$

Dabei ist die mit den beiden Gerätefühlern erfaßte Temperaturdifferenz am Heizkörper und $\Delta\vartheta$ die mittlere Heizkörperübertemperatur nach DIN 4704.

Die Konstante K_G hängt von der Bauart des jeweiligen Gerätes ab. K_G ist im interessierenden Arbeitsbereich des Meßverfahrens von anderen Parametern ausreichend unbeeinflußt. Für die in den Abschnitten 6.4.4 und

6.4.8 aufgeführten Geräteausführungen liegt K_G im Wertebereich von 0,5 bis 0,6 für den Basisheizkörper.

Realisierung von Geräten allein aufgrund von Gl. 4 ist allerdings nicht möglich. Bereits der geringste Wärmestau am oder in der Nähe des Heizkörpers verfälscht den Zusammenhang gemäß Gl. 4: Ein absichtlich oder unabsichtlich erzeugter Wärmestau vermindert den meßbaren Wert von $\Delta\vartheta_G$ und damit die Verbrauchsanzeige in fast beliebiger Größenordnung. Erforderlich ist eine zusätzliche Meßgröße, mit der erkannt werden kann, ob Gl. 4 erfüllt ist. Falls eine Wärmestaustörung vorliegt, ist eine Kompensation der Minderanzeige erforderlich, da sonst keine verbrauchsabhängige Anzeige mehr gewährleistet werden kann.

In der ersten Generation der Zweifühlergeräte wurde deshalb ein dritter Fühler für die Messung der Gerätefronttemperatur vorgesehen. Ab einer bestimmten Höhe dieser Temperatur, die bei etwa 40 °C liegt, erfolgt ein Ausgleich der verursachten Minderanzeige durch eine Fühlerumschaltung, mit der eine höhere Heizkörperoberflächentemperatur simuliert wird. Damit stellt sich in der Größenordnung wieder ein $\Delta\vartheta_G$-Meßsignal ein, wie es vor der Wärmestaustörung vorhanden war.

Das Meßverfahren Nr. 5 ist bei der in den Abschnitten 6.4.4. und 6.4.8 gezeigten Gerätetechnik trotz der Wärmestauproblematik dem Verfahren Nr. 6 überlegen. In umfangreichen wissenschaftlichen Arbeiten hat dies das Hermann-Rietschel-Institut der Technischen Universität Berlin nachgewiesen. Wie aus Abschnitt 6.2.7 hervorgeht, wird bei modernen Zweifühlergeräten die Minderanzeige nicht mehr kompensiert, sondern in das Meßverfahren Nr. 6 umgeschaltet. Dies stellt gegenüber dem früheren Wärmestau-Kompensationsverfahren aus rechtlicher Sicht eine Verbesserung dar. Die Umschaltung bewirkt, bei Raumtemperaturen oberhalb der Basistemperatur, die in Bild 6.4 gezeigten Mehranzeigen (= Fehler des Meßverfahrens Nr. 6). Ein fahrlässig oder absichtlich verursachter Wärmestau wird durch die systembedingte Mehranzeige des Einfühlerverfahrens erkenntlich gemacht.

6.2.7 Meßverfahren Nr. 6 – Kompakt-Einfühlergeräte

Das Meßverfahren Nr. 6 ist einfach. Es beschränkt sich auf die Erfassung der mittleren Heizkörper-Oberflächentemperatur $\Delta\vartheta_m$. Ähnlich wie beim Meßverfahren Nr. 5 erfolgt die Montage des Kompaktgerätes an einer Stelle der Heizkörperoberfläche, an der die mittlere Heizwassertemperatur erreicht wird.

Die Raumtemperatur wird vereinfachend mit ausreichender Genauigkeit als genügend konstant angenommen und zum Beispiel mit einem Festwert von 20 °C bewertet. Die Realisierungsgleichung Gl. 3 vereinfacht sich damit zu:

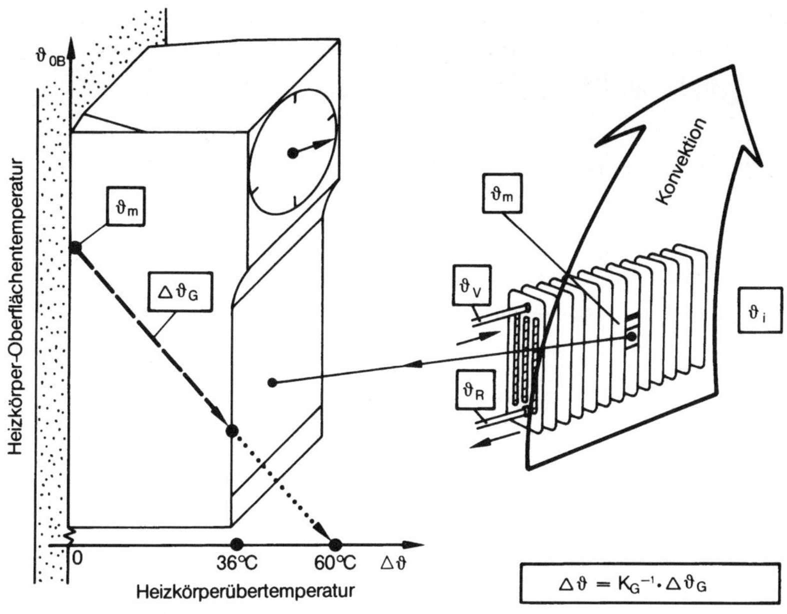

Bild 6.3 Arbeitsweise von Zweifühler-Heizkostenverteilern

$\Delta\vartheta_m$ = Übertemperatur nach DIN 4704, gewählt: $\Delta\vartheta_m$ = 60 °C
ϑ_m = mittlere Heizmitteltemperatur, gewählt ϑ_m = 80 °C bei einer Lufttemperatur ϑ_L = 20 °C = konst.
$\Delta\vartheta_G$ = Temperaturgefälle im Gerät
K_G = Gerätekonstante (etwa 0,6)
ϑ_{OB} = Heizkörper-Oberflächentemperatur

$$\Delta\vartheta = \frac{\vartheta_V + \vartheta_R}{2} - \vartheta \text{ (nach DIN 4704)}$$

$$\Delta\vartheta_m = \frac{\vartheta_V + \vartheta_R}{2} \text{ (nach DIN 4704)}$$

$$Q = \dot{Q}_n \left(\frac{1}{\Delta\vartheta_{ln}}\right)^n \cdot \int_0^t (\vartheta_m - 20\,°\mathrm{C})^n \cdot \mathrm{d}t \qquad (5)$$

Für ϑ_L wurde also ein Festwert von 20 °C eingesetzt. Daß ein solches Meßverfahren durchaus zu brauchbaren Resultaten führen kann, zeigt Bild 6.4: Es ist der mögliche Fehler für Augenblickswerte der Anzeige, als Funktion der Heizkörper-Oberflächentemperatur ϑ_m, angegeben. Parameter sind die jeweilig angenommene Raumtemperatur ϑ_i sowie Exponenten n mit den Werten 1,15, 1,33 und 1,50.

Schwankt im Jahresmittel die tatsächliche Raumtemperatur gleichmäßig um einen kleinen (+/-) Betrag, so entstehen nur geringe Erfassungsfehler. Die tatsächliche Raumtemperatur liegt dann genügend nahe bei 20 °C. Darüber hinaus ist von Interesse, daß bei Einfühlergeräten mit kleiner werdendem Exponent auch die Anzeigefehler kleiner werden. Das Diagramm erlaubt ohne Rechnung die Aussage, daß Einfühlergeräte mit dem Exponenten $n = 1$ kleinere Erfassungsfehler im Jahresmittel aufweisen als mit Exponenten, die größer als $n = 1$ sind. Diese Aussage wird, wie im folgenden noch bei konkreten Geräterealisierungen gezeigt wird, auch für moderne Zweifühlersysteme gemäß Meßverfahren Nr. 5 wichtig.

Bei guter thermischer Ankopplung des Fühlers an der Heizkörperoberfläche sind keine Anzeigeverfälschungen durch Wärmestau zu befürchten. Zuweilen wird diese Eigenschaft zum Nachteil des Zweifühlermeßverfahrens überbewertet. Bei schlechter thermischer Ankopplung des Fühlers können ähnlich wie bei Verdunstungsgeräten Mehranzeigen auftreten. Minderanzeigen dagegen sind beim Einfühlergerät durch Wärmestau nicht möglich.

Im meßtechnischen Sinne kann der Heizkostenverteiler nach dem Verdunstungsprinzip unter das Meßverfahren Nr. 6 eingeordnet werden. Sein Exponent n derAnzeigecharakteristik beträgt etwa $n = 1{,}8$. Mit ihm kann mit Hilfe des Bildes 6.4 und den zugehörigen Erläuterungen ein wichtiger Teil seiner Anwendungsproblematik erklärt werden.

6.2.8 Wahl der Anzeigecharakteristik

Wie eingangs dargestellt wurde, läßt sich die Charakteristik der Wärmeabgabe von Heizkörpern im praktischen Betrieb nicht ausreichend genau berechnen. Der Verlauf der Wärmeabgabe muß vielmehr experimentell nach DIN 4704 individuell bestimmt werden. Dies wird in der Regel von speziellen Prüfinstituten oder Heizkörperherstellern auf einem zugelassenen Heizkörperprüfstand durchgeführt. Mögliche Prüfergebnisse sind im Bild 6.5 dargestellt. Im doppel-logarithmischen Diagramm ist zu sehen, daß die Steilheit der Geraden (die Steilheit gibt die Größe des Exponenten an) unterschiedlich ist. Es wäre folglich wünschenswert, wenn der ideale Heizkostenverteiler auf die jeweilige Steilheit der Heizkörperkennlinie eingestellt werden könnte.

Die gerätetechnische Realisierung ist mit Mikroprozessoren einfach zu lösen. Allerdings sind die Exponenten, vor allem bei den in vielen Anlagen anzutreffenden älteren Heizkörperbauarten, vielfach unbekannt, so daß betriebstechnisch für ein solches Gerät größere Anwendungsschwierigkeiten bestünden. Dreifühlergeräte (Meßverfahren Nr. 4) müssen bei der Programmierung (Anpassung an den Heizkörper) die Exponenten berücksichtigen. Bei Geräten, die auf der Heizkörperoberfläche montiert werden (Kompaktgeräte mit einem oder zwei Fühlern), wird dagegen von einem

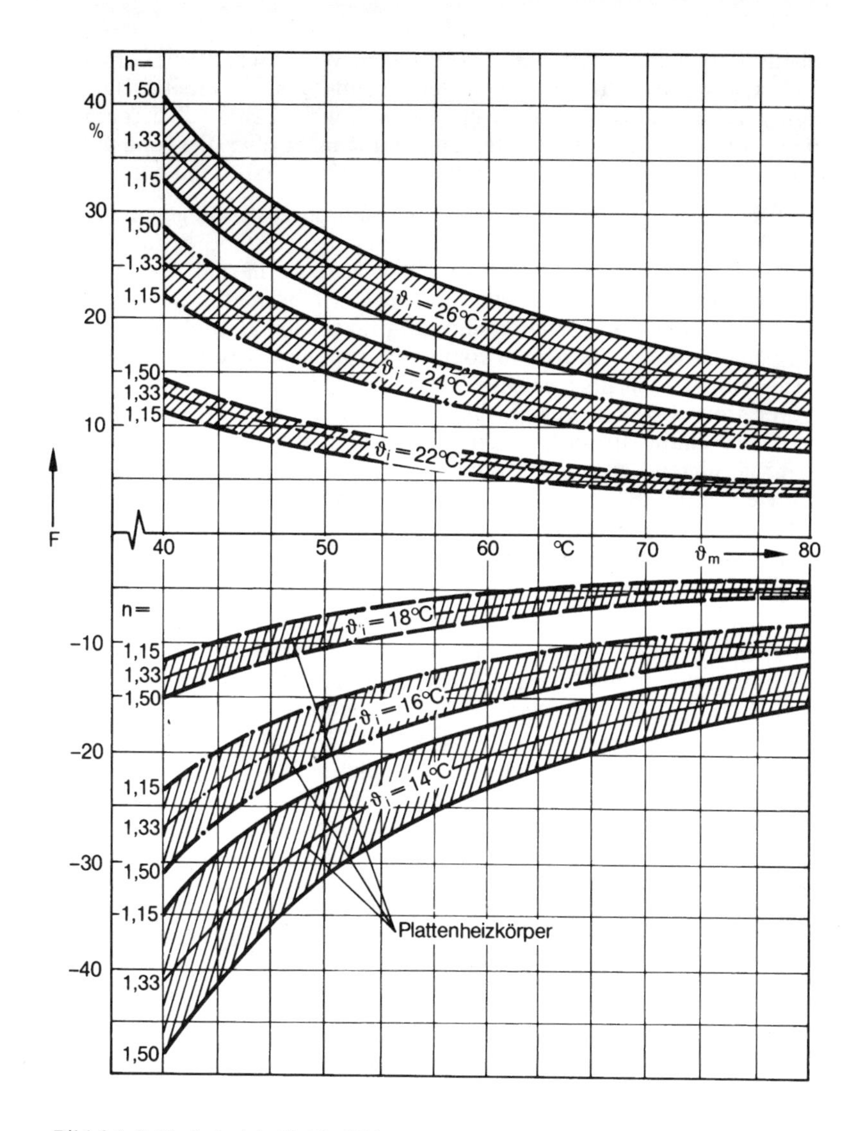

Bild 6.4 Fehlerbeispiele für Einfühlergeräte (Augenblickswerte, ohne Fehlerausgleich in der Heizperiode)

Raumtemperatur ϑ_{RA} = konst
Exponent n = 1,15; 1,33; 1,50
ϑ_m = mittlere Heizmitteltemperatur in °C
F = Fehler in %

Fehlerbeispiel: ϑ_m = 50 °C; Exponent n = 1,15; Raumtemperatur 24 °C ergibt einen Fehler von 15 %, beim Exponenten n = 1,33 einen Fehler von 20 %.

Einheits-Exponenten (z.B. 1,3) ausgegangen. Wissenschaftliche Arbeiten an der Universität Stuttgart[1]) und der Technischen Universität Berlin[2]) haben gezeigt, daß der Steilheitsunterschied, wie in Bild 6.4 dargestellt, zurückgeht, wenn die Oberflächentemperatur nicht über Vor- und Rücklauftemperaturen, sondern direkt auf der Oberfläche bestimmt wird.

Alle bisherigen Betrachtungen haben für Betriebszustände gegolten, bei denen der Durchfluß des Wärmeträgers durch den Heizkörper mindestens bewirkt, daß alle Teile der Heizkörperoberfläche warm sind. Davon kann aber in gut wärmedämmenden Häusern, die meistens mit thermostatischen Heizkörperventilen ausgestattet sind, im praktischen Betrieb nicht mehr ausgegangen werden. Im Altbau kommt die häufige Überdimensionierung des Heizungssystems noch erschwerend hinzu. Das bedeutet, daß während längerer Betriebszeiten nur ein Teil der Heizkörperoberfläche erwärmt wird. Diese häufig anzutreffenden Betriebsverhältnisse haben mit der in Bild 6.5 gezeigten Leistungskennlinie nur noch wenig gemeinsam. Heizkostenverteiler sind daher nicht allein aus meßtechnischer Sicht zu betrachten. Hinzu kommen muß vielmehr ein Element der Statistik, das sich auf die Verbrauchsanzeige einer geschlossenen Heizperiode bezieht.

Dies war bei den Heizkörperverteilern nach dem Verdunstungsprinzip nie anders. Die anfänglich geglaubte grundsätzliche Überlegenheit der elektronischen Systeme stellte sich in der Praxis als teilweise falsch heraus. Beim praktischen Betrieb von elektronischen Heizkostenverteilern zeigte sich, daß die Anzeigeergebnisse zuweilen erheblich von der tatsächlichen Wärmeabgabe abwichen. Mit anderen Worten: Die Angleichung der Wärmecharakteristik der Geräte an die Leistungskennlinie der Heizkörper ermöglicht keine Anzeige am Ende der Heizperiode, wie sie im Vergleich der Wärmezähler bietet.

Der erste Schritt zu genauerer Anzeige ist das höhere Anordnen des Heizkostenverteilers am Heizkörper. Früher erfolgte die Montage in 55 % der Heizkörperhöhe. Seit etwa 1983 legt man 75 % zugrunde. Aber auch damit wird, im Vergleich zum Wärmezähler, noch immer keine optimale Anzeige erreicht. Eine weitere Optimierung ist durch Veränderung der Anzeigecharakteristik erreichbar. Dies ist jedoch nur bei elektronischen Systemen möglich. Die Anpassung des Exponenten ergibt eine gute Verbesserung. In Arbeiten des Hermann-Rietschel-Instituts für Heizungs- und Klimatechnik, Berlin, wurde festgestellt, daß für Einfühlergeräte der Exponent n in der Nähe von 1,0 optimal ist und bei Mehrfühlergeräten Exponenten etwas unterhalb von 1,3 gewählt werden sollten. Da es keine Zweifühlerkompaktgeräte im anwendungstechnischen Sinne wegen der Wärmestauproblematik gibt, liegen generell die Exponenten moderner Geräte im Bereich $n = 1{,}10$ bis 1,15; jeweils bezogen auf eine Montagehöhe von 75 %.

1) Institut für Kernenergie und Energiesysteme, Abteilung Heizung, Lüftung, Klimatechnik.
2) Hermann-Rietschel-Institut für Heizungs- und Klimatechnik

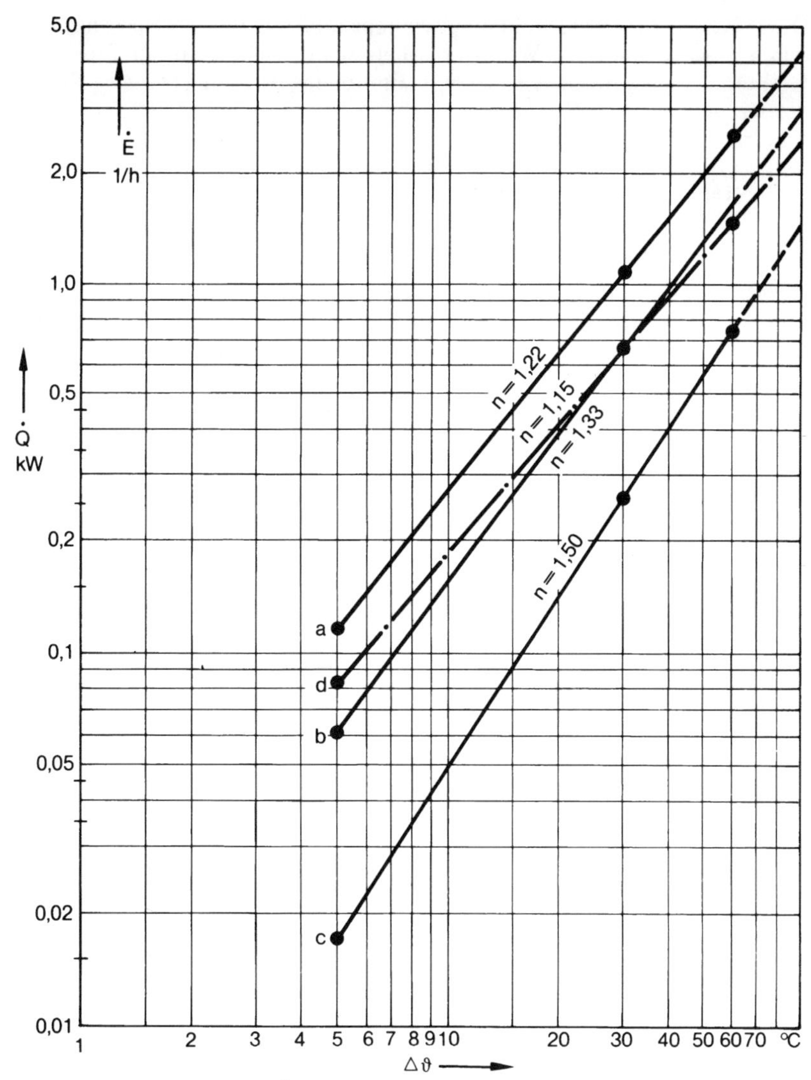

Bild 6.5 Leistungskennlinie $\dot{Q} = f(\Delta\vartheta)$ verschiedener Heizkörperbauarten

a Konvektor einlagig, Typ Thermistor 71/600, Fabrikat E. Schmieg
b Plattenheizkörper einreihig mit 1 KV-Blech, Typ EK, Fabrikat PURMO
c Konvektor Typ K 66 einlagig 300/100/1505, Fabrikat Happel
d Anzeigekennlinie $E = f(\Delta\vartheta)$ des elektronischen Heizkostenverteilers Typ ista EHKV-1FLC am Heizkörper b

Diese Exponentenwahl stellt einen Kompromiß dar, der zur Basis hat, daß durch das automatische Wärmestau-Umschaltverfahren in der Praxis die Gesamtanzeige sowohl Anteile vom Einfühler- als auch vom Zweifühlerbetrieb umfaßt.

6.2.9 Systembedingte Fehler

6.2.9.1 Fehler beim Messen

Der Fehler beim Messen kann so definiert werden: Abweichung der Meßergebnisse vom Wert der Meßgröße. Der Wert der Meßgröße läßt sich auf dreifache Weise als Vergleichswert darstellen, als:

- wahrer Wert der Größe (der leider im allgemeinen Fall unbekannt ist),
- konventionell richtiger Wert (mit einem Meßgerät ermittelter Wert einer durch die Maßverkörperung reproduzierten Größe, für den Fall, daß der Gesamtfehler der Messung praktisch vernachlässigt werden kann),
- arithmetisches Mittel der Ergebnisse einer Meßreihe.

Die Abweichung kann als Differenz zwischen diesen beiden Werten ausgedrückt werden oder auch als Quotient aus dieser Differenz und dem Wert der Meßgröße. Im ersteren Fall spricht man von Absolutfehlern und im zweiten von relativen Fehlern.

6.2.9.2 Systematische Fehler

Systematische Fehler sind Fehler, die bei mehreren unter denselben Bedingungen ausgeführten Messungen desselben Wertes einer bestimmten Größe im Wert und Vorzeichen konstant bleiben oder die sich gesetzmäßig verändern, wenn die Bedingungen sich wandeln. Dabei können die Fehlerursachen bekannt oder unbekannt sein. Ein systematischer Fehler, der sich durch Berechnung oder Versuch bestimmen läßt, ist durch eine entsprechende Korrektion zu berichtigen.

Nicht bestimmbare systematische Fehler, deren Wert in bezug auf die Genauigkeit der Messung als hinreichend gering angenommen werden kann, werden bei der Berechnung der Meßunsicherheit wie zufällige Fehler behandelt. Nicht bestimmbare systematische Fehler, deren Wert in bezug auf die Genauigkeit der Messung als hinreichend groß anzunehmen ist, müssen näherungsweise abgeschätzt und bei der Berechnung der Meßunsicherheit berücksichtigt werden. Bei Heizkostenverteilern könnnen z.B. im Zusammenhang mit der Montage konstante systematische Fehler dadurch auftreten, daß sich an Heizkörpern gleicher Bauart eine *gleichmäßig dicke* Lackschicht befindet. Dieser Fehler wirkt sich in der Heizkostenabrechnung nicht aus, weil er konstant ist.

6.2.9.3 Nullpunktfehler

Der Nullpunktfehler ist die Anzeige des Heizkostenverteilers für den Wert Null der Übertemperaturdifferenz.

6.2.9.4 Steigungsfehler

Der Steigungsfehler der Kennlinie (Anzeigecharakteristik) ist die Abweichung von der Kennliniensteigung, die vom Hersteller des Heizkostenverteilers graphisch oder mathematisch vorgegeben wurde. Er bezieht sich auf das arithmetische Mittel der Ergebnisse aus einer Untersuchung (Meßreihe) an einer Vielzahl von Geräten.

6.2.9.5 Fehlergrenzen und ihre Einhaltung

Die zugelassenen Höchstwerte der Fehler für elektronische Heizkostenverteiler sind in der DIN 4713 Teil 3 angegeben. Sie beziehen sich auf die vom Hersteller der Geräte angegebenen Kennlinie (Anzeigecharakteristik). Bild 6.6 zeigt das DIN-Fehlerdiagramm für Ein- und Mehrfühlergeräte. Die Werte müssen, gleichgültig um welche Art von Fehlern es sich handelt, alle innerhalb der Fehlergrenzen für ein neuwertiges, noch nicht montiertes Gerät liegen. Nach der Montage gelten Verkehrsfehlergrenzen, die das Doppelte der in Bild 6.6 angegebenen Fehler betragen. Die Fehler beziehen sich auf einen Basiszustand, der meistens mit

$$\left.\begin{aligned} \vartheta_m - \vartheta_L &= 30\ °C \\ \vartheta_L = \vartheta_i &= 20\ °C \end{aligned}\right\} \text{ bei Norm-Heizmitteldurchfluß}$$

gewählt wird.

Fehlerprüfungen können nur in dafür geeigneten sogenannten DIN-Prüfkabinen durchgeführt werden (vgl. DIN 4704 und DIN 4713 Teil 3 und Bild 2).

Da für die Produktion eine Einzelprüfung in einem DIN-Prüfstand nicht in Betracht kommt, werden aus Vergleichsmessungen an Prototypen Kalibrierkennlinien gewonnen, um beim Abgleich in der Serie mit thermostatisierter Flüssigkeit (z.B. Fluorinert) arbeiten zu können. Neben der damit viel genaueren Temperaturmessung sind die Wartezeiten (Temperaturkonstanten) erheblich kleiner als für den Wärmeträger „Luft“, und für die Produktion folglich kostengünstiger.

Bei jedem etwa tausendsten hergestellten Gerät wird die Kennlinie im DIN-Prüfstand nachgemessen, um so die Qualität der Anzeigecharakteristik abzusichern und die Einhaltung der DIN-Fehlergrenzen garantieren zu können.

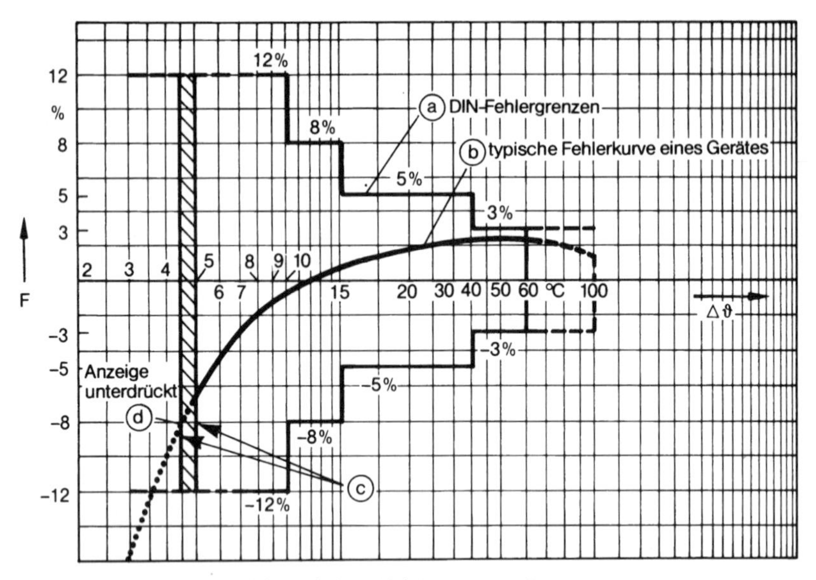

Bild 6.6 Fehlergrenzen elektronischer Heizkostenverteiler

a Fehlergrenzen elektronischer Heizkostenverteiler nach DIN 4713 Teil 3
b Fehlerkurve eines Heizkostenverteilers Typ ista EHKV-2FLC
c Starttemperatur-Grenzen des Exemplars b
d Anzeigeunterdrückung

6.2.10 Meßwertunterdrückung

Damit in der Praxis keine Fehlanzeigen am kalten Heizkörper vorkommen, ist eine Meßwertunterdrückung im Anfangstemperaturbereich vorgesehen. Bei Einfühlergeräten kann nach DIN 4713 Teil 3 die Messung unterhalb von Heizkörper-Oberflächentemperaturen von 27 °C unterdrückt werden.

Da im Sommer bei abgeschalteter Heizung an einigen Tagen Heizkörper auch noch etwas höhere Temperaturen annehmen können, wählen manche Hersteller für Einfühlergeräte Abschalttemperaturen zwischen 29 °C und 30 °C. Dies führt jedoch zu einer Einschränkung des Einsatzbereichs.

Aber auch Zweifühlergeräte müssen Abschaltgrenzen haben, da sich durchaus zufällige Temperaturdifferenzen am Heizkörper ergeben können, die bei abgeschalteter Heizung zur (*Sommer-*)Zählung führen würden. Deshalb wird unter Ausnutzung der Definition der DIN-Fehlergrenzen ein Abschaltwert von $\Delta\vartheta = 5$ °C gewählt. Bei Kompaktgeräten ist diese Abschaltgrenze kritisch, weil die gerätetechnische Temperaturspanne nicht 5 °C beträgt, sondern nur etwa 60 % von diesem Wert ($\Delta\vartheta_G = 3$ °C), vgl. Gl. 4. Ein von den beiden Fühlern ermitteltes Temperaturgefälle zwischen Heizkörperoberflächen und der Raumtemperatur von 3 °C ist nicht so groß, daß mit hoher Wahrscheinlichkeit im Sommer extreme Betriebsfälle vermieden werden. Mit anderen Worten: Auch bei Mehrfühlersystemen ist, wenn auch eingeschränkter als bei Einfühlersystemen, in der Praxis eine Zählung bei abgeschalteter Heizung in geringem Maß möglich, beispielsweise beim Übergang von sehr warmer Witterung auf kältere.

Würde für Mehrfühlergeräte eine größere Meßwertunterdrückungsspanne als $\Delta\vartheta = 5$ °C gewählt, wären die Starteigenschaften mit denen der Einfühlergeräte vergleichbar. Diese arbeiten wie gezeigt mit einer Spanne von etwa 7 °C.

In die Betrachtung der Meßunterdrückungsbereiche müssen auch die *K*-Werte und deren zulässige Grenzwerte eingeschlossen werden (vgl. DIN 4713 Teil 3).

6.2.11 Alterung und Ausfallrisiko

Alterungsausfälle oder „Verschleißausfälle" sind Toleranzausfälle als Folge einer langsamen Änderung der Parameter. Als Ursache können innere oder äußere physikalische oder chemische Vorgänge, die die Widerstandsfähigkeit der Komponenten herabsetzen, genannt werden. Ein irreversibler Verschleiß führt schließlich zum Ausfall. Typisch für Alterungsausfälle ist das Ansteigen der Ausfallrate mit zunehmender Dauer der Benutzungszeit. Betriebsausfälle sind Ausfälle, die in der Betriebszeit auftreten. Sie sind in der Regel Zufallsausfälle.

Trägt man die Ausfallrate von Heizkostenverteilern in Abhängigkeit der Zeit oder der Temperaturzyklen (Lastspiele am Heizkörper) auf, so erhält man den in Bild 6.7 dargestellten Verlauf der „Badewannenkurve". Sie läßt sich unterteilen in die drei Abschnitte:

- Frühausfälle mit abnehmender Ausfallrate (Einlaufabschnitt)
- Zufallsausfälle mit konstanter Ausfallrate (normale Nutzungsperiode)
- Verschleißausfälle mit zunehmender Ausfallrate (Abnutzungsphase)

Die Frühausfälle sollten nach Möglichkeit noch im Prüffeld des Verteilerherstellers auftreten und beseitigt werden. Bei elektronischem Heizkostenverteiler sind die Haupteinflußparameter die Zeit und die Temperaturzyklen.

Die Zufallsausfälle von elektronischen Heizkostenverteilern werden jährlich auf 0,1 bis 0,5 % geschätzt. Die kleineren Werte gelten für großintegrierte Geräte (ein Chip) mit sehr wenigen ausfallkritischen Komponenten.

Angesichts der im Umkreis des Heizkörpers herrschenden harten Betriebsbedingungen ist das Ausfallrisiko für Kompaktgeräte relativ gering. Für andere Systeme und andere Meßverfahren sind meistens weit mehr Komponenten erforderlich, so daß das Ausfallrisiko allein schon wegen der größeren Anzahl von Einzelelementen ansteigen kann.

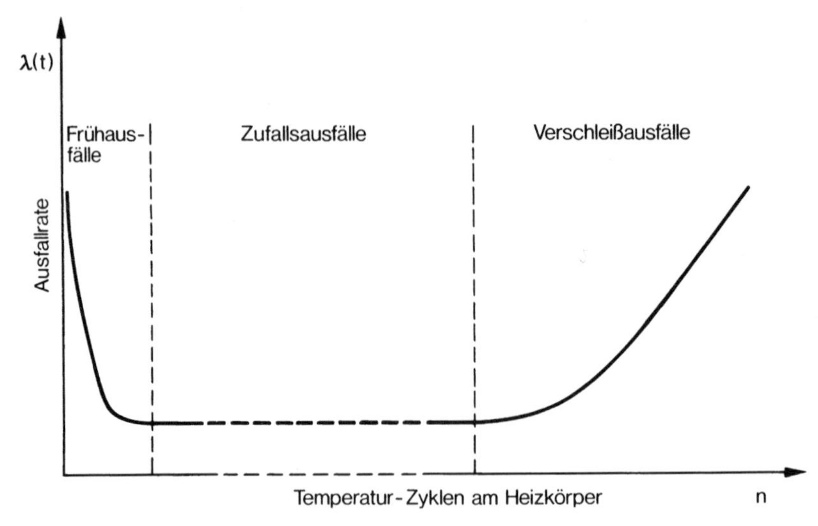

Bild 6.7 „Badewannenkurve" der Ausfallrate von Heizkostenverteilern $\lambda(t)$

6.2.12 Einsatzgrenzen

In DIN 4713 Teil 3 sind Einsatzgrenzen angegeben. Bei neuzeitlichen Mehrfühlersystemen wird von einer minimal zulässigen Auslegungsvorlauftemperatur von etwa 40 °C ausgegangen. Dieser Wert wurde in der DIN-Norm nicht ausdrücklich festgelegt. Im Zusammenhang mit den dort definierten Fehlergrenzen ist die genannte Einsatzgrenze von $\vartheta_{\mathrm{Vaus}} = 40$ °C für die Praxis ableitbar.

Beim Einfühlermeßverfahren wurde eine Auslegungsvorlauftemperatur von 60 °C festgelegt. Der Wert ist im Zusammenhang mit Bild 6.4 erklärbar.

Die maximal möglichen Vorlauftemperaturgrenzen sind gerätetechnisch bedingt. Um das in Abschnitt 6.2.11 angegebene Ausfallrisiko nicht erheblich zu vergrößern, muß z.B. bei der Anwendung von elektronischen Heizkostenverteilern in kompakter Bauweise gemäß Abschnitt 6.4.8 abgesichert sein, daß die Temperaturen am Montageort auf dem Heizkörper *nicht* über längere Zeit einen Wert (83,5 °C) übersteigen.

Dies entspricht im normalen Auslegungsfall des Heizsystems einer maximalen Vorlauftemperatur von 95 °C. Ist mit höheren Vorlauftemperaturen, wie z.B. in der Fernwärmeversorgung, zu rechnen, können diese zugelassen werden, wenn durch eine entsprechende Drosselung des Heizwasserstromes für eine starke Auskühlung der Heizkörper gesorgt wird. Meistens ist dies ausreichend der Fall, wenn der Normdurchfluß durch die Heizkörper auf weniger als 15 % gedrosselt wird (siehe auch Abschnitt 5.11).

Der Betreiber der Heizungsanlage hat durch solche bzw. gleichwertige Maßnahmen zu gewährleisten, daß während des späteren praktischen Betriebs die Temperaturen am Montageort der Heizkostenverteiler die für die Gerätekonstruktion zugelassene Temperaturgrenze nicht übersteigen. Erfahrungsgemäß besteht durchaus die Gefahr, daß im späteren Betrieb die starke Drosselung willkürlich zurückgenommen wird, wenn beispielsweise von Nutzern eine zu kleine Wärmeabgabe der Heizkörper reklamiert wird. Dann steigen die Gerätetemperaturen stark über den zulässigen Wert an.

Die Auslegungs-Vorlauftemperatur ist die Temperatur, für die das Heizungssystem berechnet wurde. Eine Standardauslegung für Zweirohrsysteme hat ein Temperaturgefälle von (90 °C – 70 °C) = 20 °C unter Berücksichtigung einer angenommenen tiefsten Außentemperatur von –12 °C. Bei dieser Außentemperatur steigt die Vorlauftemperatur auf 90 °C. Werte für andere Betriebszustände sind kaum ohne größeren Meßaufwand zuverlässig bestimmbar. Dies ist ein wichtiger Grund, weshalb in DIN 4713 als Grenztemperatur die (gerechnete) Vorlauftemperatur herangezogen wird. Daß im praktischen Betrieb die mittleren Heizkörpertemperaturen erheblich tiefer liegen, ist bei der Festlegung berücksichtigt worden.

6.2.13 Kennzeichnung

Die Kennzeichnung nach DIN 4713 Teil 3 umfaßt folgende Angaben:

- Gerätetyp
- Zulassungszeichen nach HeizkostenV
- Gruppe der Auflösung der Anzeige (A, B oder C)
- Hinweis auf bewertete oder unbewertete Anzeige
- maximale Temperatur ϑ_{max} (Einsatzgrenzen)
- minimale Temperatur ϑ_{min} (Einsatzgrenzen)

Darüber hinaus sollte bei Batteriegeräten offen oder in Form eines Codes die vorgesehene Batterielebensdauer angegeben werden. Die wichtigste Kennzeichnung für den Anwender ist das Zulassungszeichen nach der HeizkostenV.

6.2.14 Verschiedene Arten der Beeinflussung und ihre Verhinderung

Heizkostenverteiler können, vereinfachend ausgedrückt,

- elektrisch
- mechanisch/chemisch
- thermisch

beeinflußt werden. Die Beeinflussung kann absichtlich zur Verminderung der Verbrauchsanzeige oder unabsichtlich und grob fahrlässig erfolgen.

6.2.14.1 Elektrische, elektrostatische und magnetische Beeinflussung

Nach DIN 4713 Teil 3 gibt es folgende Arten der Beeinflussung, die eine Abweichung von maximal 5 %, bezogen auf die kleinste zulässige Betriebsspannung, verursachen dürfen:

a) die Beeinflussung der Recheneinheit, der Fühler- und Verbindungskabel mit magnetischen Wechselfeldern von 60 A/m und 50 Hz. Gute Konstruktionen sollten das 3- bis 10fache ohne Fehlereinfluß aushalten.

b) elektromagnetische Strahlung mit einer Feldstärke von 10 V/m (vor Einbringung des Prüflings in das Feld) bei Frequenzen von 100 kHz bis 160 MHz. Gute Konstruktionen sollten ein Mehrfaches der genannten Feldstärke ohne zusätzliche Fehler aushalten. Bei Mikroprozessorgeräten ist diese Beeinflussung besonders kritisch.

c) magnetische Gleichfelder, die mit einem Permanentmagneten erzeugt werden können, der eine Feldstärke von 60 kA/m im Abstand von 0,5 cm von der Stirnfläche besitzt. Diese Empfehlung ist wichtig für Verteiler mit elektromagnetischem Zählwerk. Moderne Konstruktionen haben heute eine LCD, die gegen diese Beeinflussung völlig immun ist. Mechanische Rollenzählwerke bedürfen besonderer magnetischer Schirmung.

d) elektrostatische Entladungen von 2 kV aus einem Kondensator von 100 pF über einen Entladewiderstand von 100 Ohm auf das betriebsbereite Gerät. Diese Angabe bezieht sich vor allem auf die Zeit während der Montage. Auf Teppichböden z.B. kann es bekanntlich zu elektrostatischen Entladungen kommen, die zu wenig geschützte elektronische Schaltkreise zerstören können. Auch hier sollte das Gerät eine mehrfach höhere Spannung aushalten als die genannten 2 kV.

Die Ausführungen unter a) bis d) entsprechen den Anforderungen, die für Wärmezähler bereits seit Anfang 1982 gelten. Sie stellen ohne Ausnahme untere Grenzwerte für Zulassungsprüfungen dar. Hersteller und Anwender sind gut beraten, wenn sie erheblich höhere Grenzen wählen.

6.2.14.2 Thermische Beeinflussung

Über die thermische Beeinflussung durch Wärmestau wurde im Abschnitt 6.2.6 berichtet. Die DIN empfiehlt, nur eine Beeinflussung zuzulassen, die einer Raumtemperaturverfälschung von maximal 5 °C entspricht.

Beispiel: Bei einer sich auf ϑ_i = 20 °C beziehenden Übertemperatur von $\Delta\vartheta$ = 30 °C wird durch Wärmestau scheinbar die Raumtemperatur auf ϑ_i =

25 °C erhöht. Die Heizkörper-Oberflächentemperatur bleibt mit $\vartheta_m = 50$ °C erhalten. Die durch Wärmestau verminderte Übertemperatur beträgt $\Delta\vartheta =$ 25 °C. Ein Zweifühlerkompaktsystem gemäß Abschnitt 6.4.4 darf z.B. eine Minderanzeige von $25^{1{\cdot}15}/30^{1{\cdot}15} = 0{,}81$ oder etwa –19 % aufweisen. Ab diesem Fehlerwert z.B. kann dann vom Zweifühler- auf das Einfühlermeßsystem umgeschaltet werden, so daß die Minderanzeige von –19 % verschwindet und die systembedingte Mehranzeige für Einfühlergeräte gilt (vgl. Bild 6.4 und Abschnitt 6.2.6).

Einfühlergeräte dürfen bei Wärmestau nur eine Minderanzeige von maximal 2 % aufweisen. Technisch läßt sich dies ohne Schwierigkeiten realisieren, u.a. durch einen guten Fühler-Koppelungsgrad.

Im Gegensatz zum Kompakt-Zweifühlersystem ist das Einfühlersystem durch sein Arbeitsprinzip gegen thermische Beeinflussung praktisch unempfindlich.

6.2.15 Bewertungsfaktoren und ihre Bestimmung

Während bei Wärmezählern (Meßverfahren 1 und 2) keine Bewertungsfaktoren erforderlich sind, bedürfen alle anderen Heizkostenverteiler (Meßverfahren 3 bis 6) der Bewertung ihrer Anzeige. Die Bewertung überführt die Meßwerte der Meßwertaufnehmer in Verbrauchswerte. So entstehen Verbrauchsanzeigen, die die Heizkostenabrechnung erst ermöglichen. In einer Prüfkabine gemäß Bild 6.2 (ideale Verhältnisse) stellt der Gesamtbewertungsfaktor, unabhängig von der Heizkörperart, eine richtige Verbrauchsanzeige sicher mit Fehlern, die innerhalb der DIN-Fehlergrenzen liegen.

Der Gesamtbewertungsfaktor setzt sich zusammen aus Teilbewertungsfaktoren. DIN 4713 Teil 3 nennt folgende Teilbewertungsfaktoren:

- Bewertungsfaktor K_Q für die Wärmeleitung des Heizkörpers.
- Bewertungsfaktor K_C für die Wärmeübertragung zum Temperaturfühler, heizkörper- und luftseitig, je nach Gerätetyp.
- Bewertungsfaktor K_T für Räume mit Temperaturen, die von der Basistemperatur abweichen.
- Bewertungsfaktor K_A für besondere Heizkörperanschlußarten.

Aus den Teilbewertungsfaktoren ergibt sich der Gesamtbewertungsfaktor K durch Multiplikation der Einzelfaktoren zu:

$$K = K_Q \cdot K_C \cdot K_T \cdot K_A$$

Der Einfluß von K_Q und K_C auf die Anzeige ist am stärksten. K_T braucht nur angewandt zu werden, wenn die Auslegungsraumtemperaturen niedriger als 16 °C oder höher als 24 °C sind. Der K_A-Faktor muß berücksichtigt werden, wenn sein Einfluß im Basiszustand mehr als 5 % auf die Anzeige beträgt. Untersuchungen haben gezeigt, daß K_A-Faktoren durchaus in der Praxis von Bedeutung sind, und zwar für Mehrfühlergeräte etwas mehr als für Einfühlergeräte.

Der Anwendungsbereich des Bewertungsfaktors K_Q für die Wärmeleistung des Heizkörpers ist zwar in DIN 4713 Teil 3 nicht zahlenmäßig begrenzt. Die Praxis hat jedoch gezeigt, daß ein Bereich zwischen 100 W und 5 W ausreicht. Neuzeitliche Geräte ermöglichen eine feinstufige Einstellung im Bereich innerhalb von einigen Watt. Die in DIN 4713 Teil 3 zugelassenen gröberen Stufungen haben daher wenig praktische Bedeutung.

Für Einfühlermeßsysteme beschreibt der K_C-Wert die thermische Ankopplung bzw. den Ankopplungsgrad des heizkörperseitigen Fühlers. Für Mehrfühlermeßsysteme gilt Gl. 4. Der K_C-Wert enthält für letztere zwei Kopplungsgrade:

- den für die Raumlufttemperatur und
- den für die Heizkörper-Oberflächen-Temperatur.

Bei den ersten, Anfang 1981 auf dem Markt erschienenen Zweifühlergeräten wurde ein einheitlicher luftseitiger Kopplungsfaktor angewandt. Durch die zwischenzeitliche Verschärfung der Fehlergrenzen genügt dies nicht mehr. Bezogen auf die Heizkörperart muß der durch Messung in der DIN-Prüfkabine bestimmte luftseitige K_C-Faktor berücksichtigt werden.

Alle Bewertungsfaktoren sind gemessene Werte: K_Q wird verbindlich von den Heizkörperherstellern angegeben; alle anderen Werte gehören zum Aufgabenbereich der Hersteller von Heizkostenverteilern. Sie werden in Prüfkabinen gemäß Bild 6.2 bestimmt.

6.2.16 Stromquellen für die Hilfsenergie

Die ersten elektronischen Heizkostenverteiler waren mangels geeigneter preiswerter Dauerbatterien und stromsparender Elektronik mit sogenannten Einjahresbatterien ausgerüstet. Damit eine gewisse Reserve für den Ablesezeitraum gegeben war, mußte eine Laufzeit von mindestens 15 Monaten garantiert werden. Den schwierigen Betriebsbedingungen am Heizkörper sind manche Einjahresbatterien zum Opfer gefallen: Neben dem frühzeitigen Stillstand des Gerätes verschmutzten die Batteriekontakte durch auslaufende Batteriesäure so sehr, daß ein Batteriewechsel nichts mehr nützte. Vor allem bei Geräten, die nicht mit hochwertigen Silberoxyd- oder Quecksilberoxydbatterien betrieben wurden, waren die Ausfälle hoch.

Den Anforderungen am Heizkörper ist am besten die Lithiumbatterie gewachsen. Probleme durch Kontaktverschmutzung, die auch hier auftreten könnten, werden durch Einlöten der Batterie in die Elektronik umgangen. Da die Verwendung von eingelöteten Einjahresbatterien betriebswirtschaftlich gesehen unmöglich ist, werden für neuzeitliche Geräte Lithiumbatterien gewählt, die einen bis zu 8 Jahren sicheren Betrieb garantieren. Um dies zu erreichen, muß auf der Elektronikseite die Uhrentechnologie angewandt werden, mit Stromverbräuchen von nur einigen µA.

Für den Betrieb am Heizkörper sollte die Batterie so ausgelegt sein, daß die Hälfte ihrer Kapazität als Reserve dient. Diese ist für die Selbstentladung und für Betriebsfälle (Wärmestau) erforderlich, bei denen die Batterietemperaturen merklich über einem Jahresmittel von etwa 40 °C liegen.

Hersteller, denen keine Chips mit dem notwendigen kleinen Stromverbrauch zur Verfügung stehen, versuchen, den Ermessensspielraum bei der vorzusehenden Batteriekapazitätsreserve auszunützen und nur etwa 15 % Reserve vorzusehen. Diese zu geringe Batteriereserve führt jedoch zu hohen Folgekosten, weil sich die vorgesehene Betriebszeit erheblich verkürzt und das Gerät unwirtschaftlich wird. Noch schwerer wiegen eventuelle Folgekosten in der Wärmekostenabrechnung, die über den Wert des Gerätes weit hinausgehen können. Eine solide Batteriekapazitätsrechnung muß bei $\Delta\vartheta_m = 30$ °C folgende Parameter berücksichtigen:

- volle jährliche Stundenzahl (8760 h)
- Jahresmitteltemperatur der Batterie $\vartheta_{Bat} = 40$ °C
- Kapazitätsreserve für Selbstentladung und Wärmestau für erschwerte Betriebsbedingungen: 50 % der Batteriegesamtkapazität

6.2.17 Anzeige und Auflösung

Da Heizkostenverteiler aus eichrechtlichen Gründen nicht amtlich geeicht werden, können sie auch keine Wärmemengen in gesetzlichen Einheiten anzeigen. Wie zuvor beschrieben, sind Geräte mit Raumtemperaturerfassung nicht so meßsicher, daß sie die Eichfähigkeit erlangen können.

Im Heizkörperprüfstand (Bild 6.2) wird die Raumtemperatur gemäß DIN 4703 gemessen. Nur im Prüfstand können die Geräte exakt reproduzierbare Anzeigewerte liefern. Die in DIN 4713 Teil 3 definierte Auflösung der Anzeigeeinrichtungen basiert hierauf. Die Auflösungsgruppen A, B, C können unter diesen Meßbedingungen folgende Werte annehmen:

Auflösungsgruppe A = 1,2 kWh je Zählwerksfortschritt
Auflösungsgruppe B = 4,8 kWh je Zählwerksfortschritt
Auflösungsgruppe C = 24 kWh je Zählwerksfortschritt

Die vorstehenden Angaben sind Mindestwerte zum Erreichen der jeweiligen Auflösungsgruppen. Höhere Auflösungen können bis zu den jeweiligen Gruppengrenzen gewählt werden. Für neuzeitliche Konstruktionen in der Gruppe A werden keine höheren Auflösungen als etwa 1 kWh gewählt. Die übliche Auflösung von eichfähigen Kompakt-Wärmezähleranzeigen ist ebenfalls 1 kWh.

6.2.18 Meßfühler und ihre Bedeutung

Sowohl bei Wärmezählern als auch bei Heizkostenverteilern nach dem Prinzip der Übertemperaturerfassung sind die Temperaturfühler unter die wichtigsten Komponenten zu rechnen. Für Wärmezähler kann gemäß Bild 6.1 im Standardfall von zwei Fühlern ausgegangen werden. Allerdings können bei sehr großen Rohrnennwerten auch eine Vielzahl von Fühlern erforderlich werden, z.B. 16 Fühlermeßstellen, um das Temperaturprofil in der Rohrleitung genau zu erfassen.

Bei oberflächenmontierten Heizkostenverteilern spricht man von Einfühler-, Zweifühler- und Dreifühlersystemen.

Tabelle 6.2: Eigenschaften von Temperaturfühlern

	Widerstand (Thermistoren)	Halbleiter (Widerstand)	Quarzschwinger
Arbeitsweise	Die Änderung des Widerstands in Metallen oder Metalloxyden ist temperaturabhängig	Die Änderung des Widerstands in Halbleitern ist temperaturabhängig (negativer Koeffizient)	Die Schwingungsfrequenz ist temperaturabhängig
Temperaturbereich	Metallwiderstände: – 200 °C bis + 850 °C Thermistoren: – 100 °C bis + 400 °C	– 100 °C bis + 200 °C	– 50 °C bis + 200 °C
Fehlergrenzen	0,01 bis 0,1 % (0,5 bis 10 %)	0,1 bis 1,0 %	0,001 bis 0,1 %
Vorteile	Metallwiderstände: hohe Genauigkeit, Stabilität und Linearität sowie großer Temperaturbereich Thermistoren: großes Ausgangssignal, große Empfindlichkeit und geringer Preis	Hohe Genauigkeit, gute Linearität und geringer Preis	Sehr hohe Genauigkeit und Stabilität, digitales Signal, geringer Preis
Nachteile	Metallwiderstände: hoher Preis Thermistoren: Nichtlinearität und kleiner Temperaturbereich	Eingeschränkter Temperaturbereich	Relativ neue Technik

Wie in Abschnitt 6.2.7 unter Meßverfahren Nr. 6 erklärt ist, wird das Einfühlergerät nur mit einem Fühler für die Erfassung der Heizkörper-Oberflächentemperatur ausgestattet.

Beim Zweifühlergerät kommt gemäß Abschnitt 6.2.6 ein weiterer Fühler zur Erfassung der Raumtemperatur hinzu. Das Dreifühlergerät ist auch mit einem Raumfühler ausgestattet; es erfaßt die Heizkörper-Oberflächentemperatur jedoch mit Hilfe von zwei Fühlern anstatt mit einem. In Abschnitt 6.2.5 ist unter Meßverfahren Nr. 4 die Funktion dieser beiden Fühler als Ersatzmeßmethode für die Oberflächentemperaturbestimmung beschrieben.

Bei Fernfühlerversionen ist in der Regel der Heizkörper-Oberflächentemperaturfühler mit einem geeigneten temperaturfesten Kabel mit dem vom Heizkörper entfernt montierten Rechenwerk verbunden.

Die Funktionen der einzelnen Fühler sind in Abschnitt 6.2 ausführlich beschrieben. Einige Hinweise für die Art und die Qualität von Fühlern moderner Konstruktionen sind in Tabelle 6.2 zu finden.

6.2.19 Möglichkeiten der Elektronik

Für den Aufbau dezentraler und zentraler elektronischer Heizkostenverteiler werden heute vorwiegend Mikroprozessorstrukturen verwandt. Stand der Technik ist ein großintegrierter Signalprozessorchip mit (fast) keinen außenliegenden Bauteilen. Neuzeitliche CMOS-Chiptechnologien haben einen extrem niedrigen Stromverbrauch, wie sonst nur bei Armbanduhren gebräuchlich. Neu auf dem Markt erschienene Konstruktionen zeigen, daß sogar hochwertige Analogdigitalwandler mit 12 Bit Auflösung integriert werden können. Diese werden für die Umsetzung der von den Temperaturfühlern gelieferten analogen Meßsignalen und deren digitaler Weiterverarbeitung benötigt.

Mikroprozessorstrukturen ermöglichen viele Kontroll- und Anzeigefunktionen, sowohl automatisch oder nach Abruf. Die vom Prozessor gesteuerte multifunktionale LCD (Flüssigkristallanzeige) macht Serviceanalysegeräte unnötig. Alle wichtigen Betriebsdaten und Störanzeigen sind ohne elektronische Hilfsmittel auf die LCD abrufbar, sogar ohne Öffnen des Gerätes. Der Heizkostenverteiler verbleibt am Heizkörper.

Außerdem läßt sich mit dem Mikroprozessor bei der Wärmekostenabrechnung ein alter Wunsch erfüllen: der Übertrag von Verbrauchsergebnissen an bestimmten Stichtagen in einen zweiten und dritten Speicher. Diese Daten können zu einem beliebigen Zeitpunkt abgerufen werden. Das ist besonders vorteilhaft, wenn in einem bestimmten Jahr in einer bestimmten Wohnung nicht abgelesen werden konnte.

Waren bisher prinzipbedingte Heizkostenverteilersysteme mit zentraler (wohnungsweiser) Verbrauchsanzeige für Telekommunikationszwecke besser geeignet, so hat sich dies in letzter Zeit geändert: Kompakt-Heizkostenverteiler mit Mikroprozessoren können über ein zweiadriges, preiswertes Kabel mit einer Zentraleinheit verbunden werden.

Wird die Zentraleinheit an ein Postmodem oder an das seit 1990 geöffnete TEMEX-Netz der Post angeschlossen, kann auf äußerst kostengünstige Weise jederzeit, beispielsweise beim Mieterwechsel, eine Fernablesung durchgeführt werden. Die umständliche, terminierte Geräteablesung im Haus entfällt.

Leicht kann das Zentralsystem zusätzlich Serviceaufgaben, zum Beispiel die Fernüberwachung aller an den Heizkörpern installierten Heizkostenverteiler, durchführen. Selbstverständlich können entsprechend vorbereitete Wärmezähler, Heizölzähler, Warmwasserzähler usw. an den Datenbus zusätzlich angeschlossen werden.

Da der dezentrale Mikroprozessorverteiler auch im Zentralsystem als Einzelgerät voll funktionsfähig bleibt, kann der Nutzer seinen Wärmeverbrauch ständig im Vergleich zum Vorjahresverbrauch überwachen. Falls bei extremen Störungen die Zentraleinheit ausfallen sollte, stehen die Anzeigen der dezentralen Heizkostenverteiler jederzeit zur Verfügung.

Trotz dieser im Vergleich zu früheren Zentralsystemen kostengünstigen Lösung ist dennoch kurzfristig nicht mit einer generellen Einführung zu rechnen. Die Montage- und Einrichtungskosten sind noch für den Altbau zu hoch und nur für den Neubau bedenkenswert. Der konventionelle Ableseaufwand entspricht den Kosten einer Postkarte. Deshalb kann die Prognose gewagt werden, daß für die zentrale Wärmekostenerfassung auch mit der neuen Technik alleine kaum wirtschaftliche Lösungen gefunden werden können. Nur im Verbund mit anderen Nutzungsarten der Telekommunikation – Notruf, Feuer- oder Rauchmeldung usw. – wird eine Fernablesung des Wärmeverbrauchs wirtschaftlich.

Die in den Abschnitten 6.4.4 und 6.4.8 beschriebenen Zweifühler-Heizkostenverteiler haben eine Vielzahl von elektronischen Möglichkeiten ausgeschöpft. Eine weitere Verfeinerung und Erweiterung wird im Zusammenhang mit dem Aufbau zentraler Systeme und deren Anschluß an das TEMEX der Post oder an andere Fernwirksysteme gesehen.

6.3 Normen und Richtlinien

6.3.1 DIN-Normen

DIN 4713 Teil 3	Verbrauchsabhängige Wärmekostenabrechnung; Heizkostenverteiler mit elektrischer Mehrgrößenerfassung (Ausgabe 1.89)
DIN 4704 Teil 1	Prüfung von Raumheizkörpern; Prüfregeln (Ausgabe 7.76)
DIN 4722	Stahlradiatoren; Gliederbauart; Maße und Einbaumaße (Ausgabe 7.78)
DIN 40 040	Anwendungsklassen und Zuverlässigkeitsangaben für Bauelemente der Nachrichtentechnik und Elektronik
DIN 40 050	IP-Schutzarten; Berührungs-, Fremdkörper- und Wasserschutz für elektrische Betriebsmittel
DIN/VDE 0800 Teil 1	Fernmeldetechnik; Errichtung und Betrieb der Anlage
DIN/VDE 0855 Teil 1	Antennenanlagen; Errichtung und Betrieb

6.3.2 Richtlinien

Anlage 22 zur Eichordnung (E022): Meßgeräte für thermische Energie (1988)

OIML-Richtlinien für Wärmezähler IR-Nr. 75 (Ausgabe 1985)

Weitere internationale Richtlinien:

ICE-publication 68-2-2, Fourth Edition 1974. Basic environmental testing procedures. Part 2: Tests B: Dry heat

ICE-publication 68-2-1, Fourth Edition 1974. Basic environmental testing procedures. Part 2: Tests A: Cold

ICE-publication 68-2-3, Third Edition 1969. Basic environmental testing procedures. Part 2: Test Ca: Damp heat, steady state

ICE-publication 68-2-30, Second Edition 1980. Basic environmental testing procedures. Part 2: Tests, Test Db and guidance: (12 h + 12 h cycle) Damp heat, cyclic (variant 1)

Draft from ICE/TC65 (Central Office 39), December 1985

ICE-publication 801-2 (1984). Electromagnetic compatibility for industrialprocess measurement and control equipment. Part 2: Electrostatic discharge requirements

6.3.3 Zugelassene Prüfstellen und Prüfungen

Für die Prüfung von elektronischen Heizkostenverteilern waren seit Anfang dieses Jahrzehnts Prüfstellen zuständig, die eine privatrechtliche Anerkennung besaßen. Dies hat sich seit 1985 geändert.

Die Anerkennung wird jetzt von staatlichen Behörden ausgesprochen, nachdem die Physikalisch-Technische Bundesanstalt Berlin die technischen Einrichtungen der beantragenden Prüfstelle begutachtet hat. Die Zulassung der Prüfstellen erfolgt durch die jeweilige Landeseichdirektion. Dies gilt auch für Wärmezählerprüfstellen. Die Landeseichdirektion ist auch für die Überwachung der Prüfstellen zuständig.

Die zugelassenen Prüfstellen sind in bezug auf ihre Beurteilung und die Zulassung der Prüflinge der Heizkostenverteiler autonom. Für Warmwasserkostenverteiler bestehen keine einschlägigen Prüfregeln, so daß hier eine Prüfung nur in enger Zusammenarbeit mit den Landeseichdirektionen möglich ist.

Bisher gibt es zugelassene Prüfstellen an der Technischen Hochschule Berlin, der Fachhochschule Mannheim und der Universität Stuttgart. In Berlin wurde zusätzlich eine nicht hochschulgebundene Prüfstelle zugelassen.

Im wesentlichen prüfen die zugelassenen Prüfstellen, ob die Bauart des Verteilers der DIN 4713 Teil 3 entspricht und ob erwartet werden kann, daß die Meßbeständigkeit (Meßstabilität) für die vom Hersteller anzugebenden Zeiträume (z.B. 5, 8 oder 10 Jahre) gewährleistet ist.

6.3.4 Bauartzulassung

Die Zulassung von Heizkostenverteilerbauarten wird durch die Prüfstelle ausgesprochen, wenn bei der Zulassungsprüfung ausreichende Ergebnisse erreicht wurden. Der Aufbau von elektronischen Heizkostenverteilern ist im Vergleich zu Verteilern nach dem Verdunstungsprinzip komplizierter. Bei der Beurteilung sind die einschlägigen Verordnungen, Normen und Richtlinien nur Rahmenbedingungen, mit einem großen Ermessensspielraum des Prüfers und Zulassers.

6.3.5 Zulassungskennzeichen

Das Zulassungskennzeichen für Heizkostenverteiler ist nicht das symbolisierte „Z“ wie bei eichfähigen Wärmezählern und anderen Meßgeräten, sondern ein Sonderzeichen (s. Bild 6.8). Im unteren Halbkreis ist z.B. die Prüfstelle mit „A2“ gekennzeichnet; die folgende Nummer 01 ist eine Bearbeitungsnummer, und die Jahresangabe bezeichnet das Erstzulassungsjahr.

Bild 6.8
Behördliches Zulassungszeichen
gemäß HeizkostenV (seit 1985)

Die Buchstabenkennung „A" bedeutet im gezeigten Fall, daß die Prüfstelle bzw. die Zulassung im Aufsichtsbereich der Eichdirektion des Landes Baden-Württemberg liegt. Insgesamt gelten für die Bundesländer folgende Buchstabenkennungen:

- Baden-Württemberg A
- Bayern B
- Berlin C
- Brandenburg N
- Bremen D
- Hamburg E
- Hessen F
- Mecklenburg-Vorpommern P
- Niedersachsen G
- Nordrhein-Westfalen H
- Rheinland-Pfalz K
- Saarland L
- Sachsen R
- Sachsen-Anhalt S
- Schleswig-Holstein M
- Thüringen T

Die Buchstabenkennung entspricht den allgemeinen Vorschriften der Eichordnung.

6.3.6 Bekanntgabe der zugelassenen Bauarten

Die Prüfstellen sind verpflichtet, den Eichdirektionen der Länder über ihre Zulassungen zu berichten. Die Bekanntgabe der Zulassung geschieht im amtlichen Organ der Physikalisch-Technischen Bundesanstalt, den „PTB-Mitteilungen". In Zweifelsfällen der Zulassung eines elektronischen Heizkostenverteilers stehen die Eichdirektionen der Bundesländer und die Physikalisch-Technische Bundesanstalt, 3300 Braunschweig, Bundesallee 100, für Auskünfte zur Verfügung.

6.4 Marktübersicht elektronischer Heizkostenverteiler

Die Tabellen 6.3 und 6.4 enthalten eine Marktübersicht über Hersteller und Bauarten von elektronischen Heizkostenverteilern. Es gehört zum technischen Standard, daß gute Geräte mit einer hochwertigen Dauerbatterie für 6 bis 8 Jahre ausgestattet sind. Geräte mit einer Jahreswechselbatterie sind veraltet. Dezentrale Geräte haben die weitaus größte Bedeutung gewonnen und die zentralen Systeme fast zur Bedeutungslosigkeit zurückgedrängt. Als Gerätebezeichnung wird im folgenden die in Tabelle 6.3 angegebene Kennzeichnung benutzt.

6.4.1 ista HKV E3/1

Das Gerät ista E3/1 ist das Nachfolgegerät des Typs EHKV-1FLC. Es arbeitet nach dem Meßverfahren Nr. 6 (s. Abschnitt 6.2.7). Ein hochwertiger Thermistor (Bild 6.8) mißt die Heizkörper-Oberflächentemperatur. Der gemessene Wert wird in einem Spannungsfrequenzverwandler mit der hohen Auflösung umgesetzt. Gleichzeitig wird die Anzeigenkennlinie mit dem Exponenten $n = 1,15$ geformt. Die umgesetzte Temperatur wird in einem großintegrierten Schaltkreis zu einer unbewerteten Anzeige verarbeitet. Eine von außen zu betätigende Taste bewirkt bei der Ablesung einen automatischen Test für die LCD-Anzeige und die Elektronik. Für die Durchführung des jährlichen Service muß das Gerät nicht entfernt oder geöffnet werden, sondern bleibt verplombt am Heizkörper. Der ista-Service oder interessierte Nutzer können durch Betätigen der Prüftaste folgende Informationen abrufen: Aktuelle und Vorjahres-Anzeige, codierte Service-Funktionsanzeige, letzter (automatischer) Ablesestichtag und Ableseperiode, aktuelles Tagesdatum, Verbrauchswert vor einer (Geräte-) Störung. Die Batteriekapazität reicht für 8 Jahre Betrieb mit einem zusätzlichen Jahr Reserve. Alle Komponenten sind für den Betrieb bei hohen Wechsel-Heizkörpertemperaturen ausgelegt, insbesondere der Chip und die LCD, die eine aufwendige Steuerung besitzt.

Die gesamte Konstruktion ist auf Langlebigkeit ausgelegt. Das Gerät besitzt ein anerkannt zeitgemäßes Design und einen attraktiven Preis. Die Zulassung nach der HeizkostenV erfolgte im Jahr 1991.

Weitere technische Einzelheiten sind in Tabelle 6.3 und in Bild 6.9 aufgezeigt.

6.4.2 ista HKVE-2FLC

Das Gerät ista EHKV-2FLC arbeitet nach dem Meßverfahren Nr. 5 (s. Abschnitt 6.2.6). Es arbeitet mit einem handelsüblichen Mikroprozessor. Die Temperatur wird mit einem Dual-Slope-System in Digitalwerte umgewandelt. Die digitalisierte Temperatur wird im Prozessor gemäß Gl. 3 und Gl. 4 verarbeitet und bewertet. Die Anzeigegeschwindigkeit entspricht, bezogen auf eine Raumtemperatur von 20 °C, der Anzeigegeschwindigkeit des Gerätes E3/1 (s. Abschnitt 6.4.1).

Seine Anzeigen sind kompatibel und die Gerätetypen austauschbar. Um die Anforderung in DIN 4713 Teil 3, Abs. 4.1.14.2, zu erfüllen, schaltet das Zweifühlersystem automatisch in das Einfühlersystem des Meßverfahrens Nr. 6, wenn durch Wärmestau (mittels Raumtemperaturfühler gemessen) die Raumtemperatur 25 °C übersteigt oder wenn ohne Wärmestau die Raumtemperaturen über 25 °C ansteigen. Wie Abschnitt 6.2.6 dargestellt hat, gibt es keine reinen Zweifühlersysteme. Kompakt-Zweifühlergeräte moderner Bauart – z.B. Typ EHKV-2FLC – schalten automatisch je nach Betriebsbedingungen in den Einfühler- oder Zweifühlermodus: bei Wärmestau, hohen (sommerlichen) Raumtemperaturen oder zu hoher Montage (= Montagefehler) in den Einfühlermodus und im ungestörten Betrieb in den Zweifühlermodus.

Da viele Störungen zufällig sind, enthält die Verbrauchsanzeige Verbrauchseinheiten des Einfühler- und des Zweifühlermeßverfahrens. Eine Trennung ist prinzipbedingt nicht möglich.

Hohe Raumtemperaturen können nicht nur durch Wärmestau simuliert werden, sondern auch durch eine fehlerhafte Montage auf den Heizkörper (falscher oder unzulässiger Montageort usw.). Deshalb erfordert die Montage eines Zweifühlergerätes erheblich größere Genauigkeit als die eines Einfühlergerätes. Das Zweifühlermeßverfahren ist nur dann vorteilhaft, wenn der Anwender eine an den jeweiligen Heizkörper speziell angepaßte Montage durchgeführt hat und der Nutzer (Mieter) jeglichen Wärmestau durch Übergardinen, Möbel usw. vermeidet. Liegt bei allen Geräten ein Wärmestau z.B. durch Manipulation vor, ist dauernd der Einfühlermodus eingeschaltet. Die Wärmeerfassung des Zweifühlergerätes kann dann nicht genauer sein als die des Einfühlergerätes.

Der Mikroprozessor führt folgende Arbeiten durch:

- Berechnung der verbrauchten Wärmeenergie
- Steuerung des Funktionsablaufes
- Darstellung des Zählerstandes und anderer Daten mittels der LCD-Anzeige
- Uhrenfunktion
- Überwachungsfunktion für Fühler und Elektronik
- Überwachungsfunktion für Manipulation
- Steuerung der LCD-Anzeige
- Steuerung der Kontrollfunktion über Magnetschalter
- digitale Schnittstelle für Bewertungsfaktoren, Betriebsarten, Erfassungszeiträume und/oder Kontrolldaten für den Service.

Tabelle 6.3: Marktübersicht Elektronische Heizkostenverteiler – Stand 1992

Pos.	Technische Einzelheiten	ista HVK E3/1	ista HKVE 2FLC	Kalorimeta electronic K1
Nr.	System	kundenspez. Chip	MP/diskret	MP/diskret
1	Temperaturmessung	HKF Festwert kein Startfühler	HKF/RTF RTF/Festwert Start bei 4 °C	HKF Festwert kein Startfühler
2	Fühlertyp	NTC-Widerstand	Si-Halbleiter	Quarz-Schwinger
3	Nullpunktunter-drückung	Starttemp. Somm./ Winter: 30/28,5 °C	$\Delta\vartheta_m$ (Start) = 4 °C $\vartheta_i > 23$ °C (31 °C)	$\Delta\vartheta_m$ (Start) 27 … 30 °C wählbar
4	Kennlinien-Exponent	1,15	1,15	1,33
5	Recheneinheit	LSI Chip	Mikroprozessor	Mikroprozessor
6	Selbstüberwachung	laufend	laufend	laufend
7	Manipulationssicherung	nicht erforderlich	Umschaltung in 1 F-System	nicht erforderlich
8	Fehlergrenzen	DIN 4713	DIN 4713	DIN 4713
9	Anzeigeeinheit	Flüssigkrist. LCD (multifunktional)	Flüssigkrist. LCD (multifunktional)	Flüssigkrist. LCD (multifunktional)
9a	Stellenanzahl	5	5	4 1/2
9b	Aufl.-Klasse nach (DIN)	A	A	A
9c	Anzeigeschritt ≈	1 kW	1 kWh	1 kW
10	Stör-/Betriebsanzeige	Betriebsanzeige und mit Kontrolltaste	m. Testmagnet ohne Öffnen	Betriebsanzeige und mit Testmagnet o. Öffn.
11	Ablesetest	mit Taste o. Öffnen	m. Testmagnet o. Öffnen	m. Testmagnet o. Öffnen
12	Rückstellung	keine	keine	autom. am Stichtag
13	Dauerbatterie	8 Jahre + 1 J. Reserve	6 Jahre	8 Jahre + 1 J. Reserve
13a	Betriebsspannung	3,6 V	3,4 V	3 V
14	Stromverbrauch	3μA	12μA	8μA
15	Montageort	HK m. Kompakt-version, Wand m. Fernfühlerversion	HK bei Kompaktwand bei F-Fühler	HK bei Kompaktversion, Wand bei Fernfühlerversion
16	Montagehöhe in %	75 %	75 %	75 %
17	Größe in mm	88 x 41 x 29	140 x 43 x 23	115 x 34 x 29
18	Maximale Auslegungs-vorlauftemperatur	95 (130) °C (Gerät max. 90 °C)	95 (130) °C (Gerät max. 90 °C)	90 (130) °C
19	Heizkörper-Leistungsbereich	60 W … 10.000 W	60 W … 10.000 W	50 W … 10.000 W
20	Stufung bei 2 kW	60 W	60 W	50 W
21	Anzeige der HK-Bewertung	auf Ablesequittung	elektronisch auf LCD angez.	auf Ablesequittung
22	Datum Zulassung	HKVO A2.02/1991	HKVO A2.01/1991	HKVO C1.01/1991

Das Gerät wird von einer Lithiumbatterie mit 3,4 V Nennspannung für eine Betriebszeit von maximal 6 Jahren mit Strom versorgt. Mit dem eingebauten Reedkontakt können eine Reihe von wichtigen Betriebsdaten auf der LCD-Anzeige ohne Öffnen des Geräts aufgerufen werden. Beispiel: Verbrauchsergebnisse der beiden letzten vollständigen Heizperioden zu einem

Kundo 1700	Metrona	Minometer 3	Techem EHKV 90
MP-Chip	diskrt. Elektronik	MP/diskret	MP-Chip
HKF Festwert Startfühler	HKF Festwert kein Startfühler	HKF und RTF, RTF/Festwert Start bei 3,5 °C Diff.	HKF und RTF RTF/Festwert Start bei 4 °C Diff.
NTC-Widerstand	NTC-Widerstand	Si-Halbleiter	Si-Halbleiter
$\Delta\vartheta_m$ (Start) 2 ... 4 °C wählb./> 32 °C	ϑ_i > 27 °C	$\Delta\vartheta_i$ (Start) = 3,5 °C ϑ_i > 23 °C (31 °C)	$\Delta\vartheta_m$ (Start) = 4 °C ϑ_i > 23 °C (31 °C)
1,33	1,33	1,15	1,15
LSI-Mikroprozessor	diskrete Elektronik	Mikroprozessor	VLSI-Mikroprozessor
laufend	nein	laufend	laufend
nicht erforderlich	nicht erforderlich	Umschaltung in Einfühlersystem	Umschaltung in 1 F-System
DIN 4713	DIN 4713	DIN 4713	DIN 4713
Flüssigkrist. LCD (multifunktional)	elektromagnetisches Rollenzählwerk	Flüssigkrist. LCD (multifunktional)	Flüssigkrist. LCD (multifunktional)
5	5	5	4 1/2
A	A oder B	A	
1 kW	1 kW	1 kW	1 kWh
Betriebsanzeige und Testgerät nach Öffn.	mit Service-Gerät nach Öffnen	Betriebsanzeige	Betriebsanzeige und m. Service-Gerät
m. Taste o. Öffnen	wie Nr. 10	m. Testmagnet o. Öffnen	m. Testmagnet o. Öffnen
autom. am Stichtag	keine	autom. am Stichtag	autom. am Stichtag
8 Jahre	keine	8 Jahre + 1 J. Reserve	9 Jahre
3 V	1,5 V	3,4 V	3,0 V
7μA	13μA	13μA	7μA
HK bei Kompaktversion, Wand bei Fernfühlerversion	HK (m. u. o. Fernfühler- verlängerung)	HK bei Kompaktversion, Wand bei Fernfühlerversion	HK bei Kompaktwand bei F-Fühler
75 %	75 %	75 %	75 %
130 x 40 x 26,5	127 x 35 x 26	128 x 45 x 21,5	115 x 37 x 24
90 (120) °C	90/130 °C	90 (130) °C	95 (130) °C
21 W ... 10.000 W	200 W ... 6.000 W	8 W ... 30.000 W	100 W ... 10.000 W
39 W	50 W	8 W	1 W
elektron. m. LCD	Skalenetikett	elektr. m. LCD	elektr. mit LCD und Skalenetikett
HKVO A1.01/1991	HKVO C1.03/1989	HKVO A1.01/1991	C1.01/1985

bestimmten Stichtag. Das Gerät ista EHKV-2FLC ist auch in der Ausführung als Einfühlergerät mit Startfühler lieferbar. Die Kennlinie ist mit der des Gerätes ista HKV E3/1 identisch. Von Vorteil ist ein genaueres Startverhalten bei extrem niedrigen Heizkörpertemperaturen und die bessere Unterdrückung der Zählung bei (sommerlich) starker Fremdwär-

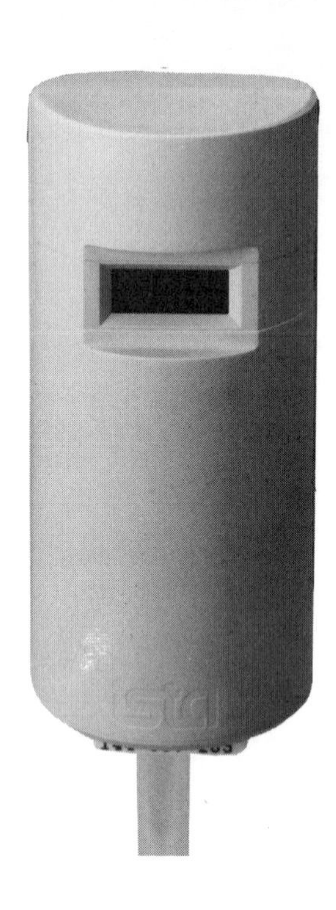

Bild 6.9:
Elektronischer Heizkostenverteiler
Fabrikat ista, Typ E 3/1

Bild 6.10:
Elektronischer Heizkostenverteiler
Fabrikat ista, Typ HKVE-2FLC

mung der Heizkörper. Die Ausführung unterscheidet sich nicht durch Weglassen von bestimmten Komponenten, sondern durch Eingeben einer anderen Software. Das Gerät wurde von der Prüfstelle A2 im Jahr 1991 neu zugelassen. Weitere technische Daten sind in Tabelle 6.3 aufgeführt. Das Bild 6.10 zeigt das Gerät.

6.4.3 Kalorimeta HKV electronic K1

Das Gerät K1 ist das erste Gerät mit Quarz-Temperaturfühlern (s. Tabelle 6.2). Es arbeitet nach dem Meßverfahren Nr. 6 (s. Abschnitt 6.2.7). Die Heizkörperoberflächentemperatur bewirkt eine Frequenzänderung des Quarz-Fühlers. Diese wird mit der Frequenz eines zweiten relativ stabilen Quarzes verglichen und die Differenz gebildet. Diese stellt ein Maß für die Heizkörperoberflächentemperatur dar.

Bild 6.11:
Elektronischer Heizkostenverteiler
Fabrikat Kalorimeter, Typ electronic K1

Das so gewonnene quasi-digitale Meßsignal läßt sich im Mikroprozessor elegant digital zur Verbrauchsanzeige weiter verarbeiten. In der Standardausführung sind die Verbrauchsanzeigen nicht an die jeweilige Heizkörperleistung angepaßt; dies geschieht bei der Wärmekostenabrechnung.

Das Gerät wird von einer modernen Langzeitbatterie für 8 Jahre Betrieb mit Strom versorgt. Ähnlich wie beim ista EHKV-2FLC ist über einen von außen mit einem Magnet schaltbaren Reedkontakt eine Service-Kontrollanzeige aufrufbar. Die Normalanzeige gibt alternierend die aktuelle und Vorjahresanzeige wieder. Vorgesehen ist auch ein automatischer Selbsttest mit Störanzeige. Auch dieses Gerät kann sich gemäß dem Stand der Technik an einem einstellbaren Stichtag selbsttätig auf Null stellen und das bis dahin aufgelaufene Verbrauchsergebnis abspeichern. Insgesamt eines der modernsten und zuverlässigsten Geräte auf dem Markt.

Der K1 wurde von der Prüfstelle C1 1989 geprüft und zugelassen. Weitere technische Daten sind in Tabelle 6.3 aufgeführt, siehe Bild 6.11.

6.4.4 Kundo Heizkostenverteiler 1700

Das Gerät Kundo 1700 ist eine kompatible Weiterentwicklung der Vorgänger 1650 und 1651 und arbeitet ebenso wie diese nach Meßverfahren Nr. 6. Es ist mit einem Startfühler ausgestattet. Da es jetzt eine 5-stellige LCD hat, sind multiple Anzeigen möglich geworden. Der Stromverbrauch konnte erheblich verringert werden, so daß eine moderne Lithiumbatterie zum Einsatz kommen kann für eine Laufzeit von 8 Jahren. Der Exponent liegt

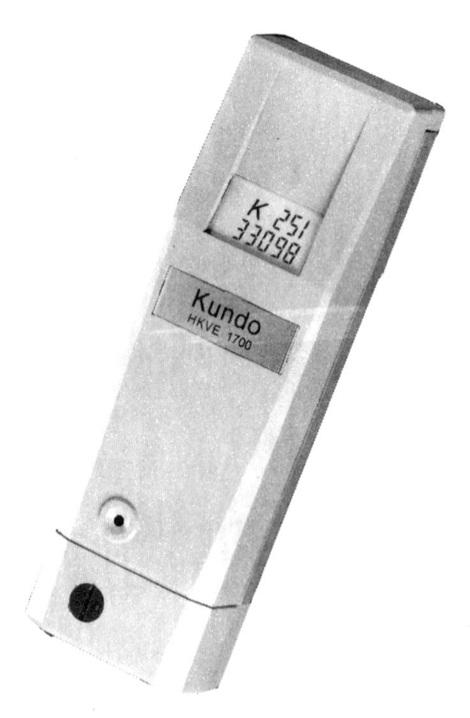

Bild 6.12:
Elektronischer Heizkostenverteiler
Fabrikat Kundo, Typ HKVE 1700

nach heutigen Erkenntnissen für Einfühlergeräte mit n = 1,33 zu hoch, wurde aber wegen der geforderten Kompatibilität zu den Vorgängern beibehalten.
Insgesamt entspricht die Weiterentwicklung Typ 1700 dem Stand der Technik.
Das Gerät wurde 1990 von der Prüfstelle A1 nach HeizkörperV geprüft und zugelassen. Weitere technische Daten sind in Tabelle 6.3 angegeben, siehe Bild 6.12.

6.4.5 Metrona 110

Der Verteiler Metrona 110 °C ist eine Weiterentwicklung des Typs 90 °C. Sein Anwendungsspektrum wurde erweitert für eine maximal zulässige Vorlauftemperatur von 110 °C in der Kompaktgeräteversion (früher 90 °C). Damit kann eine Fernfühlermontage in vielen Fällen vermieden werden. Nach wie vor handelt es sich um ein Einfühlergerät nach dem Meßverfahren Nr. 6. Es hat keinen Startfühler. Der Verteiler wird nur mit Einjahresbatterie angeboten. Da die Anzeige mit einem elektromagnetischen Rollenzählwerk ausgestattet ist, kann keine multiple Anzeige realisiert werden für Vorjahresanzeige, Service etc. Das Gerät entspricht nicht mehr ganz den heutigen Möglichkeiten der Elektronik.

Die Zulassung des Gerätes führte die Prüfstelle C1 1989 nach DIN 4713 Teil 3 durch. Weitere Daten sind in Tabelle 6.3 genannt, siehe Bild 6.13.

Bild 6.13: Elektronischer Heizkostenverteiler, Fabrikat Metrona (Typ 110)

6.4.6 Minometer Typ 3

Das Gerät von Minol ist technisch bis auf wenige Unterschiede vergleichbar mit dem EHKV-2FLC von ista (s. Abschnitt 6.4.2). Der Typ 3 wurde in der Prüfstelle A1 im Jahr 1991 nach HKVO geprüft und zugelassen, siehe Bild 6.14.

Bild 6.14: Elektronischer Heizkostenverteiler
Fabrikat Minol, Typ 3

6.4.7 Techem EHKV 90

Das Gerät Techem EHKV 90 ist in bezug auf den Aufbau und die Arbeitsweise mit dem Gerät ista EHKV-2FLC vergleichbar. Der Kennlinienexponent wurde mit $n = 1{,}15$ auf der Grundlage der erwähnten Berliner Untersuchung festgelegt. Da die gesamte Elektronik auf einem Mikroprozessorchip integriert wurde, kommt das Gerät mit äußerst wenigen externen Komponenten aus. Die LCD-Anzeige ist nur 4,5stellig. Dies bedeutet, daß in einer Heizperiode ohne Überlauf maximal 20 Einheiten gezählt werden können, was von Ausnahmefällen abgesehen ausreicht.
Bei der Übernahme des Zählergebnisses an einem bestimmten Stichtag in den Speicher wird die Anzeige auf Null gesetzt. Da die LCD-Anzeige im

Bild 6.15: Elektronischer Heizkostenverteiler
Fabrikat techem, Typ EHKV 90

Wechselrhythmus alte und aktuelle Ergebnisse anzeigt, kann ein aufmerksamer Nutzer durchaus direkt Verbrauchsvergleiche anstellen. Für manche Nutzer kann die Wechselanzeige aber auch verwirrend sein. Als Betriebsanzeige ist ein Blinkzeichen auf der LCD-Anzeige zu sehen, das bei Störung unterbrochen wird. Der Stromverbrauch ist mit 7 μA angesichts des aufwendigen Mikroprozessors gering. Er ermöglicht eine Betriebszeit von maximal 8 Jahren, mit einer Lithiumbatterie von 1,2 Ah Kapazität.

Die Daten für den Service können ohne Öffnen mit einem Schaltmagneten von außen (Reedkontakt eingebaut) oder nach Öffnen und Demontage mit Hilfe eines Testgeräts abgelesen werden. Dazu wird der Heizkostenverteiler auf das Servicegerät aufgelegt, um die Kontakte der Datenübertragung zu schließen. Das Gerät Techem EHKV 90 ist gleichfalls wie das Gerät ista EHKV-2FLC auch als Einfühlergerät mit Startfühler lieferbar. Hierfür wird die Hardware nicht geändert, sondern eine andere Software eingegeben. Alle übrigen Daten und Eigenschaften sind in Tabelle 6.4 und Bild 6.15 angegeben.

Der EHKV 90 erlaubt den Aufbau eines Zentralsystems, wie es im Abschnitt 6.2.19 beschrieben wurde: Die Geräte werden mit einem zweiadrigen Kabel mit einer außerhalb der Wohnungen montierten Zentraleinheit verbunden. Die Datenbusmontage ist anschlußsicher, da die Anschlußreihenfolge oder Verpolung keine Rolle spielt. Jeder Heizkostenverteiler erhält seine eigene Adresse. Der Datenabruf (Fernablesung) wird so bewerkstelligt: Die Zentrale sendet den generellen Ablesebefehl an die Verteiler. Diese synchronisieren daraufhin ihre Zeitzählung und beginnen nach einer kleinen Pause sequentiell sämtliche gespeicherten Daten in die Zentrale zu senden. Die Reihenfolge ist durch den Rang der Adressen festgelegt. Der einzelne Montageort der Verteiler hat keine Bedeutung.

Für den sicheren Datentransport wurden neue Protokolle entwickelt, deren Normung in Aussicht gestellt wurde. Nicht nur Heizkostenverteiler können angeschlossen werden, sondern alle Verbrauchszähler, die eine geeignete Datenschnittstelle besitzen (Wasserzähler, Wärmezähler, Heizölzähler).
Die Hauszentrale kann einfach an den TEMEX-Dienst der Post angeschlossen werden; auch Modem- oder PC-Anschluß sind möglich. Die Verbrauchsablesung und Information für den Service (Ausfall, Störung) werden so durch Fernablesung wirtschaftlich möglich.

Bild 6.16 zeigt den prinzipiellen Aufbau des Zentralsystems

6.5 Zentrale Heizkostenverteilersysteme/Energiemanagement

In den vergangenen 15 Jahren haben große und kleine Hersteller vergeblich versucht, den Markt mit ihren zentralen Systemen zu durchdringen. Sie scheiterten weniger technologisch als an den viel zu hohen Montage- und Betriebskosten. Im täglichen Betrieb zeigten sich die Systeme zu störanfällig.

Dennoch haben zentrale Systeme mittel- und langfristig gute Aussichten, immer häufiger Anwendung zu finden: Wenn außer der Verbrauchsmessung beispielsweise auch der Gesamtenergieverbrauch eines Gebäudes optimiert werden soll im Sinne des Energiemanagements, kann dies nur mit Zentralsystemen verwirklicht werden.

Der Antrieb zum Bau solcher Systeme kommt nicht nur aus Gründen der Energieeinsparung, sondern immer mehr aus Umweltschutzgründen zustande. Allerdings geht es hier nicht nur um die Heizenergie, sondern um alle Verbrauchsformen von Energie in einem Gebäude. Ein wirkungsvolles Energiemanagement ist nur durch regelmäßiges Erfassen der Verbräuche wie Wärme, Strom und Wasser möglich. Unterschiedliche Verfahren sind bekannt:

- Ablesen des Wärmeenergie-Verbrauchs durch Abrechnungsfirmen
- Erfassen der Energieverbräuche durch eigene Mitarbeiter
- Erfassung durch Hausmeister und Weiterleitung der Werte per Post oder Telefon an die Energiezentralstelle.

Die gesammelten Energiedaten führen meistens nicht zu einer Weiterverarbeitung im Sinne eines Energiemanagements.

Mit der Einrichtung des TEMEX-Dienstes der Telekom ergibt sich ein elegantes, ganzheitliches Energiemanagement:

- Automatische Erfassung und Weiterleitung der Verbrauchsdaten zum Energiedienst des Liegenschaftsbesitzers
- Verarbeitung der Teledaten mit einer aufwendigen Software für z.B. Energiebilanz- und Optimierungssysteme.

Energieberatungsgesellschaften bieten geeignete Programme an. Unter anderem bietet die Firma ista ECO das EASy-Programm zur Erfassung, Verwaltung, Analyse und Darstellung von gemessenen Energiedaten. Verbrauchsanzeigen von Zählern für Gas, Wasser, Heizöl, Wärme, Elektrizität usw. können manuell oder über Datenfernübertragung in das Programm eingelesen werden. Beim Vergleich der Heizenergie-Verbräuche der Vorjahre werden klimatologische Daten – beispielsweise Gradtagszahlen – zur Witterungsbereinigung herangezogen.

Das EASy-Programm berechnet aus Wetter-, Gebäude- und Nutzungsdaten den Soll-Energieverbrauch und stellt ihn den gemessenen Daten gegenüber. Das EASy-Programm bilanziert monatlich Energiekosten von Gebäuden mit berechneten Soll-Werten, um mögliche Kostensparpotentiale zu zeigen.

Das EASy-Programm ist eine Datenbank, die alle interessanten Gebäudedaten, die Wetterzustände, Verbrauchswerte und Betriebskosten übersichtlich aufzeigt und jederzeit in Form einer Liste, einer Statistik oder in Graphiken darstellen kann.

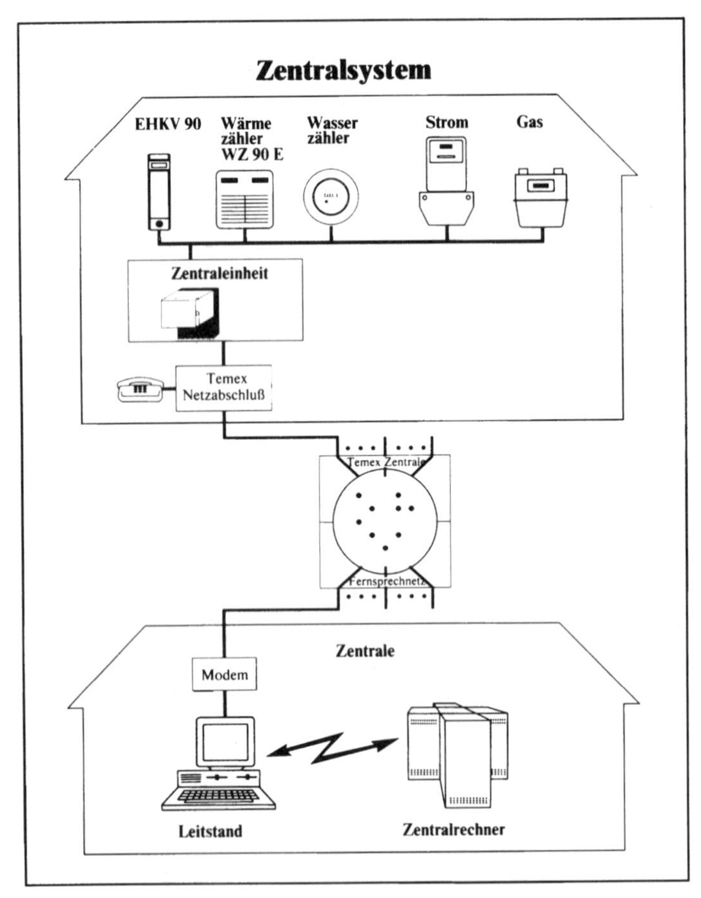

Bild 6.16: Prinzipieller Aufbau eines Zentralsystems

In großen Liegenschaften werden zunehmend „Energie-Buchhaltungen" eingerichtet. Das EASy-Programm kaufen Kommunen, Behörden, Kirchenorganisationen, Baugesellschaften, Liegenschaftsverwalter, denn es ermöglicht ein effizientes, modernes Energiemanagement.

6.6 Ausblick auf neue Entwicklungstendenzen

Die derzeitigen Preise für elektronische Heizkostenverteiler sind im Vergleich zu den Energiezählern für Elektrizität und Gas noch immer zu hoch. Vergleicht man Kompaktgeräte für eine Wohnungsausstattung mit Elektrizitäts- oder Gaszählern, so ergibt sich zuungunsten der elektronischen Heizkostenverteiler ein Preisverhältnis von etwa 3:1. Es ist zu erwarten, daß sich die Verteilerpreise durch Verwendung großintegrierter Schaltkreise in den nächsten Jahren etwa halbieren. Dies setzt allerdings voraus, daß sich die Geräteabsatzzahlen vervielfachen. Etwa 50 Millionen Heizkostenverteilern nach dem Verdunstungsprinzip stehen nur etwa 4 Millionen elektronischer Geräte gegenüber.

Ihre beginnende Einbeziehung in zentrale Datenerfassungssysteme oder Energieleitsysteme (s. Abschnitt 6.4 und 6.5) wird sich erst dann beschleunigen, wenn wirtschaftliche Lösungen zur Verfügung stehen. Spezielle Datennetze für die Wärmekostenverteilung sind für den Neubau nicht erschwinglich und für den Altbau nicht bezahlbar. Die Wirtschaftlichkeit wird erreicht werden, wenn ein Hausdatenbus eingerichtet wird, der vielfältigen anderen Nutzen außerhalb der Verbrauchserfassung hat.

Fernsteuerung der Waschmaschine oder anderer Haushaltsgeräte, Video-Bildüberwachung der Hauseingangstür, Babysitter fürs Kinderzimmer, automatisches Schließen der Rolläden – wer hätte nicht schon einmal an solche komfortablen Einrichtungen für seine Wohnung gedacht? In Japan hat man auf Anregung des MITI (Ministry of Trade and Industry) dafür bereits das Hauskommunikationsnetz Home-Bus-System entwickelt. Es kann auf einfache Weise Steuer- und Automatikfunktionen realisieren. Im Mittelpunkt stand das Bestreben, einen sinnvollen digitalen Informationsfluß für den häuslichen Bereich zu schaffen.

Die Home Automation Group der Firma Mitsubishi Electric Corporation vermarktet ihr Home-Bus-System Melon. Auch Matsushita Electric hat sehr preiswerte Systeme im Programm, die auch gut für den Altbau geeignet sind.

Das MITI hat u.a. mit massiven Fördermitteln seit Anfang der achtziger Jahre darauf hingewirkt, daß das heutige Home-Bus-System genormt wird. Damit werden Fehlentwicklungen vermieden. Neben den genannten Firmen nutzen die japanischen Gesellschaften NEC, Toshiba und Sanyo die Standardisierung, um eigene Bussysteme zu vermarkten.

Es ist abzusehen, daß die japanische „elektronische Großmacht" auf europäische Bemühungen der Standardisierungen bald Einfluß nehmen wird, nachdem die Bewährungsprobe in Japan bestanden ist.

Ein solches Home-Bus-System ist die zukunftsträchtige Möglichkeit, kostengünstig zentrale Heizkosten-Erfassungssysteme zu realisieren, die einen Kostenvergleich mit den Heizkostenverteilern nach dem Verdunstungsprinzip nicht scheuen müssen.

In der Haustechnik hat Philips sich mit Matsushita und anderen japanischen Großfirmen verbündet, um im Hausbereich den D2B-Bus durchzusetzen. Er verbindet intelligente Geräte in der Wohnung oder im Haus (Video, TV, Radio, Alarmsysteme, Telefon usw.). In den USA wurde ein ähnliches System mit Namen CE-Bus vorgestellt. In absehbarer Zeit wird sich ein einheitliches Haus-Bus-System durchsetzen. Dann kommt die Zeit der zentralen Systeme, und dezentrale Geräte verlieren an Bedeutung.

7 Plausibilitätsprüfung und Abrechnung

Von Hans-Joachim von Eisenhart-Rothe

7.1 Einführung

Plausibilitätsprüfungen dürfen nicht isoliert und aus dem Zusammenhang gerissen betrachtet werden. Logische Prüfungen zur Erstellung einer rechtlich und abrechnungstechnisch korrekten Abrechnung beginnen nicht erst bei oder mit der Abrechnung und hören dort auch nicht auf.

Zum besseren Verständnis wird dieses ganzheitliche Thema in Bausteine zerlegt und einzeln dargestellt. Dabei soll besonderes Gewicht auf den Bereich „Plausibilitätsprüfungen in der Abrechnung“ gelegt und die im Grunde gleich wichtigen vor- und nachgeschalteten Prüfungen nur streiflichtartig beleuchtet werden.

Der Baustein 1 dient der Erklärung der Problematik, indem noch einmal kurz die gesellschaftspolitischen Rahmenbedingungen und einige Zahlen genannt werden, um auch die Mengenproblematik in Erinnerung zu bringen.

Der Baustein 2 bezieht sich auf die Prüfungsmöglichkeiten im Vorfeld der Abrechnung.

Der Baustein 3 bildet das Hauptthema: „Die Plausibilitätsprüfungen in der Abrechnung“, und zeigt vor allem auf, welche Prüfungen sinnvoll und möglich sind, wodurch sie begrenzt und wie sie in der Praxis angewendet werden. Eine erschöpfende Darstellung aller abrechnungstechnischen Details und Problemfälle ist im Rahmen dieser Abhandlung nicht möglich. Durch Verweise auf die verschiedenen Verordnungen, Normen und Richtlinien ist eine weitergehende Information zum jeweiligen Sachverhalt jedoch gegeben.

Das Thema wird abgerundet durch die Prüfungsmöglichkeiten nach Erstellung der Heizkostenabrechnung.

7.2 Zahlen und Fakten

Als im Juli 1979 mit der Neufassung der Neubaumietenverordnung für den öffentlich geförderten Mietwohnbau bzw. am 1.3.1981 mit der HeizkostenV die verbrauchsabhängige Wärmekostenabrechnung dann auch für den freifinanzierten Wohnungsbau verbindlich wurde, waren in der Bundesrepublik Deutschland bereits weit mehr als 20 Mio. Heizkostenverteiler in Betrieb. Die Erfahrungen mit Heizkostenverteilern und der verbrauchsabhängigen Heizkostenabrechnung reichen entgegen vielfach geäußerten Meinungen auch weit über die erste Ölversorgungskrise von 1974 hinaus. Bereits ein halbes Jahrhundert vorher, Mitte der nicht immer nur „goldenen" zwanziger Jahre, hatte Dänemark eine durch Devisenmangel ausgelöste Ölversorgungskrise zu überstehen. Da hatte der Däne Odin Clorius die Idee, wie man ohne Rationalisierung und vergebliche Sparappelle dennoch beachtliche Mengen des vornehmlich für die Wohnraumbeheizung verbrauchten Heizöls einsparen könnte. Der Heizkostenverteiler war geboren.

Der Bereich „Haushalt und Kleinverbrauch" stellt mit einem Anteil von rund 41 % den größten Verbraucher am Gesamtenergieaufwand dar. Vom Energieverbrauch der privaten Haushalte entfallen etwa 10 % auf Strom und etwa 90 % auf die Raumheizung/Brauchwassererwärmung.

In die Betrachtung fallen ungefähr 26,3 Mio Wohneinheiten in den alten Bundesländern von 85 m², einschließlich etwa 9 Mio. Ein- und Zweifamilienhäuser.

Etwa 70 % davon werden durch Zentralheizung mit Wärme versorgt. Beachtlich ist die Entwicklung der letzten zehn Jahre: Damals waren erst rund 50 % aller Wohnungen zentralbeheizt, und die Durchschnittsgröße lag bei 74 m². Nach Abzug der Ein- bis Zweifamilienhäuser und aller nicht zentralbeheizten Wohnungen verbleiben etwa 9 bis 10 Mio. Wohneinheiten, die als Abrechnungspotential zu betrachten sind.

Mit dem 3. 10. 1990 ist die ehemalige DDR der Rechtsstruktur der Bundesrepublik Deutschland beigetreten. Die neuen Bundesländer haben einen Wohnungsbestand von ungefähr 7 Mio. Wohneinheiten mit einer mittleren Größe von je 65 m². Hiervon haben die Ein- bis Zweifamilienhäuser einen Anteil von 2,4 Mio. Bei einem Ausstattungsgrad von im Moment 47 - 50 % mit einer zentralen Wärmeversorgung verbleibt hier ein Abrechnungspotential von ca. 2 Mio. Wohnungen. Die Tendenz zur Zentralheizung ist jedoch klar zu erkennen, so daß man sicherlich im Zeitablauf von einem ähnlichen Potential an abrechnungsrelevanten Wohnungen im Verhältnis zu den alten Bundesländern ausgehen kann.

Von diesen Werten sollen zunächst einige volkswirtschaftlich relevante Zahlen abgeleitet werden. 9 bis 10 Mio. Wohneinheiten in den alten Bundesländern entsprechen etwa 800 Mio. m² Wohnfläche. Bei einem zur Beheizung erforderlichen Durchschnittswert von 18 DM je m² Wohnfläche ergibt sich ein jährlicher Energieaufwand von etwa 14,5 Mrd. DM zur Beheizung dieser Wohneinheiten im Mehrfamilienhausbereich. Da es sich hier überwiegend um die importabhängige Energieform Öl handelt, ist die volkswirtschaftliche Bedeutung nicht nur wegen der Importabhängigkeit oder der Zahlungsbilanz offensichtlich. Eine Einsparung an dieser Position bringt auch dem einzelnen Wohnungsinhaber ganz konkrete Vorteile. Die aus den verschiedensten Untersuchungen ablesbare Energiesparquote von durchschnittlich 15 %, nach Einführung der verbrauchsabhängigen Kostenverteilung, bedeutet auf das Rechenbeispiel bezogen eine Einsparung von deutlich mehr als 2 Mrd. DM. Nicht zuletzt ist es auch hier ein beachtlicher Umweltschutzbeitrag, wenn jährlich einige Milliarden Liter Öl weniger verbraucht werden.

Hinzu kommt der Spareffekt aus den neuen Bundesländern, der sicherlich über 15 % liegen dürfte. Dies liegt in dem hohen Innovationspotential der dort vorzufindenden Heizungs- und Bautechnik begründet. Neben den Einsparungen aus der verbrauchsabhängigen Heiz- und Warmwasserkostenabrechnung, lassen sich durch Investitionen in neue Heizanlagen, Wärmedämmung und Temperaturregelungen innerhalb der Gebäude (z.B. Thermostatventile) sicherlich enorme Einsparungen erzielen. Immerhin sind im Moment hiervon ca. 60 Mio. m^2 Wohnfläche als abrechnungsrelevante Größe betroffen. Hier liegen derzeit die ungefähren Heizkosten zwischen 24,00 DM bis zu 60,00 DM pro m^2/Jahr. Hochgerechnet ergibt sich hieraus ein mittleres Einsparungspotential von ca. 500 Mio. DM und mehr.

Was hat nun der Energieaufwand von 17 Mrd. DM für Heizung bzw. das Einsparpotential von 2,5 Mrd. DM mit Plausibilitätsprüfungen zu tun? Zunächst einmal wird deutlich, welche Verantwortung die Abrechnungsunternehmen auf sich genommen haben. Immerhin entscheidet die Arbeit der Abrechnungsunternehmen, ob bei 11 Mio. Nutzern die verbrauchsabhängige Kostenverteilung, dem individuellen Wärmeverbrauch folgend, am Ende der Heizperiode zu einer Gutschrift oder einer Nachzahlung führt. Deutlich wird aber auch das Mengenproblem: Jährlich sind mehr als 45 Mio. Heizkostenverteiler in einem begrenzten Zeitraum abzulesen und die Ergebnisse zusammen mit anderen Daten der jeweiligen Abrechnungseinheit so zu verarbeiten, daß Fehler in der Erfassung bzw. in der Abrechnung nach Möglichkeit gar nicht erst auftreten bzw. im Laufe der Verarbeitung erkannt und abgestellt werden. Fehler hemmen den reibungslosen Ablauf der Bearbeitung, sie führen zu Zeitverzögerungen und letztendlich zu Reklamationen.

In jedem Fall bedeuten Fehler Kosten. Schon deshalb haben die Abrechnungsunternehmen ein vitales Interesse daran, Fehler durch logische Prüfungen und Datenverprobungen frühzeitig aufzuspüren. Fehler sind jeweils auch ein Imageverlust. Dies gilt nicht nur für die Abrechnungsunternehmen, sondern auch für die Heizkostenabrechnung an sich, und im übertragenen Sinn auch für die HeizkostenV. Fehler bedeuten immer auch Ärger, und zwar beim und mit dem betroffenen Nutzer, mit dem Vermieter/Verwalter, bei dem für den Fehler verantwortlichen Abrechnungsunternehmen und auch hier wieder, in konsequenter Fortführung des Gedankens, mit den Interessenverbänden bis hin zu den für die Heizkostenverordnung zuständigen und verantwortlichen Stellen.

Um durch vermeidbare Fehler verursachte Kosten, Imageverluste und Ärger weiter zu reduzieren, hat ein Gesprächskreis beim Bundesministerium für Wirtschaft mit Fachleuten der verschiedenen Interessenvertreter Mindestanforderungen formuliert, die im Baustein 3 detailliert vorgestellt werden.

7.3 Der Weg zur Abrechnung

Zum besseren Verständnis der nachfolgenden Betrachtungen wird anhand eines Ablaufschemas (Bild 7.1) der Weg von der Installation der Wärmeverbrauchserfassungsgeräte bis zur fertigen Heizkostenabrechnung dargestellt. Auf die einzelnen Punkte des Ablaufschemas wird im folgenden detailliert eingegangen.

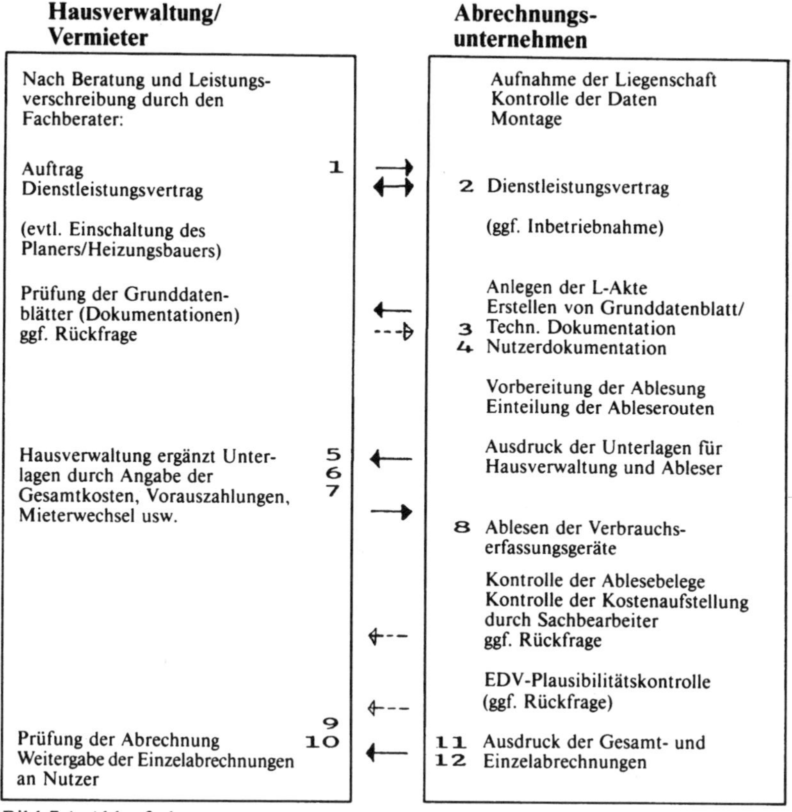

Bild 7.1 Ablaufschema

Zu 1: Der Fachberater berät die Hausverwaltung ausführlich über die technischen Voraussetzungen und Möglichkeiten. Er schlägt eine wirtschaftliche und sichere Lösung vor. Nach Prüfung aller wesentlichen Gesichtspunkte wird ein Dienstleistungs- bzw. Abrechnungsauftrag abgeschlossen. Dabei werden die abrechnungstechnischen Grundlagen und die Kostenverteilung festgelegt sowie vertragliche Zusatzleistungen und Besonderheiten geklärt. Unter Berücksichtigung des jeweiligen Energieträgers (Öl, Gas usw.) und der Meßgerätemontage wird der jährliche Abrechnungszeitraum festgelegt.

Zu 2: Die Einzelheiten des Dienstleistungs- bzw. Abrechnungsauftrags werden in der Betreuungsbestätigung ausgewiesen und dem Kunden zur Kontrolle vorgelegt. Die Betreuungsbestätigung dokumentiert klar und eindeutig die Vertragsbestandteile. In Verbindung mit der Leistungsbeschreibung sind damit die gegenseitigen Rechte und Pflichten detailliert abgegrenzt.

Zu 3: Nach der kaufmännischen und technischen Vorprüfung werden die entsprechenden Geräte montiert und die zur Abrechnung benötigten Meßgeräte und Heizkörperaufmaße auf einer Montagekarte notiert.

Zu 4: Zur Kontrolle der durchgeführten Montage erhält der Betreuungskunde das Grunddatenblatt bzw. die technische Dokumentation. Sie enthält alle aufgenommenen Heizkörpermaße, die technischen Gerätedaten sowie die Leistungsbewertung der Heizkörper, die für die Verbrauchsskala maßgebend ist.

Zu 5: Für die Mieter jeder Wohnung wird von einigen Abrechnungsunternehmen eine Nutzerdokumentation zur Verfügung gestellt. Sie dient dem Wohnungsnutzer als „Wärmepaß“ und enthält neben den wohnungsbezogenen Daten der meßtechnischen Ausstattung eine individuelle Beschreibung des Abrechnungsverfahrens.

Zu 6: Am Ende der vereinbarten Abrechnungsperiode werden nach den vorliegenden Daten für jede Liegenschaft die Nutzerliste und Kostenaufstellung ausgedruckt. Diese Formulare schickt das Abrechnungsunternehmen zusammen mit einer Ausfüllanleitung sowie gegebenenfalls der ersten Servicerechnung, dem Betreuungskunden zu.

Zu 7: In der Nutzerliste gibt der Betreuungskunde die jährlichen Vorauszahlungen sowie die Berechnungseinheiten für die Umlage bei nicht verbrauchsabhängigen Kosten an. Bei Nutzerwechseln vermerkt er das Ein- bzw. Auszugsdatum.

Zu 8: In die Kostenaufstellung werden die Brennstoff- und Heiznebenkosten eingetragen. Es dürfen nur Kosten genannt werden, die gemäß § 7 und § 8 der HeizkostenV umlagefähig sind. Weitere Betriebskosten, wie z.B. Kaltwasser, Abwasser, Allgemeinstrom, Müllabfuhr usw., sind im Block „Hausnebenkosten“ einzutragen. Die Umlagefähigkeit dieser Kosten ist in § 27 der zweiten Berechnungsverordnung geregelt.

Zu 9: Der Ableser erhält für jede abzulesende Wohnung eine durch den Computer vorgedruckte Ablesequittung. Diese enthält neben den Verbrauchsskalen der installierten Heizkostenverteiler alle maßgeblichen Daten der vorhandenen Warm- bzw. Kaltwassermeßgeräte sowie alle sonstigen Zähler.

Zu 10: Alle Kostenangaben und die durch den Ableser ermittelten Verbrauchswerte der Meßgeräte werden im Abrechnungslauf auf ihre Plausibilität geprüft. Werden Abweichungen von allgemeinen Durchschnittswerten festgestellt, erhält der Vermieter/Verwalter eine detaillierte Mitteilung. Mußten bei einzelnen Nutzern infolge Abwesenheit bei der Hauptablesung Schätzungen vorgenommen werden, erfolgt auch hierzu eine Erläuterung. Der Betreuungskunde kann damit die zugrundeliegenden Fakten der Abrechnung nochmals überprüfen, bevor er die Abrechnung an seine Mieter weitergibt.

Zu 11: Die Gesamtabrechnung weist alle vom Betreuungskunden zur Umlage mitgeteilten Brennstoff- und Heiznebenkosten aus. Hinzu kommt die Gebühr, die für die Verbrauchserfassung und die Erstellung der Abrechnung erhoben wird. Die Gesamtkosten sind entsprechend dem vereinbarten Abrechnungsmaßstab aufgeteilt und den einzelnen Nutzern zugewiesen worden. In einer Sammelauflistung am Ende der Gesamtabrechnung werden die errechneten Kosten je Nutzer mit den geleisteten Vorauszahlungen saldiert und als Ergebnis die Nachforderung bzw. das zu erstattende Guthaben ausgewiesen.

Zu 12: Die Einzelabrechnung je Wohnung dient jedem Nutzer als Nachweis über die ihm in Rechnung gestellten anteiligen Kosten. Die Einzelabrechnung weist das Erstellungsdatum sowie den tatsächlich berechneten Zeitraum aus. Da auch in der Einzelabrechnung alle Gesamtkosten und die durchgeführte Verteilung dargestellt sind, kann der Mieter in einfachen Rechenschritten nachvollziehen, wie sein Kostenanteil zustande kommt. Findet während der Abrechnungsperiode ein Nutzerwechsel in einer Wohnung statt, erhält sowohl der Vor- als auch der Nachmieter eine eigene Einzelabrechnung für den ihn betreffenden Nutzungszeitraum.

In den Abrechnungen sind die relevanten Hinweise aus den Plausibilitätsprüfungen enthalten.

7.4 Prüfmöglichkeiten im Vorfeld der Abrechnung

Zunächst ist zu unterscheiden: wer prüft und was geprüft werden soll. An den Prüfungen vor der Abrechnung sind beteiligt: der Fachberater des Abrechnungsunternehmens, der Monteur bzw. technische Kundendienst, der Sachbearbeiter bei der Stammdatenanlage, der Gebäudeeigentümer und der Nutzer.

7.4.1 Plausibilitäten vor der Montage/Inbetriebnahme

Was wird geprüft: Der Fachberater prüft zunächst im Gespräch mit dem Gebäudeeigentümer und durch Besichtigung der Liegenschaft sowie der Heizungsanlage, nach Möglichkeit anhand eines Heizungsplanes, die meßtechnischen Voraussetzungen. Dieses qualifizierte Vorgehen auf der Basis der aktuellen Vorschriften führt zu einer wirtschaftlich wie technisch korrekten Wärmeerfassung und bildet die Grundlage für die erforderliche Abrechnungssicherheit. Die Systemdaten werden in ein meßtechnisches Blatt eingetragen, und bei Vorliegen der systembedingten Voraussetzungen wird die meßtechnische Ausstattung vorgeschlagen. (Bild 7.2 – 7.4)

7.4.2 Plausibilitäten bei der Montage/Inbetriebnahme

Zur Vereinfachung der Problematik sei in dem vorliegenden Beispiel davon ausgegangen, daß es sich um die Ausstattung mit Heizkostenverteilern nach dem Verdunstungssystem handele. Der zunächst Beteiligte ist der Monteur des Abrechnungsunternehmens. Er montiert die Heizkostenverteiler entsprechend den Vorschriften zu Montageart und -ort und nimmt die Heizkörperdaten auf. Dieser Schritt wird in der Praxis verschiedentlich zeitlich versetzt durchgeführt. Anschließend werden zunächst die genauen Heizkörperdaten ermittelt und bei einem zweiten Besuch die bereits fertig skalierten Geräte montiert.

An diesem Punkt setzt gewöhnlich die Kritik an der Arbeit der Abrechnungsfirmen ein. Die Qualifizierung der Monteure und die Sorgfalt bei der Ausführung dieser Arbeit wird häufig bezweifelt. Als Indiz dafür wird die Tatsache genannt, daß der Monteur ein umfangreiches Montagehandbuch zu Rate zieht, wenn es an die Bestimmung der technischen Daten des Heizkörpers geht. Hier muß man auf den Umstand verweisen, daß es mehr als 30 000 verschiedene Heizkörperausführungen in bezug auf Bauart und Größe gibt, die kein noch so gründlich geschulter Monteur ohne Bestimmungshilfsmittel richtig aufnehmen kann. Hierzu benötigt er Datenblätter, Bilder und Zeichnungen. Durch Maßverknüpfungen und andere Hinweise kann er dann den Heizkörper richtig bestimmen und die für die spätere Bewertung erforderlichen Parameter ermitteln.

7.4.3 Plausibilitäten nach der Montage/Inbetriebnahme

Bei der Stammdatenanlage werden die vom Fachberater ermittelten Liegenschaftsdaten, die für die spätere Abrechnung erforderlichen Grunddaten (Abrechnungszeitraum, Aufteilung in Grund- und Verbrauchskosten usw.), die Werte aus dem meßtechnischen Datenblatt mit den vom technischen Kundendienst bzw. dem Monteur aufgenommenen Werten nach persönlicher Vorprüfung in bezug auf Vollständigkeit, richtige Reihenfolge usw. in die Datenverarbeitung eingegeben.

Hier setzen nun weitere Prüfungen ein, von denen wegen der thematischen Begrenzung nur eine herausgegriffen werden soll, und zwar die bereits angesprochene richtige Identifizierung des Heizkörpers. Die dabei gewonnenen Werte sind für die Heizkostenabrechnung von großer Bedeutung, denn sie führen zur Leistungsbewertung und über die der jeweiligen Montageart entsprechenden Wärmeübergangs-Korrekturfaktoren zu den Produktenskalen (s. Abschnitt 5.5.2.4.).

Falsche Werte würden zu erheblichen Verbrauchsbewertungsabweichungen führen, wofür es in der Vergangenheit einige kritikwürdige Beispiele gab. Deshalb werden diese Werte heute mittels Datenverarbeitung auf Plausibilität überprüft.

Hierzu wurden von allen bekannten Heizkörperarten die speziellen Maßkombinationen gespeichert. Mit diesen werden bei der Eingabe die Daten der aufgemessenen Heizkörper automatisch verglichen. Beispiel: Den Heizkörper Art X vom Hersteller Y gibt es nur in der Maßkombination: Bauhöhe 1000 mm, Baulänge variabel, Bautiefe 105 mm usw. Hat der Monteur tatsächlich falsch gemessen und gibt die Bautiefe mit 110 mm an, dann wird diese Eingabe automatisch abgewiesen. Hat der Monteur sich bei der Identifizierung geirrt und statt Heizkörperart X die Bauart Z angegeben, dann wird die Eingabe ebenfalls abgewiesen, weil es die falsch erkannte Heizkörperart in dieser Maßkombination dann nicht geben kann. Die Folge einer Fehleingabe ist in jedem Fall ein Neuaufmaß.

Diese Kontrollmethoden werden heute in verschiedenen Varianten von allen seriösen Abrechnungsfirmen durchgeführt, weil man längst erkannt hat, daß Fehler in den Grundlagen der Abrechnung sich später bitter rächen.

Bereits im Vorfeld der Abrechnung wird der Gebäudeeigentümer wie auch der Mieter/Nutzer als zusätzliche Prüfinstanz einbezogen. Mit einem besonderen Informationsblatt werden neben den Grunddaten zur Abrechnungseinheit insbesondere auch die meßtechnischen Ausstattungsdaten dem Vermieter für die gesamte Abrechnungseinheit und dem Nutzer für seine Nutzereinheit detailliert bekanntgegeben. Die im Anhang 3 wiedergegebenen Richtlinien zur Durchführung der verbrauchsabhängigen Heizkostenabrechnung (Fassung vom 13.2.1990) enthalten ausführliche Anwei-

Abrechnungs- und anlagentechnische Diagnose – AAD

II. Allgemeine technische Daten

Auslegungstemperatur des Systems:
Vorlauf: t_v ________ °C
Rücklauf: t_r ________ °C

bei mehreren Kreisen:
s. Abrechnungstechn. Skizze

☐ Zweirohrsystem
☐ Einrohrheizung

Momentane Betriebstemperatur (gem. TAB)
Vorlauf: t_V ________ °C (Tauchhülse/Oberfläche)
Rücklauf: t_R ________ °C (Tauchhülse/Oberfläche)
Kessel: t_K ________ °C (Kessel-Thermostat)

Momentane Außentemperatur: ________ °C

☐ Fußboden-/Decken-/Wandheizung
☐ waagerecht ☐ je Nutzer ein Kreis
☐ senkrecht ☐ je Nutzer mehrere Kreise
☐ mehrere Nutzer je Kreis
☐ Heizkörper-3-Wege-Ventil

☐ Sonderheizsystem ________

Heizkörperarten:	HKV:	BH:	X-Maß:	M.punkt:
________	________	____	____	____ %
________	________	____	____	____ %
________	________	____	____	____ %

Vorhandene Anschlußart: 0 1 2 3 4 5 6 7 8 9

Kesselleistung lt. Typenschild: ________ in kcal/h; in kW

Fabrikat des Kessels: ________ Baujahr: ________

☐ Zentrale Warmwasserbereitung; Brauchwassertemperatur am Boiler: ________ °C

Vorhandene Wärmezähler

☐ WMI, beglaubigt am: ________ ☐ WMZ, beglaubigt am: ________
☐ WMF, beglaubigt am: ________ ☐ ________
☐ Sonstiges: ________

Vorhandene Wasserzähler/-verteiler

☐ Aufputzzähler, beglaubigt am: ________ ☐ Unterputzzähler, beglaubigt am: ________
☐ IMW (EAS/VAS), beglaubigt am: ________ ☐ IMK (EAS/VAS), beglaubigt am: ________
☐ Badewannenset, beglaubigt am: ________ ☐ Waschtischset, gelaubigt am: ________
☐ WKV-V-ista ☐ WKV-fremd, Fabrikat ________
☐ WKV-M Typ ________

Besichtigte Nutzeinheiten: ________ ________
Name, Vorname, Geschoß Name, Vorname, Geschoß

________ ________
Name, Vorname, Geschoß Name, Vorname, Geschoß

Bemerkungen zu II: ________

____

____

____

Bild 7.2 Abrechnungs- und anlagentechnische Diagnose, Teil 1

Abrechnungs- und anlagentechnische Diagnose – AAD

____

____

III. Nutzergruppentrennung (s. Abrechnungstechn. Skizze)

☐ Raumheizung

☐ Warmwasserbereitung

☐ Produktionswärme

☐ Luft-/kältetechnische Geräte (als Bestandteil der Heizungsanlage)

Art/Typ: ____

____

☐ Revisionspläne erhalten ☐ Lagepläne erhalten

Bemerkungen zu III: ____

____

____

____

____

IV. Ferner sind vorhanden:

☐ Außentemperaturabhängige Regelung

☐ Raumtemperaturabhängige Regelung

☐ Thermostatventile	☐ 100 %	☐ teilweise
☐ Wasserfilter		☐ mit ista-Wartung
☐ Dosieranlage		☐ mit ista-Wartung
☐ Wasserenthärtung		☐ mit ista-Wartung
☐ Heizungsschutz: Filter		☐ mit ista-Wartung
☐ Dosierung		☐ mit ista-Wartung

Bemerkungen zu IV: ____

____

____

____

____

Besonderheiten:

Nachträgliche Wärmedämmung	Sonstiges:
☐ an Fenstern: ________ Mon/Jahr;	Um-/Erweiterungsbauten ________
☐ an Wand: ________ Mon/Jahr;	Umbau/Reparatur an der Heizung ________
☐ an Dach: ________ Mon/Jahr;	Hohe/Lange Leerstände ________

Vertrieb: ______________________________ ; ________________

Name/Unterschrift Datum

Bild 7.3 Abrechnungs- und anlagentechnische Diagnose, Teil 2

Abrechnungstechnische Skizze

(Gepunktete Linien bitte gemäß tatsächlichen Gegebenheiten ausziehen. Vorhandene Meßgeräte in den Kreisen numerieren.)

Zentr. Warmwasserversorgung

Raumwärmeversorgung

Teilversorgung aus

Kreis 3	Kreis 2	Kreis 1
°C	°C	°C

Einzelne angeschlossene Nutzer je Nutzerkreis bzw. laufende Abnehmernummer laut ista-Montagekarte.

Verteilung nach Geräteart

Temperatur
Boiler | Vorlauf

Temperatur Rücklauf

Kreis 1	Kreis 2	Kreis 3	Kreis 4	Kreis 5
°C	°C	°C	°C	°C
°C	°C	°C	°C	°C

Solaranlage	Wärmepumpe	Wärmerückgewinnung	

Fortsetzung Blatt ______

Kessel Raumw.

Kessel Warmw.

Bitte ankreuzen:
- O Oel
- O Erdgas
- O Stadtgas
- O Fernwärme
- O Strom
- O Koks
- O Kohle
- O ______
- O ______

Anzahl Nutzer Wohnungen: ______	Gewerbe: ______	Sonstige: ______	Garagen: ______

Eingesetzte Meßgeräte

Fabrikat	Geräteart	Typ	Serien-Nummer	Anzeige in	Beglaubigungsjahr
O					
O					
O					
O					
O					
O					
O					
O					

Fortsetzung Blatt ______

Bemerkungen ______________________________

____

Geprüft: Techn.: ______________ Name/Unterschrift/Datum

Geprüft: Kaufm.: ______________ Name/Unterschrift/Datum

Bild 7.4 Abrechnungstechnische Skizze

sungen zur Erstellung solcher technischen Informationen für Gebäudeeigentümer/Verwalter. Die Mitgliedsunternehmen der Arbeitsgemeinschaft Heizkostenverteilung e.V. haben im Rahmen ihrer Leistungen Angaben über die Identifizierung und Merkmale der Heizungsanlage einerseits und die gerätetechnische Ausstattung zur Heizkostenverteilung andererseits zu führen. Diese sind in technischen Informationen zusammenzufassen. Um die Heizkostenabrechnung transparenter zu machen, stellen die Abrechnungsunternehmen ab 1.1.1987 für alle nach dem 1.1.1986 ausgerüsteten Anlagen ein technisches Informationsblatt nachstehenden Inhalts zur Verfügung, welches von den Auftraggebern generell oder im Einzelfall angefordert werden kann. Für die bis zum 31.12.1985 ausgerüsteten Anlagen können die technischen Informationen ebenfalls durch den Auftraggeber angefordert werden; diese Informationen können auch inhaltlich in anderer geeigneter Weise gegeben werden. Der Nutzer/Mieter kann die betreffenden technischen Daten beim Gebäudeeigentümer einsehen bzw. gegen Auslagenersatz anfordern. Die technischen Informationen müssen folgende Daten beinhalten:

Abrechnungseinheit

– Anschriften:	Abrechnungseinheit Hausverwaltung
– Versorgungsart:	Hauszentrale/Fernwärme
– Heizungsanlage:	Verteilungssystem Heizmedium Temperaturauslegung Versorgungsumfang
– Warmwasseranlage:	Versorgungsumfang
– Verbundene Anlage:	Verfahren Kostentrennung mit evtl. Warmwassertemperatur Heizwert Brennstoff
– Brennstoffart(en):	

Nutzeinheiten/Räume mit abweichender Temperaturauslegung

– Installierte Geräte:	Art(en) Anzahl Standort (wenn außerhalb der Abrechnungseinheit)
– Kostenaufteilung:	Hauptverteilung (Vorverteilung) Anzahl der Nutzergruppen

Nutzergruppe

– Bezeichnung der Nutzergruppe

- Kostenaufteilung: Unterverteilung
- Wärmezähler mit Standort, wenn außerhalb der Abrechnungseinheit
- Wasserzähler mit Standort, wenn außerhalb der Abrechnungseinheit

Nutzeinheit

- Name des Nutzers
- Identifizierung der Nutzeinheit (z.B. Lage, laufende Nummer oder Wohnungsnummer)
- Nutzergruppenzugehörigkeit

Größe und Art des Umlegungsmaßstabes für die Abrechnung der Grundkosten

- Daten der eingebauten Heizkörper
  Heizkörperart (nach DIN) oder Abmessungen
  Skalennummer oder Gesamtbewertungsfaktor
  Raumbezeichnung oder lfd. Nummer des Erfassungsgerätes
- Nennwärmeleistung nach DIN 4704 Teil 1 je Heizkörper
  (falls nicht ermittelbar, nach Herstellerangaben)
- weitere Erfassungsgeräte:
  Art – Anzahl

An den dargestellten Beispielen, Bilder 7.5, 7.6 und 7.7 kann man die daraus abzuleitenden Prüfmöglichkeiten deutlich erkennen.

Auch der aus Kostengründen häufig nebenberuflich tätige, aber gut geschulte Ableser gehört zur „Peripherie der Plausibilitätsprüfungen in der Abrechnung" und erfüllt Prüfaufgaben, die hier nicht im einzelnen dargestellt werden können. Beispielhaft seien genannt die Überprüfung von Lage und Bezeichnung der Wohnung, der Räume, der Heizkörper, die Prüfung der Zuordnung von Geräten anhand von Geräte- oder Skalennummern usw.

Auch diese etwas verkürzte Darstellung der Prüfungsmöglichkeiten vor der Abrechnung zeigt deutlich, daß hier ein unmittelbarer Zusammenhang mit den Plausibilitätsprüfungen besteht. Nur wenn die meßtechnischen Voraussetzungen stimmen, kann auch die spätere Abrechnung stimmen.

7.5 Plausibilitätsprüfungen in der Abrechnung

Auch hier ist zu unterscheiden: Wer prüft, und was wird geprüft? Dabei stellt sich die Frage: Was ist selbstverständlich und damit eigentlich nicht mehr erwähnenswert; was ist wünschenswert, aber nicht realisierbar; was wird bereits praktiziert, und welche Konsequenzen ergeben sich daraus?

7.5.1 Wer prüft

Aus der Häufung von Kundenbemerkungen zu fehlerhaften Abrechnungen wie: „Das hättet ihr doch merken müssen!“, kann man ableiten, daß eigentlich selbstverständliche und machbare manuelle bzw. visuelle Prüfungen angesichts des Mengenproblems unterbleiben. Das ist eine verständliche Reaktion bei entsprechendem Arbeitsanfall. Natürlich hätte es auffallen müssen, daß z.B. bei der Angabe „Brennstoffkauf 1000 Liter“ der zugeordnete Betrag nicht wie versehentlich angegeben 6000 DM, sondern nur 600 DM lauten darf. Außerdem hätte man bei der Übernahme der Ablesewerte merken müssen, daß z.B. der Ablesewert 50 bei der Produktenskale 20 gar nicht möglich ist usw. Wenn sich die Übernahme solcher fehlerhaften Angaben durch manuelle/visuelle Prüfungen nicht vollständig ausschließen läßt, dann darf die Frage nicht lauten: Wie kann der zuständige Sachbearbeiter schärfer kontrolliert bzw. zu mehr Aufmerksamkeit gezwungen werden? Sondern: Wie können solche Fehler durch Datenverarbeitungsverprobungen automatisch erkannt und damit gleichzeitig die Arbeit der Sachbearbeiter erleichtert werden?

7.5.2 Wann wird geprüft

Zunächst liegt es nahe, diese Frage eindeutig mit „sofort bei der Eingabe“ zu beantworten, was jedoch nur bedingt richtig ist. Über die Datenverarbeitung können sofort solche Daten wie Vollständigkeit der Ablesewerte, auch Verprobungen wie Ablesewert zu Skalenwert oder bei Brennstoffeinkäufen die Mengen-/Preisrelation geprüft werden. Aber schon bei der Ermittlung beispielsweise des Energieaufwandes je Quadratmeter der jeweiligen Liegenschaft oder beim Vergleich der Verbrauchskosten einer Wohnung zu den Kosten im Jahr vorher hört die Prüfmöglichkeit „sofort bei Eingabe“ auf. Hier müssen erst alle Daten der Liegenschaft eingegeben sein, bevor eine logische Abprüfung erfolgen kann.
Damit wird deutlich, daß die verschiedentlich erhobene Forderung, nach der bei Feststellung eines Fehlers die weitere Eingabe bzw. Bearbeitung dieser Liegenschaft automatisch bis zur Klärung des Fehlers verhindert werden müsse, so nicht realisiert werden kann und darf. Die weitere Bearbeitung sollte vielmehr trotz klärungsbedürftiger Positionen erfolgen, soweit diese die anschließenden Arbeitsgänge nicht von vornherein unmög-

B e t r e u u n g s - B e s t ä t i g u n g

Sie werden betreut von:

Liegenschaft: RHEINAUER RING 111
6700 LUDWIGSHAFEN

Liegenschafts-Nr.:
bei Rückfragen bitte angeben

Herrn
BAUMANN, CLAUS

AM WALDRAND 13

6700 LUDWIGSHAFEN

Mannheim, den

Sehr geehrter Kunde,

wir danken für den Auftrag zur Betreuung der o.g. Liegenschaft.

Soweit nachfolgend nichts anderes bestätigt wird, ist unsere Leistungsbeschreibung maßgebend. Hiervon abweichende Wünsche wollen Sie uns bitte innerhalb von 4 Wochen, unter Angabe der Liegenschafts-Nr., mitteilen. Darüberhinaus gelten die jeweils gültige Gebührenliste und die Geschäftsbedingungen als vereinbart.

Abrechnungszeitraum

Erste Abrechnung: vom bis
danach jährlich vom: bis des Folgejahres

Heizkostenabrechnung

Brennstoffart: ltr Öl

Heizkostenverteilung

50,0 % als Grundkosten nach m² Wohnfläche
50,0 % als Verbrauchskosten nach HKV-Einheiten

Warmwasserkostenabrechnung

Warmwasserkostenermittlung

Ermittlung der Warmwasserkosten nach § 9,Abs.2 der Heizkostenverordnung mit der Formel

$$\frac{2{,}5 \times m^3 \text{ Warmwasser} \times (TW-10)}{Hu}$$

Warmwasserkosten-Verteilung

50,0 % als Grundkosten nach m² Wohnfläche
50,0 % als Verbrauchskosten nach m³ Warmwasser

Vertragsdauer

Die Laufzeit beträgt 2 Jahre.

Der Vertrag verlängert sich danach um jeweils 1 Jahr, falls er nicht 3 Monate vor Ablauf gekündigt wird.

Mit freundlichen Grüssen

Bild 7.5 Betreuungsbestätigung

T e c h n i s c h e   D o k u m e n t a t i o n

Verwaltung:

Herrn
BAUMANN, CLAUS

AM WALDRAND 13
6700 LUDWIGSHAFEN

Liegenschaft: RHEINAUER RING 111
6700 LUDWIGSHAFEN

Liegenschafts-Nr.:

bei Rückfragen bitte angeben

Mannheim, den

Nutzer Stock-werk	Name Interne Verw.Nr. Raumbez.	Art	Skale Typ	Geräte Nr.	Heizkörper Art	Fabr.	Watt	Kc	Abmessungen in mm
0000	**ALLGEMEIN**								
	Waschküche	WZH		5485562					
0001 EG.	**ZIMMERMANN, PETER**								
	Bad	IMW	3-1,5	0841789					
	Bad	IMK	3-1,5	0546744					
	Toilette	HKV	Skale 03	0601	3.3.0		328	1,03	BL 480/BH 500/PL 1/BT 20/TL 33
	Bad	HKV	Skale 07	0602	1.1.1		814	1,00	GZ 11/BH 900/BT 80/GL 35
	Küche	HKV	Skale 21	0603	4.3.0	D10	2259	1,08	BL 900/BH 800/KZ 3/BT 75/TL 40
	Wohnzimmer	HKV	Skale 26	0607	4.3.0	D10	5522	1,08	BL 2200/BH 800/KZ 3/BT 75 TL 40
		HKV	Skale 25	0608					
	Schlafzimmer	HKV	Skale 22	0605	4.3.0	D10	2386	1,08	BL 1200/BH 600/KZ 3/BT 75 TL 40
0002 1. OG. 1	**BOLZ, FRANZ**								
	Bad	IMW	3-1,5	0847191					
	Bad	IMK	3-1,5	0546745					
	Toilette	HKV	Skale 03	0610	3.3.0		323	1,03	BL 480/BH 500/PL 1/BT 20/TL 33
	Bad	HKV	Skale 07	0611	1.1.1		814	1,00	GZ 11/BH 900/BT 80/GL 35
	Küche	HKV	Skale 07	0612	1.1.1		814	1,00	GZ 11/BH 900/BT 80/GL 35
	Schlafzimmer	HKV	Skale 19	0613	4.3.0	R08	2060	1,08	BL 900/BH 800/KZ 3/BT 75/TL 40
	Wohnzimmer	HKV	Skale 21	0614	4.3.0	R08	2289	1,08	BL 1000/BH 800/KZ 3/BT 75 TL 40
0003 1. OG. 2	**EGGER, HANS - PETER**								
	Bad	IMW	3-1,5	0841792					
	Bad	IMK	3-1,5	0546746					
	Wohnzimmer	HKV	Skale 21	0615	4.3.0	R08	2289	1,08	BL 1000/BH 800/KZ 3/BT 75 TL 40
	Schlafzimmer	HKV	Skale 19	0616	4.3.0	R08	2060	1,08	BL 900/BH 800/KZ 3/BT 75/TL 40
	Bad	HKV	Skale 07	0617	1.1.1		814	1,00	GZ 11/BH 900/BT 80/GL 35
	Toilette	HKV	Skale 03	0618	3.3.0		323	1,03	BL 480/BH 500/PL 1/BT 20/TL 33
	Küche	HKV	Skale 07	0619	1.1.1		814	1,00	GZ 11/BH 900/BT 80/GL 35

Erläuterungen:

Art HKV = Verdunstungsheizkostenverteiler
IMW = istameter Warmwasserzaehler
IMK = istameter Kaltwasserzaehler
WZH = Hauptwasserzaehler

kc = Bewertungsfaktor für Wärmekontakt zwischen Heizkörper und Heizkostenverteiler (DIN 4713 Teil 2).

Heizkörperart: 1.1.1 = Stahlradiator schmal
3.3.0 = Plattenheizkörper

Heizkörperart: 4.3.0 = Plattenkonvektor

Fabrikat: D10 = Diamond-Heizkörper
R08 = Reusch

Abmessungen: BL = BAULAENGE, BH = BAUHOEHE
BT = BAUTIEFE, GL = GLIEDLAENGE
GZ = GLIEDERZAHL, KZ = KENNZAHL
PL = PLATTENANZAHL, TL = TEILUNG

Diese Technische Dokumentation ist die Basis für die Messung des Wärmeverbrauchs und damit die Grundlage für die exakte Heizkostenabrechnung. Bitte prüfen Sie deshalb, ob diese Liste vollständig ist. Unstimmigkeiten teilen Sie bitte umgehend der zuständigen ista Niederlassung mit.

Bild 7.6 Technische Dokumentation

Nutzer-Dokumentation
Die Grundlagen
Ihrer Heizkostenabrechnung

Sehr geehrter Wohnungsinhaber,

diese Dokumentation gibt Ihnen

- allgemeine Informationen zur Ablesung und Abrechnung Ihrer Heizkosten (diese Seite)
- einen Überblick über die wichtigsten Meßgeräte und Heizkostenverteiler (letzte Seite)
- die Bestätigung der Grundlagen für Ihre Heizkostenabrechnung (Innenseiten). Bitte prüfen Sie diese Grunddaten besonders sorgfältig. Sie sind die Basis für Ihre Heizkostenabrechnung.

Ablesung und Abrechnung

1. Ablesebenachrichtigung

Die Ablesung der Meßgeräte und Heizkostenverteiler erfolgt jährlich zum Ende des vereinbarten Abrechnungszeitraumes. Den Ablesetermin teilen wir Ihnen individuell per Postkarte spätestens 8 Tage vorher mit, sofern mit der Hausverwaltung nichts anderes vereinbart wurde. Falls Sie selbst nicht anwesend sein können, geben Sie bitte Ihren Wohnungsschlüssel dem Hausmeister oder einem Nachbarn, denn nur durch eine straffe Terminplanung können wir eine einwandfreie Ablesung und Abrechnung sicherstellen, und die Ablesekosten niedrig halten.

2. Ablesung

Heizkörperverkleidungen und vor dem Heizkörper stehende Möbel behindern die Arbeit des Ablesers. Bitte helfen Sie mit, daß alle Meßgeräte und Heizkostenverteiler frei zugänglich sind, damit der Ableser auch die Termine bei Ihren Nachbarn ebenfalls pünktlich einhalten kann.

Bei neu montierten Heizkostenverteilern nach dem Verdunstungsprinzip werden bei der 1. Ablesung die Verbrauchsskalen in die Gerätedeckel eingesetzt. Diese berücksichtigen die unterschiedliche Wärmeabgabe und Bauart der einzelnen Heizkörper.

Wenn Sie die Ablesung kontrollieren wollen, gehen Sie mit dem Ableser mit und lesen Sie die Werte gemeinsam ab. Dann haben Sie die Sicherheit, daß alles stimmt.

3. Schätzung

Bei vergeblichen Ableseversuchen wird Ihr Verbrauch geschätzt. Dieses Verfahren ist in der DIN 4713, Teil 5, festgelegt.

Bei Heizkostenverteilern nach dem Verdunstungsprinzip wird dann zwangsweise auch die folgende Heizperiode geschätzt, da ja keine neue Meßampulle eingesetzt werden konnte.

4. Ausfall von Meßgeräten und Heizkostenverteilern

Sollten Geräte ausfallen, z. B. durch Beschädigung oder Austausch von Heizkörpern, informieren Sie uns bitte umgehend.

5. Vorjahreswerte

Die Ablesewerte der Heizkostenverteiler aus unterschiedlichen Abrechnungsperioden können nicht miteinander verglichen werden. Sie erlauben auch keinen Rückschluß auf die Wärmekosten. Da es sich hier um eine Verteilrechnung handelt und unterschiedliche Einkaufspreise sowie unterschiedliches Heizverhalten das Ergebnis erheblich beeinflussen, müssen die Kosten pro Wohnung jedes Jahr neu errechnet werden.

6. Einzelabrechnung

Sie erhalten Ihre Einzelabrechnung von der Hausverwaltung. Wenn Sie dazu Fragen haben, sollten Sie diese bis spätestens 6 Wochen nach Erhalt der Abrechnung mit der Hausverwaltung klären.

Bild 7.7 Nutzer-Dokumentation

Grunddaten Ihrer Abrechnung

Hausverwaltung:
BAUMANN, CLAUS
AM WALDRAND 13

6800 MANNHEIM

6700 LUDWIGSHAFEN

TEL. 0621/3904-0

Mannheim, den

Herrn/Frau/Firma
BAHM, ROLAND
RHEINAUER RING 111

6700 LUDWIGSHAFEN

Liegenschafts-Nr.: 15-111-1111/7
Nutzer-Nr.: : 0004
Liegenschaft: : RHEINAUER RING 111
6700 LUDWIGSHAFEN
Verwaltungs-Nummer :

Sehr geehrter Wohnungsinhaber,

Diese Dokumentation ist die Grundlage für die exakte Heizkostenabrechnung. Bitte prüfen Sie die Angaben deshalb sorgfältig. Bei Unstimmigkeiten hinsichtlich der installierten Erfassungsgeräte (1. Teil) wenden Sie sich bitte an die Firma   bei Fragen hinsichtlich der Heiz- und Warmwasserkostenabrechnung (2. Teil) setzen Sie sich bitte mit Ihrer Hausverwaltung in Verbindung.

1. Installierte Erfassungsgeräte

Raum	Gerät/Skale Abkürzungen		Geräte-/Heizkörperart s. Rückseite	Bewertung Fabr.	Watt	Kc	Geräte-Nr /Heizkörperabmessungen in mm
Bad	IMW		istameter Warmwasserzaehler				TYP 3-1,5 NR. 0841793
Bad	IMK		istameter Kaltwasserzaehler				TYP 3-1,5 NR. 0546747
Toilette	HKV	03	Plattenheizkörper		323	1,03	BL 480/BH 500/PL 1/BT 20 TL 33 NR. 0620
Bad	HKV	07	Stahlradiator schmal		814	1,00	GZ 11/BH 900/BT 80/GL 35 NR. 0625
Küche	HKV	07	Stahlradiator schmal		814	1,00	GZ 11/BH 900/BT 80/GL 35 NR. 0621
Schlafzimmer	HKV	19X	Plattenkonvektor		2076	1,08	BL 1200/BH 600/KZ 3/BT 75 TL 40 NR. 0622
Wohnzimmer	HKV	23	Plattenkonvektor		4844	1,08	BL 2200/BH 800/KZ 3/BT 75 TL 40 NR. 0623
	HKV	22					NR. 0624

kc: Bewertungsfaktor für Wärmekontakt zwischen Heizkörper und Heizkostenverteiler.

2. Heiz- und Warmwasserkostenabrechnung

Heizkostenverteilung

50,0 % als Grundkosten nach m² Wohnfläche
50,0 % als Verbrauchskosten nach HKV-Einheiten

Warmwasserkostenermittlung

Ermittlung der Warmwasserkosten nach § 9,Abs.2 der Heizkostenverordnung mit der Formel

$$\frac{2{,}5 \times m^3 \text{ Warmwasser} \times (TW-10)}{Hu}$$

Warmwasserkosten-Verteilung

50,0 % als Grundkosten nach m² Wohnfläche
50,0 % als Verbrauchskosten nach m³ Warmwasser

Mit freundlichen Grüssen

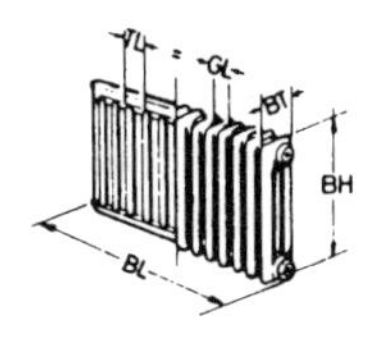

Zur Errechnung der Heizkörperleistung müssen je Heizkörpertyp verschiedene Abmessungen und Daten erfaßt werden. Diese Daten sind Berechnungsgrundlage. Alle Maße werden in Millimetern angegeben.
Dies sind z. B. für:

Gliederheizkörper aus Stahlblech Normalform (1.1.0)		Plattenheizkörper mit Konvektionsblech (4.2.0)	
Gliederzahl	GZ	Baulänge	BL
Bauhöhe	BH	Bauhöhe	BH
Bautiefe	BT	Kennzahl	KZ
Gliedlänge	GL	Bautiefe	BT
		Hersteller (Fabrikat)	FA

lich machen. So kann am Ende der Eingabe durchaus ein Fehlerprotokoll mit mehreren zu klärenden Punkten stehen, die sich dann in einem Arbeitsgang gesamtheitlich erledigen lassen. Die Alternative wäre ein möglicherweise mehrfaches Abbrechen des Abrechnungsvorganges und eine nicht zu verantwortende Zeitverzögerung.

7.5.3 Was wird geprüft

Im gesamten Bereich „Abrechnung" sind so viele Kreuz- und Querverprobungen, logische Abprüfungen, Vollständigkeits- und Zugehörigkeitsprüfungen möglich, daß sich schon daraus wieder neue Probleme ergeben würden. Das Ziel lautet aber nicht, möglichst viele Prüfungen einzurichten, sondern Fehler zu erkennen und diese zu verhindern bzw. weitgehendst zu reduzieren.

7.6 Mindestanforderungen an die Heizkostenabrechnung

Das Thema „Heizkostenabrechnung nach dem ermittelten Verbrauch“ betrifft neben dem für die HeizkostenV zuständigen Bundesministerium für Wirtschaft auch die verschiedenen Interessenverbände, wie z.B. die Vertreter der Mieter bzw. Verbraucher, der Haus- und Grundstückseigentümer, der gemeinnützigen Wohnungswirtschaft, der Verwalter und der Abrechnungsfirmen. Jeder dieser Interessenvertreter betrachtet die Heizkostenabrechnung im Sinne der von ihm vertretenen Gruppe. Dies führt zu unterschiedlichen, voneinander abweichenden Vorstellungen über die Art der Heizkostenabrechnung, der Prüfverfahren und zu anderen Darstellungs- und Inhaltswünschen. Aus den sich hieraus ergebenden Forderungen ein einheitliches Prüfverfahren abzuleiten, erschien bis vor kurzem kaum lösbar. Trotzdem ist es gelungen, unter Zurückstellung der eigenen Maximalvorstellungen die Grundlagen für eine fehlerfreie, verständliche und nachvollziehbare Abrechnung zu definieren.

Die beteiligten Institutionen haben die bei der verbrauchsabhängigen Heizkostenabrechnung in der Praxis aufgetretenen Probleme ausführlich analysiert. Dabei wurden, nicht zuletzt im Interesse der unmittelbar betroffenen Mieter und Vermieter, in enger Zusammenarbeit wesentliche Beschlüsse gefaßt. Die vorgestellten Plausibilitätskontrollen sind ein Teil der für notwendig erachteten und beschlossenen Maßnahmen.

Die Arbeitsgemeinschaft Heizkostenverteilung e.V. hat, da bei der Vielfalt der technischen Details nicht alle abrechnungstechnischen Varianten in Verordnungen und technischen Regeln erfaßt werden können, für offene Fragen der verbrauchsabhängigen Heiz- und Warmwasserkostenabrechnung Richtlinien erarbeitet und – nach Beratung mit interessierten Verbänden – für die Mitgliedsfirmen verbindlich erklärt.

Die von der Bundesregierung erlassenen Rechtsvorschriften

– HeizkostenV	(BGBl. I S. 115 vom 20.01.1989)
– NeubaumietenV	(BGBl. I S. 109 vom 19.11.1989)
– AltbaumietenV Berlin	(BGBl. I S. 1472 vom 28.10.1982)
– AVB Fernwärme	(BGBl. I S. 109 vom 19.01.1989)

bilden neben den anerkannten Regeln der Technik (DIN 4713) die Grundlagen für die Durchführung der verbrauchsabhängigen Abrechnung der Heiz- und Warmwasserkosten.

Mit der Veröffentlichung der im folgenden Text als „Richtlinien“ bezeichneten Mindestanforderungen soll sichergestellt werden, daß die Erstellung der Heiz- und Warmwasserkostenabrechnungen einheitlich durchgeführt wird und alle beteiligten Stellen in die Lage versetzt werden, auf der Grundlage bestehender Normen und dieser Richtlinien die Richtigkeit der Abrechnungen nachzuvollziehen. Die Ergebnisse der

Ausarbeitung sind sowohl eine Bestätigung der bereits eingeführten Verbesserungen als auch ein Ansporn zur Realisierung, wo dies noch nicht geschehen ist.

7.6.1 Anforderungen an eine Heizkostenabrechnung

Unabhängig von den Mindestangaben in der Heizkostenabrechnung gemäß DIN 4713 Teil 5 muß jede Abrechnung die nachfolgenden Bedingungen zu Form, Inhalt und Fristen erfüllen. Die Heizkostenabrechnung muß:

- ordnungsgemäß sein
- verständlich sein
- bei Beherrschung der vier Grundrechenarten nachvollziehbar sein
- in angemessener Frist vorliegen
  - bei preisgebundenem Wohnraum: spätestens neun Monate nach Ende Abrechnungszeitraum
  - bei nicht preisgebundenem Wohnraum: schnellstmöglich, spätestens Ende nächster Abrechnungszeitraum
- jährlich erfolgen, in der Regel 12-Monats-Zeitraum, bei Abweichung vorherige Information der Mieter
- bestimmte Mindestangaben enthalten (gem. DIN 4713 Teil 5)

7.6.2 Mindestangaben in den Heizkosten-/ Warmwasserkostenabrechnungen (nach DIN 4713 Teil 5)

Die Verordnung über die verbrauchsabhängige Abrechnung der Heiz- und Warmwasserkosten (HeizkostenV in der Fassung vom 19.1.1989) schreibt vereinfacht dargestellt vor, daß nach dem gemessenen Verbrauch abgerechnet werden muß. In der Norm DIN 4713 – hier Teil 5 – wird auf der Basis der Verordnungstexte erläutert, wie das zu geschehen hat.

Da durch die Neufassung der Verordnung durch Anpassung der Abrechnungsrichtlinien der Abrechnungsunternehmen und neue Anforderungen bzw. Erkenntnisse aus der Praxis auch die abrechnungstechnischen Rahmenbedingungen berührt werden, wird die seit Dezember 1980 geltende Norm DIN 4713 Teil 5 derzeit aktualisiert.

Eine Abrechnung über Heiz- und/oder Wassererwärmungskosten muß folgende Mindestangaben enthalten (s. Bild 7.8):

a) Vertragspartner
   - Nutzer, Name und Anschrift
b) Abrechner
   - mit Durchführung der Abrechnung beauftragte Firma

E I N Z E L A B R E C H N U N G

Abrechnungsdienst A B C

ABSENDER:
BAUMANN, CLAUS

AM WALDRAND 13
6700 LUDWIGSHAFEN

(b)

ABC Liegenschafts-Nr.: 15-111-1111/7
ABC Nutzer-Nr.: 0001/0

(c) Abrechnung erstellt am: 10.01.90
Abrechnungszeitraum: 1.01.89 - 31.12.89

EG. (a)

Herrn/Frau/Firma
ZIMMERMANN, PETER
RHEINAUER RING 111

6700 LUDWIGSHAFEN

A U F S T E L L U N G D E R G E S A M T K O S T E N

Brennstoffkosten	Datum	ltr Öl	Betrag
Rest aus Vorjahr	31.12.88	4500	2720,00
Rechnung	15.03.89	3500	1510,00
Rechnung	22.08.89	3000	1360,00
abzügl. Endbestand	31.12.89	-2000	-906,66
(d)			
Brennstoffkosten Summe		9000	4683,34

Kostenart	Datum	Betrag	Betrag
Brennstoffkosten Übertrag			4683,34
Heiznebenkosten			1409,19
Betriebsstrom	28.06.89	750,00	
Wartungskosten	23.01.89	420,80	
Emissionsmessung	14.03.89	33,87	
Geb. Verbrauchserfass		204,52	
Kosten Heizanlage (e)			6092,53
Gebühren/Nebenkosten (s. Ziff. 2)			13,40
Gesamtkosten der Liegenschaft			6105,93

I H R E A B R E C H N U N G

Aufteilung der Gesamtkosten von		Gesamtbetrag :	Gesamteinheiten =	Betrag/ Einheit	× Ihre Einheit.	= Ihre Kosten
1. Heiz- und Warmwasserkosten	6105,93					
Heizkosten (f)	5166,47					
davon 50% Grundkosten Heizung	=	2583,24 :	281.00 m² Wohnfläche =	9.1930 ×	105.50 =	969,86
50% Verbrauchsk. Heizung	=	2583,23 :	283.00 HKV-Einheiten =	9.1280 ×	83.20 =	759,45
Warmwasserkosten (h)	926,06					
davon 50% Grundk. Warmwasser	=	463,03 :	281.00 m² Wohnfläche =	1.6477 ×	105.50 =	173,84
50% Verbrauchsk. Warmw.	=	463,03 :	121.64 m³ Warmwasser =	3.8065 ×	42.30 =	161,02

Warmwasserkostenermittlung; Erwärmung auf 55 Grad C lt. Formel § 9 Heizkostenverordnung

2,5 × 121,6 m³ × (55°C-10)
------------------------------- = 1368 ltr. Öl
10,00

= 15,2% des Verbrauchs. 15,2% der Kosten Heizanlage von 6092,53 DM = 926,06 DM

Ihre Heiz- und Warmwasserkosten						= 2064,17
2. Gebühren/Nebenkosten	13,40					
Gebühr Kaltwasserz.	=	13,40 :	4.00 St. Wohneinheit =	3.3500 ×	1.00 =	3,35
Ihre Hausnebenkosten						= 3,35

(i)

Ihre Gesamtkosten	=	2067,52
Abzüglich Vorauszahlung	=	1800,00
Nachzahlung	=	267,52

Rückfragen richten Sie bitte an den Absender.

Bild 7.8 Musterabrechnung nach DIN 4713

c) Zeitraum
   - Abrechnungszeitraum
   - Nutzungsdauer, wenn vom Abrechnungszeitraum abweichend
d) Brennstoffverbrauch und -kosten
   Brennstoffverbrauch und -kosten werden in Abhängigkeit der Versorgungsart angegeben
   - bei leitungsgebundener Versorgung:
     die bezogenen Mengen und Kosten
     Durchschnittsverbrauch der Abrechnungseinheit
   - bei nicht leitungsgebundener Versorgung:
     die Menge und die Kosten von Anfangsbestand (= Endbestand Vorjahr)
     Zukaufmenge (möglichst jede Lieferung einzeln aufführen)
     Endbestand
     Gesamtverbrauch
     Durchschnittsverbrauch der Abrechnungseinheit
e) weitere Kosten und ihre Trennung
   - Einzelkosten nach Entstehungsgrund/Entstehungsart (gegebenenfalls Kennzeichnung der nicht einheitlich entstandenen Kosten bei verbundenen Anlagen)
f) Betriebskostentrennung bei verbundenen Anlagen
   - Trennung des Brennstoffverbrauchs für Raumheizung und Wassererwärmung mit Berechnung und/oder Erläuterung
g) Vorwegabzug
   - Kosten für nicht gleichartige Nutzeinheiten (z.B. Gewerbeobjekt, Garagen usw.)
   - Kosten für Bauheizung bei Erstbezügen
   - Wärmelieferung an Dritte
   - Sonstiges
h) Teilung
   - Aufteilung des Umlegungsbetrages in verbrauchsabhängige und nicht verbrauchsabhängige Teile
   - Bezugsbasis der Verteilung nach Art und Anzahl der Einheiten
   - Preis je Einheit
   - Anzahl der Einheiten des Nutzers an der Bezugsbasis
   - Anteilige Kosten des Nutzers
i) Abrechnungsergebnis
   - Gesamtkosten je Nutzer
   - Vorauszahlung (Soll oder Ist)
   - Saldo
k) Zusätzliche Hinweise
   Die zusätzlichen Hinweise dienen Hausverwaltung und Wohnungsnutzern dazu, besondere Tatsachen im Verbrauch und in der Abrechnung zu erkennen.
   Insbesondere sind der Hausverwaltung folgende zusätzlichen Angaben zu machen über:

- Energieverbrauch der Heizung, bezogen auf den festen Maßstab der Abrechnungseinheit
- Energieverbrauch für Wassererwärmung (bei verbundenen Anlagen angegeben als zusätzlicher flächenbezogener Energieverbrauch), bezogen auf den festen Maßstab der Abrechnungseinheit

Die zusätzlichen Hinweise und die gesamten Abrechnungsunterlagen der Abrechnungseinheit müssen dem Nutzer (Mieter) beim Gebäudeeigentümer zugänglich sein. Die Auskunftspflicht ergibt sich aus allgemeinen Rechtsgrundsätzen.

Eine auf diesen Mindestanforderungen basierende Abrechnung ist im Bild 7.5 beispielhaft wiedergegeben. Es handelt sich um eine im Laserdruckverfahren erstellte Einzelabrechnung (auch Abnehmer- oder Nutzerabrechnung genannt). Der Vorteil dieses Druckverfahrens liegt in seiner Individualität, d.h., daß auf der jeweiligen Abrechnung nur die Daten und Kostenpositionen aufgenommen werden, die auch tatsächlich für diese Liegenschaft relevant und angefallen sind. Allgemeinverbindliche Informationen und Erklärungen für den Empfänger können auf der Rückseite der Abrechnung oder auf einem separaten Blatt abgedruckt werden. Damit bleibt die eigentliche Abrechnung frei für das Wesentliche und erleichtert dem Empfänger das Verständnis und die Kontrolle seiner Abrechnung. Die in Abschnitt 7.6.2 unter Punkt a) bis k) geforderten Mindestangaben sind in Bild 7.8 entsprechend markiert.

7.6.3 Auszug aus den Richtlinien der Arbeitsgemeinschaft

In den Richtlinien zur Durchführung der verbrauchsabhängigen Heizkostenabrechnung (vgl. Anhang 9.4) wurden die Mindestanforderungen gemäß DIN 4713 Teil 5 zum Teil präzisiert sowie ergänzt. Insbesondere im Bereich der Plausibilitätsprüfungen sind neue und, wie im weiteren Text nachvollziehbar, wichtige und unverzichtbare Regelungen bzw. Bestimmungen eingefügt worden.

Die Abrechnungsunternehmen verbessern die Transparenz der Zuordnung von Heizkostenverteilern zu bestimmten Heizkörpern und ihrer Bewertung.

Dazu wurden Mindestanforderungen festgelegt, die sich aus der nachfolgenden Zusammenstellung ergeben.

Informationen des Abrechnungsunternehmens über die technischen Grundlagen des Abrechnungsobjektes:

1. Abrechnungseinheit

– Anschriften	Abrechnungseinheit (AE) Hausverwaltung
– Versorgungsart	Hauszentrale/Fernwärme

- Heizungsanlagen
  - Verteilungssystem
  - Heizmedium
  - Temperaturauslegung
  - Versorgungsumfang
- Warmwasseranlage
  - Versorgungsumfang
- Verbundene Anlage
  - Verfahren Kostentrennung mit evtl. Warmwassertemperatur
- Brennstoffart(en)

2. Nutzereinheiten/Räume mit abweichender Temperaturauslegung
   - Installierte Geräte
     - Art(en)
     - Anzahl
     - Standort (wenn außerhalb der Abrechnungseinheit)
   - Kostenaufteilung
     - Hauptverteilung (Vorverteilung)
     - Anzahl der Nutzergruppe

3. Nutzergruppe
   - Bezeichnung der Nutzergruppe
   - Kostenverteilung: Unterverteilung
   - Wärmezähler mit Standort, wenn außerhalb der Abrechnungseinheit
   - Wasserzähler mit Standort, wenn außerhalb der Abrechnungseinheit

4. Nutzeinheit
   - Name des Nutzers
   - Identifizierung der Nutzereinheit (z.B. Lage, laufende Nummer oder Wohnungsnummer)
   - Nutzergruppenzugehörigkeit

5. Größe und Art des Abrechnungsmaßstabes für die Abrechnung der Grundkosten

6. Heizkörpererkennung und Zuordnung der Heizkostenverteiler zum Heizkörper
   - Daten der eingebauten Heizkörper
     - Heizkörperart (nach DIN) und Abmessungen
     - Nennwärmeleistung nach DIN 4704 Teil 1 je Heizkörper (falls nicht ermittelbar, nach Herstellerangaben)
   - Daten der Heizkostenverteiler
     - Skalennummer oder Gesamtbewertungsfaktor
   - Raumbezeichnung, lfd. Nummer oder Nummer des Erfassungsgeräts
   - weitere Erfassungsgeräte
     - Art – Anzahl

7.6.4 Plausibilitätsprüfungen

Um *etwaige Fehler der verbrauchsabhängigen* Heizkostenabrechnung möglichst frühzeitig zu erkennen, führen die Abrechnungsunternehmen spezielle Plausibilitätsprüfungen nach dem folgenden Ablauf durch.

Die Abrechnungsunternehmen werden im Zuge der Erstellung der verbrauchsabhängigen Heizkostenabrechnung neben ihren *sonstigen Prüfungen mindestens folgende* Plausibilitätskontrollen durchführen:

Untersuchungsgegenstand	Maßstab
1. Veränderungen zu den Vorjahreswerten Anmerkung Grenzwerte bei erstmaliger Abrechnung: Heizung und Warmwasser: 360 kWh/m^2a bzw. 36 l Öl/m^2a nur Heizung: 320 kWh/m^2a bzw. 32 l Öl/m^2a	+/- 25 %

1.1 Flächenbezogener Energieverbrauch der Abrechnungseinheit
1.2 Anteil Energieverbrauch für Warmwasser am Gesamtenergieverbrauch bei verbundenen Heizungsanlagen
1.3 Anteil Heiznebenkosten an den Brennstoffkosten
1.4 Anteil Stromkosten der Heizungsanlage an den Brennstoffkosten
2. Periodengerechte Lieferdaten (Abrechnungszeitraum)
3. Anteil des Energieverbrauchs für Warmwasser am Gesamtenergieverbrauch: 8 bis 30 %. Die Höhe des Anteils ist abhängig von der Anzahl der beteiligten Wohneinheiten
4. Anteil der Heiznebenkosten an den Brennstoffkosten: < 20 %, wenn AE < 500 m^2; = < 15 %, wenn AE > 500 m^2
5. Anteil der Stromkosten der Heizungsanlage an den Brennstoffkosten: = < 8 %

Anmerkung: Die prozentualen Anteilswerte für Heizungsnebenkosten sind vom durchschnittlichen Kaufpreis für das Heizöl abhängig. Die vorgenannten Grenzwerte basieren auf einem Preis von 60 DM je 100 l. Sie sind gemäß Bild 7.9 anzupassen.

Die Anteile für Stromkosten sind im gleichen Verhältnis anzupassen.

7.7 Abweichungen von den Grenzwerten

a) Werden die nachstehend genannten Werte über- bzw. unterschritten, so überprüft die Abrechnungsfirma zunächst intern das Ergebnis.

b) Können die Gründe für die Über- bzw. Unterschreitung der Werte nicht geklärt werden, rechnet das Abrechnungsunternehmen nach Datenlage ab und teilt dem Auftraggeber (z.B. Gebäudeeigentümer/Hausverwalter) die betreffenden Daten zum Zwecke der Überprüfung mit. Der Auftraggeber wird veranlaßt, die Daten gegebenenfalls zu berichtigen. Das Abrechnungsunternehmen empfiehlt, die Nutzer hierüber zu informieren. Sie sieht in solchen Fällen davon ab, Abrechnungen direkt an die Nutzer zu versenden.

c) Werden bei erstmaliger verbrauchsabhängiger Abrechnung die unter 1. genannten Werte überschritten, so findet das in a) und b) genannte Verfahren entsprechende Anwendung. Werden diese Werte auch bei späteren Abrechnungen überschritten, ohne daß sich der Auftraggeber bei der erstmaligen Abrechnung geäußert hat, oder konnten die zu überprüfenden Punkte bei dieser Abrechnung nicht aufgeklärt werden, so verfährt die Abrechnungsfirma nach b).

Zur Verdeutlichung zwei Beispiele:

1. In den Unterlagen einer Abrechnungsperiode vom 1.1. bis 31.12. ist eine Brennstoffrechnung mit Datum 10.1. des Folgejahres enthalten. Im Rahmen der Plausibilitätsprüfung würde dies als Fehler erkannt und eine Klärung erforderlich. Ist eine Klärung nicht möglich, würde nach Datenlage abgerechnet werden und der Auftraggeber aufgefordert werden – evtl. mit der Gesamtrechnung –, die Richtigkeit der Einbeziehung dieser Rechnung in den Abrechnungszeitraum vor Weitergabe der Einzelabrechnungen an die Nutzer zu überprüfen. Die Kontrollmöglichkeit des Nutzers bleibt erhalten, da auf seiner Rechnung ebenfalls das fragliche Datum erscheint und er sich im Zweifel durch Einblick in die Originalrechnung Klarheit verschaffen kann.

2. Bei einer Abweichung z.B. des Anteils der Stromkosten für die Heizungsanlage an den Brennstoffkosten vom Grenzwert > 8 % wird sinngemäß verfahren. Die Abweichung mag durchaus berechtigt sein; sie wird in jedem Fall zunächst als Fehler erkannt und entsprechend behandelt. Das Aufzeigen der Abweichung gibt dem Hauseigentümer/Verwalter die Möglichkeit, die Anlage zu überprüfen oder gegebenenfalls einen Zwischenzähler einzubauen.

Durch die frühzeitige Klärung abrechnungstechnischer Besonderheiten sowie falscher Werte oder Daten wird weitgehend vermieden, daß möglicherweise falsche Abrechnungen in gutem Glauben an die Nutzer gelangen und der Ausgleich von Guthaben und Nachzahlungen auf falscher Basis erfolgt.

DM je 100 l	< 500 m²	> 500 m²
40 50	25 % 23 %	20 % 18 %
60	20 %	15 %
70 80 90	19 % 18 % 18 %	14 % 13 % 13 %

Bild 7.9 Prozentuale Anteilwerte für Heizungsnebenkosten.
Die Anteile für Stromkosten sind im gleichen Verhältnis anzupassen.

7.8 Anteil des Energieverbrauchs für Warmwasser am Gesamtenergieverbrauch bei verbundenen Anlagen

Für die unter Punkt 3 der Plausibilitätsprüfungen genannte Ermittlung und Kontrolle des Anteils des Energieverbrauchs für Warmwasser am Gesamtenergieverbrauch muß zunächst der Brennstoffverbrauch für die Brauchwassererwärmung ermittelt werden. Dies erfolgt überschläglich gemäß HeizkostenV § 9 Abs. 2 nach der folgenden Gleichung:

$$B = \frac{2{,}5 \cdot \mathrm{V}\ (\mathrm{t_w} - 10)}{H_\mathrm{u}}$$

Hierin ist:

B Brennstoffverbrauch im Abrechnungszeitraum in l
V Im Abrechnungszeitraum erwärmtes Wasservolumen in m^3
t_w Warmwassertemperatur (10 °C Kaltwassertemperatur) in °C
H_u Heizwert des eingesetzten Brennstoffes in kWh/Brennstoffeinheit (s. Bild 7.7)
2,5 Konstante (s. Abschnitt 1.3.20)

Beispiel: Im Abrechnungszeitraum wurden 103 m^3 Wasser auf eine Temperatur von z.B. 60 °C erwärmt. Setzt man diese Werte in die Formel ein, so erhält man das Ergebnis für die Brauchwassererwärmung.

$$B = \frac{2{,}5 \cdot 103{,}0 \cdot (60 - 10)}{10} = 1287{,}5 \text{ Liter Öl}$$

Ist der Energieverbrauch anteilmäßig in einer Fernwärmeanlage zu berechnen, so wird dies nach Abs. 3 mit folgender Formel berechnet, wenn kein Wärmezähler installiert, wohl aber die Wassermenge bekannt ist:

$$\mathrm{Q} = 2{,}0 \cdot \mathrm{V}(\mathrm{t_w} - 10)$$

Hierin ist:

Q Energieverbrauch im Abrechnungszeitraum in kWh
V wie oben
t_w wie oben
2,0 Konstante (s. Abschnitt 1.3.20)

Beispiel: Im Abrechnungszeitraum wurden 55 m^3 über einen Wärmetauscher auf 50 °C erwärmt. In die Formel eingesetzt, ergibt sich für die Warmwasseraufbereitung ein Energieverbrauch von:

$$\mathrm{Q} = 2{,}0 \cdot 55 \cdot (50 - 10) = 4.400 \text{ kWh}$$

Der Brennstoffverbrauch für die Warmwassererwärmung kann, wenn ein genaueres Ergebnis gefordert wird, auch gemäß VDI 2067, Blatt 4, berechnet werden. Eine weitere Möglichkeit für die überschlägliche Ermittlung bietet die in Bild 7.7 enthaltene Tabelle aus DIN 4713, Teil 5. Kann das

Volumen des verbrauchten Warmwassers nicht gemessen werden, ist als Brennstoffverbrauch der zentralen Warmwasserversorgungsanlage ein Anteil von 18 vom Hundert der insgesamt verbrauchten Brennstoffe zugrunde zu legen.

Brennstoffbedarf „B_t“ bzw. Wärmebedarf „W_t“ für die Erwärmung von 1 m^3 Trinkwasser von 10 °C auf mittlere Wassertemperatur von 45/50/55 bzw. 60 °C.

Brennstoff		Heizwert H_u [1] in kWh je Brennstoff-Einheit	Brenn-stoff-Einheit	Brennstoffbedarf B_t bei mittlerer Temperatur Warmwasser in °C			
				45	50	55	60
Heizöl nach DIN 51 603 Teil 2	EL	≈ 10	11	8,8	10,0	11,3	12,5
Erdgas		7,9		11,1	12,7	14,2	15,8
nach VDI 2067	L	bis 10,1	1 m^3 [*]	8,7	9,9	11,1	12,4
Blatt 1 Tafel 14	H	9,42		9,3	10,6	11,9	13,3
		bis 11,86		7,4	8,4	9,5	10,5
Stadtgas		4,2		20,8	23,8	26,8	29,8
nach VDI 2067	A	bis 4,9	1 m^3 [*]	17,9	20,4	23,0	25,5
Blatt 1 Tafel 14	B	4,42		19,8	22,6	25,5	28,3
		bis 5,23		16,7	19,1	21,5	23,9
Brechkoks	1	8,02		10,9	12,5	14,0	15,6
nach VDI 2067	2	7,8	1 kg	11,2	12,8	14,4	16,0
Blatt 1 Tafel 13	3	7,44		11,8	13,4	15,1	16,8
Braunkohle Briketts		5,5	1 kg	7,9	9,0	10,1	11,3
Braunkohle Hochtemp. Koks		8,0	1 kg	11,4	13,1	14,7	16,4
Fernwärme				Wärmebedarf W_t			
			kWh	70	80	90	100

[1] Zwischenwerte können durch Interpolation ermittelt werden.

[*] Bei Brennstoff Gas sollte der Heizwert H_u beim Gasversorgungsunternehmen erfragt werden, da er meist niedriger ist als der im Liefervertrag genannte Wert.

Bild 7.10 Ermittlung des Brennstoffbedarfs

7.9 Weitere Anforderungen

Die Richtlinien enthalten ferner die Forderung, in der Gesamtabrechnung den durchschnittlichen Brennstoffverbrauch der Abrechnungseinheit je Quadratmeter und Jahr anzugeben.

Auch die Eignung der Verbrauchserfassungsgeräte ist gründlich zu prüfen. Insbesondere sind neue Erkenntnisse über die Einsatzgrenzen der Heizkostenverteiler nach dem Verdunstungsprinzip zu beachten. Dies bedarf der Zusammenarbeit und gegenseitigen Information zwischen Auftraggeber und Abrechnungsunternehmen. Technische Änderungen an der Heizungsanlage sind vom Auftraggeber unverzüglich bekanntzugeben, damit die Abrechnungsfirma überprüfen kann, ob die meßtechnische Ausstattung noch geeignet ist, und erforderlichenfalls Ausstattungen anbietet, die dem geänderten Heizsystem entsprechen. In den Richtlinien ist zu den Punkten Wartung der meßtechnischen Ausstattung und Montagepunkt für Heizkostenverteiler konkret ausgeführt:

Einheitlicher Leistungsumfang für die Wartung der Ausstattungen zur Verbrauchserfassung

Die Wartung beinhaltet:

1. Feststellung des Istzustandes der Heizungsanlage und der Ausstattung zur Verbrauchserfassung durch Neuaufnahme gemäß dem Grunddatenblatt (Technische Information der Abrechnungsunternehmen über die Grundlagen der Bewertung bei Heizkostenverteilern).
2. Ermittlung des Sollzustandes der Ausstattung zur Verbrauchserfassung nach den anerkannten Regeln der Technik gemäß den gesetzlichen Vorschriften und verbindlichen Beschlüssen der ARGE-Heizkostenverteilung e.V.
3. Soll-Ist-Vergleich mit Feststellung der erforderlichen Maßnahmen für die Ausstattung zur Verbrauchserfassung.

Einheitlicher Montagepunkt für Heizkostenverteiler nach dem Verdunstungsprinzip

In der im März 1990 erschienenen, neu überarbeiteten DIN 4713 Teil 2, Punkt 4.2.3, ist der Befestigungsort von Heizkostenverteilern nach dem Verdunstungsprinzip im oberen Drittel der Bauhöhe des Heizkörpers festgelegt worden. In Ergänzung hierzu beschließt die Arbeitsgemeinschaft für ihre Mitgliedsunternehmen einen einheitlichen Montagepunkt für Heizkostenverteiler nach dem Verdunstungsprinzip bei Radiatoren (Glieder-, Rohr- und Plattenheizkörper) von 75 % der Bauhöhe des Heizkörpers bezogen auf die Gerätemitte.

Die weiteren Regeln bleiben unberührt.

Dieser Montagepunkt entspricht dem Stand der Technik.

Die Ausarbeitung enthält weiter konkrete Arbeitsbeschreibungen zur Ablesung der Verbrauchsanzeigen, eine Darstellung der Anforderungen an die Erstellung der Heizkostenabrechnung in bezug auf Terminierung, Formulargestaltung, Regelung der Verbrauchsschätzungen und die Ausführungen über Maßnahmen beim Nutzerwechsel.

Um sicherzustellen, daß die Ablesung der Verbrauchsanzeigen termingerecht und kostengünstig durchgeführt werden kann, kündigen die Abrechnungsfirmen den Ablesetermin mindestens 10 Tage im voraus an. Dabei ist ein in etwa gleicher 12-Monats-Abstand einzuhalten. Die Nutzer werden entweder einzeln oder durch Aushang an gut sichtbarer Stelle, z.B. im Treppenhaus, benachrichtigt.

Der Inhalt der Ankündigung muß mindestens folgende Angaben enthalten:

a) Tag der Ablesung mit Zeitraumangabe.

b) Hinweise auf die Kontrollmöglichkeit der Ableseergebnisse durch den Nutzer: vorherige Ablesung, Vergleich der durch den Nutzer und den Ableser ermittelten Ergebnisse und Hinweis darauf, daß Differenzen möglichst an Ort und Stelle geklärt oder auf dem Ableseformular vermerkt werden sollen.

c) Für die Ablesung erforderliche Hinweise, z.B.: jährlicher Wechsel der Kontrollfarbe, Wechsel der Batterie, Ablesemöglichkeiten (maßgeblicher Flüssigkeitsstand usw.).

d) Name, Anschrift und Telefon des Ablesers bzw. des Abrechnungsunternehmens.

Für die beim ersten Ablesetermin nicht zugänglichen Wohnungen wird, sofern keine individuelle Abstimmung vorgenommen wird, im Abstand von mindestens 14 Tagen ein zweiter Ablesetermin durchgeführt, der auch den Zeitraum nach 17 Uhr mit einschließen soll.

Erfolgt die Terminvorgabe für die Zweitablesung durch Einzelbenachrichtigung, so ist darin deutlich sichtbar sinngemäß folgender Hinweis aufzunehmen: „Kann dieser Termin nicht eingehalten werden, vereinbaren Sie bis zum ... einen neuen Ablesetermin. Andernfalls wird Ihr Verbrauch geschätzt."

Bei der Ablesung wird der Nutzer auf die Verbrauchsanzeigen und auf seine Kontrollmöglichkeiten hingewiesen. Er erhält eine Kopie des Ableseprotokolls.

7.10 Angaben über bereits praktizierte Plausibilitätsprüfungen

Fehlererkennung und dazu geeignete Prüfverfahren sind kein grundsätzlich neuer Anspruch. Deshalb kommt es in erster Linie darauf an, die unterschiedlichen Prüfverfahren in bezug auf die Mindestanforderungen zu harmonisieren bzw. zu ergänzen. Dabei ist darauf hinzuweisen, daß bereits Prüfverfahren praktiziert werden, die teilweise über die Minimalanforderungen hinausgehen, aber anders abgegrenzt sind. Eine beispielhafte Auflistung wird im folgenden Abschnitt gezeigt.

7.10.1 Allgemeine Prüfungen

Abgrenzung zum Abrechnungszeitraum
- Prüfung aller von der Verwaltung angegebenen Rechnungsdaten auf Zugehörigkeit zum Abrechnungszeitraum.
- Prüfung aller von der Verwaltung angegebenen Nutzerwechsel auf Zugehörigkeit zum Abrechnungszeitraum.
- Prüfung der Nutzerwechseldaten (Ein- und Auszugsdatum) auf Lücken (z.B. Auszug 30.10./Einzug 1.11.; korrekt wäre = Auszug 31.10. – letzter Tag des Monats).

7.10.2 Prüfungen im Bereich der Kostenaufstellung

Brennstoffkosten
- Prüfung der Brennstoffeinkäufe auf Art (im Vergleich zum Vorjahr) und Umfang (im Vergleich zu den Brennstoffresten).
- Prüfung der Brennstoffeinzelpositionen (Menge/Betrag) zu den vorgegebenen Konstanten als Mindest- bzw. Maximalpreis.
- Prüfung der Angabe eines Brennstoffrestbestandes bei nicht leitungsgebundener Energieversorgung (Öl, Flüssiggas, Koks usw.).
- Prüfung der Brennstoffrestbewertung nach dem Verfahren „first in, first out“. Hinweis bei Abweichungen im Begleitbrief zur Abrechnung.
- Prüfung der Höhe des Brennstoffverbrauchs in bezug auf Quadratmeterdurchschnitt (Vergleich mit den Orientierungswerten nach DIN 4713).

Heiznebenkosten
- Prüfung der Heiznebenkosten auf Zulässigkeit im Sinne der Heizkostenverordnung.
- Prüfung der Höhe der Heiznebenkosten in Relation zu den Brennstoffkosten
- Prüfung der Höhe der Abrechnungsgebühren in Relation zu den Heiznebenkosten.

Warmwasserkosten
- Prüfung der Höhe des Anteils der Warmwasserkosten an den Gesamtkosten.

Gesamtkosten (Kosten der Heizwärmeerzeugung)
- Prüfung der Höhe der Kosten der Heizwärmeerzeugung in bezug auf die Durchschnittskosten je Quadratmeter.
- Prüfung der Höhe der Kosten je Verbrauchseinheit (Heizkostenverteiler).

7.10.3 Prüfungen im Bereich der Verbrauchswerte (Ablesung)

Ablesewerte des einzelnen Nutzers
- Logische Prüfung des Ablesewertes auf Zulässigkeit in bezug auf die verwendete Produktenskale (z.B. Ablesewert < oder = [Skalennummer x 2]).
- Prüfung der Verbrauchswerte Heizung, Warmwasser und Kaltwasser in Relation zu den Vorjahreswerten bzw. bei Erstabrechnungen zur Nutzfläche.

Nutzergruppen
- Bei vollständiger Messung der Liegenschaft durch Wärmezähler, Prüfung des gemessenen Gesamtverbrauchs zum angegebenen Brennstoffverbrauch in kWh.

Die Nutzergruppenabrechnung selbst erfolgt entsprechend § 5, Absatz 2 der HkVO.

7.11 Nutzergruppentrennung nach § 6 Absatz 2

Gemäß § 5 Absatz 2 der HeizkostenV sind zunächst die Anteile der Gruppen von Nutzern am Gesamtverbrauch zu erfassen, deren Verbrauch mit gleichen Ausstattungen erfaßt werden kann. Der Gebäudeeigentümer kann auch bei unterschiedlichen Nutzungs- oder Gebäudearten oder aus anderen sachgerechten Gründen eine Vorerfassung nach Nutzergruppen durchführen.

Darauf wird in § 6 Absatz 2 Bezug genommen. In Fällen des § 5 Absatz 2 sind die Kosten zunächst mindestens zu 50 vom Hundert nach dem Verhältnis der erfaßten Anteile am Gesamtverbrauch auf die Nutzergruppen aufzuteilen. Werden die Kosten nicht vollständig nach dem Verhältnis der erfaßten Anteile am Gesamtverbrauch aufgeteilt, sind:

1. die übrigen Kosten der Versorgung mit Wärme nach Wohn- oder Nutzfläche[1]) oder nach dem umbauten Raum[2]) auf die einzelnen Nutzergruppen zu verteilen; es kann auch die Wohn- oder Nutzfläche oder der umbaute Raum der beheizten Räume zugrunde gelegt werden.
2. die übrigen Kosten der Versorgung mit Warmwasser nach der Wohn- oder Nutzfläche auf die einzelnen Nutzergruppen zu verteilen.

Nutzergruppentrennungen werden entsprechend DIN 4713 Teil 5 insbesondere erforderlich, wenn:

1. wesentliche Unterschiede gegeben sind
   - unterschiedliche bestimmungsgemäße Nutzung (z.B. Wohnungen und eine Bäckerei).
   - um mehr als 5 °C Unterschied der Auslegungsinnentemperatur (z.B. Wohnungen und beheizbarer Garagentrakt).
   - nicht vergleichbare Verbrauchseinrichtungen/Bedarfswerte bei der Warmwasserversorgung (z.B. Wohnungen und ein Friseursalon oder Wohnung und eine große Lagerhalle mit nur 1 WC und 1 Handwaschbecken).

---

1) Beheizte Nutzfläche/Wohnfläche gemäß DIN 4713 Teil 5
Im Wohnungsbau rechnen die Grundflächen von Fluren und Abstellkammern in Wohnungen zur beheizten Nutzfläche (= beheizte Wohnfläche), auch wenn sich darin keine Heizkörper bzw. keine Heizflächen befinden. Nicht hierzu rechnen hingegen die Grundflächen oder Bruchteile derselben von Loggien, Balkonen und Terrassen. Diese Handhabung ist sinngemäß auch bei gewerblichen Räumen anzuwenden.

2) Umbauter Raum gemäß DIN 4713 Teil 5
Der umbaute Raum im Sinne dieser Norm ist das Produkt aus

Nutzfläche oder beheizter Nutzfläche × lichter Raumhöhe (m^3).

Bei Wohnungen sind ggf. wohnungsrechtliche Bestimmungen für die Wohnflächenberechnung zu berücksichtigen. Ist z.B. bei Dachgeschoßwohnungen die Nutzfläche aufgrund geringer Raumhöhen im Bereich der Dachschrägen bereits gemindert (Wohnfläche), ist die lichte Raumhöhe in Raummitte anzusetzen.

2. die Anzeigewerte nicht vergleichbar sind
   - Wärmezähler in Kombination mit Heizkostenverteilern.
   - Heizkostenverteiler nach dem Verdunstungsprinzip in Kombination mit Heizkostenverteilern mit elektrischer Meßgrößenerfassung.
   - Heizkostenverteiler unterschiedlicher Fabrikate.

Um trotzdem die verbrauchsabhängige Abrechnung sinnvoll durchführen zu können, sind durch Zusammenfassung gleichartiger Nutzereinheiten und solcher mit vergleichbaren Meßgrößen Nutzergruppen zu bilden und die Gesamtbetriebskosten der zentralen Anlage zunächst auf die einzelnen Nutzergruppen vorzuverteilen.

Nutzergruppentrennung heißt:

1. Vorerfassung des Gesamtwärmeverbrauchs jeder einzelnen Nutzergruppe.
2. Innerhalb einer Nutzergruppe nur Geräte gleichen Fabrikats und Typs.
3. Mindestens 50 % der Kosten nach dem Verhältnis der erfaßten Anteile am Gesamtverbrauch auf die Nutzergruppen aufteilen.
4. Anschließend Unterverteilung der Kostenanteile auf die Nutzer innerhalb der Nutzergruppen.
   (s. Bild 7.11 und Abschnitt 1.3.6)

Im allgemeinen werden die nachfolgend mit Abrechnungsart 1 (Bild 7.12) und Abrechnungsart 2 (Bild 7.13) bezeichneten Methoden zur Kostenverteilung bei unterschiedlichen Nutzergruppen angewandt.

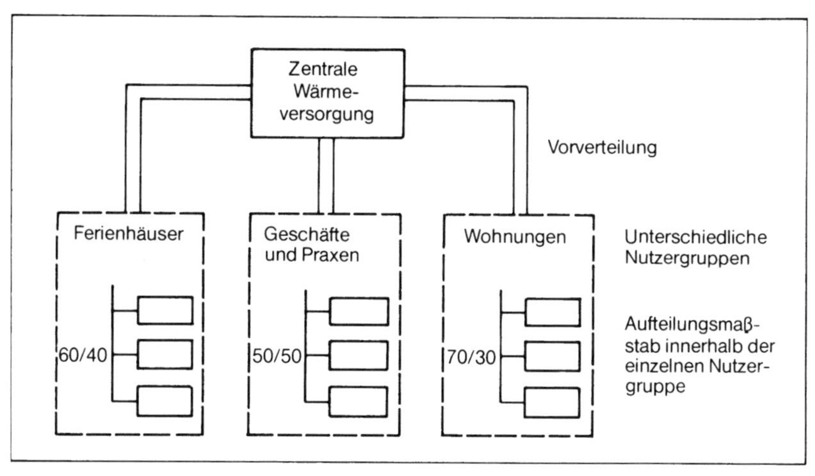

Bild 7.11 Nutzergruppentrennung

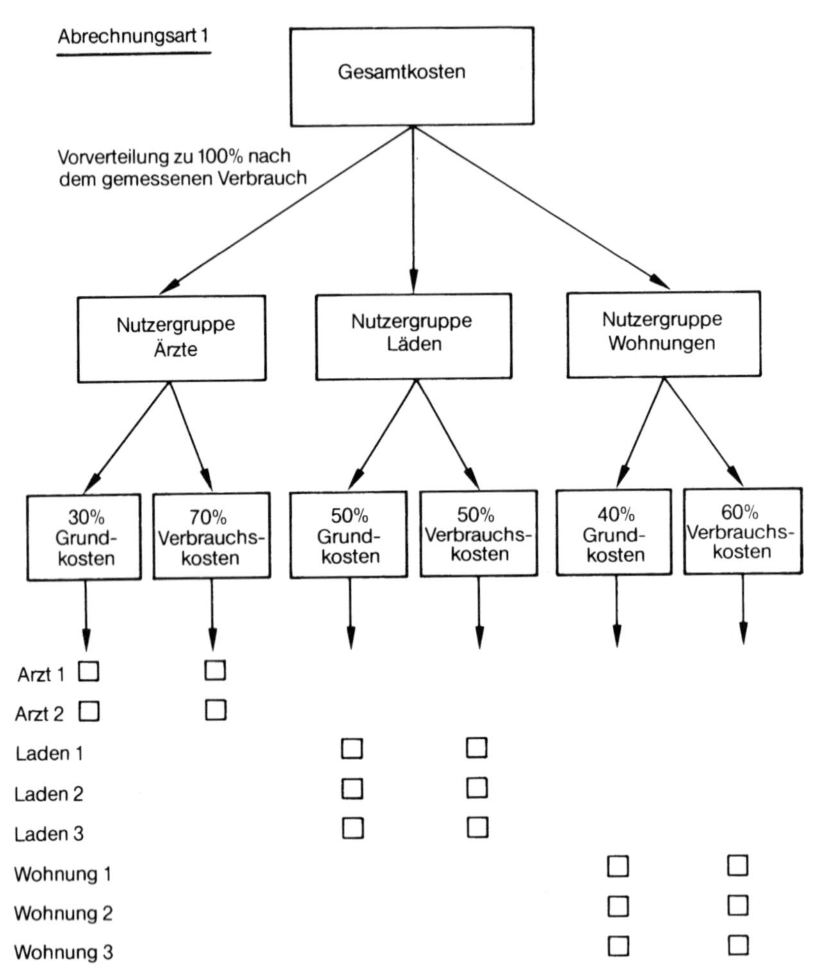

Bild 7.12 Vorverteilung ohne Festkostenanteil

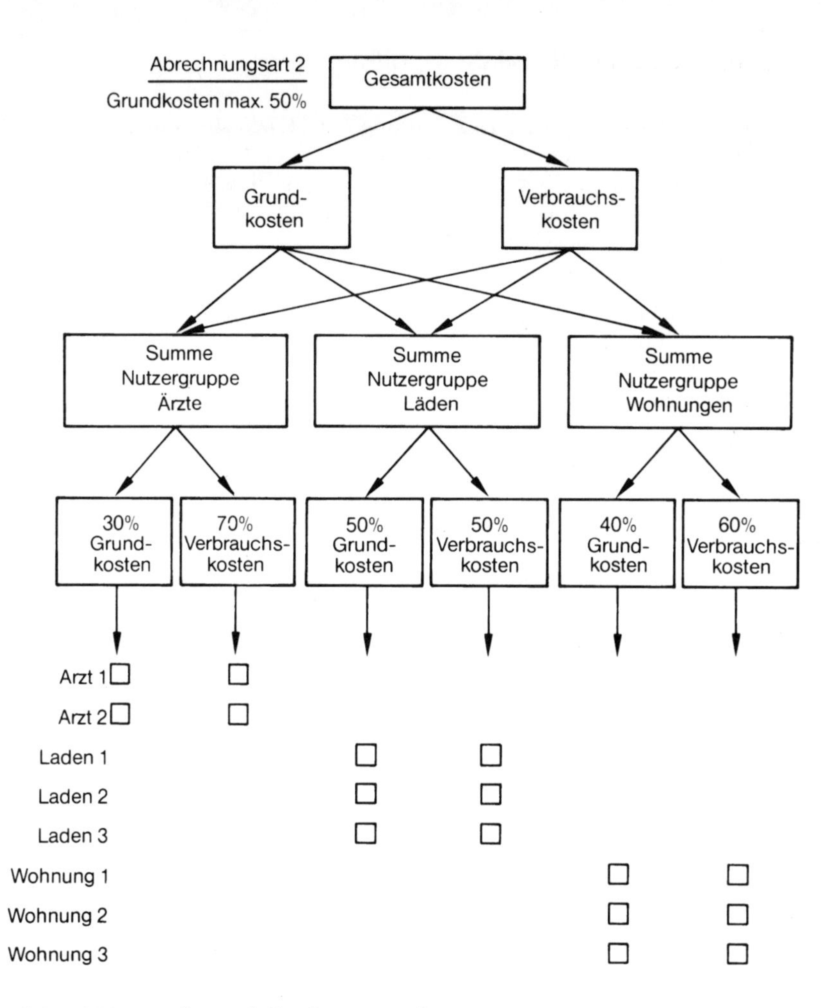

Bild 7.13 Vorverteilung mit Festkostenanteil

7.12 Beispiel einer Plausibilitätsprüfung

Beispiel gemäß Abschnitt 7.10.2 Prüfung der Heizkosten einer Heizungsanlage in bezug auf den Preis je Quadratmeter (vgl. S. 360). Dieser Wert wird im Verhältnis zu Ober- und Unterwerten auf Plausibilität geprüft. Das Ergebnis der Abprüfung erscheint auf der Gesamtabrechnung bei der Angabe des Preises je Quadratmeter der konkreten Abrechnungseinheit im Vergleich zu den Orientierungswerten nach DIN 4713 Teil 5, Bild 7.14.

Entsprechend den Anforderungen der Richtlinien soll künftig bei dieser Position auch die Relation zum Vorjahreswert innerhalb eines vorgegebenen Toleranzwertes geprüft werden. Dies bedingt natürlich die Abspeicherung aller zum Vergleich heranzuziehenden Vorjahreswerte für alle abzurechnenden Liegenschaften und erfordert erhebliche Erweiterungen der verfügbaren Speicherkapazität.

7.13 Zeit- und Mengenprobleme durch neue Anforderungen

Im Zusammenhang mit den erweiterten Prüfanforderungen spielt das Problem „Speicherkapazität“ eine besondere Rolle. Daneben ergibt sich aber auch ein Zeitproblem. Je enger die Toleranz- bzw. Grenzwerte gesetzt werden, desto mehr Abrechnungen bleiben im Netz dieser Prüfroutinen hängen.

Die Konsequenz ist unter anderem, daß immer mehr Abrechnungen bis zur Klärung der Unplausibilität zurückgestellt werden müssen. Hier treffen zwei sich fast gegenseitig ausschließende Basisanforderungen aufeinander. Einerseits soll trotz des Mengenproblems die Abrechnung zügig nach erfolgter Ablesung und eingereichter Kostenaufstellung erstellt werden, andererseits müssen aufgrund zunehmend zu beachtender und enger werdender Grenzwerte immer mehr Abrechnungen aus dem Routinegang ausgesondert und zurückgestellt werden. Dies führt nicht nur zu erheblichen Verzögerungen, sondern auch zu einer Senkung der Arbeitsleistung des Abrechnungspersonals und damit zu einer Kostenssteigerung. Eine Heraufsetzung der unteren bzw. Herabsetzung der oberen Grenzwerte schließt sich nach einer statistischen Auswertung von über 2 000 Liegenschaften aus. Dabei zeigt sich z.B. bei der Verbrauchskostenabweichung vom Vorjahr ein Phänomen, das zunächst noch nicht abschließend geklärt werden kann, bei der Abstimmung der Grenzwerte jedoch beachtet werden muß. Geprüft wurden Heizkostenverteilereinheiten, Warmwasserkostenverteilereinheiten, Wassermengen in Kubikmeter nach Warmwasserzähler und Kaltwasserzähler. Bei allen Abweichungsprüfungen fällt auf, daß einerseits eine Häufigkeit im Bereich von 30 bis 50 % Abweichung und andererseits im Bereich > 80 % lag. Aufgrund der Auswertung ist festzuhalten, daß die bereits genannten Grenzwerte nicht abgeändert werden sollten. Durch eine weiter gefaßte Begrenzung würden zu viele Abweichungen ungeprüft bleiben. Genauer analysiert werden muß die Anzeigehäufigkeit > 80 %, da die Häufung auffällig ist. Eine erste grobe Analyse ergab, daß die Verbrauchsabweichung nicht bzw. nicht vorwiegend durch Nutzerwechsel bedingt war.

Die vorstehenden Ausführungen der statistischen Anzeigehäufigkeit zeigen, daß die Veränderung der Grenzwerte das auftretende Mengen- bzw. Zeitproblem nur verlagern würde. Es empfiehlt sich daher, die Mindestanforderungen an die Abrechnung durch eine klare Definition zu ergänzen:

1. wann die Abrechnung lediglich mit Hinweisen auf der Gesamtabrechnung zu versehen ist,
2. wann die Abrechnung zur Klärung unklarer Daten unterbrochen bzw. nach erfolglosem Klärungsversuch nach Datenlage abgerechnet werden kann,
3. in welchen Fällen eine Abrechnung unter keinen Umständen erstellt werden darf.

G E S A M T A B R E C H N U N G

Bei Rückfragen wenden Sie sich bitte an:

LIEGENSCHAFT: RHEINAUER RING 111
6700 LUDWIGSHAFEN

Liegenschafts-Nr.: 15-111-1111/7

Abrechnung erstellt am: 10.01.90
Abrechnungszeitraum: 1.01.89 - 31.12.89

Bei Nutzerwechseln beachten Sie bitte
die Hinweise auf der Rückseite !
Wie im einzelnen verfahren wurde, entnehmen
Sie bitte der Verteilung der Gesamtkosten.

Herrn
BAUMANN, CLAUS

AM WALDRAND 13

6700 LUDWIGSHAFEN

A U F S T E L L U N G   D E R   G E S A M T K O S T E N

Brennstoffkosten	Datum	ltr Öl	Betrag
Rest aus Vorjahr	31.12.88	4500	2720,00
Rechnung	15.03.89	3500	1510,00
Rechnung	22.08.89	3000	1360,00
abzügl. Endbestand	31.12.89	-2000	-906,66
Brennstoffkosten Summe		9000	4683,34

Kostenart	Datum	Betrag	Betrag
Brennstoffkosten übertrag			4683,34
Heiznebenkosten			1409,19
Betriebsstrom	28.06.89	750,00	
Wartungskosten	23.01.89	420,80	
Emissionsmessung	14.03.89	33,87	
Geb.Verbrauchserfass		204,52	
Kosten Heizanlage			6092,53
Gebühren/Nebenkosten (s.Ziff.2)			13,40
Gesamtkosten der Liegenschaft			6105,93

A U F T E I L U N G   D E R   G E S A M T K O S T E N

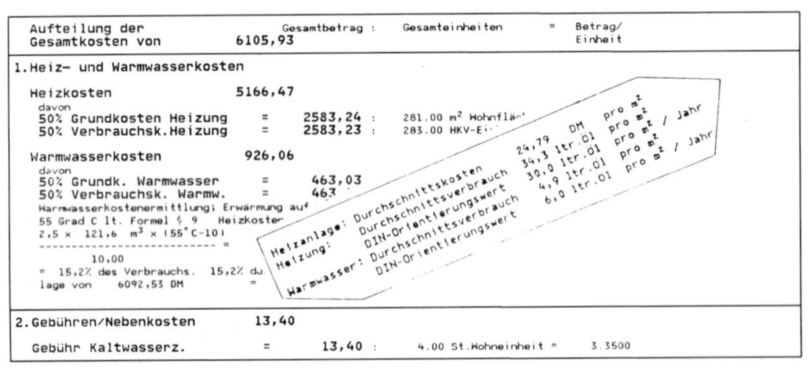

Aufteilung der Gesamtkosten von 6105,93 — Gesamtbetrag : Gesamteinheiten = Betrag/Einheit

1.Heiz- und Warmwasserkosten

Heizkosten 5166,47
davon
50% Grundkosten Heizung = 2583,24 : 281.00 m² Wohnflä...
50% Verbrauchsk.Heizung = 2583,23 : 283.00 HKV-Ei...

Warmwasserkosten 926,06
davon
50% Grundk. Warmwasser = 463,03
50% Verbrauchsk. Warmw. = 463...
Warmwasserkostenermittlung; Erwärmung auf
55 Grad C lt. Formel § 9 Heizkoster
2,5 × 121,6 m³ × (55°C-10)
-------------------------- =
10,00
= 15,2% des Verbrauchs. 15,2% d...
lage von 6092,53 DM =

Heizanlage: Durchschnittskosten 24,79 DM pro m²
Heizung: Durchschnittsverbrauch 34,3 ltr.Öl pro m² / Jahr
DIN-Orientierungswert 30,0 ltr.Öl pro m²
Warmwasser: Durchschnittsverbrauch 4,9 ltr.Öl pro m² / Jahr
DIN-Orientierungswert 6,0 ltr.Öl pro m²

2.Gebühren/Nebenkosten 13,40

Gebühr Kaltwasserz. = 13,40 : 4.00 St.Wohneinheit = 3.3500

V E R T E I L U N G   D E R   G E S A M T K O S T E N

Name	Kostenart	Preis/Einh.	×	Einheiten	=	Kost.Anteil	Erläuterungen
0001 ZIMMERMANN, PETER	Grundkosten Heizung	9.1930	×	105.50 m²	=	969,86	
	Verbrauchsk.Heizung	9.1280	×	83.20 Einh.	=	759,45	
	Grundk. Warmwasser	1.6477	×	105.50 m²	=	173,84	
	Verbrauchsk. Warmw.	3.8065	×	42.30 m³	=	161,02	
	Gebühr Kaltwasserz.	3.3500	×	1.00 WE	=	3,35	
	Gesamtbetrag				=	2067,52*	

Bild 7.14 Angabe von Durchschnitts- und Orientierungswerten auf der Gesamtabrechnung

Zu 1.: Hierzu sei nochmals auf das bereits aufgeführte Beispiel der Lieferrechnung mit dem Datum wenige Tage vor bzw. nach dem Abrechnungszeitraum verwiesen. Zahlreiche Nachprüfungen dieser Unplausibilitäten haben ergeben, daß in mehr als 90 % aller Fälle die Einbeziehung zu Recht erfolgte. Ein Abbruch der Abrechnung mit den genannten Folgen ist eigentlich nicht vertretbar, da auch der Nutzer auf seiner Einzelabrechnung das zweifelhafte Datum dieser Lieferrechnung wiederfindet und er sich durch die Vorlage der Originalrechnung vom tatsächlichen Sachverhalt überzeugen kann.

Zu 2.: Die hier erforderliche Klärung sowie nach Fristablauf Erstellung der Abrechnung nach Datenlage betrifft die fehlende Angabe des Brennstoffrestes bzw. auch die Prüfung der Brennstoffrestbewertung. Das Feld „Brennstoffrest" ist ein Zwangsfeld, d.h., es kann nicht unbelegt bleiben. Der vom Gebäudeeigentümer/Verwalter vergessene Eintrag wird durch Rückfrage ermittelt. Ist dies nicht fristgerecht möglich, wird die Abrechnung erstellt; in der Gesamt- und in der Einzelabrechnung erscheint allerdings der deutliche Hinweis „Brennstoffrest: keine Angabe". Die Angabe „Brennstoffrest: 0,0 Liter" wird nur dann übernommen, wenn sie vom Gebäudeeigentümer/Verwalter ausdrücklich so benannt wurde. Die Nachprüfungs- und gegebenenfalls Anfechtungsmöglichkeiten der Abrechnung für den Nutzer bleibt voll erhalten.

7.14 Wasserverlust durch Leckagen

Bei der Suche nach Gründen für nicht erklärbare Differenzen in den Anzeigewerten ist insbesondere bei Warmwasserversorgungsanlagen die Möglichkeit von Leckagen mit einzubeziehen. Die auf diese Weise austretenden Wassermengen werden oft unterschätzt. Angaben über mögliche Wasserverluste durch Leckagen bzw. undichte Armaturen enthält Bild 7.15.

Öffnung		Liter pro		Kubikmeter pro	
mm	Ø	Minute	Stunde	Tag	Monat
0,5	•	0,33	20	0,48	14,4
1,0	•	0,97	58	1,39	41,6
1,5	●	1,82	110	2,64	79,0
2,0	●	3,16	190	4,56	136,0
2,5	●	5,09	305	7,30	218,0
3,0	●	8,15	490	11,75	351,0
3,5	●	11,30	680	16,30	490,0
4,0	●	14,80	890	21,40	640,0
4,5	●	18,20	1100	26,40	790,0
5,0	●	22,30	1340	32,00	960,0
5,5	●	26,00	1560	37,40	1120,0
6,0	●	30,00	1800	43,20	1300,0
6,5	●	34,00	2050	49,10	1478,0
7,0	●	39,40	2360	56,80	1700,0

Bild 7.15 Wasserverluste

Die Zahlenwerte gelten:
bei 5 bar Betriebsdruck mit 100 %
bei 4 bar Betriebsdruck mit 89 %
bei 3 bar Betriebsdruck mit 77 %
bei 2 bar Betriebsdruck mit 63 %
bei 1 bar Betriebsdruck mit 45 %

7.15 Brennstoffrestbewertung

Die Brennstoffrestbewertung muß nach dem Verfahren „first in – first out" erfolgen. Zur Verdeutlichung dieser Bewertungsmethode wird die Berechnung eines angenommenen Restbestandes von 7000 Liter beispielhaft dargestellt:

Der Abrechnungszeitraum umfaßt den 1.6.1990 bis 31.5.1991

Anfangsbestand	1.6.90	10 000 Liter Öl	DM 6 200,–
Einkauf	27.9.90	6 000 Liter Öl	DM 4 200,–
Einkauf	14.12.90	4 000 Liter Öl	DM 3 000,–
Einkauf	23.3.91	5 000 Liter Öl	DM 3 250,–
Restbestand	31.5.91	7 000 Liter Öl	DM ?

Nach dem Grundsatz „first in – first out" befinden sich die 5 000 Liter Öl vom 23.3.1991 noch vollständig im Tank. Sie haben 3 250 DM gekostet. Da sich aber 7 000 Liter Öl im Tank befinden, sind die darüber hinaus zu bewertenden 2 000 Liter aus dem Einkauf vom 14.12.1990 zu berechnen, also:

$$\frac{3\,000\text{ DM}}{4\,000\text{ l}} \times 2\,000\text{ l} = 1\,500\text{ DM}$$

Diese 1 500 DM sind zu den 3 250 DM aus dem letzten Einkauf zu addieren, so daß die richtige Brennstoffrestbewertung mit 4 750 DM anzugeben ist.

7.16 Grenzwerte für Verbrauchsschätzungen

Ein Beispiel für die komplette Abweisung der Abrechnung ist das Überschreiten von Höchstwerten für Schätzungen von einzelnen Wohneinheiten im Verhältnis zur gesamten Abrechnungseinheit. Im Rahmen der Richtlinien wird diese Position genau beschrieben.

Heizkostenabrechnung in besonderen Fällen

Für Schätzungen und das Vorgehen bei Nutzerwechsel bestehen seit dem 10.1.1990 konkrete Rechtsgrundlagen in der Heizkostenverordnung unter § 9a und § 9b. Die Arbeitsgemeinschaft Heizkostenverteilung hatte bereits im Vorfeld nach Beratung mit den Verbänden der Wohnungswirtschaft und der Verbraucher nachstehende Richtlinien vereinbart, die in der Gesetzgebung in entsprechender Weise Verwendung gefunden haben.

a) Schätzungen

Als objektive Basis für die Berechnung von Schätzwerten werden in der Regel folgende Vergleichsmaßstäbe herangezogen:

- die Vorjahresverbräuche der zu schätzenden Räume/Nutzereinheiten im Verhältnis zum Gesamtverbrauch der Abrechnungseinheit oder Nutzergruppe bzw. bei der Schätzung von einzelnen Geräten zum Gesamtverbrauch der Nutzereinheit, sofern kein Nutzerwechsel erfolgt ist;
- der dem Anteil der Fläche, des umbauten Raumes oder der installierten Heizleistung entsprechende Anteil der Verbrauchskosten der gesamten Abrechnungseinheit bzw. der Nutzergruppe oder bei der Schätzung von einzelnen Geräten der entsprechende Anteil am Gesamtverbrauch der Nutzereinheit für den Fall, daß aufgrund eines Nutzerwechsels bzw. bei Erstbezug der Nutzereinheit keine Vergleichswerte aus dem vorangegangenen Abrechnungszeitraum vorliegen;
- Gradtagszahlen bei Geräteausfall, wenn der Zeitpunkt des Geräteausfalls zuverlässig bestimmt werden kann und die bis dahin erfolgte Verbrauchserfassung mindestens 60 % der Heizperiode abdeckt.

Die Schätzung kann sich auf einzelne Geräte, Räume oder auch auf Gebäudeteile beziehen. In jedem Fall sind Schätzungen nur dann zweckmäßig, wenn für die übrigen Geräte, Räume oder Gebäudeteile noch eine sachgerechte Durchführung der verbrauchsabhängigen Abrechnung möglich ist. Die ist laut HeizkostenV nicht mehr der Fall, wenn der Schätzanteil, bezogen auf die für die Abrechnungseinheit maßgebende Fläche, 25 % überschreitet (s. § 9a Abs. 2 HkVO).

Bild 7.16 zeigt die Ergänzung der im Bild 7.8 (s. S. 349) dargestellten Einzelabrechnung bei der Schätzung einer Verbrauchsmeßstelle unter Berücksichtigung der vorgenannten Vergleichsmaßstäbe.

IHRE ABRECHNUNG

Kostenart	Gesamteinheiten der Wohnung	Ermittlung Ihrer Einheiten	Ihre Einheiten
Verbrauchsk. Warmw.		Ihre Einheiten wurden nach Ihrem Vorjahresverbrauch geschätzt, unter Berücksichtigung der Verbrauchstendenz aller abgelesenen Wohnungen in der Liegenschaft (Faktor= 0.94) 31.00 (Einh./Vorjahr) x 0.94 (Faktor)	29.14 m^3

Bild 7.16 Schätzung am Beispiel eines augefallenen Warmwasserzählers

b) Grenzen der verbrauchsabhängigen Abrechnung

- Eine nicht verbrauchsabhängige Abrechnung i.S. der Heizkostenverordnung kann für einen Teil der durch eine zentrale Anlage versorgten Nutzereinheiten notwendig werden, wenn sich diese aus technischen oder wirtschaftlichen Gründen nicht mit Verbrauchserfassungsgeräten ausrüsten lassen. Die Nutzereinheiten sind i.S. des § 5 HeizkostenV in Nutzergruppen zusammenzufassen und die anteiligen Heizkosten ausschließlich nach festem bzw. nach dem vereinbarten Maßstab aufzuteilen.
- Ist der nicht ausrüstbare Teil einer Nutzereinheit in allen Nutzereinheiten gleich und im Verhältnis zur Gesamtnutzfläche der Nutzereinheiten kleiner als 10 % (z.B. die Bäder von Wohnungen mit Badewannenkonvektor), kann der hierauf entfallende Verbrauchskostenanteil in der Abrechnung unberücksichtigt bleiben.
- Wenn der Verbrauch für mehr als 25 % der für die Abrechnungseinheit maßgebliche Fläche (umbauter Raum, installierte Leistung) wegen unterbliebener Ausrüstung nicht ermittelt werden kann, soll die verbrauchsabhängige Abrechnung für die gesamte Abrechnungseinheit entfallen.

7.17 Nutzerwechsel ohne Zwischenablesung

Bei Nutzerwechsel während eines Abrechnungszeitraumes ist grundsätzlich immer, ganz gleich ob bei Wärmezählern, *Heizkostenverteilern auf Verdunstungs- oder elektronischer Basis* und Warmwasserzählern, eine Zwischenablesung durchzuführen, es sei denn, die Zwischenablesung ist durch rechtsgeschäftliche Vereinbarungen (z.B. Mietvertrag oder Teilungserklärung) ausgeschlossen (§ 9b Abs. 4 HkVO).

Bei Heizkostenverteilern nach dem Verdunstungsprinzip erscheint eine Zwischenablesung nur dann sinnvoll, wenn die Summe der sich aus der nachfolgenden Tabelle für die betreffenden Monate ergebenden Gradtagsanteile mindestens 400 und höchstens 500 Promille betragen würde.

Grundlage für die Aufteilung der Wärme-Verbrauchswerte einer Nutzeinheit bei Nutzerwechsel ist die Gradtagsanteiltabelle. Diese wurde abgeleitet aus den Gradtagszahlen nach VDI 2067, Blatt 1, Tab. 22, Ausgabe Dezember 1983, mit einem Geltungsbereich für die damaligen Bundesländer. Die Tabelle ist gültig auch für die gesamte heutige Bundesrepublik: Die Gradtagszahl Gt ... über die betreffenden Heiztage. Die HkVO erkennt diese Verfahrensweise ausdrücklich an, wenn „... eine Zwischenablesung nicht möglich (ist) oder sie wegen des Zeitpunktes des Nutzerwechsels aus technischen Gründen keine hinreichend genaue Ermittlung der Verbrauchsanteile ...“ zuläßt.

Ohne direkten Bezug auf die Ausarbeitung der Minimalanforderungen wird hierzu anhand von praktischen Beispielen die Anwendung der Gradtagsanteiltabelle (Bild 7.17) dargestellt.

Monat	Promille-Anteile je	
	Monate	Tag
September	30	30/30 = 1.0
Oktober	80	80/31 = 2.58 . . .
November	120	120/30 = 4.0
Dezember	160	160/31 = 5.16 . . .
Januar	170	170/31 = 5.48 . . .
Februar	150	150/28 = 5.35 . . .
		150/29 = 5.17 . . .
März	130	130/31 = 4.19 . . .
April	80	80/30 = 2.66 . . .
Mai	40	40/31 = 1.29 . . .
Juni, Juli, August	40	40/92 = 0.43 . . .

Bild 7.17 Aufteilung nach Gradtagszahlen bei Nutzerwechsel ohne Zwischenablesung

Beispiel: Nutzerwechsel zum 30.11./1.12.1990
keine Zwischenablesung
Abrechnungszeitraum: 1.6.1990 bis 31.5.1991
= 1000‰ und 365 Tage
Berechneter Zeitraum: 6.6.1990 bis 30.11.1990
= 270‰ und 183 Tage
Wohnfläche 90 m^2
Verbrauchsablesung per 31.5.1991 für
Heizung: 44 Verbrauchswerte HKV (E)
Warmwasser: 25 m^3
Teilabrechnung für 1.6.1990 bis 30.11.1990
Grundkostenanteil Heizung:
90 m^2 : 1000‰ x 270‰ = 24,30 m^2
Verbrauchskostenanteil Heizung:
44,0 E : 1000‰ x 270 = 11,88 E
Grundkostenanteil Warmwasser:
90 m^2 : 365 Tage x 183 Tage = 45,12 m^2
Verbrauchskostenanteil Warmwasser:
25,0 m^3 : 365 Tage x 183 Tage = 12,53 m^3

7.18 Prüfung der Kosten je Verbrauchseinheit

Am Beispiel Abschnitt 7.10.2 (S. 360) „Prüfung der Höhe der Kosten je Verbrauchseinheit bei Heizkostenverteilern“ läßt sich darstellen, welche Konsequenzen eine solche Maßnahme mit sich bringt. Die Tatsache von hohen Kosten je Einheit macht an sich noch nicht die Erstellung der Abrechnung unmöglich. Dennoch wird ein Überschreiten des variabel festzulegenden Grenzwertes im Merkprotokoll festgehalten: dies führt zu einer separat angelegten Prüfung dieser Abrechnungseinheit durch den abrechnungstechnischen Kundendienst. Die erste und einfachste Prüfung vor Ort wird sein, zu untersuchen, ob sich die meßtechnischen Voraussetzungen geändert haben und ob die Ausstattung noch den Anforderungen entspricht. So kann z.B. im Zusammenhang mit einer nachträglichen Wärmedämmung des Hauses und/oder dem Einbau von Isolierglasfenstern die Heizungsanlage vom ursprünglichen 90/70 °C-Betrieb auf Niedertemperaturbetrieb mit einer Temperaturspreizung von 70/55 °C umgestellt worden sein. Der Kundendienst wird die Überprüfung in die Zeit legen, in der die Heizungsanlage in Betrieb ist. Durch Messung der Außentemperatur an einer definierten Stelle und Messung der momentanen Vorlauftemperatur kann mit Hilfe der Tabelle in Bild 7.18 die praktische Auslegungstemperatur ermittelt werden.

Aus den Ergebnissen der Untersuchung eines solchen Prüfprotokolls, das, wie das folgende Beispiel (s. hierzu die Bilder 7.2 bis 7.4, S. 336–338) eines solchen Prüfprotokolls zeigt, natürlich viel mehr als die hier genannten Prüfkriterien enthält, lassen sich Empfehlungen für zu treffende Maßnahmen ableiten. So könnte z.B. eine Umrüstung von Heizkostenverteilern nach dem Verdunstungsprinzip auf elektronische Heizkostenverteiler erforderlich werden, um die abrechnungstechnische Qualität und damit die Rechtsfähigkeit der Abrechnung zu erhalten.

7.19 Prüfung nach der Abrechnung

Mit der im vorigen Abschnitt beschriebenen Prüfung des logischen Zusammenhangs zwischen der Gesamtzahl der abgelesenen Verbrauchseinheiten der Liegenschaft und dem Gesamtbetrag der Kosten für die Heizung, einschließlich der Darstellung der abzuleitenden Konsequenzen, ist bereits

Ermittlung der praktischen Auslegungsvorlauftemperatur mit den Daten der im praktischen Betrieb eingestellten Heizkurve aus den Meßwerten für die aktuelle Außentemperatur und die zugehörige Temperatur des Heizungsvorlaufes *)

(gültig für Warmwasserheizungsanlagen in Wohngebäuden für Norm-Außentemperaturen nach DIN 4701 von t_a = -12 °C)

Geräte-Einsatz-Grenzen:

HKVE 2 Fühler	130°C Fernfühler	95°C	95°C Kompaktgerät	40°C
HKVE 1 Fühler	130°C Fernfühler	95°C	95°C Kompaktgerät	60°C
HKVV	100°C			70°C

gemessene Außentemperatur **)	praktische Auslegungsvorlauftemperatur t_{VAl} in °C: 130	110	100	90	80	70	60	50	45	
	gemessene Temperatur des Heizungsvorlaufes im Bereich bis - von °C									
t_a -12 °C	135-125	118-106	105-96	95-86	85-76	75-66	65-56	55-46		t_a -12 °C
-11	133-122	115-104	103-94	93-84	83-75	74-65	64-55	54-45		-11
-10	130-119	112-102	101-92	91-83	82-73	72-64	63-54	53-44		-10
- 9	127-116	109- 99	98-90	89-81	80-72	71-63	62-53	52-44		- 9
- 8	123-113	107- 97	96-88	87-79	78-70	69-61	60-52	51-43		- 8
- 7	120-110	104- 95	94-86	85-78	77-69	68-60	59-51	50-42		- 7
- 6	116-107	101- 93	92-84	83-76	75-68	67-59	58-50	49-41		- 6
- 5	113-104	98- 90	89-82	81-74	73-66	65-58	57-50	49-41		- 5
- 4	110-100	95- 88	87-80	79-73	72-65	64-57	56-49	48-40		- 4
- 3	106- 98	93- 86	85-78	77-71	70-63	62-56	55-48	47-39		- 3
- 2	103- 95	90- 83	82-76	75-69	68-62	61-54	53-47	46-38		- 2
- 1	99- 92	87- 81	80-74	73-67	66-60	59-53	52-46	45-37		- 1
0	96- 89	84- 79	78-72	71-66	65-59	58-52	51-45	44-37		0
1	92- 86	81- 76	75-70	69-64	63-57	56-51	50-44	43-37		1
2	89- 83	79- 74	73-68	67-62	61-56	55-49	48-43	42-36		2
3	86- 80	76- 72	71-66	65-60	59-54	53-48	47-42	41-35		3
4	82- 77	73- 69	68-64	63-58	57-53	52-47	46-41	40-34		4
5	79- 74	70- 67	66-62	61-56	55-51	50-46	45-40	39-33		5
6	75- 70	68- 64	63-59	58-55	54-49	48-44	43-39	38-33		6
7	72- 68	65- 62	61-57	56-53	52-48	47-43	42-38	37-32		7
8	69- 65	62- 59	58-55	54-51	50-46	45-42	41-37	36-31		8
9	65- 61	59- 56	55-53	52-49	48-44	43-40	39-36	35-31		9
10	62- 58	56- 54	53-50	49-46	45-43	42-39	38-35	34-30		10

**) Die Außentemperatur muß ohne den Einfluß von Sonnenstrahlung, vorzugsweise vor der Nordseite des Gebäudes im Schatten gemessen werden.

*) Zusammengehörige Wertepaare für Außentemperatur und Temperatur des Heizungsvorlaufes dürfen mit einem maximalen Zeitunterschied von 30 Minuten gemessen werden.

Bild 7.18 Ermittlung der Auslegungs-Vorlauftemperatur
Quelle: ista/Professor Zöllner

der Übergang zum Baustein 4, den Prüfungen nach der Abrechnung, erfolgt. Hohe Kosten je Einheit bei Heizkostenverteilern nach dem Verdunstungssystem sind möglicherweise auf eine erfolgte Änderung der Heizungsanlage zurückzuführen. Dies erfordert eine Überprüfung der meßtechnischen Ausstattung.
Zur Erklärung dieses Zusammenhangs sei auf die Verdunstungscharakteristik der in den Meßröhrchen des Heizkostenverteilers enthaltenen Flüssigkeit (zumeist Methylbenzoat) verwiesen (s. Abschnitt 5.5.3). Die grafische Darstellung des Verdunstungsverhaltens zeigt, daß die Kennlinie nicht linear, sondern stark „durchhängend" verläuft. Dies führt dazu, daß im unteren Temperaturbereich relativ zu wenig, im oberen Temperaturbereich relativ zu viel verdunstet wird. Bei einer Liegenschaft oder Nutzergruppe, deren Heizungsanlage mit niedrigen Vorlauftemperaturen betrieben wird, ergeben sich daher insgesamt auch weniger Verbrauchseinheiten und damit höhere Kosten je Einheit als bei einer Liegenschaft bzw. Nutzergruppe mit höheren Heizungsvorlauftemperaturen und entsprechend höherer Verdunstung, die mehr Verbrauchseinheiten und niedrigere Kosten je Einheit aufzeigen wird. So kann die Höhe der Kosten für eine Verbrauchseinheit durchaus einen ersten Hinweis in bezug auf die eingestellte Vorlauftemperatur zulassen. Demgegenüber dient die Angabe des Ölverbrauchs je Qudratmeter für die konkrete Abrechnungseinheit im Vergleich zum Durchschnitt aller abgerechneten Liegenschaften bzw. zum Orientierungswert nach DIN 4713 in erster Linie als Orientierungshilfe, inwieweit eine Abweichung vorhanden ist. Die Gründe hierfür können sowohl in der Nutzerstruktur als auch in der Gebäude- und Anlagentechnik zu suchen sein; sie haben mit der meßtechnischen Ausstattung in der Regel nichts zu tun.

Bei der Betrachtung der Prüfung nach der Abrechnung ist wiederum der Gebäudeeigentümer/Verwalter und nicht zuletzt der Nutzer angesprochen. Der Vermieter prüft vor Weitergabe der Einzelabrechnungen, ob z.B. alle von ihm übermittelten variablen Daten korrekt übernommen und die während der Abrechnungsperiode stattgefundenen Nutzer- bzw. Mieterwechsel beachtet wurden. Der Mieter/Nutzer prüft insbesondere, ob seine individuellen Werte, wie z.B. die Übereinstimmung der abgelesenen und nunmehr abgerechneten Verbrauchseinheiten, richtig übernommen wurden.

7.20 Unterschiedlicher Wärmeverbrauch

In die Diskussion um die HeizkostenV wird immer wieder das Thema „Gerechtigkeit" eingebracht. Primäres Ziel dieser Verordnung ist jedoch die Einsparung von Energie. Daneben müssen die oft erhobenen Einwände wegen der vermeintlichen Ungenauigkeit der Verbrauchserfassungsverfahren und der oft als unsozial empfundenen „Ungerechtigkeit" der Kostenverteilung zurücktreten. Eine absolute Genauigkeit läßt sich mit Heizkostenverteilern praktisch nicht realisieren. Sie sind jedoch eine optimale Alternative gegenüber dem alten Zustand ohne jegliche Verbrauchserfassung.

7.20.1 Anlagentechnisch bedingter Wärmeverbrauch

Die Frage der „Gerechtigkeit" bezieht sich oft auf das Problem des Ausgleichs zwischen Wohnungen mit unterschiedlichen wärmetechnischen Voraussetzungen (Lage, Fensteranteile usw.) in einer Liegenschaft. Immer wieder werden Reduktionen an den Grund- und/oder Verbrauchskosten einzelner Räume oder ganzer Wohnungen in exponierter Lage, wie Dachgeschoßwohnungen oder Räume in Nordlage usw., gefordert (s. Abschnitt 1.3.6 und 3.6.3), da der Mieter/Nutzer einer Wohnung diese Vorgegebenheiten nicht beeinflussen könne. Die Problematik einer solchen Reduktion wird deutlich, wenn man sich die vielfältigen Gründe hierfür und die dann zwangsweise zu addierenden Abschlagsvarianten ansieht. Im folgenden werden einige Beispiele für die Problematik im Falle der Einführung eines Lageausgleichs aufgeführt.

Bei etagenbezogenen Reduktionen wäre für das Erdgeschoß zu beachten, ob die Räume unterkellert, wenn ja beheizt, unbeheizt oder teilweise beheizt sind. Für das Obergeschoß wäre zu beachten, ob die Räume unter einem Flachdach, unter einem ausgebauten oder nicht ausgebauten Dachraum liegen und ob dieser Raum beheizt oder unbeheizt ist. Zu beachten wären ferner die Eckräume sowie Räume, die über oder neben Passagen, Toreinfahrten und unbeheizten Treppenaufgängen angeordnet sind. Außerdem wäre eine Reduktion für Räume mit drei oder gar vier Außenwänden zu bilden. Schließlich wären noch die Art und Größe der Fensterflächen und die Lage der Räume in bezug auf die Himmelsrichtung durch entsprechende Reduktionen zu berücksichtigen.

Die korrekte Bestimmung all dieser Reduktionsmöglichkeiten unter Berücksichtigung der individuellen wärmetechnischen Gegebenheiten ist zumindest mit der Gefahr verbunden, dem Anspruch nach immer größerer Genauigkeit der abrechnungstechnisch relevanten Grunddaten entgegenzustehen. Dies geht jedoch, wie in Abschnitt 1.3.6 und 1.3.7 bereits ausführlich dargestellt wurde, an dem Prinzip der verbrauchsabhängigen Kostenverteilung vorbei, denn das Ziel der HeizkostenV ist die Erfassung und Verteilung der tatsächlich – ohne Rücksicht auf die Veranlassung – verbrauchten Heizenergie. Die Frage, ob eine Reduktion – ganz gleich, durch wen und wie korrekt bewertet – wirklich gerechter wäre, läßt sich hierbei nicht beantworten.

Das Problem „Lageausgleich" wird übrigens in den Fällen nicht diskutiert, in denen z.B. Eigentümer oder Nutzer von Wohnungen mit Gasthermen- oder Elektrospeicherheizungen die von ihnen verbrauchte Heizenergie ungekürzt bezahlen müssen. Dagegen kommt die in zentralen Wohnbauten durch die HeizkostenV mittels Heizkostenverteilern aufgrund Verhaltensänderung der Nutzer nachweislich erzielte Einsparung von 15 % bis 20 % allen Nutzern in Form von niedrigeren Heizkosten zugute.

7.20.2 Unterschiedliches Verbraucherverhalten

Ein häufiger Reklamationsgrund und damit ein besonderer Anlaß für die Überprüfung der Abrechnung auf Plausibilitäten ist die oft zu verzeichnende Abweichung der Kosten einzelner Wohnungen vom Durchschnitt der gesamten Liegenschaft. In vielen Fällen läßt der Vermieter/Verwalter vor Weitergabe der Einzelabrechnungen an die Nutzer die Gesamtabrechnung noch einmal überprüfen, weil „es doch nicht sein kann", daß in der Wohnung B die Verbrauchskosten doppelt so hoch sind wie z.B. in den Wohnungen A und C, obwohl doch alle Wohnungen gleich groß sind – und sich oft auch aufgrund ihrer Lage nicht unterscheiden. Vielfach wird dann die Vermutung geäußert, daß wahrscheinlich die Meßgeräte ausgefallen seien oder ein Ablesefehler vorliegen müsse, denn solche Abweichungen wären doch unmöglich. Wird die Richtigkeit der Abrechnung bestätigt, wagen es dennoch nur wenige Vermieter/Verwalter, die so hohen Kosten ggf. einzuklagen, und noch weniger Vermieter/Verwalter bekommen dann Recht, obwohl, wie wir sehen werden, die Forderung durchaus zu Recht bestehen kann.

7.21 Ermittlung der Wärmeverbrauchsspreizungen

Vom Institut für thermische Verfahrens- und Heizungstechnik (Prof. Dr.-Ing. W. Kast) an der Technischen Hochschule Darmstadt wurde im Rahmen von zwei Studienarbeiten eine Untersuchung durchgeführt über die bei gleich großen Wohnungen weit auseinanderliegenden Wärmeverbrauchszahlen (Wärmeverbrauchsspreizungen). Eine Studienarbeit befaßt sich mit den theoretischen Ermittlungen und die andere mit der praktischen Verbrauchserfassung.

Im Untersuchungsbericht heißt es zur Problemstellung: An den jährlichen Heizkostenabrechnungen werden u.a. deshalb Zweifel angemeldet, weil bei gleich großen Wohnungen der Wärmeverbrauch bzw. seine Anzeige durch Heizkostenverteiler weit auseinanderliegt. Manchmal gehen die Zweifel der Nutzer so weit, daß sie Gutachter einschalten oder sogar Gerichtsverfahren einleiten. Zum Problem der Wärmeverbrauchsspreizung in Wohnungen gibt es unterschiedliche und widersprüchliche Gutachten. Beide Untersuchungen zu diesem Thema sind inzwischen abgeschlossen worden.

Um Zweifeln an der Anzeigequalität von Verdunstungsgeräten oder Wärmezählern entgegenzutreten, wurden für die praktische Untersuchung elektrisch beheizte Wohnungen gewählt. Der Wärmeverbrauch wird mit zuverlässigen Elektrizitätszählern nach dem Ferraris-Prinzip mit einer Meßunsicherheit in der Größenordnung von maximal 2 % erfaßt.

7.21.1 Theoretische Ermittlung

Die theoretische Ermittlung umfaßt die Untersuchung des theoretischen Jahreswärmebedarfs von Modellräumen unter besonderen Einflußgrößen (Bild 7.19).

1 Klima Witterung	Sonnenstrahlung Außentemperatur
2 Baukonzept	Lage, Himmelsrichtung, Transmissionsfläche, Fenster, Wärmedämmung, Wärmespeicherung, Gebäudetyp, Lüftung
3 Nutzung	Thermische Behaglichkeit, Personenzahl, Nutzungsintensität, Luftwechselzahl
4 Technisches System	Beleuchtung, elektrische Einrichtungen, Heizsysteme, Regelsysteme

Bild 7.19 Einflußgrößen auf den Wärmebedarf

Diese Einflußgrößen wurden nach festgelegten Kriterien variiert, z.B. Modellraum A mit Fensterflächenanteil f_{Fe} = 0,2 und Index Nr. 1 (sparsames Verbrauchsverhalten) gegenüber einem Fensterflächenanteil f_{Fe} = 0,4 und Index Nr. 2 (verschwenderisches Verbrauchsverhalten). Unter Einbeziehung unterschiedlicher Lagen im Gebäude ergab sich als Ergebnis der Untersuchung ein Kosten-/Verbrauchsverhältnis zwischen verschwenderischem Nutzer und sparsamem Nutzer von 280 % zu 65 % bzw. 4,3 : 1. Die Wärmeverbrauchsspreizung beträgt demnach 4,3 : 1 ohne den zusätzlichen Einfluß durch Sonneneinstrahlung und innere Wärmequellen. Werden diese Faktoren mit eingerechnet, so ergeben sich für die Modellräume Wärmeverbrauchsspreizungen zwischen 5 : 1 bis 6,5 : 1. Bei der Betrachtung mit größerem Fensterflächenanteil ergeben sich rechnerisch je nach Bausubstanz und zufälligem Kompensationsgrad der z.T. gegenläufigen Einflüsse Spreizungen des Wärmeverbrauchs von 5,5 : 1 bis 7,5 : 1.

7.21.2 Praktische Verbrauchserfassung

Der zweiten Studienarbeit liegt eine praktische Verbrauchserfassung zugrunde. Dazu wurden drei Liegenschaften bzw. Nutzereinheiten mit einer beheizten Gesamtfläche von 2 793 m², 3 297 m² und 2 211 m² ausgewählt. Die Räume werden mit Fußboden-Speicherheizung bzw. Speicherheizgeräten erwärmt. Der Stromverbrauch wurde zur Kontrolle wöchentlich abgelesen. In die Untersuchung wurden alle für die Bewertung relevanten Kriterien, wie Wohnungs-/Geschoßaufteilung, Bautyp, K-Werte, Fensterarten und -flächen usw., eingeschlossen.

Die Verbrauchsspreizung verhält sich tendenziell so, wie es die theoretische Arbeit bereits zeigte. Im Erdgeschoß und im Dachgeschoß ist der Wärmeverbrauch am größten. Die Wärmeverbrauchsspreizungen liegen für alle untersuchten Liegenschaften geschoßweise im Bereich 2 : 1 bis 2,7 : 1. Der jeweils geringste Etagenverbrauch lag in allen Häusern im Geschoß unterhalb des Dachgeschosses. Werden die Maximal-/Minimalverhältnisse für die drei Liegenschaften bzw. Nutzereinheiten einzeln gebildet, so erhält man einen Spreizungsbereich von 4,5 : 1 bis 7,5 : 1, wobei die etagenbezogen größte Wärmeverbrauchsspreizung innerhalb einer Verbrauchergruppe häufig auch in den Zwischengeschossen auftreten kann.

Die theoretische und die praktische Ausarbeitung haben sich gegenseitig mit dem Ergebnis der größten festgestellten Wärmeverbrauchsspreizung 7,5 : 1 bestätigt. Als wichtigste Einflußfaktoren ergaben sich das individuelle Heizverhalten der Nutzer und die Wohnungslage.

Die Bedeutung des Resultates dieser Untersuchung liegt darin, daß damit eine Verbesserung der Rechtssicherheit erreicht wurde. Eine Abrechnung ist nicht mehr nur deshalb „falsch“, weil sie eine unerklärlich hohe Kosten-/Verbrauchsabweichung aufzeigt. Wärmeverbrauchsspreizungen bis

7,5 : 1 sind bei ähnlicher Bausubstanz, wie in der Untersuchung zugrunde gelegt, durchaus erklärbar und begründen noch nicht den Verdacht einer Fehlfunktion der Erfassungsgeräte. Bei höheren Werten empfiehlt sich eine Untersuchung der Nutzeranlage.

Bei Wärmezählern kann eine starke Magnetitverschmutzung oder Verschlammung bei geringer Wärmeabnahme (niedriger Heizwasserdurchsatz) dazu führen, daß geringe Wärmemengen nicht oder nicht vollständig erfaßt werden und dadurch Abweichungen vom Maximal-/Minimalwert von mehr als 7,5 : 1 entstehen.

Bei elektronischen Heizkostenverteilern können z.B. dann Abweichungen auftreten, wenn durch niedrig eingestellte thermostatische Heizkörperventile unter Einfluß von Sonneneinstrahlung und/oder Fremdwärme nur das obere Viertel des Heizkörpers erwärmt wird. Die häufigste, vom Nutzer verursachte Wärmeverbrauchsspreizung erfolgt durch Wärmestau. Je nach Gerätebauart und C-Wert kann es bis zur Verdoppelung der Spreizung kommen. An Heizkörpern mit guter thermischer Kopplung (kleiner C-Wert) wird die Wärmeverbrauchsspreizung geringer und bei Heizkörpern mit schlechter thermischer Kopplung (hoher C-Wert) größer. Dies gilt für Heizkostenverteiler jeglicher Bauart.

Einen besonderen Einfluß hat die Bausubstanz auf die Wärmeverbrauchsspreizung. Dies zeigt deutlich eine wissenschaftliche Untersuchung, die 1983 in den USA veröffentlicht wurde. Bei der Untersuchung von 207 elektrisch beheizten Wohnungen in einer geschlossenen Wohnanlage ergab sich eine maximale Spreizung von 16,5 : 1. Die 1970 erbaute Wohnanlage ist mit Einfachverglasung und ohne besondere thermische Isolierungen versehen. Der Bericht aus den USA nennt die gleichen Einflußgrößen für die Wärmeverbrauchsspreizung wie die beiden deutschen Arbeiten. Die schlechteren Werte finden eine Erklärung in dem Heiz- und Lüftungsverhalten der amerikanischen Nutzer und in der geringen Wärmedämmung.

Für die Einführung einer automatischen Plausibilitätsprüfung in der Abrechnung kann auf der Grundlage der deutschen Arbeiten von folgenden praxisbezogenen Grenzwerten ausgegangen werden:

1. Prüfung der etagenbezogenen Wärmeverbrauchsspreizung
   Grenzwert = < 5 : 1
2. Prüfung der wohnungsbezogenen Wärmeverbrauchsspreizung
   Grenzwert = < 12 : 1

Es wird Aufgabe der Fachverbände und der Wärmemeßdienste sein, eine derartige Plausibilitätsprüfung mit exakten Grenzwerten für unterschiedliche meßtechnische Situationen festzulegen und einzuführen.

7.22 Akzeptanz der Abrechnung nach dem gemessenen Verbrauch

Der in den vorangegangenen Abschnitten gegebene Überblick über die bereits durchgeführten und zum Teil noch zu realisierenden Plausibilitätsprüfungen vor, während und nach der Abrechnung zeigt, daß bereits viel erreicht wurde. Unser Ziel muß jedoch sein, die Abrechnungssicherheit weiter zu verbessern, die Transparenz und Verständlichkeit der Abrechnungsformulare zu erhöhen, um durch mehr Sicherheit das Vertrauen in die Abrechnung zu vertiefen und auszubauen.

Bereits heute steht fest, daß die überwiegende Mehrzahl der Befragten der Heizkostenabrechnung positiv gegenübersteht und die Akzeptanz mit den bei der Anwendung dieser Abrechnungsmethode gewonnenen Erfahrungen steigt (Bild 7.20).

	Erfahrungsdauer mit VHA				Summe
	1 Jahr oder weniger	bis 3 Jahre	bis 6 Jahre	länger als 6 Jahre	
Allgemeine Akzeptanz					
positiv	11 1.7%	127 30.1%	32 23.2%	33 20.1%	203 14.9%
bedingt positiv	205 32.2%	187 44.3%	78 56.5%	90 54.9%	560 41.2%
neutral	379 59.6%	86 20.4%	27 19.6%	38 23.2%	530 39.0%
ablehnend	37 5.8%	21 5.0%	1 0.7%	3 1.8%	62 4.6%
stark ablehnend	4 0.6%	1 0.2%	0 –	0 –	5 0.4%
Summe	636 100%	422 100%	138 100%	164 100%	1 360 100%

Bild 7.20 Akzeptanz der Verbraucherabrechnung nach GEWOS

7.23 Gemeinsame Prüfung für ein sicheres Ergebnis

Bei allen Fortschritten auf dem Gebiet der verbrauchsabhängigen Heizkostenabrechnung sollte nicht vergessen werden, daß jedem, auch dem Computer, ein Fehler passieren kann.

Deshalb empfiehlt es sich für den Sachbearbeiter der Abrechnungsfirma ebenso wie für den Hausverwalter/Eigentümer und nicht zuletzt den Mieter, natürlich immer die Abrechnungen vor der weiteren Verwendung zu prüfen.

Die in diesem Abschnitt aufgeführten Plausibilitätsprüfungen und Kontrollmaßnahmen führen im Zusammenhang mit neuen meß- und anwendungstechnischen Erkenntnissen zu einer optimalen abrechnungstechnischen Genauigkeit und Sicherheit, die allen Beteiligten zugute kommt (Bild 7.21).

Wer prüft	Wann wird geprüft	Was wird geprüft	Wie wird geprüft
Fachberater	Vor der Montage	Heizungsanlage/ -system meß- und installationstechn. Voraussetzungen	persönliche Befragung (techn. Prüfliste) (Anl.techn. Diagnose) Einsicht in Pläne Objektbegehung
Monteur/TK	bei Montage bei Inbetriebnahme	Identifizierung und Maße Zuordnung, Anfangsstand etc.	Aufmaß/Vergleich mit Unterlagen lt. Montagehandbuch
Kaufm. SB	bei Anlage und Übernahme der Grunddaten (meß- und abrechnungstechnisch)	Vollständigkeit der Unterlagen, Basisdaten zur meßtechn. Ausstattung, Grunddaten zur Lg.	manuelle Routineprüfg. anhand von Checklisten und per EDV
DV	Bei Eingabe der Daten	Plausibilität der Informationen und Daten	per EDV
SB für Neuanlagen	bei Bearbeitung d. Fehlerprotokolls	Plausibilität der abr.-techn. Informationen	per EDV Neuanlagen-Prüflauf
Gebäudeeigt./ Verwalter	bei Erhalt der a) Bestätigungsunterlagen b) Gesamtabrg.	Vollständigkeit Richtigkeit	manuell durch Datenvergleich
Nutzer	bei Erhalt der a) Nutzerdokumentation b) Einzelabrg.	Richtigkeit Kostenaufstellung zur Lg. Ablesewerte/Verbrauchseinheiten	manuell durch Datenvergleich
Ableser	bei Ablesung	Zuordnung, Maße, Gerätenummer Skalierung	manuell durch Vergleich mit Unterlagen lt. Ablese-/Montagehandbuch
SB-Abrechg.	bei Abrechnung	Stammdaten, variable Daten/Kostenrelation	manuell und EDV Abr. Prüflauf

Bild 7.21 Zusammenfassung der Prüfungen

8 Literaturverzeichnis

Adunka: Fehlergrenzen und Prüfverfahren für Wärmezähler. Gas/Wasser/Wärme 35 (1981) Nr. 10.

Adunka: Handbuch der Wärmeverbrauchsmessung. Vulkan-Verlag, Essen 1991.

AGFW: Wärmemessung und Wärmeabrechnung. VWEW-Verlag, Frankfurt am Main 1991.

Bundesministerium der Justiz: Mustervereinbarung – Modernisierung durch Mieter. Reihe Bürger-Service.

Bundesministerium für Wirtschaft: Daten zur Entwicklung der Energiewirtschaft in der Bundesrepublik Deutschland 1978 und 1989.

Bundesministerium für Wirtschaft: Verbrauchsabhängige Abrechnung. April 1990.

DIN 4713 Teil 2 Verbrauchsabhängige Wärmekostenabrechnung, Heizkostenverteiler ohne Hilfsenergie nach dem Verdunstungsprinzip (1989).

DIN-IEC 751 Industrielle Platin-Widerstandsthermometer und Platin-Meßwiderstände. Ausgabe 2/90; Beuth Verlag, Berlin.

Eichgesetz (Gesetz über das Meß- und Eichwesen, Neufassung), BGBl. I (1992), Nr. 17, S. 711–718.

Eichordnung, Allgemeine Vorschriften; Deutscher Eichverlag GmbH, Braunschweig, Ausgabe 1988.

Eichordnung, Anlage 6 zur, (EO 6): Volumenmeßgeräte für strömendes Wasser, Deutscher Eichverlag, Braunschweig 1988.

Eichordnung, Anlage 22 zur, (EO 22): Meßgeräte für thermische Energie. Warm- und Heißwasserzähler für Wärmetauscher-Kreislaufsysteme. Deutscher Eichverlag, Braunschweig 1988.

Energieprogramm der Bundesregierung, Bonn, September 1973.

Energieprogramm der Bundesregierung, (Erste Fortschreibung) Bonn, November 1974.

ENQUETE-KOMMISSION: Vorsorge zum Schutz der Erdatmosphäre, Dritter Bericht zum Schutz der Erde. BT-Drs. 11/8030 vom 24.05.1990.

Fantl: Einflüsse der Heizkostenverordnung auf den Energieverbrauch. Herausgeber: Bundesministerium für Handel, Gewerbe und Industrie. Wien. 2. ergänzte Auflage 1978. Selbstverlag.

Fischer-Dieskau/Pergande/Schwender/Brintzinger: Wohnungsbaurecht

Freywald: Heizkostenabrechnung leicht gemacht. Rudolf Haufe Verlag Freiburg, 3. Auflage 1990

Gabler Wirtschaftslexikon, 12. Auflage Wiesbaden 1988

Gesetz über Einheiten im Meßwesen, BGBl. I, 1.3.1985; Gesetz über das Meß- und Eichwesen, BGBl. I, 1.3.1985.

GEWOS Institut für Stadt-, Regional- und Wirtschaftsforschung Hamburg: Durchführung der verbrauchsabhängigen Heizkostenabrechnung und ihre Auswirkung auf den Energieverbrauch. Gutachten im Auftrag des Bundesministers für Wirtschaft. August 1986.
Gramlich: Bundesbankgesetz, Währungsgesetz, Münzgesetz. Carl Heymanns Verlag KG, Köln, Berlin, Bonn, München 1988.
Gramlich: Mietrecht. Beck Verlag, München, 4. Auflage 1991

Haar/Gallagher/Kell: NBS/NRC Steam Tables. New York; London: Hemisphere Publishing Corporation, Washington 1984.
Hampel: Wärmekostenabrechnung. Bauverlag GmbH, Wiesbaden 1981.
Hausen: Ermittlung von Heizkosten nach dem Verdunstungsprinzip. HLH 16 (1965), Nr. 8, S. 314/320 u. Nr. 9, S. 347/351.
Hausen: Ansporn zur Sparsamkeit. test – Zeitschrift der Stiftung Warentest, 1980, Nr. 11, S. 967/971.
Hausen: Die Praktiken der Meßdienstfirmen. test – Zeitschrift der Stiftung Warentest, 1982, Nr. 5, S. 428/437.
Hausen: Wärmetechnische Abteilung des Rheinisch-Westfälischen Kohlesyndikats, Essen.
Hofbauer/Lucny: Verbrauchsabhängige Wärmekostenverrechnung am Wohnungssektor. Eigenverlag Österreichischer Energiekonsumenten-Verband (Ö. E. K. V.), Wien 1985.

Kreuzberg/Böttcher/Hampel/Lenz: DIN-Normen im Zusammenhang mit einer neuen Verordnung über verbrauchsorientierte Heizkostenabrechnung. DIN-Mitteilungen 1980.
Krug, Schröder (Hrsg.): Wärmelieferungskonzepte des Handwerks. Benco Druck und Verlag Wien, Darmstadt 1989.
Kuppler u.a.: Heizkosten richtig erfassen. expert verlag Grafenau 1984.

Landolt/Boernstein: Zahlenwerte und Funktionen aus Physik, Chemie, Astronomie, Geophysik, Technik. Springer Verlag, Berlin, Heidelberg, New York.
Lefèvre: Die Heizkostenabrechnung, Verlag Kempkes, Gladenbach 1986.

Münder/Arnold/Krug/Koschoreck: Erarbeitung und Erprobung eines Wärmelieferungskonzeptes für kleine und mittlere handwerkliche Heizungsbaubetriebe. Bericht zum Forschungsauftrag des Bundesminister für Forschung und Technologie. Auftragnehmer, Heinz-Piest-Institut für Handwerkstechnik (HPI) an der Universität Hannover. Hannover, 20.12.1991

Palandt/Putzo: Kommentar zum Bürgerlichen Gesetzbuch. Beck Verlag, München 1991 (50. Aufl.).
Peruzzo: Heizkostenabrechnung nach Verbrauch. J. Schweitzer Verlag, München (4. Aufl.).
Pfeifer: Die neue Heizkostenverordnung. Informationen zum Mietrecht, Heft 3. Zentralverband der Deutschen Haus-, Wohnungs- und Grundeigentümer, Düsseldorf, 2. Auflage 1989.

Pfeifer: Nebenkosten und Umlage, Informationen zum Mietrecht, Heft 5. Zentralverband der Deutschen Haus-, Wohnungs- und Grundeigentümer, Düsseldorf, 2. Auflage.

Pfeifer: Taschenbuch für Hauseigentümer, Verlag Deutsche Wohnungswirtschaft, Ausgabe 1986, Heft 13.

Pfeifer: Taschenbuch für Hauseigentümer, Verlag Deutsche Wohnungswirtschaft, Ausgabe 1988, Heft 15.

Pfeifer: Taschenbuch für Hauseigentümer, Verlag Deutsche Wohnungswirtschaft, Ausgabe 1991, Heft 18.

Presse- und Informationsamt der Bundesregierung, Aktuelle Beiträge zur Wirtschafts- und Finanzpolitik, 25. Juli 1989: Bericht des Bundesministeriums für Wirtschaft zur sparsamen und rationellen Energieverwendung in den Jahren 1985–1988.

Reihlen: Grundlagen der Normungsarbeit des DIN, Beuth Verlag, Berlin und Köln 1987.

Romanovszky: Rechtslexikon für die Wirtschaft (RW), Rudolf Haufe Verlag, Freiburg, Stand 1991.

Sajadatz: Grundlagen der technischen Wärmelehre. Leipzig: VEB deutscher Verlag für Grundstoffindustrie 1979.

Schade/Schubart/Wienicke: Wohnungsbaurecht, Kommentator-Verlag, Frankfurt, § 20 NMV Anm. 8.

Schmidt-Futterer/Blank: Wohnraumschutzgesetze. Beck Verlag, München 1984 (5. Aufl.), C 282.

Schmidt: Zustandsgrößen von Wasser und Wasserdampf in SI-Einheiten; ed. by H. Grigull: Heidelberg; New York: Springer; München: Oldenbourg 1982.

Smith: An Inquiry into the Nature and Causes of the Wealth of Nations (1776). Nachdruck Oxford 1976: Carendon.

Sternel: Mietrecht aktuell. Verlag Dr. Otto Schmidt, Köln 1991

Sternel: Mietrecht. Verlag Dr. Otto Schmidt, Köln, 3. Auflage 1988.

Stuck: Tabellen von Wärmekoeffizienten für Wasser als Wärmeträgermedium. Bremerhaven: Wirtschaftsverlag NW GmbH 1986.

Stuck: China Commerce International (CCI) (1986), Nr. 10.

Techn. Richtlinie K 5 der Physikalisch-Technischen Bundesanstalt. Ausgabe 07/78.

test, Zeitschrift der Stiftung Warentest, 22 (1987) S. 83–87.

Verordnung über die verbrauchsabhängige Abrechnung der Heiz- und Warmwasserkosten (Verordnung über Heizkostenabrechnung – HeizkostenV –) vom 23. Februar 1981 (BGBl. I S. 225 und Ber. S. 296), Neufassung vom 5. April 1984 (BGBl. I S. 592) und Neufassung vom 20. Januar 1989 (BGBl. I S. 115).

Winkens u. a.: Thermostatische Feinregulierventile an Heizkörpern bei Fernheizungen. Forschungsbericht der Stadtwerke Mannheim im Auftrag des Bundesministers für Forschung und Technologie.

Witzel u. a.: Die Verordnung über Allgemeine Bedingungen für die Versorgung mit Fernwärme. Erläuterungen für die Praxis der Versorgungsunternehmen. Verlags- und Wirtschaftsgesellschaft der Elektrizitätswerke m. b. H. – VWEW, Frankfurt (Main) 1980.

Zimmermann: Wirtschaftliche und technische Möglichkeiten der Energieeinsparung durch Einführung einer umfassenden verbrauchsorientierten Heizkostenabrechnung. Forschungsauftrag des Bundesministers für Wirtschaft, Auftragnehmer: Institut für Wirtschaftswissenschaften an der Rheinisch-Westfälischen Technischen Hochschule Aachen, 1980. Veröffentlicht in der Schriftenreihe des BMWi.

Zöllner: Anwendung von Heizkostenverteilern. Forschungsbericht der TU Berlin, Hermann-Rietschel-Institut, im Auftrag des Bundesministers für Raumordnung, Bauwesen und Städtebau, Sept. 1983.

Zöllner/Bindler: Grundsatzuntersuchung für Heizkostenverteiler nach dem Verdunstungsprinzip zur oberen meßtechnischen Temperatur-Einsatzgrenze und zur Anwendbarkeit in Einrohrheizanlagen. HLH 42 (1991), Nr. 10.

Zöllner/Bindler: Montageort für Heizkostenverteiler nach dem Verdunstungsprinzip. HLH 31 (1980), Nr. 6, S. 195/201.

Zöllner/Bindler: Untersuchungen zur Eignung von Heizkostenverteilern als Ausstattung zur Verbrauchserfassung in Anlagen des fernwärmeversorgten industriellen Wohnungsbaus der ehemaligen DDR.

Zöllner/Bindler/Konzelmann: Systembedingte Fehler von Heizkostenverteilern nach dem Verdunstungsprinzip abhängig von den Betriebsbedingungen und dem Montageort. HLH 31 (1980), Nr. 11, S. 408/12.

9 Anhang (Textsammlung)

9.1 Energieeinsparungsgesetz

Gesetz
zur Einsparung von Energie in Gebäuden
(Energieeinsparungsgesetz – EnEG)
Vom 22. Juli 1976
(BGBl. I S. 1873)

geändert d. Gesetz v. 20. Juni 1980
(BGBl. I S. 701)

Der Bundestag hat mit Zustimmung des Bundesrates das folgende Gesetz beschlossen:

§ 1 Energiesparender Wärmeschutz bei zu errichtenden Gebäuden

(1) Wer ein Gebäude errichtet, das seiner Zweckbestimmung nach beheizt oder gekühlt werden muß, hat, um Energie zu sparen, den Wärmeschutz nach Maßgabe der nach Absatz 2 zu erlassenden Rechtsverordnung so zu entwerfen und auszuführen, daß beim Heizen und Kühlen vermeidbare Energieverluste unterbleiben.

(2) Die Bundesregierung wird ermächtigt, durch Rechtsverordnung mit Zustimmung des Bundesrates Anforderungen an den Wärmeschutz von Gebäuden und ihren Bauteilen festzusetzen. Die Anforderungen können sich auf die Begrenzung des Wärmedurchgangs sowie der Lüftungswärmeverluste und auf ausreichende raumklimatische Verhältnisse beziehen. Bei der Begrenzung des Wärmedurchgangs ist der gesamte Einfluß der die beheizten oder gekühlten Räume nach außen und zum Erdreich abgrenzenden sowie derjenigen Bauteile zu berücksichtigen, die diese Räume gegen Räume abweichender Temperatur abgrenzen. Bei der Begrenzung von Lüftungswärmeverlusten ist der gesamte Einfluß der Lüftungseinrichtungen, der Dichtheit von Fenstern und Türen sowie der Fugen zwischen einzelnen Bauteilen zu berücksichtigen.

(3) Soweit andere Rechtsvorschriften höhere Anforderungen an den baulichen Wärmeschutz stellen, bleiben sie unberührt.

§ 2 Anforderungen an heizungs- und raumlufttechnische Anlagen sowie an Brauchwasseranlagen

(1) Wer heizungs- oder raumlufttechnische oder der Versorgung mit Brauchwasser dienende Anlagen oder Einrichtungen in Gebäude einbaut oder einbauen läßt oder in Gebäuden aufstellt oder aufstellen läßt, hat bei Entwurf, Auswahl und Ausführung dieser Anlagen und Einrichtungen nach Maßgabe der nach den Absätzen 2 und 3 zu erlassenden Rechtsverordnungen dafür Sorge zu tragen, daß nicht mehr Energie verbraucht wird, als zur bestimmungsgemäßen Nutzung erforderlich ist.

(2) Die Bundesregierung wird ermächtigt, durch Rechtsverordnung mit Zustimmung des Bundesrates vorzuschreiben, welchen Anforderungen die Beschaffenheit und die Ausführung der in Absatz 1 genannten Anlagen und Einrichtungen genügen müssen, damit vermeidbare Energieverluste unterbleiben. Für zu errichtende Gebäude können sich die Anforderungen beziehen auf

1. den Wirkungsgrad, die Auslegung und die Leistungsaufteilung der Wärmeerzeuger,
2. die Ausbildung interner Verteilungsnetze,
3. die Begrenzung der Brauchwassertemperatur,
4. die Einrichtungen der Regelung und Steuerung der Wärmeversorgungssysteme,
5. den Einsatz von Wärmerückgewinnungsanlagen,
6. die meßtechnische Ausstattung zur Verbrauchserfassung,
7. weitere Eigenschaften der Anlagen und Einrichtungen, soweit dies im Rahmen der Zielsetzung des Absatzes 1 auf Grund der technischen Entwicklung erforderlich wird.

(3) Die Absätze 1 und 2 gelten entsprechend, soweit in bestehende Gebäude bisher nicht vorhandene Anlagen oder Einrichtungen eingebaut oder vorhandene ersetzt, erweitert oder umgerüstet werden. Bei wesentlichen Erweiterungen oder Umrüstungen können die Anforderungen auf die gesamten Anlagen oder Einrichtungen erstreckt werden. Außerdem können Anforderungen zur Ergänzung der in Absatz 1 genannten Anlagen und Einrichtungen mit dem Ziel einer nachträglichen Verbesserung des Wirkungsgrades und einer Erfassung des Energieverbrauchs gestellt werden.

(4) Soweit andere Rechtsvorschriften höhere Anforderungen an die in Absatz 1 genannten Anlagen und Einrichtungen stellen, bleiben sie unberührt.

§ 3 Anforderungen an den Betrieb heizungs- und raumlufttechnischer Anlagen sowie von Brauchwasseranlagen

(1) Wer heizungs- oder raumlufttechnische oder der Versorgung mit Brauchwasser dienende Anlagen oder Einrichtungen in Gebäuden betreibt oder betreiben läßt, hat dafür Sorge zu tragen, daß sie nach Maßgabe der

nach Absatz 2 zu erlassenden Rechtsverordnung so instandgehalten und betrieben werden, daß nicht mehr Energie verbraucht wird, als zu ihrer bestimmungsgemäßen Nutzung erforderlich ist.

(2) Die Bundesregierung wird ermächtigt, durch Rechtsverordnung mit Zustimmung des Bundesrates vorzuschreiben, welchen Anforderungen der Betrieb der in Absatz 1 genannten Anlagen und Einrichtungen genügen muß, damit vermeidbare Energieverluste unterbleiben. Die Anforderungen können sich auf die sachkundige Bedienung, Instandhaltung, regelmäßige Wartung und auf die bestimmungsgemäße Nutzung der Anlagen und Einrichtungen beziehen.

(3) Soweit andere Rechtsvorschriften höhere Anforderungen an den Betrieb der in Absatz 1 genannten Anlagen und Einrichtungen stellen, bleiben sie unberührt.

§ 3a Verteilung der Betriebskosten

Die Bundesregierung wird ermächtigt, durch Rechtsverordnung mit Zustimmung des Bundesrates vorzuschreiben, daß
1. der Energieverbrauch der Benutzer von heizungs- oder raumlufttechnischen oder der Versorgung mit Brauchwasser dienenden gemeinschaftlichen Anlagen oder Einrichtungen erfaßt wird,
2. die Betriebskosten dieser Anlagen oder Einrichtungen so auf die Benutzer zu verteilen sind, daß dem Energieverbrauch der Benutzer Rechnung getragen wird.

§ 4 Sonderregelungen und Anforderungen an bestehende Gebäude

(1) Die Bundesregierung wird ermächtigt, durch Rechtsverordnung mit Zustimmung des Bundesrates von den nach den §§1 bis 3 zu erlassenden Rechtsverordnungen Ausnahmen zuzulassen und abweichende Anforderungen für Gebäude und Gebäudeteile vorzuschreiben, die nach ihrem üblichen Verwendungszweck
1. wesentlich unter oder über der gewöhnlichen, durchschnittlichen Heizdauer beheizt werden müssen,
2. eine Innentemperatur unter 15 °C erfordern,
3. den Heizenergiebedarf durch die im Innern des Gebäudes anfallende Abwärme überwiegend decken,
4. nur teilweise beheizt werden müssen,
5. eine überwiegende Verglasung der wärmeübertragenden Umfassungsflächen erfordern,
6. nicht zum dauernden Aufenthalt von Menschen bestimmt sind,
7. sportlich, kulturell oder zu Versammlungen genutzt werden,
8. zum Schutze von Personen oder Sachwerten einen erhöhten Luftwechsel erfordern,
9. und nach der Art ihrer Ausführung für eine dauernde Verwendung nicht geeignet sind,

soweit der Zweck des Gesetzes, vermeidbare Energieverluste zu verhindern, dies erfordert oder zuläßt. Satz 1 gilt entsprechend für die in § 2 Abs. 1 genannten Anlagen und Einrichtungen in solchen Gebäuden oder Gebäudeteilen.

(2) Die Bundesregierung wird ermächtigt, durch Rechtsverordnung mit Zustimmung des Bundesrates zu bestimmen, daß die nach den §§1 bis 3 und 4 Abs. 1 festzulegenden Anforderungen auch bei wesentlichen Änderungen von Gebäuden einzuhalten sind.

(3) Die Bundesregierung wird ermächtigt, durch Rechtsverordnung mit Zustimmung des Bundesrates zu bestimmen, daß für bestehende Gebäude, Anlagen oder Einrichtungen einzelne Anforderungen nach §§1, 2 Abs. 1 und 2 und § 4 Abs. 1 gestellt werden können, wenn die Maßnahmen generell zu einer wesentlichen Verminderung der Energieverluste beitragen und die Aufwendungen durch die eintretenden Einsparungen innerhalb angemessener Fristen erwirtschaftet werden können.

§ 5 Gemeinsame Voraussetzungen für Rechtsverordnungen

(1) Die in den Rechtsverordnungen nach den §§1 bis 4 aufgestellten Anforderungen müssen nach dem Stand der Technik erfüllbar und für Gebäude gleicher Art und Nutzung wirtschaftlich vertretbar sein. Anforderungen gelten als wirtschaftlich vertretbar, wenn generell die erforderlichen Aufwendungen innerhalb der üblichen Nutzungsdauer durch die eintretenden Einsparungen erwirtschaftet werden können. Bei bestehenden Gebäuden ist die noch zu erwartende Nutzungsdauer zu berücksichtigen.

(2) In den Rechtsverordnungen ist vorzusehen, daß auf Antrag von den Anforderungen befreit werden kann, soweit diese im Einzelfall wegen besonderer Umstände durch einen unangemessenen Aufwand oder in sonstiger Weise zu einer unbilligen Härte führen.

(3) In den Rechtsverordnungen kann wegen technischer Anforderungen auf Bekanntmachungen sachverständiger Stellen unter Angabe der Fundstelle verwiesen werden.

(4) In den Rechtsverordnungen nach §§1 bis 4 können die Anforderungen und – in den Fällen des § 3 a – die Erfassung und Kostenverteilung abweichend von Vereinbarungen der Benutzer und von Vorschriften des Wohnungseigentumsgesetzes geregelt und näher bestimmt werden, wie diese Regelungen sich auf die Rechtsverhältnisse zwischen den Beteiligten auswirken.

§ 6 Maßgebender Zeitpunkt

Für die Unterscheidung zwischen zu errichtenden und bestehenden Gebäuden im Sinne dieses Gesetzes ist der Zeitpunkt der Erteilung der Baugenehmigung maßgebend.

§ 7 Überwachung

(1) Die zuständigen Behörden haben darüber zu wachen, daß die in den Rechtsverordnungen nach den §§ 1 bis 4 festgesetzten Anforderungen erfüllt werden, soweit die Erfüllung dieser Anforderungen nicht schon nach anderen Rechtsvorschriften im erforderlichen Umfang überwacht wird.

(2) Die Landesregierungen oder die von ihnen bestimmten Stellen werden ermächtigt, durch Rechtsverordnung die Überwachung hinsichtlich der in den Rechtsverordnungen nach den §§1 und 2 festgesetzten Anforderungen ganz oder teilweise auf geeignete Stellen, Fachvereinigungen oder Sachverständige zu übertragen. Soweit sich § 4 auf die §§ 1 und 2 bezieht, gilt Satz 1 entsprechend.

(3) Die Bundesregierung wird ermächtigt, durch Rechtsverordnung mit Zustimmung des Bundesrates die Überwachung hinsichtlich der durch Rechtsverordnung nach § 3 festgesetzten Anforderungen auf geeignete Stellen, Fachvereinigungen oder Sachverständige zu übertragen. Soweit sich § 4 auf § 3 bezieht, gilt Satz 1 entsprechend.

(4) In den Rechtsverordnungen nach den Absätzen 2 und 3 kann die Art und das Verfahren der Überwachung geregelt werden; ferner können Anzeige- und Nachweispflichten vorgeschrieben werden. Es ist vorzusehen, daß in der Regel Anforderungen auf Grund der §§ 1 und 2 nur einmal und Anforderungen auf Grund des § 3 höchstens einmal im Jahr überwacht werden; bei Anlagen in Einfamilienhäusern, kleinen und mittleren Mehrfamilienhäusern und vergleichbaren Nichtwohngebäuden ist eine längere Überwachungsfrist vorzusehen.

(5) In der Rechtsverordnung nach Absatz 3 ist vorzusehen, daß

1. eine Überwachung von Anlagen mit einer geringeren Wärmeleistung entfällt,
2. die Überwachung der Erfüllung von Anforderungen sich auf die Kontrolle von Nachweisen beschränkt, soweit die Wartung durch eigenes Fachpersonal oder auf Grund von Wartungsverträgen durch Fachbetriebe sichergestellt ist.

(6) In Rechtsverordnungen nach § 4 Abs. 3 kann vorgesehen werden, daß die Überwachung ihrer Einhaltung entfällt.

§ 8 Ordnungswidrigkeiten

(1) Ordnungswidrig handelt, wer vorsätzlich oder fahrlässig einer Rechtsverordnung

1. nach § 2 Abs. 2 oder 3 über Anforderungen an heizungs- und raumlufttechnische Anlagen sowie Brauchwasseranlagen oder nach § 3 über Anforderungen an den Betrieb solcher Anlagen,
2. nach § 4 Abs. 1 oder 2 über Sonderregelungen, ausgenommen Anforderungen an den Wärmeschutz (§ 1 Abs. 2), oder

3. nach § 7 Abs. 4 über die Art und das Verfahren der Überwachung und über Anzeige- und Nachweispflichten

zuwiderhandelt, soweit die Rechtsverordnung für einen bestimmten Tatbestand auf diese Bußgeldvorschrift verweist.

(2) Die Ordnungswidrigkeit kann in den Fällen des Absatzes I Nr. 1 und 2 mit einer Geldbuße bis zu fünfzigtausend Deutsche Mark, im Falle des Absatzes I Nr. 3 mit einer Geldbuße bis zu fünftausend Deutsche Mark geahndet werden.

§ 9 Änderung des Schornsteinfegergesetzes

Das Schornsteinfegergesetz vom 15. September 1969 (Bundesgesetzbl. I S. 1634, 2432), zuletzt geändert durch das Achtzehnte Rentenanpassungsgesetz vom 28. April 1975 (Bundesgesetzbl. I S. 1018), wird wie folgt geändert:

1. § 3 Abs. 2 Satz 2 erhält folgende Fassung:
   „Bei der Feuerstättenschau, bei der Bauabnahme und bei Tätigkeiten auf dem Gebiet des Immissionsschutzes sowie der rationellen Energieverwendung nimmt er öffentliche Aufgaben wahr."
2. §13 Abs. 1 wird durch folgende Nummer 11 ergänzt:
   „11. Überwachung von Feuerungsanlagen hinsichtlich der Anforderungen an den Betrieb heizungs- oder raumlufttechnischer oder der Versorgung mit Brauchwasser dienender Anlagen oder Einrichtungen, soweit ihm diese nach § 7 Abs. 3 des Energieeinsparungsgesetzes vom 22. Juli 1976 (Bundesgesetzbl. I S. 1873) übertragen worden ist."
3. In § 24 Abs. 1 wird nach der Zahl 9 das Wort „und" durch einen Beistrich ersetzt. Nach der Zahl 10 werden die Worte „und 11" angefügt.

§ 10 Berlin-Klausel

Dieses Gesetz gilt nach Maßgabe des §13 Abs. 1 des Dritten Überleitungsgesetzes vom 4. Januar 1952 (Bundesgesetzbl. I S. 1) auch im Land Berlin. Rechtsverordnungen, die auf Grund dieses Gesetzes erlassen werden, gelten im Land Berlin nach §14 des Dritten Überleitungsgesetzes.

§ 11 Inkrafttreten

Dieses Gesetz tritt am Tage nach der Verkündung in Kraft.

Das vorstehende Gesetz wird hiermit verkündet.

Bonn, den 22. Juli 1976

Der Bundespräsident
Scheel

Für den Bundeskanzler
Der Bundesminister
für innerdeutsche Beziehungen
E. Franke

Der Bundesminister für Wirtschaft
Friderichs

Der Bundesminister für Raumordnung,
Bauwesen und Städtebau
Karl Ravens

9.2 Heizkostenverordnung

Verordnung über die verbrauchsabhängige Abrechnung der Heiz- und Warmwasserkosten (Verordnung über Heizkostenabrechnung – HeizkostenV) vom 23. Februar 1981 (BGBl. I S. 261, Ber. S. 296) in der Neufassung vom 20. Januar 1989 (BGBl. I S. 115) [1]

Auf Grund des Artikels 9 der Verordnung zur Änderung energieeinsparrechlicher Vorschriften vom 19. Januar 1989 (BGBl. I S. 109) wird nachstehend der Wortlaut der Verordnung über Heizkostenabrechnung in der ab 1. März 1989 geltenden Fassung bekanntgemacht. Die Neufassung berücksichtigt:

---

[1] Nach dem Einigungsvertrag vom 23. September 1990 (BGBl. II S. 1007) gilt die Verordnung über Heizkostenabrechnung in der Fassung der Bekanntmachung vom 20. Januar 1989 (BGBl. I S. 115) im Gebiet der ehemaligen DDR mit folgenden Maßgaben:

a) Die Verordnung tritt zum 1. Januar 1991 in Kraft. Bis zum 31. Dezember 1990 kann in dem in Artikel 3 des Vertrages genannten Gebiet nach den bisherigen Regeln verfahren werden.

b) Räume, die vor dem 1. Januar 1991 bezugsfertig geworden sind und in denen die nach der Verordnung erforderliche Ausstattung zur Verbrauchserfassung noch nicht vorhanden ist, sind bis spätestens zum 31. Dezember 1995 auszustatten. Der Gebäudeeigentümer ist berechtigt, die Ausstattung bereits vor dem 31. Dezember 1995 anzubringen.

c) Soweit und solange die nach Landesrecht zuständigen Behörden des in Artikel 3 des Vertrages genannten Gebietes noch nicht die Eignung sachverständiger Stellen gemäß § 5 Abs. 1 Satz 2 und 3 der Verordnung bestätigt haben, können Ausstattungen zur Verbrauchserfassung verwendet werden, für die eine sachverständige Stelle aus dem Gebiet, in dem die Verordnung schon vor dem Beitritt gegolten hat, die Bestätigung im Sinne von § 5 Abs. 1 Satz 2 erteilt hat.

d) Als Heizwerte der verbrauchten Brennstoffe (H_u) nach § 9 Abs. 2 Ziff. 3 können auch verwendet werden:

Braunkohlenbrikett	5,5 kWh/kg
Braunkohlenhochtemperaturkoks	8,0 kWh/kg

e) Die Vorschriften dieser Verordnung über die Kostenverteilung gelten erstmalig für den Abrechnungszeitraum, der nach dem Anbringen der Ausstattung beginnt.

f) § 11 Abs. 1 Nr. 1 Buchstabe b) ist mit der Maßgabe anzuwenden, daß an die Stelle des Datums „1. Juli 1981“ das Datum „1. Januar 1991“ tritt.

g) § 12 Abs. 2 ist mit der Maßgabe anzuwenden, daß an die Stelle der Daten „1. Januar 1987“ und „1. Juli 1981“ jeweils das Datum „1. Januar 1991“ tritt.

1. die Fassung der Bekanntmachung vom 5. April 1984 (BGBl. I S. 592)
2. den am 1. März 1989 in Kraft tretenden Artikel 1 der eingangs genannten Verordnung.

Die Rechtsvorschriften wurden erlassen auf Grund des § 2 Abs. 2 und 3, des § 3 Abs. 2, des § 3 a, des § 4 Abs. 3 und des § 5 des Energieeinsparungsgesetzes vom 22. Juli 1976 (BGBl. I S. 1973), das durch das Gesetz vom 20. Juni 1980 (BGBl. I S. 701) geändert worden ist.

Verordnung
über die verbrauchsabhängige Abrechnung der Heiz- und Warmwasserkosten
(Verordnung über Heizkostenabrechnung – HeizkostenV)

§ 1
Anwendungsbereich

(1) Diese Verordnung gilt für die Verteilung der Kosten

1. des Betriebs zentraler Heizungsanlagen und zentraler Warmwasserversorgungsanlagen,
2. der eigenständig gewerblichen Lieferung von Wärme und Warmwasser, auch aus Anlagen nach Nummer 1, (Wärmelieferung, Warmwasserlieferung)

durch den Gebäudeeigentümer auf die Nutzer der mit Wärme oder Warmwasser versorgten Räume.

(2) Dem Gebäudeeigentümer stehen gleich

1. der zur Nutzungsüberlassung in eigenem Namen und für eigene Rechnung Berechtigte,
2. derjenige, dem der Betrieb von Anlagen im Sinne des § 1 Abs. 1 Nr. 1 in der Weise übertragen worden ist, daß er dafür ein Entgelt vom Nutzer zu fordern berechtigt ist,
3. beim Wohnungseigentum die Gemeinschaft der Wohnungseigentümer im Verhältnis zum Wohnungseigentümer, bei Vermietung einer oder mehrerer Eigentumswohnungen der Wohnungseigentümer im Verhältnis zum Mieter.

(3) Diese Verordnung gilt auch für die Verteilung der Kosten der Wärmelieferung und Warmwasserlieferung auf die Nutzer der mit Wärme oder Warmwasser versorgten Räume, soweit der Lieferer unmittelbar mit den Nutzern abrechnet und dabei nicht den für den einzelnen Nutzer gemessenen Verbrauch, sondern die Anteile der Nutzer am Gesamtverbrauch zugrunde legt; in diesen Fällen gelten die Rechte und Pflichten des Gebäudeeigentümers aus dieser Verordnung für den Lieferer.

(4) Diese Verordnung gilt auch für Mietverhältnisse über preisgebundenen Wohnraum, soweit für diesen nichts anderes bestimmt ist.

§ 2
Vorrang vor rechtsgeschäftlichen Bestimmungen

Außer bei Gebäuden mit nicht mehr als zwei Wohnungen, von denen eine der Vermieter selbst bewohnt, gehen die Vorschriften dieser Verordnung rechtsgeschäftlichen Bestimmungen vor.

§ 3
Anwendung auf das Wohnungseigentum

Die Vorschriften dieser Verordnung sind auf Wohnungseigentum anzuwenden unabhängig davon, ob durch Vereinbarung oder Beschluß der Wohnungseigentümer abweichende Bestimmungen über die Verteilung der Kosten der Versorgung mit Wärme und Warmwasser getroffen worden sind. Auf die Anbringung und Auswahl der Ausstattung nach den §§ 4 und 5 sowie auf die Verteilung der Kosten und die sonstigen Entscheidungen des Gebäudeeigentümers nach den §§ 6 bis 9 b und 11 sind die Regelungen entsprechend anzuwenden, die für die Verwaltung des gemeinschaftlichen Eigentums im Wohnungseigentumsgesetz enthalten oder durch Vereinbarung der Wohnungseigentümer getroffen worden sind. Die Kosten für die Anbringung der Ausstattung sind entsprechend den dort vorgesehenen Regelungen über die Tragung der Verwaltungskosten zu verteilen.

§ 4
Pflicht zur Verbrauchserfassung

(1) Der Gebäudeeigentümer hat den anteiligen Verbrauch der Nutzer an Wärme und Warmwasser zu erfassen.

(2) Er hat dazu die Räume mit Ausstattungen zur Verbrauchserfassung zu versehen; die Nutzer haben dies zu dulden. Will der Gebäudeeigentümer die Ausstattung zur Verbrauchserfassung mieten oder durch eine andere Art der Gebrauchsüberlassung beschaffen, so hat er dies den Nutzern vorher unter Angabe der dadurch entstehenden Kosten mitzuteilen; die Maßnahme ist unzulässig, wenn die Mehrheit der Nutzer innerhalb eines Monats nach Zugang der Mitteilung widerspricht. Die Wahl der Ausstattung bleibt im Rahmen des § 5 dem Gebäudeeigentümer überlassen.

(3) Gemeinschaftlich genutzte Räume sind von der Pflicht zur Verbrauchserfassung ausgenommen. Dies gilt nicht für Gemeinschaftsräume mit nutzungsbedingt hohem Wärme- oder Warmwasserverbrauch, wie Schwimmbäder oder Saunen.

(4) Der Nutzer ist berechtigt, vom Gebäudeeigentümer die Erfüllung dieser Verpflichtungen zu verlangen.

§ 5
Ausstattung zur Verbrauchserfassung

(1) Zur Erfassung des anteiligen Wärmeverbrauchs sind Wärmezähler oder Heizkostenverteiler, zur Erfassung des anteiligen Warmwasserverbrauchs Warmwasserzähler oder andere geeignete Ausstattungen zu verwenden. Soweit nicht eichrechtliche Bestimmungen zur Anwendung kommen, dürfen nur solche Ausstattungen zur Verbrauchserfassung verwendet werden, hinsichtlich derer sachverständige Stellen bestätigt haben, daß sie den anerkannten Regeln der Technik entsprechen oder daß ihre Eignung auf andere Weise nachgewiesen wurde. Als sachverständige Stellen gelten nur solche Stellen, deren Eignung die nach Landesrecht zuständige Behörde im Benehmen mit der Physikalisch-Technischen Bundesanstalt bestätigt hat. Die Ausstattungen müssen für das jeweilige Heizsystem geeignet sein und so angebracht werden, daß ihre technisch einwandfreie Funktion gewährleistet ist.

(2) Wird der Verbrauch der von einer Anlage im Sinne des § 1 Abs. 1 versorgten Nutzer nicht mit gleichen Ausstattungen erfaßt, so sind zunächst durch Vorerfassung vom Gesamtverbrauch die Anteile der Gruppen von Nutzern zu erfassen, deren Verbrauch mit gleichen Ausstattungen erfaßt wird. Der Gebäudeeigentümer kann auch bei unterschiedlichen Nutzungs- oder Gebäudearten oder aus anderen sachgerechten Gründen eine Vorerfassung nach Nutzergruppen durchführen.

§ 6

Pflicht zur verbrauchsabhängigen Kostenverteilung

(1) Der Gebäudeeigentümer hat die Kosten der Versorgung mit Wärme und Warmwasser auf der Grundlage der Verbrauchserfassung nach Maßgabe der §§ 7 bis 9 auf die einzelnen Nutzer zu verteilen.

(2) In den Fällen des § 5 Abs. 2 sind die Kosten zunächst mindestens zu 50 vom Hundert nach dem Verhältnis der erfaßten Anteile am Gesamtverbrauch auf die Nutzergruppen aufzuteilen. Werden die Kosten nicht vollständig nach dem Verhältnis der erfaßten Anteile am Gesamtverbrauch aufgeteilt, sind

1. die übrigen Kosten der Versorgung mit Wärme nach der Wohn- oder Nutzfläche oder nach dem umbauten Raum auf die einzelnen Nutzergruppen zu verteilen; es kann auch die Wohn- oder Nutzfläche oder der umbaute Raum der beheizten Räume zugrunde gelegt werden,
2. die übrigen Kosten der Versorgung mit Warmwasser nach der Wohn- oder Nutzfläche auf die einzelnen Nutzergruppen zu verteilen.

Die Kostenanteile der Nutzergruppen sind dann nach Absatz 1 auf die einzelnen Nutzer zu verteilen.

(3) In den Fällen des § 4 Abs. 3 Satz 2 sind die Kosten nach dem Verhältnis der erfaßten Anteile am Gesamtverbrauch auf die Gemeinschaftsräume und die übrigen Räume aufzuteilen. Die Verteilung der auf die Gemeinschaftsräume entfallenden anteiligen Kosten richtet sich nach rechtsgeschäftlichen Bestimmungen.

(4) Die Wahl der Abrechnungsmaßstäbe nach Absatz 2 sowie nach den §§ 7 bis 9 bleibt dem Gebäudeeigentümer überlassen. Er kann diese einmalig für künftige Abrechnungszeiträume durch Erklärung gegenüber den Nutzern ändern

1. bis zum Ablauf von drei Abrechnungszeiträumen nach deren erstmaliger Bestimmung,
2. bei der Einführung einer Vorerfassung nach Nutzergruppen,
3. nach Durchführung von baulichen Maßnahmen, die nachhaltig Einsparungen von Heizenergie bewirken.

Die Festlegung und die Änderung der Abrechnungsmaßstäbe sind nur mit Wirkung zum Beginn eines Abrechnungszeitraumes zulässig.

§ 7

Verteilung der Kosten der Versorgung mit Wärme

(1) Von den Kosten des Betriebs der zentralen Heizungsanlage sind mindestens 50 vom Hundert, höchstens 70 vom Hundert nach dem erfaßten Wärmeverbrauch der Nutzer zu verteilen. Die übrigen Kosten sind nach der Wohn- oder Nutzfläche oder nach dem umbauten Raum zu verteilen; es kann auch die Wohn- oder Nutzfläche oder der umbaute Raum der beheizten Räume zugrunde gelegt werden.

(2) Zu den Kosten des Betriebs der zentralen Heizungsanlage einschließlich der Abgasanlage gehören die Kosten der verbrauchten Brennstoffe und ihrer Lieferung, die Kosten des Betriebsstromes, die Kosten der Bedienung, Überwachung und Pflege der Anlage, der regelmäßigen Prüfung ihrer Betriebsbereitschaft und Betriebssicherheit einschließlich der Einstellung durch einen Fachmann, der Reinigung der Anlage und des Betriebsraumes, die Kosten der Messungen nach dem Bundes-Immissionsschutzgesetz, die Kosten der Anmietung oder anderer Arten der Gebrauchsüberlassung einer Ausstattung zur Verbrauchserfassung sowie die Kosten der Verwendung einer Ausstattung zur Verbrauchserfassung einschließlich der Kosten der Berechnung und Aufteilung.

(3) Für die Verteilung der Kosten der Wärmelieferung gilt Absatz 1 entsprechend.

(4) Zu den Kosten der Wärmelieferung gehören das Entgelt für die Wärmelieferung und die Kosten des Betriebs der zugehörigen Hausanlagen entsprechend Absatz 2.

§ 8

Verteilung der Kosten der Versorgung mit Warmwasser

(1) Von den Kosten des Betriebs der zentralen Warmwasserversorgungsanlage sind mindestens 50 vom Hundert, höchstens 70 vom Hundert nach dem erfaßten Warmwasserverbrauch, die übrigen Kosten nach der Wohn- oder Nutzfläche zu verteilen.

(2) Zu den Kosten des Betriebs der zentralen Warmwasserversorgungsanlage gehören die Kosten der Wasserversorgung, soweit sie nicht gesondert abgerechnet werden, und die Kosten der Wassererwärmung entsprechend § 7 Abs. 2. Zu den Kosten der Wasserversorgung gehören die Kosten des Wasserverbrauchs, die Grundgebühren und die Zählermiete, die Kosten der Verwendung von Zwischenzählern, die Kosten des Betriebs einer hauseigenen Wasserversorgungsanlage und einer Wasseraufbereitungsanlage einschließlich der Aufbereitungsstoffe.

(3) Für die Verteilung der Kosten der Warmwasserlieferung gilt Absatz 1 entsprechend.

(4) Zu den Kosten der Warmwasserlieferung gehören das Entgelt für die Lieferung des Warmwassers und die Kosten des Betriebs der zugehörigen Hausanlagen entsprechend § 7 Abs. 2.

§ 9

Verteilung der Kosten der Versorgung mit Wärme und Warmwasser bei verbundenen Anlagen

(1) Ist die zentrale Anlage zur Versorgung mit Wärme mit der zentralen Warmwasserversorgungsanlage verbunden, so sind die einheitlich entstandenen Kosten des Betriebs aufzuteilen. Die Anteile an den einheitlich entstandenen Kosten sind nach den Anteilen am Energieverbrauch (Brennstoff- oder Wärmeverbrauch) zu bestimmen.

Kosten, die nicht einheitlich entstanden sind, sind dem Anteil an den einheitlich entstandenen Kosten hinzuzurechnen. Der Anteil der zentralen Anlage zur Versorgung mit Wärme ergibt sich aus dem gesamten Verbrauch nach Abzug des Verbrauchs der zentralen Warmwasserversorgungsanlage. Der Anteil der zentralen Warmwasserversorgungsanlage am Brennstoffverbrauch ist nach Absatz 2, der Anteil am Wärmeverbrauch nach Absatz 3 zu ermitteln.

(2) Der Brennstoffverbrauch der zentralen Warmwasserversorgungsanlage (B) ist in Litern, Kubikmetern oder Kilogramm nach der Formel

$$B = \frac{2{,}5 \cdot V \cdot (t_w - 10)}{H_u}$$

zu errechnen. Dabei sind zugrunde zu legen

1. das gemessene Volumen des verbrauchten Warmwassers (V) in Kubikmetern;
2. die gemessene oder geschätzte mittlere Temperatur des Warmwassers (t_w) in Grad Celsius;
3. der Heizwert des verbrauchten Brennstoffes (H_u) in Kilowattstunden (kWh) je Liter (l), Kubikmeter (m^3) oder Kilogramm (kg). Als H_u-Werte können verwendet werden für

Heizöl	10 kWh/l
Stadtgas	4,5 kWh/m³
Erdgas L	9 kWh/m³
Erdgas H	10,5 kWh/m³
Brechkoks	8 kWh/kg

Enthalten die Abrechnungsunterlagen des Energieversorgungsunternehmens H_u-Werte, so sind diese zu verwenden.

Der Brennstoffverbrauch der zentralen Warmwasserversorgungsanlage kann auch nach den anerkannten Regeln der Technik errechnet werden. Kann das Volumen des verbrauchten Warmwassers nicht gemessen werden, ist als Brennstoffverbrauch der zentralen Warmwasserversorgungsanlage ein Anteil von 18 vom Hundert der insgesamt verbrauchten Brennstoffe zugrunde zu legen.

(3) Die auf die zentrale Warmwasserversorgungsanlage entfallende Wärmemenge (Q) ist mit einem Wärmezähler zu messen. Sie kann auch in Kilowattstunden nach der Formel

$$Q = 2{,}0 \cdot V \cdot (t_w - 10)$$

errechnet werden. Dabei sind zugrunde zu legen

1. das gemessene Volumen des verbrauchten Warmwassers (V) in Kubikmetern;
2. die gemessene oder geschätzte mittlere Temperatur des Warmwassers (t_w) in Grad Celsius.

Die auf die zentrale Warmwasserversorgungsanlage entfallende Wärmemenge kann auch nach den anerkannten Regeln der Technik errechnet werden. Kann sie weder nach Satz 1 gemessen noch nach den Sätzen 2 bis 4 errechnet werden, ist dafür ein Anteil von 18 vom Hundert der insgesamt verbrauchten Wärmemenge zugrunde zu legen.

(4) Der Anteil an den Kosten der Versorgung mit Wärme ist nach § 7 Abs. 1, der Anteil an den Kosten der Versorgung mit Warmwasser nach § 8 Abs. 1 zu verteilen, soweit diese Verordnung nichts anderes bestimmt oder zuläßt.

§ 9a

Kostenverteilung in Sonderfällen

(1) Kann der anteilige Wärme- oder Warmwasserverbrauch von Nutzern für einen Abrechnungszeitraum wegen Geräteausfalls oder aus anderen zwingenden Gründen nicht ordnungsgemäß erfaßt werden, ist er vom Gebäudeeigentümer auf der Grundlage des Verbrauchs der betroffenen Räume in vergleichbaren früheren Abrechnungszeiträumen oder des Verbrauchs vergleichbarer anderer Räume im jeweiligen Abrechnungszeitraum zu ermitteln. Der so ermittelte anteilige Verbrauch ist bei der Kostenverteilung anstelle des erfaßten Verbrauchs zugrunde zu legen.

(2) Überschreitet die von der Verbrauchsermittlung nach Absatz 1 betroffene Wohn- oder Nutzfläche oder der umbaute Raum 25 vom Hundert der für die Kostenverteilung maßgeblichen gesamten Wohn- oder Nutzfläche oder des maßgeblichen gesamten umbauten Raumes, sind die Kosten ausschließlich nach den nach § 7 Abs. 1 Satz 2 und § 8 Abs. 1 für die Verteilung der übrigen Kosten zugrunde zu legenden Maßstäben zu verteilen.

§ 9b

Kostenaufteilung bei Nutzerwechsel

(1) Bei Nutzerwechsel innerhalb eines Abrechnungszeitraumes hat der Gebäudeeigentümer eine Ablesung der Ausstattung zur Verbrauchserfassung der vom Wechsel betroffenen Räume (Zwischenablesung) vorzunehmen.

(2) Die nach dem erfaßten Verbrauch zu verteilenden Kosten sind auf der Grundlage der Zwischenablesung, die übrigen Kosten des Wärmeverbrauchs auf der Grundlage der sich aus anerkannten Regeln der Technik ergebenden Gradtagszahlen oder zeitanteilig und die übrigen Kosten des Warmwasserverbrauchs zeitanteilig auf Vor- und Nachnutzer aufzuteilen.

(3) Ist eine Zwischenablesung nicht möglich oder läßt sie wegen des Zeitpunktes des Nutzerwechsels aus technischen Gründen keine hinreichend genaue Ermittlung der Verbrauchsanteile zu, sind die gesamten Kosten nach den nach Absatz 2 für die übrigen Kosten geltenden Maßstäben aufzuteilen.

(4) Von den Absätzen 1 bis 3 abweichende rechtsgeschäftliche Bestimmungen bleiben unberührt.

§ 10

Überschreitung der Höchstsätze

Rechtsgeschäftliche Bestimmungen, die höhere als die in § 7 Abs. 1 und § 8 Abs. 1 genannten Höchstsätze von 70 vom Hundert vorsehen, bleiben unberührt.

§ 11

Ausnahmen

(1) Soweit sich die §§ 3 bis 7 auf die Versorgung mit Wärme beziehen, sind sie nicht anzuwenden

1. auf Räume,
   a) bei denen das Anbringen der Ausstattung zur Verbrauchserfassung, die Erfassung des Wärmever-

brauchs oder die Verteilung der Kosten des Wärmeverbrauchs nicht oder nur mit unverhältnismäßig hohen Kosten möglich ist oder

b) die vor dem 1. Juli 1981 bezugsfertig geworden sind und in denen der Nutzer den Wärmeverbrauch nicht beeinflussen kann;

2. a) auf Alters- und Pflegeheime, Studenten- und Lehrlingsheime,

   b) auf vergleichbare Gebäude oder Gebäudeteile, deren Nutzung Personengruppen vorbehalten ist, mit denen wegen ihrer besonderen persönlichen Verhältnisse regelmäßig keine üblichen Mietverträge abgeschlossen werden;

3. auf Räume in Gebäuden, die überwiegend versorgt werden

   a) mit Wärme aus Anlagen zur Rückgewinnung von Wärme oder aus Wärmepumpen- oder Solaranlagen oder

   b) mit Wärme aus Anlagen der Kraft-Wärme-Kopplung oder aus Anlagen zur Verwertung von Abwärme, sofern der Wärmeverbrauch des Gebäudes nicht erfaßt wird,

   wenn die nach Landesrecht zuständige Stelle im Interesse der Energieeinsparung und der Nutzer eine Ausnahme zugelassen hat;

4. auf die Kosten des Betriebs der zugehörigen Hausanlagen, soweit diese Kosten in den Fällen des § 1 Abs. 3 nicht in den Kosten der Wärmelieferung enthalten sind, sondern vom Gebäudeeigentümer gesondert abgerechnet werden;

5. in sonstigen Einzelfällen, in denen die nach Landesrecht zuständige Stelle wegen besonderer Umstände von den Anforderungen dieser Verordnung befreit hat, um einen unangemessenen Aufwand oder sonstige unbillige Härten zu vermeiden.

(2) Soweit sich die §§ 3 bis 6 und § 8 auf die Versorgung mit Warmwasser beziehen, gilt Absatz 1 entsprechend.

§ 12
Kürzungsrecht, Übergangsregelungen

(1) Soweit die Kosten der Versorgung mit Wärme oder Warmwasser entgegen den Vorschriften dieser Verordnung nicht verbrauchsabhängig abgerechnet werden, hat der Nutzer das Recht, bei der nicht verbrauchsabhängigen Abrechnung der Kosten den auf ihn entfallenden Anteil um 15 vom Hundert zu kürzen. Dies gilt nicht beim Wohnungseigentum im Verhältnis des einzelnen Wohnungseigentümers zur Gemeinschaft der Wohnungseigentümer; insoweit verbleibt es bei den allgemeinen Vorschriften.

(2) Die Anforderungen des § 5 Abs. 1 Satz 2 gelten als erfüllt

1. für die am 1. Januar 1987 für die Erfassung des anteiligen Warmwasserverbrauchs vorhandenen Warmwasserkostenverteiler und
2. für die am 1. Juli 1981 bereits vorhandenen sonstigen Ausstattungen zur Verbrauchserfassung.

(3) Bei preisgebundenen Wohnungen im Sinne der Neubaumietenverordnung 1970 gilt Absatz 2 mit der Maßgabe, daß an die Stelle des Datums „1. Juli 1981" das Datum „1. August 1984" tritt.

(4) § 1 Abs. 3, § 4 Abs. 3 Satz 2 und § 6 Abs. 3 gelten für Abrechnungszeiträume, die nach dem 30. September 1989 beginnen; rechtsgeschäftliche Bestimmungen über eine frühere Anwendung dieser Vorschriften bleiben unberührt.

(5) Wird in den Fällen des § 1 Abs. 3 der Wärmeverbrauch der einzelnen Nutzer am 30. September 1989 mit Einrichtungen zur Messung der Wassermenge ermittelt, gilt die Anforderung des § 5 Abs. 1 Satz 1 als erfüllt.

§ 13
Berlin-Klausel

Diese Verordnung gilt nach § 14 des Dritten Überleitungsgesetzes in Verbindung mit § 10 des Energieeinsparungsgesetzes auch im Land Berlin.

§ 14
(Inkrafttreten)

9.3 AVB-Fernwärmeverordnung

Verordnung über Allgemeine Bedingungen für die Versorgung mit Fernwärme (AVBFernwärmeV)
Vom 20. Juni 1980
(BGBl. I S. 742)
Geändert durch die Verordnung zur Änderung energieeinsparrechtlicher Vorschriften vom 19. Januar 1989 (BGBl. I S. 112)[1])

Auf Grund des § 27 des Gesetzes zur Regelung des Rechts der Allgemeinen Geschäftsbedingungen vom 9. Dezember 1976 (BGBl. I S. 3317) wird mit Zustimmung des Bundesrates verordnet:

§ 1 Gegenstand der Verordnung

(1) Soweit Fernwärmeversorgungsunternehmen für den Anschluß an die Fernwärmeversorgung und für die Versorgung mit Fernwärme Vertragsmuster oder Vertragsbedingungen verwenden, die für eine Vielzahl von Verträgen vorformuliert sind (allgemeine Versorgungsbedingungen), gelten die §§ 2 bis 34. Diese sind, soweit Absatz 3 und § 35 nichts anderes vorsehen, Bestandteil des Versorgungsvertrages.

---

1) Nach dem Einigungsvertrag vom 23. September 1990 (BGBl. II S. 1008) gilt die AVBFernwärmeV im Gebiet der ehemaligen DDR mit folgenden Maßgaben:

a) Für am Tage des Wirksamwerdens des Beitritts bestehende Versorgungsverträge sind die Fernwärmeversorgungsunternehmen von der Verpflichtung nach § 2 Abs. 1 Satz 2 bis zum 30. Juni 1992 befreit.

b) Abweichend von § 10 Abs. 4 bleibt das am Tage des Wirksamwerdens des Beitritts bestehende Eigentum eines Kunden an einem Hausanschluß, den er auf eigene Kosten errichtet oder erweitert hat, bestehen, solange er das Eigentum nicht auf das Fernwärmeversorgungsunternehmen überträgt.

c) Die §§ 18 bis 21 finden keine Anwendung, soweit bei Kunden am Tage des Wirksamwerdens des Beitritts keine Meßeinrichtungen für die verbrauchte Wärmemenge vorhanden sind. Meßeinrichtungen sind nachträglich einzubauen, es sei denn, daß dies auch unter Berücksichtigung des Ziels der rationellen und sparsamen Wärmeverwendung wirtschaftlich nicht vertretbar ist.

d) Für die am Tage des Wirksamwerdens des Beitritts bestehenden Verträge finden die §§ 45 und 47 der Energieverordnung der Deutschen Demokratischen Republik (EnVO) vom 1. Juni 1988 (GBl. I Nr. 10 S. 89), zuletzt geändert durch die Verordnung vom 25. Juli 1990 zur Änderung der Energieverordnung (GBl. I Nr. 46 S. 812), sowie der dazu ergangenen Durchführungsbestimmungen bis zum 30. Juni 1992 weiter Anwendung, soweit nicht durch Vertrag abweichende Regelungen vereinbart werden, bei denen die Vorschriften dieser Verordnung einzuhalten sind.

(2) Die Verordnung gilt nicht für den Anschluß und die Versorgung von Industrieunternehmen.

(3) Der Vertrag kann auch zu allgemeinen Versorgungsbedingungen abgeschlossen werden, die von den §§ 2 bis 34 abweichen, wenn das Fernwärmeversorgungsunternehmen einen Vertragsabschluß zu den allgemeinen Bedingungen dieser Verordnung angeboten hat und der Kunde mit den Abweichungen ausdrücklich einverstanden ist. Auf die abweichenden Bedingungen sind die §§ 3 bis 11 des Gesetzes zur Regelung des Rechts der Allgemeinen Geschäftsbedingungen anzuwenden. Von der in § 18 enthaltenen Verpflichtung, zur Ermittlung des verbrauchsabhängigen Entgelts Meßeinrichtungen zu verwenden, darf nicht abgewichen werden.

(4) Das Fernwärmeversorgungsunternehmen hat seine allgemeinen Versorgungsbedingungen, soweit sie in dieser Verordnung nicht abschließend geregelt sind oder nach Absatz 3 von den §§ 2 bis 34 abweichen, einschließlich der dazugehörenden Preisregelungen und Preislisten in geeigneter Weise öffentlich bekanntzugeben.

§ 2 Vertragsabschluß

(1) Der Vertrag soll schriftlich abgeschlossen werden. Ist er auf andere Weise zustande gekommen, so hat das Fernwärmeversorgungsunternehmen den Vertragsabschluß dem Kunden unverzüglich schriftlich zu bestätigen. Wird die Bestätigung mit automatischen Einrichtungen ausgefertigt, bedarf es keiner Unterschrift. Im Vertrag oder in der Vertragsbestätigung ist auf die allgemeinen Versorgungsbedingungen hinzuweisen.

(2) Kommt der Vertrag dadurch zustande, daß Fernwärme aus dem Verteilungsnetz des Fernwärmeversorgungsunternehmens entnommen wird, so ist der Kunde verpflichtet, dies dem Unternehmen unverzüglich mitzuteilen. Die Versorgung erfolgt zu den für gleichartige Versorgungsverhältnisse geltenden Preisen.

(3) Das Fernwärmeversorgungsunternehmen ist verpflichtet, jedem Neukunden bei Vertragsabschluß sowie den übrigen Kunden auf Verlangen die dem Vertrag zugrunde liegenden allgemeinen Versorgungsbedingungen einschließlich der dazugehörenden Preisregelungen und Preislisten unentgeltlich auszuhändigen.

§ 3 Bedarfsdeckung

Das Fernwärmeversorgungsunternehmen hat dem Kunden im Rahmen des wirtschaftlich Zumutbaren die Möglichkeit einzuräumen, den Bezug auf den von ihm gewünschten Verbrauchszweck oder auf einen Teilbedarf zu beschränken. Der Kunde ist verpflichtet, seinen Wärmebedarf im vereinbarten Umfange aus dem Verteilungsnetz des Fernwärmeversorgungsunternehmens zu decken. Er ist berechtigt, Vertragsanpassung zu verlangen, soweit er den Wärmebedarf unter Nutzung regenerativer Energiequellen decken will. Holz ist eine regenerative Energiequelle im Sinne dieser Bestimmung.

§ 4 Art der Versorgung

(1) Das Fernwärmeversorgungsunternehmen stellt zu den jeweiligen allgemeinen Versorgungsbedingungen Dampf, Kondensat oder Heizwasser als Wärmeträger zur Verfügung.

(2) Änderungen der allgemeinen Versorgungsbedingungen werden erst nach öffentlicher Bekanntgabe wirksam.

(3) Für das Vertragsverhältnis ist der vereinbarte Wärmeträger maßgebend. Das Fernwärmeversorgungsunternehmen kann mittels eines anderen Wärmeträgers versorgen, falls dies in besonderen Fällen aus wirtschaftlichen oder technischen Gründen zwingend notwendig ist. Die Eigenschaften des Wärmeträgers insbesondere in bezug auf Temperatur und Druck ergeben sich aus den technischen Anschlußbedingungen. Sie müssen so beschaffen sein, daß der Wärmebedarf des Kunden in dem vereinbarten Umfang gedeckt werden kann. Zur Änderung technischer Werte ist das Unternehmen nur berechtigt, wenn die Wärmebedarfsdeckung des Kunden nicht beeinträchtigt wird oder die Versorgung aus technischen Gründen anders nicht aufrecht erhalten werden kann oder dies gesetzlich oder behördlich vorgeschrieben wird.

(4) Stellt der Kunde Anforderungen an die Wärmelieferung und an die Beschaffenheit des Wärmeträgers, die über die vorgenannten Verpflichtungen hinausgehen, so obliegt es ihm selbst, entsprechende Vorkehrungen zu treffen.

§ 5 Umfang der Versorgung, Benachrichtigung bei Versorgungsunterbrechungen

(1) Das Fernwärmeversorgungsunternehmen ist verpflichtet, Wärme im vereinbarten Umfang jederzeit an der Übergabestelle zur Verfügung zu stellen. Dies gilt nicht,
1. soweit zeitliche Beschränkungen vertraglich vorbehalten sind,
2. soweit und solange das Unternehmen an der Erzeugung, dem Bezug oder der Fortleitung des Wärmeträgers durch höhere Gewalt oder sonstige Umstände, deren Beseitigung ihm wirtschaftlich nicht zugemutet werden kann, gehindert ist.

(2) Die Versorgung kann unterbrochen werden, soweit dies zur Vornahme betriebsnotwendiger Arbeiten erforderlich ist. Das Fernwärmeversorgungsunternehmen hat jede Unterbrechung oder Unregelmäßigkeit unverzüglich zu beheben.

(3) Das Fernwärmeversorgungsunternehmen hat die Kunden bei einer nicht nur für kurze Dauer beabsichtigten Unterbrechung der Versorgung rechtzeitig in geeigneter Weise zu unterrichten. Die Pflicht zur Benachrichtigung entfällt, wenn die Unterrichtung

1. nach den Umständen nicht rechtzeitig möglich ist und das Unternehmen dies nicht zu vertreten hat oder
2. die Beseitigung von bereits eingetretenen Unterbrechungen verzögern würde.

§ 6 Haftung bei Versorgungsstörungen

(1) Für Schäden, die ein Kunde durch Unterbrechung der Fernwärmeversorgung oder durch Unregelmäßigkeiten in der Belieferung erleidet, haftet das ihn beliefernde Fernwärmeversorgungsunternehmen aus Vertrag oder unerlaubter Handlung im Falle

1. der Tötung oder Verletzung des Körpers oder der Gesundheit des Kunden, es sei denn, daß der Schaden von dem Unternehmen oder einem Erfüllungs- oder Verrichtungsgehilfen weder vorsätzlich noch fahrlässig verursacht worden ist,
2. der Beschädigung einer Sache, es sei denn, daß der Schaden weder durch Vorsatz noch durch grobe Fahrlässigkeit des Unternehmens oder eines Erfüllungs- oder Verrichtungsgehilfen verursacht worden ist,
3. eines Vermögensschadens, es sei denn, daß dieser weder durch Vorsatz noch durch grobe Fahrlässigkeit des Inhabers des Unternehmens oder eines vertretungsberechtigten Organs oder Gesellschafters verursacht worden ist.

§ 831 Abs. 1 Satz 2 des Bürgerlichen Gesetzbuches ist nur bei vorsätzlichem Handeln von Verrichtungsgehilfen anzuwenden.

(2) Absatz 1 ist auch auf Ansprüche von Kunden anzuwenden, die diese gegen ein drittes Fernwärmeversorgungsunternehmen aus unerlaubter Handlung geltend machen. Das Fernwärmeversorgungsunternehmen ist verpflichtet, seinen Kunden auf Verlangen über die mit der Schadensverursachung durch ein drittes Unternehmen zusammenhängenden Tatsachen insoweit Auskunft zu geben, als sie ihm bekannt sind oder von ihm in zumutbarer Weise aufgeklärt werden können und ihre Kenntnis zur Geltendmachung des Schadensersatzes erforderlich ist.

(3) Die Ersatzpflicht entfällt für Schäden unter 30 Deutsche Mark.

(4) Ist der Kunde berechtigt, die gelieferte Wärme an einen Dritten weiterzuleiten, und erleidet dieser durch Unterbrechung der Fernwärmeversorgung oder durch Unregelmäßigkeiten in der Belieferung einen Schaden, so haftet das Fernwärmeversorgungsunternehmen dem Dritten gegenüber in demselben Umfange wie dem Kunden aus dem Versorgungsvertrag.

(5) Leitet der Kunde die gelieferte Wärme an einen Dritten weiter, so hat er im Rahmen seiner rechtlichen Möglichkeiten sicherzustellen, daß dieser

aus unerlaubter Handlung keine weitergehenden Schadensersatzansprüche erheben kann, als sie in den Absätzen 1 bis 3 vorgesehen sind. Das Fernwärmeversorgungsunternehmen hat den Kunden hierauf bei Abschluß des Vertrages besonders hinzuweisen.

(6) Der Kunde hat den Schaden unverzüglich dem ihn beliefernden Fernwärmeversorgungsunternehmen oder, wenn dieses feststeht, dem ersatzpflichtigen Unternehmen mitzuteilen. Leitet der Kunde die gelieferte Wärme an einen Dritten weiter, so hat er diese Verpflichtung auch dem Dritten aufzuerlegen.

§ 7 Verjährung

(1) Schadensersatzansprüche der in § 6 bezeichneten Art verjähren in den drei Jahren von dem Zeitpunkt an, in welchem der Ersatzberechtigte von dem Schaden, von den Umständen, aus denen sich seine Anspruchsberechtigung ergibt, und von dem ersatzpflichtigen Fernwärmeversorgungsunternehmen Kenntnis erlangt, ohne Rücksicht auf diese Kenntnis in fünf Jahren von dem schädigenden Ereignis an.

(2) Schweben zwischen dem Ersatzpflichtigen und dem Ersatzberechtigten Verhandlungen über den zu leistenden Schadensersatz, so ist die Verjährung gehemmt, bis der eine oder der andere Teil die Fortsetzung der Verhandlungen verweigert.

(3) § 6 Abs. 5 gilt entsprechend.

§ 8 Grundstücksbenutzung

(1) Kunden und Anschlußnehmer, die Grundstückseigentümer sind, haben für Zwecke der örtlichen Versorgung das Anbringen und Verlegen von Leitungen zur Zu- und Fortleitung von Fernwärme über ihre im gleichen Versorgungsgebiet liegenden Grundstücke und in ihren Gebäuden, ferner das Anbringen sonstiger Verteilungsanlagen und von Zubehör sowie erforderliche Schutzmaßnahmen unentgeltlich zuzulassen. Diese Pflicht betrifft nur Grundstücke, die an die Fernwärmeversorgung angeschlossen sind, die vom Eigentümer in wirtschaftlichem Zusammenhang mit der Fernwärmeversorgung eines angeschlossenen Grundstücks genutzt werden oder für die die Möglichkeit der Fernwärmeversorgung sonst wirtschaftlich vorteilhaft ist. Sie entfällt, wenn die Inanspruchnahme der Grundstücke den Eigentümer mehr als notwendig oder in unzumutbarer Weise belasten würde.

(2) Der Kunde oder Anschlußnehmer ist rechtzeitig über Art und Umfang der beabsichtigten Inanspruchnahme von Grundstück und Gebäude zu benachrichtigen.

(3) Der Grundstückseigentümer kann die Verlegung der Einrichtungen verlangen, wenn sie an der bisherigen Stelle für ihn nicht mehr zumutbar

sind. Die Kosten der Verlegung hat das Fernwärmeversorgungsunternehmen zu tragen; dies gilt nicht, soweit die Einrichtungen ausschließlich der Versorgung des Grundstücks dienen.

(4) Wird der Fernwärmebezug eingestellt, so hat der Grundstückseigentümer die Entfernung der Einrichtungen zu gestatten oder sie auf Verlangen des Unternehmens noch fünf Jahre unentgeltlich zu dulden, es sei denn, daß ihm dies nicht zugemutet werden kann.

(5) Kunden und Anschlußnehmer, die nicht Grundstückseigentümer sind, haben auf Verlangen des Fernwärmeversorgungsunternehmens die schriftliche Zustimmung des Grundstückseigentümers zur Benutzung des zu versorgenden Grundstücks und Gebäudes im Sinne der Absätze 1 und 4 beizubringen.

(6) Hat der Kunde oder Anschlußnehmer zur Sicherung der dem Fernwärmeversorgungsunternehmen nach Absatz 1 einzuräumenden Rechte vor Inkrafttreten dieser Verordnung die Eintragung einer Dienstbarkeit bewilligt, so bleibt die der Bewilligung zugrunde liegende Vereinbarung unberührt.

(7) Die Absätze 1 bis 6 gelten nicht für öffentliche Verkehrswege und Verkehrsflächen sowie für Grundstücke, die durch Planfeststellung für den Bau von öffentlichen Verkehrswegen und Verkehrsflächen bestimmt sind.

§ 9 Baukostenzuschüsse

(1) Das Fernwärmeversorgungsunternehmen ist berechtigt, von den Anschlußnehmern einen angemessenen Baukostenzuschuß zur teilweisen Abdeckung der bei wirtschaftlicher Betriebsführung notwendigen Kosten für die Erstellung oder Verstärkung von der örtlichen Versorgung dienenden Verteilungsanlagen zu verlangen, soweit sie sich ausschließlich dem Versorgungsbereich zuordnen lassen, in dem der Anschluß erfolgt. Baukostenzuschüsse dürfen höchstens 70 vom Hundert dieser Kosten abdecken.

(2) Der von den Anschlußnehmern als Baukostenzuschuß zu übernehmende Kostenanteil bemißt sich nach dem Verhältnis, in dem die an seinem Hausanschluß vorzuhaltende Leistung zu der Summe der Leistungen steht, die in den im betreffenden Versorgungsbereich erstellten Verteilungsanlagen oder auf Grund der Verstärkung insgesamt vorgehalten werden können. Der Durchmischung der jeweiligen Leistungsanforderungen ist Rechnung zu tragen.

(3) Ein weiterer Baukostenzuschuß darf nur dann verlangt werden, wenn der Anschlußnehmer seine Leistungsanforderung wesentlich erhöht. Er ist nach Absatz 2 zu bemessen.

(4) Wird ein Anschluß an eine Verteilungsanlage hergestellt, die vor Inkrafttreten dieser Verordnung errichtet worden oder mit deren Errichtung vor die-

sem Zeitpunkt begonnen worden ist, und ist der Anschluß ohne Verstärkung der Anlage möglich, so kann das Fernwärmeversorgungsunternehmen abweichend von den Absätzen 1 und 2 einen Baukostenzuschuß nach Maßgabe der für die Anlage bisher verwendeten Berechnungsmaßstäbe verlangen.

(5) Der Baukostenzuschuß und die in § 10 Abs. 5 geregelten Hausanschlußkosten sind getrennt zu errechnen und dem Anschlußnehmer aufgegliedert auszuweisen.

§ 10 Hausanschluß

(1) Der Hausanschluß besteht aus der Verbindung des Verteilungsnetzes mit der Kundenanlage. Er beginnt an der Abzweigstelle des Verteilungsnetzes und endet mit der Übergabestelle, es sei denn, daß eine abweichende Vereinbarung getroffen ist.

(2) Die Herstellung des Hausanschlusses soll auf einem Vordruck beantragt werden.

(3) Art, Zahl und Lage der Hausanschlüsse sowie deren Änderung werden nach Anhörung des Anschlußnehmers und unter Wahrung seiner berechtigten Interessen vom Fernwärmeversorgungsunternehmen bestimmt.

(4) Hausanschlüsse gehören zu den Betriebsanlagen des Fernwärmeversorgungsunternehmens und stehen in dessen Eigentum, es sei denn, daß eine abweichende Vereinbarung getroffen ist. Sie werden ausschließlich von diesem hergestellt, unterhalten, erneuert, geändert, abgetrennt und beseitigt, müssen zugänglich und vor Beschädigungen geschützt sein. Soweit das Versorgungsunternehmen die Erstellung des Hausanschlusses oder Veränderung des Hausanschlusses nicht selbst sondern durch Nachunternehmer durchführen läßt, sind Wünsche des Anschlußnehmers bei der Auswahl der Nachunternehmer zu berücksichtigen. Der Anschlußnehmer hat die baulichen Voraussetzungen für die sichere Errichtung des Hausanschlusses zu schaffen. Er darf keine Einwirkungen auf den Hausanschluß vornehmen oder vornehmen lassen.

(5) Das Fernwärmeversorgungsunternehmen ist berechtigt, vom Anschlußnehmer die Erstattung der bei wirtschaftlicher Betriebsführung notwendigen Kosten für

1. die Erstellung des Hausanschlusses,
2. die Veränderungen des Hausanschlusses, die durch eine Änderung oder Erweiterung seiner Anlage erforderlich oder aus anderen Gründen von ihm veranlaßt werden,

zu verlangen. Die Kosten können pauschal berechnet werden. § 18 Abs. 5 Satz 1 bleibt unberührt.

(6) Kommen innerhalb von fünf Jahren nach Herstellung des Hausanschlusses weitere Anschlüsse hinzu und wird der Hausanschluß dadurch teilweise zum Bestandteil des Verteilungsnetzes, so hat das Fernwärmever-

sorgungsunternehmen die Kosten neu aufzuteilen und dem Anschlußnehmer den etwa zuviel gezahlten Betrag zu erstatten.

(7) Jede Beschädigung des Hausanschlusses, insbesondere das Undichtwerden von Leitungen sowie sonstige Störungen sind dem Fernwärmeversorgungsunternehmen unverzüglich mitzuteilen.

(8) Kunden und Anschlußnehmer, die nicht Grundstückseigentümer sind, haben auf Verlangen des Fernwärmeversorgungsunternehmens die schriftliche Zustimmung des Grundstückseigentümers zur Herstellung des Hausanschlusses unter Anerkennung der damit verbundenen Verpflichtungen beizubringen.

§ 11 Übergabestation

(1) Das Fernwärmeversorgungsunternehmen kann verlangen, daß der Anschlußnehmer unentgeltlich einen geeigneten Raum oder Platz zur Unterbringung von Meß-, Regel- und Absperreinrichtungen, Umformern und weiteren technischen Einrichtungen zur Verfügung stellt, soweit diese zu seiner Versorgung erforderlich sind. Das Unternehmen darf die Einrichtungen auch für andere Zwecke benutzen, soweit dies für den Anschlußnehmer zumutbar ist.

(2) § 8 Abs. 3 und 4 sowie § 10 Abs. 8 gelten entsprechend.

§ 12 Kundenanlage

(1) Für die ordnungsgemäße Errichtung, Erweiterung, Änderung und Unterhaltung der Anlage hinter dem Hausanschluß, mit Ausnahme der Meß- und Regeleinrichtungen des Fernwärmeversorgungsunternehmens, ist der Anschlußnehmer verantwortlich. Hat er die Anlage oder Anlagenteile einem Dritten vermietet oder sonst zur Benutzung überlassen, so ist er neben diesem verantwortlich.

(2) Die Anlage darf nur unter Beachtung der Vorschriften dieser Verordnung und anderer gesetzlicher oder behördlicher Bestimmungen sowie nach den anerkannten Regeln der Technik errichtet, erweitert, geändert und unterhalten werden. Das Fernwärmeversorgungsunternehmen ist berechtigt, die Ausführung der Arbeiten zu überwachen.

(3) Anlagenteile, die sich vor den Meßeinrichtungen befinden, können plombiert werden. Ebenso können Anlagenteile, die zur Kundenanlage gehören, unter Plombenverschluß genommen werden, um eine einwandfreie Messung zu gewährleisten. Die dafür erforderliche Ausstattung der Anlage ist nach den Angaben des Fernwärmeversorgungsunternehmens zu veranlassen.

(4) Es dürfen nur Materialien und Geräte verwendet werden, die entsprechend den anerkannten Regeln der Technik beschaffen sind. Das Zeichen

einer amtlich anerkannten Prüfstelle bekundet, daß diese Voraussetzungen erfüllt sind.

§ 13 Inbetriebsetzung der Kundenanlage

(1) Das Fernwärmeversorgungsunternehmen oder dessen Beauftragte schließen die Anlage an das Verteilungsnetz an und setzen sie in Betrieb.

(2) Jede Inbetriebsetzung der Anlage ist beim Fernwärmeversorgungsunternehmen zu beantragen. Dabei ist das Anmeldeverfahren des Unternehmens einzuhalten.

(3) Das Fernwärmeversorgungsunternehmen kann für die Inbetriebsetzung vom Kunden Kostenerstattung verlangen; die Kosten können pauschal berechnet werden.

§ 14 Überprüfung der Kundenanlage

(1) Das Fernwärmeversorgungsunternehmen ist berechtigt, die Kundenanlage vor und nach ihrer Inbetriebsetzung zu überprüfen. Es hat den Kunden auf erkannte Sicherheitsmängel aufmerksam zu machen und kann deren Beseitigung verlangen.

(2) Werden Mängel festgestellt, welche die Sicherheit gefährden oder erhebliche Störungen erwarten lassen, so ist das Fernwärmeversorgungsunternehmen berechtigt, den Anschluß oder die Versorgung zu verweigern; bei Gefahr für Leib oder Leben ist es hierzu verpflichtet.

(3) Durch Vornahme oder Unterlassung der Überprüfung der Anlage sowie durch deren Anschluß an das Verteilungsnetz übernimmt das Fernwärmeversorgungsunternehmen keine Haftung für die Mängelfreiheit der Anlage. Dies gilt nicht, wenn es bei einer Überprüfung Mängel festgestellt hat, die eine Gefahr für Leib oder Leben darstellen.

§ 15 Betrieb, Erweiterung und Änderung von Kundenanlage und Verbrauchseinrichtungen; Mitteilungspflichten

(1) Anlage und Verbrauchseinrichtungen sind so zu betreiben, daß Störungen anderer Kunden und störende Rückwirkungen auf Einrichtungen des Fernwärmeversorgungsunternehmens oder Dritter ausgeschlossen sind.

(2) Erweiterungen und Änderungen der Anlage sowie die Verwendung zusätzlicher Verbrauchseinrichtungen sind dem Fernwärmeversorgungsunternehmen mitzuteilen, soweit sich dadurch preisliche Bemessungsgrößen ändern oder sich die vorzuhaltende Leistung erhöht. Nähere Einzelheiten über den Inhalt der Mitteilung kann das Unternehmen regeln.

§ 16 Zutrittsrecht

Der Kunde hat dem mit einem Ausweis versehenen Beauftragten des Fernwärmeversorgungsunternehmens den Zutritt zu seinen Räumen zu gestatten, soweit dies für die Prüfung der technischen Einrichtungen, zur Wahrnehmung sonstiger Rechte und Pflichten nach dieser Verordnung, insbesondere zur Ablesung, oder zur Ermittlung preislicher Bemessungsgrundlagen erforderlich und vereinbart ist.

§ 17 Technische Anschlußbedingungen

(1) Das Fernwärmeversorgungsunternehmen ist berechtigt, weitere technische Anforderungen an den Hausanschluß und andere Anlagenteile sowie an den Betrieb der Anlage festzulegen, soweit dies aus Gründen der sicheren und störungsfreien Versorgung, insbesondere im Hinblick auf die Erfordernisse des Verteilungsnetzes und der Erzeugungsanlagen notwendig ist. Diese Anforderungen dürfen den anerkannten Regeln der Technik nicht widersprechen. Der Anschluß bestimmter Verbrauchseinrichtungen kann von der vorherigen Zustimmung des Versorgungsunternehmens abhängig gemacht werden. Die Zustimmung darf nur verweigert werden, wenn der Anschluß eine sichere und störungsfreie Versorgung gefährden würde.

(2) Das Fernwärmeversorgungsunternehmen hat die weiteren technischen Anforderungen der zuständigen Behörde anzuzeigen. Die Behörde kann sie beanstanden, wenn sie mit Inhalt und Zweck dieser Verordnung nicht zu vereinbaren sind.

§ 18 Messung

(1) Zur Ermittlung des verbrauchsabhängigen Entgelts hat das Fernwärmeversorgungsunternehmen Meßeinrichtungen zu verwenden, die den eichrechtlichen Vorschriften entsprechen müssen. Die gelieferte Wärmemenge ist durch Messung festzustellen (Wärmemessung). Anstelle der Wärmemessung ist auch die Messung der Wassermenge ausreichend (Ersatzverfahren), wenn die Einrichtungen zur Messung der Wassermenge vor dem 30. September 1989 installiert worden sind. Der anteilige Wärmeverbrauch mehrerer Kunden kann mit Einrichtungen zur Verteilung von Heizkosten (Hilfsverfahren) bestimmt werden, wenn die gelieferte Wärmemenge

1. an einem Hausanschluß, von dem aus mehrere Kunden versorgt werden, oder
2. an einer sonstigen verbrauchsnah gelegenen Stelle für einzelne Gebäudegruppen, die vor dem 1. April 1980 an das Verteilungsnetz angeschlossen worden sind,

festgestellt wird. Das Unternehmen bestimmt das jeweils anzuwendende Verfahren; es ist berechtigt, dieses während der Vertragslaufzeit zu ändern.

(2) Dient die gelieferte Wärme ausschließlich der Deckung des eigenen Bedarfs des Kunden, so kann vereinbart werden, daß das Entgelt auf andere Weise als nach Absatz 1 ermittelt wird.

(3) Erfolgt die Versorgung aus Anlagen der Kraft-Wärme-Kopplung oder aus Anlagen zur Verwertung von Abwärme, so kann die zuständige Behörde im Interesse der Energieeinsparung Ausnahmen von Absatz 1 zulassen.

(4) Das Fernwärmeversorgungsunternehmen hat dafür Sorge zu tragen, daß eine einwandfreie Anwendung der in Absatz 1 genannten Verfahren gewährleistet ist. Es bestimmt Art, Zahl und Größe sowie Anbringungsort von Meß- und Regeleinrichtungen. Ebenso ist die Lieferung, Anbringung, Überwachung, Unterhaltung und Entfernung der Meß- und Regeleinrichtungen Aufgabe des Unternehmens. Es hat den Kunden und den Anschlußnehmer anzuhören und deren berechtigte Interessen zu wahren. Es ist verpflichtet, auf Verlangen des Kunden oder des Hauseigentümers Meß- oder Regeleinrichtungen zu verlegen, wenn dies ohne Beeinträchtigung einer einwandfreien Messung oder Regelung möglich ist.

(5) Die Kosten für die Meßeinrichtungen hat das Fernwärmeversorgungsunternehmen zu tragen; die Zulässigkeit von Verrechnungspreisen bleibt unberührt. Die im Falle des Absatzes 4 Satz 5 entstehenden Kosten hat der Kunde oder der Hauseigentümer zu tragen.

(6) Der Kunde haftet für das Abhandenkommen und die Beschädigung von Meß- und Regeleinrichtungen, soweit ihn hieran ein Verschulden trifft. Er hat den Verlust, Beschädigungen und Störungen dieser Einrichtungen dem Fernwärmeversorgungsunternehmen unverzüglich mitzuteilen.

(7) Bei der Abrechnung der Lieferung von Fernwärme und Fernwarmwasser sind die Bestimmungen der Verordnung über Heizkostenabrechnung in der Fassung der Bekanntmachung vom 5. April 1984 (BGBl. I S. 592), geändert durch Artikel 1 der Verordnung vom 19. Januar 1989 (BGBl. I S. 109), zu beachten.

§ 19 Nachprüfung von Meßeinrichtungen

(1) Der Kunde kann jederzeit die Nachprüfung der Meßeinrichtungen verlangen. Bei Meßeinrichtungen, die den eichrechtlichen Vorschriften entsprechen müssen, kann er die Nachprüfung durch eine Eichbehörde oder eine staatlich anerkannte Prüfstelle im Sinne des § 6 Abs. 2 des Eichgesetzes verlangen. Stellt der Kunde den Antrag auf Prüfung nicht bei dem Fernwärmeversorgungsunternehmen, so hat er dieses vor Antragstellung zu benachrichtigen.

(2) Die Kosten der Prüfung fallen dem Unternehmen zur Last, falls eine nicht unerhebliche Ungenauigkeit festgestellt wird, sonst dem Kunden. Bei Meßeinrichtungen, die den eichrechtlichen Vorschriften entsprechen müs-

sen, ist die Ungenauigkeit dann nicht unerheblich, wenn sie die gesetzlichen Verkehrsfehlergrenzen überschreitet.

§ 20 Ablesung

(1) Die Meßeinrichtungen werden vom Beauftragten des Fernwärmeversorgungsunternehmens möglichst in gleichen Zeitabständen oder auf Verlangen des Unternehmens vom Kunden selbst abgelesen. Dieser hat dafür Sorge zu tragen, daß die Meßeinrichtungen leicht zugänglich sind.

(2) Solange der Beauftragte des Unternehmens die Räume des Kunden nicht zum Zwecke der Ablesung betreten kann, darf das Unternehmen den Verbrauch auf der Grundlage der letzten Ablesung schätzen; die tatsächlichen Verhältnisse sind angemessen zu berücksichtigen.

§ 21 Berechnungsfehler

(1) Ergibt eine Prüfung der Meßeinrichtungen eine nicht unerhebliche Ungenauigkeit oder werden Fehler in der Ermittlung des Rechnungsbetrages festgestellt, so ist der zuviel oder zuwenig berechnete Betrag zu erstatten oder nachzuentrichten. Ist die Größe des Fehlers nicht einwandfrei festzustellen oder zeigt eine Meßeinrichtung nicht an, so ermittelt das Fernwärmeversorgungsunternehmen den Verbrauch für die Zeit seit der letzten fehlerfreien Ablesung aus dem Durchschnittsverbrauch des ihr vorhergehenden und des der Feststellung des Fehlers nachfolgenden Ablesezeitraums oder auf Grund des vorjährigen Verbrauchs durch Schätzung; die tatsächlichen Verhältnisse sind angemessen zu berücksichtigen.

(2) Ansprüche nach Absatz 1 sind auf den der Feststellung des Fehlers vorhergehenden Ablesezeitraum beschränkt, es sei denn, die Auswirkung des Fehlers kann über einen größeren Zeitraum festgestellt werden; in diesem Fall ist der Anspruch auf längstens zwei Jahre beschränkt.

§ 22 Verwendung der Wärme

(1) Die Wärme wird nur für die eigenen Zwecke des Kunden und seiner Mieter zur Verfügung gestellt. Die Weiterleitung an sonstige Dritte ist nur mit schriftlicher Zustimmung des Fernwärmeversorgungsunternehmens zulässig. Diese muß erteilt werden, wenn dem Interesse an der Weiterleitung nicht überwiegende versorgungswirtschaftliche Gründe entgegenstehen.

(2) Dampf, Kondensat oder Heizwasser dürfen den Anlagen, soweit nichts anderes vereinbart ist, nicht entnommen werden. Sie dürfen weder verändert noch verunreinigt werden.

§ 23 Vertragsstrafe

(1) Entnimmt der Kunde Wärme unter Umgehung, Beeinflussung oder vor Anbringung der Meßeinrichtungen oder nach Einstellung der Versorgung, so ist das Fernwärmeversorgungsunternehmen berechtigt, eine Vertragsstrafe zu verlangen. Diese bemißt sich nach der Dauer der unbefugten Entnahme und darf das Zweifache des für diese Zeit bei höchstmöglichem Wärmeverbrauch zu zahlenden Entgelts nicht übersteigen.

(2) Ist die Dauer der unbefugten Entnahme nicht festzustellen, so kann die Vertragsstrafe über einen festgestellten Zeitraum hinaus für längstens ein Jahr erhoben werden.

§ 24 Abrechnung, Preisänderungsklauseln

(1) Das Entgelt wird nach Wahl des Fernwärmeversorgungsunternehmens monatlich oder in anderen Zeitabschnitten, die jedoch zwölf Monate nicht wesentlich überschreiten dürfen, abgerechnet.

(2) Ändern sich innerhalb eines Abrechnungszeitraumes die Preise, so wird der für die neuen Preise maßgebliche Verbrauch zeitanteilig berechnet; jahreszeitliche Verbrauchsschwankungen sind auf der Grundlage der für die jeweilige Abnehmergruppe maßgeblichen Erfahrungswerte angemessen zu berücksichtigen. Entsprechendes gilt bei Änderung des Umsatzsteuersatzes.

(3) Preisänderungsklauseln dürfen nur so ausgestattet sein, daß sie sowohl die Kostenentwicklung bei Erzeugung und Bereitstellung der Fernwärme durch das Unternehmen als auch die jeweiligen Verhältnisse auf dem Wärmemarkt angemessen berücksichtigen. Sie müssen die maßgeblichen Berechnungsfaktoren vollständig und in allgemein verständlicher Form ausweisen. Bei Anwendung der Preisänderungsklauseln ist der prozentuale Anteil des die Brennstoffkosten abdeckenden Preisfaktors an der jeweiligen Preisänderung gesondert auszuweisen.

§ 25 Abschlagszahlungen

(1) Wird der Verbrauch für mehrere Monate abgerechnet, so kann das Fernwärmeversorgungsunternehmen für die nach der letzten Abrechnung verbrauchte Fernwärme sowie für deren Bereitstellung und Messung Abschlagszahlung verlangen. Die Abschlagszahlung auf das verbrauchsabhängige Entgelt ist entsprechend dem Verbrauch im zuletzt abgerechneten Zeitraum anteilig zu berechnen. Ist eine solche Berechnung nicht möglich, so bemißt sich die Abschlagszahlung nach dem durchschnittlichen Verbrauch vergleichbarer Kunden. Macht der Kunde glaubhaft, daß sein Verbrauch erheblich geringer ist, so ist dies angemessen zu berücksichtigen.

(2) Ändern sich die Preise, so können die nach der Preisänderung anfallenden Abschlagszahlungen mit dem Vomhundertsatz der Preisänderung entsprechend angepaßt werden.

(3) Ergibt sich bei der Abrechnung, daß zu hohe Abschlagszahlungen verlangt wurden, so ist der übersteigende Betrag unverzüglich zu erstatten, spätestens aber mit der nächsten Abschlagsforderung zu verrechnen. Nach Beendigung des Versorgungsverhältnisses sind zuviel gezahlte Abschläge unverzüglich zu erstatten.

§ 26 Vordrucke für Rechnungen und Abschläge

Vordrucke für Rechnungen und Abschläge müssen verständlich sein. Die für die Forderung maßgeblichen Berechnungsfaktoren sind vollständig und in allgemein verständlicher Form auszuweisen.

§ 27 Zahlung, Verzug

(1) Rechnungen und Abschläge werden zu dem vom Fernwärmeversorgungsunternehmen angegebenen Zeitpunkt, frühestens jedoch zwei Wochen nach Zugang der Zahlungsaufforderung fällig.

(2) Bei Zahlungsverzug des Kunden kann das Fernwärmeversorgungsunternehmen, wenn es erneut zur Zahlung auffordert oder den Betrag durch einen Beauftragten einziehen läßt, die dadurch entstandenen Kosten auch pauschal berechnen.

§ 28 Vorauszahlungen

(1) Das Fernwärmeversorgungsunternehmen ist berechtigt, für den Wärmeverbrauch eines Abrechnungszeitraums Vorauszahlung zu verlangen, wenn nach den Umständen des Einzelfalles zu besorgen ist, daß der Kunde seinen Zahlungsverpflichtungen nicht oder nicht rechtzeitig nachkommt.

(2) Die Vorauszahlung bemißt sich nach dem Verbrauch des vorhergehenden Abrechnungszeitraumes oder dem durchschnittlichen Verbrauch vergleichbarer Kunden. Macht der Kunde glaubhaft, daß sein Verbrauch erheblich geringer ist, so ist dies angemessen zu berücksichtigen. Erstreckt sich der Abrechnungszeitraum über mehrere Monate und erhebt das Fernwärmeversorgungsunternehmen Abschlagszahlungen, so kann es die Vorauszahlung nur in ebenso vielen Teilbeträgen verlangen. Die Vorauszahlung ist bei der nächsten Rechnungserteilung zu verrechnen.

(3) Unter den Voraussetzungen des Absatzes 1 kann das Fernwärmeversorgungsunternehmen auch für die Erstellung oder Veränderung des Hausanschlusses Vorauszahlung verlangen.

§ 29 Sicherheitsleistung

(1) Ist der Kunde oder Anschlußnehmer zur Vorauszahlung nicht in der Lage, so kann das Fernwärmeversorgungsunternehmen in angemessener Höhe Sicherheitsleistung verlangen.

(2) Barsicherheiten werden zum jeweiligen Diskontsatz der Deutschen Bundesbank verzinst.

(3) Ist der Kunde oder Anschlußnehmer in Verzug und kommt er nach erneuter Zahlungsaufforderung nicht unverzüglich seinen Zahlungsverpflichtungen aus dem Versorgungsverhältnis nach, so kann sich das Fernwärmeversorgungsunternehmen aus der Sicherheit bezahlt machen. Hierauf ist in der Zahlungsaufforderung hinzuweisen. Kursverluste beim Verkauf von Wertpapieren gehen zu Lasten des Kunden oder Anschlußnehmers.

(4) Die Sicherheit ist zurückzugeben, wenn ihre Voraussetzungen weggefallen sind.

§ 30 Zahlungsverweigerung

Einwände gegen Rechnungen und Abschlagsberechnungen berechtigen zum Zahlungsaufschub oder zur Zahlungsverweigerung nur,

1. soweit sich aus den Umständen ergibt, daß offensichtliche Fehler vorliegen, und
2. wenn der Zahlungsaufschub oder die Zahlungsverweigerung innerhalb von zwei Jahren nach Zugang der fehlerhaften Rechnung oder Abschlagsberechnung geltend gemacht wird.

§ 31 Aufrechnung

Gegen Ansprüche des Fernwärmeversorgungsunternehmens kann nur mit unbestrittenen oder rechtskräftig festgestellten Gegenansprüchen aufgerechnet werden.

§ 32 Laufzeit des Versorgungsvertrages, Kündigung

(1) Die Laufzeit von Versorgungsverträgen, die nach Inkrafttreten dieser Verordnung zustande kommen, beträgt höchstens zehn Jahre. Wird der Vertrag nicht von einer der beiden Seiten mit einer Frist von neun Monaten vor Ablauf der Vertragsdauer gekündigt, so gilt eine Verlängerung um jeweils weitere fünf Jahre als stillschweigend vereinbart.

(2) Absatz 1 Satz 2 gilt entsprechend für die Verlängerung von Versorgungsverträgen, die vor Inkrafttreten dieser Verordnung abgeschlossen wurden, sofern deren Laufzeit nicht früher als neun Monate nach diesem Zeitpunkt endet.

(3) Ist der Mieter der mit Wärme zu versorgenden Räume Vertragspartner, so kann er aus Anlaß der Beendigung des Mietverhältnisses den Versorgungsvertrag jederzeit mit zweimonatiger Frist kündigen.

(4) Tritt anstelle des bisherigen Kunden ein anderer Kunde in die sich aus dem Vertragsverhältnis ergebenden Rechte und Pflichten ein, so bedarf es hierfür nicht der Zustimmung des Fernwärmeversorgungsunternehmens. Der Wechsel des Kunden ist dem Unternehmen unverzüglich mitzuteilen. Das Unternehmen ist berechtigt, das Vertragsverhältnis aus wichtigem Grund mit zweiwöchiger Frist auf das Ende des der Mitteilung folgenden Monats zu kündigen.

(5) Ist der Kunde Eigentümer der mit Wärme zu versorgenden Räume, so ist er bei der Veräußerung verpflichtet, das Fernwärmeversorgungsunternehmen unverzüglich zu unterrichten. Erfolgt die Veräußerung während der ausdrücklich vereinbarten Vertragsdauer, so ist der Kunde verpflichtet, dem Erwerber den Eintritt in den Versorgungsvertrag aufzuerlegen. Entsprechendes gilt, wenn der Kunde Erbbauberechtigter, Nießbraucher oder Inhaber ähnlicher Rechte ist.

(6) Tritt anstelle des bisherigen Fernwärmeversorgungsunternehmens ein anderes Unternehmen in die sich aus dem Vertragsverhältnis ergebenden Rechte und Pflichten ein, so bedarf es hierfür nicht der Zustimmung des Kunden. Der Wechsel des Fernwärmeversorgungsunternehmens ist öffentlich bekanntzugeben. Der Kunde ist berechtigt, das Vertragsverhältnis aus wichtigem Grund mit zweiwöchiger Frist auf das Ende des der Bekanntgabe folgenden Monats zu kündigen.

(7) Die Kündigung bedarf der Schriftform.

§ 33 Einstellung der Versorgung, fristlose Kündigung

(1) Das Fernwärmeversorgungsunternehmen ist berechtigt, die Versorgung fristlos einzustellen, wenn der Kunde den allgemeinen Versorgungsbedingungen zuwiderhandelt und die Einstellung erforderlich ist, um

1. eine unmittelbare Gefahr für die Sicherheit von Personen oder Anlagen abzuwenden,
2. den Verbrauch von Fernwärme unter Umgehung, Beeinflussung oder vor Anbringung der Meßeinrichtungen zu verhindern oder
3. zu gewährleisten, daß Störungen anderer Kunden oder störende Rückwirkungen auf Einrichtungen des Unternehmens oder Dritter ausgeschlossen sind.

(2) Bei anderen Zuwiderhandlungen, insbesondere bei Nichterfüllung einer Zahlungsverpflichtung trotz Mahnung, ist das Fernwärmeversorgungsunternehmen berechtigt, die Versorgung zwei Wochen nach Androhung einzustellen. Dies gilt nicht, wenn der Kunde darlegt, daß die

Folgen der Einstellung außer Verhältnis zur Schwere der Zuwiderhandlung stehen, und hinreichende Aussicht besteht, daß der Kunde seinen Verpflichtungen nachkommt. Das Fernwärmeversorgungsunternehmen kann mit der Mahnung zugleich die Einstellung der Versorgung androhen.

(3) Das Fernwärmeversorgungsunternehmen hat die Versorgung unverzüglich wieder aufzunehmen, sobald die Gründe für die Einstellung entfallen sind und der Kunde die Kosten der Einstellung und Wiederaufnahme der Versorgung ersetzt hat. Die Kosten können pauschal berechnet werden.

(4) Das Fernwärmeversorgungsunternehmen ist in den Fällen des Absatzes 1 berechtigt, das Vertragsverhältnis fristlos zu kündigen, in den Fällen der Nummern 1 und 3 jedoch nur, wenn die Voraussetzungen zur Einstellung der Versorgung wiederholt vorliegen. Bei wiederholten Zuwiderhandlungen nach Absatz 2 ist das Unternehmen zur fristlosen Kündigung berechtigt, wenn sie zwei Wochen vorher angedroht wurde; Absatz 2 Satz 2 und 3 gilt entsprechend.

§ 34 Gerichtsstand

(1) Der Gerichtsstand für Kaufleute, die nicht zu den in § 4 des Handelsgesetzbuches bezeichneten Gewerbetreibenden gehören, juristische Personen des öffentlichen Rechts und öffentlich-rechtliche Sondervermögen ist am Sitz der für den Kunden zuständigen Betriebsstelle des Fernwärmeversorgungsunternehmens.

(2) Das gleiche gilt,

1. wenn der Kunde keinen allgemeinen Gerichtsstand im Inland hat oder
2. wenn der Kunde nach Vertragsabschluß seinen Wohnsitz oder gewöhnlichen Aufenthaltsort aus dem Geltungsbereich dieser Verordnung verlegt oder sein Wohnsitz oder gewöhnlicher Aufenthalt im Zeitpunkt der Klageerhebung nicht bekannt ist.

§ 35 Öffentlich-rechtliche Versorgung mit Fernwärme

(1) Rechtsvorschriften, die das Versorgungsverhältnis öffentlich-rechtlich regeln, sind den Bestimmungen dieser Verordnung entsprechend zu gestalten; unberührt bleiben die Regelungen des Verwaltungsverfahrens sowie gemeinderechtliche Vorschriften zur Regelung des Abgabenrechts.

(2) Bei Inkrafttreten dieser Verordnung geltende Rechtsvorschriften, die das Versorgungsverhältnis öffentlich-rechtlich regeln, sind bis zum 1. Januar 1982 anzupassen.

§ 36 Berlin-Klausel

Diese Verordnung gilt nach § 14 des Dritten Überleitungsgesetzes in Verbindung mit § 29 des Gesetzes zur Regelung des Rechts der Allgemeinen Geschäftsbedingungen auch im Land Berlin.

§ 37 Inkrafttreten

(1) Diese Verordnung tritt mit Wirkung vom 1. April 1980 in Kraft.

(2) Die §§ 2 bis 34 gelten auch für Versorgungsverträge, die vor dem 1. April 1980 zustande gekommen sind, unmittelbar. Das Fernwärmeversorgungsunternehmen ist verpflichtet, die Kunden in geeigneter Weise hierüber zu unterrichten. Die vereinbarte Laufzeit der vor Verkündigung dieser Verordnung abgeschlossenen Versorgungsverträge bleibt unberührt.

(3) § 24 Abs. 2 und 3, § 25 Abs. 1 und 2 sowie § 28 gelten nur für Abrechnungszeiträume, die nach dem 31. August 1980 beginnen.

(4) Ist die Kundenanlage vor dem 1. Januar 1981 an das Verteilungsnetz angeschlossen worden, so gilt die in § 18 vorgesehene Verpflichtung, zur Ermittlung des verbrauchsabhängigen Entgelts Meßeinrichtungen zu verwenden, spätestens für Abrechnungszeiträume, die nach dem 31. Dezember 1982 beginnen.

Bonn, den 20. Juni 1980

Der Bundesminister für Wirtschaft
Lambsdorff

Richtlinien zur Durchführung der verbrauchsabhängigen Heizkostenabrechnung

Die Bundesregierung hat aufgrund des § 2 Abs. 2 und 3 sowie der §§ 3 a und 5 des Energieeinsparungsgesetzes in der Fassung vom 20. Juni 1980 (BGBl. I S. 701) Rechtsvorschriften erlassen.

Diese Rechtsvorschriften, die in der

a) Heizkostenverordnung (BGBl. I S. 115 v. 20. 1. 1989)

b) Neubaumietenverordnung 1970 (BGBl. I S. 109 v. 19. 1. 1989

c) Altbaumietenverordnung Berlin (BGBl. I S. 1472 v. 28. 10. 1982)

d) AVBFernwärmeV (BGBl. I S. 109 v. 19. 1. 1989)

veröffentlicht sind, bilden neben den anerkannten Regeln der Technik (DIN 4713) die Grundlagen für die Durchführung der verbrauchsabhängigen Heiz- und Warmwasserkostenverteilung.

Da bei der Vielfalt der technischen Details nicht alle Fragen für die einzelnen Anlagen in Verordnungen und technischen Regeln erfaßt werden können, hat die Arbeitsgemeinschaft Heizkostenverteilung für den Geschäftsbereich ihrer Mitgliedsunternehmen, die mehr als 80 % des Marktes abdecken, für offene Fragen der Verbrauchsabrechnung Richtlinien erarbeitet und – nach Beratung mit interessierten Verbänden – durch die zuständigen Organe beschlossen. Die Anwendung dieser Richtlinien ist für die Mitgliedsunternehmen verbindlich.

Damit soll sichergestellt werden, daß die Erstellung der Heiz- und Warmwasserkostenabrechnungen einheitlich durchgeführt wird.

Wir veröffentlichen diese Richtlinien, um alle beteiligten und interessierten Stellen in die Lage zu versetzen, auf der Grundlage der bestehenden Normen und dieser Richtlinien die Richtigkeit der Abrechnungen nachzuvollziehen.

Schwalbach/Taunus, 1. Dezember 1989

Erstellung von technischen Informationen

Die Mitgliedsunternehmen haben im Rahmen ihrer Leistungen Angaben über die Identifizierung und Merkmale der Heizungsanlage einerseits, und die Ausstattung zur Heizkostenverteilung andererseits, zu führen. Diese sind in technische Informationen zusammenzufassen.

Um die Heizkostenabrechnung transparenter zu machen, stellen die Heizkostenverteiler-Firmen ab 1. 1. 1987 für alle nach dem 1. 1. 1986 ausgerüsteten Anlagen ein technisches Informationsblatt nachstehenden Inhalts zur Verfügung, welches von den Auftraggebern generell oder im Einzelfall angefordert werden kann.

Für die bis zum 31. 12. 1985 ausgerüsteten Anlagen können die technischen Informationen ebenfalls durch den Auftraggeber angefordert werden; diese Informationen können auch inhaltlich in anderer geeigneter Weise gegeben werden.

Die Nutzer (Mieter) können die betreffenden technischen Daten beim Gebäudeeigentümer einsehen bzw. gegen Auslagenersatz anfordern.

Die technischen Informationen müssen folgende Daten beinhalten:

Abrechnungseinheit

- Anschriften: Abrechnungseinheit
Hausverwaltung
- Versorgungsart: Hauszentrale/
Fernwärme
- Heizungsanlage: Verteilungssystem
Heizmedium
Temperaturauslegung
Versorgungsumfang
- Warmwasseranlage: Versorgungsumfang
- Verbundene Anlage: Verfahren Kostentrennung mit evtl. WW-Temperatur Heizwert Brennstoff
- Brennstoffart(en):

Nutzeinheiten/Räume mit abweichender Temperaturauslegung

- Installierte Geräte: Art(en)
Anzahl
Standort (wenn außerhalb der Abrechnungseinheit)
- Kostenaufteilung: Hauptverteilung
(Vorverteilung)
Anzahl der Nutzergruppen

Nutzergruppe

- Bezeichnung der Nutzergruppe
- Kostenaufteilung: Unterverteilung
- Wärmezähler mit Standort, wenn außerhalb der Abrechnungseinheit
- Wasserzähler mit Standort, wenn außerhalb der Abrechnungseinheit

Nutzeinheit

- Name des Nutzers
- Identifizierung der Nutzeinheit (z. B. Lage oder laufende Nummer oder Wohnungsnummer)
- Nutzgruppen-Zugehörigkeit

Größe und Art des Umlegungsmaßstabes für die Abrechnung der Grundkosten

- Daten der eingebauten Heizkörper: Heizkörperart (nach DIN) oder Abmessungen Skalen-Nr. oder Gesamtbewertungsfaktor Raumbezeichnung oder lfd. Nummer des Erfassungsgerätes
- Nennwärmeleistung nach DIN 4704 Teil 1 je Heizkörper (falls nicht ermittelbar, nach Herstellerangaben)
- Weitere Erfassungsgeräte: Art
Anzahl

Ablesung der Verbrauchsanzeigen Ankündigung des Ablesetermins

Um sicherzustellen, daß die Ablesung der Verbrauchsanzeigen termingerecht und kostengünstig durchgeführt werden kann, kündigen die Abrechnungsfirmen den Ablesetermin mindestens 10 Tage im voraus an. Dabei ist ein in etwa gleicher 12-Monatsabstand einzuhalten. Die Nutzer werden entweder einzeln oder durch Aushang an gut sichtbarer Stelle, z. B. im Treppenhaus, benachrichtigt.

Der Inhalt der Ankündigung muß mindestens folgende Angaben enthalten.

a) Tag der Ablesung mit Zeitraumangabe.

b) Hinweis auf die Kontrollmöglichkeit der Ableseergebnisse durch den Nutzer: vorherige Ablesung, Vergleich der durch den Nutzer und den Ableser ermittelten Ergebnisse und Hinweise darauf, daß Differenzen möglichst an Ort und Stelle geklärt oder auf dem Ableseformular vermerkt werden sollen.

c) Für die Ablesung erforderliche Hinweise, z. B.: jährlicher Wechsel der Kontrollfarbe, Wechsel der Batterie, Ablesemöglichkeiten (maßgeblicher Flüssigkeitsstand etc.).

d) Name, Anschrift und Telefon des Ablesers bzw. der Abrechnungsfirma.

Für die beim ersten Ablesetermin nicht zugänglichen Wohnungen wird, sofern keine individuelle Abstimmung vorgenommen wird, im Abstand von mindestens 14 Tagen ein zweiter Ablesetermin durchgeführt, der auch den Zeitraum nach 17.00 Uhr mit einschließen soll.

Erfolgt die Terminvorgabe für die Zweitablesung durch Einzelbenachrichtigung, so ist darin deutlich sichtbar sinngemäß folgender Hinweis aufzunehmen: »Kann dieser Termin nicht eingehalten werden, vereinbaren Sie bis zum . . . . einen erneuten Ablesetermin. Anderenfalls wird Ihr Verbrauch geschätzt.«

Bei der Ablesung wird der Nutzer auf die Verbrauchsanzeigen und auf seine Kontrollmöglichkeiten hingewiesen. Er erhält eine Kopie des Ableseprotokolls.

Einheitlicher Leistungsumfang für die Wartung der Ausstattungen zur Verbrauchserfassung

Die Wartung beinhaltet:

1. Feststellung des Ist-Zustandes der Heizungsanlage und der Ausstattung zur Verbrauchserfassung durch Neuaufnahme gemäß dem Grunddatenblatt (Technische Information der Abrechnungsfirmen über die Grundlagen der Bewertung bei Heizkostenverteilern)
2. Ermittlung des Soll-Zustandes der Ausstattung zur Verbrauchserfassung nach den anerkannten Regeln der Technik gemäß den gesetzlichenVorschriften und verbindlichen Beschlüssen der Arge
3. Soll–Ist–Vergleich mit Festlegung der erforderlichen Maßnahmen für die Ausstattung zur Verbrauchserfassung

Einheitlicher Montagepunkt für Heizkostenverteiler nach dem Verdunstungsprinzip

In DIN 4713 Teil 2 Punkt 4.2.3. ist der Befestigungsort von Heizkostenverteilern nach dem Verdunstungsprinzip im oberen Drittel der Bauhöhe des Heizkörpers festgelegt worden. In Ergänzung hierzu beschließt die Arbeitsgemeinschaft für ihre Mitgliedsunternehmen einen einheitlichen Montagepunkt für Heizkostenverteiler nach dem Verdunstungsprinzip bei Radiatoren (Glieder-, Rohr- und Plattenheizkörpern) von 75% der Bauhöhe des Heizkörpers bezogen auf die Gerätemitte.

Die weiteren Regeln bleiben unberührt.

Dieser Montagepunkt entspricht dem Erkenntnisstand der Technik.

Angaben über den Durchschnittsverbrauch der Abrechnungseinheit

Mit der Erstellung der Heizkostenabrechnung informieren die Abrechnungsfirmen in der Gesamtabrechnung über den durchschnittlichen Brennstoffverbrauch der Abrechnungseinheit pro qm und Jahr.

Die Informationen werden ab der Heizperiode 1987 gegeben.

Heizkostenabrechnung in besonderen Fällen

Für Schätzungen und das Vorgehen bei Nutzerwechsel bestehen keine konkreten Rechtsgrundlagen. Die Arbeitsgemeinschaft Heizkostenverteilung beschließt daher nach Beratung mit den Verbänden der Wohnungswirtschaft und der Verbraucher nachstehende Richtlinien:

a) Schätzungen

Als objektive Basis für die Berechnung von Schätzwerten werden in der Regel folgende Vergleichsmaßstäbe herangezogen:

- die Vorjahresverbräuche der zu schätzenden Räume/Nutzeinheiten im Verhältnis zum Gesamtverbrauch der Abrechnungseinheit oder Nutzergruppe bzw. bei der Schätzung von einzelnen Geräten zum Gesamtverbrauch der Nutzeinheit, sofern kein Nutzerwechsel erfolgt ist;
- der dem Anteil der Fläche, des umbauten Raumes, oder der installierten Heizleistung entsprechende Anteil der Verbrauchskosten der gesamten Abrechnungseinheit bzw. der Nutzergruppe oder bei der Schätzung von einzelnen Geräten der entsprechende Anteil am Gesamtverbrauch der Nutzeinheit für den Fall, daß aufgrund eines Nutzerwechsels bzw. bei Erstbezug der Nutzeinheit keine Vergleichswerte aus dem vergangenen Abrechnungszeitraum vorliegen;
- Gradtagszahlen bei Geräteausfall, wenn der Zeitpunkt des Geräteausfalls zuverlässig bestimmt werden kann, und die bis dahin erfolgte Verbrauchserfassung mindestens 60 % der Heizperiode abdeckt.

Die Schätzung kann sich auf einzelne Geräte, Räume oder auch auf Gebäudeteile beziehen. In jedem Fall sind Schätzungen nur dann zweckmäßig, wenn für die übrigen Geräte, Räume oder Gebäudeteile noch eine sachgerechte Durchführung der verbrauchsabhängigen Abrechnung möglich ist. Dies ist lt. HeizkostenV nicht mehr der Fall, wenn der Schätzanteil, bezogen auf die für die Abrechnungseinheit maßgebende Fläche, 25 % überschreitet.

b) Grenzen der verbrauchsabhängigen Abrechnung

aa) Eine nicht verbrauchsabhängige Abrechnung i. S. der Heizkostenverordnung kann für einen Teil der durch eine zentrale Anlage versorgten Nutzeinheiten notwendig werden, wenn sich diese aus technischen oder wirtschaftlichen Gründen nicht mit Verbrauchserfassungsgeräten ausrüsten lassen. Die Nutzeinheiten sind i. S. des § 5 HeizkostenV in Nutzergruppen zusammenzufassen und die anteiligen Heizkosten ausschließlich nach festem bzw. nach dem vereinbarten Maßstab aufzuteilen.

bb) Ist der nicht ausrüstbare Teil einer Nutzeinheit in allen Nutzeinheiten gleich und im Verhältnis zur Gesamtnutzfläche der Nutzeinheiten kleiner als 10 % (z. B. die Bäder von Wohnungen mit Badewannenkonvektor), kann der hierauf entfallende Verbrauchskostenanteil in der Abrechnung unberücksichtigt bleiben.

cc) Wenn der Verbrauch für mehr als 50 % der für die Abrechnungseinheit maßgeblichen Fläche (umbauter Raum, installierte Leistung) wegen unterbliebener Ausrüstung nicht ermittelt werden kann, soll die verbrauchsabhängige Abrechnung für die gesamte Abrechnungseinheit entfallen.

* Die Erfassungsgeräte mit einer Anzeigenkapazität von weniger als zwei Abrechnungsperioden sollen unverzüglich wieder funktionsfähig gemacht werden, um eine wiederholte Schätzung zu vermeiden.

c) Nutzerwechsel

Bei Nutzerwechsel während eines Abrechnungszeitraumes ist bei Wärmezählern, elektronischen Heizkostenverteilern und Warmwasserzählern eine Zwischenablesung durchzuführen.

Bei Heizkostenverteiler nach dem Verdunstungsprinzip ist eine Zwischenablesung nur dann als Grundlage für die Abrechnung zu verwenden, wenn die Summe der sich aus der nachfolgenden Tabelle für die betreffenden Monate ergebenden Wärmeverbrauchsanteile mindestens 400 und höchste ns 800 Promille betragen würde.

Aufteilung von Wärmeverbrauchsanteilen einer Nutzeinheit bei Nutzerwechsel, abgeleitet aus Gradtagszahlen* nach VDI 2067 Blatt 1 Tab. 22, Ausgabe Dezember 1983 für das Bundesgebiet

Monat	Wärmeverbrauchsanteil in Promille je Monat	je Tag
September	30	30/30 = 1,0
Oktober	80	80/31 = 2,58 . . .
November	120	120/30 = 4,0
Dezember	160	160/31 = 5,16 . . .
Januar	170	170/31 = 5,48 . . .
Februar	150	150/28 = 5,35 . . .
		150/29 = 5,17
März	130	130/31 = 4,19 . . .
April	80	80/30 = 2,66
Mai	40	40/31 = 1,29
Juni		
Juli	40	40/92 = 0,43
August		

* Die Gradtagzahl Gt für die Heizperiode ist die Summe der Differenzen zwischen der mittleren Raumtemperatur von 20° und den Tagesmitteln der Außenlufttemperatur über die betreffenden Heiztage.

Plausibilitätskontrollen

Um etwaige Fehler der verbrauchsabhängigen Heizkostenabrechnung möglichst frühzeitig zu erkennen, führen die Abrechnungsfirmen spezielle Plausibilitätskontrollen durch. Sie gehen dabei nach Maßgabe der beigefügten Anlage vor:

a) Werden die nachstehend genannten Werte über- bzw. unterschritten, so überprüft die Abrechnungsfirma zunächst intern das Ergebnis.

b) Können die Gründe für die Über- bzw. Unterschreitung der Werte nicht geklärt werden, rechnet die Abrechnungsfirma nach Datenlage ab und teilt dem Auftraggeber (z. B. Gebäudeeigentümer/Hausverwalter) die betreffenden Daten zum Zwecke der Überprüfung mit. Der Auftraggeber wird veranlaßt, die Daten gegebenenfalls zu berichtigen. Die Abrechnungsfirma empfiehlt, die Nutzer hierüber zu informieren. Sie sieht in solchen Fällen davon ab, Abrechnungen direkt an die Nutzer zu versenden.

c) Werden bei erstmaliger verbrauchsabhängiger Abrechnung die in Fußnote 1 der Anlage genannten Werte überschritten, so findet das in a) und b) genannte Verfahren entsprechende Anwendung. Werden diese Werte auch bei späteren Abrechnungen überschritten, ohne daß sich der Auftraggeber bei der erstmaligen Abrechnung geäußert hat oder konnten die zu überprüfenden Punkte bei dieser Abrechnung nicht aufgeklärt werden, so verfährt die Abrechnungsfirma nach b).

Die Abrechnungsfirmen werden im Zuge der Erstellung der verbrauchsabhängigen Heizkostenabrechnung neben ihren sonstigen Prüfungen mindestens folgende Plausibilitätskontrollen durchführen:

Untersuchungsgegenstand	Untersuchungsmaßstab
1. Zeitliche Veränderungen von einem Abrechnungszeitraum zum anderen (Abweichung von den Vorjahreswerten)[1]	±25 %
– des flächenbezogenen Energieverbrauchs der Abrechnungseinheit (AE) für	
● Heizung und Warmwasser	
● nur Heizung	
– des anteiligen Energieverbrauchs für Warmwasserbereitung am Gesamtenergieverbrauch der verbundenen Heizanlage	
– des Anteils der Heizungsnebenkosten an den Brennstoffkosten	
– des Anteils der Stromkosten der Heizungsanlage an den Brennstoffkosten	
2. Lieferdatum von Brennstoff- und Heizungsnebenkosten, ob innerhalb des Abrechnungszeitraumes	Abrechnungszeitraum
3. Anteil des Energieverbrauchs für Warmwasserbereitung am Gesamtenergieverbrauch der verbundenen Heizungsanlage	8–30 %
4. Anteil der Heizungsnebenkosten an den Brennstoffkosten[2]	≦ 20 %, wenn AE ≦ 500 m² ≦ 15 %, wenn AE > 500 m²
5. Anteil der Stromkosten der Heizungsanlage an den Brennstoffkasten[2]	≦ 8 %

[1] Bei erstmaliger Abrechnung liegen keine Vorjahreswerte vor. Plausibilität ist nicht gegeben, wenn folgende Werte überschritten werden:
— Heizung und Warmwasser 360/36 kWh/m²a bzw. 1 Öl/m²a
— nur Heizung 320/32 kWh/m²a bzw. 1 Öl/m²a

[2] Die prozentualen Anteilswerte basieren auf einem durchschnittlichen Kaufpreis für Heizöl EL in der Abrechnungsperiode von 0,60 DM pro Liter einschließlich Mehrwertsteuer.

Ändert sich dieser Kaufpreis um mehr als 10 Prozent, so sind die prozentualen Anteilswerte der Heizungsnebenkosten wie folgt anzupassen:

	Kaufpreis Heizöl EL im Mittel DM/l	Zahlenwerte für Anteil Heizungsnebenkosten in Prozent ≦ 500 m²	> 500 m²
	40	25	20
	50	23	18
Ausgangswert	60	20	15
	60	19	14
	80	18	13
	90	18	13

Entsprechendes gilt für die anteiligen Stromkosten der Heizungsanlage; der Untersuchungsmaßstab ist in demselben Verhältnis zu verändern.

Die Zahlenwerte des Untersuchungsmaßstabes sind vorläufig; sie werden in angemessenen Zeitabständen überprüft.

Sachwortverzeichnis